AF546764

Joachim Deppmeyer

Reisezugwagen der Deutschen Reichsbahn – 2

1932 bis 1937 – Regelspur

EK-Verlag

Impressum

Titelbild
Nach erfolgreicher Erprobung der drei Versuchswagen C4i-35 bestellte die DRG im Fahrzeugprogramm 1936 I die ersten 50 Serienfahrzeuge C4i-36, darunter den abgebildeten 73 449 Berlin. Weitere Bestellungen folgten, es sollte die am meisten gelieferte Bauart mit einem Bestand am 1. Januar 1940 von 2.529 Fahrzeugen werden.
Aufnahme: VWW, Köln-Deutz, Sammlung Verkehrsarchiv Nürnberg

Rücktitel
E 17 12 befördert im Jahr 1934 den D 162 „Karwendel-Express" (München – Garmisch-Partenkirchen – Innsbruck), hier in Klais. Der Zug besteht aus einem Pw4ük-32, zwei ABC4ü-32 sowie am Zugschluss zwei C4ü-32.
Aufnahme: Carl Bellingrodt/EK-Verlag

Der Reichsbahn-Adler entstammt der Zeichnung „Adler für Personen- und Gepäckwagen" (B.o. 333) der Deutschen Reichsbahn-Gesellschaft.

ISBN: 978-3-8446-6415-7

Gestaltung und Produktion: Ernst Andreas Weigert, Detlev Hagemann

Bildbearbeitung: Rico Schreiber, Sandra Schnellbach, Sabine Ressel

Unser Gesamtverzeichnis erhalten Sie kostenlos unter

Telefon 0761-70 31 00 oder unter service@eisenbahn-kurier.de

EK-Verlag GmbH • Lörracher Str. 16 • D-79115 Freiburg • www.eisenbahn-kurier.de

Inhaltsverzeichnis

Da der größte Teil der nachfolgenden Wagenbauarten in der geschweißten Ausführung zur Auslieferung gelangte, wird das in den Überschriften nicht erwähnt, nur bei den genieteten Fahrzeugen erfolgt der Hinweis auf diese Ausführungsart.

>= Hinweis auf nicht vorhandenen amtlichen Nachweis

I. Vorwort der Auflage von 1988

Das vorliegende Buch schließt an die Veröffentlichung an, die 1982 unter dem gleichen Titel bei der Franckh'schen Verlagsgesellschaft erschien und die Bauarten 1921-1931 vorstellte. Dem Verlag Dr. Bernhard Abend ist es zu verdanken, daß diese begonnene Arbeit fortgeführt werden kann.

Von dem ursprünglichen Plan, alle verbliebenen Einheitsbauarten der Personen- und Gepäckwagen in diesem Buch vorzustellen, musste Abstand genommen werden. 1938 erfolgte ein weiterer großer Entwicklungsschritt durch die Einführung der windschnittigen Bauarten und die ersten Versuche, Wagen im Leichtbau zu fertigen. Aus diesem Grund enthält dieser Band alle Einheitsbauarten von 1932-1937, während in einem weiteren dann die Fahrzeuge ab 1938, die Kriegsbauarten und die ersten Versuchswagen der Nachkriegszeit, soweit die Entwicklungen noch von der Reichsbahn eingeleitet wurden, dokumentiert werden sollen.

Zum besseren Verständnis der ab 1935 auftretenden Beschaffungsprobleme mußte dem gesamtwirtschaftlichen Hintergrund breiteren Raum eingeräumt werden. In die Darstellung wurden auch die politischen Geschehnisse miteinbezogen, soweit sie im Verhältnis zur Deutschen Reichsbahn-Gesellschaft von Bedeutung waren. Das trifft auch auf die Einflußnahme zu, die von Seiten der Wehrmacht in zunehmendem Maße kam. Dadurch lassen sich auch Vergleiche zur jetzigen Zeit anstellen. Den nicht leichten Stand der Bahn gegenüber Politik und Wirtschaftsinteressen gibt es nicht erst seit heute. Die Wertung kann der Leser somit selbst vornehmen.

Der Gesamtaufbau des Buches ist beibehalten worden, um einwandfreie Vergleichsmöglichkeiten mit früheren Bauarten zu ermöglichen. Die Drehgestellentwicklung konnte ausführlicher behandelt werden, weil das BZA Minden, Dez 35, freundlicher Weise Akteneinsicht in Vorgänge der damaligen Zeit und in eine Aufstellung des seinerzeitigen Sachbearbeiters, Herrn Julius Paul, gewährte. Außerdem unterstützte mich Herr W. Theurich mit den Ergebnissen seiner persönlichen Nachforschungen, auch zum Thema Beschaffungen.

Bei den Abbildungen hatten Werkaufnahmen eindeutig Vorrang, da sie die Fahrzeuge im Zustand der Ablieferung zeigen und worauf sich die Wagenbeschreibungen immer beziehen. Diese selbst gestellte Forderung ließ sich aber leider bei den Wagenbeschreibungen generell nicht verwirklichen. So mußte eine Reihe anderer Aufnahmen Verwendung finden. Leider blieb die Suche nach Abbildungen von neun Wagenbauarten ergebnislos. Hier handelt es sich überwiegend um Versuchsfahrzeuge, die nur einzeln oder in kleiner Serie bestellt worden waren.

Eine solche Arbeit läßt sich ohne die tatkräftige Mithilfe und wohlwollende Unterstützung nicht durchführen. Sie fand der Autor bei allen angesprochenen Dienststellen und Institutionen. Ihnen möchte er seinen ausdrücklichen Dank sagen. Die Nachforschungen bei den Dezernaten 21 sowie 31 des BZA Minden (Westf) und bei Herrn W. Illenseer im Verkehrsarchiv Nürnberg erwiesen sich als sehr hilfreich. Das Bundesarchiv in Koblenz und die Werksarchive von KHD, LHB, MAN Gutehoffnungshütte, ME, Wegmann sowie der „Verband der Waggonindustrie e. V." in Frankfurt (Main) stellten Unterlagen zur Verfügung. Genannt werden muß ebenfalls der Kreis der Wagenfreunde und die Bücherei des Verkehrsmuseums Nürnberg, die Einsicht in Dokumenten, Büchern und Zeitschriften ermöglichten.

Freundlicher Weise erteilte das BZA Minden (Westf), Dez 80, erneut die Genehmigung zum Nachdruck der Skizzen. Die Herren G. Bahl, J. Claus, W. Illenseer, E. Konrad (†), Klaus-D. Kroschwald und W. Theurich sowie die Kurverwaltung Ruhpolding stellten Aufnahmen aus ihren umfangreichen Sammlungen zur Verfügung, Herr J. Kirchner (†) half wieder mit fehlenden Skizzenblättern aus. Ihnen allen gilt mein herzlicher Dank.

Meiner Frau schulde ich ganz besonderen Dank. Durch ihr Verständnis und den teilweisen Verzicht auf das Familienleben erleichterte sie mir die Arbeit. Unser Sohn fertigte die Fotoabzüge von Zeichnungsnegativen, die eine große Hilfe bei den Wagenbeschreibungen darstellten. Beide sollten die Fertigstellung nicht mehr erleben. Ihnen sei daher dieses Buch gewidmet.

Im September 1988 J. Deppmeyer

Ia. Vorwort zur Auflage von 2019

Wie bereits im „Vorwort zur Auflage 2018" von Band 1 erwähnt, brachten die Besuche und die Bearbeitung der Bestände RVM bzw. RZA Berlin 1985 im Zwischenlager Coswig des Bundesarchivs auch für den Band 2 wichtige Erkenntnisse. Sie konnten in den jeweiligen Kapiteln eingearbeitet werden und ergänzten somit die bisherigen Angaben.

1935 erhielt die Deutschen Reichsbahn von der Reichsbank die Mitteilung, dass es ihr künftig nicht mehr möglich sei, der Bahn Devisen zur Bezahlung ihrer Auslandseinkäufe und zur Begleichung vertraglichen Verbindlichkeiten bei fremden Staaten bzw. Verwaltungen in bisheriger Höhe zur Verfügung zu stellen. Bei der herrschenden Knappheit würden die Devisen für die Wiederaufrüstung dringender benötigt. Im RVM sah man sich gezwungen, nach Auswegen zu suchen. Die Begriffe **Heim**stoffe und **Meid**stoffe wurden geprägt. Über sie wird auf den Seiten 16 f erstmals berichtet.

Um beim Wettbewerb mit dem Auto möglichst Boden gutzumachen, entschied sich die Deutsche Reichsbahn ab der Wagenbauart 35 für eine Reihe von Änderungen. Sie sollten dazu dienen, das Reisen angenehmer zu empfinden. Das geschah durch eine Vergrößerung der Abteile und Fenster, neue regelbare Heizungseinrichtungen sowie Lüftungen. Sie plante langfristig auch eine Erhöhung der Reisegeschwindigkeit auf wichtigen internationalen Strecken. Um die dafür notwendigen Messungen durchführen zu können, war sie gezwungen, hierfür Neubaufahrzeuge mit Spezialeinrichtungen zu beschaffen. Sie fanden Aufnahme in den entsprechenden Kapiteln.

Außer den in den bisherigen Vorworten genannten Herren möchte ich weiteren Dank sagen für die von den Damen E. Böhl (†) und A. Titzmann sowie Herrn G. Dammann (†) vor vielen Jahren regelmäßig erhaltenen Unterlagen über Zu-/Abgängen von Personen- und Gepäckwagen. Sie waren eine wertvolle Hilfe für die Erstellung der Tabellen dieses Buches. Zu diesem Kreis gehörten auch meine früheren Mitstreiter für das „Verzeichnis der DB-Reisezugwagen, Stand 1967" innerhalb der Arbeitsgemeinschaft mit den Herren Illenseer, Peters und Schadow (†).

Wolfgang Diener nahm durch Korrekturlesen des Textes von 1988 wieder am Gelingen teil, eher dieser in den Band 2 übernommen wurde. Olaf Bade bearbeitete erneut mit der ihm eigenen Präzision den Verbleib und die Ausmusterungsdaten für die im Bereich der DR verbliebenen Wagen. Der EK-Verlag und sein für die Gestaltung und Produktion verantwortliche Mitarbeiter Ernst Andreas Weigert waren mir eine große Hilfe, auch gab Herr Detlev Hagemann manchen interessanten Hinweis. Ihnen gebührt mein herzlicher Dank.

Zuletzt danke ich meiner Lebensgefährtin für ihre Nachsicht und das Verständnis für meine Arbeit, täglich einige Stunden am PC arbeiten zu können.

Im digitalen Zeitalter hält meine älteste Tochter in dankenswerter Weise den Kontakt zum Verlag, was für mich eine große Hilfe darstellt.

Im September 2019 — Joachim Deppmeyer

Bild 1

Nach der Abfahrt von Dresden Hauptbahnhof überquert der Schnellzug D 53 kurz vor Dresden-Neustadt die Elbbrücke; Aufnahme am 31. Mai 1936.

Werner Hubert (†), Sammlung Hansjürgen Wenzel

II. Entwicklung der Reichsbahn

1. Entwicklung innerhalb der Geschäftsjahre

Die allgemeine Wirtschaftslage stellte sich 1932 noch schlechter als im Vorjahr dar. Der Bruttowert der deutschen industriellen Produktion ging um 24 % zurück, zwangsläufig nahm auch der Verkehr weiter ab. Die Betriebsausgaben überstiegen erstmalig die Betriebseinnahmen, obwohl das Lausanner Abkommen vom 9. Juli 1932 Deutschland und damit die Reichsbahn von den Reparationslasten befreite und sie nur noch einen Beitrag von jährlich 70 Mio. RM an das Reich leistete. Die ungeheure Wirtschaftskrise traf das Unternehmen sehr schwer. Im Februar 1932 wurden alle Einkaufsstellen angewiesen, jeden unmittelbaren oder auch nur mittelbaren Devisenaufwand beim Einkauf zu vermeiden. Jede Beschaffung, die Devisen erforderte, bedurfte der Genehmigung durch die Hauptverwaltung. Diese Verfügung wurde später aufgrund des Gesetzes über die Devisenbewirtschaftung noch verschärft. Eine erhebliche Senkung des Personalbestandes ließ sich ebenso wenig vermeiden wie eine Herabsetzung der Löhne und Gehälter um 9 %. Um die Maßnahmen zur wirtschaftlichen Belebung und zum Abbau der Arbeitslosigkeit zu unterstützen, vergab die Hauptverwaltung mit finanzieller Hilfe der Reichsregierung zusätzliche Aufträge.

Das nach der Notverordnung vom 4. September 1932 begonnene weitere Arbeitsbeschaffungsprogramm umfasste Aufträge für 280 Mio. RM für alle Bereiche, nachdem das 250 Mio. RM Programm aus der steuerfreien Reichsbahn-Anleihe 1931 ausgelaufen war. Der Reichsbahn fiel als dem größten Auftraggeber der Industrie und des deutschen Baugewerbes bei der Bewältigung der Arbeitslosigkeit eine wichtige Rolle zu. Besondere Aufmerksamkeit galt nun dem technisch verbesserten Triebwagen, dessen Verwendbarkeit unter verschiedenen Gesichtspunkten geeignet erschien. Die Reichsbahn leitete auch Versuche auf der Strecke Essen – Dortmund ein, um durch die Verdichtung des Personenzugfahrplanes Verkehrszunahmen und Einnahmeverbesserungen zu erzielen.

Die Neugestaltung des Personenverkehrs im Ruhrgebiet war eine Aufgabe, die sich Dr.-Ing. Baumann als Dezernent bei der RBD Essen als Aufgabe gestellt hatte. Es wurde ein „Generalverkehrsplan" erarbeitet.

Die seit 1932 betriebene starke Verdichtung des Fahrplanes im Nahverkehr des Ruhrgebietes brachte auf den ausgewählten Strecken gute Ergebnisse und führte zu der Absicht, diesen weiter auszubauen, nachdem vom 2. Oktober 1932 ab ein erster Anfang mit 18 Kleinpersonenzugpaaren mit jeweils drei Wagen (C4 + BC4 + C4) und 197 Plätzen, davon 169 in der 3. Klasse, gemacht worden war. Die Aufenthaltszeit von 30 Sekunden reichte aus. Die vierachsigen Abteilwagen preußischer Bauarten hatten einen Sonderanstrich (vergl. S. 150) und selbstschließende Schlösser erhalten, die Wagenlaufschilder trugen die zusätzliche Aufschrift „Ruhrschnellverkehr" mit einem rotem Querstreifen. Aufgrund der positiven Ergebnisse wurde das Angebot von Jahr zu Jahr erweitert und führte dazu, dass der Wagenbestand nicht mehr ausreichte. So kamen auch vierachsige Abteilwagen anderer Länderbahnbauarten an die Ruhr, ohne allerdings den Sonderanstrich noch erhalten zu haben. Die Zugfolge konnte ab Sommerfahrplan 1935 auf – soweit dies betrieblich möglich – starre Abstände von 30 bzw. 60 Minuten vorgesehen werden. Es verkehrten jetzt 160 lokbespannte „Ruhr-Schnellverkehrszüge", die dann teilweise durch inzwischen in Dienst gestellte Triebwagen ersetzt wurden. Langfristig dachte man in der Hauptverwaltung aber an den Einsatz nur von Triebwagen. Das schloss aber nicht aus, dass eine kleine Versuchsserie Abteilwagen (Wb Nr. 56 + 57) neu gebaut und in Betrieb genommen wurden.

Die auch im Jahr 1932 zurückgegangenen Betriebsleistungen zwangen die Reichsbahn dazu, die Leistungen des Werkstättendienstes zu senken. Folgende Maßnahmen sollten u. a. dazu beitragen:

1. Steigerung der Laufleistung der Fahrzeuge zwischen zwei Hauptuntersuchungen durch Einführung der Einfachuntersuchungen für Personenwagen.
2. Unterscheidung der Personenwagen nach 3 Gebrauchsgruppen (Wagen für planmäßige Verwendung, Bereitschaftswagen und Sonderbereitschaftswagen), die in den Werken entsprechend ihrer Leistung nach verschiedenen Unterhaltungsplänen behandelt wurden.
3. Weitere Verringerung der Zahl der zu unterhaltenden Fahrzeuge durch Zurückstellung abgefahrener Wagen von der Ausbesserung und durch gesteigerte Ausmusterung, deren Instandsetzung hohe Kosten verursacht hätte.

Außerdem erging die Anweisung, dass in einer Gruppe von Reichsbahn-Ausbesserungswerken nur ein Werk die Hauptausbesserungen mit Lackierungen an den Personenwagen übernahm. Hierdurch konnten gleichartige Arbeiten auf wenige Stellen zusammengezogen werden. Man verfolgte damit das Ziel, die früher mehr handwerksmäßige Unterhaltungsarbeit zu einer planmäßigen Erhaltungswirtschaft zu überführen. Auch die MITROPA spürte die Wirtschaftskrise. Um dem Einnahmerückgang zu begegnen, übte sie in 16 Eilzügen den Wirtschaftsbetrieb aus und fand damit bei den Reisenden starken Anklang.

Im Jahre 1932 begann in Deutschland der Pauschaltourismus. Es war der ehemalige Bremer Arbeitsamtsdirektor Dr. Carl Degener, der am 1. Mai 1932 in Berlin ein Reisebüro eröffnete und den Berlinern Sonderzugfahrten nach Golling im Salzburger Land anbot. Die große Nachfrage zeigte, dass seine Urlaubsreisen besonders bei jenen Bevölkerungskreisen ankamen, die bislang richtige Ferien in landschaftlich schöner Umgebung nicht kannten. Als 1933 die „Tausendmark-Sperre" plötzlich Reisen ins Ausland unmöglich machten (Gesetz vom 29. Mai 1933), musste sich Degener innerhalb weniger Tage ein Ausweichziel in Deutschland aussuchen. Seine Wahl fiel auf Ruhpolding in Oberbayern, ein bislang ziemlich unbekannter Ort (Bild 2).

Die Sonderzuggarnituren waren aus D-Zugwagen 3. Klasse und einem MITROPA-Speisewagen gebildet. Es waren die Vorläufer der späteren „Touropa-Züge" in der Nachkriegszeit.

Auch die Reichsbahn selbst begann vermehrt Ausflugsfahrten mit unbekanntem Ziel (Fahrten ins Blaue) anzubieten.

Am 30. Januar 1933 berief der Reichspräsident Paul von Hindenburg A. Hitler als Reichskanzler einer sog. „nationalen Koalitionsregierung" aus Nationalsozialisten und Deutschnationalen. Es war die 21. Reichsregierung der Weimarer Republik. Einige Fachminister waren aus dem alten Kabinett Schleicher übernommen worden, so auch der Reichsverkehrsminister Paul Frhr. von Eltz-Rübenach. In einer programmatischen Erklärung am 1. Februar 1933 verkündete Hitler u.a., in zwei großen Vierjahresplänen die Reorganisation der Wirtschaft herbeizuführen. Dieser Regierungswechsel sollte für die Reichsbahn im Laufe der Jahre weitreichende Folgen haben. Am 27. Juni 1933 wurde sie zur Errichtung des Zweigunternehmens „Reichsautobahnen" per Reichsgesetz verpflichtet. Damit – so die offizielle Begründung – sollte sichergestellt werden, dass der gewerbliche Güterverkehr unter einheitliche Leitung kam und der Streit zwischen Schiene und Straße letztlich beigelegt werden sollte. Tatsächlich diente die Errichtung in erster Linie zur Arbeitsbeschaffung. Der Verkehrsminister stand dieser neuen Einrichtung sehr ablehnend gegenüber. Die Idee für Autobahnen kam aber nicht von der neuen Regierung, sie hatte der damalige Frankfurter Oberbürgermeister L. Landmann verkündet, und sie waren von der HAFRABA e.V. weiterentwickelt. Die Reichsbahn musste ihre gesamte Organisation und die erforderlichen Kräfte gegen Erstattung der reinen Selbstkosten zur Verfügung stellen. Außerdem beförderte sie die Baugüter zum Eisenbahndienstguttarif. Die Maßnahmen der Reichsregierung zum Abbau der Arbeitslosigkeit, die zu einem erheblichem Teil auf die Vorschläge des von der Regierung Brüning eingesetztem Reichskommissars für Arbeitsbeschaffung Dr. Gerecke zurückgingen, unterstützte die Reichsbahn weiterhin durch ein großes Arbeitsbeschaffungsprogramm in Höhe von 560 Mio. RM, davon 78 Mio. RM für die Beschaffung von Lokomotiven und Wagen. Die Aufbringung des Geldbedarfes erfolgte durch Wechsel, da die Unterbringung einer Anleihe nicht möglich war. Der Einnahmerückgang kam bei der Reichsbahn im Laufe des Jahres 1933 zum Stehen, da sich die allgemeine Wirtschaftslage besserte und im Güterverkehr die beförderten Gütermengen wieder anstiegen. Diese Tendenz trat im Personenverkehr allerdings noch nicht ein.

Mit gut ausgestatteten Personenwagen in schnellfahrenden Zügen und Triebwagen sah die Reichsbahn – neben Tarifmaßnahmen – Mittel für eine Belebung. Daher machte der Ausbau des Triebwagenverkehrs Fortschritte. Der erste Schnelltriebwagen „Fliegender Hamburger" nahm am 15. Mai 1933 den planmäßigen Verkehr auf.

In seiner Sitzung vom 3./4. Juli 1933 genehmigte der Verwaltungsrat der Hauptverwaltung ein weiteres Arbeitsbeschaffungsprogramm über 150 Mio. RM, das mit der Reichsregierung und der Reichsbank abgesprochen war. Die Finanzierung erfolgte über Wechsel. Die Mittel wurden überwiegend zur Verbesserung der vorhandenen Anlagen genutzt.

So begannen u.a. in der zweiten Hälfte des Jahres 1933 die Arbeiten, bestimmte Strecken für Geschwindigkeiten von 150 km/h vorzubereiten, nachdem sich der Verwaltungsrat in seiner 55. Sitzung am 3. Mai 1933 damit befasst hatte.

Außerdem ließ die Reichsbahn etwa 3.000 frühere 4.-Klasse-Einheitspersonenwagen mit Zwischenwänden, Gepäcknetzen, Lattenbänken und der Beleuchtung der 3. Klasse versehen. Mit dieser Maßnahme konnte eine große Zahl von Arbeitskräften wieder beschäftigt werden.

Infolge der erlassenen Bestimmungen über die Devisenbewirtschaftung blieb der Auslandsreiseverkehr gering. Dagegen begann aber die Zeit der politischen Großveranstaltungen und Aufmärsche (Reichsparteitag, Reichsbauerntag, Erntedankfest, u.a.). Hierzu hatte die Reichsbahn aus allen Gebieten des Reiches unzählige Sonderzüge zu fahren, für die sie 75 % Ermäßigung geben musste. Diese Sonderzugbewegungen nahmen mit den Jahren immer größere Ausmaße an. Dazu wurden alle Wagenreserven benötigt. Aber nicht nur hierfür hatte die Reichsbahn Fahrzeuge zu stellen. Erstmalig zur Volksbefragung am 12. November 1933 wurde rollendes Material in den Dienst der Propaganda gestellt und mit Plakaten bzw. Spruchbändern verkleidet, u.a. planmäßigen Zügen angehängt. Auch kamen einzeln fahrende Triebwagen zu solchen Einsätzen.

Die MITROPA unterhielt jetzt in 40 Eilzügen Wirtschaftsbetriebe, damit sollte auch bei den Eilzügen das Angebot verbessert werden.

Mit dem Gesetz zur „Wiederherstellung des Berufsbeamtentums" vom 7. April 1933 fand auch bei der Reichsbahn die NS-Personalpolitik Eingang, welche bald zu einsetzenden Veränderungen im Vorstand, im Verwaltungsrat und auf anderen Ebenen führte. Gemäß dem Reichsbürgergesetz wurden Beamte nichtarischer Abstammung zum 31. Dezember 1935 in den Ruhestand versetzt, und solche, deren politische Gesinnung nicht einwandfrei war, konnten entlassen werden. Als „Ständiger Vertreter des Generaldirektors" und zugleich als Leiter der Personalabteilung löste der bisherige Präsident der Rbd Köln sowie Leiter des Führerstabes der NSDAP bei der Reichsbahn, W. Kleinmann, den Fachmann W. Weihrauch ab. In wissenschaftlichen Vorlesungen, in Vorträgen und im Dienstunterricht mussten das nationalsozialistische Gedankengut und die Ziele eingeführt werden.

In den süddeutschen Ländern waren im Laufe des Monats März 1933 die bisherigen Länderregierungen durch nationale Rechtsregierungen ersetzt worden. Das verschaffte der Reichsbahn die Möglichkeit, Änderungen in ihrer Organisation durchzuführen. Sie löste die dem Land Bayern aus dem Staatsvertrag von 1920 zugestandene „Gruppenverwaltung Bayern" mit Verf. -2 Ogd (Bay)4- vom 1. Oktober 1933 auf. Die Geschäfte der maschinentechnischen Konstruktion und des zentralen Einkaufs, die bisher im Zentral-Maschinenamt bearbeitet wurden, gingen auf das neu eingerichtete Reichsbahn Zentralamt München über. Dessen künftige Aufgaben legte der Generaldirektor in seinem Schreiben an den bayerischen Ministerpräsidenten vom 30.8.33 -2 Ogd (Bay)3- eingehend dar. Die Reichsbahndirektionen in Bayern unterstanden nunmehr der Hauptverwaltung direkt.

Der „Neue Plan", vertreten vom Reichsbankpräsidenten und gleichzeitigen Reichswirtschaftsminister Dr. Schacht, ging von dem Grundgedanken aus, nicht mehr an Devisen für ausländische Einfuhren auszugeben als durch deutsche Warenexporte hereinkamen. Die Jahre 1934/35 brachten Deutschland schlechte Ernten. Schacht lehnte ergänzende Einfuhren ab. Das führte dazu, Anfang 1936 Vorschläge für eine dauerhafte Sicherheit der deutschen Wirtschaft unter Berücksichtigung der Rohstoff- und Devisenlage auszuarbeiten.

Der allgemeine Wirtschaftsaufschwung setzte sich im Jahre 1934 fort und führte zu Verkehrssteigerungen im Personen- und Güterverkehr. Allerdings blieben die Einnahmen aufgrund der stark ermäßigten Tarife deutlich hinter den Erwartungen zurück.

Den Anforderungen an den Fahrzeugpark konnte entsprochen werden, wobei es allerdings in den großen Verkehrsspitzen an Fest-

Bild 2

Kurverwaltung Ruhpolding

tagen und großen Veranstaltungen zu einigen Engpässen kam. Die Zahl der von der Deutschen Arbeitsfront NS-Gemeinschaft „Kraft durch Freude" veranstalteten Urlaubsfahrten nahm zu.

Mit Beginn des Sommerfahrplanes 1934 konnte ein deutlicher Fortschritt in der Beschleunigung schnellfahrender Züge erreicht werden. Der auf den wichtigsten Strecken vergrößerte Vorsignalabstand auf 1.000 m ließ eine Höchstgeschwindigkeit von 120 km/h zu, wobei Vorsignale und Zugbeeinflussungseinrichtung zur Vermeidung des Überfahrens zum Einbau kamen. Außerdem hatte die Reichsbahn zwischen Stendal und Salzwedel eine Versuchsstrecke für geschweißte 30-m-Schienen eingerichtet, auf der während dreier Monate täglich zehnmal ein Probezug mit einer V_{max} von 120 bis 150 km/h pendelte.

Der Versailler Vertrag enthielt in Artikel 89 für Polen die Verpflichtung, u. a. dem Eisenbahn- und Postverkehr zwischen Ostpreußen und dem übrigen Deutschland völlige Durchgangsfreiheit zuzugestehen. Am 21. April 1921 wurde in Paris das Korridorabkommen unterzeichnet, das diesen Verkehr vertraglich regelte und im Personenverkehr zwei Arten vorsah. Beim gewöhnlichen Durchgangsverkehr war im Personalausweis ein polnisches Visum erforderlich. Das Handgepäck unterlag einer polnischen Nachschau, das aufgegebene Gepäck blieb unkontrolliert. Alle geöffneten Eisenbahnlinien konnten genommen werden. Im privilegierten Durchgangsverkehr benötigten Reisende kein Visum im Pass oder Personalausweis. Das Gepäck unterlag keiner Zollbehandlung, allerdings durfte der Wagen bei Aufenthalten in Polen nicht verlassen werden. Der Verkehr lief nur über bestimmte Strecken, wobei die Zugzahlen festgelegt waren.

Erste Änderungen im gegenseitigen Eisenbahnverkehr zwischen Deutschland und Polen bzw. der Freien Stadt Danzig brachte das Berliner Abkommen, welches 1934 erneut überarbeitet und durch drei neue Vereinbarungen ersetzt wurde. Die Ratifizierung erfolgte dann am 27. Juni 1934. Neben bestimmten Ausführungsbestimmungen hatte man die Durchführung von Gefangenensammel- und Militärtransporten neu geregelt.

Um den Verkehr zwischen Ostpreußen und dem Reich gegen alle Wechselfälle sicherzustellen und den Personenverkehr polnischer Einwirkung zu entziehen, wurde der „Seedienst Ostpreußen" am 20. Januar 1920 eingerichtet. Dies geschah anfangs durch die Hamburg-Amerika-Linie und die Stettiner Dampfschiffahrtsgesellschaft unter der Schirmherrschaft des Reichsverkehrsministeriums in der Verbindung Swinemünde – Pillau, später wurden auch Zoppot, Memel und weitere Häfen einbezogen.

Ab 1925 führte dann das Reich mit eigenen Neubauten („Preußen" [Stettiner Oderwerke], „Hansestadt Danzig" [Vulkan], ab 1934 „Tannenberg" [Stettiner Oderwerke]) den Verkehr durch. Die Reedereien übernahmen nur noch die Dienstleistungen in einem Reisebetrieb. Der „Seedienst Ostpreußen" erfreute sich großer Beliebtheit und führte zu starker Inanspruchnahme namentlich durch den Massenverkehr.

Das „Gesetz über den Neuaufbau des Reiches" vom 30. Januar 1934 beseitigte die Länderparlamente und übertrug die Hoheitsrechte der Länder auf das Reich. In einem weiteren Gesetz über die „Vereinfachung und Verbilligung der Verwaltung" vom 27. Februar 1934 wurde u. a. der Staatsvertrag von 1920 „Übergang der Länderbahnen auf das Reich" einschließlich des Schlussprotokolls sowie die zur Ausführung des Staatsvertrages getroffenen Vereinbarungen mit Wirkung vom 1. April 1934 ab aufgehoben und die Übernahme für abgeschlossen erklärt. Die bisher den Ländern zustehenden Rechte der Zustimmung zur Aufhebung, zur Verlegung des Sitzes oder zu wesentlichen Bezirkseinteilungen von Rbd'en gingen damit auf die Reichsregierung über.

Dadurch wurde die Reichsbahn in die Lage versetzt, die Rbd Oldenburg mit der Verf. -2 Ogd (Old)4- vom 7. November 1934 zum 31. Dezember 1934 aufzulösen und mit dem größten Teil seiner Strecken der Rbd Münster anzugliedern. Einer solchen Entscheidung hätte das Land Oldenburg vorher nie zugestimmt. Parallel dazu wurde auch die Abteilung VI des Reichspostministeriums mit Sitz in München aufgelöst.

Dies bedeutete auch das Ende von Konstruktion und Beschaffung eigener bayerischer Bahnpostwagen. Gleiches galt für die Sonderrechte der OPD Stuttgart hinsichtlich der württembergischen Bahnpostwagen. Diese Maßnahme stand im Widerspruch zur Weimarer Reichsverfassung.

Mit Ablauf des Jahres 1934 schied auch der langjährige Präsident des Verwaltungsrates, Dr. C. F. von Siemens, auf eigenen Wunsch aus seinem Amt. Ihm war es gelungen, die Finanzen der Reichsbahn trotz aller Nöte der Krisenjahre in Ordnung zu halten und die technische Weiterentwicklung dennoch zu fördern. Mit ihm verließen weitere Mitglieder dieses Gremium. Staatssekretär G. Koenigs vom RVM wurde als Nachfolger gewählt.

Durch den Tod des Reichspräsidenten v. Hindenburg am 2. August 1934 wurde dieses Amt mit dem des Reichskanzlers vereinigt. Hitler nannte sich nunmehr „Führer und Reichskanzler" und „Oberster Befehlshaber der Wehrmacht".

Auch bei der MITROPA machten sich Änderungen im Zusammenhang mit dem Regierungswechsel am 30. Januar 1933 bemerkbar. Am ersten Sonntag eines jeden Monats durfte sie nur ein billiges Eintopfgericht zum Preis von 1 RM anbieten, die Hälfte davon hatte sie an das Winterhilfswerk (WHW) abzuführen. Es wurden jetzt 52 bewirtschaftete Eilzüge gegenüber 40 im Vorjahr gefahren.

Auf der Ausstellung „Deutsches Volk – Deutsche Arbeit" in Berlin zeigte die Reichsbahn einige ihrer Fahrzeuge.

Zwei Ereignisse standen bei der Reichsbahn im Jahre 1935 im Vordergrund: die Wiedervereinigung mit den Eisenbahnen im Saarland und die Hundertjahrfeier der deutschen Eisenbahn.

Bei der Abstimmung am 13. Januar 1935 waren 90,7 % der saarländischen Bevölkerung für die Rückkehr zu Deutschland. Die Rückgliederung des Saargebietes erfolgte am 1. März 1935. Die Überleitung der Saareisenbahnen, die früher Teile der preußischen und bayrischen Staatseisenbahnen sowie der Reichseisenbahnen in Elsaß-Lothringen gewesen waren, vollzog sich reibungslos. In den Wagenpark der Reichsbahn kamen 905 Personen- und 252 Gepäckwagen. Die Rückverlegung der Rbd Trier nach Saarbrücken und die Verschmelzung mit der bisherigen Eisenbahndirektion des Saarlandes erfolgten gem. Verfügung -2 Ogd (Saar) 1- vom 2. Februar 1935 bei gleichzeitiger Umbenennung in Rbd Saarbrücken zum 1. März 1935.

Der 100. Wiederkehr des Tages, an dem die erste deutsche Eisenbahn von Nürnberg nach Fürth fuhr (7. Dezember 1835), gedachte die Reichsbahn mit einer Jubiläumsausstellung in der neuen Umladehalle auf dem Gelände des Verschiebebahnhofs Nürnberg Süd vom 14. Juli bis 13. Oktober 1935 und in einem Festakt mit anschließender Fahrzeugparade am 8. Dezember 1935. Die daran beteiligten Fahrzeuge werden in den einzelnen Wagenbeschreibungen (Wb) aufgeführt.

Die Belebung im Personen- und Güterverkehr setzte sich fort, bei den Einnahmen allerdings nicht im gleichen Maße. Bei sparsamer Wirtschaftspolitik gelang es der Reichsbahn, einen Betriebsüberschuss zu erwirtschaften. Dieser reichte jedoch nicht aus, um die Lasten der Gesamtrechnung zu decken. Die seit längerer Zeit beobachtete Abwanderung der Fahrgäste von der Polsterklasse in die Holzklasse hielt an. Zum Sommerfahrplan 1935 wurden zwischen Berlin und Berchtesgaden neue Tagesschnellzüge D 322/323 eingelegt, der Nachtschnellzug D 226 konnte um 65 Minuten beschleunigt werden.

Die Zahl der bewirtschafteten Eilzüge blieb mit 52 gegenüber dem Vorjahr konstant. Die Einrichtung wurde weiterhin gern in Anspruch genommen.

Ein besonders schwerer Unfall ereignete sich am 24. Dezember 1935 in Großheringen, als der D 44 Berlin – Basel dem ausfahrenden P 825 aufgrund Nichtbeachtung des Halt zeigenden Einfahrsignals in die Flanke fuhr. 34 Personen wurden an diesem Heiligabend getötet, 27 verletzt. Nach Eingang der Unglücksmeldung begab sich der Generaldirektor Dr. Dorpmüller sofort an die Unfallstelle, um zusammen mit den Sachreferenten der HV und aus dem RVM die Bergungsarbeiten zu leiten.

In einer Besprechung mit verschiedenen Ressortministern konnte der Generaldirektor feststellen, wie sehr die Reichsbahn die arbeitspolitischen Maßnahmen unterstützt habe. Ausgegeben worden seien im Arbeitsbeschaffungsprogramm:

1931/32 262 Mio. RM, davon 35 Mio. für Fahrzeuge
1932/33 336 Mio. RM, davon 35 Mio. für Fahrzeuge
1933/34 731 Mio. RM, davon 126 Mio. für Fahrzeuge.

Die Besoldung der Beamten und die Löhne der Reichsbahnarbeiter blieben im Jahre 1935 unverändert.

Als am 26. Juni 1935 das Luftschutzgesetz in Kraft trat, brauchte die Reichsbahn keine besonderen Maßnahmen anzuordnen, da sie bereits 1932 eine Dienstvorschrift über den Eisenbahnluftschutz herausgegeben hatte. Die Bestimmungen enthielten die Forderung nach unbedingter Aufrechterhaltung des Betriebsapparates. In den folgenden Jahren wurde dazu ein Eisenbahn-Flugmelde- und Warndienst aufgebaut, der mit dem Flugmeldedienst der Luftwaffe eng zusammenarbeiten sollte. In den reichsbahneigenen Werken musste der Werksluftschutz und bei allen anderen baulichen Anlagen der Selbstschutz aufgebaut werden. Großer Wert wurde auch auf die Tarnung, die Verdunkelungsmaßnahmen, den Splitterschutz und die Anlage von Schutzräumen gelegt.

Im Jahr 1936 erhielt der deutsche Verkehr besonderen Auftrieb durch die Olympischen Winterspiele in Garmisch-Partenkirchen im Februar und durch die XI. Olympischen Spiele im August in Berlin bzw. Kiel. Umfangreiche Vorarbeiten durch einen „Arbeitsausschuss der Berliner Verkehrsträger für den Olympiaverkehr", bei dem alle in Frage kommenden Gesellschaften und zuständigen Behörden unter Vorsitz der BVG mitarbeiteten, waren vorausgegangen, um den Massenverkehr reibungslos zu bewältigen.

Zum Verkehr von und nach Ostpreußen schrieb Uwe Nussbaum: *„Wegen akuter Devisenknappheit mußte die Deutsche Reichsbahn-Gesellschaft nach Forderungen der Reichsbank Devisen einsparen und hatte zum Jahreswechsel ihre Ausgleichszahlungen an die Polnische Staatsbahn für den Korridorverkehr (ursprünglich in Dollar, ab dem 1. April 1933 in Zloty) eingestellt. Stattdessen zahlte sie da Geld auf ein Reichsmarkkonto bei der Deutschen Verkehrskreditbank, einer Bahntochter, ein. Die Reichsbahn berief sich dabei auf die bisher nicht beachtete Regelung der Ausführungsbestimmung zu Art. 30 Ziff: „Die Forderungen der Eisenbahn des Durchgangslandes sind in der Tarifwährung zu zahlen." Auch unterstellte die deutsche Seite den Polen, sie würden mit dem überproportional hohen Gewinnen aus dem Transitverkehr die Dumpingpreise beim Kohletransport Oberschlesien – Ostsee finanzieren, um diese im eigenen Netz zu halten. Da die Reichsmark aufgrund der Devisenbewirtschaftung nicht konvertibel war, hätten die Polnischen Staatsbahnen (PKP) hiervon lediglich Waren in Deutschland kaufen können. (…) Die PKP schränkten den Korridorverkehr zum 7. Februar 1936 um Mitternacht drastisch ein. Von elf Schnell- und zwei Personenzugpaaren verblieben noch je ein Schnell- und ein Personenzugpaar. (…) Polen hob die Sperre zum 31. August 1936 auf, ließ jedoch noch keine Sonderzüge zu."* Der Verkehr war während der Sperre abweichend vom Pariser Staatsvertrag nur über die beiden kurzen Strecken Firchau – Marienburg und Groß Boschpol – Marienburg gelaufen. Der privilegierte Durchgangsverkehr Schneidemühl – Deutsch-Eylau bzw. Neu-Bentschen wurde ganz eingestellt. Die Devisenschuld betrug Ende 1936 74 Mio. Zloty.

Mit Beginn des Sommerfahrplans 1936 wurde der Schnellverkehr durch den Henschel-Wegmann-Stromlinienzug zwischen Berlin und Dresden und durch den Einsatz neuer Schnelltriebwagen in verbesserten Verbindungen wesentlich erweitert. Am 11. Mai 1936 fand eine unter Fachleuten Aufsehen erregende Rekordfahrt statt, bei welcher die Dampflokomotive 05 002 (Lokführer Oscar Langhans, Heizer Ernst Höhne) mit einem Messwagen und drei D-Zugwagen neuester Bauart mit einem Zuggewicht von 197 t auf der Strecke Hamburg – Berlin 200,4 km/h Höchstgeschwindigkeit erreichte.

Auf der Olympia-Ausstellung „Deutschland" vom 18. Juli bis zum 16. August 1936 in Berlin war die Reichsbahn mit der Dampflok 03 256 und drei Drehgestell-Bauarten vertreten, mit denen die Entwicklung dargestellt werden sollte.

Zum 15. Mai 1936 traten die neuen „Vorschriften über die Verteilung und Verwendung von Personen- sowie Trieb-, Steuer- und Beiwagen" – kurz „Personenwagenvorschriften (PWV)" – in Kraft und ersetzten die der pr.-hess. Staatseisenbahnen vom 1. Oktober 1910. Die Vorschriften waren das Ergebnis jahrelanger Vorbereitung in Ausschüssen und Arbeitsgemeinschaften. Die Einnahmen 1936 verbesserten sich gegenüber dem Vorjahr, im Güterverkehr deutlicher als im Personenverkehr, was aber teilweise auf eine 5%ige Erhöhung der Güter- und Tiertarife ab 20. Januar 1936 zurückzuführen war. Der Überschuss der Betriebsrechnung reichte aus, um die festen Lasten abzudecken und Zuweisungen für Rücklagen vorzunehmen. Die wirtschaftliche Lage der Reichsbahn konnte daher wieder als gefestigt angesehen werden. Die Besserung der Finanzlage wurde in der Öffentlichkeit nicht allzu sehr hervorgehoben, um nicht Hoffnungen auf eine Tarifermäßigung zu wecken.

Der 1. Vierjahresplan ging mit dem Jahr 1936 zu Ende. Für ihre Arbeitsbeschaffungsmaßnahmen zur Beseitigung der Arbeitslosigkeit hatte die Reichsbahn Kredite aufnehmen müssen, um den Forderungen der Reichsregierung nachkommen zu können. Auf dem Reichsparteitag wurde am 9. September 1936 der 2. Vierjahresplan verkündet und mit dessen Durchführung Göring am 18. Oktober 1936 beauftragt. Der Plan hatte anfangs den Zweck, die deutsche Zahlungsbilanz auszugleichen, da sich ab Frühjahr 1936 die Devisenknappheit stark bemerkbar machte. Die einheimische Rohstoffproduktion sollte gestärkt und für Kriegswirkungen weniger anfällig gemacht werden. Auch hatte sich gezeigt, dass die Einfuhr infolge der politischen Verhältnisse in Deutschland vom Ausland erschwert wurde. Der Generaldirektor musste im Sinne des Straffreiheitsgesetzes vom 23. April 1936 Beamten Gnadenerweise erteilen, die zur Durchsetzung nationalsozialistischer Ziele dienstliche Verfehlungen begangen hatten.

Die Verfügung -HV 2 Arh 17- vom 30. November 1936 legte rückwirkend zum 1. Januar 1936 die neue Bezeichnung „Deutsche Reichsbahn" fest und bestimmte als Hoheitszeichen den Reichsadler mit der Schriftumrandung „Deutsche Reichsbahn". Der Entwurf stammte von dem Gebrauchsgraphiker Eduard Sauer.

In der Reichstagssitzung vom 30. Januar 1937 zog Hitler die Erklärung der Kriegsschuld Deutschlands zurück und verkündete, dass er „im Sinne der Wiederherstellung der deutschen Gleichberechtigung die Deutsche Reichsbahn und die Deutsche Reichsbank ihres bisherigen Charakters entkleiden und restlos unter die Hoheit der Regierung des Reiches stellen" werde. Im Gesetz vom 10. Februar 1937 fand diese Erklärung ihre gesetzliche Regelung. Damit hörte die am 11. Oktober 1924 errichtete „Deutsche Reichsbahn-Gesellschaft" nach zwölf Geschäftsjahren auf zu bestehen. Gleichzeitig nahm damit die Reparationsbindung ihr Ende. Ebenfalls aufgelöst wurde der Verwaltungsrat, an seine Stelle trat ein Beirat mit weniger Befugnissen.

Der Reichs- und Preußische Verkehrsminister nahm gleichzeitig die Aufgaben des Generaldirektors der Deutschen Reichsbahn wahr. Die neue Geschäftsordnung der Deutschen Reichsbahn (2 Oavh vom 12. Februar 1937) trat an die Stelle der Geschäftsordnung der Deutschen Reichsbahn-Gesellschaft vom 28. November 1933. Die Deutsche Reichsbahn wurde dadurch ganz unter die unmittelbare Hoheit des Reiches gestellt, die Geschäftsstellen waren wieder unmittelbare Reichsbehörden geworden. Dies hatte u. a. auch zur Folge, dass die im Jahr 1937 vom Reich angeordneten rassenpolitischen Maßnahmen angewandt werden mussten. Der Reichsbahn erwuchsen aus den neuen wirtschaftlichen Maßnahmen der Reichsregierung, der Wiedererlangung der Wehrkraft und aus den geplanten Erweiterungen der inländischen Rohstoffgrundlage große Aufgaben. Diese waren in allen drei Bereichen – Verkehr, Betrieb, Bau – zu lösen.

Der Hauptteil der industriellen Kapazität war unzweckmäßig im Westen konzentriert. Die Auflockerung der Ballungsgebiete und eine gleichmäßige Aufteilung auf das übrige Reichsgebiet, der Ausbau der Kapazitäten und eine technische Rationalisierung gestalteten den Verkehr um. Die Beförderungsleistungen stiegen 1937 weiter kräftig an, die Einnahmen festigten die finanzielle Lage der Reichsbahn. Die Arbeitslosigkeit war praktisch beseitigt.

Um den Anforderungen des stark gestiegenen Verkehrs gerecht zu werden, musste auch der Fahrzeugpark erheblich verjüngt und vermehrt werden. Seit 1935 hatte das Reichsverkehrsministerium auf die Notwendigkeit der Vermehrung des Betriebsmaterials aufmerksam gemacht und sich zu einem großzügigen Beschaffungsprogramm bereit erklärt, falls die notwendigen Geldmittel beschafft werden konnten. Gleichzeitig kam es aber ebenfalls auf die Bewilligung von Material und Arbeitskräften an. Die erhofften Freigaben erfolgten nicht im notwendigen Rahmen. Der Grund lag in einer Überbewertung der Motorisierung und in der schwachen Stellung des Reichsverkehrsministers, der es als Fachminister gegenüber den Parteiministern ungleich schwerer hatte. Hinzu kam, dass die Lieferkapazitäten der Waggonindustrie durch die eingeschränkten Beschaffungen am Anfang der dreißiger Jahre zurückgegangen waren und manche Werke sich inzwischen anders orientiert hatten. Die Warnungen weniger, z. B. der Fachgruppe Eisenbahnwagenbau der Wirtschaftsgruppe Stahl- und Eisenbau, wurden nicht gehört. Der Wiederaufbau der Wehrmacht hatte unbedingten Vorrang. Der Kapitalmarkt stand der Reichsbahn zur Finanzierung der größtenteils aufgezwungenen großen Bauvorhaben nicht zur Verfügung. Diesen nahm die Reichsregierung für ihre Zwecke selbst in Anspruch. Die Eisenbahnabteilungen des RVM mussten durch sparsamste Wirtschaftsführung die Eigenfinanzierung sicherstellen. Diese hätte sie aber 1937 im Gegensatz zu den vergangenen Jahren erstmalig wieder in die Lage versetzt, die Beschaffungen großzügiger vorzunehmen. Jetzt musste sie aber auf die Liefermöglichkeiten Rücksicht nehmen, die wegen der guten Beschäftigungslage in Industrie und Gewerbe und dem dadurch bedingten Rohstoffverbrauch und Facharbeitermangel begrenzt waren. Die Beschaffungen mussten so angepasst werden, dass keine Schwierigkeiten mit anderen Reichsstellen entstanden.

Eine schon länger geplante Auflösung der RBD Ludwigshafen führten die Eisenbahnabteilungen des RVM (2 Ogd (Lu) vom 8. März 1937) zum 1. April 1937 durch. Ihre Strecken gingen in die Bezirke Mainz und Saarbrücken über, soweit sie nicht bereits am 1. Februar 1937 zur RBD Karlsruhe gekommen waren.

Im Zusammenhang mit der Bildung Groß-Hamburgs unter Einbeziehung der Stadt Altona in das Gebiet der Hansestadt Hamburg wurde am 1. April 1937 (2 Ogd vom 27. Februar 1937) die RBD Altona in RBD Hamburg umbenannt.

Am 14. Juli 1937 lief das Genfer Abkommen vom 15. Mai 1922 über die Oberschlesischen Eisenbahnen ab. Damit wurden die bisherigen Gemeinschaftsbahnhöfe aufgehoben und durch Betriebswechselbahnhöfe ersetzt, außerdem wurden die Strecken der RBD'en Breslau und Oppeln neu abgegrenzt.

Die Zugleistungen im Sonderzugverkehr nahmen in jenem Jahr weiter zu, hauptsächlich infolge des weiteren starken Anwachsens der KdF-Reisen und der Leistungen für die großen Massenveranstaltungen. Dieser Anstieg führte dazu, dass 1937 nur 28,4 % aller Fahrten zum normalen Fahrpreis, dagegen 71,6 % zum ermäßigten Preis ausgeführt wurden.

Der Verkehr zwischen Ostpreußen und dem übrigen Deutschland litt auch 1937 unter dem anhaltenden Mangel an Bardevisen. Nach einer vorläufigen Vereinbarung vom 22. Dezember 1936 kam am 9. Juli 1937 mit der Polnischen Staatsbahn ein Übereinkommen zur Regelung des Durchgangsverkehrs zustande, im Höchstfall konnten 16 Reisezugpaare verkehren. Der Seedienst Ostpreußen fand weiterhin starken Zuspruch.

Die Beteiligung der Reichsbahn an Ausstellungen nahm 1937 weiter zu. So war sie auf der in Berlin abgehaltenen Leistungsschau „Gebt mir vier Jahre Zeit", auf der Düsseldorfer Ausstellung „Schaffendes Volk" und der „Internationalen Ausstellung Paris 1937" vertreten.

2. Entwicklung innerhalb der HV und des RVM

An der Spitze der Hauptverwaltung standen seit dem 4. Juni 1926 als Generaldirektor der Deutschen Reichsbahn-Gesellschaft Dr.-Ing. E. h. Julius Dorpmüller und als sein ständiger Stellvertreter Dr. jur. Wilhelm Weihrauch. Die 111. Maschinentechnische Abteilung leitete Direktor Dr.-Ing. E. h. R. Anger mit dem RD Dr.-Ing. E. Ackermann als Referent 30 und die VII. Einkaufsabteilung Direktor Dr.-Ing. E. h. G. Hammer. Das Referat 73a wurde vom Referenten 30 mitgeführt. Zum 31. Dezember 1935 gab es dann organisatorische Veränderungen durch die Zusammenlegung der bisherigen III. Maschinentechnischen mit der VII. Einkaufsabteilung zu einer 111. Maschinentechnischen und Einkaufsabteilung, die von Direktor Werner Bergmann, bisher Präsident der RBD Essen, übernommen wurde.

Aufgrund eines Erlasses vom 30. Januar 1932 gliederte sich das RVM u. a. in die Eisenbahnverwaltungsabteilung (E I) und Technische Eisenbahnabteilung (E 11). Mit der Leitung des Reichsverkehrs- und Reichspostministeriums wurde mit Antritt der neuen Regierung Papen am 2. Juni 1932 ein im in- und ausländischen Verkehrswesen erfahrener Eisenbahnfachmann berufen, der frühere Präsident der RBD Karlsruhe, Paul Freiherr von Eltz-Rübenach; er löste Gottlieb Reinhold Treviranus ab. Als Staatssekretär kam Koenigs in das Amt.

Das Gesetz zur Vereinfachung und Verbilligung der Verwaltung vom 27. Februar 1934 bestimmte, dass der Reichsverkehrsminister für eine einheitliche Verkehrspolitik in seinem Hause, im Reichspostministerium und bei den in der Deutschen Reichsbahn zusammengefassten Verkehrsmitteln sowie für grundsätzliche tarifpolitische Maßnahmen zuständig war. Auf dem Gebiet des Straßenverkehrs intensivierte das RVM seine Tätigkeit erheblich, um die Straßenbaupolitik der Reichsregierung zu unterstützen, die mit der Errichtung des „Unternehmens Reichsautobahnen" durch Gesetz vom 27. Juni 1933 eingeleitet worden war. Nach der Übernahme preußischer Landesaufgaben änderte der Reichsverkehrsminister seine Behördenbezeichnung in „Der Reichs- und Preußische Verkehrsminister". Das Gesetz zur Neuregelung der Verhältnisse der Reichsbank und der Deutschen Reichsbahn vom 10. Februar 1937 brachte organisatorische Änderungen mit sich. Die Abteilungen der Hauptverwaltung der Deutschen Reichsbahn wurden in Ministerialabteilungen umgewandelt und die alte Eisenbahnabteilung aufgelöst. Der Reichsverkehrsminister wurde in seiner Eigenschaft als Leiter der Reichsbahn wieder deren Generaldirektor, der stellvertretende Generaldirektor zugleich Staatssekretär für die Eisenbahnabteilungen des Ministeriums. Die Personalunion in der Leitung des Reichsverkehrsministeriums und des Reichspostministeriums wurde aufgehoben und die beiden Ministerien wieder von je einem Reichsminister verwaltet. Nachdem der frühere Inhaber dieses Amtes, von Eltz-Rübenach, das ihm in der Kabinettssitzung am 30. Januar 1937 als Auszeichnung verliehene goldene Parteiabzeichen an Hitler zurückschickte, fiel er in Ungnade. Als neuer Reichs- und Preußischer Verkehrsminister wurde am 2. Februar 1937 Dr. Julius Dorpmüller und am 10. Februar 1937 als sein Staatssekretär der bisherige Stellv. Generaldirektor W. Kleinmann berufen. Dieser löste Staatssekretär Koenigs ab.

Die Eisenbahnabteilungen des Reichsverkehrsministeriums gliederten sich nunmehr in:

Gruppe A	Allgemeine Gruppe	RD u. Abt.L. Dr. Kittel
E I	Verkehrs- u. Tarifabteilung	Min.-Dir. Treibe
E II	Betriebs- u. Bauabteilung	Min.-Dir. Dr.-Ing. E. h. Leibbrand
E II A	Unterabteilung (Bauabt.)	RD u. Abt.L. Meilicke
E III	Maschinentechn. u. Einkaufsabt.	Min.-Dir. Bergmann
E IV	Finanz- u. Rechtsabteilung	Min.-Dir. Prang
E IV A	Unterabteilung (Rechtsabt.)	RD u. Abt.L. Dr. Pischel, GFR
E V	Personalabteilung	Min.-Dir. Osthoff
Gruppe L	unmittelbar dem Sts unterstellt	RD Dr.-Ing. Ebeling

Im Spätherbst 1937 sah der Minister die Zusammenarbeit und die restlose Einheitlichkeit des Ministeriums nach außen in Frage gestellt. Welche der Abteilungen seines Hauses dabei gemeint waren, muss offen bleiben. Entsprechende Akten sind nicht überliefert. In einem Schreiben vom 13. November 1937 an die Herren Staatssekretäre, Direktoren der Abteilungen und Leiter der Unterabteilungen ordnete Dr. Dorpmüller daraufhin folgendes an:

Vom Dezember ab (...) wird unter meinem Vorsitz an jedem Mittwoch 10 Uhr im Rauchzimmer eine gemeinsame Sitzung der Leiter der

Abteilungen und Unterabteilungen abgehalten. Auf diesen Sitzungen wird jeder Abteilungsleiter die wichtigsten schwebenden Probleme seiner Abteilung und die von ihm beabsichtigte Lösung vortragen. Die Darstellung soll in einem kurz gefassten Referat erfolgen. Sie dient der loyalen gegenseitigen Information und ist darauf abzustellen, dass jede der Ministerialabteilungen ständig über die wichtigen Vorgänge in den übrigen Abteilungen unterrichtet wird. Da diese Sitzungen in jeder Woche stattfinden sollen, sind den Referaten die wichtigen Vorgänge der vergangenen Woche zu Grunde zu legen.(…) Für die Sicherstellung einer loyalen Zusammenarbeit mache ich jeden einzelnen Abteilungsleiter persönlich verantwortlich und behalte mir vor, persönlich einzugreifen, wenn diesem Wunsch nicht Rechnung getragen wird.

Die obige Einteilung der Abteilungen mit ihren Leitern änderte sich in den nächsten Jahren nicht, sieht man davon ab, dass in Hinblick auf die geplanten großen Baumaßnahmen in Berlin und München die bisherige Unterabteilung E II A ausgegliedert und den Status einer eigenen Abteilung als E VI Bauabteilung erhielt. Die Leitung behielt der frühere RD u. Abt.L, jetzt Min.-Dir. Meilicke.

Die Gliederung der Eisenbahnabteilungen des RVM erfuhren am 20. Januar 1942 folgende Änderungen:

1. Die zur Finanz- und Rechtsabteilung gehörende Unterabteilung E IV A wurde geteilt in E IV A, Rechtsabteilung und E IV B, Abteilung für Privat- und Kleinbahnaufsicht unter Min.-Dir. Drache.
2. Die bisherige Bauabteilung E VI teilte sich in die Bauabteilungen E VI und E VII. Die Leitung der neuen Abteilung übernahm Min.Dir. Rudolphi.

Größere personelle Umbesetzungen gab nach der Winterkrise 1942 im Osten (s. dazu Band 3).

In den schweren Wochen und Monaten der Wirtschaftskrise war es für die „Reichsbahner" ein großer Vorteil, in ihrem Generaldirektor einen Mann an der Spitze zu haben, der mit seinen reichen Erfahrungen, seiner Zielsicherheit und seinem Verhandlungsgeschick sich ständig um die Rentabilität des Unternehmens bemühte. Zum ersten Mal in der Geschichte der Eisenbahn stand ein Ingenieur an solch entscheidender Stelle. Dorpmüller war nie ein Politiker, nie parteipolitisch gebunden. Allein seine Persönlichkeit, das fachliche Wissen und die Tatkraft verschafften ihm den notwendigen Respekt. So blieb es nicht verwunderlich, dass dieser hochbegabte Mann auch nach 1933 von seinem Posten nicht abberufen wurde. Seinen Mitarbeitern ließ er die notwendigen Freiräume zum Suchen richtiger Lösungen. Damit stärkte er das Verantwortungsbewusstsein bis in die unteren Ebenen. Dorpmüller erkannte, dass die Eisenbahnen nicht mehr das Verkehrsmonopol besaßen. Um der Abwanderung energisch entgegenzutreten, wurde ein Konzept entwickelt, den Verkehr so gut wie irgend möglich zu bedienen. Die Reichsbahn setzte sich zum Ziel, sicher, schnell und pünktlich zu fahren, Bequemlichkeit zu bieten.

Mit der ab 1935 neuentwickelten Fahrzeuggeneration glaubte sie, diesen Weg erfolgreich beschreiten und das Reisen angenehmer machen zu können. Der Referent 30 der HV, Dr.-Ing. E. h. E. Ackermann, verstand es, diese Vorgaben in die Tat umzusetzen. Sein besonderes Augenmerk galt der konsequenten Fortentwicklung des Leichtbaues, weitere Möglichkeiten des Fortschritts sah er in den windschnittigen Bauarten von Personen- und Gepäckwagen.

3. Entwicklung aufgrund militärischer Einflussnahme

Das Militär erkannte schon sehr frühzeitig die Bedeutung der Eisenbahn als militärische Operationslinien, bereits 1842 erschien darüber eine Veröffentlichung. Nach dem preußischen Sieg 1866 bei Königgrätz, bei dem die Eisenbahn eine besondere Rolle gespielt hatte, kam es zur Bildung der Eisenbahnabteilung beim Großen Generalstab. Hier wurden die Pläne ausgearbeitet, die es 1870 und 1914 ermöglichten, nach der Mobilmachung innerhalb weniger Tage die Truppen in die Aufmarschräume zu bringen.

Der Friedensvertrag von Versailles hatte die Gliederung des Reichsheeres bis in alle Einzelheiten festgelegt. Die Kopfstärke durfte nur 100.000 Mann (einschließlich 4.000 Offizieren) betragen. Eine erste Lockerung brachte die Genfer Fünfmächtevereinbarung vom 11. Dezember 1932, wonach Deutschland die Gleichberechtigung im Rahmen eines Systems zugestanden wurde und die Bestimmungen über den Nichtbesitz von schweren Waffen und Gerät fallen sollten. Der Regierungswechsel vom 30. Januar 1933 veränderte sehr schnell die politische Lage.

Hitler hatte schon bald nach der Regierungsübernahme die Bildung eines Reichsverteidigungsrates sowie eines Reichsverteidigungsausschusses (4. April 1933) beschlossen und damit deutlich gemacht, welchen Stellenwert er der Reichswehr einräumen wollte. Der Reichsverkehrsminister war nicht Mitglied und sollte nur bei Bedarf hinzugezogen werden.

Im Herbst 1933 erließ Hitler die „Weisung für die Wehrmacht im Falle von Sanktionen". Am 14. Oktober 1933 trat Deutschland aus dem Völkerbund und der Abrüstungskonferenz aus. Ein Memorandum der Reichsregierung forderte Gleichberechtigung mit anderen Staaten und Verstärkung des bisherigen 100.000-Mann-Heeres auf das Dreifache. Am 1. Oktober 1934 folgte bereits die Weisung zur Erhöhung auf 240.000 Mann. Unter diesem Gesichtspunkt richtete 1934 die HV zur Bearbeitung der anfallenden militärischen Angelegenheiten die „Gruppe L" (Landesverteidigung) ein. Sie stand unter der Leitung von Dr.-Ing. Fr. Ebeling und gliederte sich in die Referate

L1	Transportaufgaben	W. Elias
L2	Organisation	O. Lüttge
L3	Maschinentechnische und Stoffangelegenheiten	R. Körner
L4	Schutzangelegenheiten (Luft- und Bahnschutz)	Fr. Hülsenkamp

1938 kam noch das Referat L5 Transport- und Bauangelegenheiten G. Haeseler hinzu. Sie galten in allen Belangen als direkte Beauftragte des Generaldirektors und standen in ständiger Verbindung mit dem Generalstab des Heeres (5. Abteilung). In den Direktionen und Ämtern nahm „Der Bahnbevollmächtigte" seine Tätigkeit auf, der an der Bearbeitung aller eisenbahnmilitärischen Verschlusssachen zu beteiligen war. Bahnbevollmächtigter war stets der Betriebsleiter der RBD.

Der Chef des Transportwesens (Transportchef) sollte im Auftrage des Oberkommandos der Wehrmacht im Kriegsfall sowohl für Zwecke der Wehrmacht als auch für die Wirtschaft das gesamte Transportwesen auf Eisenbahn und Wasserstraßen leiten. Dazu standen ihm die Transportkommandanturen, deren Bereiche sich mit denen der Reichsbahndirektionen deckten, zur Verfügung. Die Wehrmacht-Eisenbahn-Ordnung (WEO) vom 1. Januar 1932 regelte mit ihren Nachträgen Fahrten und Transporte.

Am 16. März 1935 erfolgte die Einführung der allgemeinen Wehrpflicht und die Absage an die Bindungen des Versailler Vertrages. Ein Jahr später fand am 7. März 1936 der Einmarsch in das entmilitarisierte Rheinland statt, womit gleichzeitig der Locarno-Pakt offen gebrochen wurde.

Die „Weisungen für die einheitliche Vorbereitung eines möglichen Krieges" vom 26. Juni 1936 und die „Weisung für die einheitliche Kriegsvorbereitung der Wehrmacht" vom 24. Juni 1937 gaben den untergeordneten Dienststellen und Kommandobehörden Richtlinien. Am 5. November 1937 sprach Hitler in einer geheimen Sitzung vor einem kleinen Teilnehmerkreis offen aus, dass es zur Lösung der deutschen Frage nur den Krieg gäbe und dieser nicht risikolos sein könne. Die Raumfrage müsse bis spätestens 1943/45 gelöst sein. Diese Eröffnungen riefen den entschiedenen Widerspruch des damaligen Reichskriegsministers von Blomberg und des Oberbefehlshabers des Heeres von Fritsch hervor, beide wurden zusammen mit dem Reichsaußenminister ein knappes Vierteljahr später abgelöst.

Im Zuge der Wiederaufrüstung stellte sich die Frage, ob die Reichsbahn den strategischen Forderungen genügen würde. Die 5. Abteilung des Generalstabs verfasste 1936 eine Denkschrift über die unbedingte Notwendigkeit und forderte ein Ausbauprogramm in Höhe von 500 bis 600 Mio. RM.

III. Entwicklung der Bauarten

1. Geschichtliche Entwicklung

Als 1928 OR Ernst Dähnick das Dezernat 26 im RZA Berlin übernahm, gehörte er mit 28 Jahren zu den jüngsten Dezernenten in der Deutschen Reichsbahn. Mit viel Umsicht und Tatkraft ging er den eingeschlagenen Weg weiter, der von seinem Vorgänger noch vorgezeichnet war. Nach den Entwürfen für die Bauart „Hapag-Lloyd" folgten die Vorarbeiten für die ersten geschweißten Versuchswagen. Dähnick kam aus Ostpreußen und war dafür bekannt, einmal als richtig erkannte Neuerungen wirkungsvoll zu vertreten und auch durchzusetzen. Die geschweißten Entwicklungsbauarten führten dann im Jubiläumsjahr 1935 zum Henschel-Wegmann-Zug, zu den ersten Salonwagen-Neubauten und zu den Einheits-Personen- und Gepäckwagen der Bauarten 1935. Hier waren Fahrzeuge gelungen, die von der Bequemlichkeit, von der Ausstattung, vom Wagenlauf eine Stufe erreicht hatten, wie man sie bisher bei der Reichsbahn nicht kannte. Das Bestreben nach Erhöhung der Höchstgeschwindigkeit führte zu Überlegungen, die Wagen windschnittiger zu gestalten.

Beim RZA München leitete Reichsbahnrat Otto Taschinger das Konstruktions-Dezernat 26, der sich schon frühzeitig intensiv mit dem Stahlleichtbau befasste und auch entscheidenden Einfluss auf die Entwicklung der Bremsen bei schnellfahrenden Fahrzeugen nahm. Auf seine Veranlassung kamen die ersten Trommel- und Scheibenbremsen zum Einbau. Um die Festigkeit von Leichtbauwagen zu prüfen, führte Taschinger Ende der dreißiger Jahre erstmalig mit einem Einheitssteuerwagen 3. Klasse umfangreiche Festigkeits- und Zerstörungsversuche durch, zu denen auch zwei Absturzversuche auf der Strecke Immendingen – Singen gehörten.

Reichsbahnrat A. Mielich übernahm im August 1933, nach einer kurzen Tätigkeit als Hilfsarbeiter im Dezernat 26, die Leitung der Versuchsabteilung für Wagen beim AW Grunewald. Umfangreiche Versuche zur Verbesserung des Laufes von D-Zugwagen wurden aufgenommen. Dazu mussten zahlreiche Messgeräte und Untersuchungsverfahren entwickelt werden, die die Grundlage für eine Bewertung der Fahrzeuglaufeigenschaften bildeten.

2. Reichsbahn-Zentralämter

Zur Gründung eines eigenen Reichsbahn-Konstruktionsbüros war es, obwohl ursprünglich einmal beabsichtigt, nicht bekommen. Man glaubte, dass einem solchen Büro die Impulse fehlen würden, die das rivalisierende Arbeiten in der Privatindustrie immer zum fortschrittlichen Denken ansporne. Über eine Angliederung eines Gemeinschaftsbüros aus Konstrukteuren der Wagenbauanstalten bei der DWV konnte man in diesen Jahren noch keine Einigung erzielen. Die Konstruktionsaufgaben gingen an federführende Werke, die dafür als Ausgleich quotenfreie Aufträge erhielten.

Die zahlreichen Bauartänderungen gaben sehr oft Anlass zu Ärger. Sie entstanden vielfach aus den unzureichenden Verbindungen der einzelnen Wagenbauanstalten untereinander, denen die Fertigung nach der entworfenen Bauform Schwierigkeiten bereitete, da andersartige Fabrikeinrichtungen die Bauartänderungen nur mit Mehrkosten oder Zeitverlusten möglich machten.

Die Geschäftsanweisung -2 Ogd (RZA) 6- vom 28. November 1930 legte für das Reichsbahn-Zentralamt für Maschinenbau (RZM) folgende Aufgaben für die Wagenbauabteilung fest: Ausarbeitung von Musterentwürfen für Fahrzeuge nebst ihren Bestandteilen und Zubehörstücken, Beschaffung von Versuchsfahrzeugen, Überwachung des Baues und Abnahme dieser Fahrzeuge, Normung im Fahrzeugbau.

Die Leitung übernahm am 1. Februar 1932 als Direktor beim RZM C. Emmelius und löste damit Direktor Werner Bergmann ab. Die Wagenbauabteilung gliederte sich u. a. in:

Dez 26	Bau der Personen-, Gepäck-, Post- und Heizkesselwagen	E. Dähnick, OR
Dez 37	Bauart der Zug- und Stoßvorrichtungen, Bremsversuche	K. Wiedemann, D ab 1934 E. Schröder, R
Dez 38	Bauart der Bremsen, Bremsbetrieb	E. Achard, OR, ab 1934 Fr. Reckel, OR
Dez 44	Normung der Wagenteile	Fr. Klein, OR

Hilfsarbeiter:	W. Breest, R	(für Dez 38)
	G. Wiens, R	(für Dez 26)
	K. Otto, R	(für Dez 26)
	A. Mielich, R	(für Dez 26)
	Fr. Schmidt, B	(für Dez 38)

Wegen des hohen Arbeitsanfalles wurden 1934 weitere Dezernate mit folgenden Aufgaben eingerichtet:

Dez 26A	Bau der Personenwagen	Fr. Wolf, R
Dez C	Sonderdezernat Wagenbau	J. Cohen, OR
Dez L	Bau der Gepäck-, Post- und Heizwagen	E. Schulz, OR

Die beiden letzten Dezernate löste die HV nach einigen Monaten bereits wieder auf.

Zum Ausbesserungswerk Grunewald gehörten die

Vers. Abt. f. Bremsen	Metzkow, OR ab 1935 H. Kirschstein, R
Vers. Abt. f. Wagen	P. Speer, R ab 1933 A. Mielich, R

Das Reichsbahn-Zentralamt München nahm am 1. November 1933 nach der Verfügung -2 Ogd (RZA Mü) 2- vom 28. Oktober 1933 seine Arbeit auf, wobei u. a. die Geschäfte der Konstruktion des Zentral-Maschinenamtes der Gruppenverwaltung Bayern auf das neue Amt übergegangen waren. Diese Arbeiten lagen jetzt beim Dez 26 Wagenbau, O. Taschinger, R. Weitere Aufgaben, die bisher von Geschäftsstellen der Reichsbahn außerhalb Bayerns wahrgenommen wurden, kamen hinzu, u. a. Konstruktion elektrischer Triebwagen (Ausnahme Berliner S-Bahn) und Triebwagen mit eigener Kraftquelle einschließlich dazugehöriger Steuer- und Beiwagen, von Tiefladewagen, bestimmten Bahndienstwagen und Behältern.

Die im Jahre 1930 vollzogene Trennung vor allem zwischen den Ämtern für Maschinenbau und Einkauf bewährte sich nicht. Die Spartenämter wurden deshalb zum 1. August 1936 wieder zu einem Reichsbahn-Zentralamt mit acht Abteilungen unter einem Präsidenten zusammengefasst und die Zuständigkeiten sowie Aufgabenkreise der Zentralämter in Berlin bzw. München deutlicher abgegrenzt, um künftig Überschneidungen auszuschalten, nachdem der Verwaltungsrat zuvor in seiner 72. Sitzung am 24./25. März 1936 zugestimmt hatte. Die Konstruktion und der Einkauf der Personen-, Gepäck- und Güterwagen sowie der Bremsen, Zug- und Stoßvorrichtungen blieben in Berlin. Der gesamte Triebwagenbau einschließlich der Schnelltriebwagen lag jetzt in München. Die Geschäftsanweisung für die Reichsbahn-Zentralämter -2 Ogd (RZÄ) 12- vom 30. Juli 1936 regelte in der Anlage zu 1 (3) die neuen Geschäftsaufgaben in Berlin und München.

Die Leitung des Reichsbahn-Zentralamtes Berlin übertrug die HV C. Emmelius als Präsident. An der Spitze der Wagenbau- und Einkaufsabteilung stand

VPr Fr. Klein mit den

Dez 25	Versuchswesen	Helberg, R
Dez 26	Bau und Einkauf der Personenwagen	E. Dähnick, OR
Dez 26A	Bau und Einkauf der Personenwagen	Fr. Wolf, OR

Dez 28	Bau und Einkauf der Güterwagen	Luther,OR
Dez 29	Bau und Einkauf der Güterwagen für besondere Zwecke, Gepäck-, Post- und Heizwagen	L. Köpke, OR
Dez 37	Bauart der Bremsen, Zug- und Stoßvorrichtungen	E. Schröder, OR
Dez 38	Einbau der Bremsen, Bremsbetrieb	W. Breest, R
Dez 44	Normung der Wagenteile	Fr. Klein, VPr
Dez 45	Heizung, Lüftung und Beleuchtung der Wagen und Lok	W. Klinke, OR
Dez 68	Einkauf der Beschlag- und Ausrüstungsstücke, Zug- und Stoßvorrichtung sowie Bremsausrüstungen	Fr. Ohlerich, OR

Hilfsarbeiter:	Dr.-Ing. Raab	(für Dez 26)
	W. Höfinghoff, B	(für Dez 26)
	Wentscher, R	(für Dez 28)
	König, R	(für Dez 28)
	J. Pfennings, R	(für Dez 37)
	W. Ratz, R	(für Dez 38)
	H. Elsner, B	(für Dez 38)
	W. Gramatke, R	(für Dez 44)
	H. Kempf, R	(für Dez 68)
	U. Koehne, R	(für Dez 29)

Am 31. Dezember 1931 führte die Reichsbahn 86.806 Personen- und Gepäckwagen im Bestand; aneinandergekuppelt würde für sie die Strecke München – Berlin – Königsberg nicht ausreichen. Die Eisenbahn-Bau- und Betriebsordnung (BO) sah folgende Untersuchungsfristen vor:

Personen-, Gepäck-, Post- und Güterwagen bei überwiegender Verwendung in Zügen mit Geschwindigkeiten von mehr als 90 km/h: 6 Monate vorzugsweise in Reisezügen bis zu 90 km/h: 1 Jahr die übrigen Personen-, Gepäck-, Post- und Güterwagen: 3 Jahre.

Bei 40-jähriger Lebensdauer ergab sich ein erheblicher ständiger Jahresbedarf an neu zu entwickelnden und zu beschaffenden Wagen. Unter dem Zwang, Kosten sparen zu müssen, setzte die Reichsbahn zu Beginn der dreißiger Jahre die Nutzungszeit für Personen und Personenzuggepäckwagen vorübergehend von 40 auf 35 Jahre herab.

Untersuchungspflichtige Wagen wurden 1933 je nach Art und Umfang der auszuführenden Arbeiten einer der folgenden Schadgruppen zugeteilt:

R 0	Schnellausbesserung (außergewöhnliche Instandsetzung)
R 1	Bahnamtliche Zwischenuntersuchung
R 2	Bahnamtliche Hauptuntersuchung
R 3	Bahnamtliche Hauptuntersuchung mit Auffrischung (4 Jahre nach Inbetriebnahme oder R 4 bzw. R 5)
R 4	Hauptausbesserung (alle 8 Jahre, sofern nicht R 5 fällig)
R 5	Vollaufarbeitung (ungefähr 16 Jahre nach Inbetriebnahme)

Weil die Anlieferung neuer Fahrzeuge ab 1937 infolge Rohstoffmangels nicht im geplanten Umfang durchgeführt werden konnte, sahen sich die Reichsbahn Zentralämter gezwungen, ausmusterungsreife Fahrzeuge – wenn möglich – vermehrt instandzusetzen. Das galt auch für die anfallenden Ersatzteile. Die Reichsbahn musste aus dieser Tatsache heraus wieder zu einer Nutzungszeit von 40 Jahren zurückkehren.

3. Entwicklung der geschweißten Bauarten und der Rohstoffwirtschaft

Bei den Personenwagen war bislang ein hohes Gewicht nicht als störend empfunden worden, verfügten doch die Lokomotiven über genug Kraftreserven, um auch größere Zuggewichte unter Einhaltung der bestehenden Fahrpläne zu befördern. Erst als Kraftwagen und Flugzeug dem Leichtbau wichtige Impulse gaben, versuchte man dann auch, diese für den Bau von Personen- und Gepäckwagen nutzbar zu machen. Leichtbau ließ sich durch Verwendung von Leichtmetall oder durch Leichtbauweise in Stahl erreichen. Allerdings konnte man mit Leichtmetall damals nicht die Elastizitätswerte von Stahl erreichen. Auch hielt dieser plötzliche Überbeanspruchungen besser aus. Der konstruktiven Durchbildung eines Versuchsfahrzeuges in Leichtmetall mussten daher zur Überwindung der Nachteile eingehende statische Berechnungen vorangehen. Die Reichsbahn ließ dann einen S-Bahn-Zug teilweise in einer Leichtmetallkonstruktion bauen, da die Gewichtsersparnisse besonders bei den ständigen Halten und Beschleunigungen betriebliche Vorteile bringen musste.

Bei der Leichtbauweise in Stahl wollte man durch verfeinerte und sehr sorgfältig durchdachte Konstruktionen sowie durch Verwendung von hochwertigeren Stählen von größerer Festigkeit die Gewichte verringern. Der Baustahl St 52 entsprach in seinen physikalischen Eigenschaften zur Hauptsache dem Siliziumstahl und ließ sich bei Anwendung der neuen Schmelzschweißverfahren gut schweißen. Erste Versuche mit der neuen Stahlsorte führte die Reichsbahn bei einer Reihe von Pw4i-Wagen am Untergestell, am Lang- sowie Drehzapfenträger, bei den Knotenblechen und Seitenwandrungen durch.

Nachdem die Schweißtechnik in den Jahren bis 1931 deutliche Fortschritte gemacht und sich einige Großgüterwagen bzw. das Versuchsdrehgestell Görlitz II schwer in geschweißter Ausführung in jeder Hinsicht bewährt hatten, konnte die Reichsbahn darangehen, sie für die konstruktiven Möglichkeiten im Waggonbau weiter auszunutzen. Dabei spielte die Auflösung der tragenden Querschnitte und die Anpassung der Baustoffe an den Kräfteverlauf eine wichtige Rolle.

Das Reichsbahn-Zentralamt für Maschinenbau gab je sechs vierachsige D-Zug- bzw. Durchgangswagen in geschweißter Bauart in Auftrag, um die neuen Technologien eingehend zu erproben. Den beteiligten sechs Wagenbauanstalten ließ man in der Gestaltung freie Hand, um den freien Wettbewerb anzuregen. Dabei verwendete LHB in der Herstellung den preisgünstigeren Formstahl, allerdings bei Inkaufnahme größerer Gewichte bei gleicher Festigkeit. Im Gegensatz dazu brachte Uerdingen gebogene oder gepresste Bleche zum Einsatz, die bei gleicher Festigkeit ein geringeres Gewicht ergaben. Wegmann, Wumag und MAN verwendeten Formstähle sowie Bleche in mehr oder weniger großen Umfang. Wegmann und Wumag setzten die Rungen, wie bei den genieteten Wagen, seitlich am Langträger an, um die Seitenwände einfacher fertigen zu können. Westwaggon beabsichtigte, die Langträger in zwei Winkeleisen zu teilen. Dabei sollte das untere mit den Querträgern, das obere mit dem stumpft aufgesetzten Rungen und dem Seitenwandblech verschweißt werden. Beide Winkel plante WWk zu vernieten. Diese Bauweise kam aber nicht zum Einsatz.

1932 folgte ein weiterer Entwicklungsauftrag über je vier 1./2.- bzw. 1./2./3.-Klasse-D-Zugwagen. Nach dem Stand der bisherigen Schweißtechnik stellte sich allerdings heraus, dass ein Aufnieten der Dachbleche billiger als das Aufschweißen kam. Man kehrte daher zum Nieten zurück. Erst als eine 1934 von der Waggonfabrik Beuchelt u. Co in Grünberg entwickelte Punktschweißmaschine mit großer Ausladung zur Verfügung stand, ließen sich die Dachbleche später wieder günstiger aufschweißen.

Nach sehr eingehenden Erprobungen kam bereits 1934 eine größere Serie 2./3.- und 3.-Klasse-Nebenbahnwagen. Soweit die Möglichkeit bestand, erfolgte bei den meisten übrigen Personenwagenneubauten des Jahres 1934 eine Umstellung auf die geschweißte Ausführung mit dem Ziel, die Bauarten zu vervollkommnen, das Platzgewicht weiter herabzudrücken, die Abteileinrichtungen zu verbessern, den ruhigen Lauf sicherzustellen und die Betriebssicherheit durch erhöhte Bremswirkung zu steigern.

Das RZM sah sich in seinem Bericht vom 30. Dezember 1933 -2633 Fkwpd 17/33-zu diesem Zeitpunkt noch nicht in der Lage, der HV gegenüber ein endgültiges Urteil über die zweckmäßigste Konstruktion abzugeben. Preis, Gewicht, Festigkeit betriebliche Eignung und Unterhaltung spielen eine ausschlaggebende Rolle. In späteren Einschätzungen (15. März 1935 und 9. April 1936) änderte sich die Einstellung nicht, dazu gehörte auch die Frage, ob der Aufbau aus

Walzprofilen oder Blechen erfolgen soll. Die HV fand die Untersuchungen des RZM bemerkenswert, dass an den Hohlträgern nach einer Beobachtungszeit von 2½ Jahren keine Anrostungen zu befürchten seien, sofern die Dichtigkeit der Schweißnähte sorgfältig überwacht wird. Inzwischen erhielt der Personenwagenausschuss (PWA) von der HV Vfg. vom 3. Februar 1936 -30 Fkwp 473- den Auftrag, zu der künftigen Bauart geschweißter Wagen eingehend Stellung zu nehmen.

Ab 1935 bestellte die Reichsbahn dann nur noch geschweißte Fahrzeuge. Hatte die Umstellung von Holzbauweise auf die genieteten Stahlwagen ungefähr 15 Jahre gedauert, so erfolgte die weitere Umstellung auf Schweißung in nur drei Jahren.

Das Schweißverfahren brachte dann tatsächlich eine erhebliche Gewichtsminderung gegenüber den Nietkonstruktionen, ohne dass dabei die Festigkeit geringer wurde. Der Fortfall von Knotenblechen, Überlappungen und Nietköpfen wirkte sich günstig aus. Kostensenkende Vorteile ergaben sich jedoch vorerst nicht. Einige Schwierigkeiten gab es anfangs beim Anschweißen der Außenbleche an die Seitenwandrungen, da hierfür nicht sofort Doppelpunktschweißmaschinen mit größerer Ausladung zur Verfügung standen.

Dieser „Leichtbau in Stahl" brachte für die damalige Zeit einen ganz bedeutenden Fortschritt in der Entwicklung des Ganzstahlbaues. Die Verringerung des Zuggewichtes kam dem Betrieb sehr gelegen und wurde sofort ausgenutzt.

Nachdem 1931 mit dem Schweißen von Eisenbahnfahrzeugen begonnen worden war, betrug der Anteil der vollständig geschweißten Wagen 1932 schon 2,2 %, 1933 11,2 %, und 1935 ließ sich schon von einer fast ausschließlichen Schweißfertigung sprechen. Die bisher verwendeten schweren Walzprofile konnten durch kombinierte leichtere ersetzt werden. Die Konstrukteure waren somit im Wesentlichen zur Verwendung von Formstählen zurückgekehrt. Zweckmäßig erschien es, die Seitenwandsäulen wieder seitlich am Langträger anzuschweißen, wobei auch die Schweißung der Seitenwandsäule auf den Langträger vorkam. Die Bauweise der vierachsigen Durchgangswagen gleicht den D-Zugwagen mit seitlich am Langträger angeschweißten Seitenwandsäulen, allerdings sind die Dachkappen und Verstärkungen durch ein sehr breites Flacheisen ersetzt.

Nicht zu unterschätzen war die Umstellung vom Nieten zum Schweißen, sie brachte eine einschneidende Umwälzung bei den Werken mit sich. Vorhandene Maschinenanlagen und Vorrichtungen waren plötzlich unbrauchbar, neue mussten unter großen finanziellen Aufwand angeschafft werden. Die Umstellung brachte auch für die Belegschaften Probleme mit sich. Nieter und Bohrer brauchte man nicht mehr, Schweißer dagegen waren gefragt. Ab 1937 kamen die Schweißingenieure der Waggonfabriken regelmäßig zusammen, um über Erfahrungen und Probleme zu sprechen und diese gemeinsam zu lösen.

Gerade in dem Jahr, als die Waggonbauer darangingen, die ersten geschweißten D-Zugwagen zu bauen, feierte der D-Zugwagen seinen 40. Geburtstag. Am 1. Mai 1892 waren in den Schnellzügen 31/32 Berlin – Hildesheim – Köln die ersten Durchgangswagen gelaufen.

Auch das Reichspostministerium erkannte die Vorteile einer geschweißten Bauart und ließ 1933/34 bei der Waggonfabrik Credé einige Probewagen bauen. Dabei handelte es sich um zwei Bahnpostwagen mit Laternendach 4ü-bII/20, die sonst der genieteten Bauart entsprachen. Die Abteilung VI des RPM mit Sitz in München ging aber schon einen Schritt weiter und gab bei der MAN einen Post4ü-a/20,4 mit Tonnendach und Voutenfenster in der Dachwölbung in Auftrag. Entwicklung und Konstruktion erfolgten in Zusammenarbeit mit dem Zentral-Maschinenamt der Gruppenverwaltung Bayern. Tonnendach und einen geschweißten Wagenkasten besaßen auch vier Bahnpostwagen der Bauart Post4ü-bII/20, die von der Oberpostdirektion Stuttgart aufgrund ihrer Sonderstellung über die RBD Stuttgart bei der Maschinenfabrik Esslingen in Auftrag gegeben waren.

Als die MITROPA 1933 neue Speisewagen in Auftrag geben musste, entschloss sie sich, die neuen Erkenntnisse im Wagenbau zu nutzen. Sie bestellte eine erste Serie von sechs Wagen, wobei die Wumag Wagenkasten und Drehgestelle in geschweißter Ausführung baute. 1934 wurden bereits sechs weitere Wagen beim selben Werk bestellt.

Deutschland verfügt nur über wenige Rohstoffvorkommen, ist also auf Einfuhren von Messing, Kupfer, Neusilber, um nur einige zu nennen, angewiesen. Während des Ersten Weltkrieges sah sich die Regierung gezwungen, die Devisenbewirtschaftung einzuführen, um die Bezahlung unentbehrlicher und lebenswichtiger Einfuhrgüter sicherzustellen. Die unmittelbare Nachkriegszeit mit Inflation, Kapitalflucht und Valutaspekulationen erforderte weitere verschärfende Maßnahmen. Diese konnten, als sich die Wirtschaft 1927 zu erholen begann, aufgehoben werden. Erst der Abzug ausländischer Kredite und die sich daraus entwickelnde Bankenkrise im Juli 1931 zwang die Regierung zur Wiedereinsetzung sowie zu einer zusätzlichen Verschärfung. Unter diesem Gesichtspunkt wandte sich das Hauptprüfungsamt der DRG bereits am 29. Juli 1931 an die HV, ob der Einkauf ausländischer Hölzer für den Innenausbau der 1. und 2. Klasse unter den derzeitigen Gegebenheiten sowohl aus Gründen der Sparsamkeit als auch in volkswirtschaftlicher Sicht verantwortet werden könnte. Das betraf nicht nur die Wagenbauanstalten für den Neubau, sondern auch die Reichsbahn für die Stofflager in den RAW's. Das Amt schlug vor, die Verwendung einheimischer Hölzer beim Bau von Personenwagen vorzuschreiben. Die Hauptverwaltung beauftragte daraufhin das RZM, Berlin, sich mit der Behandlung dieses Themas zu befassen und Vorschläge zu unterbreiten. Nach Prüfung kam es zu der Empfehlung an die HV, zunächst das Ergebnis der eingeleiteten Erhebungen zu den in Frage kommenden Holzarten und Mengen abzuwarten.

Die Verordnung über den Warenverkehr und die Errichtung von Überwachungsstellen vom 4. September 1934, außerdem das Gesetz über die Devisenbewirtschaftung mit den dazugehörigen Durchführungsverordnungen und Richtlinien erfuhr durch die Reichsregierung mehrfache Überarbeitungen. Die vorhandenen Devisen benötigte diese vorrangig für die in Angriff genommene Wiederaufrüstung, allen anderen Ministerien kürzte man die Zuteilung. Das betraf auch das RVM mit seinen Einkäufen von Rohstoffen, den Zahlungen auf Grund von internationalen Verträgen mit Staaten bzw. Eisenbahnverwaltungen und von Versorgungsbezügen nach dem Ausland. Diese Maßnahmen zur Entlastung der Rohstoffwirtschaft machten umfangreiche Erhebungen notwendig, um alle diejenigen Bauteile festzustellen, die aus sog. „**Meid**stoffen" bestanden und durch „**Heim**stoffe" ersetzt werden sollten. Die im Herbst 1934 von der DRG eingesetzte Arbeitsgemeinschaft „Ersatzstoffe für Wagen" arbeitete mit den Rohstoffüberwachungsstellen zusammen und stellte den Bedarf an devisenbelasteten Baustoffen für **einen** D-Zugwagen 3. Klasse der Lieferjahre 1932 bis 1934 wie folgt fest:

465 kg	Kupfer
328 kg	Messing
197 kg	Rotguss
179 kg	Blei und
41 kg	Neusilber, also insgesamt
1.210 kg	

Aus dieser Zahl werden die Mengen deutlich, die es möglichst zu ersetzen galt.

Die eingeleiteten Untersuchungen gliederten sich bei den Personenwagen auf Abortausstattung und Wasserleitungen, Innenausstattung (Abteil, Gang und Vorraum) sowie Bauteile für Bremsen, Untergestell und Heizung. Dieser volkswirtschaftlich bedeutsame Ersatz devisenzehrender Baustoffe durch die „Heimstoffe" gestaltete sich im Personenwagenbau besonders schwierig, da bei der Baustoffauswahl für die Innenausstattung nicht nur Rücksichten auf Haltbarkeit und Wirtschaftlichkeit, sondern auch auf architektonische Wirkung zu nehmen war.

Die HV stellte im Januar 1934 in einer Verfügung fest, dass der Frage der Leichtmetallverwendung erhöhte Bedeutung zukäme, da die Versorgung aus deutschen Rohstoffen möglich sei, und ordnete eine Prüfung an, wo und in welchem Umfang Teile an Fahrzeugen künftig aus Leichtmetall gefertigt werden konnten. Alle Neubaufahrzeuge ab dem FPr 1935 I erhielten daraufhin LM-Beschläge, wobei es keinen Unterschied mehr zwischen D-Zug- und vierachsigen Durchgangswagen gab. Bislang bestanden diese aus Rotguss und Bronze.

Die Erprobung der neu zu entwickelnden „Heimstoffe" stellte daher eine besonders wichtige Aufgabe dar. Aus dieser Notwendigkeit heraus wurden bei den Reichsbahn-Zentralämtern Arbeitsgemeinschaften für Stahl, Kupfer, Blei-Zinn-Cadmium, Textilien-Leder, Gummi, Holz, Anstrichstoffe, Schmiermittel, Treibstoffe, Stoffe der elektrischen Anlagen. Die Maßnahmen leitete verantwortlich bei den Reisezugwagen das Konstruktionsdezernat 26 im RZM Berlin. Die Suche führte zu der Erkenntnis, dass die Ersatzstoffe oft den herkömmlichen Materialien ebenbürtig, ja manchmal sogar überlegen waren. Die Umstellungen konnten soweit gefördert werden, dass 1937 in etwa geklärt war, welche „Heimstoffe" im Wagenbau eingesetzt und wo auf Meidstoffe nicht verzichtet werden konnte. Das zeigt die nachstehende Tabelle des RZA Berlin, Dez 26, am Beispiel eines geplanten AB4ü der Bauart 1936 (ohne Datum):

Es sollten in dem Wagen verwendet werden:

früher		jetzt			
Heimstoffe	Gewicht in kg	Heimstoffe	Gewicht in kg	noch **Meid**stoffe	Gewicht in kg
Rotguss	365,50	Hy; Pa; Te; St	230,86	Rotguss	10,35
Messing	429,65	Hy; Pa; St	139,65	Messing	35,72
Kupfer	426,50	St-verzinkt	365,78	Kupfer	60,65
Neusilber	69,28	Hy; Pa	22,76	–	–
Zink	26,42	Pa; St	13,23	Zink	16,70
Gußbronze	5,02	St	2,48	–	–
Faserstoffe	421,86	Zellwolle, Kunstseide, Flachs und andere Stoffe	326,46	Rosshaar, Kapok, Nessel, Plüsch	95,48
Anstrichstoffe *)	268,08	Heimstoffe	202,70	diverse Meidstoffe	39,50

*) Anstrichversuche fanden auf Probetafeln statt, die dann auf Farbprüfständen in Keitum (Sylt), Garmisch, Kirchmöser und Bln-Schl. Bf. ausgelegt, beobachtet und beurteilt wurden.

Zum Holzbedarf nahm das Hauptprüfungsamt der DRG bereits 1931 kritisch Stellung, ohne dass sich im Verbrauch etwas Wesentliches änderte. 1937 erschienen Maßnahmen zu einer Einschränkung dringend geboten. Nachfolgend ein Überblick über den Bedarf für die in der Beschaffung 1937 I liegende Bauarten:

		Wagengattung			
Holzart	**Menge je Wg. in**	**ABC4ü 3. Klasse gepolst.**	**BC4ü 3. Klasse gepolst.**	**C4ü 3. Klasse gepolst.**	**C4i 3. Klasse gepolst.**
Eiche	m^3	9,21	9,87	11,39	11,73
Esche	m^3	0,96	0,16	0,13	
		(2,35) *	(1,35) *	(2,35) *	2,47
Rotbuche	m^3	0,65	–	0,01	–
Teak	m^3	1,01	1,42	–	–
Nussbaum	m^3	0,05	–	–	–
Mahagoni	m^3	0,10	–	–	–
Kiefer bzw. Fichte	m^3	4,84	3,67	4,02	3,45
Eichenfurnier	m^2	190	263	331	201
Ahornfurnier	m^2	126	126	–	–
Teakfurnier	m^2	115	150	–	–
Gabunfurnier	m^2	195	210	191	185

* Werte für Wagen mit Holzsitzbänken

Die Waggonfabriken mussten zur Prüfung und Genehmigung neben den Zeichnungen mit dem dazugehörigen Zeichnungsverzeichnis für jeden Vertrag die entsprechenden Heimstoff-Listen mit Angabe des bisherigen Baustoffes und der jetzt anzuwendenden einreichen. Dazu gehörte ebenfalls die Meidstoffliste mit einem Verzeichnis derjenigen Bauteile, die aus Meidstoffen unbedingt hergestellt werden müssen.

Bei der Reichsausstellung „Schaffendes Volk" vom 8. Mai bis Ende Oktober 1937 in Düsseldorf handelte es sich um eine Industrie- und Werkschau, um die eigenen Rohstoffe und die daraus erstellten Produkte der deutschen Wirtschaft im Zusammenhang mit dem 2. Vierjahresplan der Öffentlichkeit zu präsentieren.

Die Deutsche Reichsbahn zeigte am Beispiel eines voll aufgearbeiteten AB4ü der Bauart 23 das bisher Erreichte. Die in den kommenden Fahrzeugprogrammen zu bestellenden Wagen sollten von den Lieferwerken fast ausschließlich mit Heimstoffen erstellt werden. Das galt auch für die Aufarbeitung in den RAW's. Die Umstellung ging jedoch nur schleppend voran. Teilweise behalf man sich bei Neubauten erst einmal mit der Verwendung der Lagervorräte und setzte die Heimstoffe bei den fälligen Aufarbeitungen verstärkt ein.

Besonders gefördert wurde auch die Altstoffwirtschaft, um die bei der Unterhaltung und Zerlegung der Waggons anfallenden Stoffe zu erfassen und möglichst wieder aufzuarbeiten.

4. D-Zugwagen Sonderbauart 1932, Karwendel

Wagenbeschreibungen 2-4

Dem Ausflugsverkehr widmete die Direktion in München von je her besonderer Aufmerksamkeit.

Die ursprünglich für die landschaftlich besonders reizvolle Karwendelbahn München – Garmisch – Innsbruck 1929/30 gebauten D-Zugwagen konnte die BBO aus Belastungsgründen nicht übernehmen (hierzu Bd. 1, Wb Nr. 21 + 22). Für die Passionsfestspiele von Ende Mai bis September 1934 rechnete die Deutsche Reichsbahn mit einem verstärkten Verkehrsaufkommen, das mit dem vorhandenen Sonderwagenpark nicht bewältigt werden konnte. Daher entwickelte das RZM zusammen mit der Waggonfabrik LHB einen weiteren leichten D-Zugwagen 1./2./3. sowie 3. Klasse mit Faltenbalgübergängen. Die Konstruktion lehnte sich an die bereits vorhandenen Austauschbauarten der leichten Durchgangswagen an. Den Bauauftrag führten die beiden Werke LHB sowie MAN aus. Sie lieferten die Wagen ebenfalls mit einem besonderen Anstrich aus, oberhalb der Brüstung in creme und unterhalb in schwarzblau gehalten. Man sprach bald von der „blauen" Bauart. Zu den D-Zugwagen beschaffte die Reichsbahn auch fünf Gepäckwagen mit eingebauter Küche, um den Reisenden kleine Speisen und Getränke anbieten zu können. Die Konstruktion führten die VWW, Köln-Deutz aus. Sie erhielten einen einfarbigen Anstrich in schwarzblau.

5. Einheits-D-Zugwagen Entwicklungsbauarten 1932-1934

Wagenbeschreibungen 5-9, 11-14

Bei der Auftragsvergabe für die ersten D-Zugwagen in geschweißter Bauart hatte die Reichsbahn den Wagenbauanstalten zur Bedingung gemacht, dass die Hauptabmessungen und die Festigkeit denen der bisherigen Fahrzeuge entsprechen mussten, ihnen aber bei der Art des Schweißverfahrens freie Hand gelassen.

Bei den beiden D-Zugwagen C4ü-31 entschied sich die Waggonfabrik Wegmann & Co, statt der bisher aus U-Eisen gebildeten Langträger diese aus zwei Winkeleisen zu bilden und mit einem durchgehenden Stehblech zu verbinden. Die Querträger bestanden als U-Eisen, die Seitenwandrungen aus Z-Eisen.

LHB ging bei ihrem Entwurf für die Bauart C4ü-32a von der Überlegung aus, möglichst einfache Trägerformen durchzubilden, und entschied sich ausschließlich für Walzprofile und Bleche. Die Zusammensetzung erfolgte bei möglichst geringem Aufwand an Schweißnähten.

Die Waggonfabrik Uerdingen bevorzugte dagegen für ihre Konstruktion der Bauart C4ü-32b die Kastenform. Lang- und Querträger des Untergestells, Seitenwandrungen und Obergurt bildeten in sich geschlossene kastenförmige Träger.

Das Gesamtgewicht eines 1./2./3.-Klasse-D-Zugwagens betrug bisher etwa 47 t, davon entfielen ~ 27,5 % auf den Wagenkasten. Die Waggonfabriken mussten also versuchen, auch bei den Drehgestellen, der Bremseinrichtung, den Beschlagteilen, der Innenausrüstung, der Beleuchtung und der Heizung zu Gewichtseinsparungen zu kommen. Da dies gelang, konnten auch Drehgestelle der neuen Bauart Görlitz III Schwer bzw. sogar Görlitz III Leicht vorgesehen werden. Der Fortfall der Wiege machte sich gewichtsmindernd bemerkbar. Bei einem der sechs D-Zugwagen verzichtete man außerdem auf die Ausgleichvorrichtung bei den Puffern. Hierdurch und durch Verwendung anderer Puffer konnten 780 kg eingespart werden.

Zwei der D-Zugwagen erhielten eine Innenausrüstung aus „Histoxyl"-Platten, die aus zerfaserten und mit Leim gebundenen Fichten- und Kiefernhölzern bestanden. Dieser neue Werkstoff wurde bei Fußböden, Seiten- und Zwischenwänden sowie Decken verwendet. Bei den Beschlagteilen ging man von Voll- auf Hohlprofile über. Die Rohre der Dampfheizung wurden von 3,5 mm auf 1,5 mm Wandstärke herabgesetzt, allerdings unter Beigabe von 0,5 % Kupfer, um Durchrosten zu vermeiden. Der Einsatz von alkalischen Batterien (Nickel-Cadmium) brachte ebenfalls Einsparungen, genauso wie eine leichtere Ausführung des Bremsgestänges und seiner Befestigungsteile.

Drei D-Zugwagen erhielten erstmalig andere Bremsbauarten, davon ein Fahrzeug mit Trommelbremse, um die Bremswirkung und den Bremsweg zu erproben. Der Einsatz von Bremsbelägen aus Kunststoff versprach Vorteile gegenüber den gusseisernen Bremsklötzen. Auch ließ sich der Bremsdruck niedriger halten und die Trommelbremse allgemein leichter ausführen, wobei sie direkt in die Drehgestelle eingebaut werden konnte. Es musste allerdings abgewartet werden, wie sich Wagen mit Klotzbremse und solche mit Trommelbremse in einem Zug verhalten würden. Um festzustellen, wie weit man bei äußerster Gewichtsbeschränkung aller Einzelteile das Gesamtgewicht drücken konnte, wurde in Zusammenarbeit mit der Waggonfabrik Wegmann & Co ein Ultra-Leichtwagen als C4vB mit 13,4 t entwickelt und gebaut.

6. Einheits-Durchgangswagen Entwicklungsbauarten 1932-1934

Wagenbeschreibungen 26-29, 33, 37-41

Die Reichsbahn gab auch sechs vierachsige Durchgangswagen in geschweißter Ausführung bei drei Wagenbauanstalten in Auftrag, wobei die Forderungen und Hinweise denen der D-Zugwagen im Allgemeinen entsprachen. Drei Wagen erhielten auch hier neue Bremsbauarten.

Das Trägerwerk des Wagenkastens für den C4i-32, Hersteller Wumag, bestand vorwiegend aus normalen Walzprofilen. Lediglich die Untergestell-Querträger fertigte das Werk aus kastenförmig zusammengeschweißten Blechen, die Z-Profile des Wagenkastens setzten sich von außen gegen die Langträger. Westwaggon entschied sich bei den Wagen der Bauarten C4i-32a bzw. -32b für normale Walzprofile (Untergestell) und leichte Walzprofile bzw. gepresste Träger (Kastengerippe). Die Querträger im Untergestell erhielten eine größere Höhe als bisher, um mit möglichst geringen Trägerstärken auszukommen.

MAN wählte für seine Wagen der Bauart C4i-32c verwindungssteife Hohlträger mit rechteckigen Querschnitten. Um bekannten Schwierigkeiten beim Aufschweißen der großen Blechtafeln zu begegnen, ließ sie in die unteren Verkleidungsbleche Längssicken einwalzen.

Im Gegensatz zu den geschweißten D-Zugwagen konnten bei den leichteren vierachsigen Durchgangs-Personenwagen nur geringe Gewichtsersparnisse erzielt werden, da die bisherige genietete Bauart schon sehr leicht ausgeführt war. Die Konstruktionsgrundsätze glichen denen bei den D-Zugwagen. Der Gewichtsunterschied betrug nur noch rd. 3 t, bedingt durch den Fortfall der Faltenbälge, die bis zur Decke gehenden Zwischenwände und die Seitengangwände mit den Abteilschiebetüren. Als Drehgestellbauart kam auch Görlitz III Leicht für den vierachsigen Durchgangswagen in Frage. Der Leichtbau brachte somit bei den 4ü- und 4i-Wagen in vielen Bauteilen eine Vereinheitlichung und damit Vorteile bei den Beschaffungs- und Unterhaltungskosten.

Im Jahr 1933 gab die Reichsbahn eine Reihe von 2./3.- und 3.-Klasse-Wagen sowohl in genieteter als auch in geschweißter Ausführung in Auftrag, um hier zu vergleichbaren Ergebnissen zu kommen. Die Bauarten unterschieden sich in der Innenausstattung nur unwesentlich voneinander, teilweise nur durch die Ausführung der Abteilzwischenwände. Der Schaltschrank bei den gemischtklassigen Wagen fand jetzt seinen Platz an der Abortlängswand im Vorraum der 2. Klasse.

7. Einheits-Nebenbahnwagen Bauarten 1932-1934

Wagenbeschreibungen 48-55

Bei Eisenbahnfahrzeugen spielte lange Zeit die Gewichtsfrage keine entscheidende Rolle. Erst der Bau von Triebwagen ließ den Leichtbau mehr in den Vordergrund treten. Nebenbahnwagen dienten dem örtlichen Verkehr, mussten daher häufig halten und wieder anfahren. Allein durch Gewichtsminderungen gelang es, die sehr niedrigen Durchschnittsgeschwindigkeiten zu steigern.

Das Gewicht der drei genieteten Probebauarten Bi-31, BCi-31 und Ci-31 (s. Bd. 1 Wb 63-65) lag bei ~17 t: Um zu Erfahrungen mit geschweißten Nebenbahnwagen zu kommen, gab die HV zwei weitere Entwicklungsfahrzeuge bei MAN in Auftrag. Das Gewicht konnte auf 13,5 t herabgedrückt werden. Die Konstruktionsgrundsätze für Wagenkasten, Innenausrüstung und Ausrüstungsteile ließen sich von den geschweißten D-Zug- bzw. vierachsigen Durchgangswagen übernehmen, ebenso wie die Form der Dachenden. Dadurch gelang es, das Aussehen der Nebenbahnwagen gefälliger zu gestalten. Bei diesen neuen zweiachsigen geschweißten Wagen BCi-32 und Ci-32 waren für das Untergestell in großer Zahl Vierkantrohre zum Einbau gekommen. Sie drückten aber die Wagenpreise nach oben. Die HV wollte das nicht akzeptieren und entschloss sich nochmals, drei geschweißte Probewagen 3. Klasse (Ci-33, Ci-33a und Ci-33b) bei den Firmen Wegmann, Uerdingen und Lindner in Auftrag zu geben. Sie besaßen verschiedene Stärken für die Seiten-, Stirn- und Innenwände, dadurch ergaben sich unterschiedliche Abteilgrößen. Die Konstruktionsfirmen Uerdingen und Lindner zogen die Seitenwandbleche fast bis zur Unterkante der Langträger herunter. Die Entwicklungsbauarten erhielten Lichtgeneratoren mit Kardanantrieb Bauart Jäger.

Noch vor Fertigstellung der drei Probewagen erteilte die HV für die Fahrzeugprogramme 1934 und 1934 Z einen Auftrag über 100 BCi und 90 Ci der Nebenbahnbauart bei neun Wagenbauanstalten. Da die Firma Wegmann mit der Herstellung der Zeichnungen sowie des Probewagens Ci-33 am weitesten fortgeschritten war und das Untergestell den rauen Beanspruchungen des Nebenbahnbetriebes gewachsen schien, schrieb die DRG vor, auch um Verzögerungen zu vermeiden, dass alle Firmen diese Bauart bauen sollten. Lediglich Lindner gestattete die HV, ihren Auftrag über 21 Fahrzeuge nach ihrem eigenen Probewagen zu bauen.

Westwaggon teilte der HV in einer Stellungnahme mit, nicht nach den Wegmann-Zeichnungen bauen zu können, sie seien für eine Serienfabrikation nicht geeignet. Auf Grund der sofortigen Ablehnung dieses Ansinnens durch die Reichsbahn, teilte die Firma daraufhin mit, sie werde die ihr in Auftrag gegebenen 99 Ci in ihren wesentlichen Teilen nach der Bauart Wegmann (Kastengerippe, Inneneinrichtung und sonstige Ausrüstungen) herstellen, halte aber das Untergestell für den vorgesehenen Zweck als nicht geeignet und reichte einen neuen Entwurf nach der Zeichnung 15 438 ein. Mit ihrem Schreiben vom 25. Oktober 1933 teilte das RZM der Westwaggon ihre Ablehnung mit und betrachtete die Angelegenheit damit als erledigt.

Von der Waggonfabrik Beuchelt u. Co in Grünberg kam die Entwicklung der Punktschweißung. Seitenwände und Dächer konnten dank der großen Ausladung der Schweißmaschine von beiden Seiten leicht geschweißt werden. 1934 ließ die Reichsbahn bereits 27 Wagen 2./3. Klasse versuchsweise mit dieser neuen Punktschweißung fertigen.

Im Frühsommer 1933 hielt es die Rbd Karlsruhe für dringend erforderlich, im Zusammenhang mit der in Aussicht genommenen „Elektrisierung" der Höllentalbahn, die Frage des Wagenmaterials einer Prüfung zu unterziehen. Bislang erfolgte die Zugbildung hauptsächlich mit früheren 4.-Klasse-Wagen (Cid mit 70 Plätzen bei 15 t Eigengewicht). Die zulässige Höchstbelastung nach Einführung des Reibungsbetriebes einschließlich des Verkehrsgewichts betrug

1. bei einer Lok an der Spitze 180 t,
2. bei einer Lok an der Spitze und einer Schiebelok 300 t,

das ergibt folgende Beförderungsmöglichkeiten:

a) mit vierachsigen Einheitswagen

1. 1 Pw4i (31 t), 1 B4i (37 t) und 3 C4i (je 36 t), zus. 176 t mit **62** Pl. 2. Kl. und **252** Pl. 3. Kl.
2. zusätzlich 3 weitere C4i, dadurch erhöht sich die Platzzahl 3. Kl. auf **505**.

b) mit zweiachsigen Einheitswagen

1. 1 Pwi (17 t), 1 Bi (27 t), 9 Cid (je 15 t), zus. 179 t mit **38** Pl. 2. Kl. und **630** Pl. 3.Kl.
2. zusätzlich 8 weitere Cid, dadurch erhöht sich die Platzzahl 3. Kl. auf **1.190**.

Die Vorteile der Betriebsführung mit zweiachsigen Wagen sind offensichtlich. Während der Hauptreisezeit im Sommer und bei günstigem Wintersportwetter wird bei den Früh- und Spätzügen mit 600-800 Reisenden gerechnet. Die Rbd bat die HV um die Entwicklung einer besonderen Bauart Ci für die Höllentalbahn. Für den Einsatz wären vs. erforderlich: 7 Bi (Einheit), 4 BCi (Einheit), 80 Ci Neubau), 10 Pwi (Einheit), alle Wagen mit mehrlösiger Bremse, Dampf- und el. Heizung.

In ihrem Bericht vom 12. Juli 1933 hielt es die HV zunächst nicht für erforderlich, eine spezielle Bauart für die Höllentalbahn zu entwickeln. Sie vertrat die Ansicht, die vorhandenen Bauarten eines vierachsigen Durchgangswagens und eines zweiachsigen Nebenbahnwagens für geeignet und ausreichend. Außerdem wies Berlin auf die geplante „Elektrisierung" hin mit dem Übergang des normalen Personenverkehrs auf Triebwagen. Bereits am 20. Juli 1933 antwortete die Rbd Karlsruhe und beharrte auf ihren Standpunkt, der Betrieb sei wirtschaftlich nur mit zweiachsigen Wagen zu gestalten. Mit der Zuweisung der neuen geschweißten Nebenbahnbauart Ci-33 erklärte sie sich einverstanden. Sie bemerkte außerdem zum Verkehr mit Triebwagen, dass zunächst nur die Strecken Freiburg – Neustadt (Schwarzw) und Titisee – Seebrugg vorgesehen seien. Aus diesem Grunde müssten die durchgehenden Personenzüge Freiburg – Donaueschingen weiterhin als Wagenzüge gefahren werden. Hier liefen auch Post-, Milch-, Eilgut- und Güterwagen mit. Sie konnten von Triebwagen nicht befördert werden. Die HV legte in einem Vermerk vom 29. November 1933 die Zuteilung wie folgt fest:

17 leichte geschweißte BCi für Nebenbahnen,
80 leichte geschweißte Ci für Nebenbahnen,
10 leichte genietete Pwi für Nebenbahnen.

Alle 107 Wagen mussten beide Heizungsarten (Dampf, elektrisch) und die Hik-Bremse erhalten (siehe auch hierzu Bild 30).

8. Abteilwagen englische Bauarten 1933

Wagenbeschreibungen 56-57

Die Frage „Triebwagen oder lokbespannte Züge" stand für diesen Verkehr zur Entscheidung an. Die bisher eingesetzten Länderbahnwagen, hauptsächlich preußischer Bauart, mussten langfristig ersetzt werden.

Für den Einsatz im „Ruhrschnellverkehr" ließ die Reichsbahn drei Bauarten (B, BC und C) in mehreren Varianten bei LHW und Fuchs entwickeln und gab dann zwei (BC und C) in Auftrag.

Wegen der vielen Seitenwandtüren bekam der Obergurt zur Versteifung des leichten Kastengerippes eine Verstärkung durch eine 4-mm-Dachkappe.

Nach Fertigstellung der Fahrzeuge kamen nur noch einige mit Triebwagenanstrich zur RBD Essen, um auf verschiedenen Strecken in die Erprobung zu gehen, da zwischenzeitlich die vorläufige Entscheidung zu Gunsten der Triebwagen gefallen war. Die anderen Wagen, allerdings mit grünem Anstrich, erhielten andere RBD'en zum Einsatz in ihren Vorortverkehren.

Für die Züge im „Ruhrschnellverkehr" mussten in die ständigen Dienstabteile der Zugführer gem. Verfügung -30 Fkb 223- vom 5. Juni 1934 Luftdruckmesser eingebaut werden, um die Beobachtung gemäß FV 46 (16) durch den Zugführer zu ermöglichen.

Bei dem nicht gebauten B4i sah die Planung bei einer LüP von 22.545 mm acht offene Abteile mit 2.000 mm Länge, zwei Vorräume und zwei Aborte vor.

9. Dampfschnellzug Henschel-Wegmann Sonderbauart 1935

Wagenbeschreibungen 62-64

Anfang der dreißiger Jahre sah die DRG die Konkurrenz durch das Automobil zunehmend größer werden. Die neue Reichsregierung drängte auf einen vermehrten Einsatz von Triebwagen. Um dem Verlust von Marktanteilen Einhalt zu bieten, baute die HV ein Netz von Schnelltriebwagenverbindungen im Laufe der Jahre auf. Nach ersten Erfolgen der Wumag mit ihrem „Fliegenden Hamburger" folgten weitere Bauarten von Schnelltriebwagen

Um den Anschluss nicht zu verlieren, sah sich die Lokomotivindustrie gezwungen, ihrerseits auch Fahrzeuge für höhere Geschwindigkeiten zu entwickeln. So kam es zu einer Zusammenarbeit der beiden Firmen Henschel und Wegmann, um gemeinsam einen Dampfzug Henschel zu entwickeln.

Die Erhöhung der angestrebten Reisegeschwindigkeit machte eine genauere Kenntnis der Fahrwiderstände erforderlich. Untersuchungen galten besonders dem Einfluss der Wagenenden, der Größe der Faltenbalgen und der durch Fenster, Lüfter und Trittbretter bedingten Vergrößerung des Widerstandes. Ende Mai 1935 lieferte dann die Waggonfabrik Wegmann & Co in Kassel den Wagenzug ab, rechtzeitig genug, um ihn auf der großen Jubiläumsausstellung zu präsentieren. Der Henschel-Wegmann-Zug bestand aus vier Sonderwagen, die mit einer selbsttätigen Scharfenbergkupplung kurzgekuppelt waren. Die Räume zwischen den Wagen überbrückten die Konstrukteure zur Herabminderung des Luftwiderstandes durch zusätzliche äußere Faltenbalgen in der Flucht der Seitenwände und des Daches. Puffer über den Stirnwandtüren sorgten mit für einen schlingerfreien Lauf. Genau wie bei dem ersten Wumag-Schnelltriebwagen, Bauart „Fliegender Hamburger", lagen die Fenster und Einstiegschiebetüren zur Vermeidung von Luftwirbeln erstmals bei Reisezugwagen in der Flucht der Seitenwände. Um eine gute Schwerpunktlage zu erreichen, sahen die Konstrukteure den Fußboden in einer Höhe von nur 1.090 mm über SO vor.

Die Wagen besaßen durchlaufende, mit zum Tragen herangezogene Schürzen und die Drehgestelle Blenden. Die Radsätze hatten Hohlachsen und liefen in Rollenachslagern. Die fernbedienten Trittstufen ließen sich bei Fahrtbeginn in die Verkleidung einziehen. Bei der Heizung handelte es sich um eine Luftheizung mit vom Lokomotivdampf versorgten Heizkörpern. Die Scheiben- und Magnetbremsen stellten bei Abbremsung aus 150 km/h einen Bremsweg von maximal 1.000 m sicher. Bei seinen Versuchsfahrten erreichte dieser neuartige leichte Dampfzug 185 km/h. Sein gediegener Anstrich entsprach dem der Rheingold-Wagen, aber auch der neuen Schnelltriebwagen. Die äußere Form gab dem Zug eine „besondere Note" (siehe hierzu auch Bild 1).

Nach dem Krieg entschloss sich die DB, den H-W-Zug bei Wegmann 1953 aufarbeiten zu lassen und im „blauen F-Zug-Netz" in der Verbindung Hamburg-Altona – München Hbf einzusetzen. Er blieb bis 1959 im Einsatz.

10. Einheits-Gefangenenwagen Bauarten 1934-1937

Wagenbeschreibungen 58-61

Die Ministerien des Innern und der Justiz traten im Sommer 1933 erneut an die HV der DRG heran, um den Neubau von Gefangenentransportwagen innerhalb des Arbeitsbeschaffungsprogrammes zu fordern. Man einigte sich auf die Beschaffung von insgesamt sieben Fahrzeugen für 1934. In früheren Jahren war es immer zu einer Verschlechterung der Luft gekommen. Zu den vorgebrachten Änderungswünschen hinsichtlich einer Verlegung der Beschickung des Ofens in den Vorraum mit dem Ziel der Vermeidung von einem eventuellen Heraustretens von Feuer oder Kohlenqualm während der Fahrt aus dem Narag-Heizofen in das Innere des Gefangenenwagens legte Wegmann dazu einen ersten Entwurf vor. Er sah im Vorraum die Verlegung der Schiebetürtasche und des Bremshandrades auf die andere Wagenseite vor. Dadurch gab es Platz für einen von außen zu befüllenden und dem Heizofen gegenüberliegenden Kohlenkasten. Gleichzeitig wollte das RZM die Bauart geschweißt in Auftrag geben. Doch dazu reichte zu diesem Zeitpunkt bei Wegmann die Kapazität nicht aus. Die Arbeiten konnten erst 1936 in Angriff genommen werden.

11. Salonwagen Bauarten 1935+1936

Wagenbeschreibungen 65-68

Am 31. Dezember 1932 besaß die Deutsche Reichsbahn 76 Salon-, Salonkranken- und Revisionswagen, die dem Reichspräsidenten, der Reichsregierung, der Hauptverwaltung und den Direktionspräsidenten sowie den Revisionsbeamten für ihre dienstlichen Aufgaben zur Verfügung standen. Aber auch „Dritte", also Privatpersonen, konnten Salon- oder Salonkrankenwagen gegen Lösung entsprechender Fahrkarten 1. Klasse mieten. Ein Erlass des preußischen Eisenbahnministers vom 19. Juli 1919 legte fest, dass dem Reichspräsidenten ein Salonwagen und den Ministern für Dienstreisen Abteile zu stellen seien, bei größeren Begleitungen vereinzelt Salonwagen. Mit dem Regierungswechsel wurde die Reisetätigkeit ab 1933 immer stärker, die anfangs vorwiegend mit dem Auto und dem Flugzeug bewältigt wurde, dann aber auch die Gestellung von Salonwagen notwendig machte. Diese stammten allerdings ausnahmslos aus der Zeit der Länderbahnen, waren also 20 Jahre alt und älter. Sie entsprachen weder in ihrem Äußeren noch in ihrer Einrichtung den Wünschen und Vorstellungen der neuen Benutzer. So sah sich die HV genötigt, trotz der angespannten Finanzlage den Bau von Salonwagen wieder aufzunehmen, um den Anforderungen der Reichskanzlei sowie der verschiedenen Reichsministerien nachzukommen. Es wurde vorausgesetzt, dass sie nach dem neuesten Stand der Technik gebaut, mit den notwendigen technischen Einrichtungen versehen und repräsentativ eingerichtet wurden.

So enthielt denn das Fahrzeugprogramm 1934 erstmals zwei Salonwagen mit einer LüP von 23.076 mm. Entwicklung, Konstruktion und Bau dieser 1. Generation lagen bei den beiden Waggonfabriken in Kassel, Wegmann und Gebr. Credé. Die Entwürfe des RZM in Berlin für die Fahrzeuge unterschieden sich hauptsächlich nur in der Anordnung der Schlafgelegenheit. Der Wegmann-Wagen sah die Aufstellung eines Schlafsessels (Bild 3) vor, während der zweite ein Schlafsofa in Längsaufstellung bekam. Beide Anordnungen gefielen den Benutzern nicht, so dass die HV bereits 1936 nach Alternativen suchte. Sie ließ jeweils ein Querschlafsofa einbauen und die Verbindungstür zum Salon schließen.

Bild 3 Werkfoto Wegmann & Co

1984 kaufte der Eisenbahn-Kurier Verlag den ersten Salonwagen der Deutschen Reichsbahn und veranlasste eine Aufarbeitung bei der Waggonfabrik Rastatt. Bereits das folgende Fahrzeugprogramm 1935 sah die Beschaffung von zwei weiteren Salonwagen vor. Die zweite Generation passte sich mit einer LüP von 23.500 mm der Länge der Rheingold-Wagen an. Sie erhielten erstmals ein großes bzw. kleines Bad. Die Komfortsteigerung ließ sich allerdings nur durch Aufgabe eines Schlafraumes erreichen.

Über Einsätze dieser vier Salonwagen liegen keine amtlichen Unterlagen vor, jedoch eine Notiz von H. Schult, Uelzen. Danach besuchte Hitler an einem der ersten Julitage im Jahre 1936 die Flakartillerieschule Rerik/Wustrow. Von Berlin reiste er mit dem Sonderzug bis Rostock. Anschließend überführte man die drei Salonwagen (vermutlich 10 201-10 203 Bln) mit der Dampflok 75 464 nach Neubukow, um sie dort für die Rückfahrt bereitzustellen. Die Zugwache verhinderte, dass Neugierige näher herankamen.

12. Einheits-D-Zugwagen Bauarten 1935+1936

Wagenbeschreibungen 15-25

Die geschweißten Bauarten 1932-1934 waren den genieteten Fahrzeugen deutlich überlegen. Die ersten Serienbestellungen zweiachsiger Durchgangswagen bestätigten die gewonnenen Erkenntnisse. Darauf hin entschloss sich die Reichsbahn, die Bauarten 1935 generell nur noch geschweißt in Auftrag zu geben und damit erneut einer umwälzenden Neuerung Rechnung zu tragen. Sie ließ fast alle Einzelteile der Fahrzeuge neu durchbilden. Die Konstruktion der Bauarten 1935 geschah in Zusammenarbeit mit dem RZM und der Waggonfabrik Gebr. Credé & Co GmbH in Kassel. Um den Luftwiderstand bei höheren Geschwindigkeiten zu verringern, erhielten die neuen Reisezugwagen allgemein eine angenäherte Stromlinienform. Die Seitenwandbleche zog man über die Stirnwände vor und bog sie zur Gleismitte hin ab, die Dächer erhielten an den Wagenenden eine leichte Wölbung und glichen so denen der zwei- und vierachsigen Durchgangswagen. Ein Teil der Gewichtsersparnis musste wieder aufgegeben werden, da die Geschwindigkeitserhöhung höhere Festigkeit der Wagen und verstärkte Bremsen (Abbremsung 200 %) notwendig machten.

Im Zusammenhang mit der Entscheidung, künftig die 3. Klasse zu polstern, entschloss sich die Reichsbahn 1934, die Abteile dieser Wagenklasse von bisher 1.500 (1.600) mm auf 1.700 mm zu vergrößern. Die neue Abteillänge in der 1. bzw. 2. Klasse legte sie mit 2.294 mm fest. Somit entsprach der AB dem B, der ABC dem BC. Damit gab es zusammen mit dem C drei verschiedene Grundbauarten. Die Aussicht konnte durch Herabsetzung der Brüstung und Vergrößerung der Fenster, jetzt 1.400 bzw. 1.000 mm, wesentlich verbessert werden. Senkrecht verschiebbare Fenstermäntel sollten den Reisenden vor Zugluft schützen.

Um dem Wettbewerb mit anderen Verkehrsmitteln erfolgreicher begegnen zu können, legte die HV auf Ausstattung und größere Bequemlichkeit besonderen Wert. Sie ließ daher erst Probeabteile bauen, um danach die genauen Einzelheiten festlegen zu können. Die 2. Klasse war bis auf die Holzart, den Plüschbezug und einige Kleinigkeiten der 1. Klasse angepasst. Die bisherige Wandtapete in der 2. Klasse ersetzte man durch Teakfurnier. Für eine gute Beleuchtung sorgten in der 1. bzw. 2. Klasse drei Lampen in geschmackvollen Lampenträgern, in der 3. Klasse wurden zwei eingebaut.

Auch die Dampfheizung musste überarbeitet werden. weil durch die Vergrößerung der Fenster ein verstärkter Kälteeinfall zu verzeichnen war. Die zweckentsprechende Wärmezufuhr übernahm eine neue Regeleinrichtung, die selbsttätig die vom Reisenden im Abteil eingestellte Temperatur hielt.

Der erste versuchsweise Einbau erfolgte in den AB4ü 11591 bis 11618.

Die bisherige Ausgleichsleitung zwischen den beiden Wasserbehältern war im Winter oft eingefroren. Daher verzichtete man jetzt bei den neuen Bauarten auf sie. Durch Steigleitungen konnten aber beide Behälter von einer Stelle aus gefüllt werden.

Die Wagen erhielten aus Gründen der Freizügigkeit im Verkehr mit dem Ausland Klotzbremsen mit Doppelbremsklötzen und Fliehkraftbremsdruckregler und den gekoppelten Beschleuniger.

Der von der Deutschen Reichsbahn auf der „Internationalen Ausstellung" vom 25. Mai bis 25. November 1937 in Paris ausgestellte 1./2.-Klasse-D-Zugwagen der Bauart AB4ü-35 fand beim Publikum großes Interesse und bei der Jury viel fachliches Lob. Es erhielten folgende Auszeichnungen:

Großer Preis:	Knorr-Bremsen AG, Berlin, für die Hikss-Bremsanlage,
Großer Preis:	DWV, Berlin, für die sanitären Einrichtungen,
Ehrendiplom:	DWV, Berlin, für die Inneneinrichtung,
Ehrendiplom:	Pintsch, Berlin, für die Heizung,
Goldene Medaille:	Ausstellungsgemeinschaft LHW, Wumag und VWW für das Drehgestell Gör III L mit 4. Federung
Goldene Medaille:	Ausstellungsgemeinschaft Schaltbau, Hannover, und Pintsch, Berlin, für die Beleuchtung
Goldene Medaille:	Ausstellungsgemeinschaft Pintsch, Berlin, Hagenuck, Hamburg, Siemens-Schuckertwerke, Berlin, und Birka, Berlin für die automatische Heizungregelung

Die MITROPA beschaffte ebenfalls Speisewagen dieser neuen Fahrzeuggeneration, der Aufbau des Untergestells, des Kastengerippes und des Daches entsprach der Bauart der D-Zugwagen.

Seit 1935 liefen auch die Entwicklungs- und Konstruktionsarbeiten für neue Bahnpostwagen mit 21,6 m Wagenkastenlänge in Zusammenarbeit mit dem PTZ und den Waggonfabriken Gebr. Credé & Co GmbH in Kassel und Christoph u. Unmack AG in Niesky, die sich eng an die Einheits-D-Zugwagen der Bauart 1935 anlehnten. Sie erhielten jetzt ein Tonnendach; die Bauart des Laternendaches verließ man. Um aber auf das Oberlicht nicht verzichten zu müssen, bekamen die Wagen Voutenfenster in der Dachwölbung. Als Drehgestelle kamen wegen des hohen Eigengewichtes und der Nutzlast (20 t) nur die geschweißten Drehgestelle Görlitz III Schwer zum Einsatz.

Für die D-Zugwagen der Lieferungen 1936 bzw. veranlasste das RZA eine Reihe von Überarbeitungen, wofür teilweise Zeichnungen geändert oder, wie für den 3.-Klasse-Wagen, von den VWW in Köln-Deutz komplett neu aufgestellt werden mussten. Alle drei Gattungen beschaffte die Deutsche Reichsbahn in vier Fahrzeugprogrammen.

Im Fahrzeugprogramm 1936 vergab die HV den Auftrag über Entwicklung und Bau von je einem Messwagen für die Versuchsabteilungen für Lokomotiven, Wagen und Bremsen an die VWW Köln-Deutz. Die LüP betrug einheitlich 23.500 mm, die Drehgestelle entsprachen der Bauart Görlitz III Schwer mit 4. Federung – Abart Westwaggon –, sie besaßen die Hikss-Bremse. Der Lokomotivmesswagen war fünfachsig. Die äußere Form des Wagenkastens mit kleiner Schürze entsprach im Allgemeinen der Salonwagenbauart 1936. Auch das RZA München bestellte bei der Waggonfabrik Fuchs einen fünfachsigen Messwagen mit Hikss-Bremse für die elektrische Versuchsanstalt. Das Reichsamt „Reisen, Wandern und Urlaub" trat 1936 an einige Waggonfabriken (u. a. LHW und VWW) mit der Bitte heran, neue Reisezugwagen zu entwickeln, die folgende Wünsche erfüllen sollten: Platz im Abteil erweitern, Anzahl der Sitze von acht auf sechs herabsetzen, Sitze generell polstern, Möglichkeiten schaffen, mit wenigen Handgriffen für sechs Personen eine Schlafmöglichkeit einzurichten. Die Reichsbahn hörte von diesen Anfragen, legte aber dann sogleich über ihren Staatssekretär am 16. Juli 1937 fest, dass keine besonderen KdF-Wagen für ihren Wagenpark in Frage kämen. Sie beabsichtige, durch Vermehrung ihrer Liegewagen 3. Klasse das Angebot in diesem Bereich zu erhöhen. Bei dieser Absichtserklärung blieb es, erst die Touropa sollte 1953 diesen Gedanken wieder aufgreifen und Liegewagen für den Touristikverkehr bauen lassen.

Die MITROPA beschaffte 1937 in der geschweißten Stahlbauweise zehn Schlafwagen WLAB mit 22 Plätzen und 12 WLC4ü mit 39 Plätzen, nachdem sie von einer ursprünglich vorgesehenen Beschaffung von zwölf WLAB4ü mit Küche Abstand genommen hatte. Die Wumag in Görlitz entwickelte und baute 1937 für die Deutsche Reichspost die ersten Probewagen mit 15 m Kastenlänge ohne Faltenbalgübergänge mit Drehgestellen der Bauart Görlitz III Leicht. Die Planung der Reichsbahn sah eine Höchstgeschwindigkeit von 150 km/h vor. Daher hieß das Ziel, Wagen in windschnittiger Bauform zu konstruieren, um die Zugkraft zur Überwindung des Luftwiderstandes nicht unnötig anwachsen zu lassen. In Zusammenarbeit zwischen dem RZM Berlin und der Waggonfabrik Wegmann & Co in Kassel legte diese für einen D-Zugwagen 3. Klasse Entwürfe vor, wobei die Konstruktion der Wagen des Henschel-Wegmann-Zuges weiterentwickelt worden war. Um die Luftwirbel an den bisher zurückgesetzten Einstiegtüren zu vermeiden, lagen diese jetzt in der Ebene der Seitenwand und wurden bis auf 150 mm an die Vorderkante der Puffer vorgezogen. Um die Breitenbeschränkung einzuhalten, kamen zwei Knicktürvarianten mit verschiedenen Drehpunkten zum Einbau, die Bauarten RZM und Wegmann. Eine weitere Alternative in Form von ein- und zweiflügeligen Schiebetüren wurde an zwei 1./2./3.-Klasse-Wagen erprobt. Auch die Fenster lagen jetzt in der Seitenwandebene. Einige der in Auftrag gegebenen Entwicklungsfahrzeuge erhielten zusätzlich eine durchlaufende Schürze. Außerdem erprobte die DR einen D-Zug-Gepäckwagen mit einem neu ausgebildeten windschnittigen Dachaufbau, der dann ab 1937 generell verwendet wurde.

13. Durchgangswagen Sonderbauarten 1935, Heidenau-Altenberg

Wagenbeschreibungen 42+43

Die Schmalspurbahn durch das Müglitztal von Heidenau nach Geising wurde am 18. November 1890 eröffnet und später bis Altenberg verlängert. Im unteren und mittleren Teil befanden sich eine Reihe von Industriebetrieben mit Gleisanschluss. Im oberen Teil des waldreichen Gebiets lagen bekannte Luftkurorte des Ost-Erzgebirges, hier gab es zu allen Jahreszeiten einen regen Ausflugsverkehr.

Im Jahre 1927 ging über dem Müglitztal ein furchtbares Unwetter nieder und zerstörte die Gleisanlagen auf etwa 20 km Länge. Wegen der Bedeutung dieser Bahnlinie beabsichtigte die Reichsbahn den Wiederaufbau in Normalspur. Wegen der hohen Kosten musste sie den Plan zu dem Zeitpunkt aufgeben, erst auf seiner 63. Sitzung am 20./21. September 1934 gab der Verwaltungsrat seine Zustimmung zum vollspurigen Ausbau der Strecke Heidenau – Altenberg. Aufgrund der besonderen Gegebenheiten kamen Durchgangswagen bisheriger Bauart aus Längen- und Gewichtsgründen nicht in Frage. Bei den Vorarbeiten für die zweckmäßigste Konstruktion kam der Umstand zu Hilfe, dass auch für den Dresdner Vorortverkehr neue Wagen beschafft werden sollten. Die beteiligten Stellen kamen in Zusammenarbeit mit der Waggonfabrik LHW in Breslau zu einem Entwurf, der sich sowohl für den Vorort- und Berufs- als auch für den starken Ausflugsverkehr eignete. Das Bestreben, besonders leichte Wagen zu bauen, gelang allerdings nicht in vollem Maße.

Drei Wagen (C4i + BC4i + C4i) bildeten als Halbzug an Wochentagen die Normaleinheit. Für den Ausflugs- und Sonderzugverkehr kuppelte man zwei Halbzüge zu einem Stammzug mit sechs Wagen für die Bergfahrt zusammen, während für die Talfahrt ein Doppelzug mit zwölf Wagen zugelassen war. Das Werk lieferte zunächst zwei BC4i und vier C4i als Probewagen mit unterschiedlichen Wagengrundrissen (u.a. Aborte an der kurzen bzw. langen Sitzbankseite) und danach die 30 + 60 Serienwagen. Die Fahrzeuge besaßen End- und Mitteleinstiege mit Schiebetüren. An den Enden der äußeren Wagen waren Gepäck- bzw. Traglastenräume vorgesehen. Hier konnten 70 Paar Ski untergebracht werden (Bild 4).

Bild 4 Werkfoto LHW, Sammlung RZA Berlin

14. Einheits-Durchgangswagen Bauarten 1935-1937

Wagenbeschreibungen 44-47

Auch bei den vierachsigen Durchgangswagen beabsichtigte die Reichsbahn, den Wünschen nach größerer Bequemlichkeit Rechnung zu tragen, die Abteile großzügiger zu gestalten und damit den allgemeinen Komfort anzuheben. Die Entwicklung und Konstruktion der neuen geplanten Wagen führte das RZM zusammen mit den Werken VWW in Köln-Deutz für den BC4i und LHW in Breslau für den C4i durch, wobei ursprünglich auch an einen reinen 2.-Klasse-Wagen mit acht Abteilen bei einer LüP von 21.810 mm gedacht war. Die Abteillänge wurde in der 2. Klasse von 1.870 auf 2.000 mm und in der 3. Klasse von 1.550 auf 1.600 mm erhöht, dadurch ließ sich auch die Fensterbreite auf 1.200 mm bzw. 1.000 mm erhöhen. Zu einem angenehmen Aufenthalt gehören aber auch gute Heiz- und Lüftungssysteme. Die seit 1935 bei den D-Zugwagen allgemein eingeführte selbsttätige Umlaufdampfheizung ließ sich bei den vierachsigen Durchgangswagen erst nur bei dem BC4i verwirklichen. Aus dem Fahrzeugprogramm 1935 I kamen jeweils drei Entwicklungsfahrzeuge.

Die Konstruktion der Serienfahrzeuge führten dann die VWW in Köln-Deutz durch. Das RZA beschaffte die beiden Bauarten mit gewissen Änderungen über mehrere Jahre hinweg. Dies führte dazu, dass bei den D-Zug- und vierachsigen Durchgangswagen der C4i-36 die größte Bauserie wurde.

Die nachfolgende Übersicht für diese Bauart führt aus Platzgründen bei der Wb 46 alle weiteren Bestellungen ab 1938 mit Angabe der Fahrzeugprogramme, Wagenbauverträge, Planzeichen, Übersichtszeichnungen, Nummernreihen und Gesamtstückzahlen auf.

FPr	Vertrag	Fwp	später Fwp	VWW	Wg. Nr.	Anzahl
38	26.011	567.01.2	561.001.12	242641	73 817-966	150 Wg.
38 Z	26.017	569.01.1	561.001.11	24264k	73 967-066	100 Wg.
39	26.018	570.01.1	561.001.11	24264k	74 397-438	40 Wg.
39	26.025	572.01.1	561.001.13	24264m	74 067..446	340 Wg.
39	26.025?	572.01.1	561.001.13	24264m	74 539	1 Wg.
39 Z	26.033	573.01.1	561.001.13	24264m	74 449-538	90 Wg.

Ursprünglich sah Vertrag 26.018 die Lieferung von 50 und Vertrag 26.033 eine von 200 Wagen vor, die Stornierung erfolgte aufgrund der Kriegsereignisse. Vermutlich war das Fahrzeug mit der Wagennummer 74 539 Stn (kurzzeitig 74 342, 1. Bes.) für eine andere Bahnverwaltung bestimmt, wurde dann aber an die DR im Januar 1941 geliefert.

15. Salonwagen Bauarten 1937

Wagenbeschreibungen 69-76

Die Eisenbahnabteilungen des RVM teilten den beiden Reichsbahn-Zentralämtern in Berlin und München mit Schreiben vom 8. März 1937 mit, dass sie in Kürze eine Anzahl von Sonderwagen für Zwecke der Reichsregierung im Vorgriff auf das Fahrzeugprogramm 1938 zu beschaffen hätten. Dabei nannten sie u.a. zwei Salonspeisewagen, zwei Salonwagen mit Sitzbadewanne und drei Maschinengepäckwagen. Dabei sollte wenigstens einer der beiden SalonR4ü bis zum 15. September 1937 geliefert sein. Der für den Herbst geplante Staatsbesuch Mussolinis kündigte sich hier bereits an. Die benötigten Baustoffe wurden selbstverständlich – Schwierigkeiten gab es in diesen Fällen natürlich nicht – unverzüglich durch GenOberst Göring genehmigt. Die erste Konstruktionsbesprechung mit den beteiligten Firmen fand bereits am 25. März 1937 statt. Sie erfuhren bei dieser Gelegenheit, dass für den „Dienstzug 1937" insgesamt 13 Wagen zu bauen seien, und zwar drei Salon-, zwei SalonBegleit-, zwei Salonspeise-, zwei Salonschlaf-, ein SalonPresse- und drei SalonMaschinengepäckwagen. Im einzelnen wurde durch den Ref 30 festgelegt:

1. Alle Wagen erhalten die benötigte elektrische Energie von einem SalonMaschPw4ü mit entsprechend großen Maschinensätzen.
2. Alle Wagen – mit Ausnahme der Gepäckwagen – bekommen Drucklüftung, alle Salon- und Salonspeisewagen möglichst Drucklüftung mit Kühlung.
3. Ausstattung:
   a) Salon- und Salonspeisewagen in den Großräumen indirekte Beleuchtung
   b) Wagen zu a) und Pressewagen Radioeinrichtung für die Haupträume
   c) Wagen zu b) und Schlafwagen volle Warmwasserbereitung, d.h. mittels der Heizleitungen und der Batterie

d) Speisewagen erhalten zunächst einen Kohleherd, später Austausch gegen einen Elektroherd, wenn Energieerzeugungsanlage einwandfrei arbeitet, elektrischer Kühlschrank mit Batteriespeisung, zweierlei Geschirr (eine bessere, eine einfachere Sorte)

e) Für die Gepäckwagen erscheint ein Dampfmaschinensatz am geeignetsten, weil er wenig Geräusch- und Rauchbelästigung bringt. Alternativ kommt ein Dieselaggregat in Frage

f) Beim Dienstzug „Einheit III" (Führerzug) sollen Dampfheiz- und elektrische Heizleitung ständig gekuppelt in Betrieb sein

g) Ausrüstung aller Salon-, SalonBegleit- und Salonschlafwagen mit Fernsprecheinrichtungen, die während der Fahrt und im Stillstand Verbindungen innerhalb der Wagen (Wagengespräche) und des Zuges (Zuggespräche) ermöglichen. Beim Aufenthalt auf bestimmten Bahnhöfen mussten auch Sprechverbindungen mit dem öffentlichen Netz hergestellt werden können.

Die Bauaufträge für die 13 Regierungsdienstwagen gingen an die Wagenbauanstalten Wegmann & Co in Kassel:

1 Salonwagen mit Sitzbadewanne und Schreibraum
1 Salonspeisewagen
1 SalonPressewagen

Gebr. Credé & Co GmbH in Kassel:

1 Salonwagen mit großem Bad
1 Salonwagen mit Sitzbadewanne
1 Salonspeisewagen

Vereinigte Westdeutsche Waggonfabriken AG Werk in Köln-Deutz:

2 SalonBegleitwagen
2 Salonschlafwagen

Linke-Hofmann-Werke in Breslau:
3 SalonMaschinengepäckwagen
Wumag, Waggon- und Maschinenbau AG in Görlitz:
sämtliche Drehgestelle

Neben den genannten Waggonfabriken beteiligten sich am Bau dieser Salonwagen außerdem maßgeblich folgende Firmen:
Fahrzeugbeleuchtung GmbH, Berlin
Hagenuk vormals Hanseatische Apparatebaugesellschaft
Neufeld & Kuhnke GmbH, Kiel
Julius Pintsch AG, Berlin
Maschinenfabrik Augsburg-Nürnberg
Siemens & Halske A.G., Berlin.

Die Vereinigten Werkstätten für Kunst im Handwerk in München erhielten den Auftrag für den Entwurf und die Anfertigung der Ausstattung für die Salonwagen, dabei waren Vorhänge, Tagestischdecken, Bezüge und Bodenbeläge farblich aufeinander abzustimmen.

Aus den Wagenbeschreibungen geht hervor, dass nicht alle Vorgaben erfüllt werden konnten. Der Pressewagen diente anfangs dem Nachrichtenverkehr und erhielt die dafür notwendigen Einrichtungen. Heimatbahnhof aller Regierungsdienstwagen wurde der Bahnhof Berlin Ahb, das RAW Potsdam (Abt. Regierungswagen) bekam die Unterhaltung. Abgestellt wurden die Wagen im Sonderschuppen des RAW Tempelhof. Den SalonMaschinengepäckwagen ging eine fahrbare Stromerzeugungsanlage voraus, die man 1935 in einem früheren Gepäckwagen installierte, um 33 Schlaf- und fünf Speisewagen im Bf. Nürnberg Süd anlässlich des Parteitages mit Strom zu versorgen.

Die festgesetzten äußerst kurzen Liefertermine hielten alle Firmen unter teilweiser Zurückstellung anderer Aufträge ein. Der erste Einsatz des Zuges war daher planmäßig am 19. September 1937 zum Wehrmachtsmanöver in Mecklenburg und diente Hitler hier als Hauptquartier. Es sollte sich zeigen, dass er gern in diesem Zuge lebte und ihn künftig verstärkt für seine Reisen benutzte. Bereits am 24. September 1937 fuhr er mit ihm nach München, um den Duce Benito Mussolini zum Staatsbesuch zu empfangen. Beide Sonderzüge gingen noch am selben Abend auf eine Deutschlandfahrt, die über Mecklenburg (Manöver), Essen (Krupp) und Hannover (Buna-Werke) nach Berlin zum Bahnhof Heerstraße führte. Hitler geleitete seinen Gast stets zum Bahnhof und fuhr ihm in seinem Sonderzug hinterher, überholte diesen dann unterwegs und empfing Mussolini auf der nächsten Station seiner Reise. Auf dem letzten Stück der Fahrt kam es in Berlin zu der bekannt gewordenen Parallelfahrt der beiden Sonderzüge zwischen Spandau und dem Bahnhof Heerstraße.

Der Fahrplan der Sonderzüge bzw. Sonderwagen für die Reisen Hitlers, Görings, der Staatsoberhäupter des Auslandes und der Reichsminister wurde durch die Reisestelle des RVM bearbeitet, die auch für die Ausgabe der Fahrausweise, Bett- und Platzkarten zuständig war. Die Zusammensetzung der Züge stand nach Anlieferung der Bauarten 1937 in der Regel fest. Verlässliche Unterlagen über die Wagenreihung des Führerzuges, mit „Einheit III“ bezeichnet, liegen nicht vor. Es kann angenommen werden, dass die Reihenfolge so ausgesehen hat: 105 060 + 10 206 + 10 221 + 10 242 + 10 231 + 10 222 + 10 251 + 105 062.

Dabei musste der 10 206 so gekuppelt sein, dass der Salon am Gepäckwagen und die Küche des 10 242 am Gästeschlafwagen war.

Die Reisestelle beim RVM veranlasste am 6. Mai 1939 für den Führersonderzug künftig folgende Zusammensetzung:
Gepäckwagen + Salonwagen des Führers (Salon am Gepäckwagen) + Beratungswagen (1938 gebaut, Beratungsraum am Salonwagen) + Begleitkommandowagen + Speisewagen (Küche am Gästeschlafwagen) + 1. Gästeschlafwagen + 2. Gästeschlafwagen + Salonwagen (Salon am Gästeschlafwagen) + Personalwagen + Pressewagen + Gepäckwagen.

Die Wagen 3 + 8 durften nur auf besonderen Auftrag durch die Adjutantur mitgeführt werden, ebenso hatte jegliche Änderung der Zusammensetzung zu unterbleiben. Für die sorgfältige Vorbereitung und sichere Durchführung trugen die Betriebsleiter, die Dezernenten des Betriebsmaschinendienstes und die Betriebsamtsvorstände die Verantwortung. Die OZL und ZL überwachten den Lauf der Züge.

Jeder Sonderzug musste durch einen Betriebskontrolleur und teilweise auch durch einen maschinentechnischen Beamten, der auf der Lokomotive mitfuhr, begleitet werden. Zu jedem Salonwagen gehörte ein Wagenmeister, der bis zum Ziel im Wagen blieb und verantwortlich war für die lauffähige Unterhaltung des Wagens, das Verschließen der Türen und das Schließen der Vorhänge an allen Fenstern während des Aufenthaltes. Bei Zügen mit der höchsten Sicherungsstufe fuhr außerdem ein technischer Begleiter mit, der für die Lauffähigkeit und Unterhaltung des Zuges, das Ergänzen der Wasservorräte sowie die Bremsprobe allein verantwortlich zeichnete. Außerdem musste die Strecke vorher bereist und anschließend bewacht werden. Begegnungen sollten möglichst vermieden werden. Fand ein Empfang statt, hatte der Lokführer den Zug an der richtigen Stelle zum Halten zu bringen. Die Reisen unterlagen der Geheimhaltung. Jeweils nach Art der Reise sorgten für den persönlichen Schutz die Bahnschutzpolizei, der Reichssicherheitsdienst (RSD), die Kriminalpolizei oder alle gemeinsam. Die Sonderzüge waren in der Regel so schwer, dass zwei Loks zur Verfügung gestellt werden mussten. Weitergehende Angaben zu Einsätzen der Salonwagen in Krieg- und Nachkriegszeiten sowie durchgeführte Umbauten findet der interessierte Leser in dem Buch „Reichsbahn-Salonwagen“ von Dr. Walter Haberling, Bestell-Nr. 679, EK-Verlag, Freiburg 2010.

16. Messwagen Bauarten 1935
Wagenbeschreibungen 79-82

Um sich dem verschärfenden Wettbewerb mit dem Kraftfahrzeug besser stellen zu können, entschied sich die HV der DRG, u. a. auf bestimmten Fernverkehrsstrecken für eine Erhöhung der Geschwindigkeit ihrer Züge auf 150 km/h. Nach Zustimmung des Verwaltungsrates am 3. Mai 1933 begannen die Arbeiten unverzüglich.

In diesem Zusammenhang sahen die Versuchsabteilungen für Lokomotiven, Wagen und Bremsen b. RAW Bln-Gd eine Vielzahl von neuen Aufgaben auf sich zu kommen. Die vorhandenen Messwagen reichten für die auszuführenden Schnellfahrten keineswegs aus. Die Berliner Versuchsabteilung für Lokomotiven beantragte zuerst die Beschaffung eines **zusätzlichen** neuen Stahlwagens für Schnellfahrten.

Die beiden anderen schlossen sich an. Dabei wollte die Versuchsabteilung für Wagen ihren alten, aus dem Jahr 1897 stammenden ursprünglich als Salonwagen gebauten Messwagen 1 (700 574 Bln) ersetzen, der zwar erst 1930 gründlich im Unterhaltungswerk überholt und mit neuen Gör-II-s-Drehgestellen ausgerüstet worden war.

Auch die dritte für Bremsen beabsichtigte mit dem Neubau ihren ältesten Messwagen 1 (700 556 Bln), als Hofwagen 1887 gebaut, später 1915 zum Bremsversuchswagen umgebaut, zu ersetzen. Alle aufgeführten Fahrzeuge besaßen eiserne Untergestelle und Holzaufbauten. Sie eigneten sich aus mehreren Gründen nicht für Schnellfahrten.

Das RZM versuchte anfangs, eine einheitliche Raumaufteilung und Ausgestaltung der Wagenkästen aller drei Messwagen zu entwickeln, was aber nicht gelang. In der Zusammenarbeit konnte aber erreicht werden, dass sämtliche drei gleiche äußere Abmessungen erhielten.

Das RZM Berlin schlüsselte in seinem Bericht an die HV die Kosten auf, erwähnte die Dringlichkeit und beantragte mit Rücksicht auf die in Zukunft zu fahrenden Geschwindigkeiten die erforderlichen Mittel für Neubauten aus Stahl mit hoher Festigkeit und strömungstechnischer Formgebung für das FPr 1935.

Das RZA München, Dez 26, beantragte bei der HV seinerseits einen Messwagen für elektrische Fahrzeuge für die Elektrotechnische Versuchsanstalt beim RAW München-Freimann Die HV stimmte einer Aufnahme im FPr 1935 zu. Das RZM entschied sich ursprünglich für LHW als Lieferwerk, das aber wegen Auftragsüberlastung ablehnen musste, dafür übernahm WWk die Arbeiten. Das RZA München erteilte der Firma Fuchs den Auftrag.

IV. Entwicklung der Baugruppen

1. Allgemein

Im Mai 1935 beschloss der Technische Ausschuss des Vereins Mitteleuropäischer Eisenbahnverwaltungen auf seiner 113. Sitzung in Stockholm gewisse Änderungen bestehender Vorschriften. Sie betrafen u. a. die Umgrenzung des lichten Raumes, damit alle im zwischenstaatlichen Verkehr zugelassenen Wagen ungehindert laufen konnten.

Die fortschreitende technische Entwicklung sowie der sich abzeichnende Wettbewerb mit dem Auto zwangen die Reichsbahn, auch bei den einzelnen Baugruppen nach immer neuen Wegen zu suchen. So ist es zu erklären, dass sich hier ebenfalls ein Wandel bemerkbar machte und Fortschritte verzeichnet werden konnten.

2. Laufwerk

Zur Klärung der Frage, welchen Einfluss die Breite des Schienenkopfes auf die Abnutzung des Radreifens und den Lauf der Fahrzeuge ausübte, ordnete die Hauptverwaltung mit Verfügung vom 20. November 1933 -30 Fktv 289- Versuche mit D-Zugwagen an. Die Versuchsabteilung für Wagen führte diese mit den nachstehend aufgeführten AB4ü auf folgenden Strecken aus:

11518 Hl in FD 91/92, D 28/29 Berlin – Magdeburg auf preußischem Oberbau 15c (72 mm Kopfbreite).

11519 Hl in D 2/FD 21 Berlin – Hannover auf Reichsbahnoberbau K 49 (67 mm Kopfbreite).

11459 Alt in D 8/D 3 Berlin – Altona auf Reichsbahnoberbau K 49 (67 mm Kopfbreite).

Nach einer Laufleistung von etwa 102.006 km brach man im Sommer 1935 die Verschleißversuche ab und kam zu der Feststellung, dass es zweckmäßig sei, die Schienenform schon im Neuzustand der sich im Betrieb ergebenden Verschleißform anzunähern.

1934 liefen eine Anzahl D- und Eilzugwagen mit verschiedenen Reifenumrissen und Neigungen sowie Spurerweiterungen und -verengungen auf den Strecken Hannover bzw. Berlin – Köln. Außerdem begann im selben Jahr ein größerer Versuch mit 100 D-Zugwagen, die vom RAW Potsdam mit Radreifen höherer Festigkeit ausgerüstet waren.

Daran schlossen sich weitere Versuche mit je vier D-Zugwagen der RAW Opladen und Neumünster an, deren Radreifen zuvor nach dem Hanus-Verfahren bzw. einem einfacheren des RAW Neumünster geschliffen waren.

Bei höherer Geschwindigkeit (etwa ab 100 km/h aufwärts) traten plötzlich Schüttelschwingungen auf, die den Lauf der Personenwagen unangenehm beeinflussten. Um hier eine Besserung herbeizuführen, ordnete die HV durch Verfügung vom 4. 4. 34 -Fktv 289- an, alle D-Zugwagen einschließlich Gepäck-, Post- und MITROPA.Wagen mit einer Radreifenneigung 1:20 bis 1:40 zu versehen. Dies bedeutete eine vermehrte Arbeitsleistung bei der Unterhaltung. Außerdem erhielten die Wagen nach 40.000 bzw. 50.000 km Laufstrecke, je nach der vorgesehenen Vmax, einen Achswechsel. Im Mai 1935 kam die Einführung der Schadgruppe 9 für Radsatzwechsel.

Dem Nachteil einer zu großen Weichheit bei den Görlitzer Drehgestellen versuchte man durch Einführung des Austauschbaues bei den Achshaltergleitbacken und Wiegenführungsplatten zu begegnen, während der Einbau von Achshalterverbindungsstangen der Verschleißminderung dienen sollten. Ab 1932 erfolgte zusätzlich für sie eine Sicherung durch Aufhängevorrichtungen.

Die intensiven Versuche und Bemühungen um den ruhigen Lauf führten bei den D-Zugwagen der Bauarten 1935 zu Laufeigenschaften, die bei Versuchsfahrten über 200 km/h noch einwandfrei waren.

Der Laufradsatz, früher als Wagenradsatz oder Achse bezeichnet; hatte sich seit der Anfangszeit der deutschen Eisenbahnen nicht geändert, jedoch wurden die einzelnen Bauteile ständig weiterentwickelt. Bei der Welle war es die formgerechte Herstellung, die Änderung des Durchmessers zur Vergrößerung der Tragfähigkeit, die Umbildung der Lagerstellen für Rollenachslager und die Gestaltung als Hohlwelle. Wesentlich umfangreicher verlief die Entwicklung der Räder. Seit 1924 beschaffte die Reichsbahn nur noch die gewölbte Radscheibe, auf die man den Radreifen aufschrumpfte. 1937 begann eine groß angelegte Versuchsreihe mit gewalzten Vollrädern in vier verschiedenen Ausführungen, wobei die Unterschiede in den Baustoffen bzw. Festigkeiten lagen. Je Ausführung beschaffte das RZA 50 Wagenradsätze. Die Untersuchungen ergaben eine um die Hälfte längere Lebensdauer des gewalzten Vollrades.

Die Versuchsabteilung für Wagen ging ebenfalls der Frage nach, ob Radsätze, deren Räder sich unabhängig voneinander drehen können, beim Lauf in der Geraden und insbesondere im Bogen ein günstigeres Verhalten zeigten als normale Radsätze. Man versprach sich hier besonders im Kurvenlauf einen geringeren Verschleiß, weil dann ja jedes Rad sich mit der ihm zukommenden Drehzahl drehen kann und ein Gleiten vermieden würde.

Außerdem gäbe es bei dem günstigeren Bogenlauf derartiger Radsätze die Möglichkeit, auch längere Wagenkästen unter Vermeidung von Drehgestellen auf einzelne Achsen nach Art der Vereinslenkachsen zu setzen.

Von den zwei Möglichkeiten der konstruktiven Ausbildung der Versuchsradsätze, nämlich geteilte Achswelle und feste Räder oder ungeteilte Achswelle mit einem Losradsatz wählte die Versuchsabteilung die letzte. Konstruktion und Bau lagen bei der Waggonfabrik Uerdingen.

Erste Versuche und Vergleiche mit normalen Radsätzen fanden unter dem Rungenwagen Stuttgart 46249 im Jahre 1933 statt und brachten eine offensichtliche Überlegenheit hinsichtlich des Lauf- und Rollwiderstandes der Festrad- gegenüber den Losradsätzen. Bei Rangierbewegungen kam es in einer Kurve mit 300 m Radius zu einer Entgleisung, deswegen unterblieben weitere Untersuchungen.

3. Untergestell

Auch bei den geschweißten Wagen bestanden die Untergestelle aus zwei äußeren Langträgern und den Kopfstücken, die zusammen den Rahmen bildeten. Eine Versteifung erfolgte durch Querträger sowie mittlere Langträger. Sprengwerkartig angeordnete Schrägstreben sorgten für die Aufnahme der seitlichen Verbiegungsbeanspruchungen und kräftig ausgeführte Untergestell-Vorbauten für gute Übertragung der auftretenden Längskräfte auf Seitenwand sowie Längsträger (Bild 5).

Bild 5 Werkfoto MAN

4. Drehgestell

Drehgestellbeschreibungen 1-44

Die DRG legte großen Wert darauf, künftig für die D-Zug- und vierachsigen Durchgangswagen geschweißte Drehgestelle von der Industrie zu bekommen. Deshalb ließ sie eine gewisse Anzahl von Versuchsdrehgestellen bei LHB, Wumag, Westwaggon und Uerdingen in den Gattungen III Schwer und III Leicht mit unterschiedlichen Bremsen bauen. Auch hier hoffte sie, zu einem Einheitsdrehgestell zu kommen. Im Herbst 1933 bot die Firma Westwaggon der HV ein geschweißtes Drehgestell in Hohlträgerkonstruktion an. Eine vorteilhafte Bauweise, weil die Langträger nicht mehr auf Verdrehen beansprucht werden (kein Verbiegen der Achshalter). Mit ihrer Vfg. -30 Fkwpdr 36- vom 15. November 1933 ordnete sie die Beschaffung eines Satzes an (siehe auch hierzu Db 20).

Nachdem die Versuche mit dem geschweißten Drehgestellsatz unter dem Messwagen der Versuchsabteilung für Wagen zufriedenstellend verliefen, ging die Reichsbahn ab 1932 verstärkt dazu über, geschweißte Drehgestelle zu beschaffen. Dabei gelang es, für die neuen geschweißten D-Zugwagen mit der Bauart Görlitz III Leicht auszukommen, da durch das Schweißverfahren die Fahrzeuge nur noch auf ein Gewicht von 40 t statt 46 bzw. 48 t kamen. Lediglich Sonder-, MITROPA-, Post- und Heizwagen mussten wegen ihres höheren Gewichtes mit Drehgestellen Görlitz III Schwer ausgerüstet werden.

Die Reichsbahn trug 1933 der DWV den Wunsch vor, die Abnahme der Drehgestelle künftig nach bestimmten Messmarken vorzunehmen, um alle Bauteile auf Überschreitung der Werkgrenzmaße untersuchen zu können. Die Herstellerfirmen von Drehgestellen besaßen für die Fertigung weder die erforderlichen Messstände noch gab es eine endgültige Klärung über die Art der Drehgestellvermessung. Die daraufhin erarbeitete Dienstvorschrift für das Vermessen und die Bearbeitung der Drehgestelle führte zu einer austauschbaugerechten Fertigung. Durch das Vermessen sollte eine der Grundbedingungen für einen ruhigen Lauf erfüllt werden, gleichzeitig der Verschleiß der der Abnutzung unterworfenen Teile auf ein Mindestmaß reduziert und die Tauschbarkeit sichergestellt werden. Das Reichsbahn-Ausbesserungswerk Krefeld-Oppum baute einen ersten Messstand für Drehgestelle. 1936 konnten die aufgetretenen Fragen soweit geklärt werden, dass bei der Wumag in Görlitz ein Versuchsmessstand gefertigt und aufgestellt werden konnte. Die Abbildung auf S. 223 zeigt einen weiteren bei der Versuchsanstalt für Wagen in Grunewald.

Den noch immer auftretenden Rubbel- bzw. Zitterschwingungen versuchten die Konstrukteure mit einer Verstärkung der Görlitzer Drehgestelle und verschiedenen weiteren Maßnahmen zu begegnen (Wiegenfederung mit Gummikugeln nach Kruckenberg, Dämpfung des Drehgestellausschlages durch Öldruckzylinder am Festpunktende). Erst weitere Versuche bei je fünf Wagen mit 4-facher Federung in Trogbauweise bzw. innerhalb der geteilten Wiege brachten Fortschritte. LHW baute im FPr 1935 I nach den Zeichnungen der Wumag als erste Serie zehn Drehgestelle Gör III L mit 4. Federung für zehn AB4ü-35 mit den Wagennummern 11610, 11612-11618 und 11624+11625. Eine erste Versuchsfahrt führte die Versuchsabteilung für Wagen am 26. Juli 1935 von Grunewald nach Nordhausen durch.

Bei den neuen D-Zugwagen der Bauarten 1936 gelang es, durch eine nochmals verfeinerte Abfederung der vierten Federung die Laufeigenschaften zu verbessern und die Rubbel- sowie Zitterschwingungen zu beseitigen. An den Enden der einfachen Wiegenblattfedern sahen die Konstrukteure zwei ungedämpfte zwischen geschaltete Schraubenfedern vor, die auf einem Wiegenfedertrog standen. Dieser hing seinerseits mit Schaken am Drehgestellrahmen.

Das Konstruktions-Dezernat 26 des RZA München unter dem Reichsbahnrat Otto Taschinger vertrat die Ansicht, die Ausbildung des Görlitzer Drehgestellrahmens mit den angeschweißten Achshaltern zeige noch gewisse Mängel hinsichtlich einer unvollkommenen Baustoffausnutzung bei Rahmen und Wiege. Man glaubte mit einem Doppel-T-Blechträger-Drehgestell mit hohem Steg zu noch besseren Ergebnissen zu kommen. Aufgesetzte Rippen, Sicken oder eine Bördelung sollten ein Ausknicken verhindern. Die Drehgestellwangen bekamen gewichtssparende Ausschnitte. Die Übertragung der Kräfte erfolgte nicht direkt auf die Wangenträger, sondern über Federböcke mit einem Hebelarm unter Beibehaltung der 3-fachen Federung. Die Länge der 5-lagigen Achsfedern betrug 900 mm, die der 5-lagigen Wiegenfedern 1.300 mm. Diese neuen Drehgestelle (Bild 6) ließ das RZA München erstmalig unter die Einheitssteuerwagen der Bauart BCPost4ivS-35 setzen. Gebaut hatte sie die Waggonfabrik G. Lindner in Ammendorf, auf den Triebwagenkarten (EZA V16) werden sie als Leicht- oder Sonderbauart bzw. als Bauart München bezeichnet.

Die mit der Blechträgerbauart gemachten Erfahrungen versuchte das RZA München auf eigenen Wunsch in Zusammenarbeit mit der Wumag bei der Entwicklung einer neuen Drehgestellbauart für schwere Salonwagen zu verwerten. Diese erhielt die Bezeichnung Görlitz-München (s. Db Nr. 39). Aber die Konstruktion mit dem hohen Blechlangträger, die zwar einen guten Übergang der Kräfte und gewisse lauftechnische Vorteile brachte, erfüllte nach Feststellung des RZA Berlin nicht die Prinzipien von Einfachheit, Übersichtlichkeit und Wirtschaftlichkeit. Der Versuch wurde daher nicht weiterverfolgt.

Für die vierachsigen Steuer- und Beiwagen der Verbrennungstriebwagen entwickelte und baute die Wumag in Zusammenarbeit mit der Waggonfabrik Bautzen 1934 Drehgestelle der Bauart Görlitz IV Leicht mit Scheiben- und Trommelbremse. An diese Konstruktion knüpfte man 1935 bei LHW an, als es galt, besonders leicht gebaute

Bild 6 Werkfoto G. Lindner, Sammlung Wolfgang Theurich

Bild 7 VersA für Wagen, Grunewald, Sammlung RZA Berlin

Drehgestelle für die Versuchswagen der Bauart Heidenau-Altenberg zu konstruieren (s. Db Nr. 37). Die Auslegung des Profileisenrahmens mit hohlen Langträgerenden erfolgte für Räder mit 900 mm Laufkreisdurchmesser, Hikp-Bremse, Achsstand 3.000 mm und 3-facher Federung. Das Satzgewicht ohne Lichtgenerator betrug 8.370 kg, und der Preis 4.166 RM.

Wegen der Kriegsverhältnisse erfolgte 1942 die Zulassung für 1.000 mm Laufkreisdurchmesser.

Um den Wagenlauf noch weiter zu verbessern, rüstete die Versuchsabteilung für Wagen einen Drehgestellsatz Görlitz III Schwer mit Achslenkern Bauart Grunewald aus und unternahm damit am 8. August 1935 eine erste Versuchsfahrt (Bild 7). Mit Hilfe der Achslenker sollte angestrebt werden, den Schüttellauf (Sinuslauf) der Radsätze zu verhüten bzw. weitgehend zu vermeiden und die Genaubearbeitung der Achshaltergleitbacken in den Ausbesserungswerken überflüssig zu machen.

Mit einer verbesserten Achslenkerbauart fuhr dann die Versuchsabteilung für Wagen mit dem AB4ü-35 11610 Bln mit Gleitlager Lauf- und Verschleißversuche im FD 22/21 auf der Strecke Berlin – Köln (Bild 8).

Eine weitere Achslenkerbauart erprobte sie unter dem AB4ü-35 11616 Bln mit Rollenachslager. Der C4i 73423 Erf erhielt zum Vergleich eine ölgedämpfte Wiegenschraubenfederung (Bild 9).

Die Versuchsergebnisse veranlassten die HV, mit Verfügung vom 11. Dezember 1936 -30 Fkwpdr 57- weitere Drehgestelle der Lieferung 1937/I + II mit Lenkerführung sowie neuartiger Wiegenabfederung

Bild 8 Aufnahme: VersA f. Wg., Grunewald, Sammlung RZA Berlin

Bild 9 Aufnahme: VersA f. Wg., Grunewald, Sammlung RZA Berlin

zu Vergleichszwecken zu beschaffen und damit die Versuche auf breitere Grundlage zu stellen.

Die vorgesehenen Liefertermine verzögerten sich durch die Schwierigkeiten bei der Stahlbeschaffung. Anfang des Jahres 1938 begann dann die Wumag die Anlieferung folgender Varianten des Drehgestells Görlitz 111 Leicht mit 4. Federung:

A Parallelogrammartig angeordnete kurze Achslenker Bauart Grunewald (s. Db Nr. 30)
B Rechteckig angeordnete kurze Achslenker Bauart Wumag (s. Db Nr. 31)
C Gleich lange Achsblatt- und Wiegenfedern (1.200 mm) (s. Db Nr. 32)
D 1.200 mm lange Achsblattfedern (normal 900 mm) und ölgedämpfte Wiegenschraubenfedern (s. Db Nr. 34)
E Lange Achslenker Bauart Grunewald, 1.200 mm lange Achsblattfedern und ölgedämpfte Wiegenschraubenfedern (s. Db Nr. 33)
F Lange Achslenker Bauart Grunewald, sonst normale Drehgestelle mit vierfacher Federung und Doppelbremsklötzen (s. Db Nr. 29)
G Lange Achslenker Bauart Grunewald, Drehgestell aber nur mit 3-facher Federung

Von jeder Variante standen fünf Sätze zur Verfügung, die unter 14 Hauptversuchswagen und 18 Nebenversuchswagen der Bauart C4ü-36 zum Einsatz kamen. Drei Drehgestelle der Ausführung G blieben unbeobachtet. Die Verfügung bestimmte, dass die 14 Wagen im Betrieb verschlissen und von der Versuchsabteilung nach Laufwegen von 0, 20.000, 40.000, 60.000, 80.000, 100.000 und ggf. 120.000 km in Lehrte untersucht werden sollten. Die restlichen 18 Nebenversuchswagen erhielten nur Untersuchungen nach 50.000 und 100.000 km.

Eine weitere Versuchsgruppe bildeten drei Wagen des RAW Potsdam mit Drehgestellen der Bauart 35 I mit 4- bzw. 3-facher Federung sowie dem langen Achslenker Bauart Grunewald, zusammengestellt aufgrund der RVM-Verfügung vom 11. Dezember 1936 -30 Fkwpdr 57-.

Die Versuche zogen sich bis in das Jahr 1941 hin und führten zu dem Ergebnis, dass

a) Drehgestelle mit Stangenlenkern und 4. Federung oder Öldämpfern allgemein allen anderen Ausführungen in der Laufgüte überlegen waren
b) diese Drehgestelle ohne Radsatzwechsel bis 100.000 km einwandfrei durchlaufen konnten
c) kostspielige Drehgestellmess- und Bearbeitungsstände entbehrlich wurden.

Die vierachsigen Sonderreisewagen der Bauarten 1938 für Zwecke der Reichsregierung sollten Drehgestelle erhalten, bei denen die neuesten Erkenntnisse in Bezug auf schweißtechnische Durchbildung der Bauweise und verbesserte Abfederung verwertet werden sollten. Da es geeignete Drehgestelle der Bauart Görlitz III Schwer jedoch nicht gab, beauftragte das RVM mit Verfügung vom 8. März 1937 -30 Fkwpdr 60- die beiden Zentralämter in Berlin und München, sofort je zwei Satz zu entwickeln und zu beschaffen. Man erhoffte sich, mit der Beauftragung beider Ämter durch einen gewissen Wettbewerb zu ausgewogenen Konstruktionen zu kommen. Die Erfahrungen mit den Versuchsdrehgestellen der Bauart Görlitz-München sollten verwertet werden. Wumag in Görlitz und Lindner in Ammendorf erhielten die Aufträge. Da aber das RVM gewisse Forderungen stellte und die Sätze vergleichsfähig sein sollten, ließ sich. das Vorhaben in dieser Form nicht durchführen. Die Beschaffung ging auf das RZA Berlin über. Von der Wumag gebaut wurden dann nur die folgenden drei Drehgestellsätze in Versuchsausführung, jeweils für den Fährverkehr geeignet:

1) Fwp 966a mit Profileisenrahmen und ölgedämpfter Wiegenschraubenfederung mit einem Achsstand von 3.000 mm (siehe Band 3)
2) Fwp 966b mit Profileisenrahmen und 4. Federung in Trogbauart mit einem Achsstand von 3.600 mm (siehe Band 3)
3) Fwp 966c mit Profileisenrahmen und 4. Federung, Bauart Lippl (siehe Band 3).

Die ersten Drehgestelle standen ab Sommer 1938 dem Versuchsamt für Wagen zur Verfügung, die den Auftrag erhielt, sie unter allen Salonwagen-Bauarten der Reichsregierung lauftechnisch zu untersuchen. Aufgrund der Versuchsergebnisse entschied man sich für die Drehgestelle nach Fwp 966b als Standardbauart für alle Sonderreisezugwagen. Dieses Drehgestell konnte zwei Tatzenlager-Lichtgeneratoren der Bauart ZOG 181 aufnehmen.

Alle beschriebenen Drehgestell-Bauarten (Db Nr. 1 bis 39) besaßen je 16 Achs-Schraubenfedern mit 26 bzw. 28 mm Stahlquerschnitt, äußerer Durchmesser 145 mm, bei den 4-achsigen Durchgangswagen der Baujahre 1932-1934 betrug dieser 125 mm.

5. Zugvorrichtung

In der Frage der automatischen Kupplung kamen die europäischen Bahnverwaltungen nicht recht weiter. Die Reichsbahn entschied sich bekanntlich bei ihren Großgüterwagen, dem Henschel-Wegmann-Zug, einer Reihe von Triebwagen und den Berliner-S-Bahnwagen für die Scharfenbergkupplung. Nebenher liefen aber auch Versuche mit der Willison-Klauenkupplung bei Großgüter- und Güterwagen der Regelbauart.

6. Stoßvorrichtung

Auch bei der geplanten Einführung einer Mittelpufferkupplung ließen sich keine Fortschritte erzielen; der seit dem Jahre 1927 eingesetzte UIC-Sonderausschuss kam hier nicht weiter. Er glaubte, dass die Erfahrungen der japanischen Staatsbahn bei der Umstellung auf die amerikanische Klauenkupplung nicht übertragen werden konnten. Man suchte daher nach anderen Lösungsmöglichkeiten. Dabei sollte das Simplex- Verfahren unter Vermeidung der Nachteile der japanischen Umstellung eine besondere Rolle spielen. Die Fachleute glaubten, die Umrüstung innerhalb von sieben Jahren in zwei Zeitabschnitten vornehmen zu können. Doch führten diese Überlegungen zu keinem Ergebnis, und eine Umstellung unterblieb bis zum heutigen Tage.

7. Druckluftbremse

Für einige Entwicklungsbauarten bei den vierachsigen D-Zug- und Durchgangswagen kamen neuartige Bremsen zum Einbau, Anfang der dreißiger Jahre vom RZM Berlin in Zusammenarbeit mit der BSI (Bergische Stahl-Industrie) entwickelt. Dabei handelte es sich um Zan-

Bild 10 Joachim Deppmeyer

Bild 11 Joachim Deppmeyer

Bild 12 Joachim Deppmeyer

gen-, Scheiben- und Trommelbremsen (Bilder 10-12), wobei die DRG nur die letzte Bauart zeitweilig für Serienfahrzeuge nachbeschaffte.

Die Kunze-Knorr-Bremse der Bauart Kksbr ließ im Personenverkehr mit einer 80%igen und im Schnellzugverkehr mit einer 130%igen Abbremsung bei einer V_{max} von 110 km/h einen Bremsweg von 700 m zu. Die Verkehrsbedürfnisse erforderten jedoch eine Erhöhung der Fahrgeschwindigkeit. Die HV erteilte daher dem RZM mit Verfügung vom 8. Februar 1932 -30 Fkb 121- den Auftrag, Untersuchungen zur Erhöhung der V_{max} auf 150 km/h durch eine Arbeitsgemeinschaft durchführen zu lassen.

Die Knorr-Bremse AG in Berlin-Lichtenberg entwickelte eine neue Druckluftbremse mit der Bezeichnung Hildebrand-Knorr-Bremse, die wie die Kunze-Knorr-Bremse in drei Bauarten für Schnell-, Personen- und Güterzüge zum Einsatz kommen konnte. Es hatte sich gezeigt, dass die Kunze-Knorr-Bremse auch noch einige weitere Mängel aufwies, besonders im Nachlassen der Bremswirkung bei längeren Gefällefahrten. Die neue Bremsbauart vereinigte zum ersten Mal kurze Lösezeiten des gesamten Zuges mit völliger Unerschöpfbarkeit und hoher Durchschlagsgeschwindigkeit. Der Lösevorgang ließ sich abstufen, wobei der Bremszylinderdruck direkt vom Druck in der Hauptluftleitung abhängig war. Die Reichsbahn entschloss sich nach eingehender Prüfung am Versuchsstand und an fahrenden Zügen, die Hildebrand-Knorr-Bremse dem Internationalen Bremsausschuss zur Zulassung vorzuschlagen. Die Annahme erfolgte am 27. April 1932. Zuerst erhielten 100 Wagen des bayerischen Netzes für den Übergang nach Österreich die neue Bremsbauart.

1933 führte die Versuchsabteilung für Bremsen im RAW Grunewald Untersuchungen durch, die im Zusammenhang mit der Steigerung der Fahrgeschwindigkeit und der zweckmäßigsten Gestaltung der Bremsklötze standen. Planmäßige Versuche zeigten, dass ein sehr hoher Bremsdruck (Abbremsung = 200 % Eigengewicht) anstandslos verkraftet wurde, wenn gleichzeitig die Bremsklötze eine entsprechende Ausbildung erfuhren. Bereits 1934 führte die Reichsbahn neue Bremsklotzformen (Doppelbremsklötze, geschlitzte Bremsklötze) zur Verbesserung der Druckluftbremse ein. Dies allein genügte jedoch nicht, die Bremsleistung so zu steigern, dass kürzere Bremswege erreicht werden konnten. Die Versuchsabteilung für Bremsen arbeitete an einer weiteren Durchbildung der von der Knorr-Bremse entwickelten Hikss-Bremse für Schnellzüge mit einer V_{max} von 150 km/h. In ausgiebigen Stand- und Fahrversuchen prüfte die Abteilung die einzelnen Apparate (gekoppelte Beschleuniger, Fliehkraftbremsdruckregler, Steuerventile und Druckübersetzer). Der „gekoppelten Beschleuniger" bewirkte die schnelle Fortpflanzung der durch den Lokführer eingeleiteten Druckminderung auf mechanischem Wege. Der Fliehkraft-Bremsdruckregler dagegen verhinderte ab einer bestimmten Geschwindigkeit einen zu hohen Druck. 13 D-Zugwagen der Bauart AB4ü-35 11 591-11 603 Bln (Bild 13) und zwei D-Zuggepäckwagen der Bauart Pw4ü-35 105 551 + 105 552 Bln erhielten diese neue Bremsbauart und liefen zeitweise in einem Versuchszug mit 60 Achsen. Sie trugen im Anschriftenspiegel die Bezeichnungen Hikssbr [Hiks] mit den drei Bremsstellungen: SS, S und P, außerdem an der unteren Seitenwand rechts neben der Anschrift „Elektr. Heizung" den Hinweis „Gekoppelte Beschleuniger m. Schnellfüller" in weißer, 20 mm hoher Schrift.

Bild 13 – Dr. Adolf Mielich, Leiter der Versuchsanstalt für Wagen in Grunewald, ist hier rechts im vorderen Fenster zu sehen.

Aufnahme: Nachlass Dr. Adolf Mielich, Sammlung Ernst Andreas Weigert

Ein gewisser Nachteil dieser Bremse zeigte sich in ihrem hohen Gewicht, bedingt durch die kräftig zu bemessenden Bremsgestänge und die großen Bremszylinder sowie die zur Steuerung notwendigen Bremsapparate. Man arbeitete daher an der Vervollkommnung der Trommel- und Scheibenbremse sowie der Kunststoffe für den Belag der Trommeln und Scheiben weiter. Hiervon versprach man sich Gewichtseinsparungen. Die Betriebserfahrungen mit den Trommelbremsen ergaben Probleme mit der Ableitung der Hitzestaus, die nicht zufriedenstellend gelöst werden konnten und daher langfristig eine Umrüstung auf andere Bremssysteme zur Folge hatten.

Die Magnetschienenbremse wurde zusätzlich bei den Wagen des Henschel-Wegmann-Zuges eingebaut, um eine besonders hohe Bremsleistung zu erzielen. Sie trat nur bei Schnell- und Notbremsungen in Tätigkeit (Bild 14).

Bild 14 Werkfoto Wegmann & Co

Die Versuche und Erprobungen zur Weiterbildung der Hikss-Bremse gingen auch im Jahre 1937 weiter. Als vereinfachte Bauform der Hikp-Bremse entwickelte die Knorr-Bremse AG die Hikp-1-Bremse. Versuchsfahrten fanden u. a. am 22./23. Juni 1938 mit einem 60-achsigen Zug aus 14 D-Zugwagen und dem Messwagen 700 566 Berlin auf den Strecken von Sommerau nach Hausach bzw. von Freiburg nach Offenburg statt. Die Wagen besaßen geteilte Bremsklötze von 300 mm Sohlenlänge (Bg 300), Gestängesteller und 32-t-Ringfederpuffer. Gefahren wurde in der Bremsstellung „P" des Steuerventils. Als Zuglok diente die Lok 01 026 der Bremsversuchsabteilung Grunewald. Die Hauptverwaltung gab am 19. November 1936 bekannt, dass sie die größte zulässige Geschwindigkeit für Reisezüge mit durchgehenden Bremsen auf Hauptbahnen von 100 auf 120 km/h heraufsetze. Die HV wurde auch ermächtigt, Geschwindigkeiten bis 135 km/h zuzulassen, wenn Fahrzeuge und Strecken mit Zugbeeinflussungseinrichtungen versehen waren.

Bei Wagen mit Trommelbremsen konnte die gewöhnliche Handspindelbremse mit Gestängeübertragung nicht eingebaut werden. Als Ersatz entwickelte man eine Öldruckbremse und machte bei der Erzeugung sowie Fortleitung des Druckes vom hydraulischen Weg Gebrauch. Die Anordnung der Bremszylinder bei der Öldruckbremse erfolgte so, dass sie am Bremshebel für die Druckluftbremse mit angriffen. Bei scheibengebremsten Wagen hingegen konnte die Spindelbremse bei entsprechender Ausbildung des Bremsgestänges eingebaut werden.

Aus Gewichts- und Kostenersparnisgründen entschied die HV mit Verfügung vom 15. Juni 1936 -30 Fkb 302-, neue D-Zugwagen künftig nur noch an einem Ende mit einem Handbremsrad auszurüsten. Es musste so angebracht werden, dass es vom Seitengang aus gesehen werden konnte. Im Zusammenhang mit dieser Entscheidung verfügte die HV am 15. Juni 1936 -30 Fkb 302-, dass auf beiden Wagenseiten der Hinweis „Handbremse am anderen Ende" anzubringen sei. Damit sollte den Rangierern das Auffinden erleichtert werden. Die bisherigen Anschriften bei den vierachsigen Durchgangswagen, „Handbremse im Vorraum", mussten entfernt werden. Überlegungen, die Zahl der Notbremszugkästen zu verringern, führten nach Behandlung im Bremsausschuss zu der Verfügung vom 11. September 1936 -30 Faab 20-, dass bei großräumigen Abteilungen in jedem Bankabteil ein Notbremsgriff anzubringen sei, dabei sollten 1/2- oder 3/4-hohe Rückenlehnen nicht als Trennwände angesehen werden. Dagegen blieb es bei der Anordnung, in D-Zugwagen in jedem Abteil über dem Fenster und an jedem Ende des Seitenganges einen Notbremszugkasten vorzusehen.

Das RVM sprach sich mit Verfügung vom 2. Juni 1937 -30 Faab 20- gegen die Beibehaltung der Leitungsdruckmesser in Gepäckwagen aus, da deren Beobachtung durch den Zugführer eine Kann-Vorschrift geworden war. Weil jedoch verschiedene ausländische Bahnverwaltungen nur Gepäckwagen mit Leitungsdruckmessern übernahmen, blieb es gemäß Verfügung vom 19. Februar 1938 -30 Fkb 385- bei dem Einbau in den D-Zug-Gepäckwagen in der bisherigen Form.

Aus Gründen größerer Wirtschaftlichkeit löste im Jahre 1927 der geteilte Bremsklotz mit 400 mm Sohlenlänge (Bg 400) den ungeteilten (B 400) ab. Versuche in den folgenden Jahren ergaben, dass eine Verkürzung der Sohlen das Abklappen der Schleiffläche und somit die Unsicherheit in den Reibverhältnissen wesentlich verringerte. Daher erhielten die vierachsigen Durchgangswagen 300 mm lange und die D-Zugwagen 350 mm lange geteilte Bremsklötze. Allerdings erhöhte sich besonders bei den D-Zugwagen der Verschleiß und machte ein häufigeres Auswechseln notwendig. Dies führte zur Entwicklung und Einführung des geteilten Bremsklotzes in Doppelanordnung mit 250 mm, später 300 mm Sohlenlänge (BDg 300).

8. Schilder, Tritte

Die Einheits-Personen- und Gepäckwagen besaßen eine Reihe von außen angebrachten Schildern, wie am Beispiel eines D-Zugwagens der Bauart C4ü-32a aufgeführt.

1) am Wagenkasten:

Wagennummernschild	B.o.371
Adler für Personen- und Gepäckwagen	B.o.333
Platznummernschilder	B.o.372
Richtungsschild	B.o.371
Wagennummer-Aufsteckschild	B.o.372
Raucher- bzw. Nichtraucher-Schild	B.o.372
Klassenschilder	B.o.372
Fabrikschild	B.o.371
Wagenumlaufschild	Fw 10.030.00.03

2) am Drehgestell:

Nummernschild	Fw 10.030.00.12
Haftpflichtschild	Fw 10.030.00.04
Fabrikschild	Fw 10.030.00.07

In Anlehnung an die Verordnung über das Hoheitszeichen des Reiches vom 7. März 1936 und den Erlass über die Reichssiegel vom selben Tage musste die Reichsbahn, als das Gesetz vom 10. Februar 1937 sie unter die Hoheit der Regierung des Reiches stellte, aufgrund einer RVM-Verfügung vom 12. Januar 1938 -30 Fen 69- künftig auch alle Triebfahrzeuge und Reisezugwagen mit dem Hoheitszeichen und den Buchstaben DR kennzeichnen, nachdem anfangs nur die Sonderreisewagen des „Dienstzuges 1937" damit ausgerüstet waren. Der Entwurf stammte von Professor Richard Klein, Direktor der Akademie für angewandte Kunst in München, und sah eine Reihe unterschiedlicher Ausführungsarten vor, die jeweils in der Mitte der Seitenwand unterhalb der Brüstung angebracht werden mussten. Die DV 409 (PWV) legte in § 2 fest:

a) für Rheingold-Wagen das 730 mm breite Hoheitszeichen in Bronze ohne die Buchstaben DR,
b) für D-Zug- und vierachsige Durchgangswagen für Eil- und Personenzüge das 730 mm breite Hoheitszeichen und die Buchstaben DR in einer Metalllegierung,
c) für 2- und 3-achsige Durchgangswagen das 630 mm breite Hoheitszeichen mit den Buchstaben DR in Leichtmetalllegierung,

d) für 2-, 3- und 4-achsige Abteilwagen das 600 mm breite Hoheitszeichen mit den Buchstaben DR als Abziehbild,
e) für 4-achsige Reisezug-Gepäckwagen das 730 mm breite Hoheitszeichen mit den Buchstaben DR in Leichtmetalllegierung,
f) für 2- und 3-achsige Reisezug-Gepäckwagen das 630 mm breite Hoheitszeichen mit den Buchstaben DR in Leichtmetalllegierung,
g) für Sonderreisewagen das 900 mm breite Hoheitszeichen und die Buchstaben DR in einer Metalllegierung.

Der bisher vorgeschriebene „Adler für Personen- und Gepäckwagen" nach der Zeichnung B.o.333 vom 17. April 1925 mit den hängenden Flügeln in einem Kreis mit der Umschrift „Deutsche Reichsbahn" durfte nicht mehr angebracht werden. Die Umrüstung erfolgte allmählich. Mit einer RVM-Verfügung vom 6. April 1939 musste die RBD Köln darauf hingewiesen werden, bei den Rheingold-Wagen den alten Reichsbahnadler durch das neue Hoheitszeichen zu ersetzen.

Mit Wirkung vom 1. Januar 1933 legte die HV eine neue Ordnung für Raucher- und Nichtraucherabteile fest. Von den in den Reisezügen eingestellten Wagen sollte je eine Hälfte für Raucher bzw. Nichtraucher vorgesehen und beschildert werden, bei ungerader Wagenzahl der überschießende Wagen je zur Hälfte für Raucher und Nichtraucher eingerichtet. In Kurswagen und Wagen mit Abteilen verschiedener Wagenklassen erfolgte die Einteilung für Raucher bzw. Nichtraucher nach in sich geschlossenen Abteilungen, überschießende Einzelabteile für Raucher.

Von den „Außenschildern für D-Zug- und Durchgangswagen" nach der Zeichnung B.o.372 2. Auflage vom 6. Januar 1927 fielen ab 1935 für die neuen Bauarten die beiden Arten Platznummernschilder ersatzlos weg. Für die großen Raucher- und Nichtraucher-Schilder kamen die bereits bei den Durchgangs- und Abteilwagen angebrachten Wendeschilder.

Einige der Versuchsbauarten 1932 und 1933 erhielten erstmalig geschweifte obere Trittstufen, die dann ab 1934 generell eingebaut wurden.

9. Anstrich und Anschriften

Das Schweißverfahren brachte auch beim Anstrich der Wagen deutliche Vorteile. Durch den Fortfall der Nietreihen konnten die Farben einfacher und dadurch billiger aufgetragen werden, während es hier früher zu Rissbildungen mit schnell einsetzender Zerstörung gekommen war.

Ursprünglich herrschte die Ansicht vor, bei den Fahrzeugen die Feuchtigkeit und die Wirkung schädlicher Gase mit Hilfe einer vielschichtigen Lackierung abhalten zu können. Über einem Rostschutzanstrich aus Bleimennige lag ein genügend starker mehrfacher Spachtelauftrag. Darüber kam ein dunkelgrauer Ölbleiweiß-Anstrich, den man ggf. noch einmal nachspachtelte. Es folgten zwei Anstriche in Braungrün und darüber zwei Anstriche mit farblosem Schleiflack. Jeder Anstrich wurde sorgfältig geschliffen.

Die Weiterentwicklung der Farben führte dann zu neuen Erkenntnissen. Man stellte fest, dass mit weniger Farbaufträgen durchaus gleich gute Ergebnisse zu erzielen waren. Die Zahl der Anstrichschichten nahm von zehn beim alten Klarlackverfahren auf vier Schichten beim Nitroverfahren ab, der Zeitaufwand für die Herstellung des ganzen Anstriches sank von 19 auf vier Tage.

Im November 1932 konnte auf einer gemeinsamen Sitzung zwischen dem RZM, den Wagenbauanstalten und den Farbwerken Einigung über künftige Gewährleistungsfristen erreicht werden, nachdem es beim Anstrich immer wieder zu Beanstandungen kam. Erstmalig für die Vergabe 1933 setzte die Reichsbahn die Gewährleistung für den Außenanstrich der Reisezugwagen von bisher drei auf zwei Jahre herab. Die seit 1934 verstärkten Bemühungen um ein neuzeitliches Anstrichverfahren führten 1936 zur allgemeinen Einführung der Nitroanstriche. Eine leichte Überholung der Außenanstriche nach 1 bis 1½ Jahren trug ebenfalls dazu bei, dass die gemeldeten Mängel merklich zurückgingen.

Als Gemeinschaftsorgan der Spitzenverbände der deutschen Wirtschaft und des Reiches war 1925 der „Reichsausschuß für Lieferbedingungen" (RAL) gegründet worden, um auf der Grundlage der Selbstordnung der Wirtschaft zu einheitlichen Regelungen bei der Gütesicherung und der Warenkennzeichnung sowie im Bezeichnungswesen zu kommen. Dazu gehörte ebenfalls die Aufgabe, Rationalisierungen auf dem Farbensektor zu erarbeiten und durchzuführen. Diese Bemühungen führten schon nach einigen Monaten zum Erfolg. Am 1. November 1927 wurde die „Farbtonkarte für Fahrzeuganstriche" Nr. 840 B herausgegeben. Man hatte hier alle RAL-Farben zusammengefasst und zur besseren Unterscheidung mit ein- oder zweistelligen Zahlen, teilweise mit zusätzlichem Buchstaben, versehen. 1942 lösten dann vierstellige Ziffern dieses Schema ab. Zu der Farbtonkarte erschienen im Laufe der Jahre verschiedene Ergänzungsblätter, die u. a. die Farbtöne für Güterwagen, für die Reichsbahn-Schnelltriebwagen, Berliner-S-Bahn-Wagen und Rheingold-Wagen festlegten.

Das RZM Berlin übersandte den Reichsbahnausbesserungswerken mit Schreiben vom 14. September 1933 -d 34 Fava- erstmals die RAL-Farbtonkarte Nr. 840 B 2 für Fahrzeuganstriche. Damit wurden die Farbtöne exakt festgelegt, die Schwierigkeiten mit der gleichbleibenden Wiedergabe der Farbtöne hörten auf.

1935 erschien dann die DV 984, Teilheft 8: Anstriche und Anschriften, gültig ab 1. Oktober 1935. Darin geregelt wurden in den §§ 1-27 die allgemeinen sowie besonderen Vorschriften für die Anstriche der Personen- und Güterwagen sowie der Wagenanschriften. In den Anlagen 1-20 erfolgten die Festlegung der verschiedenen Arbeitsgänge und die Angabe der jeweiligen RAL-Farbnummern. Die Berichtigung 1 datiert vom Juni 36. Für den Anstrich der Personen- und Gepäckwagen kamen folgende Farbtöne in Frage:

Anstrich der Bekleidungsbleche
Personen-, Post- und Gepäckwagen nach RAL 29 grün (6008 braungrün)
Rheingold-Wagen und Henschel-Wegmann-Zug oberhalb der Brüstung nach RAL 20m creme (1001 beige), unterhalb der Brüstung nach RAL 35h violett, aufgrund RBD-Verfügung vom 18.2.37 -61 W2 Favw- geändert in RAL 35 m lila (4000 lila)
Karwendelbahnwagen oberhalb der Brüstung nach RAL 20m creme (1001 beige), unterhalb der Brüstung nach RAL 33 blau (5004 schwarzblau).

Abteilwagen mit Übergang (englische Bauart) werden in der DV 984 nicht aufgeführt – die Angaben, jedoch ohne RAL-Nummern, stammen aus den Zeichnungen Fwp 601.100 bzw. 601.122 – oberhalb der Brüstung in der 2. Klasse hellblau, oberhalb der Brüstung in der 3. Klasse elfenbein-creme, unterhalb der Brüstung für beide Klassen weinrot.

Die Deck-, Eck- und Brüstungsleisten sowie entlang der Unterkante der Dächer und der Unterkante des Wagenkastens nach RAL 5 schwarz (9005 tiefschwarz).

Anstrich der Personenwagendächer
Die Stahl- und Holzdächer erhielten zwei Anstriche mit Aluminium-Eisenglimmerfarbe im Farbton Aluminium.

Anstrich der Untergestelle und der außen am Wagenkasten befestigten Ausrüstungsteile
Lang- und Kopfträger, Bühnengeländer, Übergangsbrücken, Dixtüren, Achshalter, Zug- und Stoßvorrichtung, Bremsgehänge, Griffe, Tritte, Leitern, Laternenstützen, Laufbretter, Holztritte, Drehgestellrahmen nach RAL 5 schwarz (9005 tiefschwarz).

Anstrich der Zubehörteile zu Bremse und Gasbeleuchtung
Luft- und Gasbehälter, Luft- und Gasleitungen nach RAL 5 schwarz (9005 tiefschwarz)
Absperrhähne zur Bremsleitung, Züge zum Auslöseventil am Bremszylinder, Schrift, Rand und Hebel zur Umstellvorrichtung der Bremse nach RAL 7 rot (3000 feuerrot)
Schutzkappen für Gasfüllventile der Füllstutzen und Gashaupthähne nach RAL 24 gelb (1007 chromgelb)
Anstrich der Personenwagendecken
Anstrich der unteren Decke der Bühne bei Durchgangswagen mit Stahl- oder Holzdach nach RAL 2 hellgrau (7009 grüngrau).

Vorschriften für die Wagenanschriften
Fassung, Farbtöne, Größe und Platz der Anschriften legten besonders hierfür aufgestellte Austauschbauzeichnungen fest, ebenso die Abgrenzungen der verschiedenen Farben und die Absetzlinien, die bei den Salonwagen und in vereinfachter Form bei den D-Zugwagen der Bauarten ab 1929 I in einem cremefarbenen Ton – 50 % RAL 20h creme (1000 grünbeige) und 50 % RAL 1 weiß (9002 grauweiß) – auf den Brüstungsleisten sowie an der Wagenkastenunterkante angebracht werden mussten.

Im April 1932 erschien erstmalig die DIN 1451 „Normschriften", wobei der Ausschuss Buchstaben und Ziffern der preußischen Musterzeichnung Blatt IV 44 von 1912, 4. Auflage, als Eng- bzw. Mittelschrift übernahm. Lediglich einige Ziffern (2, 3, 5 und 7) wurden leicht verändert. Die Reichsbahn legte diese neue DIN für ihre Wagenanschriften zugrunde.

Die Nennhöhen der Buchstaben und Zahlen bei den äußeren Anschriften für Personen-, Gepäck- und Postwagen sowie die Farben der Schriften waren in der Zeichnung „Beiblatt 1 zu 001.11.000.00.01" für einen grünen Regelanstrich festgelegt. Die Anschriften am Wagenkasten bzw. am Langträger unterlagen in diesen Jahren mehrfachen Änderungen, wie dies aus den nachstehend aufgeführten, für D-Zugwagen 1937 I gültigen Angaben hervorgeht:

a) am Wagenkasten		
Wagennummer u. Direktionsbezeichnung	125 mm	gelb
Hauptgattungszeichen 1)	71 mm	gelb
Nebengattungszeichen	56 mm	gelb
Platzzahl(en) 2)	56 mm	gelb
Länge über Puffer 3)	56 mm	gelb
Bremsbezeichnung(en)	56 mm	gelb
Bremsgewichte 4)	56 mm	gelb
b) am Langträger		
Handbremse am anderen Ende 5)	50 mm	gelb
Elektrische Heizung 6 + 14)	50 mm	schwarz
RIC-Raster	90 mm	gelb
Anhebezeichen 7)		gelb
Bremsgestängesteller 8)	20 mm	weiß
gekoppelte Beschleuniger mit Schnellfüller 9)	20 mm	weiß
Abstand der Drehpfannenbolzen 10)	50 mm	gelb
Achsstand ganz 11)	50 mm	gelb
Achsstand des Drehgestelles 11)	50 mm	gelb
Bremsbezeichnung 12)	50 mm	gelb
Direktionsbezeichnung 1)	71 mm	gelb
Wagennummer 1)	71 mm	gelb
Elektrische Heizung 13)	50 mm	gelb
Beleuchtung	50 mm	gelb
Heizung	50 mm	gelb
Heimatbahnhof 14)	20 mm	schwarz
Name 14)	50 mm	schwarz
Untersuchungsvermerk Unt. 15)	40 mm	gelb
Nächste Unt.	40 mm	weiß
Anhebezeichen 7)		gelb
Unterhaltungswerkstatt	50 mm	gelb
c) an den Stirnwänden		
Haftpflichtvermerk	40 mm	gelb
Lackiervermerk	40 mm	gelb
Schraubenbezeichnung 16)	40 mm	gelb
d) am Drehgestell		
Achsstand 17)	50 mm	gelb
Riemenlänge 18)	32 mm	gelb

Die RAL-Farbtöne waren: 24 gelb (1007 chromgelb), 1 weiß (9002 grauweiß), 5 schwarz (9005 tiefschwarz).
Es bedeuten:

1)	bis 1934	72 mm
2)	ab 1937 II	bei mehrplätzigen Wagen mit einer Klammer
3)	ab 1932	gem. DWV Rundschreiben Nr. 4/93 vom 5.12.31
4)	ab 1934;	anfangs mit der Hauptbremsart in einem Rechteck, ab 1935 diese Angaben mit einer Klammer
5)	ab 1937	
6)	ab 1935	
7)	ab 1935	
8)	bis 1932	Gestängesteller Schweden
9)	ab 1935,	jedoch erhielten die D-Zugwagen der Bauarten 1936 + 1937 keine Beschleuniger 10), ab 1937 II anstatt der Wortbezeichnung das Maß zwischen zwei Pfeilen
11)	ab 1937 II entfallen	
12)	ab 1937 11 neu	
13)	ab 1933	
14)	auf weißem Grund – Abziehbild	
15)	mit Kurzzeichen des Unterhaltungswerkes	
16)	ab 1936	
17)	ab 1937 II	
18)	ab 1937 I am Langträger des Drehgestelles mit Lichtmaschine	

Außerdem änderte sich bei einigen Bezeichnungen die Reihenfolge. Mit der Einführung des Reichsadlers traten weitere auffällige Änderungen in Kraft, die im Band 3 näher erläutert werden.

Fahrzeuge, die sich für Militärtransporte oder besondere militärische Zwecke eigneten, wurden besonders gekennzeichnet:

1) Personenwagen durch die Anschrift „MT" mit Zusatz (z. B. 32 M) am Langträger
2) Personenwagen, die zusätzlich in Lazarettzüge eingestellt werden konnten, durch ein liegendes weißes Kreuz auf rotem Grund
3) Personenwagen mit dem Zeichen für Lazarettzüge, welches noch weiß umrandet war, durften nicht für die Bildung von Militärtransporten genommen werden und trugen daher nicht die Anschrift „MT" mit Zusatz. Sie benötigte man für die Bildung der ersten Lazarettzüge im Mobilmachungsfall.
4) Die Pw4i und Pw4ik eigneten sich besonders für Lazarettzüge und waren deshalb dafür vorgesehen, wurden aber nicht besonders gekennzeichnet. Die Reisezug-Gepäckwagen mit Faltenbalgen und die Güterzug-Gepäckwagen kamen hierfür nicht in Frage.

Für Militärtransporte schieden von den Reichsbahn-Personen- und -Gepäckwagen im allgemeinen die Salon-, Speise-, Schlaf- und vier- bzw. sechsachsigen Wagen mit Faltenbalgen, alle Wagen mit Trommelbremse, Wagen für Lokalbahnen und Doppelstockwagen aus.

10. Kastengerippe

Nachdem sich gezeigt hatte, dass das Anschweißen der dünnen Dachbleche an den Spriegeln Schwierigkeiten bereitete (Verziehen, Spannungen und Verwerfungen im fertigen Dach mit teilweise ungünstigem Einfluss auf den Wagenlauf), kehrte die Reichsbahn zur Nietung der Dachbleche zurück. Die Seitenwandsäulen nieteten die Waggonfabriken wieder an die Langträger an, um Spannungen zu vermeiden. Die Dachkonstruktion der windschnittigen D-Zugwagen mit einer dichteren Einteilung des Dachgerippes ließ dann wieder eine Schweißung zu, sie verhinderte ein Verbeulen sowie Dröhnen bei starken Temperaturschwankungen sowie Kraftwechseln. Außerdem war klar geworden, dass eine wirtschaftliche Verwendung von St 52 im Personenwagenbau nicht verantwortet werden konnte. Man griff daher ganz oder teilweise auf den St 37 zurück, zumal dieser beim Schweißen keine Schwierigkeiten bereitete.

Um dem Luftwiderstand bei höheren Geschwindigkeiten Rechnung zu tragen, erhielten die neuen Reisezugwagen allgemein eine angenäherte Stromlinienform. Die Seitenwandbleche zog man über die Stirnwände vor und bog sie zur Gleismitte hin ab, die Dächer erhielten an den Wagenenden eine leichte Wölbung und glichen so denen der zwei- und vierachsigen Durchgangswagen (Bild 15). Für die Seitenwandbekleidung wählte die Reichsbahn Bleche von 3 mm und oberhalb der Brüstung solche von 2 mm. Ein Teil der Gewichtsersparnis musste wieder aufgegeben werden, da die Geschwindigkeitserhöhung größere Anforderungen an die Festigkeit der Wagen und eine verstärkte Ausführung der Bremsen

(Abbremsung 200%) notwendig machten. Bei der geteilten Ausführung des Obergurtes konnten Seitenwand und Dach getrennt gefertigt werden.

11. Türen

Bei den Bauarten 1932-1937 blieben die Einstiegtüren in den Seitenwänden der Personen- und Gepäckwagen nach außen schlagende Drehtüren. Eine Ausnahme bildeten die Salonwagen-Bauarten des „Dienstzuges 1937" sowie die Versuchswagen der Bauart C4ü-36a, bei denen die Eingangsdrehtüren in der Seitenwandebene lagen. Um die Breitenbeschränkung einzuhalten, mussten sie als Knick-(Drehfalt)türen ausgebildet werden.

12. Fenster und Lüfter

Um den Luftwiderstand bei höheren Geschwindigkeiten zu verringern, rückten die Fenster beim Henschel-Wegmann-Zug sowie bei den Personenwagen ab 1935 möglichst weit nach außen. Die umgebördelten Kanten der Fensteröffnungen bekamen eine Abschrägung.

Die Abteilfenster der 1. und 2. Klasse besaßen jetzt neben dem oberen Fenstergriff noch einen Kurbelantrieb mit Freilauf (bei 11 Umdrehungen bis „zu" bzw. „auf"). In der 3. Klasse blieb es bei der Konstruktion als Schiebefenster. Für den Luftwechsel sorgten im Abteil Deckenlüfter sowie Lüftungsklappen. Auf dem Seitengang gab es diese allerdings nur bei den D-Zugwagen der Bauarten 1935, danach entfielen sie bereits wieder.

Die Bremer Firma H. Kuckuck GmbH brachte Mitte der dreißiger Jahre einen neuen windschnittigen Dachlüfter heraus, der statisch oder motorisch betrieben gute Ergebnisse brachte. Die neue aerodynamische Form basierte auf Versuchen im Windkanal. 1937 baute die Reichsbahn den Lüfter erstmalig bei einigen Salonwagen ein.

13. Übergangseinrichtung

Nach den Versuchen mit zehn vierachsigen Wagen der Durchgangsbauart, die man 1930 zur Erforschung der Bedeutung des Luftwiderstandes bei höheren Geschwindigkeiten mit besonderen Faltenbalgen ausrüstete (s. Bd. 1, S. 30), erhielten erstmalig die Wagen des Henschel-Wegmann-Zuges besondere Übergänge. Diese bestanden aus einem inneren und äußeren Faltenbalg, wobei der äußere dem Querschnitt des Wagens entsprach.

Die Übergangsbrücke Bauart Schumann erfuhr ab 1932 in der Länge und im Radius kleine Veränderungen.

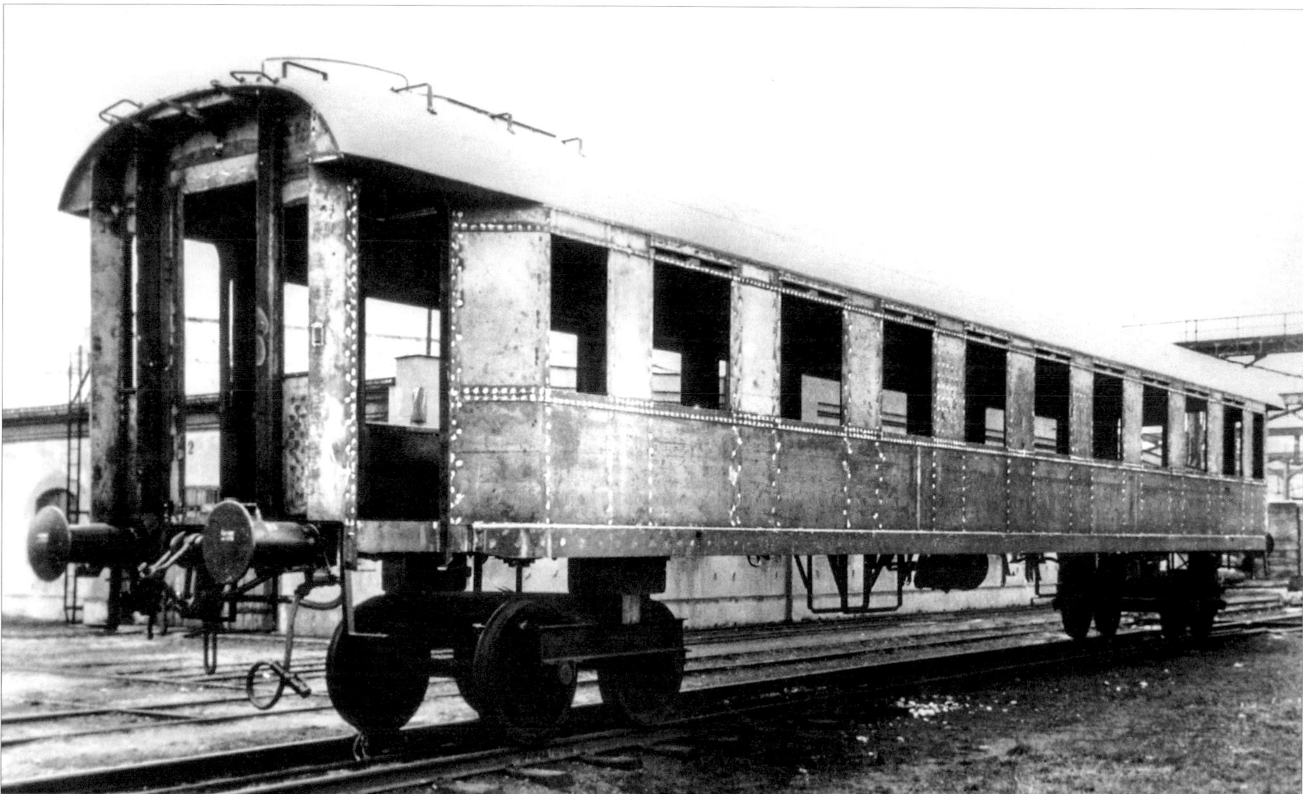

Bild 15 Werkfoto MAN

14. Innenausrüstung

Vierachsige D-Zugwagen, Bauarten 1932-1934 (Wb Nr. 2...13)

Die von der Reichsbahn 1926 festgelegten und 1930 in der 3. Klasse nochmals verbesserten Ausführungen für die inneren Sperrholzverkleidungen der Wände sowie die Abteil- und Seitengangausstattungen galten auch weiterhin. Diese sahen vor:

1. Klasse:
Bis zur Fensterleiste mit Plüsch bezogen, oberhalb mit Mahagoni furniert, Innendecken Vogelaugenahorn, Leistenwerk Mahagoni, graugrüne Plüschpolsterung mit losen Sitzkissen, halbhohe unterteilte Rückenpolster, Arm- und Kopflehnenpolster, Kopfschutzdecken, Teppiche, Klapptische, Gepäck- und Schirmnetze; Gangwände mit Stoffen bespannt, Scheindecke mit elfenbeinfarbiger Pergamoid-Tapete bezogen.

2. Klasse:
Bis zur Fensterleiste mit Plüsch bezogen, oberhalb Pergamoid-Tapete, ebenso die Innendecke, Leistenwerk Nussbaum, graugestreifte Polstersitze mit Rücken-, Arm- und Kopflehnenpolstern, Teppiche, Gepäck- und Schirmnetze; Gangwände im unteren Bereich mit Linoleum beklebt, im oberen mit Pergamoid-Tapete, Scheindecke mit elfenbeinfarbiger Pergamoid-Tapete.

3. Klasse:
Mit Eichenholz furniert, Innendecke elfenbeinfarbig gestrichen, Leistenwerk Eiche, Lattensitzbänke mit Armlehnen an Außen- und Gangwand, Gepäck- und Schirmnetze; Gangwände mit Eichenholz furniert. Scheindecke mit elfenbeinfarbiger Pergamoid-Tapete.

In den Abteilen 2. und 3. Klasse sowie auf den Seitengängen befanden sich Rahmen mit Reklame und Lichtbildern; Lampen- und Schaltschrank bzw. Schrank für Beil und Säge, Einheitsfeuerlöscher, Verbandsschrank an den Seitengangenden. Die Abteile der 1. und 2. Klasse erhielten Spiegel.

Zwei- und vierachsige Durchgangs- sowie vierachsige Abteilwagen, Bauarten 1932-1934 (Wb Nr. 26...41, 48...53, 56, 57)

Die Innenausstattung der Abteile 2. und 3. Klasse bei den Durchgangs- bzw. Abteilwagen glichen denen der D-Zugwagen, nur fielen in der 3. und meistens auch in der 2. Klasse die Gangwände mit den Abteilschiebetüren weg.

Im Zusammenhang mit den Maßnahmen zur Arbeitsbeschaffung ordnete die Reichsbahn mit Verfügung vom 2. März 1934 -30 Fkwp 332- die Polsterung der 3. Wagenklasse an. Für eine solche Ausstattung kamen zunächst die vorhandenen und die neu zu bauenden Einheits-D-Zug- und Durchgangswagen in Frage. Die Polsterung älterer Wagen sollte vorerst unterbleiben. Aus 17 verschiedenen Versuchsausführungen kam dann nach eingehenden Erprobungen die Regelpolsterung in blaugrauem Plüsch (Bild 16). Im Vergleich zur 2. Klasse ergab sich hinsichtlich der Federung kein Unterschied, jedoch war die Polsterung etwas geringer, und die Rückenlehne bekam nur eine einfache Filzunterlage. Im D72 München – Zürich liefen 1934 die ersten beiden 3.-Klasse-Polsterwagen. Außerdem zeigte die Reichsbahn 1934 auf der Ausstellung „Deutsches Volk – Deutsche Arbeit" in Berlin den Neubau-D-Zugwagen ABC4ü-33a mit der gepolsterten 3. Wagenklasse.

Bild 16 Werkfoto Wumag, Sammlung Wolfgang Theurich

Um dem Wettbewerb mit dem Auto wirkungsvoller begegnen zu können, strebte die HV eine bessere Ausstattung und Bequemlichkeit ihres Wagenparks an. Aus diesem Grund entschied sie sich für eine Verlängerung der Abteile sowie für weichere Polster in der 1. und 2. Klasse. Diese neue Ausrüstung sollte zuerst für D-Zug- und vierachsige Durchgangswagen in Frage kommen. Die Reichsbahn behielt sich vor, auch ältere D-Zugwagen entsprechend umrüsten zu lassen.

Vierachsige D-Zug-Gepäckwagen mit Küche, Bauart 1932 (Wb Nr. 4)

Die Gepäckwagen Bauartbezeichnung Pw4ük-32 besaßen folgende Innenausrüstung:
Vorraum: Schränke für Kleider u. Ersatzteile u. Schalttafel mit Regler.
Dienstraum: erhöhten Polstersitz für den Zugführer, Schreibklappe, Fächergestell, für den Packmeister Polstersitz mit darüber liegendem Gepäck- und Schirmnetz, Briefregal mit Schreibklappe, Notbremseinrichtung, verschiedene Manometer.
Gepäckraum: Geräteschrank, Brett für Rettungswerkzeuge, Stauwände, an der Deckenverkleidung Haken für Fahrradaufhängung und Notleiter, Brett für Bremsschläuche; Anrichte mit Wäscheschrank, Kühl- und Wärmeschrank sowie Schrank über der Tür; Küche mit Regalen für Teller und Gläser, Eiskasten, Herd mit Kohlenkasten, Kartoffelkasten und Bodenroste.

Zweiachsiger Gepäckwagen, Bauart 1932 (Wb Nr. 50)

Der Pwi-32 besaß folgende Innenausrüstung:
Dienstraum: unter den Zugführersitzen 1 Hundeabteil und 1 Lampenschrank, Verbands- und Wertschrank, erhöhte Polstersitze für Zugführer, Schreibklappe, Fächergestell, Notbremseinrichtung, verschiedene Manometer; klappbarer Polstersitz für Packmeister mit darüber liegendem Gepäck- und Schirmnetz, Briefregal mit Schreibklappe.
Laderaum: Ersatzteilschrank für el. Beleuchtung, Geräteschrank, Brett für Werkzeuge, Feuerlöscher und Kübelspritze, Heizkupplungsgestell, el. Kochplatte 500 W, Stauwände.

Zwei- u. vierachsige vereinigte Post- u. Gepäckwagen, Bauarten 1934 (Wb Nr. 14)

Der PwPost4ü-34 erhielt folgende Innenausrüstung:
Vorraum: Dienstraumseite Kleiderschrank, elektrische Wärmeplatte.

Bild 17 Werkfoto MAN

Dienstraum: unter den Zugführersitzen 1 Hundeabteil und 1 Lampenschrank, Verbands- und Wertschrank, erhöhte Polstersitze für Zugführer, Schreibklappe, Fächergestell, Notbremseinrichtung, div. Manometer; für den Packmeister Polstersitz mit darüber liegendem Gepäck- und Schirmnetz, Briefregal mit Schreibklappe.
Laderaum: 2 Hundeabteile, von innen und außen zugänglich, 2 Stauwände, 1 Geräteschrank für Hilfs- und Rettungskästen, Heizkupplungsgestell, Kübelspritze, Handfeuerlöscher.
Postabteil: 3 Brieffachwerke, Klapptisch, Beutelspannvorrichtung mit Fachwerk, Aussacktisch, Steckschilderkasten, Wertschrank, Briefkorbschrank, 2 Zeitungskästen, Notbatterie- und Kleiderschrank.
Innenausrüstung für die Pw Posti-34 + 34a (Wb Nr. 54 + 55) wie folgt:
Dienstraum: Polstersitz, Fächerschrank und Schreibklappe für Zugführer, Laternenschrank, Wert- und Kleider- sowie Verbandsschrank, Klappsitz, Notbremshahn, verschiedene Manometer.
Laderaum: Geräteschrank (Signalscheiben, Harzfackeln), Brett für Rettungswerkzeuge, Feuerlöscher, Kübelspritze, Heizkupplungsgestell, Schrank für Schalttafel, Packbretter, Klappsitz; Postabteil: Wertschrank, Brieffachwerke, Schreibklappe, Stempelhalter, Packbretter.

Vierachsige D-Zugwagen, Bauarten 1935+1936 (Wb Nr. 15...25, 62-64)

Die Reichsbahn legte die neuen Verkleidungen innen und die Abteilausstattungen folgendermaßen fest:
1. Klasse: bis zur Fensterleiste mit glattem Plüsch bezogen, oberhalb Drape-Mahagoni furniert, Tür- und Fensterrahmen Mahagoni, In-

Bild 18 Werkfoto Gebr. Credé

Bild 19 Werkfoto MAN

Bild 20 Werkfoto WW, Köln-Deutz

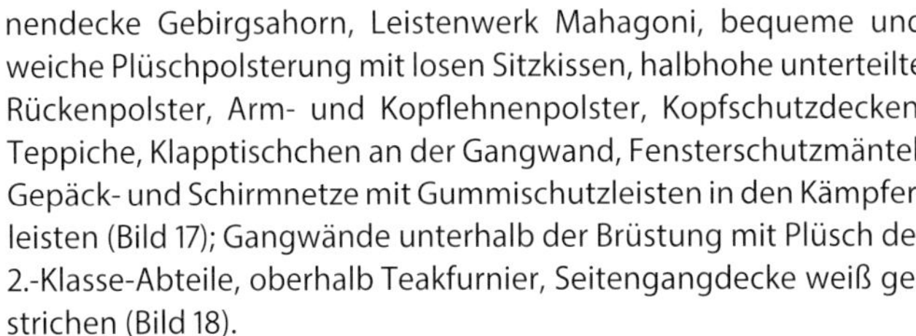
nendecke Gebirgsahorn, Leistenwerk Mahagoni, bequeme und weiche Plüschpolsterung mit losen Sitzkissen, halbhohe unterteilte Rückenpolster, Arm- und Kopflehnenpolster, Kopfschutzdecken, Teppiche, Klapptischchen an der Gangwand, Fensterschutzmäntel, Gepäck- und Schirmnetze mit Gummischutzleisten in den Kämpferleisten (Bild 17); Gangwände unterhalb der Brüstung mit Plüsch der 2.-Klasse-Abteile, oberhalb Teakfurnier, Seitengangdecke weiß gestrichen (Bild 18).
2. Klasse: bis zur Fensterleiste mit glattem Plüsch bezogen, oberhalb Teak furniert, Tür- und Fensterrahmen Teakholz, Innendecke Gebirgsahorn, Leistenwerk Teak, Plüschpolstersitze mit Rücken-, Arm- und Kopflehnenpolstern, Teppiche, Klapptischchen an der Gangwand, Fensterschutzmäntel, Gepäck- und Schirmnetze mit Gummi-

schutzleisten in den Kämpferleisten (Bild 19), Gangwände und Seitengangdecken wie 1. Klasse, Vorräume Teak furniert.
3. Klasse: mit Eichenholz furniert, Innendecke elfenbeinfarbig gestrichen, Leistenwerk Eiche, Lattensitzbänke mit Armlehnen an Außen- und Gangwand, teilweise auch mit einfach gepolsterten Sitzen und Rückenlehnen, Fensterschutzmäntel, Gepäck- und Schirmnetze mit Gummischutzleisten in den Kämpferleisten (Bild 20); Gangwände und Vorräume Eiche furniert, Seitengangdecke weiß gestrichen. In allen Klassen erhielten die Abteile braun getönte Bilder, in der 1. und 2. Klasse zusätzlich Spiegel. In den Vorräumen befanden sich der Lampen- und Schaltschrank bzw. der Schrank für Beil und Säge, Einheitsfeuerlöscher, Verbandskasten sowie Abstellschrank für ortsbewegliche Metalltische.

Vierachsige D-Zug-Gepäckwagen, Bauarten 1935-1937 (Wb Nr. 19, 23, 24)

Die Wagen bekamen folgende Innenausrüstung:
Vorraum: Dienstraumseite 2 Kleiderschränke, Schrank für el. Ersatzteile und Schalttafel, el. Kocher, 1 Hundeabteil.
Dienstraum: unter den Zugführersitzen 1 Hundeabteil und 1 Lampenschrank, Verbands- und Wertschrank, erhöhte Polstersitze für Zugführer, Schreibklappe, Fächergestell, Notbremseinrichtung, verschiedene Manometer; für den Packmeister Polstersitz mit darüber liegendem Gepäck- und Schirmnetz, Briefregal mit Schreibklappe.
Laderaum: Geräteschrank für Hilfs- und Rettungskästen, Heizkupplungsgestell, Werkzeugbrett, Kübelspritze, Handfeuerlöscher, Stauwände, Packbretter.

Vierachsige Durchgangswagen, Bauarten 1935-1937 (Wb Nr. 42-47)

Für die sowohl im Vorort- als auch im Ausflugsverkehr eingesetzten vierachsigen Durchgangswagen der Sonderbauart 1935 Heidenau-Altenberg sahen die inneren Verkleidungen und Abteilausstattungen folgendermaßen aus:

Bild 21 Werkfoto LHW

Bild 22 Werkfoto LHW

2. Klasse: bis zur Fensterleiste mit braunem Plüsch bezogen, oberhalb Rüster, teakholzfarbig gebeizt, braune Plüschpolstersitze mit Rücken-, Arm- und Kopflehnenpolstern, unter den Fenstern Ablagetischchen, Gepäcknetze über den langen Sitzen in Queranordnung, über den kurzen als Längsgepäcknetze an der Fensterwand der Abteilgroßräume braun getönter Wandschmuck (Bild 21).
3. Klasse: Holzverkleidungen in Eiche, Innendecke elfenbeinfarbig gestrichen, Leistenwerk Eiche, Lattensitzbänke, Anordnung der Gepäcknetze und des Wandschmucks wie in der 2. Klasse (Bild 22).

Der Lampen- und Schaltschrank befand sich bei beiden Bauarten in der Abortlängswand.

Diese Festlegungen galten sinngemäß auch für die vierachsigen Durchgangswagen ab 1935, wobei diese natürlich in der 2. Klasse Abteilschiebetüren und einen Seitengang aufwiesen. Gangwände mit Abteiltüren ebenfalls aus Rüster, im Teakholz gebeizt. Seitengangdecke in Ahorn furniert.

Salonwagen, Bauarten 1935

Die vorhandenen Zeichnungssätze enthalten keine Aussagen über die verwendeten Holzarten und die verschiedenen Stoffdekore. Eine Ausnahme bildet die Fwp 479.001 für den Salon4ü-36 (Wb Nr. 68), hier gibt die Waggonfabrik Gebr. Credé an:

Vorraum u. Salon:	Nussbaum-Maser mit Palisander
Schlafraum 1:	Amboine-Maser mit Rosenholz
Schlafraum 2:	Birken-Maser mit Kirschbaum
Schlafraum 3+4:	Maple-Maser mit hellem Nussbaum
Seitengang:	geflammte Birke, gebeizt.

Bauarten 1937

Für die Innenarchitektur des „Dienstzuges 1937" beauftragte das RZA Berlin die Münchner Firma „Vereinigte Werkstätten für Kunst im Handwerk". Sie führte die Arbeiten an den Wagen des Dienstzuges 1937 unter Abstimmung der Bodenbeläge, Sitzbezüge, Vorhänge, Daunen- und Tagestischdecken mit den verschiedenen Holzarten wie folgt aus:

Salon4ü-37 (Wb Nr. 69)

Wand- und Deckenverkleidungen:
Vorsalon und Salon: Wände und Türen Maidu-Maser, Türen- und Fensterbekleidungen Tabasko-Mahagoni, Friese und Wuten Rosenholz.
Schlafraum 1: Wände und Türen schwedische Birke, Türen- und Fensterbekleidungen deutscher Nussbaum. Schlafraum 2: Wände

Bild 23 Werkfoto Wegmann & Co

und Türen schwedische Birke, Türen- und Fensterbekleidungen Kirschbaum.
Zwischengang: Wände und Türen sowie die Türbekleidungen entsprechend den beiden Schlafräumen.
Zwischenabort und Bad: weiß gestrichen.
Schlafraum 3+4: Wände und Türen Maple-Maser, Türen- und Fensterbekleidungen sowie Friese Tabasko- Mahagoni.
Begleiterraum und Vorraum: Teakholz
Seitengang: Türen und Leistenwerk in Rüster, alle Decken weiß gestrichen
Innenausstattung:
Vorraum: runder Tisch mit 2 Sesseln und Deckenlampe.
Salon: Arbeitsraum mit Schreibtisch und Sessel, Bücherregale, runder Tisch mit 4 Sesseln, Möglichkeit des Zusammenstellens der Tische aus beiden Räumen mittels einer Zwischenplatte mit dann insgesamt 6 Sesseln, Plattenspieler, indirekte Beleuchtung und 3 zusätzliche Deckenlampen (Bild 23).
Schlafraum 1+2: Schlafsofa mit darüber liegender Gepäckraufe, runder Tisch und Hocker, Kleider- und Nachtschrank, Klapptisch an Fensterwand, verstellbare Leselampe, Deckenlampe (Bild 24).
Zwischengang: zur Verbindung der beiden Waschräume mit gemeinsamem Sitzbad; Rolljalousien trennen jeweils einen der beiden Räume ab, Marmorverkleidung, Wanne im Boden eingelassen, Aborte mit Wascheinrichtung, Fußboden zweifarbige Marmorplatten, Deckenlampe und Spiegelbeleuchtung (Bild 25).

Bild 24 Werkfoto Wegmann & Co

Bild 25 Werkfoto Wegmann & Co

Schlafraum 3 +4: zweibettig, durch Doppeltür verbunden, Wascheinrichtung, Spiegelschrank mit Wasserflasche und Gläsern, Gepäckraufen oberhalb der Seitenwandfenster, Klapptisch, Hocker, Lese- und Deckenlampe, Bettleiter.
Begleiterraum: in 2 Schlafplätze umwandelbarer Polstersitz, Schränke für Wäsche, Geschirr und Bestecke, Klapptische, Tisch mit Spülbecken, el. Kühlschrank, 2 Decken- und 1 Röhrenlampe.
Bei den beiden anderen Bauarten Salon4ü-37a (Wb Nr. 70) und Salon4ü-37b (Wb Nr. 71) gab es bei den für die inneren Wand- und Deckenverkleidungen verwandten Furnieren sowie bei der Innenausstattung einige Unterschiede. Die jeweiligen Raumaufteilungen gehen aus den Skizzen hervor.

SalonBegl4ü-37 (Wb Nr. 72)

Wand- und Deckenverkleidungen:
Wachabteil: Wände und Tür Rüster.
Schlafabteile: Abteiltür Rüster mit Kreuzfuge, Wände mit Stoff bespannt, Leistenwerk in Rüster, Z-Wand mit Doppeltür unterhalb Rüster, oberhalb Stoffbespannung.
Begleiterraum: Tür, Wände und Schränke Rüster teakholzfarbig gebeizt, Decke weiß gestrichen.
Seitengang: Türen in Rüster mit Kreuzfuge, Wände mit Stoffbespannung, Leistenwerk Rüster.
Vorraum: Wände und Decke Rüster schlicht.
Decken: elfenbeinfarbig gestrichen und getupft, außer Vorräume und Begleiterraum.
Innenausstattung:
Wachabteil: 3 Polstersitze entsprechend der 2. Klasse bei den Durchgangswagen, Koffergestell mit Vorhang und Klapptisch an der Seitenwand, Deckenlampe.
Schlafabteile: zweibettig, durch Doppeltür verbunden, Waschtisch, Spiegelschrank mit Wasserflasche u. Gläsern, Gepäckraufen oberhalb der Seitenwandfenster, Klapptisch, Kleiderhaken, 2 Lese- und 1 Deckenlampe, Beleuchtung über Spiegel, Bettleiter.
Begleiterraum: in 2 Schlafplätze umwandelbarer Ledersitz, Kochnische, Kühlschrank, Spülbecken, Schränke für Wäsche, Geschirr und Bestecke, Klapptische, Schreibplatte, Schlüsselschrank, 2 Decken- und 2 Soffittenlampen über der Kochnische.

SalonL4ü-37 (Wb Nr. 73)

Wand- und Deckenverkleidungen:
Schlafabteile: Wände und Türen Ahorn-Wurzelmaser mit querfurnierten Friesen in Kirschbaum, Einlagen Nussbaum und Kirschbaum, Kämpferleiste Kirschbaum querfurniert.
Begleiterraum: Tür, Wände und Schränke Rüster,
Decke weiß gestrichen.
Seitengang: unterhalb der Fensterbrüstung Wand und Türen Ahorn-Wurzelmaser, Seitengangwand mit Stoffbespannung, Einfassungen Kirschbaumstäbchen und Friese Kirschbaum querfurniert.
Vorraum: Wände und Decke Rüster schlicht.
Decken: elfenbeinfarbig gestrichen und getupft, außer Vorräume und Begleiterraum.
Innenausstattung:
Schlafabteile: einbettig, durch Doppeltüren verbunden, Waschtisch, Spiegelschrank mit Wasserflasche und Gläsern, Gepäckraufen oberhalb der Seitenwandfenster, Klapptisch, Kleiderhaken, 1 Lese-, 1 Steh- und 1 Deckenlampe, Beleuchtungskörper über dem Spiegel, unterschiedliche Farbdekore innerhalb der einzelnen Schlafabteile für Bezüge, Vorhänge und Daunendecken.
Begleiterraum: in 2 Schlafplätze umwandelbarer Ledersitz, Kochnische, Kühlschrank, Spülbecken, Schränke für Wäsche, Geschirr und Bestecke, Klapptische, Schreibplatte, Schlüsselschrank, 2 Decken- und 2 Soffittenlampen über der Kochnische.

SalonR4ü-37 (Wb Nr. 74)

Wand- und Deckenverkleidungen:
Speiseräume: Wände Maidu-Maser mit eingelegten Adern, Türen, Friese und Wuten Rosenholz, Tür und Fensterbekleidungen Tabasco-Mahagoni.
Büffet: Wände, Türen, Schränke und Leistenwerk
Tabasco-Mahagoni.
Anrichte: Esche hell, Decke weiß matt.
Küche: Esche weiß gestrichen.
Vorraum HBrE: Wände und Türen Teak, Decke weiß gestrichen.
Vorraum NHBrE: Tabasco-Mahagoni, Decke weiß gestrichen.
Innenausstattung:
Speiseräume: Anordnung der Tischaufstellung variabel, Queraufstellung wie bei der MITROPA oder Längsaufstellung, ggf. Abstellung überzähliger Tische im Gepäckwagen, lederbezogene Stühle, Stirn- und Zwischenwände mit Sekuritglas und teilweise mit Spiegelauflage, indirekte Beleuchtung, zusätzliche Deckenlampen, Tischlampen, Fenstersäulen mit Klingelknöpfen für Bedienung, Zwischenwand herausnehmbar, Zigarrenschrank.
Büffetraum: Schränke für Wäsche, Bestecke und Fernsprecher, 1 Fenstertisch und 3 Sitzgelegenheiten für Personal.
Anrichte: entspricht der MITROPA-Einrichtung mit Flaschenkorb, Weingläser- und Gläserregal, Geschirr-, Silbergeschirr- und Vorratsschrank, Deckenlampen, jedoch mit großer Kühlanlage für verschiedene Kühlschränke.
Küche: entspricht der MITROPA-Bauart mit Kohlenherd und Kohlenkasten, Wärmeschrank, Raum für Gemüse, Kartoffeln und Waage, Schränke für Gewürze, Putztücher, Fleischkasten, Speisendurchreiche, Deckenlampen.

SalonPresse4ü-37 (Wb Nr. 75)

Wand- und Deckenverkleidungen:
Der Zeichnungssatz für diese Bauart liegt nicht mehr vor, somit kann keine Aussage über die verwendeten Furniere gemacht werden. Bekannt sind lediglich die Farbkombinationen bei Stoffen und Teppichen. Bei den Bezügen, Vorhängen, Daunendecken und Bodenbelägen gab es drei unterschiedliche Zusammenstellungen für die Schlafräume Reichspressechef, Stenografen und Schreiber/Ordonnanzen.
Innenausstattung:
Telefonzellen: 1 Apparat für Wagen- oder Zuggespräche, 1 Posttelefon, Ablagebretter und Wandlampe.
Schreibraum 1: Fernschreiber mit Unterschrank, Rundfunkanlage, Schreibplatte mit Schubkastenuntersatz mit seitlichem Auszug, Tisch- und Deckenlampen.
Schreibraum 2: ZB-Handvermittlung (bis zu 6 Postleitungen über Anschlussdosen) mit Schränken, Rundfunkanlage, Schreibplatte mit Schubkastenuntersatz und seitlichem Auszug, Tisch- und Deckenlampen, verglaste Trennwand zwischen bei den Räumen.
Schlafraum 1 + 2: zweibettig für Schreiber, durch Doppeltür verbunden, Gepäckraufen oberhalb der Seitenwandfenster, Kleiderhaken, Bettleiter, klappbares Waschbecken, Spiegelschrank mit Beleuchtung, Deckenlampe.
Schlafraum 3: Schlafsofa für Reichspressechef, darüber liegende Gepäckraufe, Kleiderschrank mit Hutboden und Spiegeltür, Wäsche- und Nachtschrank, Klapptisch an Fensterwand, verstellbare Leselampe, Deckenlampe, danebenliegender Waschraum mit Leibstuhl, Fallrohr mit Saughaube, Papierrollenhalter, Waschbecken mit Marmoreinfassung, Seifen- und Schwammschale, Glaskonsol, Spiegel mit Beleuchtung, Handtuchhalter, Klapptisch, Deckenlampe.
Schlafraum 4: Schlafsofa für Stenograf, darüber liegende Gepäckraufe, Kleiderschrank mit Hutboden und Spiegeltür, Wäsche- und Nachtschrank, Klapptisch an Fensterwand, verstellbare Leselampe, Waschbecken mit Marmoreinfassung, Glaskonsol, Spiegel mit Beleuchtung, Handtuchhalter.
Schlafraum 5: für Ordonnanzen wie Schlafraum 1, jedoch ohne Z-Wand und Doppeltür.
Begleiterraum: in 2 Schlafplätze umwandelbarer Ledersitz, Bettleiter, Abstellbrett, Klapptisch, Hut- und Kleiderhaken, Schlüsselschrank,

Wandschränke mit Schiebetüren, Spültischbeleuchtung und Deckenlampe.

Eine Projektskizze gibt Hinweise, dass es Überlegungen für einen Umbau der Schreibräume zu einem Salon gab. Danach sollten der Fernschreiber, die verglaste Trennwand und die Schreibtische ausgebaut werden. Dafür war der Einbau von 2 Schränken an der Vorraumwand entweder seitlich mit mittlerer Doppeltür oder mittig mit seitlicher Drehtür, Aufstellung eines großen Tisches mit 6 Sesseln sowie eines kleinen runden Tisches mit 2 Sesseln und einer Stehlampe vorgesehen. Im Begleiterraum sollte ein Kleinherd unter Aufgabe der 2 Schlafplätze bei nur einem Notbett eingebaut werden. Weder die Zeichnung der RBD Ffm vom 8. April 1947 noch das Übergabeprotokoll vom 21. Dezember 1951, aufgestellt bei Übernahme des Fahrzeuges von der US Army, geben Hinweise auf einen tatsächlichen Umbau.

SalonMaschPw4ük-37 (Wb Nr. 76)

Wand- und Deckenverkleidungen:
Begleiterraum: Wände, Tür, Schränke und Leistenwerk Rüster, Decke Ahorn.
Schlafabteile: wie Begleiterraum.
Küche, Anrichte: Wände, Schränke und Innendecke Esche.
Zugführerabteil: Wände, Schränke und Innendecke helles Eichenholz.
Seitengang, Vorräume: oberhalb der Fensterbrüstung Eiche, unterhalb Linoleum, Decken Ahorn. Innenausstattung:
Begleiterraum: zweibettig, Bettleiter, klappbares Waschbecken, Spiegelschrank mit Wasserflasche und Gläsern, Gepäckraufe, Kleider- und Wäscheschrank, Deckenschrank, Hut- und Kleiderhaken, Fensterklapptisch, Lese- und Deckenlampe.
Schlafabteile: wie Begleiterraum
Maschinenraum: MAN Diesel, Typ W6V 15/18 A, 150 PS, 1.400 U/min, AEG Gleichstromdreileiter-Generator 80 kW, 2 × 110/140 V, Ölbehälter, Schalttafeln für Batterieladung und Dieselüberwachung, Werkbank mit Schraubstock und Werkzeugschrank, Deckenlampen, Schalttafel- und Werkbankbeleuchtung.
Laderaum: Klapptisch, Wand- und Deckenschränke für Werkzeug, Ersatzteile, Putzzeug, Wäsche, Kleider und Scheinwerfer, Gepäckbretter, Deckenlampen. 1939/40 wurde im 105 063 Bln eine provisorische Funk-Sende- und Empfangsanlage eingebaut, bei Bedarf konnte eine Fernsprechhandvermittlung aufgestellt werden.
Küche, Anrichte: Kohlenherd, el. Plattenkochherd, Wärmebehälter, Kühlschrank, Vorratsschränke, Spültisch, Decken- und Wandschränke für Geschirr, Bestecke, Küchengeräte. 105 065 Bln erhielt 1939 statt der Küche mit Anrichte einen 1.700-l-Kühlschrank sowie einen Arztraum, später diente der Wagen als Nachrichtenwagen mit 1-kW-Kurzwellensender, Umformersatz durch 110-V-Speicherbatterie betrieben, Sende- und Empfangsantennen auf dem Dach, für Empfang Langwellen- und Tornisterempfänger.
Zugführerabteil: Hochsitz mit Notbremshahn, Leitungsdruckmesser, Klappsitz, Schränke. Mehrere Unstimmigkeiten deuten daraufhin, dass es zwischen beiden Lieferungen gewisse Unterschiede gab. Die Wagen wurden erstmals bereits 1939 umgebaut. Auch gab die nicht genügende Geräuschisolierung immer wieder Anlass zu Beschwerden. Die Reichsbahn bemühte sich um Abhilfe. Verbesserungen erfolgten 1942 am 105 064 Bln, nachdem man bereits 1941 den Diesel im 105 065 Bln umgebaut hatte.

Für alle Bauarten des Dienstzuges 1937:
Ofenraum mit Narag-Kessel.
Vorraum am HbrE mit Kraft- und Lichtschalttafel, Schränke für Beil und Säge sowie Verbandkasten, Einheitsfeuerlöscher, in der Stirnwand auf der Seite des gewölbten Puffers Kohlenkasten.
Bei Dunkelheit sorgten entsprechend angeordnete Lampen für eine einwandfreie Beleuchtung der Trittstufen. Rufanlage aus allen Räumen, außer dem Endabort, zum Begleiterraum.
Kleinbasa-Fernsprecheinrichtung, die während der Fahrt und im Stillstand Gespräche innerhalb des Wagens oder des Zuges ermöglichte, außerdem Anschluss an Pressewagen sowie im Bedarfsfall Anschaltung von Postleitungen. Die Wagen Bln 10 203+10 206 (Führerwagen) besaßen zusätzlich Anschlüsse für den 1938 gebauten Beratungswagen.
Rundfunkanlage mit vier Lautsprechern, Dachantenne mit Störschutzgeräten (außer SalonBegl4ü-37 und SalonL4ü-37, diese nur mit Radioleitung).
Elektrische Uhren, Zigarrenanzünder, teilweise Geschwindigkeitsmesser. Vor dem Krieg sorgten Scheinwerfer bei Dunkelheit entweder für die Anstrahlung des Dienstzuges oder dienten der Ausleuchtung der Umgebung.

15. Gasbeleuchtung

Bei den Einheits-Personen- und Gepäckwagen Bauarten 1932-1937 kam keine Gasbeleuchtung mehr zum Einbau.

16. Elektrische Beleuchtung

1933 begann die Versuchsabteilung für Wagen beim RAW Grunewald, die elektrische Wagenbeleuchtung weiterzuentwickeln. Die Ergebnisse dieser Untersuchungen fanden bei den Neukonstruktionen der Bauarten 1935 Berücksichtigung. Die Firma BBC in Baden (Schweiz) stellte im Jahre 1934 erstmalig eine Lichtmaschine mit Kardan-Antrieb vor. Damit konnte eine stoßsichere Verbindung zwischen der Radachse und der an dem abgefederten Drehgestell befestigten Lichtmaschine hergestellt werden, die keiner besonderen Überwachung bedurfte.

17. Dampf- und Warmwasserheizung

Die Bemühungen des RZM gingen zu Beginn der dreißiger Jahre dahin, auch die Dampfheizungen zu überarbeiten, weil durch die Vergrößerung der Fenster ein verstärkter Kälteeinfall zu verzeichnen war. Die zweckentsprechende Wärmezufuhr übernahm eine neue Regeleinrichtung, die selbsttätig die vom Reisenden im Abteil eingestellte Temperatur hielt. Die Versuche konnten so rechtzeitig abgeschlossen werden, dass die Heizung in den Neubau-D-Zugwagen 1935 bereits mit dieser zusätzlichen Einrichtung ausgerüstet werden konnte. Verwendet wurden die Bauarten der Firmen Pintsch (Nuhz Selbstreg. P) und Neufeld u. Kunke (Nuhz Selbstreg. N u. K).

Nachdem die ersten Wagen sich einige Zeit im Betrieb befanden, stellten sich zwei Mängel heraus.

1) Die Reisenden auf den Fensterplätzen klagten über eine ständige feine, aber unliebsame Zugluft verursacht durch die Lüftungsklappen.
2) Das Vorheizen der Züge dauerte durch die neuen Regler länger als bisher bei wesentlich höherem Dampfverbrauch.

Den Firmen gelang nach einiger Zeit die Abstellung, wobei die bereits ausgelieferten Wagen in den zuständigen RAW's umgeändert und die noch nicht gelieferten mit der geänderten Heizungseinrichtung ausgeliefert wurden.

Die Salonwagen für den „Dienstzug 1937" erhielten erstmals neue elektrische Durchlauferhitzer mit den dazugehörigen Schaltapparaten sowohl für die Warmwasserheizung als auch für die Warmwasserversorgung.

18. Elektrische Heizung

Gleichzeitig mit der Weiterentwicklung der elektrischen Beleuchtung befasste sich die Versuchsabteilung für Wagen auch mit der Verbesserung der elektrischen Heizung. Der internationale Verkehr verlangte Anfang der dreißiger Jahre, dass die Heizung für Übergangswagen auch für 3.000 V verwendbar sein sollte. Die Reichsbahn ließ Ende 1934 in drei gemischtklassigen D-Zugwagen der Bauart ABC4i-29 (Bd. 1, Wb Nr. 16) verschiedene elektrische Heizungsarten einbauen. Es erhielten

Bild 26 Werkfoto LHW

14102 Dhz und elektrisch betriebene Warmluftheizung der Bauart BBC
14103 Elektrodampfkessel der Bauart Pintsch
14119 Dhz und elektrische Öfen der Bauart Voigt & Haeffner.

Später bekam vermutlich auch der 16470 Bauart C4ü-28 eine Elektro-Dampfkesselheizung. Die Firma Neufeld und Kunke, Kiel, befasste sich am Anfang der dreißiger Jahre mit Überlegungen zum Bau einer Luftheizung. Ein erster Entwurf, den sie 1933 dem RZM Berlin vorlegte und später auch dem Reichspost- Zentralamt in Berlin, fand Interesse. Die Reichsbahn griff dann diesen Vorschlag auf und beabsichtigte, zwölf C4ü-36 des FPr 1937 II mit einer Luftheizung auszurüsten. Da aber nicht alle Probleme rechtzeitig gelöst werden konnten, mussten die vorgesehenen Entwicklungsmittel gestrichen und die bereits den Firmen Hagenuk, so der Name ab 1. Januar 1937 nach der Verbindung mit der Hanseatischen Apparatebau Gesellschaft, und MAN für den wagenbaulichen Teil erteilten Aufträge storniert werden. Erst zwei Jahre später kam es dann zur erneuten Bestellung, dann allerdings bei verschiedenen Wagenbauanstalten (s. Abhandlungen in Bd. 3).

19. Abort und Wascheinrichtungen

Wegen Einfrieren der Ausgleichsleitung, die beide Wasserbehälter verband, kamen in den Wintermonaten von den Reisenden oft Beanstandungen. Von 1935 ab konnte man auf sie verzichten. Eine neue Konstruktion erlaubte es, die Füll- und Überlaufleitungen ohne jegliche Hähne auszuführen. (Bild 26)

20. Sondereinrichtungen (Laz)

Unter dem Begriff „Sondereinrichtungen", wie er auf den Skizzenblättern der vierachsigen Durchgangswagen 3. Klasse der Bauarten 1934 und 1935 erwähnt wird, verstand die Reichsbahn Wagen, die bereits mit baulichen Vorbereitungen für Lazarettzüge versehen waren.

Nach der Genfer Konvention und der Haager Landkriegsordnung gab es u. a. das Abkommen zur Verbesserung des Loses der Verwundeten und Kranken der Streitkräfte im Felde (Urfassung 1864), darin wird die Neutralität der Kranken und Kriegsverwundeten erklärt. Bereits nach der Schlacht von Sadowa (1866) gelang es dem besiegten österreichischen Heer, einen Teil seiner Verwundeten mit der Bahn abzutransportieren. Die Waggonfabrik Simmering in Österreich baute schon 1875 den ersten „Sanitätszug". Die Aufgabe der Lazarettzüge war, Verwundete und Kranke aus dem Operationsgebiet nach rückwärtigen Sanitätseinrichtungen zu befördern.

Vor dem Ersten Weltkrieg war die Zahl der aufzustellenden planmäßigen Lazarettzüge auf neun preußische, einen bayerischen und einen sächsischen Lazarettzug mit je 296 Lagerstellen festgesetzt worden, dazu sollten weitere 20 Hilfslazarettzüge kommen. Die wirkliche Zahl der insgesamt aufgestellten Züge während des Ersten Weltkrieges lag jedoch wesentlich höher.

Lazarettzüge
(hierzu auch Bd. 1, S. 33-35)
Die Planungen bei der Verwendung von vierachsigen Wagen sahen ohne Heizwagen ein Zuggewicht von 726 t, eine Zuglänge mit zwei Lokomotiven von etwa 512 m, eine Höchstgeschwindigkeit von 75 km/h und 23 Wagen in folgender Reihung vor:

Pw	Gepäck- und Wirtschaftsvorratswagen
Of	Offizierskrankenwagen für 12 Kranke
M1-8	Mannschaftskrankenwagen für je 22 Kranke
S	Wagen für Sanitätsmannschaften für 20 Personen
COp	Chefarzt-, Schwestern- Operations- und Apothekenwagen
A	Arzt- und Verwaltungswagen für 2 Assistenzärzte und 1 Verwaltungsbeamten
Kv	Küchen- und Küchenvorratswagen
M9-16	Mannschaftskrankenwagen für je 22 Kranke.

Die Gesamtzahl der Lagerstellen in diesem Zuge betrug 364.

Folgende Bauarten kamen dafür in Frage, bei denen bereits bestimmte bauliche Voraussetzungen vorhanden waren, wie umlegbare Türsäule und drehbare Wandteile:

BC4i-34	(Wb Nr. 39)
BC4i-37	(Wb Nr. 47)
C4i-34	(Wb Nr. 40)
C4i-34a	(Wb Nr. 41)
C4i-36	(Wb Nr. 46)
Pw4i-31	(s. Bd. 1, Wb Nr. 33)
Pw4ik-31/33	(s. Bd. 1, Wb Nr. 33)
Pw4i-32	(Wb Nr. 30)
Pw4ik-32	(Wb Nr. 30)
Pw4i-33	(Wb Nr. 38)

Die weiteren Umrüstungen umfassten bei der Verwendung im Lazarettzug als

5) Gepäck- und Wirtschaftsvorratswagen:
s. Nr. 1 bei zweiachsigem Laz
6) Küchen- und Küchenvorratswagen:
s. Nr. 2 bei zweiachsigem Laz (Bild 27)
7) Mannschafts- und Offizierskrankenwagen, Wagen für Sanitätsmannschaften aus C4i ohne Trommelbremse mit Stirnwandschiebetüren 650 mm lichter Breite und umlegbaren Türsäulen: Ausbau der Einsteigehandgriffe und Klappen über den Türsäulen am Handbremsende, Ausbau der Deckleisten mit Huthaken, Sitze, Gepäcknetze, Fenstertische und Zwischenwände, sämtlicher elektrischer Heizkörper (Bild 28).
8) Chefarzt-, Schwestern-, Operations- und Apothekenwagen aus BC4i-Wagen ohne Trommelbremse mit Stirnwandschiebetüren 650 mm lichter Breite und im C-Raum mit Heizrohren an den Wänden: Ausbau sämtlicher Sitzbänke, Huthaken und Gepäcknetze bis auf die an Abortwand und Trennwand 2./3. Klasse, Ausbau der elektrischen Heizkörper, soweit notwendig, Ändern der Dampfheizung in der 2. Klasse, Einbau einer Zwischenwand mit

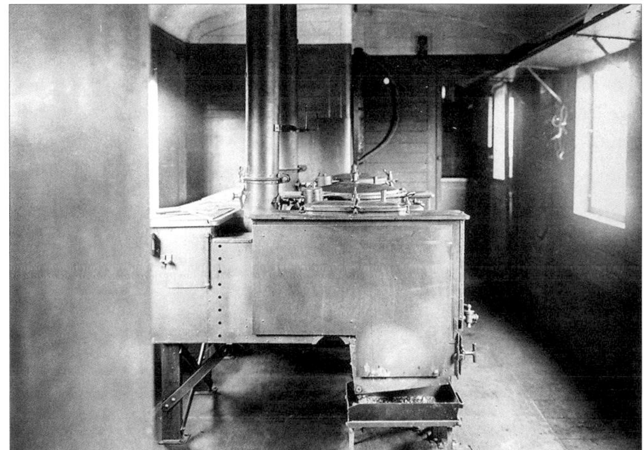

Bild 27 Aufnahme: RZA Berlin

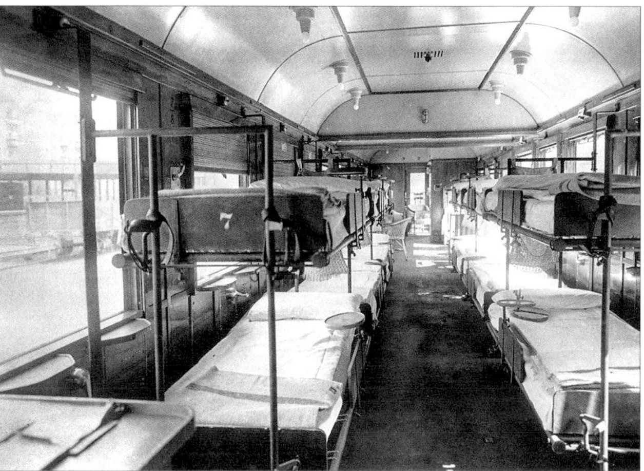

Bild 28 Aufnahme: RZA Berlin

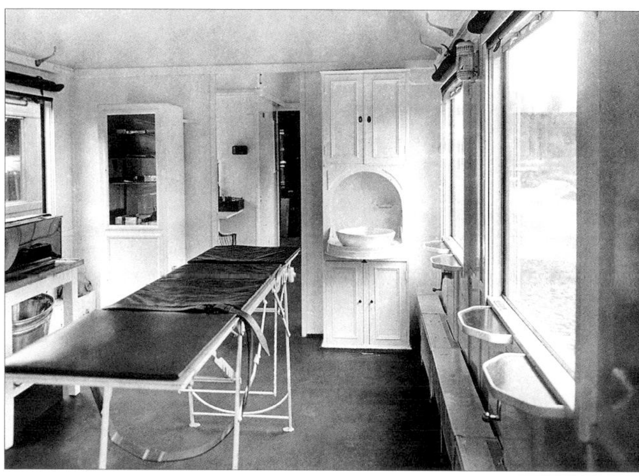

Bild 29 Aufnahme: RZA Berlin

Drehtür im 3.-Klasse-Raum sowie von drei Abteilen mit zwei Zwischenwänden und einer Längswand mit drei Schiebetüren im 2.-Klasse-Raum, Einbau einer Schiebetür zwischen den beiden Schwesternabteilen (bei Wagen mit geschlossenen Abteilen 2. Klasse bleiben Wände und Schiebetüren dieser Abteile bestehen, und die Schiebetür zwischen den beiden Schwesternabteilen entfällt), Einbau von 2 Klapptischen in den Schwesternabteilen sowie eines Gepäcknetzes, Einbau eines Tisches mit Fach für Sterilisierungsapparat, Einbau von Kleiderhaken in den Schlafabteilen, Streichen der Innendecke und der Wände im Operationsraum. (Bild 29)

9) Arzt- und Verwaltungswagen aus BC4i (wie Nr. 8):
Ausbau fast sämtlicher Sitzbänke, Gepäcknetze, elektrischer Heizkörper und Huthaken, Ändern der Heizung in den offenen 2.-Klasse-Abteilen. Einbau einer Zwischenwand mit Drehtür im 3.-Klasse-Abteil sowie von drei Abteilen mit zwei Zwischenwänden und einer Längswand mit drei Schiebetüren im 2.-Klasse-Raum (bei Wagen mit geschlossenen Abteilen 2. Klasse bleiben Wände und Schiebetüren dieser Abteile bestehen), Einbau von zwei Gepäcknetzen über den Schlafsofas der beiden mittleren Abteile und von drei Klapptischen, Einbau von Kleiderhaken in den Schlafabteilen.

Außerdem war für alle Wagen der Einbau lichtundurchlässiger Fenstervorhänge, Lichtschützer an den Lampen und das Streichen der Fenster in den Durchgangstüren mit lichtundurchlässiger Farbe geplant. Die weiteren Einrichtungen bzw. Wirtschaftsgeräte hatten die Zeugämter zu stellen und ggf. einzubauen. Die für die Lazarettzüge geeigneten Wagen erhielten eine besondere Kennzeichnung (s. S. 30) und sämtliche Wagendächer in der Mitte auf quadratischem weißem Felde ein rotes Kreuz. Außerdem bekam jeder Wagen an beiden Seitenwänden außen ein weißes Schild in der Größe der Richtungsschilder mit dem „Roten Kreuz", der Nummer des Lazarettzuges, des Verwendungszweckes und der Ordnungsnummer.

Leichtkrankenzüge

Die Planungen sahen die Verwendung von Durchgangswagen mit Übergang beliebiger Bauart vor, um die Kranken und Verwundeten während der Fahrt beobachten zu können, wobei die Wagen ohne Änderung der Ausstattung eingesetzt und die Höchstgeschwindigkeit dieselbe gleichartiger Züge des öffentlichen Verkehrs sein sollten. Die Reihenfolge bei der Verwendung von zwei- oder dreiachsigen Wagen war geplant mit

- 1 Gepäckwagen
- 22 Durchgangswagen 3. Klasse für je 38 Mann
- 3 Durchgangswagen 2. Klasse für je 28 Offiziere
- 1 Schlafwagen 3. oder 2. Klasse als Unterkunft für das Sanitätspersonal.

Dies ergab ohne Lok und Heizwagen ein Zuggewicht von 520 t, eine Zuglänge mit zwei Lokomotiven von 435 m und eine Sitzplatzzahl von 3 × 28 + 22 × 38 = 920 (alle Angaben beziehen sich auf den Einsatz von Einheitswagen, bei Länderbahnbauarten änderten sich die Zahlen entsprechend).

Bei der Verwendung von D-Zug- oder vierachsigen Durchgangswagen gab es folgende Festlegungen:

- 1 Gepäckwagen
- 14 C4ü-Wagen für je 60 Mann (je Abteil 6)
- 2 AB4ü oder B4ü für je 42 Offiziere (je Abteil 6)
- 1 Schlafwagen 3. oder 2. Klasse als Unterkunft für das Sanitätspersonal.

Das ergab ohne Lok und Heizwagen ein Zuggewicht von 775 t, eine Zuglänge mit 2 Lokomotiven von 442 m und eine Sitzplatzzahl von 2 × 42 + 14 × 60 = 924 (alle Angaben beziehen sich auf die Verwendung von Einheitswagen, bei Länderbahnbauarten änderten sich die Zahlen entsprechend).

Neben den „großen" Lazarett- bzw. Leichtkrankenzügen sahen die Planungen auch noch „kleine", sog. Laz b und Lkz b vor, die aber nur auf besondere Anordnung gebildet werden sollten.

21. Geräte und Werkzeuge

Zur Ausrüstung der Abteile 1. und 2. Klasse gehörten von den Bauarten 1935 ab für den Winterverkehr zum Schutz gegen unliebsame Zugluft neuartige sog. Fenstermäntel. Sie lagen in einem Schacht und konnten in jeder gewünschten Zwischenstellung festgehalten werden, wobei die Befestigungskonsole der Fenstertische entsprechend ausgebildet war.

V. Wagenbeschreibungen der Personen- und Gepäckwagen, Einheitsbauarten 1932-1937 (Regelspur)

1. Vorbemerkung

Hauptgattungszeichen

A	Personenwagen 1. Klasse
B	Personenwagen 2. Klasse
C	Personenwagen 3. Klasse
D	Personenwagen 4. Klasse (bis 1928)
AB	Personenwagen 1./2. Klasse
ABC	Personenwagen 1./2./3. Klasse
BC	Personenwagen 2./3. Klasse
BB	vorhandene BC, deren C-Abteil behelfsmäßig mit Polstern ausgerüstet ist
CC	frühere CD, deren D-Abteil mit einem zusätzlichen C bezeichnet wurde
Cgi	ehemalige gedeckte Güterwagen mit Endbühnen, die nur noch der Personenbeförderung dienen
Mess	Messwagen
Pw	Personenzuggepäckwagen
Pwg	Güterzuggepäckwagen
Post	Bahnpostwagen bzw. Postabteil
S	Wagen der Sonderbauart, z. B. für Rheingold- und Henschel-Wegmann-Zug
Salon	Salonwagen
WL	Schlafwagen
WR	Speisewagen
Z	Gefangenenwagen
L	Lokalbahnwagen
[P]	Privatwagen

Nebengattungszeichen

ü	für Personen-, Meß-, Post- und Gepäckwagen mit Durchgang, Übergangsbrücken und Faltenbalgen
i	für Personenwagen mit Durchgang und offenen Übergangsbrücken
tr	für Ci und C, die für Traglastverkehr geeignet waren
d	für Wagen oder Abteile mit Bretterbänken
u	frühere D, die später mit Lattensitzbänken ausgerüstet waren
v	frühere D, die behelfsmäßig mit Bretterbänken ausgerüstet waren
k	für Personen- und Gepäckwagen mit Küche
kr	für vierachsige Abteilwagen 3. Klasse, in denen zwei zusammenhängende Abteile zu einem Krankenabteil hergerichtet werden konnten
s	für Pwg, die in schnellfahrende Züge eingestellt werden konnten

Gattungsnummer

Die Gattungsnummer wurde der „Zusammenstellung der Wagengattungs- und Drehgestellgattungsnummern" entnommen.

Wagenbauverträge

Angabe der Vertragsnummern, unter denen die Anfertigung und Lieferung der Einheits-Personen- und Gepäckwagen zwischen der Deutschen Reichsbahn und den Wagenbauanstalten vereinbart wurde. Eine Einzelaufstellung aller abgeschlossenen Wagenbauverträge in numerischer Reihenfolge befindet sich auf den sich auf den Seiten 234 bis 238.

Planzeichen (Plankammer-Nummer)

F	für Fahrzeuge
w	für Wagen
d	für Dienst
p	für Personen
g	für Güter
ä	für Gepäck
d	für Dienst
po	für Post

Lieferwerke

Aufstellung und Abkürzungen S. 234

Beschaffungspreis

Die Beschaffungspreise sind den Aufnahmezetteln (905 08) bzw. den Bestandskarten (984 02 oder vorhandenen Wagenbauverträgen entnommen. Die mit „*" genannten Preise verstehen sich einschließlich der Beistellteile sowie der Gewichte. Die Angaben sind der jeweiligen „Übersicht über Gewichte und Kosten" entnommen, die vom Reichsbahnzentralamt nach Abwicklung des Auftrages aufzustellen und der HV bzw.dem RVM einzureichen waren.

Ausmusterungsjahr

In den genannten Jahren nahmen die DB und die DR die letzten Wagen dieser Bauart aus dem Einsatzbestand. Die Angaben für die Reichsbahn stellte freundlicher Weise Olaf Bade, Berlin, zur Verfügung.

Wagenbreite

Damit ist die Breite zwischen den Bekleidungsblechen in der Mitte des Wagens gemeint.

Nummernreihe

14 121-14 126	durchlaufend besetzt
14 121•14 126	nicht durchlaufend besetzt
14 121*14 126	Auftrag nicht vollzählig ausgeliefert
(14 121-14 126)	Wagennummern nur vorgesehen

Bremsen

Kksbr	Kunze-Knorrbremse S (Schnellbremse für D- und Eilzüge)
Kkpbr	Kunze-Knorrbremse P (für Personenzüge)
Hikssbr	Hildebrand-Knorrbremse SS (sehr schnell und stark wirkende Bremse für Schnellzüge)
Hikpbr(Hikse)	Hildebrand-Knorrbremse für kurze schnelle Züge in Sonderbauart
Hikpbr	Hildebrand-Knorrbremse (für Personenzüge)
Wbr	Westinghousebremse ohne Schnellbremswirkung
Wsbr	Westinghouseschnellbremse (Einkammerbremse mit Schnellbremswirkung)
Avbr	Automatische Vakuumbremse
Avsbr02	Automatische Vakuumschnellbremse 1902
Hnbr	Henrybremse (nicht selbsttätige Westinghousebremse)
Evbr	Einfache Vakuumbremse, Hardybremse
Eigengewicht	Durchschnittliches Eigengewicht des unbesetzten Wagens

Die Wagenbeschreibungen der Personen- und Gepäckwagen, gliedern sich in: Abbildung, Beschreibung, Wagenskizze und technische Angaben.

Bei den Abbildungen handelt es sich in der Mehrzahl um Werkfotos, aufgenommen zum Zeitpunkt der Ablieferung. Wo diese nicht zur Verfügung standen, mussten Aufnahmen aus der Nachkriegszeit Verwendung finden. Bei acht Wagenbeschreibungen und zwölf Drehgestellbeschreibungen konnten leider auch diese nicht beschafft werden.

Die Wagenbeschreibungen bestehen in der Regel aus einer kurzen Einleitung, danach folgen in Stichworten die Darstellungen der einzelnen Baugruppen in nachstehender Reihenfolge:

01	Gesamtanordnung
02	Laufwerk
03	Untergestell
04	Drehgestell
05	Zugvorrichtung
06	Stoßvorrichtung
07	Bremsgestänge, Handbremse
10	Tritte, Griffe, Signalstützen, Schilder, Halter und Träger
20	Kastengerippe
21	Kastenbekleidung, Wände und Decken
22	Türen
23	Fenster und Lüftung
24	Bühne und Übergangseinrichtung
25	Innenausrüstung
26	Gasbeleuchtung
27	Elektrische Beleuchtung
28	Dampf- und Warmwasserheizung
29	Elektrische Heizung
30	Aborteinrichtung
39	Sondereinrichtungen

Weitere, ergänzende Angaben befinden sich in den Abschnitten „Entwicklung der Bauarten bzw. Baugruppen".

Die von der D.W.V. aufgestellten Wagenskizzen entstammen dem „Skizzenheft für die Personen- und Gepäckwagen der Reichsbahn (Regelspur), IX. Einheits-Bauart".

Den technischen Angaben liegen Unterlagen aus verschiedenen Quellen zugrunde. Unter „Bemerkungen" sind – soweit erforderlich oder bekannt – ergänzende Mitteilungen gebracht.

Bild 30 – 85 004 passiert am 19. Juli 1937 mit ihrem Zug aus sechs Einheitsnebenbahnwagen, einem Pwi und einem Postwagen das Einfahrsignal von Himmelreich. Aufnahme: Carl Bellingrodt (†)/EK-Verlag

Emil Konrad (†)

Nach den Entwürfen und Festlegungen des RZM, Berlin, führte die Konstruktion und den Bau dieser Sonderwagen die Waggonfabrik Linke-Hofmann-Busch in Breslau aus.

Der Wagengrundriss sah entsprechend dem Skizzenblatt BC4i-29a (Bd. 1, Wb 27) 1 geschlossenes Abteil 1. Klasse mit 1.876 mm Länge, 1 geschlossenes und 2 offene Abteile 2. Klasse mit 1.871 mm Länge und 5 Abteile 3. Klasse mit 1.550 mm Länge, 2 Vorräume, 2 Aborte und 1 Seitengang mit 780 bzw. 1 Mittelgang mit 470 mm Breite vor.

Genietetes Untergestell mit zurückgesetzten Vorbauten, zweiachsige Drehgestelle Bauart „Görlitz III leicht" mit Gleitachslagern, Hülsenpuffer mit Ringfeder und 500-mm-Puffertellern, Handbremse mit Handrad im Vorraum 3. Kl., Stirnwandleitern, Trittbrett über dem Faltenbalg, Dachhandgriffe und Laufbretter, Signalstützen, vor jeder Eingangstür 2 hölzerne Trittbretter, genietetes Kastengerippe mit Säulen, Dachspriegeln, Befestigungswinkeln, Vorbau mit parallel eingezogenen Wänden, Rammkonstruktion, Bekleidungs- und Dachbleche angenietet, Tonnendach.

Eingangsdrehtüren, Stirnwandschiebetüren mit festen Fenstern, Abteil- und Vorraumschiebetüren, Drehtüren im Seitengang und Abortquerwänden, Entlüftung der Abteile durch 9 Wendler-Luftsauger und Lüftungsrosetten innerhalb der Lampen, 1.000/800 mm breite Metallrahmenfenster mit Ausgleichvorrichtung, Rollvorhänge, 1 festes Fenster im Vorraum der 2. Klasse und 2 in den Stirnwänden, geteilte Klappfenster in Aborten, Übergangseinrichtung mit Faltenbalg und Übergangsbrücke.

Sitzteilung in der 1. Klasse 0+2, in der 2. Klasse 0+3 und in der 3. Klasse in den Vollabteilen 2+3, unter den Abteilfenstern Klapptische, Platznummernschilder, Kopfschutzdecken in der 1. Klasse, Linoleumfußboden, el. Beleuchtung durch Lichtgenerator mit Flachriemen und Speicherbatterie, Abort mit Xylolithfußboden und Leibstuhl, Fallrohr mit Saughaube, Waschbecken, Waschtisch- und Reinigungsgeräteschrank mit je 2 Wasserkannen, Handtuchspind für Einzelhandtücher, Seifenspender und Spiegel. Rettungskästen, Feuerlöscher, Beil und Säge.

Gattungszeichen	ABC4ü-32
Nummernreihe	14 133-14 140 Mü Heimatbf Mü Hbf
Gattungsnummer	145
Fahrzeugprogramm	1932
Wagenbauvertrag	03.966/61.9109 v. 15.03.32
Planzeichen	Fwp 401 fr. B.e.4.000
Übersichtszeichnung	226/33 848 c LHB
Lieferwerk	LHB WA 5688
Lieferjahr	1932
insgesamt beschafft	8 Wagen
Beschaffungspreise für	14 133-14 140 Mü
1. den betriebsfertigen Wagen	65.279,00 RM *
2. davon Radsätze	1.324,00 RM *
Ausmusterungsjahr	DB: 1981; DR: –
Länge über Puffer	21.150 mm
Wagenkastenlänge	19.850 mm
Wagenkastenbreite	3.016 mm
Fußboden über SO	1.260 mm
Achsstand gesamt	16.490 mm
Abstand der Drehzapfen	13.490 mm
Achsstand des Drehgestells	3.000 mm
Drehgestellbauart	Görlitz III leicht (55)
Planzeichen (Drehgestell)	Fwp 902.04.1 (905.04.000)
Anzahl der Aborte	2
Anzahl der Abteile	1+3+5
Sitzplätze 1. Klasse	4
2. Klasse	18
3. Klasse	40
Militärtransport	–
für Krankentransport	–
Sicherung der Übergänge	Faltenbalgen
Bremse	Hikpbr
Heizung	elektrisch
Beleuchtung	elektrisch
Eigengewicht	37,0 t *

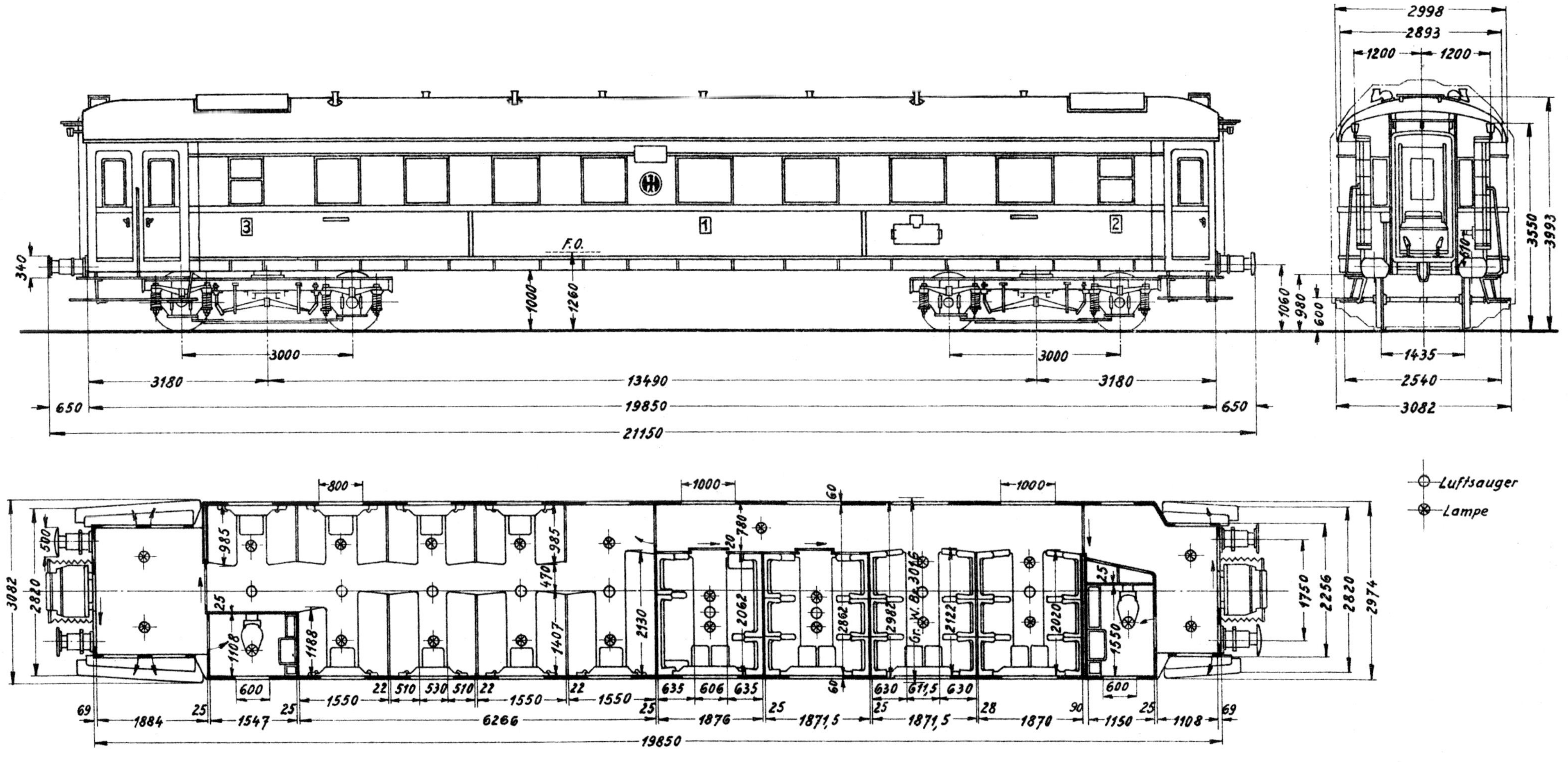

Bemerkungen:
Drehgestellbeschreibung Nr. 9
Sonderbauart „Karwendel“ (auch als „Mittenwaldwagen“ bezeichnet) hauptsächlich für den Einsatz auf der Strecke München – Garmisch-Partenkirchen – Innsbruck.

14 137 Mü Teilnahme an Parade am 8. Dezember 1935 in Nürnberg. Die Einstufung dieser Bauart ab 1955 als Durchgangswagen machte eine Umzeichnung notwendig. Nachdem im Nummernplan durch Umnummerung bzw. Verschiebung noch vorhandener Fahrzeuge Platz geschaffen war, erhielten die acht Wagen die Nummern 33 381 (II) -33 388 (II) in Zweitbesetzung.

Carl Bellingrodt (†)

Gattungszeichen	C4ü-32
Nummernreihe	16 521-16 541 Mü
	Heimatbf Mü Hbf
Gattungsnummer	150
Fahrzeugprogramm	1932
Wagenbauvertrag	03.966/61.9109 v. 15.05.32
Planzeichen	Fwp 402 fr. B.e. 4 001.2
Übersichtszeichnung	D 226/33 851c LHB
Lieferwerke	LHB WA 5689
	MAN WA 6104
Lieferjahr	1932
insgesamt beschafft	21 Wagen
Beschaffungspreise für	16 521-16 541 Mü
1. den betriebsfertigen Wagen	60.449 RM *
2. davon Radsätze	1.324 RM *
Ausmusterungsjahr	DB: 1982; DR: –
Länge über Puffer	20.960 mm
Wagenkastenlänge	19.660 mm
Wagenkastenbreite	3.021 mm
Fußboden über SO	1.260 mm
Achsstand gesamt	16.300 mm
Abstand der Drehzapfen	13.300 mm
Achsstand des Drehgestells	3.000 mm
Drehgestellbauart	Görlitz III leicht (55)
Planzeichen (Drehgestell)	Fwp 902.04.1 (905.04.000)
Anzahl der Aborte	2
Anzahl der Abteile	10
Sitzplätze 1. Klasse	–
2. Klasse	–
3. Klasse	84
Militärtransport	–
für Krankentransport	–
Sicherung der Übergänge	Faltenbalgen
Bremse	Hikpbr
Heizung	elektrisch
Beleuchtung	elektrisch
Eigengewicht	36,0 t

Nach den Entwürfen und Festlegungen des RZM, Berlin, führte die Konstruktion dieser Sonderwagen die Waggonfabrik Linke-Hofmann-Busch in Breslau aus. An der Fertigung dieser Wagen beteiligte sich außer diesem Werk noch die Wagenbauanstalt MAN in Nürnberg.
Der Wagengrundriss sah entsprechend dem Skizzenblatt C4i-30 (Bd. 1, Wb 31) 1 geschlossenes Abteil mit 1.550 mm und 9 offene Abteile mit 1.550 mm Länge, 2 Vorräume, 2 Aborte und 1 Mittelgang mit 470 mm Breite vor.
Genietetes Untergestell mit zurückgesetzten Vorbauten, zweiachsige Drehgestelle Bauart „Görlitz III leicht" mit Gleitachslagern, Hülsenpuffer mit Ringfeder und 500-mm-Puffertellern, Handbremse mit Handrad in einem Vorraum, Stirnwandleitern, Trittbrett über dem Faltenbalg, Dachhandgriffe und Laufbretter, Signalstützen, vor jeder Eingangstür 2 hölzerne Trittbretter, genietetes Kastengerippe mit Säulen, Dachspriegeln, Befestigungswinkeln, Vorbau mit parallel eingezogenen Wänden, Rammkonstruktion, Bekleidungs- und Dachbleche angenietet, Tonnendach.
Eingangsdrehtüren, Stirnwandschiebetüren mit festen Fenstern, Drehtüren in Zwischen- und Abortquerwänden, Vorraumschiebetüren, Entlüftung der Abteile durch 10 Wendler-Luftsauger und Lüftungsrosetten innerhalb der Lampen, 800 mm breite Metallrahmenfenster mit Ausgleichvorrichtung, Rollvorhänge, 2 feste Fenster in den Stirnwänden, geteilte Klappfenster in Aborten, Übergangseinrichtung mit Faltenbalg und Übergangsbrücke.
Sitzteilung 2+3, unter den Abteilfenstern Klapptische, Platznummernschilder, Linoleumfußboden, el. Beleuchtung durch Lichtgenerator mit Flachriemen und Speicherbatterie, Abort mit Xylolithfußboden und Leibstuhl, Fallrohr mit Saughaube, Waschbecken, Waschtisch- und Reinigungsgeräteschrank mit je 2 Wasserkannen, Handtuchspind für Einzelhandtücher Seifenspender und Spiegel, Rettungskästen, Feuerlöscher, Beil und Säge.

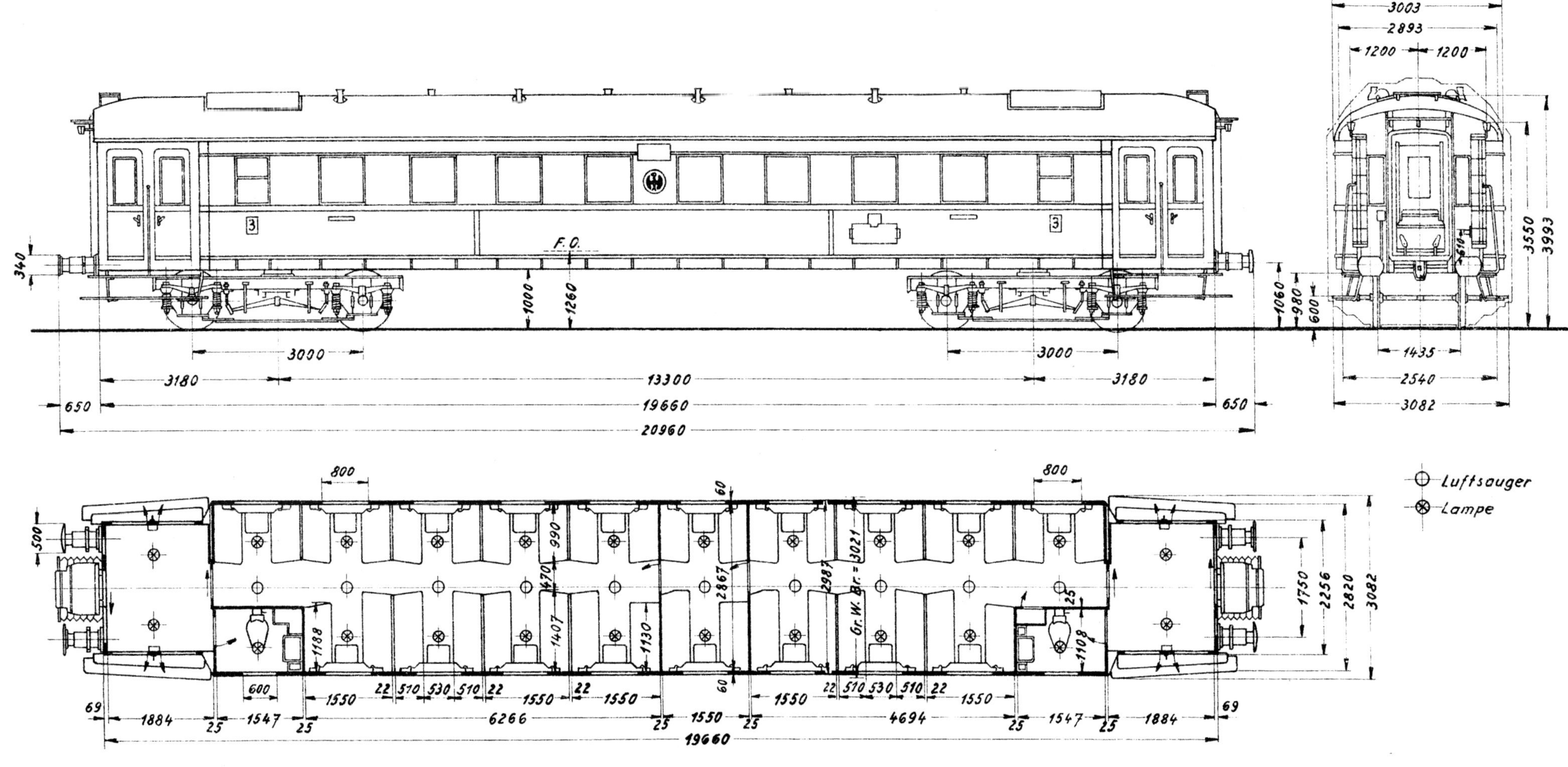

Bemerkungen:
Drehgestellbeschreibung Nr. 9
Sonderbauart „Karwendel" (auch als „Mittenwaldwagen" bezeichnet) hauptsächlich für den Einsatz auf der Strecke München – Garmisch-Partenkirchen – Innsbruck.

16 526 Mü + 16 534 Mü Teilnahme an der Parade am 8. Dezember 1935 in Nürnberg.

Die Einstufung dieser Bauart ab 1955 als Durchgangswagen machte eine Umzeichnung notwendig. Nachdem im Nummernplan durch Umnummerung bzw. Verschiebung noch vorhandener Fahrzeuge Platz geschaffen war, erhielten die noch vorhandenen 15 Wagen die Nummern 73 244 (II)-73 258 (II) in Zweitbesetzung.

Emil Konrad (†)

Gattungszeichen	Pw4ük-32
Nummernreihe	105 531-105 535 Mü
	Heimatbf Mü Hbf
Gattungsnummer	501
Fahrzeugprogramm	1932
Wagenbauvertrag	03.966/61.9205 v. 01.04.32
Planzeichen	Fwpä 021
Übersichtszeichnung	30 485 Ad WWk m. Deckblatt Nr.1393
Lieferwerk	WWk WA 10 007
Lieferjahr	1932
insgesamt beschafft	5 Wagen
Beschaffungspreis für	105 531-105 535 Mü
1. den betriebsfertigen Wagen	42.905,00 RM *
2. davon Radsätze	1.191 RM *
Ausmusterungsjahr	DB: 1984; DR: –
Länge über Puffer	19.680 mm
Wagenkastenlänge	18.380 mm
Wagenkastenbreite	3.026 mm
Fußboden über SO	1.260 mm
Achsstand gesamt	15.360 mm
Abstand der Drehzapfen	12.360 mm
Achsstand des Drehgestells	3.000 mm
Drehgestellbauart	Görlitz III leicht (51)
Planzeichen (Drehgestell)	Fwp 902.04.1 (905.04.000)
Anzahl der Aborte	1
Anzahl der Schiebetüren	4
Anzahl der Hundeabteile	1
Sicherung der Übergänge	Faltenbalgen
Bremse	Hikpbr
Heizung	elektrisch
Beleuchtung	elektrisch
Ladefläche	29,5 m²
Ladegewicht	8 t
Eigengewicht	32,95 t

Für die Karwendelbahn-Garnitur benötigte die Reichsbahn auch dazu passende D-Zuggepäckwagen in leichter Bauart, die außerdem mit einer kleinen Küche ausgerüstet sein sollten. Das RZM und die VWW arbeiteten hierfür Vorschläge aus, den Bau führten die VWW aus.

Der Wagengrundriss sah 1 Dienstraum, 1 Laderaum, 1 Küche mit Anrichte, 1 Abort, 2 Vorräume, 1 Laternenschrank und 2 Hundeabteile vor. Genietetes Untergestell mit zurückgesetzten Vorbauten, zweiachsige Drehgestelle Bauart „Görlitz III leicht" mit Gleitachslagern, Hülsenpuffer mit Ringfeder und 450-mm-Puffertellern, Handbremse im Dienstraum mit Bremskurbel, Stirnwandleitern, über dem Faltenbalg Trittbrett, Signalstützen, vor jeder Eingangs- und Seitenwandschiebetür 2 hölzerne Trittbretter, Einsteigegriffe, Handgriffe an Schiebetüren, genietetes Kastengerippe mit Dachaufbau, Säulen, Dachspriegeln, Befestigungswinkeln, Vorbau mit parallel eingezogenen Wänden, Rammkonstruktion, Bekleidungs- und Dachbleche angenietet, flaches Tonnendach, Rauchrohr mit Dachaufsatz und Rauchhaube, innere Wand- und Deckenverkleidung aus Kiefernbrettern, unten hellgrau, oben elfenbeinfarbig gestrichen. Eingangsdrehtüren, HbrE mit Stirnwandschiebetür und festem Fenster, NHBrE mit Stirnwanddrehtür mit festem Fenster und darunter liegender Klappe zum Durchreichen von Speisen, Drehtüren im Dienstraum und Abortquerwand, kleine Drehtüren vor Laternenschrank und mit Luftschlitzen vor Hundeabteilen, Doppeltür vor Anrichte, 1.500 mm breite Seitenwandschiebtüren mit festen Fenstern, Dreifinger-Verschlusshaken und Vorlegebaum, Grove-Luftsauger im Dachaufbau, feste Fenster im Vorraum, im Dienstraum 600 mm breite Metallrahmenfenster mit Kniehebelausgleich und Rollvorhang, feste Fenster mit Schutzgittern im Laderaum, Übersetzfenster in Küche und Anrichte, geteiltes Klappfenster im Abort, Kippfenster im Dachaufbau, Übergangseinrichtung mit Faltenbalg und Übergangsbrücke.

El. Beleuchtung, Lichtgenerator mit Flachriemen und Speicherbatterie, Abort mit Leibstuhl, Fallrohr mit Saughaube, Waschbecken, Konsole mit Wasserkanne, Wandbekleidung Linoleum, weiß gestrichen, Xylolithfußboden, Feuerlöscher und Kübelspritze.

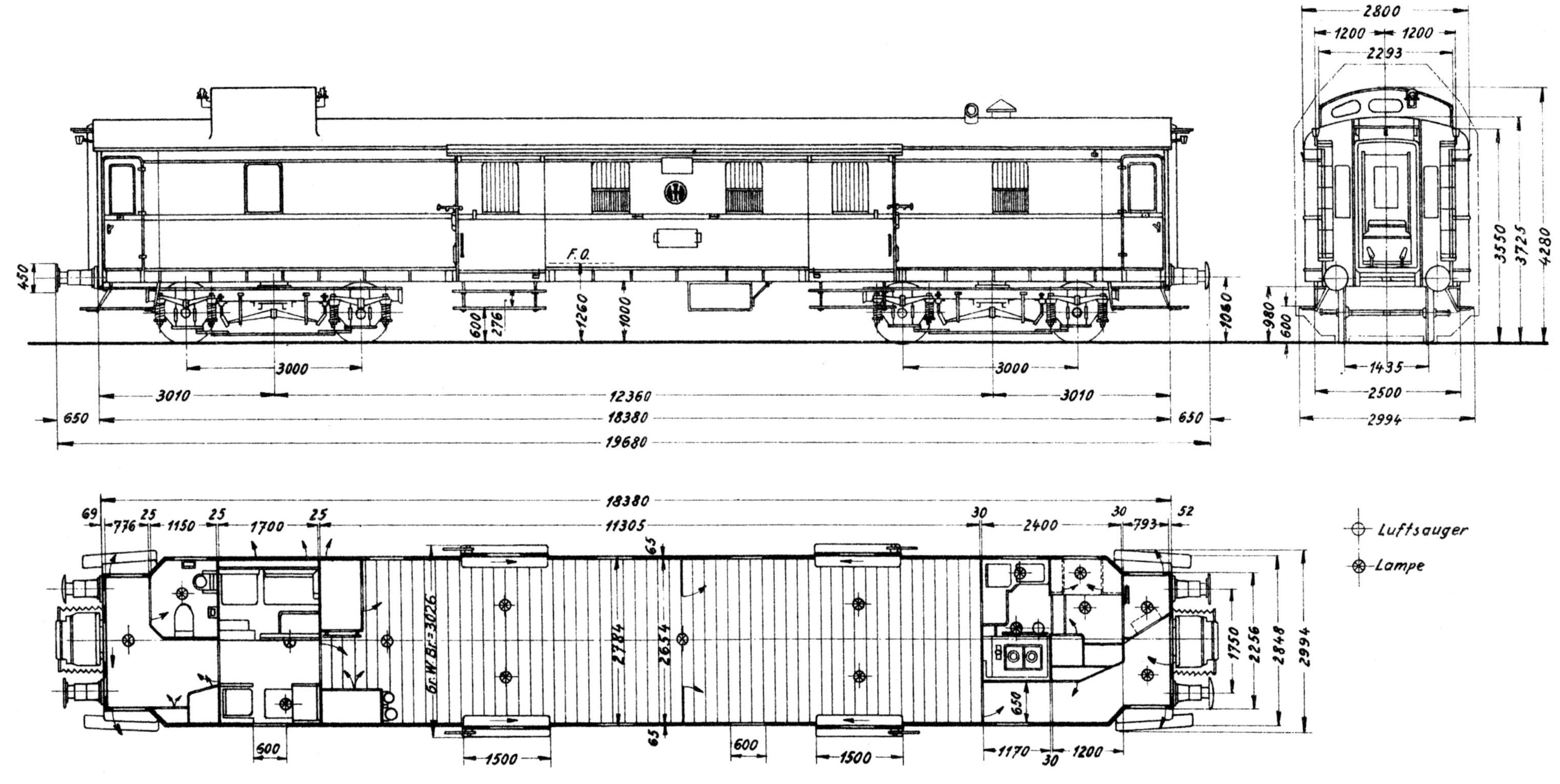

Bemerkungen:

Drehgestellbeschreibung Bd. 1, S. 27

Sonderbauart „Karwendel" (auch als „Mittenwaldwagen" bezeichnet) hauptsächlich für den Einsatz auf der Strecke München – Garmisch-Partenkirchen – Innsbruck.

105 533 Mü Teilnahme an der Parade am 8. Dezember 1935 in Nürnberg. Die Einstufung dieser Bauart ab 1955 als Durchgangswagen machte eine Umzeichnung notwendig. Im Nummernplan gab es Platz infolge kriegsvermisster Fahrzeuge, die drei vorhandenen Wagen erhielten die Nummern 112 273 (II)-112 275 (II) in Zweitbesetzung.

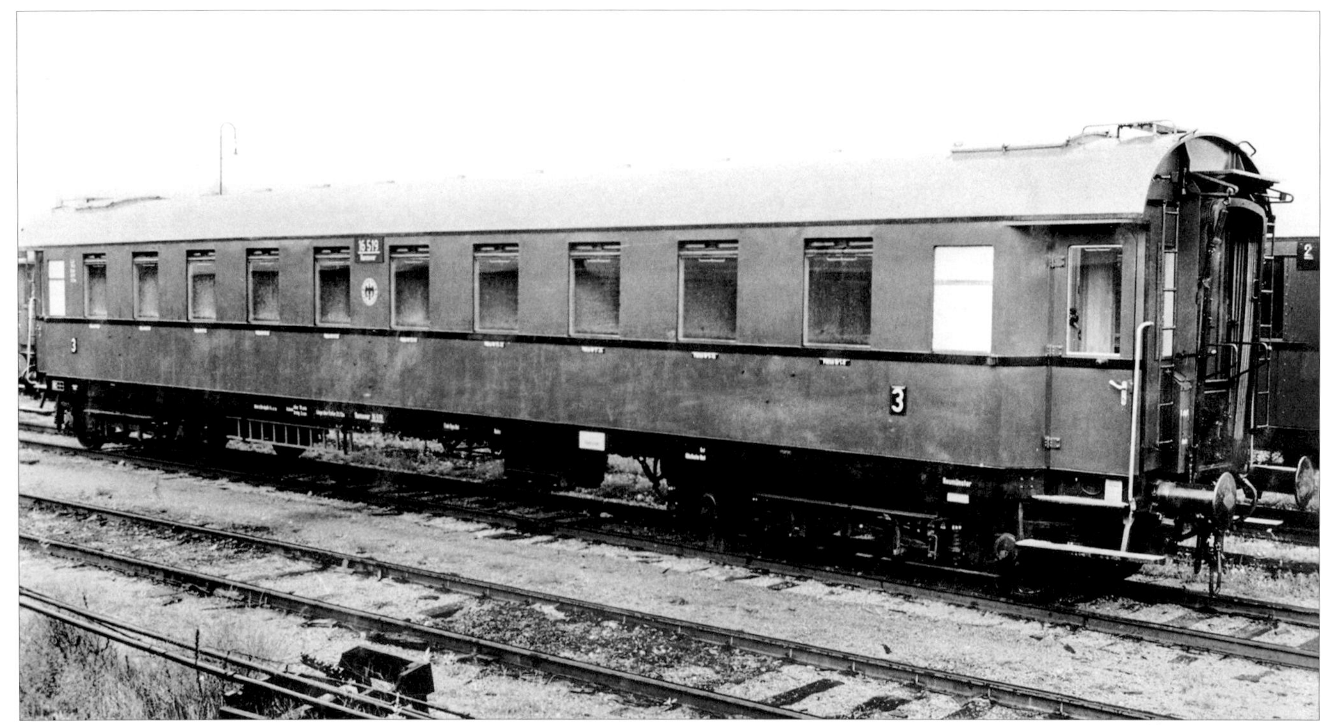

Werkfoto Wegmann & Co

Gattungszeichen	C4ü-31
Nummernreihe	16 519+16 520
Gattungsnummer	117
Fahrzeugprogramm	1931
Wagenbauverträge	* 03.966/26.9102 v. 15.12.31
	03.966/26.9102 v. 01.01.32
Planzeichen	Fwp 301.1 fr. B.e. 3.430
Übersichtszeichnung	5089b Weg
Lieferwerk	Weg WA 2543 b + c
Lieferjahre	1932/33
insgesamt beschafft	2 Wagen
Beschaffungspreis für Wagen	16 520 Han
1. den betriebsfertigen Wagen lt. Lieferplan	54.000,00 RM
2. davon Radsätze	k.U. RM
Ausmusterungsjahr	DB: 1981; DR: –
Länge über Puffer	21.720 mm
Wagenkastenlänge	20.420 mm
Wagenkastenbreite	2.954 mm
Fußboden über SO	1.260 mm
Achsstand gesamt	18.000 mm
Abstand der Drehzapfen	14.400 mm
Achsstand des Drehgestells	3.600 mm
Drehgestellbauart	Görlitz III Schwer (63)
Planzeichen (Drehgestell)	Fwp 940b.04.1
Anzahl der Aborte	2
Anzahl der Abteile	10
Sitzplätze 1. Klasse	–
2. Klasse	–
3. Klasse	80
Militärtransport	–
für Krankentransport	–
Sicherung der Übergänge	Faltenbalgen
Bremse	Kksbr
Heizung	Dampf
Beleuchtung	elektrisch
Eigengewicht	40,1 + 39,1 t

Für die Konstruktion dieser beiden Versuchsfahrzeuge, wobei noch ein drittes in genieteter Ausführung zum Vergleich gehörte (C4ü-28, s. Bd. 1, Wb Nr. 13), zeichnete die Waggonfabrik Wegmann, Kassel, verantwortlich, die den Entwurf nach Vorgaben des RZM Berlin fertigte. Die Grundkonzeption früherer Bauarten musste erhalten bleiben.
Der Wagengrundriss sah 10 Abteile 3. Klasse mit 1.600 mm Länge, 2 Vorräume, 2 Aborte und 1 Seitengang mit 760 mm Breite vor.
Geschweißtes Untergestell mit zurückgesetzten Vorbauten, zweiachsige Drehgestelle Bauart „Görlitz III Schwer" mit Gleitachslagern, Reibungspuffer Bauart Uerdingen mit 450-mm-Puffertellern und Ausgleichvorrichtung, Handbremse mit Handrad in beiden Vorräumen, Stirnwandleitern, über dem Faltenbalg Trittbretter mit Dachhandgriffen und Laufbrettern, Signalstützen, vor jeder Eingangstür 2 hölzerne Trittbretter, Einsteigegriffe, geschweißtes Kastengeripppe mit Säulen, Dachspriegeln, Vorbau mit parallel eingezogenen Wänden, Rammkonstruktion, Bekleidungs- und Dachbleche angeschweißt, Tonnendach, bei einem Wagen die Innenausrüstung wie Zwischenwände, Gangwand, Stirnwandverkleidungen und Fußboden aus Histoxyl.
Eingangsdrehtüren, Stirnwandschiebetüren mit festen Fenstern, Abteilschiebetüren, 1 Pendeltür, Drehtüren in Abortquerwänden, Entlüftung der Abteile und des Schaltschrankes durch 11 Wendler-Luftsauger und Lüftungsrosetten innerhalb der Lampen, 800 mm breite Metallrahmenfenster mit Ausgleichvorrichtung, Rollvorhänge, 2 feste Fenster in der Stirnwand und 2 im Seitengang, geteilte Klappfenster in Aborten, im Vorraum Bodenklappe über der Pufferausgleichvorrichtung, Übergangseinrichtung mit Faltenbalg und Übergangsbrücke.
Sitzteilung 0+4, unter den Abteilfenstern Klapptische, Linoleumfußboden, el. Beleuchtung durch Lichtgenerator mit Flachriemen und Speicherbatterie, Abort mit Fliesenfußboden und Leibstuhl, Fallrohr mit Saughaube, Waschbecken, Waschtischschrank mit 2 Wasserkannen, Handtücher, Seifenspender, Spiegel und Reinigungsgeräteschrank.

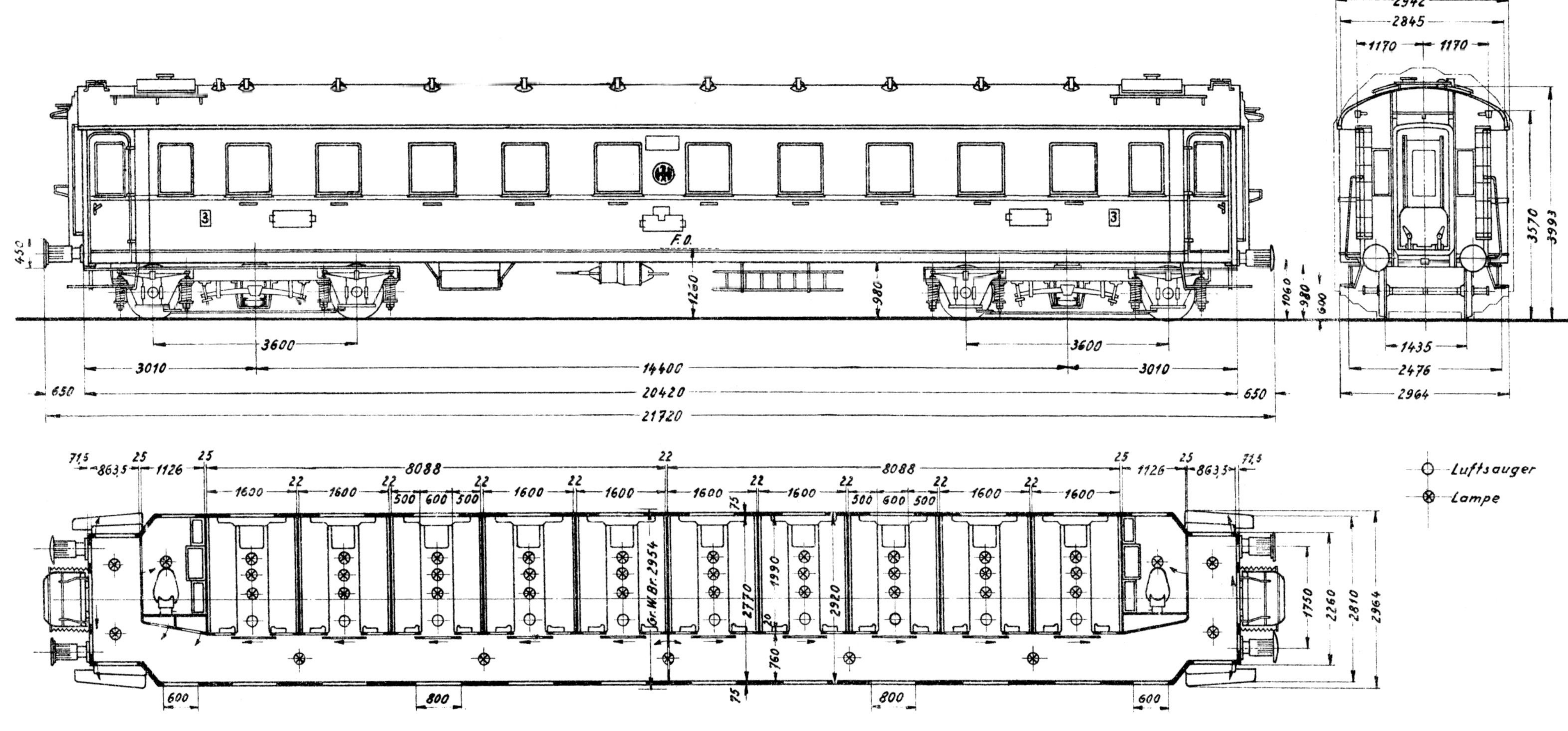

Sammlung Ernst Andreas Weigert

Bemerkungen:
Drehgestellbeschreibung Nr. 2
Entwicklungsbauart
16 519 Han* mit normaler Inneneinrichtung in Eiche (Naturholz),
16 520 Han mit Inneneinrichtung aus Histoxyl-Kunstholz),
16 518 Han zuerst ebenfalls als C4ü-31 geführt, 1937 berichtigt und als C4ü-28 eingereiht (s.a. Bd. 1, Wb Nr. 13).

Joachim Deppmeyer

Die Waggonfabrik Linke-Hofmann-Busch gehörte ebenfalls zu den Firmen, die den Auftrag erhielten, geschweißte Versuchsfahrzeuge der D-Zugwagen Bauarten zu entwerfen, wobei die bisherigen Grundabmessungen und Einteilungen beibehalten werden mussten.
Der Wagengrundriss sah 10 Abteile 3. Klasse mit 1.600 mm Länge, 2 Vorräume, 2 Aborte und 1 Seitengang mit 760 mm Breite vor.
Geschweißtes Untergestell mit zurückgesetzten Vorbauten, zweiachsige Drehgestelle Bauart „Görlitz III Schwer" mit Gleitachslagern, Reibungspuffer Bauart Uerdingen mit 450-mm-Puffertellern und Ausgleichvorrichtung, Handbremse bzw. Ölhanddruckbremse mit Handrad in beiden Vorräumen, Stirnwandleitern, über dem Faltenbalg Trittbretter mit Dachhandgriffen und Laufbrettern, Signalstützen, vor jeder Eingangstür 2 hölzerne Trittbretter – das obere abgerundet, Einsteigegriffe, geschweißtes Kastengerippe mit Säulen, Dachspriegeln, Vorbau mit parallel eingezogenen Wänden, Rammkonstruktion, Bekleidungsbleche angeschweißt, Dachbleche dagegen aufgenietet, Tonnendach, ein Wagen mit Gewichtseinsparungen bei der Innenausrüstung.
Eingangsdrehtüren, Stirnwandschiebetüren mit festen Fenstern, Abteilschiebetüren, 1 Pendeltür, Drehtüren in Abortquerwänden, Entlüftung der Abteile und des Schaltschrankes durch 11 Wendler-Luftsauger und Lüftungsrosetten innerhalb der Lampen, 2 Lüftungsklappen über den Abteilfenstern, 800 mm breite Metallrahmenfenster mit Ausgleichvorrichtung, Rollvorhänge, 2 feste Fenster in der Stirnwand und 2 im Seitengang, geteilte Klappfenster in Aborten, im Vorraum Bodenklappe über der Pufferausgleichvorrichtung, Übergangseinrichtung mit Faltenbalg und Übergangsbrücke.
Sitzteilung 0+4, unter den Abteilfenstern Klapptische, Linoleumfußboden, el. Beleuchtung durch Lichtgenerator mit Flachriemen und Speicherbatterie, Abort mit Fliesenfußboden und Leibstuhl, Fallrohr mit Saughaube, Waschbecken, Waschtischschrank mit 2 Wasserkannen, Handtücher, Seifenspender, Spiegel, Reinigungsgeräteschrank.

Gattungszeichen		C4ü-32a	
Nummernreihe	16 542 Alt		16 543 Köl
Gattungsnummer		117	
Fahrzeugprogramm		1932	
Wagenbauvertrag		03.966/26.9951 v. 01.10.32	
Planzeichen		Fwp 303.1	
Übersichtszeichnung		D 225/33 786d LHB	
Lieferwerk		LHB	
Lieferjahr	(07.02.)1933		(10.07.)1933
insgesamt beschafft		2 Wagen	
Beschaffungspreis für	16 542 Alt		16 543 Köl
1. d. betriebsfertig. Wg.	66.095,18		67.636,00 RM *
2. davon Radsätze	1.191,00		1.191,00 RM *
Ausmusterungsjahr	DR: 1946; DR: –		DB:1977; DR: –
Länge über Puffer		21.720 mm	
Wagenkastenlänge		20.420 mm	
Wagenkastenbreite		2.954 mm	
Fußboden über SO		1.260 mm	
Achsstand gesamt		18.000 mm	
Abstand d. Drehzapfen		14.400 mm	
Achsst. d. Drehgestells		3.600 mm	
Drehgestellbauart		Görlitz III Schwer (64+65)	
Planzeichen (Drehgestell)		s. Bemerkungen	
Anzahl der Aborte		2	
Anzahl der Abteile		10	
Sitzplätze 1. Klasse		–	
2. Klasse		–	
3. Klasse		80	
Militärtransport		–	
für Krankentransport		–	
Sicherung der Übergänge		Faltenbalgen	
Bremse	Kksbr		Kksbr, geteilt
Heizung		Dampf	
Beleuchtung		elektrisch	
Eigengewicht	39,0 t		39,7 t *

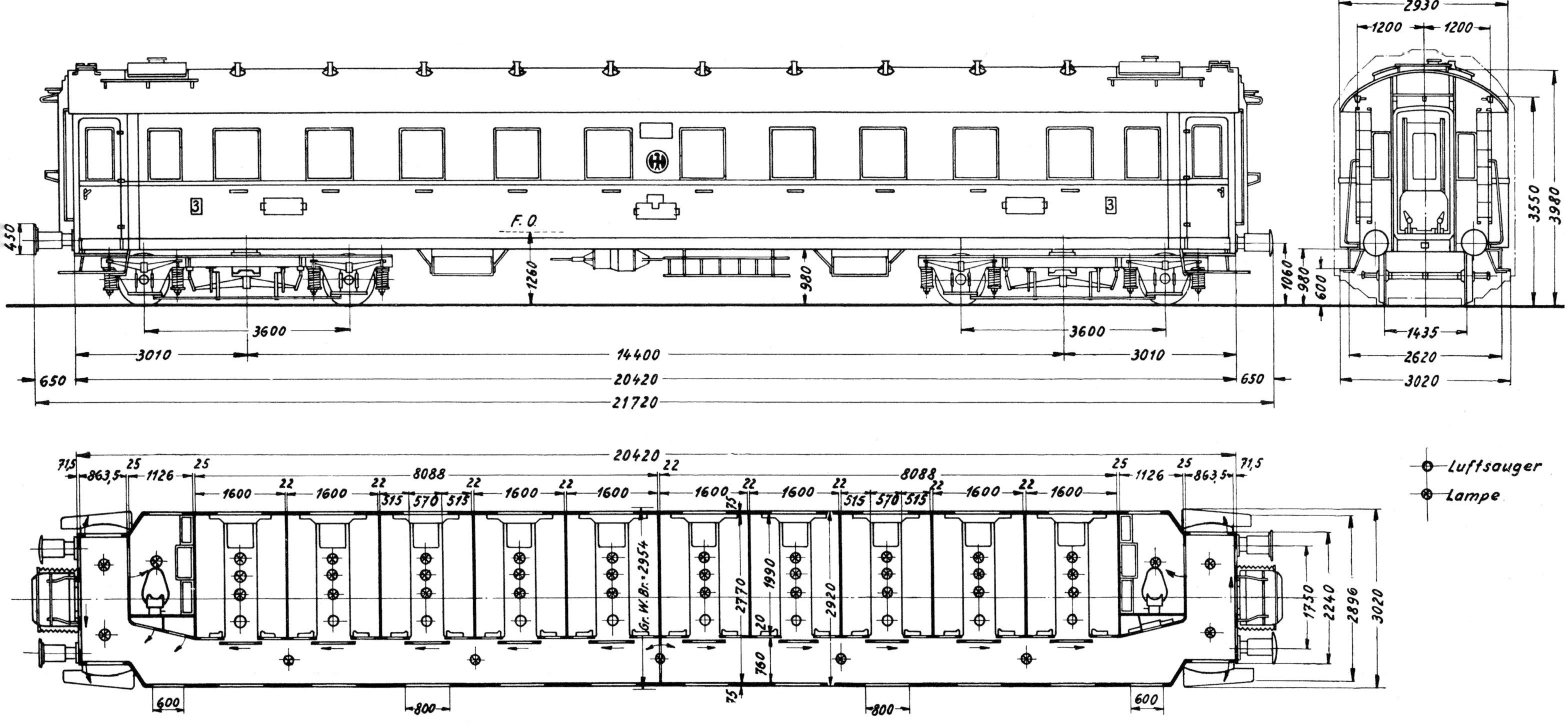

Bemerkungen:
Drehgestellbeschreibungen Nr. 3, Nr. 4
Entwicklungsbauart
16 542 Alt mit normaler Kks-Bremse, 16 543 Alt mit geteilter Kks-Bremse
und Gewichtseinsparung bei der Inneneinrichtung.

Werkfoto Uerdingen AG

Gattungszeichen	C4ü-32b	
Nummernreihe	16 544 Mü	16 545 Mü
Gattungsnummer	117	
Fahrzeugprogramm	1932	
Wagenbauvertrag	03.966/26.9951 v. 15.07.32	
Planzeichen	Fwp 302.1	
Übersichtszeichnung	Al 788a Uer	
Lieferwerk	Uer WA 2259 (Projekt 8103 v. 26.11.31)	
Lieferjahr	1934	
insgesamt beschafft	2 Wagen	
Beschaffungspr. f. Wg.	16 544 Mü	16 545 Mü
für Radsätze	1.191,00 RM	1.685,83 RM
für betriebsfähigen Wg.	64.866,18 RM	65.068,42 RM
Ausmusterungsjahr	DB: –; DR: –	DB: –; DR: –
Länge über Puffer	21.720 mm	
Wagenkastenlänge	20.420 mm	
Wagenkastenbreite	2.954 mm	
Fußboden über SO	1.260 mm	
Achsstand gesamt	17.400 mm	
Abstand der Drehzapfen	14.400 mm	
Achsstand des Drehgestells	3.000 mm	
Drehgestellbauart	Görlitz III Leicht (67+66)	
Planzeichen (Drehgestell)	s. Bemerkungen	
Anzahl der Aborte	2	
Anzahl der Abteile	10	
Sitzplätze 1. Klasse	–	
2. Klasse	–	
3. Klasse	80	
Militärtransport	–	
für Krankentransport	–	
Sicherung der Übergänge	Faltenbalgen	
Bremse	Kksbr	Trommelbr
Heizung	Dampf	
Beleuchtung	elektrisch	
Eigengewicht	34,9 t	32,4 t *

Die Waggonfabrik Uerdingen bekam als drittes Werk von der Reichsbahn den Auftrag, einen vierachsigen Zugwagen 3. Klasse in geschweißter Bauart zu konstruieren und zu fertigen. Dabei mussten die bisherigen Grundabmessungen und Einteilungen beibehalten werden. Die Waggonfabrik Uerdingen entschied sich für eine Kastenträgerkonstruktion mit günstigen Trägheits- und Widerstandsmomenten sowie großer Verdrehungsfestigket. Die Materialstärke am ganzen Wagenkasten betrug an keiner Stelle mehr als 6 mm.
Der Wagengrundriss sah 10 Abteile 3. Klasse mit 1.600 mm Länge, 2 Vorräume, 2 Aborte und 1 Seitengang mit 762 mm Breite vor.
Geschweißtes Untergestell mit zurückgesetzten Vorbauten, zweiachsige Drehgestelle Bauart „Görlitz III Leicht" mit Gleitachslagern, Reibungspuffer Bauart Uerdingen mit 450-mm-Puffertellern und Ausgleichvorrichtung, Handbremse bzw. Ölhanddruckbremse mit Handrad in beiden Vorräumen, Stirnwandleitern, über dem Faltenbalg Trittbretter mit Dachhandgriffen und Laufbrettern, Signalstützen, vor jeder Eingangstür 2 hölzerne Trittbretter, Einsteigegriffe, geschweißtes Kastengerippe mit Säulen, Dachspriegeln, Vorbau mit parallel eingezogenen Wänden, Rammkonstruktion, Bekleidungsbleche angeschweißt, Dachbleche dagegen aufgenietet, Tonnendach, ein Wagen mit Gewichtseinsparungen bei der Innenausrüstung sowie Ausrüstungsteilen.
Eingangsdrehtüren, Stirnwandschiebetüren mit festen Fenstern, Abteilschiebetüren, 1 Pendeltür, Drehtüren in Abortquerwänden, Entlüftung der Abteile und des Schaltschrankes durch 11 Wendler-Luftsauger und Lüftungsrosetten innerhalb der Lampen, 2 Lüftungsklappen über den Abteilfenstern, 800 mm breite Metallrahmenfenster mit Ausgleichvorrichtung, Rollvorhänge, 2 feste Fenster in der Stirnwand und 2 im Seitengang, geteilte Klappfenster in Aborten, im Vorraum Bodenklappe über der Pufferausgleichvorrichtung, Übergangseinrichtung mit Faltenbalg und Übergangsbrücke.
Sitzteilung 0+4, unter den Abteilfenstern Klapptische, Linoleumfußboden, el. Beleuchtung durch Lichtgenerator mit Flachriemen und Speicherbatterie, Abort mit Fliesenfußboden und Leibstuhl, Fallrohr mit Saughaube, Waschbecken, Waschtischschrank mit 2 Wasserkannen, Handtücher, Seifenspender, Spiegel, Reinigungsgeräteschrank.

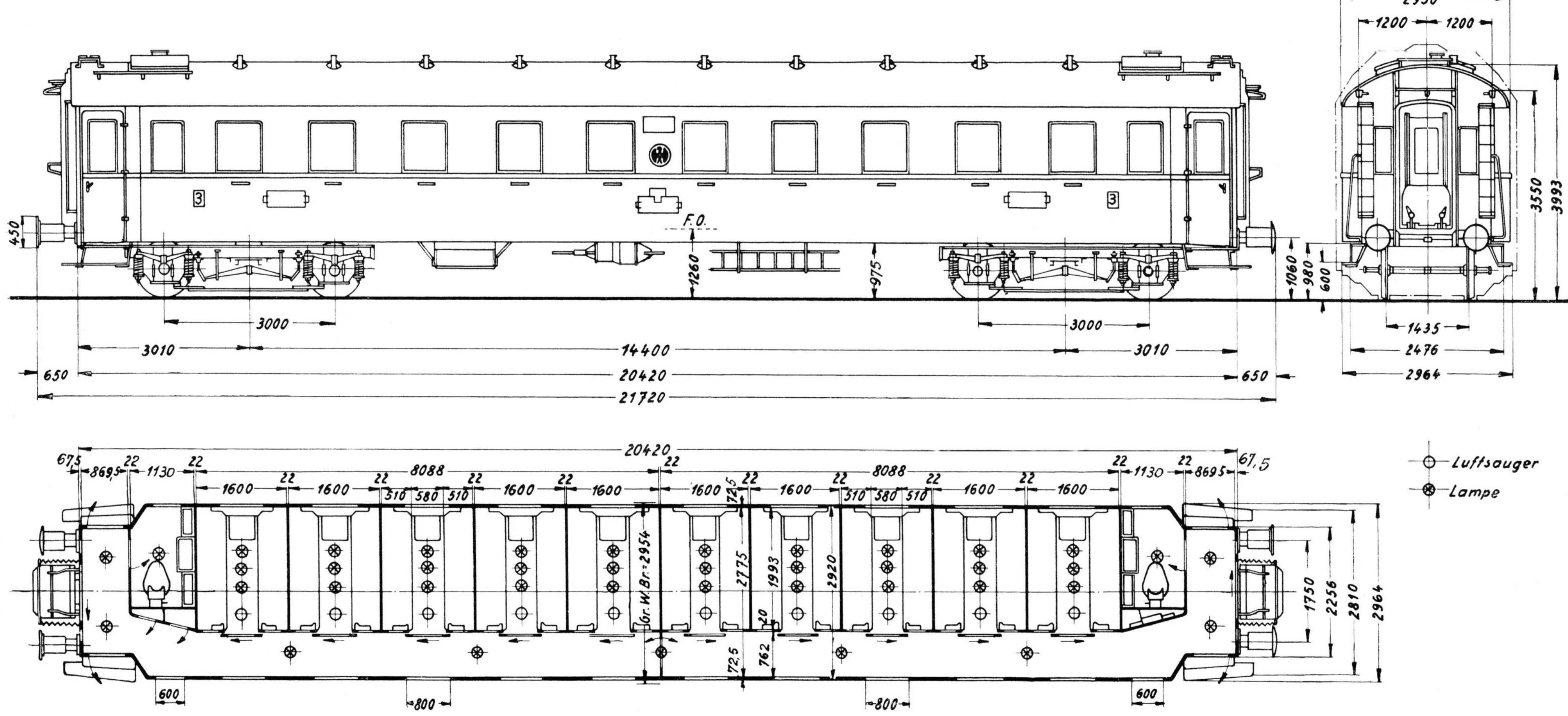

Bemerkungen:
Drehgestellbeschreibungen Nr. 11 + 10
Entwicklungsbauart
16 544 Mü Gewichtseinsparung bei der Inneneinrichtung.

Gattungszeichen	AB4ü-33
Nummernreihe	11 569-11 572
Gattungsnummer	033
Fahrzeugprogramm	1933
Wagenbauvertrag	03.966/26.350 v. 15.03.33
Planzeichen	Fwp 308.1
Übersichtszeichnung	P 5134a Weg
Lieferwerk	Weg WA 2714
Lieferjahr	1933
insgesamt beschafft	4 Wagen
Beschaffungspreis für Wagen	11 569 Alt
für Radsätze	1.191,00 RM
für Wagenteil ohne Radsätze	85.484,00 RM
Ausmusterungsjahr	DB: 1967; DR: 1968 (1)
Länge über Puffer	21.720 mm
Wagenkastenlänge	20.420 mm
Wagenkastenbreite	2.946 mm
Fußboden über SO	1.240 mm
Achsstand gesamt	17.400 mm
Abstand der Drehzapfen	14.400 mm
Achsstand des Drehgestells	3.000 mm
Drehgestellbauart	Görlitz III Leicht (71)
Planzeichen (Drehgestell)	Fwp 942c.04.1
Anzahl der Aborte	2
Anzahl der Abteile	2+6
Sitzplätze 1. Klasse	8
2. Klasse	36
3. Klasse	–
Militärtransport	–
für Krankentransport	–
Sicherung der Übergänge	Faltenbalgen
Bremse	Kksbr, Hnbr
Heizung	Dampf, elektrisch
Beleuchtung	elektrisch
Eigengewicht	38,4 t

Nach den ersten geschweißten Entwicklungsbauarten 3. Klasse ging das Reichsbahn-Zentralamt für Maschinenbau daran, auch Versuchsfahrzeuge in anderen Klassen bauen zu lassen. Die Konstruktion dieser 1./2.-Klasse-D-Zugwagenbauart führte die Waggonfabrik Wegmann & Co, Kassel, aus. Der Wagengrundriss sah 2 Abteile 1. Kl. mit 2.100 mm Länge, 6 Abteile 2. Kl. mit 1.970 mm Länge, 2 Vorräume, 2 Aborte und 1 Seitengang mit 760 mm Breite vor.

Geschweißtes Untergestell mit zurückgesetzten Vorbauten, zweiachsige Drehgestelle Bauart „Görlitz III Leicht" mit Gleitachslagern, Reibungspuffer Bauart Uerdingen mit 500-mm-Puffertellern und Ausgleichvorrichtung, Handbremse mit Handrad in beiden Vorräumen, Stirnwandleitern, über dem Faltenbalg Trittbretter mit Dachhandgriffen und Laufbrettern, Signalstützen, vor jeder Eingangstür 2 hölzerne Trittbretter – das obere abgerundet, Einsteigegriffe, geschweißtes Kastengerippe mit Säulen, Dachspriegeln, Vorbau mit parallel eingezogenen Wänden, Rammkonstruktion, Bekleidungs- und Dachbleche angeschweißt, Tonnendach. Eingangsdrehtüren, Stirnwandschiebetüren mit festen Fenstern, Abteilschiebetüren, 3 Pendeltüren, Drehtüren in Abortquerwänden, Entlüftung der Abteile durch 8 Wendler-Luftsauger und Lüftungsrosetten innerhalb der Lampen, 1.200/1.000 mm breite Metallrahmenfenster mit Ausgleichvorrichtung, 2 Lüftungsklappen über den Abteilfenstern, Rollvorhänge, je 2 feste Fenster in den Stirnwänden und 2 im Seitengang, geteilte Klappfenster in Aborten, im Vorraum Bodenklappe über der Pufferausgleichvorrichtung, Übergangseinrichtung mit Faltenbalg und Übergangsbrücke.

Sitzteilung in der 1. Klasse 0+2 und in der 2. Klasse 0+3, unter den Abteilfenstern je 2 Klapptische, Linoleumfußboden, el. Beleuchtung durch Lichtgenerator mit Flachriemen und Speicherbatterie, Abort mit Fliesenfußboden und Leibstuhl, Fallrohr mit Saughaube, Waschbecken, Waschtischschrank mit 2 Wasserkannen, Handtücher, Seifenspender, Spiegel und Reinigungsgeräteschrank.

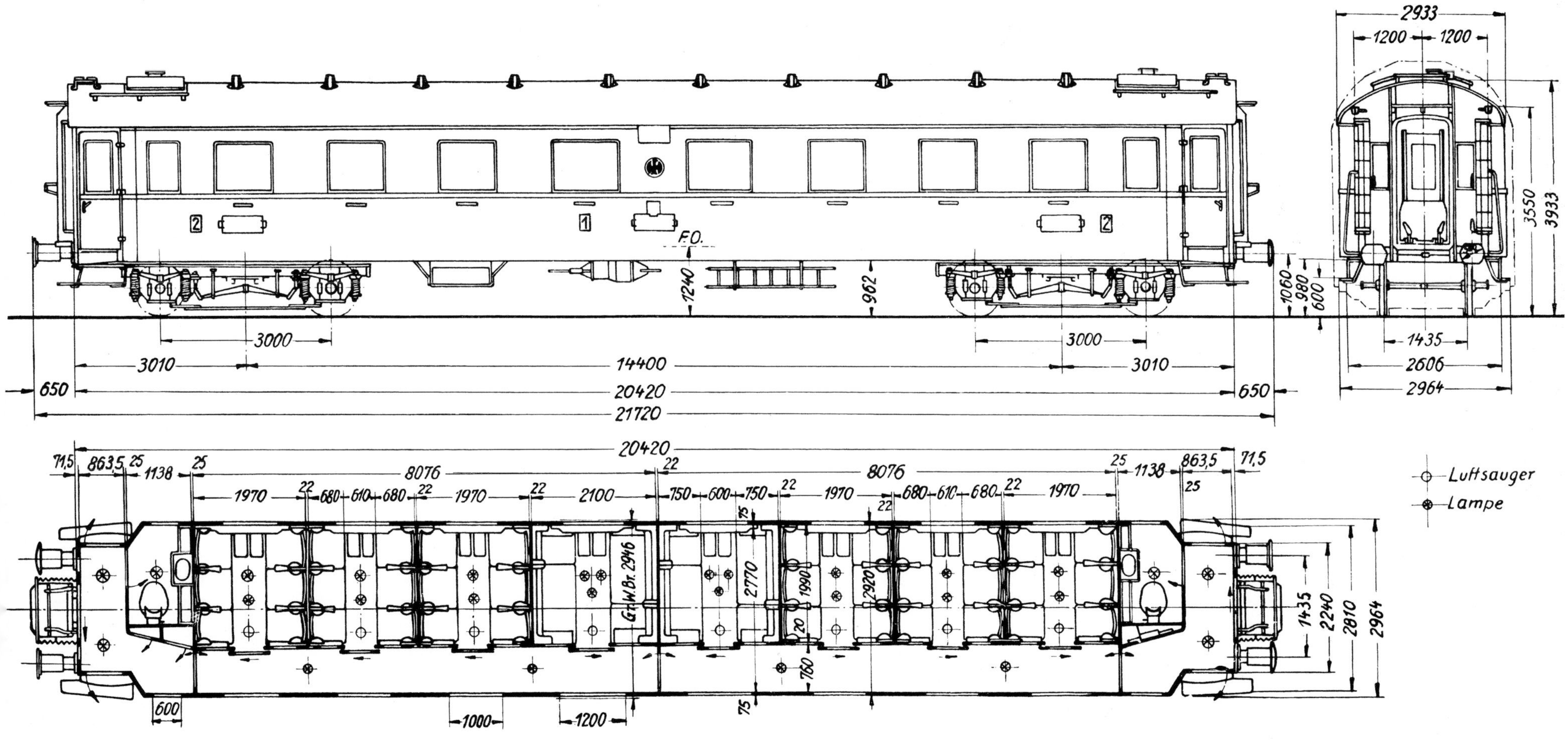

Bemerkungen:
Drehgestellbeschreibung Nr. 12
Entwicklungsbauart
(1) Zuordnung wahrscheinlich, Wagen-Nr. DR bis 1958: 11 612 2. Bes.

Werkfoto Uerdingen AG

Gattungszeichen	ABC4ü-33a
Nummernreihe	14 149-14 152
Gattungsnummer	075
Fahrzeugprogramm	1933
Wagenbauvertrag	03.966/26.350 v. 01.11.33
Planzeichen	Fwp 313.1
Übersichtszeichnung	AI 959 Uer
Lieferwerk	Uer WA 2269
Lieferjahr	1934
insgesamt beschafft	4 Wagen
Beschaffungspreis für Wagen für Radsätze für Wagenteil ohne Radsätze	keine Unterlagen vorhanden
Ausmusterungsjahr	DB: 1979; DR: –
Länge über Puffer	21.720 mm
Wagenkastenlänge	20.420 mm
Wagenkastenbreite	2.950 mm
Fußboden über SO	1.260 mm
Achsstand gesamt	17.400 mm
Abstand der Drehzapfen	14.400 mm
Achsstand des Drehgestells	3.000 mm
Drehgestellbauart	Görlitz III Leicht (71+71a)
Planzeichen (Drehgestell)	Fwp 942c.04.1
Anzahl der Aborte	2
Anzahl der Abteile	1+3+5
Sitzplätze 1. Klasse	4
2. Klasse	18
3. Klasse	40
Militärtransport	–
für Krankentransport	–
Sicherung der Übergänge	Faltenbalgen
Bremse	Kksbr, Hnbr
Heizung	Dampf
Beleuchtung	elektrisch
Eigengewicht	36,4 t

Neben dem geschweißten 1./2.-Klasse-D-Zugwagen gab das RZM auch einen Entwicklungsauftrag für einen 1./2./3.-Klasse-Wagen. Die Konstruktion führte die Waggonfabrik AG Uerdingen aus.
Der Wagengrundriss sah 1 Abteil 1. Kl. mit 2.112 mm Länge, 3 Abteile 2. Kl. mit 1.970 mm Länge und 5 Abteile 3. Kl. mit 1.600 mm Länge, 2 Vorräume, 2 Aborte und 1 Seitengang mit 762 mm Breite vor.
Geschweißtes Untergestell mit zurückgesetzten Vorbauten, zweiachsige Drehgestelle Bauart „Görlitz III Leicht" mit Gleitachslagern, Reibungspuffer Bauart Uerdingen mit 450-mm-Puffertellern und Ausgleichvorrichtung, Handbremse mit Handrad in beiden Vorräumen, Stirnwandleitern, über dem Faltenbalg Trittbretter mit Dachhandgriffen und Laufbrettern, Signalstützen, vor jeder Eingangstür 2 hölzerne Trittbretter, Einsteigegriffe, geschweißtes Kastengerippe mit Säulen, Dachspriegeln, Vorbau mit parallel eingezogenen Wänden, Rammkonstruktion, Bekleidungs- und Dachbleche angeschweißt, Tonnendach. Eingangsdrehtüren, Stirnwandschiebetüren mit festen Fenstern, Abteilschiebetüren, 3 Pendeltüren, Drehtüren in Abortquerwänden, Entlüftung der Abteile durch 9 Wendler-Luftsauger und Lüftungsrosetten innerhalb der Lampen, 1.200/1.000/800 mm breite Metallrahmenfenster mit Ausgleichvorrichtung, 2 Lüftungsklappen über den Abteilfenstern, Rollvorhänge, 2 feste Fenster in der Stirnwand und 2 im Seitengang, geteilte Klappfenster in Aborten, im Vorraum Bodenklappe über der Pufferausgleichvorrichtung, Übergangseinrichtung mit Faltenbalg und Übergangsbrücke.
Sitzteilung in der 1. Kl. 0+2, in der 2. Kl. 0+3 und in der 3. Kl. 0+4, unter den Abteilfenstern der 1. und 2. Kl. je 2 und der 3. Kl. 1 Klapptisch, Linoleumfußboden, el. Beleuchtung, Lichtgenerator mit Flachriemen und Speicherbatterie, Abort mit Fliesenfußboden und Leibstuhl, Fallrohr mit Saughaube, Waschbecken, Waschtischschrank mit 2 Wasserkannen, Handtücher, Seifenspender, Spiegel und Reinigungsgeräteschrank entsprechen der Bauart C4ü-32b.

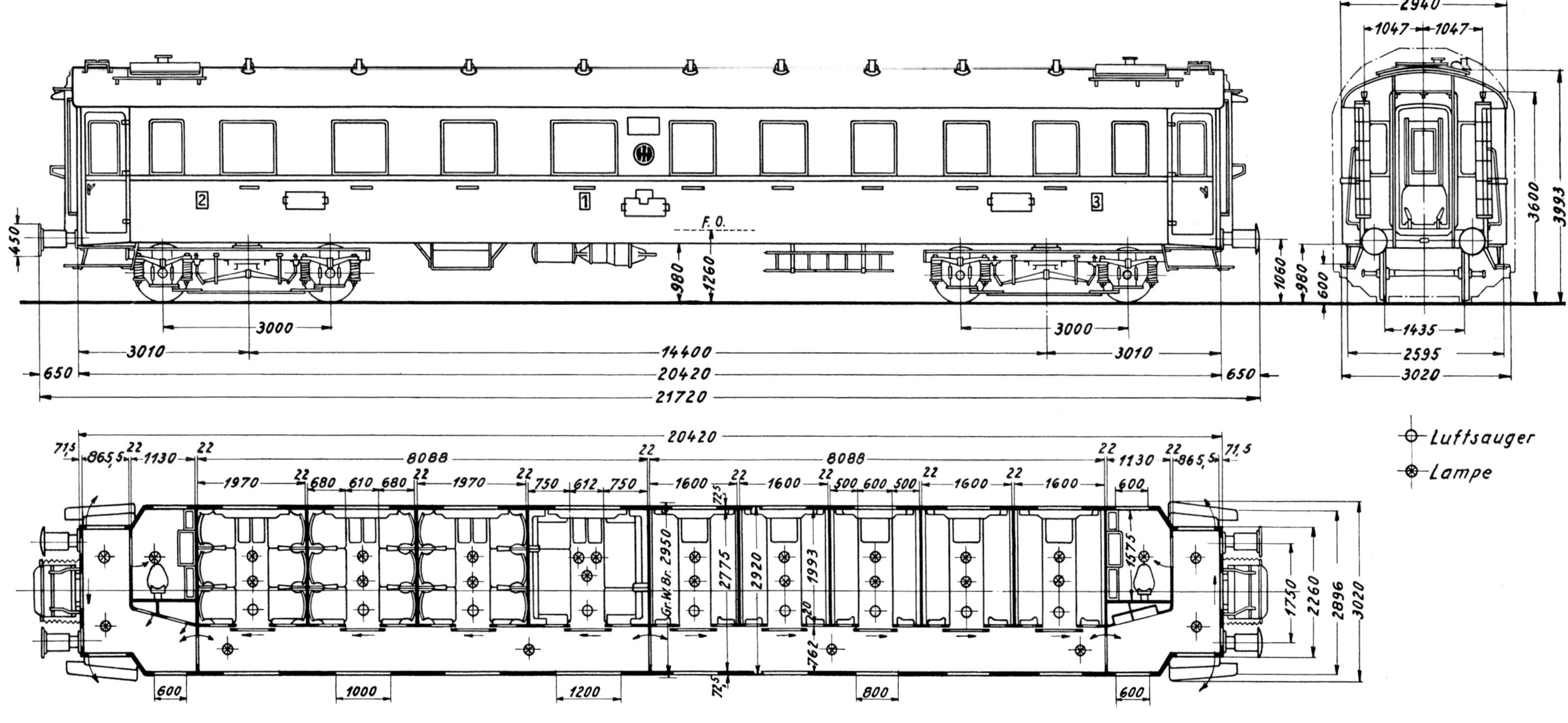

Bemerkungen:
Drehgestellbeschreibung Nr. 12
Entwicklungsbauart

Joachim Deppmeyer

Gattungszeichen		ABC4ü-33	
Nummernreihe			14 141 •14 204
Gattungsnummer			075
Fahrzeugprogramme	1933	1933 Ü	1934
Wagenbauverträge	61.4109	61. 803	61. 806
Planzeichen	Fwp 307.1 fr. B.e.900.6		
Übersichtszeichnung		12 970 Cre	
Lieferwerke	Cre	Cre	
		LHB	LHB
Lieferjahre	1933	1933/34	1934
insgesamt beschafft	4	30	16 Wagen
Beschaff.pr. f. Wg.	14 141-144, 153-182, 183-189, 193-199		
			14 203+14 204
1. d. betriebsf. Wg.	k.U.	75.096,00	73 765,00 RM *
2. davon Radsätze	k.U.	1.191,00	1.200,00 RM *
Ausmusterungsjahr f.	14 141 •14 204:		DB: 1981; DR: 1978
Länge über Puffer			21.720 mm
Wagenkastenlänge			20.420 mm
Wagenkastenbreite			2.954 mm
Fußboden über SO			1.240 mm
Achsstand gesamt			18.000 mm
Abstand der Drehzapfen			14.400 mm
Achsstand des Drehgestells			3.600 mm
Drehgestellbauart			Görlitz III schwer (62b)
Planzeichen (Drehgestell)			Fwp 920.1 (AB4ü 610)
Anzahl der Aborte			2
Anzahl der Abteile			1+3+5
Sitzplätze 1. Klasse			4
2. Klasse			18
3. Klasse			40
Militärtransport			–
für Krankentransport			–
Sicherung der Übergänge			Faltenbalgen
Bremse			Kksbr, Hnbr
Heizung			Dampf, elektrisch
Beleuchtung			elektrisch
Eigengewicht	k.U.	48,1 t	46.6 t *

Um Stilllegungen von Waggonfabriken zu vermeiden, gab die Reichsbahn Überbrückungsaufträge für baureife Fahrzeuge heraus. Bei der beschriebenen Bauart handelt es sich im Wesentlichen um einen Nachbau des ABC4ü-29 zum Auslandseinsatz mit Kks + Hnbr und el. Heizung.

Der Wagengrundriss sah 1 Abteil 1. Kl. mit 2.100 mm Länge, 3 Abteile 2. Kl. mit 1.970 mm Länge und 5 Abteile 3. Kl. mit 1.600 mm Länge, 2 Vorräume, 2 Aborte und 1 Seitengang mit 760 mm Breite vor.

Genietetes Untergestell mit zurückgesetzten Vorbauten, zweiachsige Drehgestelle Bauart „Görlitz III schwer" mit Gleitachslagern, Reibungspuffer Bauart Uerdingen mit 450-mm-Puffertellern und Ausgleichvorrichtung, Handbremse mit Handrad in beiden Vorräumen, Stirnwandleitern, über dem Faltenbalg Trittbretter mit Dachhandgriffen und Laufbrettern, Signalstützen, vor jeder Eingangstür 2 hölzerne Trittbretter – das obere abgerundet, Einsteigegriffe, genietetes Kastengerippe mit Säulen, Dachspriegeln, Befestigungswinkeln, Vorbau mit parallel eingezogenen Wänden, Rammkonstruktion, Bekleidungs- und Dachbleche angenietet, Tonnendach. Eingangsdrehtüren, Stirnwandschiebetüren mit festen Fenstern, Abteilschiebetüren, 1 Pendeltür, Drehtüren in Abortquerwänden, Entlüftung der Abteile durch 9 Wendler-Luftsauger und Lüftungsrosetten innerhalb der Lampen, 1.200/1.000/800 mm breite Metallrahmenfenster mit Ausgleichvorrichtung, 2 Lüftungsklappen über den Abteilfenstern, Rollvorhänge, 2 feste Fenster in der Stirnwand und 2 im Seitengang, geteilte Klappfenster in Aborten, im Vorraum Bodenklappe über der Pufferausgleichvorrichtung, Übergangseinrichtung mit Faltenbalg und Übergangsbrücke.

Sitzteilung in der 1. Klasse 0+2 mit Kopfschutzdecken, in der 2. Klasse 0+3 und in der 3. Klasse 0+4, unter den Abteilfenstern der 1. und 2. Klasse je 2 und der 3. Klasse 1 Klapptisch, Linoleumfußboden, el. Beleuchtung, Lichtgenerator mit Flachriemen und Speicherbatterie, Abort mit Fliesenfußboden und Leibstuhl, Fallrohr mit Saughaube Waschbecken, Waschtischschrank mit 2 Wasserkannen, Handtücher, Seifenspender, Spiegel und Reinigungsgeräteschrank.

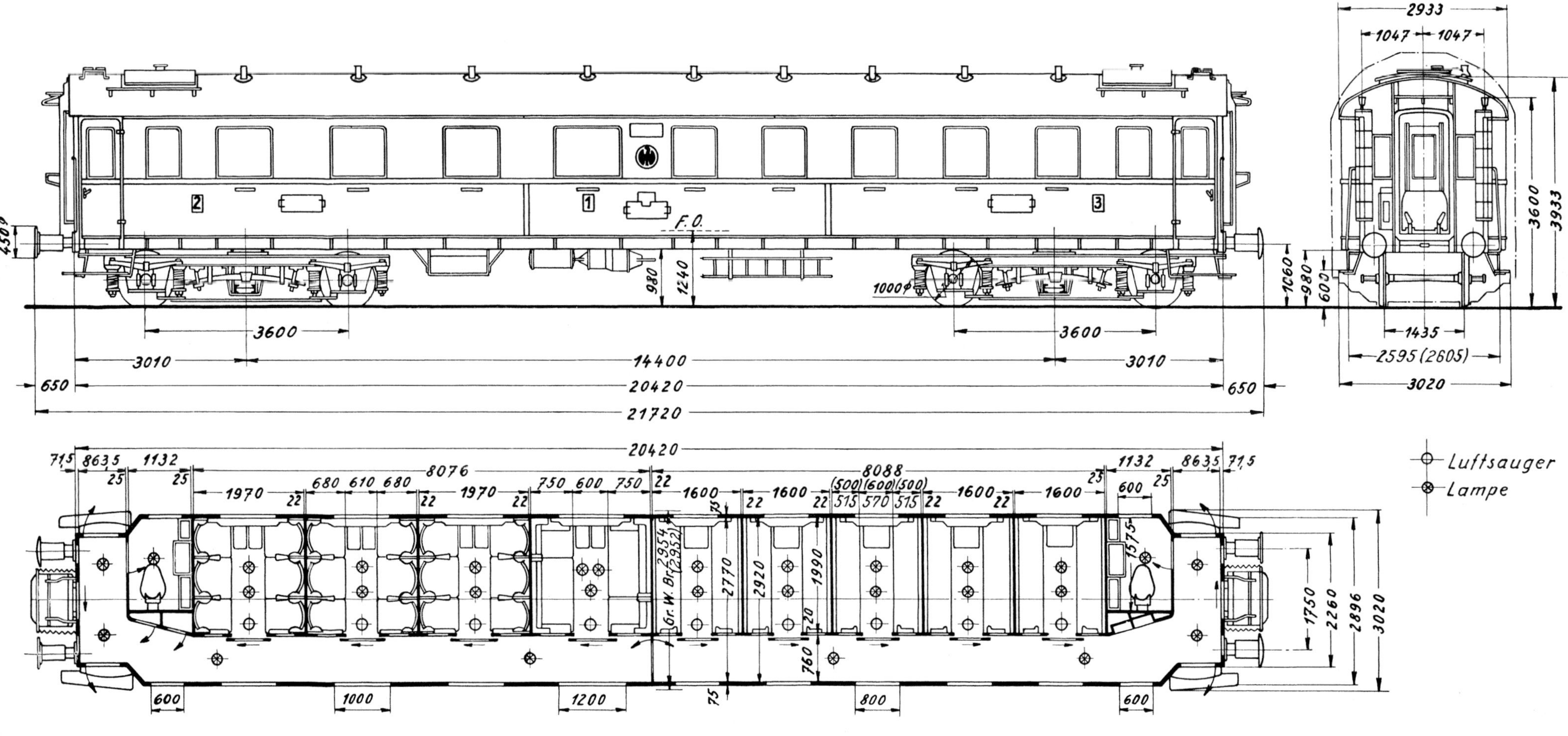

Bemerkungen:
Drehgestellbeschreibung Nr. 1.1
14 141-14 144, 14 153-14 182 mit gesenktem Obergurt, 14 163-14 189, 14 193-14 199, 14 203+14 204 nach (-) Maßen, 14 163+14 164*, 14 169-14 178*, 14 180-14 182* mit Polstersitzen in der 3. Klasse, bei 6 Wagen erhielten Dach und Seitenwände eine 2-mm-Korkspritzisolierschicht.
*= 2+10+3 = 15 Wagen bei LHB

11 | D-Zugwagen 1./2. Klasse, Bauart 1934 | AB4ü-34

Joachim Deppmeyer

Um weitere Erfahrungen mit geschweißten Fahrzeugen zu sammeln, gab die Reichsbahn eine kleine Serie von 1./2.-Klasse-D-Zugwagen ebenfalls zum Auslandseinsatz mit Kks + Hnbr und el. Heizung in Auftrag.
Der Wagengrundriss sah 2 Abteile 1. Kl. mit 2.100 mm Länge, 6 Abteile 2. Kl. mit 1.970 mm Länge, 2 Vorräume, 2 Aborte und 1 Seitengang mit 760 mm Breite vor.
Geschweißtes Untergestell mit zurückgesetzten Vorbauten, zweiachsige Drehgestelle Bauart „Görlitz III Leicht" mit Gleitachslagern, Reibungspuffer Bauart Uerdingen mit 450-mm-Puffertellern und Ausgleichvorrichtung, Handbremse mit Handrad in beiden Vorräumen, Stirnwandleitern, über dem Faltenbalg Trittbretter mit Dachhandgriffen und Laufbrettern, Signalstützen, vor jeder Eingangstür 2 hölzerne Trittbretter – das obere abgerundet, Einsteigegriffe, geschweißtes Kastengerippe mit Säulen, Dachspriegeln, Vorbau mit parallel eingezogenen Wänden, Rammkonstruktion, Bekleidungs- und Dachbleche angeschweißt, Tonnendach.
Eingangsdrehtüren, Stirnwandschiebetüren mit festen Fenstern, Abteilschiebetüren, 4 Pendeltüren, Drehtüren in Abortquerwänden, Entlüftung der Abteile durch 8 Wendler-Luftsauger und Lüftungsrosetten innerhalb der Lampen, 1.200/1.000 mm breite Metallrahmenfenster mit Ausgleichvorrichtung, 2 Lüftungsklappen über den Abteilfenstern, Rollvorhänge, 2 feste Fenster in der Stirnwand und 2 im Seitengang, geteilte Klappfenster in Aborten, im Vorraum Bodenklappe über der Pufferausgleichvorrichtung, Übergangseinrichtung mit Faltenbalg und Übergangsbrücke.
Sitzteilung in der 1. Klasse 0+2 mit Kopfschutzdecken und in der 2. Klasse 0+3, unter den Abteilfenstern je 2 Klapptische, Linoleumfußboden, el. Beleuchtung, Lichtgenerator mit Flachriemen und Speicherbatterie, Abort mit Fliesenfußboden und Leibstuhl, Fallrohr mit Saughaube, Waschbecken, Waschtischschrank mit 2 Wasserkannen, Handtücher, Seifenspender, Spiegel und Reinigungsgeräteschrank.

Gattungszeichen	AB4ü-34	
Nummernreihe	11 573-11 584	11 585-11 590
Gattungsnummer	035	
Fahrzeugprogramme	1934	1934 Z
Wagenbauverträge	03.966/61.807	03.966/61.821
Planzeichen	Fwp 304.1	
Übersichtszeichnung	k.U.	
Lieferwerke	LHW	
	Cre	Cre
Lieferjahre	1934/35	
insgesamt beschafft	12	6 Wagen
Beschaffungspr. f. Wg.	11 573-11 584	11 585-11 590
1. d. betriebsf. Wg.	83.760,00 RM *	k.U.
2. davon Radsätze	1.200,00 RM *	k.U.
Ausmusterungsjahr für	11 573-11 590:	DB:1978; DR: 1946
Länge über Puffer		21.715 mm
Wagenkastenlänge		20.415 mm
Wagenkastenbreite		2.952 mm
Fußboden über SO		1.240 mm
Achsstand gesamt		17.600 mm
Abstand der Drehzapfen		14.600 mm
Achsstand des Drehgestells		3.000 mm
Drehgestellbauart		Görlitz III Leicht (71)
Planzeichen (Drehgestell)		Fwp 942c.04.1
Anzahl der Aborte		2
Anzahl der Abteile		2+6
Sitzplätze 1. Klasse		8
2. Klasse		36
3. Klasse		–
Militärtransport		–
für Krankentransport		–
Sicherung der Übergänge		Faltenbalgen
Bremse		Kksbr, Hnbr
Heizung		Dampf, elektrisch
Beleuchtung		elektrisch
Eigengewicht	39,0 t	k.U.

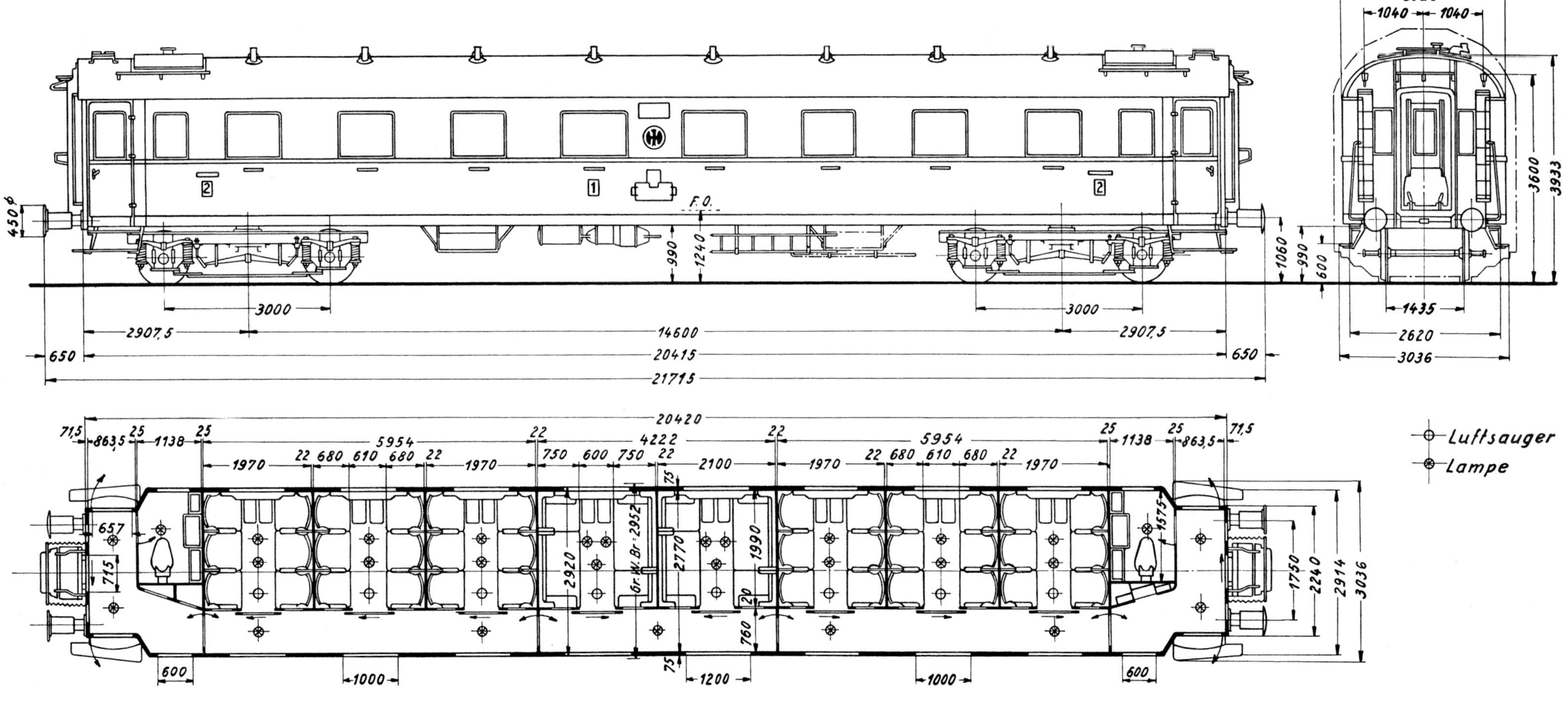

Bemerkungen:
Drehgestellbeschreibung Nr. 12
11 573-11 578 mit geänderter Batterie- und Leiteraufhängung nach ---
(siehe Skizze).
Die Bereinigung des Nummernplanes brachte 1955 die Umzeichnung des 11 574 in 11 578 (II) mit sich.

Wolfgang Illenseer

Im Anschluss an den ABC4ü-33a kam eine kleine Serie dieser dreiklassigen Bauart ebenfalls für Auslandseinsätze mit Kks + Hnbr und el. Heizung zur Ablieferung, wobei die Reichsbahn aus Zeitgründen nur dringend notwendige Änderungen vornahm.
Der Wagengrundriss sah 1 Abteil 1. Kl. mit 2.100 mm Länge, 3 Abteile 2. Kl. mit 1.970 mm Länge und 5 Abteile 3. Kl. mit 1.600 mm Länge, 2 Vorräume, 2 Aborte und 1 Seitengang mit 760 mm Breite vor.
Geschweißtes Untergestell mit zurückgesetzten Vorbauten, zweiachsige Drehgestelle Bauart „Görlitz III Leicht" mit Gleitachslagern, Reibungspuffer Bauart Uerdingen mit 450-mm-Puffertellern und Ausgleichvorrichtung, Handbremse mit Handrad in beiden Vorräumen, Stirnwandleitern, über dem Faltenbalg Trittbretter mit Dachhandgriffen und Laufbrettern, Signalstützen, vor jeder Eingangstür 2 hölzerne Trittbretter – das obere abgerundet, Einsteigegriffe, geschweißtes Kastengerippe mit Säulen, Dachspriegeln, Vorbau mit parallel eingezogenen Wänden, Rammkonstruktion, Bekleidungs- und Dachbleche angeschweißt, Tonnendach. Eingangsdrehtüren, Stirnwandschiebetüren mit festen Fenstern, Abteilschiebetüren, 3 Pendeltüren, Drehtüren in Abortquerwänden, Entlüftung der Abteile durch 9 Wendler-Luftsauger und Lüftungsrosetten innerhalb der Lampen, 1.200/1.000/800 mm breite Metallrahmenfenster mit Ausgleichvorrichtung, 2 Lüftungsklappen über den Abteilfenstern, Rollvorhänge, 2 feste Fenster in der Stirnwand und 2 im Seitengang, geteilte Klappfenster in Aborten, im Vorraum Bodenklappe über der Pufferausgleichvorrichtung, Übergangseinrichtung mit Faltenbalg und Übergangsbrücke.
Sitzteilung in der 1. Klasse 0+2 mit Kopfschutzdecken, in der 2. Klasse 0+3 und in der 3. Klasse 0+4, unter den Abteilfenstern der 1. und 2. Klasse je 2 und der 3.Klasse 1 Klapptisch, Linoleumfußboden, el. Beleuchtung, Lichtgenerator mit Flachriemen und Speicherbatterie, Abort mit Fliesenfußboden und Leibstuhl, Fallrohr mit Saughaube, Waschbecken, Waschtischschrank mit 2 Wasserkannen, Handtücher, Seifenspender, Spiegel und Reinigungsgeräteschrank.

Gattungszeichen	ABC4ü-34
Nummernreihe	14 190-14 192
	14 200-14 202
Gattungsnummer	074
Fahrzeugprogramm	1934
Wagenbauvertrag	03.966/61.806
Planzeichen	Fwp 305.1
Übersichtszeichnung	k.U.
Lieferwerk	LHW
Lieferjahr	1935
insgesamt beschafft	6 Wagen
Beschaffungspreis für Wagen	14 190...14 202
1. den betriebsfertigen Wagen	77.440,00 RM *
2. davon Radsätze	1.200,00 RM *
Ausmusterungsjahr für 14 190 • 14 202:	DB: 1974; DR: 1963 (2)
Länge über Puffer	21.715 mm
Wagenkastenlänge	20.415 mm
Wagenkastenbreite	2.952 mm
Fußboden über SO	1.240 mm
Achsstand gesamt	17.600 mm
Abstand der Drehzapfen	14.600 mm
Achsstand des Drehgestells	3.000 mm
Drehgestellbauart	Görlitz III Leicht (71)
Planzeichen (Drehgestell)	Fwp 942c.04.1
Anzahl der Aborte	2
Anzahl der Abteile	1+3+5
Sitzplätze 1. Klasse	4
2. Klasse	18
3. Klasse	40
Militärtransport	–
für Krankentransport	–
Sicherung der Übergänge	Faltenbalgen
Bremse	Kksbr, Hnbr
Heizung	Dampf, elektrisch
Beleuchtung	elektrisch
Eigengewicht	39,0 t

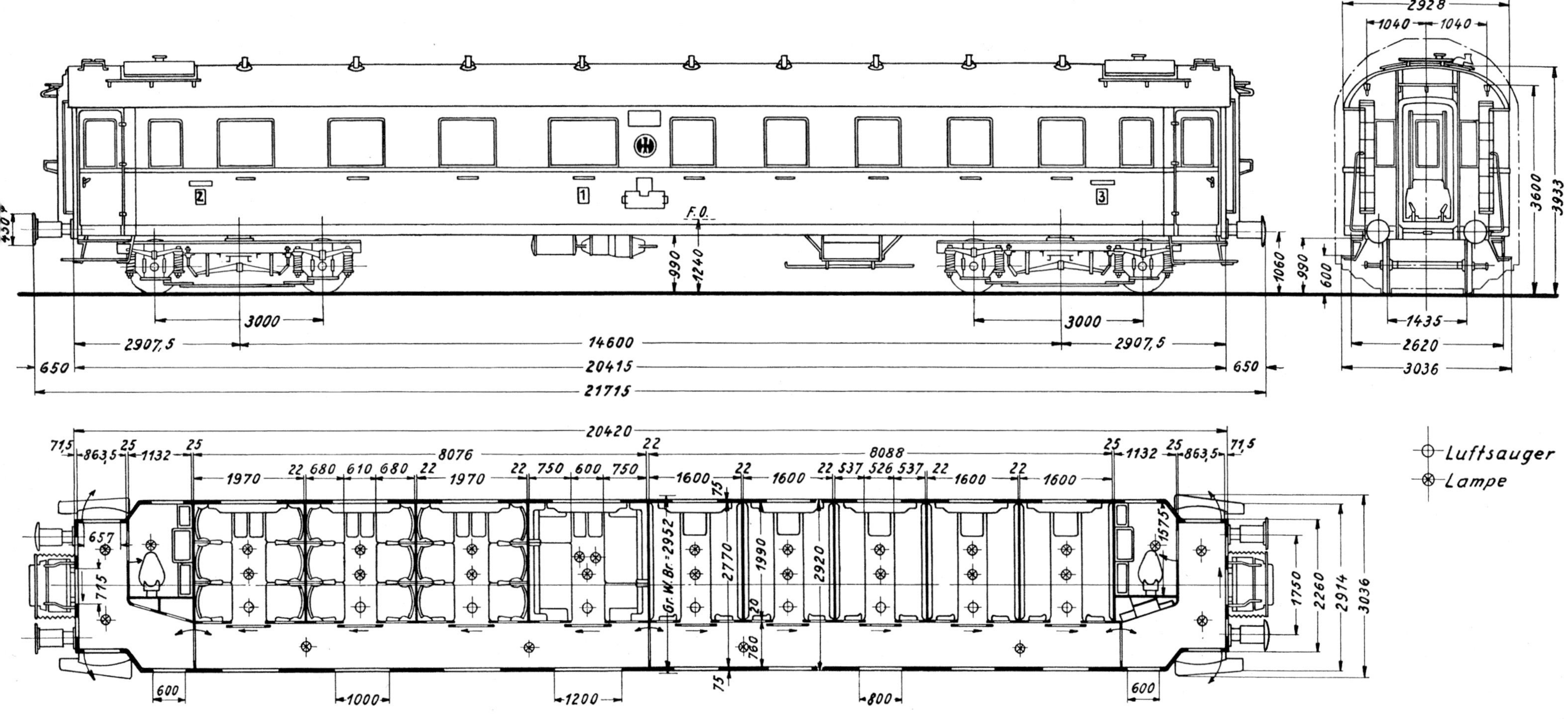

Bemerkungen:
Drehgestellbeschreibung Nr. 12
14 200 Nür lt. Aufnahmezettel mit Polsterung in der 3. Klasse.
(2) letzte Ausmusterung war Modernisierung.

Joachim Deppmeyer

Gattungszeichen	BC4ü-34
Nummernreihe	15 501-15 520
Gattungsnummer	107
Fahrzeugprogramm	1934
Wagenbauvertrag	03.966/61.808
Planzeichen	Fwp 306.1
Übersichtszeichnung	k.U.
Lieferwerk	LHW
Lieferjahr	1934
insgesamt beschafft	20 Wagen
Beschaffungspreis für Wagen	15 501-15 520
1. d. betriebsfertigen Wagen	76.340,00 RM *
2. davon Radsätze	1.200,00 RM *
Ausmusterungsjahr für 15 501-15 520:	DB: 1981; DR: 1964 (2)
Länge über Puffer	21.715 mm
Wagenkastenlänge	20.420 mm
Wagenkastenbreite	2.952 mm
Fußboden über SO	1.240 mm
Achsstand gesamt	17.600 mm
Abstand der Drehzapfen	14.600 mm
Achsstand des Drehgestells	3.000 mm
Drehgestellbauart	Görlitz III Leicht (71)
Planzeichen (Drehgestell)	Fwp 942c.04.1
Anzahl der Aborte	2
Anzahl der Abteile	4+5
Sitzplätze 1. Klasse	–
2. Klasse	24
3. Klasse	40
Militärtransport	–
für Krankentransport	–
Sicherung der Übergänge	Faltenbalgen
Bremse	Kksbr, Hnbr
Heizung	Dampf, elektrisch
Beleuchtung	elektrisch
Eigengewicht	39,0 t *

Die Konstruktion führte die Waggonfabrik Gebr. Credé in Zusammenarbeit mit dem RZM aus. Damit kam erstmalig ein 2./3.-Klasse-D-Zugwagen der Einheitsbauart ebenfalls für Auslandseinsätze mit Kks + Hnbr und el. Heizung zur Ablieferung, allerdings entsprach der Wagenkasten in seinen Hauptabmessungen dem dreiklassigen.

Der Wagengrundriss sah 1 Abteil 2. Kl. mit 2.100 mm Länge, 3 Abteile 2. Kl. mit 1.970 mm Länge und 5 Abteile 3. Kl. mit 1.600 mm Länge, 2 Vorräume, 2 Aborte und 1 Seitengang mit 760 mm Breite vor.

Geschweißtes Untergestell mit zurückgesetzten Vorbauten, zweiachsige Drehgestelle Bauart „Görlitz III Leicht" mit Gleitachslagern, Reibungspuffer Bauart Uerdingen mit 450-mm-Puffertellern und Ausgleichvorrichtung, Handbremse mit Handrad in beiden Vorräumen, Stirnwandleitern, über dem Faltenbalg Trittbretter mit Dachhandgriffen und Laufbrettern, Signalstützen, vor jeder Eingangstür 2 hölzerne Trittbretter – das obere abgerundet, Einsteigegriffe, geschweißtes Kastengerippe mit Säulen, Dachspriegeln, Vorbau mit parallel eingezogenen Wänden, Rammkonstruktion, Bekleidungs- u. Dachbleche angeschweißt, Tonnendach.

Eingangsdrehtüren, Stirnwandschiebetüren mit festen Fenstern, Abteilschiebetüren, 3 Pendeltüren, Drehtüren in Abortquerwänden, Entlüftung der Abteile durch 9 Wendler-Luftsauger und Lüftungsrosetten innerhalb der Lampen, 1.200/1.000/800 mm breite Metallrahmenfenster mit Ausgleichvorrichtung, 2 Lüftungsklappen über den Abteilfenstern, Rollvorhänge, 2 feste Fenster in der Stirnwand und 2 im Seitengang, geteilte Klappfenster in Aborten, im Vorraum Bodenklappe über der Pufferausgleichvorrichtung, Übergangseinrichtung mit Faltenbalg und Übergangsbrücke.

Sitzteilung in der 2. Klasse 0+3 und 3. Klasse 0+4, unter den Abteilfenstern der 2. Klasse je 2 und der 3. Klasse 1 Klapptisch, Linoleumfußboden, el. Beleuchtung, Lichtgenerator mit Flachriemen und Speicherbatterie, Abort mit Fliesenfußboden, Leibstuhl, Fallrohr mit Saughaube, Waschbecken, Waschtischschrank, 2 Wasserkannen, Handtücher, Seifenspender, Spiegel und Reinigungsgeräteschrank.

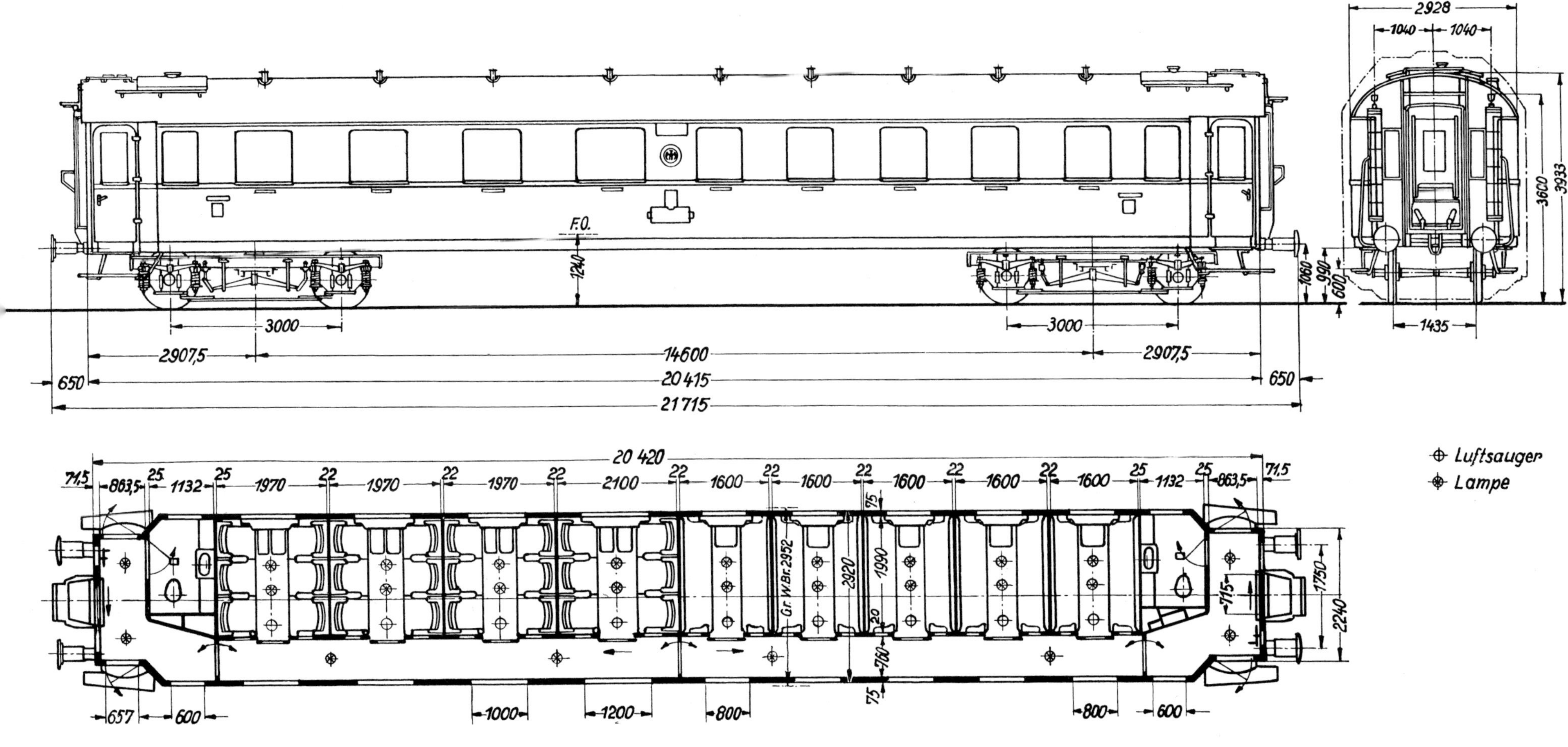

Bemerkungen:
Drehgestellbeschreibung Nr. 12
(2) letzte Ausmusterung war Modernisierung.
Die Einreihung der BC4ü in die Reihe der ABC4ü (ab 3.6.56 AB4ü) machte die Umzeichnung der neun bei der DB vorhandenen Wagen in 14 135 (II) -14 143 (II) erforderlich.

Joachim Claus (†)

Gattungszeichen	PwPost4ü-34
Nummernreihe	100 021-100 030
Gattungsnummer	567
Fahrzeugprogramm	1933 Ü
Wagenbauvertrag	03.966/61.903
Planzeichen	Fwpä 309.001
Übersichtszeichnung	13 019 Cre
Lieferwerk	C&U WA 983
Lieferjahr	1935
insgesamt beschafft	10 Wagen
Beschaffungspreis für Wagen	100 024 Hl
für Radsätze	1.191,00 RM
für Wagenteil ohne Radsätze	42.708,00 RM
Ausmusterungsjahr	DB: s. Bemerkung; DR: 1990
Länge über Puffer	22.470 mm
Wagenkastenlänge	21.170 mm
Wagenkastenbreite	2.896 mm
Fußboden über SO	1.240 mm
Achsstand gesamt	19.050 mm
Abstand der Drehzapfen	15.450 mm
Achsstand des Drehgestells	3.600 mm
Drehgestellbauart	Görlitz III Schwer (76a)
Planzeichen (Drehgestell)	Fwp 944.04.1
Anzahl der Aborte	1
Anzahl der Schiebetüren	2
Anzahl der Hundeabteile	2
Sicherung der Übergänge	Faltenbalgen
Bremse	Kksbr
Heizung	Dampf, Ofen
Beleuchtung	elektrisch
Ladefläche	Gepäckraum 18,0 m²
Ladegewicht	Gepäckraum 5,7 t
	Postabteil 4,8 t
Eigengewicht	36,6 t

Der Wagengrundriss sah 1 Dienstraum, 1 Laderaum, 1 Postabteil, 1 Abort, 2 Vorräume, 1 Laternenschrank und 3 Hundeabteile vor.
Geschweißtes Untergestell mit zurückgesetzten Vorbauten, zweiachsige Drehgestelle Bauart „Görlitz III Schwer" mit Gleitachslagern, Reibungspuffer Bauart Uerdingen mit 450-mm-Puffertellern und Ausgleichvorrichtung, Handbremse mit Handrad im Dienstraum, Stirnwandleitern, über dem Faltenbalg Trittbrett, Signalstützen, unter dem Briefkasten 1 Trittbrett, vor den Drehtüren und zweiflügeligen Lade- sowie Schiebetüren in den Seitenwänden je 2 hölzerne Trittbretter, Einsteigegriffe, Handgriffe an Schiebetüren, Briefkasten mit Kursschild, Signalfahnenhalter, geschweißtes Kastengerippe mit Dachaufbau, Säulen, Dachspriegeln, Vorbau mit parallel eingezogenen Wänden, Rammkonstruktion, Bekleidungs- und Dachbleche angeschweißt, Korkspritzisolierung, Tonnendach, innere Wandverkleidung aus Kiefernbrettern, im unteren Teil aus Sperrholz, elfenbeifarbig bzw. hellgrau gestrichen, Innendecke im Lade- und Dienstraum Stahlblech, im Postabteil Sperrholz. Eingangsdrehtüren, Stirnwandschiebetüren mit festen Fenstern, am NHBrE jedoch ohne Fenster, Drehtüren im Dienstraum und Abort, kleine Drehtüren mit Luftschlitzen vor Laternenschrank und Hundeabteilen, 1.810 mm innenliegende Doppel-Seitenwandschiebetüren mit Vorlegebaum, zweiflügelige Ladetüren vor Postabteil, 4 Luftsauger, feste Fenster im Vorraum, im Dienstraum 600 mm breite Metallrahmenfenster mit Fenstergurt und Schiebevorhang, feste Fenster mit Schutzgittern im Laderaum, im Postabteil teilweise beweglich, geteiltes Klappfenster im Abort, Kippfenster im Dachaufbau, Bodenklappe über Pufferausgleichvorrichtung, Übergangseinrichtung mit Faltenbalg und Übergangsbrücke.
El. Beleuchtung, Lichtgenerator mit Flachriemen und Speicherbatterie, Abort mit Leibstuhl, Fallrohr mit Saughaube, klappbares Waschbecken, Konsole mit 3 Wasserkannen, Wandbekleidung Linoleum, weiß gestrichen, Xylolithfußboden.

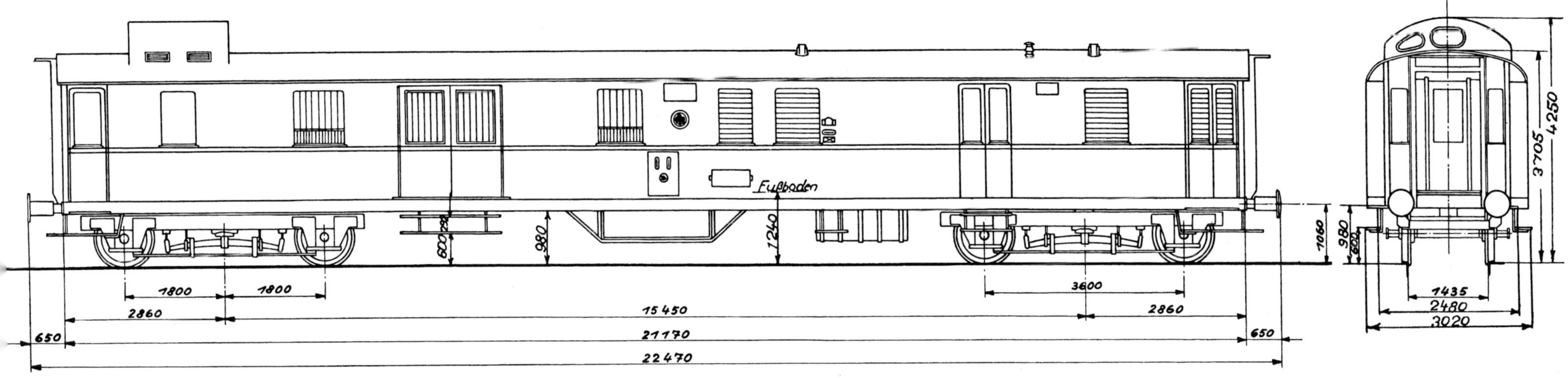

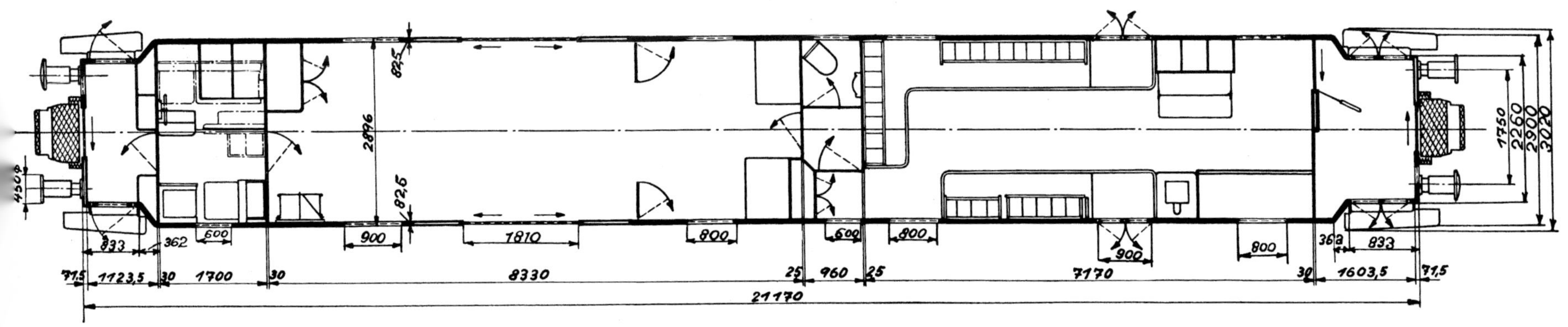

Bemerkungen:
Drehgestellbeschreibung Nr. 5
100 021+100 023 Alt, Heimatbf Kiel, 100 023-100 027 Hl, Heimatbf Bln Ahb, 100 028-100 030 Han, Heimatbf Bln Rga
100 023 Hl auf der Jubiläumsschau 1935 in Nürnberg ausgestellt.

100 027 Hl Teilnahme an Parade am 8. Dezember 1935 in Nürnberg. Die drei bei der DB verbliebenen Wagen wurden 1974 als PwPost ausgemustert. Nach Ausbau des Postabteils kamen die Wagen wieder in den Bestand und wurden am Schluss bei Düe[938] eingegliedert; der letzte wurde 1984 ausgemustert.

Werkfoto LHW

Gattungszeichen	AB4ü-35
Nummernreihe	11 591-11 625
Gattungsnummer	033
Fahrzeugprogramm	1935 I
Wagenbauvertrag	03.966/61.830
Planzeichen	Fwp310.1
Übersichtszeichnungen	13 372 Cre, 3020/106 Weg
Lieferwerke	LHW
	Cre
	Weg WA 3020
Lieferjahr	1935
insgesamt beschafft	35 Wagen
Beschaffungspreis für Wagen	11 591 Han
für Radsätze	1.191,00 RM
für Wagenteil ohne Radsätze	79.127,27 RM
Ausmusterungsjahr	DB: 1982; DR: 1964 (2)
Länge über Puffer	21.824 mm
Wagenkastenlänge	20.528 mm
Wagenkastenbreite	2.936 mm
Fußboden über SO	1.240 mm
Achsstand gesamt	17.660 mm
Abstand der Drehzapfen	14.660 mm
Achsstand des Drehgestells	3.000 mm
Drehgestellbauart	Görlitz III Leicht (81a)
Planzeichen (Drehgestell)	Fwp 949.04.1
Anzahl der Aborte	2
Anzahl der Abteile	2+5
Sitzplätze 1. Klasse	8
2. Klasse	30
3. Klasse	–
Militärtransport	–
für Krankentransport	–
Sicherung der Übergänge	Faltenbalgen
Bremse	s. Bemerkungen
Heizung	Dampf
Beleuchtung	elektrisch
Eigengewicht	39,4 t

Die Konstruktion der geschweißten D-Zugwagen der Bauarten 1935 führte in Zusammenarbeit mit dem RZM die Kasseler Waggonfabrik Gebr. Credé durch.
Der Wagengrundriss sah 2 Abteile 1. Kl. mit 2.294 mm Länge, 5 Abteile 2. Kl mit 2.294 mm Länge, 2 Vorräume, 2 Aborte und 1 Seitengang mit 763 mm Breite vor.
Geschweißtes Untergestell in St 52 mit zurückgesetzten Vorbauten, zweiachsige Drehgestelle Bauart „Görlitz III Leicht" mit Gleitachslagern, Reibungspuffer Bauart Uerdingen mit 450-mm-Puffertellern und Ausgleichvorrichtung, Handbremse mit Handrad in beiden Vorräumen, Stirnwandleitern, über dem Faltenbalg Trittbretter mit Dachhandgriffen und Laufbrettern, Signalstützen, vor jeder Eingangstür 2 hölzerne Trittbretter – das obere abgerundet, Einsteigegriffe, dreisprachige Schilder, geschweißtes Kastengerippe in St 37 mit Säulen, Dachspriegeln, Vorbau mit parallel eingezogenen Wänden, Rammkonstruktion, Bekleidungsbleche angeschweißt, Dachbleche dagegen aufgenietet, Tonnendach. Eingangsdrehtüren, Stirnwandschiebetüren mit festen Fenstern, zweiflügelige Abteilschiebetüren, 4 Pendeltüren, Drehtüren in Abortquerwänden, Entlüftung der Abteile durch 7 Wendler-Luftsauger und Lüftungsrosetten innerhalb der Lampen, 1.400 mm breite Metallrahmenfenster mit Gewichtsausgleich, 2 Lüftungsklappen über den Abteil- und gegenüberliegenden Gangfenstern, Rollvorhänge, Gardinen, in den Abteilen Fensterschutzmäntel, 2 feste Fenster in der Stirnwand und 2 im Seitengang, geteilte Klappfenster in Aborten, im Vorraum Bodenklappe über der Pufferausgleichvorrichtung, Übergangseinrichtung mit Faltenbalg und Übergangsbrücke.
Sitzteilung in der 1. Klasse 0+2 und in der 2. Klasse 0+3, unter den Abteilfenstern je 2 Klapptische, Linoleumfußboden, el. Beleuchtung, Lichtgenerator mit Flachriemen und Speicherbatterie, Abort mit Xylolithplatten und Leibstuhl, Fallrohr mit Saughaube, Waschbecken, Waschtischschrank mit 2 Wasserkannen, Rollenhandtücher, Seifenspender, Spiegel, Papierrollenhalter und Reinigungsgeräteschrank.

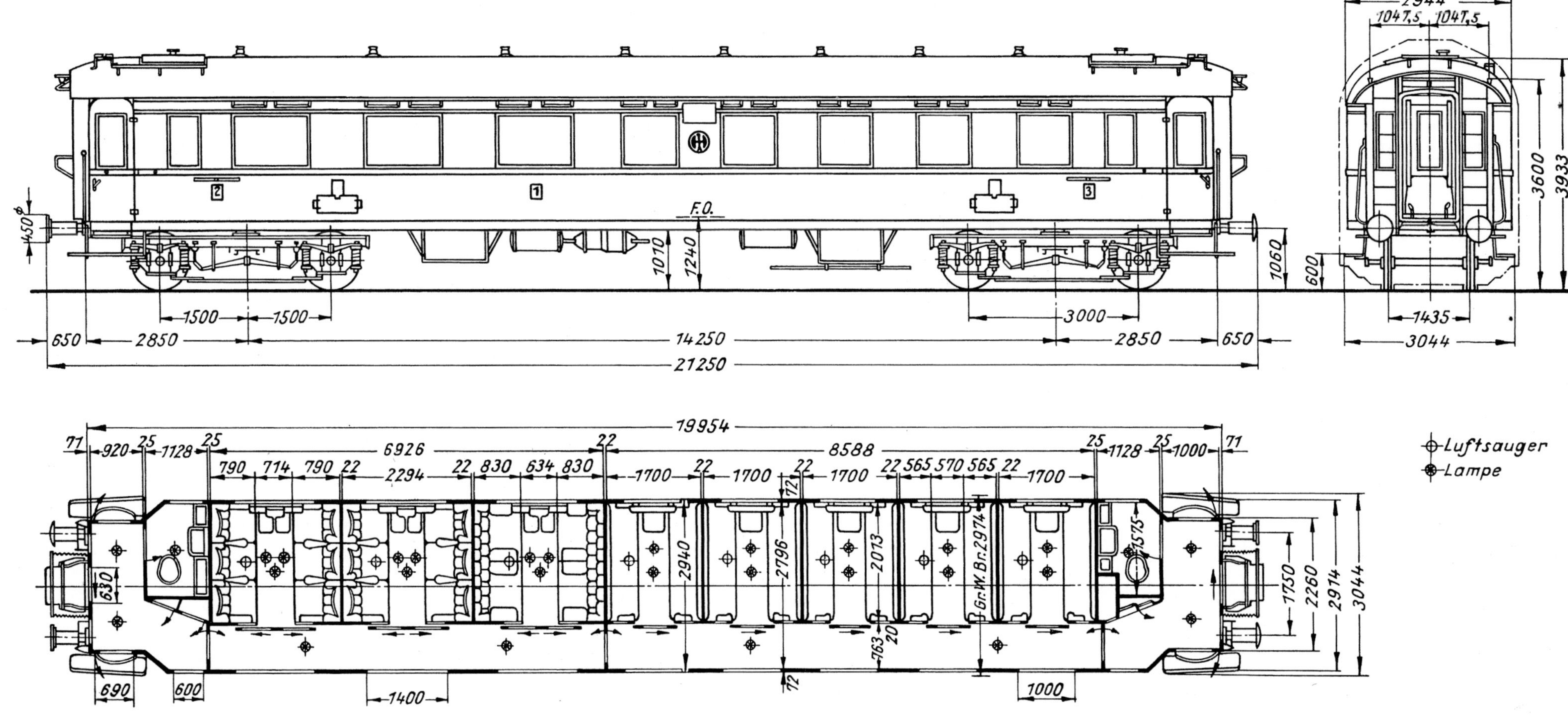

Bemerkung:
Drehgestellbeschreibung Nr. 21
Versuchswagen 14 275 Köl mit Polstersitzen in der Fertigung vorgezogen für die Jubiläumsschau 1935 in Nürnberg, 14 218 Stg + 14 275 Köl Teilnahme an der Parade am 8. Dezember 1935 in Nürnberg, 14 275 Köl ausgestellt auf der Internationalen Ausstellung 1937 in Paris.

Werkfoto Bautzen

Gattungszeichen	BC4ü-35
Nummernreihe	15 521-15 555
Gattungsnummer	106
Fahrzeugprogramm	1935 I
Wagenbauvertrag	03.966/61.831
Planzeichen	Fwp 311.1 → 309.2
Übersichtszeichnung	13 507 b Cre
Lieferwerke	LHW
	Bau
	Beu
Lieferjahre	1935/36
insgesamt beschafft	35 Wagen
Beschaffungspreis für Wagen	15 530 Esn
für Radsätze	o.A. RM
für Wagenteil ohne Radsätze	58.950,00 RM
Ausmusterungsjahr	DB: 1982; DR: 1964 (2)
Länge über Puffer	21.250 mm
Wagenkastenlänge	19.954 mm
Wagenkastenbreite	2.974 mm
Fußboden über SO	1.240 mm
Achsstand gesamt	17.250 mm
Abstand der Drehzapfen	14.250 mm
Achsstand des Drehgestells	3.000 mm
Drehgestellbauart	Görlitz III Leicht (81a)
Planzeichen (Drehgestell)	Fwp 949.04.1
Anzahl der Aborte	2
Anzahl der Abteile	3+5
Sitzplätze 1. Klasse	–
2. Klasse	18
3. Klasse	40
Militärtransport	–
für Krankentransport	–
Sicherung der Übergänge	Faltenbalgen
Bremse	Kksbr, Hnbr
Heizung	Dampf, elektrisch
Beleuchtung	elektrisch
Eigengewicht	40,2 t

Der Wagengrundriss sah 3 Abteile 2. Kl. mit 2.294 mm Länge und 5 Abteile 3. Kl. mit 1.700 mm Länge, 2 Vorräume, 2 Aborte und 1 Seitengang mit 763 mm Breite vor.
Geschweißtes Untergestell in St 52 mit zurückgesetzten Vorbauten, zweiachsige Drehgestelle Bauart „Görlitz III Leicht" mit Gleitachslagern, Reibungspuffer Bauart Uerdingen mit 450-mm-Puffertellern und Ausgleichvorrichtung, Handbremse mit Handrad in beiden Vorräumen, Stirnwandleitern, über dem Faltenbalg Trittbretter mit Dachhandgriffen und Laufbrettern, Signalstützen, vor jeder Eingangstür 2 hölzerne Trittbretter – das obere abgerundet, Einsteigegriffe, dreisprachige Schilder, geschweißtes Kastengerippe in St 37 mit Säulen, Dachspriegeln, Vorbau mit parallel eingezogenen Wänden, Rammkonstruktion, Bekleidungsbleche angeschweißt, Dachbleche dagegen aufgenietet, Tonnendach.
Eingangsdrehtüren, Stirnwandschiebetüren mit festen Fenstern, Abteilschiebetüren, vor der 2. Klasse zweiflügelig, 3 Pendeltüren, Drehtüren in Abortquerwänden, Entlüftung der Abteile durch 8 Wendler-Luftsauger und Lüftungsrosetten innerhalb der Lampen, 1.400/1.000 mm breite Metallrahmenfenster mit Gewichtsausgleich, 2 Lüftungsklappen über den Abteil- und gegenüberliegenden Gangfenstern, Rollvorhänge, Gardinen in den Abteilen 2. Klasse, Fensterschutzmäntel, 2 feste Fenster in der Stirnwand und 2 im Seitengang, geteilte Klappfenster in Aborten, im Vorraum Bodenklappe über der Pufferausgleichvorrichtung, Übergangseinrichtung mit Faltenbalg und Übergangsbrücke.
Sitzteilung in der 2. Klasse 0+3 und in der 3. Klasse 0+4, unter den Abteilfenstern der 2. Klasse je 2 und der 3. Klasse 1 Klapptisch, Linoleumfußboden, el. Beleuchtung, Lichtgenerator mit Flachriemen und Speicherbatterie, Abort mit Xylolithplatten und Leibstuhl, Fallrohr mit Saughaube, Waschbecken, Waschtischschrank mit 2 Wasserkannen, Rollenhandtücher, Seifenspender, Spiegel, Papierrollenhalter und Reinigungsgeräteschrank.

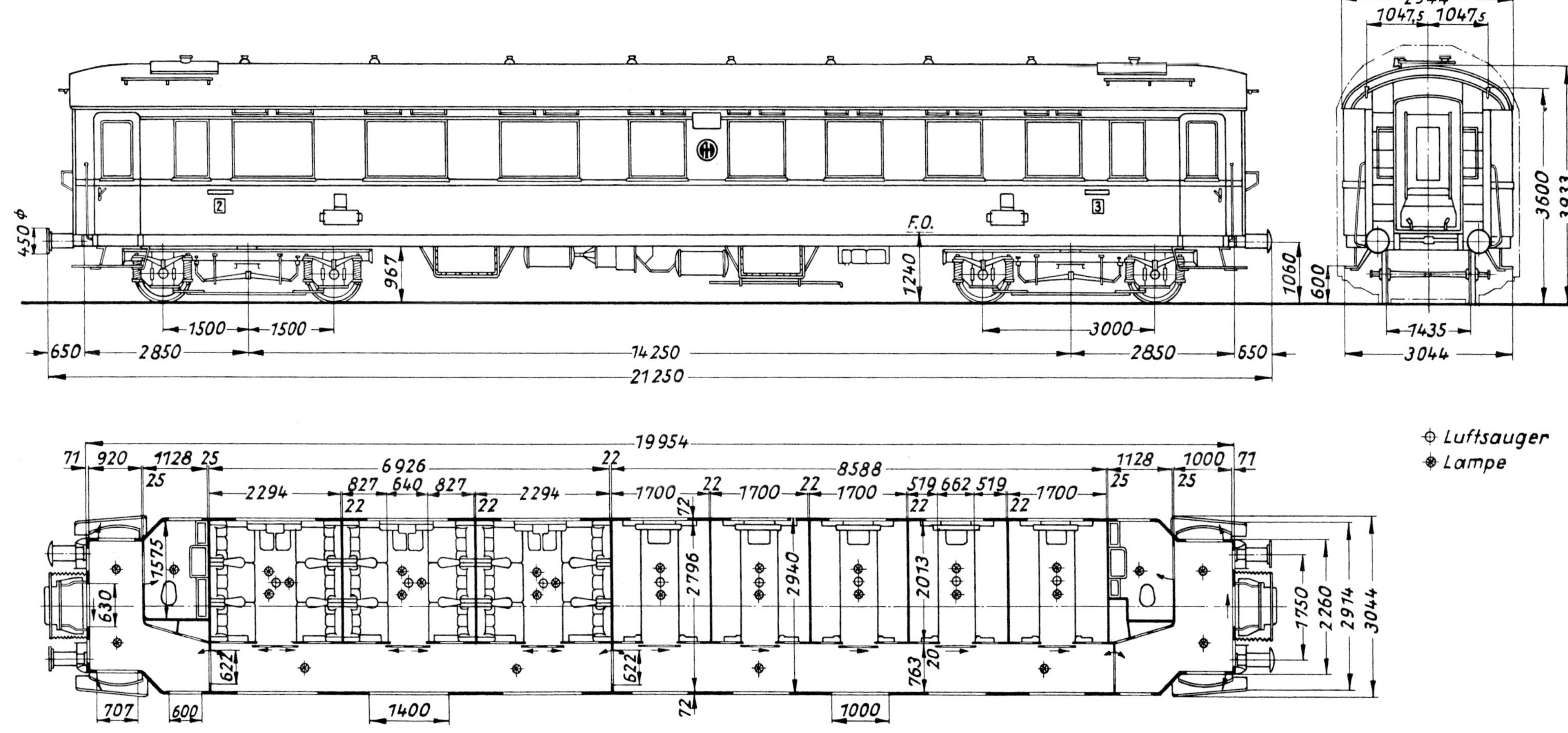

Bemerkungen:
Drehgestellbeschreibung Nr. 21
15 526-15 528, 15 548-15 555 nur mit Kks-Bremse und ohne elektrische Heizung, Eigengewicht 39,0 t. Zwei Wagen fertigte die Waggonfabrik Beuchelt mit der von ihr konstruierten Punktschweißmaschine.

(2) letzte Ausmusterung war Modernisierung.
Die Einreihung der BC4ü in die Reihe der ABC4ü (ab 3.6.56 AB4ü) machte die Umzeichnung der 12 bei der DB vorhandenen Wagen in 14 205 (II) • 14 221 (II) erforderlich.

Werkfoto VWW, Köln-Deutz

Gattungszeichen	C4ü-35	
Nummer	16 546-16 695	16 190-16715
Gattungsnummer	116	
Fahrzeug	1935 II	1936 I
Wagenbauvertrag	03.966./61.832	03.966/61.834
Planzeichen	Fwp 312.1	
Übersichtszeichnung	13 374 c Cre	
Lieferwerke	WWk, LHW, Bau, Düw WWm, Fu, Beu, Cre Wis, MAN WA 44010, ME	Wum WA 8442
Lieferjahr	1936	
insgesamt beschafft	150	20 Wagen
Beschaffungspr. f. Wg.	16 694 Han	
f. Radsätze f. Wagenteil o. Rads.	} 50.335,00 RM	
Ausmusterungsjahr	DB: 1982; DR: 1962 (2)	
Länge über Puffer	21.270 mm	
Wagenkastenlänge	19.974 mm	
Wagenkastenbreite	2.944 mm	
Fußboden über SO	1.240 mm	
Achsstand gesamt	17.270 mm	
Abstand d. Drehzapfen	14.270 mm	
Achsst. d. Drehgestells	3.000 mm	
Drehgestellbauart	Görlitz III Leicht (81a)	
Planzeichen (Drehgestell)	Fwp 949.04.1	
Anzahl der Aborte	2	
Anzahl der Abteile	9	
Sitzplätze 1. Klasse	4	
2. Klasse	–	
3. Klasse	72	
Militärtransport	–	
für Krankentransport	–	
Sicherung der Übergänge	Faltenbalgen	
Bremse	Kksbr, Hnbr	
Heizung	Dampf, elektrisch	
Beleuchtung	elektrisch	
Eigengewicht	39,6 t	

Der Wagengrundriss sah 9 Abteile 3. Kl. mit 1.700 mm Länge, 2 Vorräume, 2 Aborte und 1 Seitengang mit 763 mm Breite vor.
Geschweißtes Untergestell in St 52 mit zurückgesetzten Vorbauten, zweiachsige Drehgestelle Bauart „Görlitz III Leicht" mit Gleitachslagern, Reibungspuffer Bauart Uerdingen mit 450-mm-Puffertellern und Ausgleichvorrichtung, Handbremse mit Handrad in beiden Vorräumen, Stirnwandleitern, über dem Faltenbalg Trittbretter mit Dachhandgriffen und Laufbrettern, Signalstützen, vor jeder Eingangstür 2 hölzerne Trittbretter – das obere abgerundet, Einsteigegriffe, dreisprachige Schilder, geschweißtes Kastengerippe in St 37 mit Säulen, Dachspriegeln, Vorbau mit parallel eingezogenen Wänden, Rammkonstruktion, Bekleidungsbleche angeschweißt, Dachbleche dagegen aufgenietet, Tonnendach.
Eingangsdrehtüren, Stirnwandschiebetüren mit festen Fenstern, Abteilschiebetüren, 3 Pendeltüren, Drehtüren in Abortquerwänden, Entlüftung der Abteile durch 9 Wendler-Luftsauger und Lüftungsrosetten innerhalb der Lampen, 1.000 mm breite Metallrahmenfenster mit Deutz-Hebern, 2 Lüftungsklappen über den Abteil- und gegenüberliegenden Gangfenstern, Rollvorhänge, Fensterschutzmäntel, 2 feste Fenster in der Stirnwand und 2 im Seitengang, geteilte Klappfenster in Aborten, im Vorraum Bodenklappe über der Pufferausgleichvorrichtung, Übergangseinrichtung mit Faltenbalg und Übergangsbrücke.
Sitzteilung 0+4, unter den Abteilfenstern je 1 Klapptisch, Linoleumfußboden, el. Beleuchtung, Lichtgenerator mit Flachriemen und Speicherbatterie, Abort mit Xylolithplatten und Leibstuhl, Fallrohr mit Saughaube, Waschbecken, Waschtischschrank mit 2 Wasserkannen, Rollenhandtücher, Seifenspender, Spiegel, Papierrollenhalter und Reinigungsgeräteschrank.
Die Fertigung der 16 190-16 715 erfolgte nach den Zeichnungen und Preisen der Lieferung 1935, obwohl sie zum Fahrzeugprogramm 36 I gehörten.

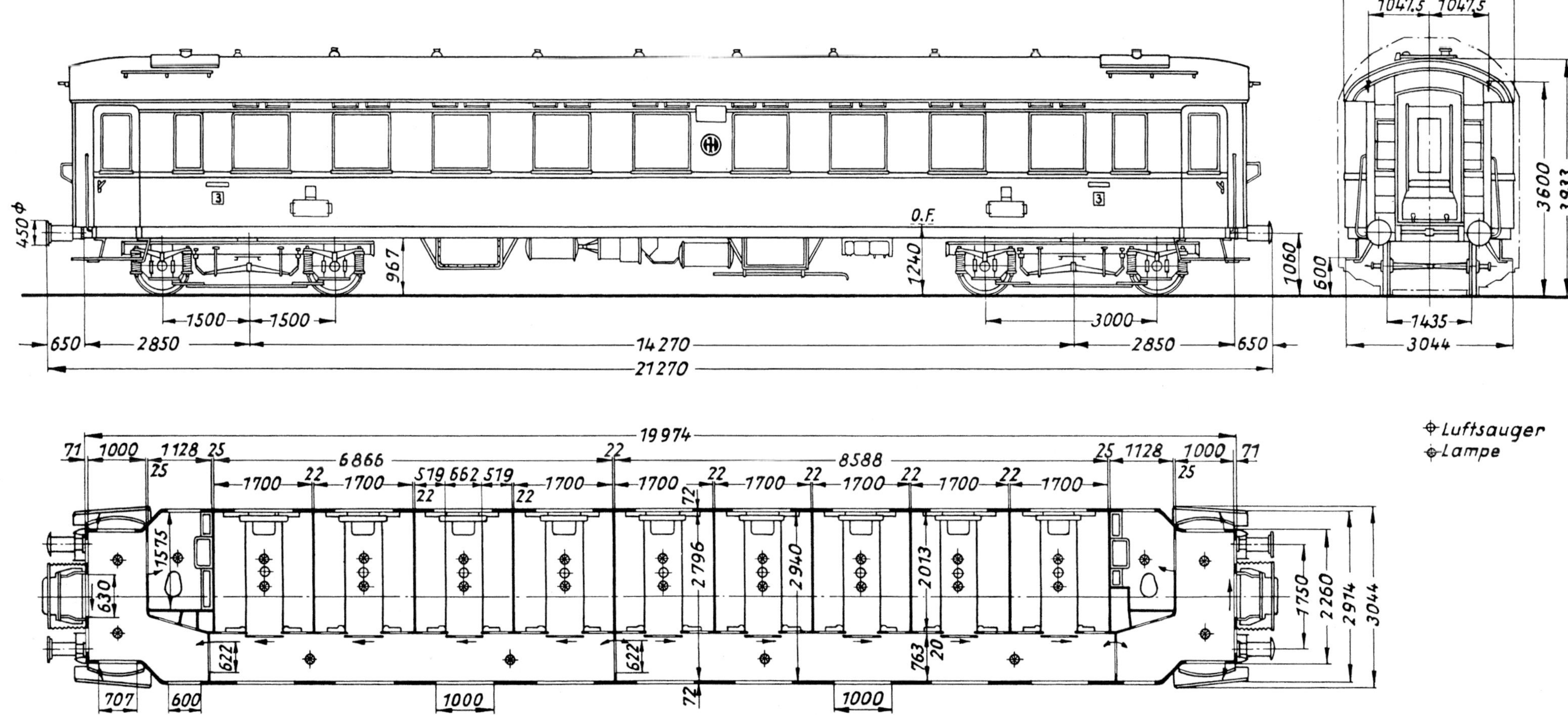

Bemerkungen:
Drehgestellbeschreibung Nr. 21
16 546-16578, 16 665-16 669, 16 691-16 695 nur mit Kks-Bremse und ohne elektrische Heizung, Eigengewicht 38,5 t.
Ab 1939 erfolgte bei drei Wagen der Einbau einer Küche (16 589, 16 670 +16 671).

43 Wagen von WWk erhielten Lüftungskästen aus Pantal.
(2) letzte Ausmusterung war Modernisierung.

Joachim Deppmeyer

Gattungszeichen	Pw4ü-35
Nummernreihe	105 537-105 556
Gattungsnummer	516
Fahrzeugprogramm	1935 II
Wagenbauvertrag	03.966/61.909
Planzeichen	Fwpä 26.1
Übersichtszeichnung	262/40 382 b LHW
Lieferwerk	LHW WA 5799
Lieferjahr	1936
insgesamt beschafft	20 Wagen
Beschaffungspreis für Wagen	105 537 Alt
für Radsätze für Wagenteil ohne Radsätze	} 38.634,00 RM
Ausmusterungsjahr	DB: 1983: DR: 1984
Länge über Puffer	21.720 mm
Wagenkastenlänge	20.424 mm
Wagenkastenbreite	2.926 mm
Fußboden über SO	1.240 mm
Achsstand gesamt	17.550 mm
Abstand der Drehzapfen	14.550 mm
Achsstand des Drehgestells	3.000 mm
Drehgestellbauart	Görlitz III Leicht (81a)
Planzeichen (Drehgestell)	Fwp 949.04.1
Anzahl der Aborte	1
Anzahl der Schiebetüren	4
Anzahl der Hundeabteile	2
Sicherung der Übergänge	Faltenbalgen
Bremse	s. Bemerkungen
Heizung	Dampf, z.T. elektrisch
Beleuchtung	elektrisch
Ladefläche	40 m^2
Ladegewicht	10,0 t
Eigengewicht	32,1 t

Den Konstruktionsauftrag für diese Bauart erhielt die Waggonfabrik Linke-Hofmann-Werke AG in Breslau, den sie in Zusammenarbeit mit dem RZM in Berlin durchführte.

Der Wagengrundriss sah 1 Dienstraum, 1 Laderaum, 1 Abort, 2 Vorräume, 1 Laternenschrank und 3 Hundeabteile vor.

Geschweißtes Untergestell mit zurückgesetzen Vorbauten, zweiachsige Drehgestelle Bauart „Görlitz III Leicht" mit Gleitachslagern, Reibungspuffer Bauart Uerdingen mit 450-mm-Puffertellern und Ausgleichvorrichtung, Handbremse im Dienstraum mit Handrad, Stirnwandleitern, über dem Faltenbalg Trittbrett, Signalstützen, vor jeder Eingangs- und Seitenwandschiebetür 2 hölzerne Trittbretter – das obere abgerundet, Einsteigegriffe, Handgriffe an Schiebetüren, geschweißtes Kastengerippe mit Dachaufbau, Säulen, Dachspriegeln, Vorbau mit parallel eingezogenen Wänden, Rammkonstruktion, Bekleidungsbleche angeschweißt, dagegen Dachbleche angenietet, Tonnendach, innere Wandverkleidung aus Kiefernbrettern, im unteren Teil aus Sperrholz, elfenbeinfarbig bzw. hellgrau gestrichen, Innendecke Stahlblech.

Eingangsdrehtüren, Stirnwandschiebetüren, Drehtüren im Dienstraum und Abortquerwand, Drehtüren in Vorräumen, kleine Drehtüren mit Luftschlitzen vor Laternenschrank und Hundeabteilen, 1.810 mm breite innenliegende Doppel-Seitenwandschiebetüren mit Vorlegebaum, 2 Luftschlitze im Dachaufbau, feste Fenster im Vorraum, im Dienstraum 600 mm breite Metallrahmenfenster mit Kniehebelausgleich und Schiebevorhang, feste Fenster mit Schutzgittern im Laderaum, geteiltes Klappfenster im Abort, Kippfenster im Dachaufbau, Bodenklappe über Pufferausgleichvorrichtung, Übergangseinrichtung mit Faltenbalg und Übergangsbrücke.

El. Beleuchtung, Lichtgenerator mit Flachriemen und Speicherbatterie, Abort mit Leibstuhl, Fallrohr mit Saughaube, klappbares Waschbecken, Konsole mit Wasserkanne, Wandbekleidung Linoleum, weiß gestrichen, Xylolithfußboden.

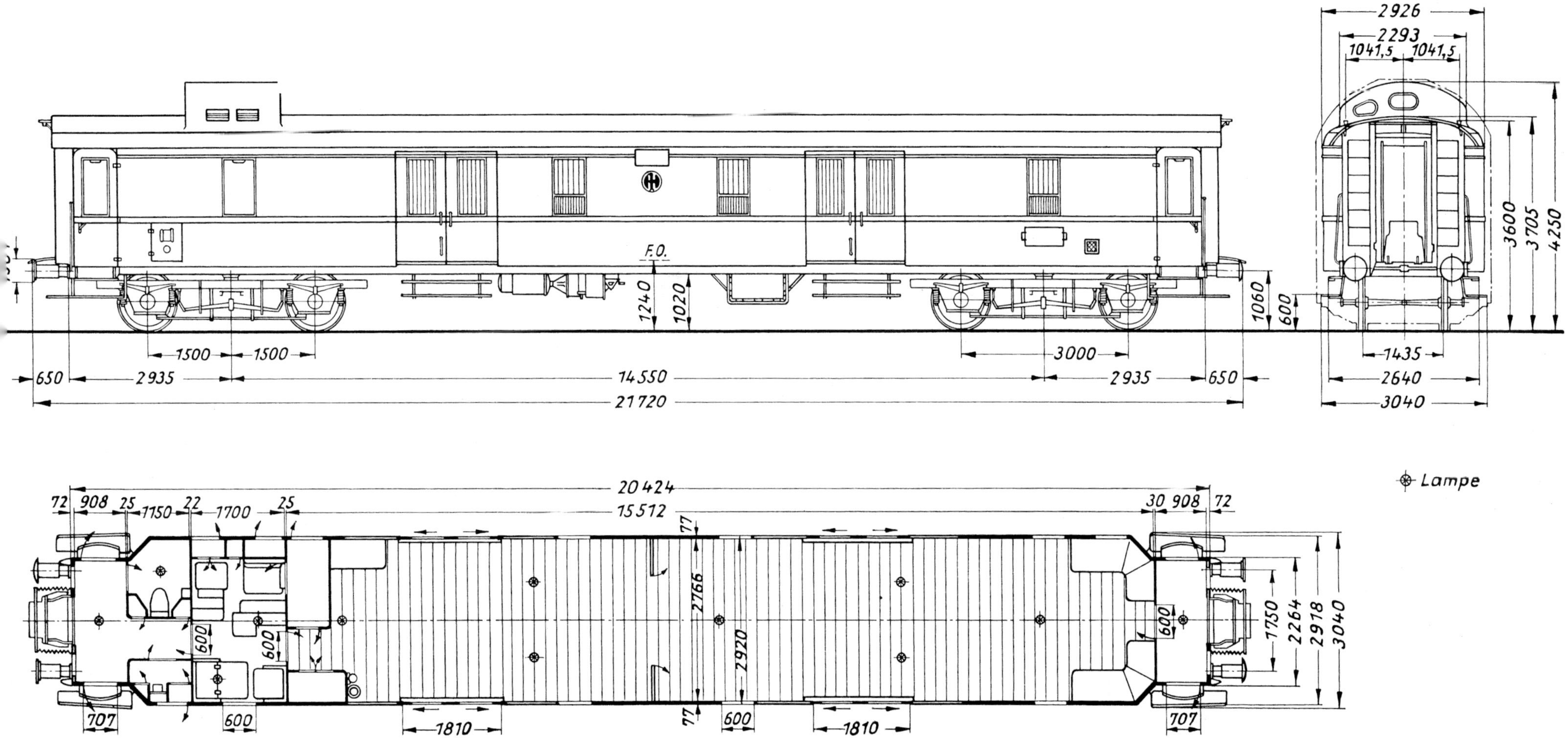

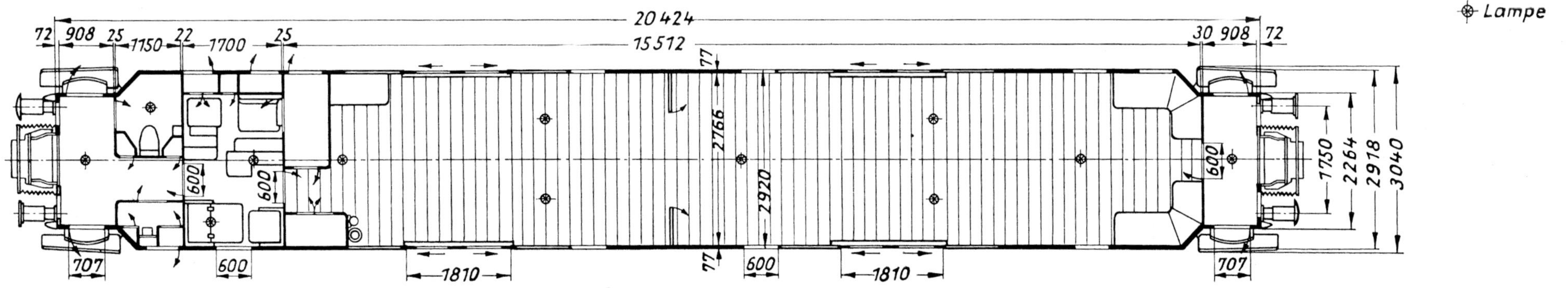

Bemerkungen:

Drehgestellbeschreibung Nr. 21

105 551+105 552 Bln mit Hikss-Bremse, gekoppeltem Beschleuniger, Fliehkraftregler und Druckübersetzer, 18 Wagen mit Kks-Bremse, davon 12 mit zusätzlicher Hnbr. 1937 erfolgte bei drei Wagen der Einbau einer Küche (105 548-105 550). 105 546 wurde 1937 auf Veranlassung der RBD Bln zum Maschinengepäckwagen „0" („Zeppelin"-Wagen) umgebaut, mit einem Ladeaggregat ausgerüstet und erhielt das neue Gattungszeichen „MaschPw4ü-35/37" (Ub. Verf. vom 17. August 1936 -30Fkwpsa 99-).

Werkfoto Wegmann & Co

Gattungszeichen		ABC4ü-36	
Nummernreihe v-b	14 276- 14 308	14 309- 14 388	14 389- 14 458
Gattungsnummer		073	
Fahrzeugprogramm	1936 I	1937 I	1937 II
Wagenbauverträge	61.836	61.842	26.002
Planzeichen	Fwp 315.1	318.1	322.1] → 315.1
Übersichtszeichnung	13 953	13 953a	13 953b Cre
Lieferwerke	Tal Wis Cre Wis	MAN WA 44 057 Weg WA 3350 Cre	MAN Tal Cre
Lieferjahre	1936/37	1937/38	1938
insgesamt beschafft	33	80	70 = 183 Wg
Beschaff.pr. mit	el. Hz+Hnbr	el. Hz+Hnbr	el. Hz
1. d. betriebsf. Wg.	29× 73.429	80× 75.824	70× 73.934 RM *
2. davon Radsätze	1.200	1.200	1.210 RM *
Beschaff.pr. ohne	el. Hz+Hnbr	keine	keine
1. d. betriebsf. Wg.	4× 69.244		RM *
2. davon Radsätze	1.200		RM *
Ausmusterungsjahr f.	14 276-14 458:		DB: 1981; DR: 1976
Länge über Puffer			21.250 mm
Wagenkastenlänge			19.954 mm
Wagenkastenbreite			2.973 mm
Fußboden über SO			1.240 mm
Achsstand gesamt			17.250 mm
Abstand der Drehzapfen			14.250 mm
Achsstand des Drehgestells			3.000 mm
Drehgestellbauart	Gör III L (81d)		Gör III L (87)
Planzeichen (Drehgestell)			s. Bemerkungen
Anzahl der Aborte			2
Anzahl der Abteile			1+2+5
Sitzplätze 1. Klasse			4
2. Klasse			12
3. Klasse (FPr 37I gepolstert)			40
Militärtransport			–
für Krankentransport			–
Sicherung der Übergänge			Faltenbalgen
Bremse			Kksbr, z.T. Hnbr
Heizung			Dampf, z.T. elektrisch
Beleuchtung			elektrisch
Eigengewicht	38,8/37,5	38,8/–	40,7/– t *

Der Wagengrundriss sah 1 Abteil 1. Kl. mit 2.294 mm Länge, 2 Abteile 2. Kl. mit 2.294 mm Länge und 5 Abteile 3. Kl. mit 1.700 mm Länge, 2 Vorräume, 2 Aborte und 1 Seitengang mit 763 mm Breite vor.

Geschweißtes Untergestell in St 52 bzw. St 37 mit zurückgesetzten Vorbauten, Wagen aus dem FPr 1936 I Langträger mit eingezogenen Enden, zweiachsige Drehgestelle Bauart „Görlitz III Leicht" mit Gleitachslagern, Reibungspuffer Bauart Uerdingen mit 450-mm-Puffertellern und Ausgleichvorrichtung, Handbremse mit Handrad in einem Vorraum, Stirnwandleitern, über dem Faltenbalg Trittbretter mit Dachhandgriffen und Laufbrettern, Signalstützen, vor jeder Eingangstür 2 hölzerne Trittbretter – das obere abgerundet, Einsteigegriffe, geschweißtes Kastengerippe in St 37 mit Säulen, Dachspriegeln, Vorbau mit parallel eingezogenen Wänden, Rammkonstruktion, Bekleidungsbleche angeschweißt, Dachbleche dagegen aufgenietet, Tonnendach. Eingangsdrehtüren, Stirnwandschiebetüren mit festen Fenstern, Abteilschiebetüren, vor der 1. und 2. Klasse zweiflügelig, 3 Pendeltüren, Drehtüren in Abortquerwänden, Entlüftung der Abteile durch 8 Wendler-Luftsauger und Lüftungsrosetten innerhalb der Lampen, 1.400/1.000 mm breite Metallrahmenfenster mit Gewichtsausgleich, 2 Lüftungsklappen über den Abteilfenstern, Rollvorhänge, Gardinen in den Abteilen 1. und 2. Klasse, Fensterschutzmäntel, 2 feste Fenster in der Stirnwand und 2 im Seitengang, geteilte Klappfenster Aborten, im Vorraum Bodenklappe über der Pufferausgleichvorrichtung, Übergangseinrichtung mit Faltenbalg und Übergangsbrücke. Sitzteilung in der 1. Klasse 0+2, in der 2. Klasse 0+3 und in der 3. Klasse 0+4, unter den Abteilfenstern der 1. und 2. Klasse je 2 und der 3. Klasse 1 Klapptisch, 5 ortsbewegliche Metalltische, Linoleumfußboden, el. Beleuchtung, Lichtgenerator mit Flachriemen und Speicherbatterie, Abort mit Xylolithplatten und Leibstuhl, Fallrohr mit Saughaube, Waschbecken, Waschtischschrank mit 2 Wasserkannen, Rollenhandtücher, Seifenspender, Spiegel, Papierrollenhalter und Reinigungsgeräteschrank.

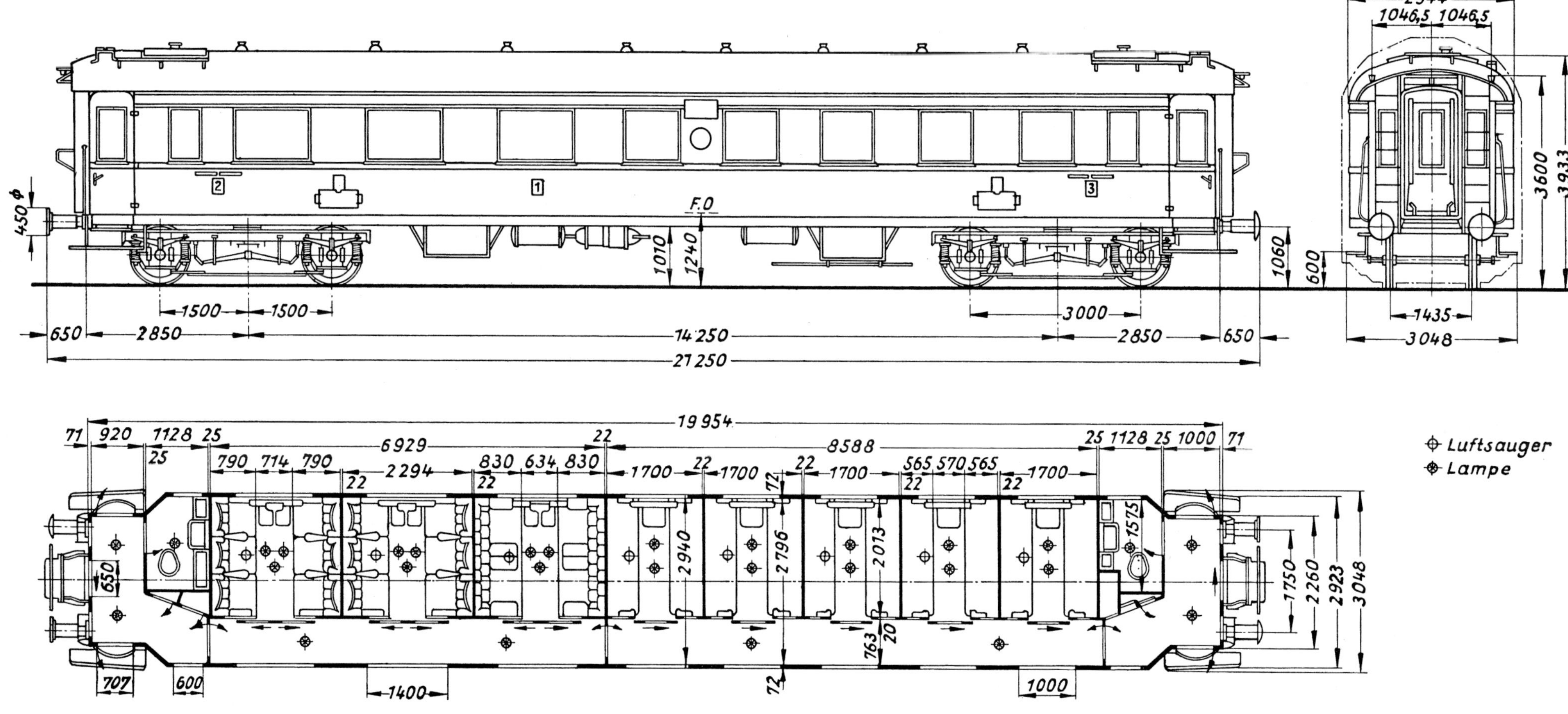

Bemerkungen:

Drehgestellbeschreibungen Nr. 21.3 + 28

14 447 Wt mit Versuchsdrehgestellen Fwp 921 (Drehstabfederung).

Obige Skizze ist gültig für den ABC4ü-36 als Serienfahrzeug, nebenstehende Aufnahme zeigt das Versuchsfahrzeug ABC4ü-36 mit Schiebetüren.

14 359 + 14 360 Bln (Bln Rga) als Entwicklungsfahrzeuge nach Fwp 324.002 (Weg P 5268) in windschnittiger Bauform, mit Einfach-Schiebetüren in der 1/2. sowie Doppel-Schiebetüren in der 3. Klasse (Ausführung genehmigt durch Verfügung vom 11. Mai.1937 -30 Fkwp 406-) und Versuchsdrehgestellen mit Rollenachslager (s.a. Wb Nr. 25). Eine Skizze hierfür liegt nicht vor.

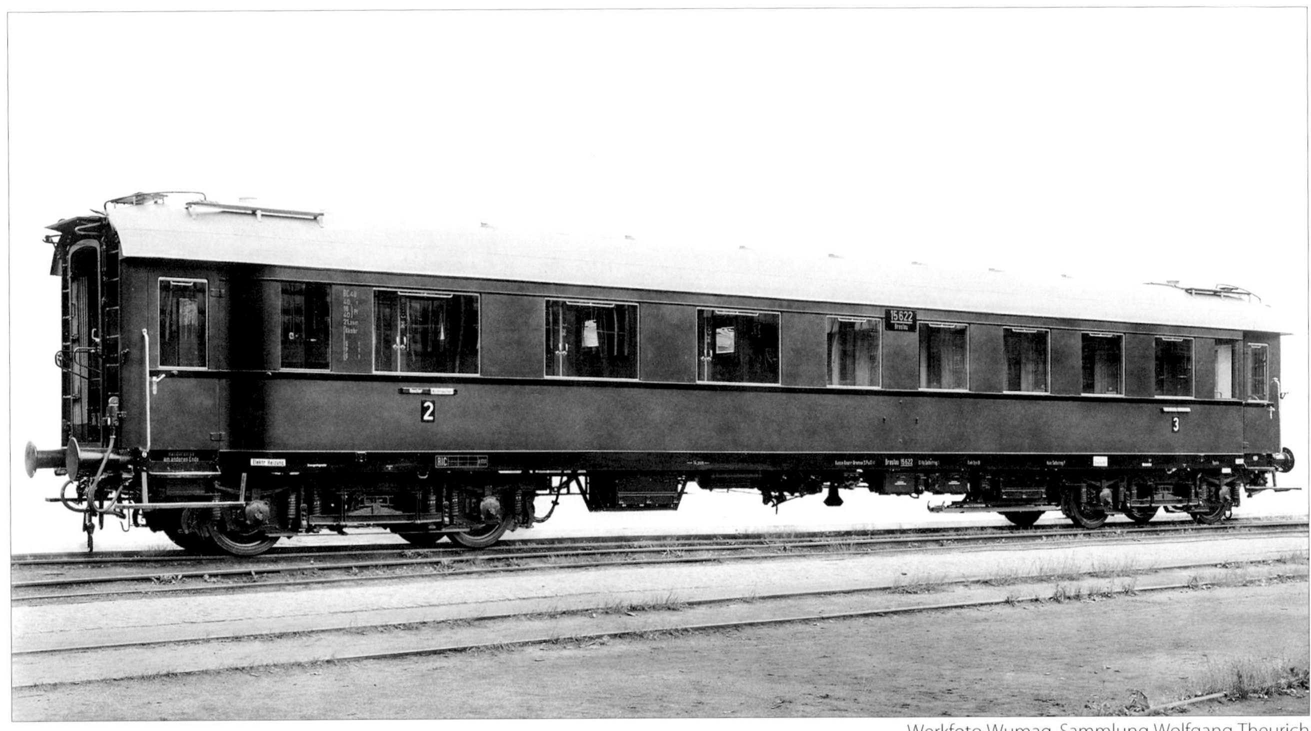

Werkfoto Wumag, Sammlung Wolfgang Theurich

Gattungszeichen		BC4ü-36	
Nummernreihe v-b	15 556- 15 588	15 589- 15 641	15 642- 15 688
Gattungsnummer		073	
Fahrzeugprogramm	1936 I	1937 I	1937 II
Wagenbauverträge	61.837	61.843	26.001
Planzeichen	Fwp 316.1	319.1	322.2 }→ 316.1
Übersichtszeichnung	13 974	13 974a	13 974c Cre
Lieferwerke	Bau Beu	Bau Beu Wum WA 8460	Bau Beu
Lieferjahre	1936/37	1937/38	1937/38
insgesamt beschafft	33	53	47=133 Wg.
Beschaff.pr. mit	el. Hz + Hnbr	el. Hz. + Hnbr	el. Hz
1. d. betriebsf. Wg.	29× 72.629	53× 74.060	47× 73.493RM *
2. davon Radsätze	1.200	1.200	1.560 RM *
Beschaff.pr. ohne	el. Hz + Hnbr	keine	keine
1. d. betriebsf. Wg.	4× 68.444		RM *
2. davon Radsätze	1.200		RM *
Ausmusterungsjahr f.	15 556-15 688:		DB: 1982; DR: 1977
Länge über Puffer			21.250 mm
Wagenkastenlänge			19.954 mm
Wagenkastenbreite			2.973 mm
Fußboden über SO			1.240 mm
Achsstand gesamt			17.250 mm
Abstand der Drehzapfen			14.250 mm
Achsstand des Drehgestells			3.000 mm
Drehgestellbauart	Gör III L (81d)		Gör III L (87)
Planzeichen (Drehgestell)			s. Bemerkungen
Anzahl der Aborte			2
Anzahl der Abteile			3+5
Sitzplätze 1. Klasse			–
2. Klasse			18
3. Klasse			40
Militärtransport			–
für Krankentransport			–
Sicherung der Übergänge			Faltenbalgen
Bremse			Kksbr, z.T. Hnbr
Heizung			Dampf, z.T. elektrisch
Beleuchtung			elektrisch
Eigengewicht	38,8/37,5	38,8/–	40,73/– t *

Die Konstruktion entsprach mit bestimmten Änderungen der Bauart BC4ü-35.

Der Wagengrundriss sah 3 Abteile 2. Kl. mit 2.294 mm Länge und 5 Abteile 3. Kl. mit 1.700 mm Länge, 2 Vorräume, 2 Aborte und 1 Seitengang mit 763 mm Breite vor.

Geschweißtes Untergestell in St 52 bzw. St 37 mit zurückgesetzten Vorbauten, Wagen aus dem FPr 1936 I Langträger mit eingezogenen Enden, zweiachsige Drehgestelle Bauart „Görlitz III Leicht" mit Gleitachslagern, Reibungspuffer Bauart Uerdingen mit 450-mm-Puffertellern und Ausgleichvorrichtung, Handbremse mit Handrad in einem Vorraum, Stirnwandleitern, über dem Faltenbalg Trittbretter mit Dachhandgriffen und Laufbrettern, Signalstützen, vor jeder Eingangstür 2 hölzerne Trittbretter – das obere abgerundet, Einsteigegriffe, geschweißtes Kastengerippe in St 37 mit Säulen, Dachspriegeln, Vorbau mit parallel eingezogenen Wänden, Rammkonstruktion, Bekleidungsbleche angeschweißt, Dachbleche dagegen angenietet, Tonnendach.

Eingangsdrehtüren, Stirnwandschiebetüren mit festen Fenstern, Abteilschiebetüren, vor der 2. Klasse zweiflügelig, 3 Pendeltüren, Drehtüren in Abortquerwänden, Entlüftung der Abteile durch 8 Wendler-Luftsauger und Lüftungsrosetten innerhalb der Lampen, 1.400/1.000 mm breite Metallrahmenfenster mit Gewichtsausgleich, 2 Lüftungsklappen über den Abteilfenstern, Rollvorhänge, Gardinen in den Abteilen 2. Klasse, Fensterschutzmäntel, 2 feste Fenster in der Stirnwand und 2 im Seitengang, geteilte Klappfenster in Aborten, im Vorraum Bodenklappe über der Pufferausgleichvorrichtung, Übergangseinrichtung mit Faltenbalg und Übergangsbrücke.

Sitzteilung in der 2. Klasse 0+3 und in der 3. Klasse 0+4, unter den Abteilfenstern der 2. Klasse je 2 und der 3. Klasse 1 Klapptisch, 5 ortsbewegliche Metalltische, Linoleumfußboden, el. Beleuchtung, Lichtgenerator mit Flachriemen, Speicherbatterie, Abort mit Xylolithplatten und Leibstuhl, Fallrohr mit Saughaube, Waschbecken, Waschtischschrank mit 2 Wasserkannen, Rollenhandtücher, Seifenspender, Spiegel, Papierrollenhalter und Reinigungsgeräteschrank.

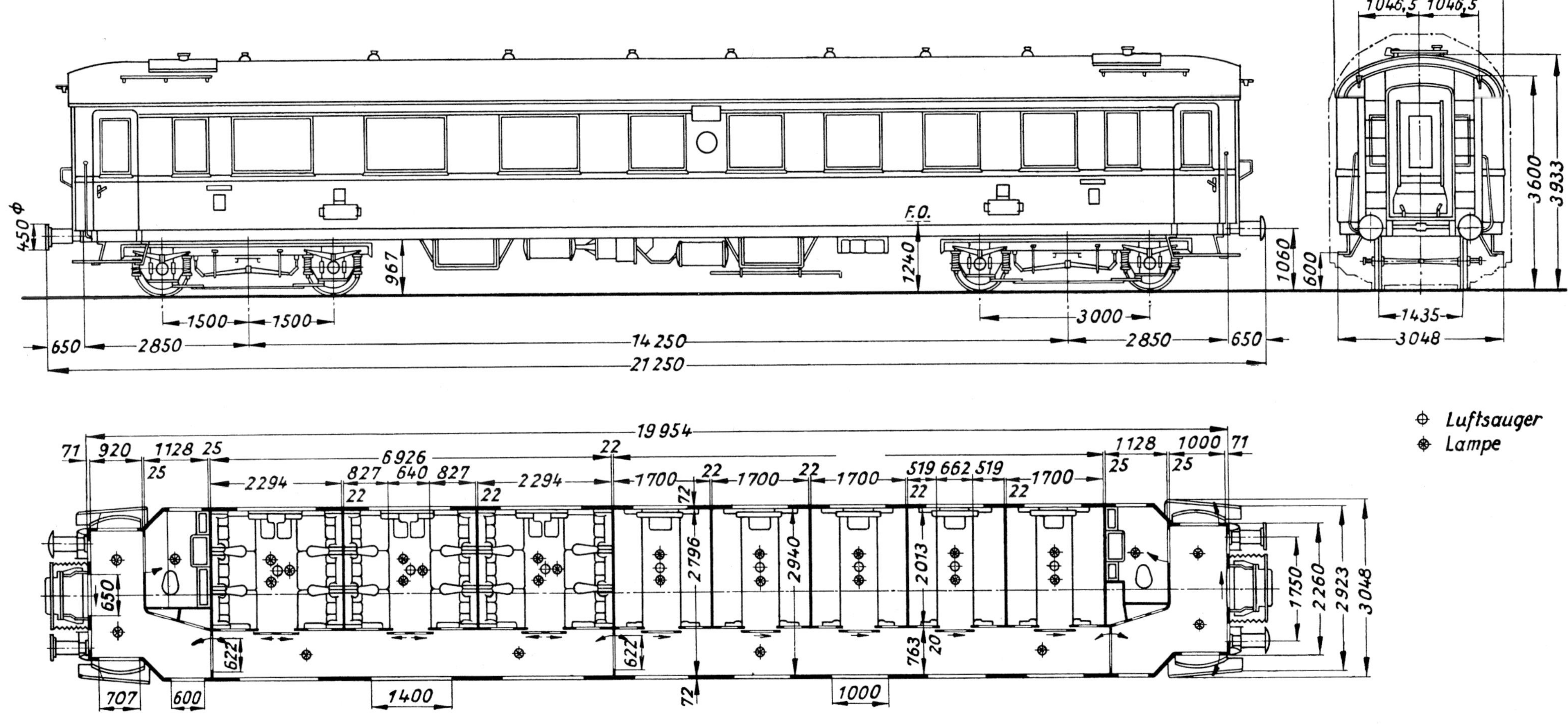

Bemerkungen:
Drehgestellbeschreibungen Nr. 21.3 + 28
15 626+15 679 sind im Nachweis vom 31. Dezember 1941 nicht mehr aufgeführt. Die Einreihung der BC4ü in die Reihe der ABC4ü (ab 3.6.56 AB4ü) machte die Umzeichnung der 41 bei der DB vorhandenen Wagen in 14 222 (II) • 14 478 (II) erforderlich.
14 462 wurde Museumswagen der DB mit der jetzigen Bauart-Nr. 042, ABüe, 38-43 078-2.

Werkfoto Wumag, Sammlung Wolfgang Theurich

Gattungszeichen	C4ü-36			
Nummernreihen	16 716- 16 897	16 898• 17 139#	17 140- 17 319	17 320• 19 189
Gattungsnummer	073			
FPr	1936 I	1936 II	1937 I	1937 II
Wagenbauvertr.	61.835	61.839	61.844	26.003
Planzeichen	Fwp 317.1	321.1	320.1	323.1}→ 317.1
Übersichtszchg.	22 167c	22 167d	22 167e	22 167g WWk
Lieferwerke	9	13	9	9
Lieferjahre	1936	1936/37	1937/38	1938/39
insg. beschafft	182	242	180	218 = 822 Wg.
Beschaff.pr. mit	el. Hz+Hnbr	el. Hz+Hnbr	el. Hz+Hnb	nur el. Hz
1. d. betriebsf. Wg.	162×66.095	167×67.215	180×67.530	65.501 RM*
2. davon Rads.	1.200	1.200	1.200	1.218 RM*
Beschaff.pr. ohne	el. Hz+Hnbr	el. Hz+Hnbr	keine	keine
1. d. betriebsf. Wg.	20× 61.634	75× 62.750 RM *		
2. davon Rads.	1.200	1.200 RM *		
Ausmusterungsjahr f.	16 716•19 189:		DB: 1982; DR: 1962 (2)	

Länge über Puffer	21.270 mm
Wagenkastenlänge	19.974 mm
Wagenkastenbreite	2.972 mm
Fußboden über SO	1.240 mm
Achsstand gesamt	17.270 mm
Abstand d. Drehzapfen	14.270 mm
Achsst. d. Drehgestells	3.000 mm
Drehgestellbauart Gör III L (81d)	Görlitz III Leicht (87)
Planzeichen (Drehgestell)	s. Bemerkungen

Anzahl der Aborte				2
Anzahl der Abteile				9
Sitzplätze 1. Klasse				–
2. Klasse				–
3. Klasse				72
Militärtransport				–
für Krankentransport				–
Sicherung der Übergänge				Faltenbalgen
Bremse				Kksbr, z.T. Hnbr
Heizung				Dampf, z.T. elektrisch
Beleuchtung				elektrisch
Eigengewicht	38,8/37,5	38,8/37,5	38,8	40,0 t *

Die Konstruktion dieser Bauart führten die VWW, Köln-Deutz, in Zusammenarbeit mit dem RZM durch, wobei sie allerdings die Grundkonzeptionen der Vorgängerbauarten übernahmen.
Der Wagengrundriss sah 9 Abteile 3. Kl. mit 1.700 mm Länge, 2 Vorräume, 2 Aborte und 1 Seitengang mit 763 mm Breite vor.
Geschweißtes Untergestell in St 52 bzw. St 37 mit zurückgesetzten Vorbauten, Wagen aus dem FPr 1936 I Langträger mit eingezogenen Enden, zweiachsige Drehgestelle Bauart „Görlitz III Leicht" mit Gleitachslagern, Reibungspuffer Bauart Uerdingen mit 450-mm- Puffertellern und Ausgleichvorrichtung, Handbremse mit Handrad nur in einem Vorraum, Stirnwandleitern, über dem Faltenbalg Trittbretter mit Dachhandgriffen und Laufbrettern, Signalstützen, vor jeder Eingangstür 2 hölzerne Trittbretter – das obere abgerundet, Einsteigegriffe, teilweise dreisprachige Schilder, geschweißtes Kastengerippe in St 37 mit Säulen, Dachspriegeln, Vorbau mit parallel eingezogenen Wänden, Rammkonstruktion, Bekleidungsbleche angeschweißt, Dachbleche dagegen aufgenietet, Tonnendach.
Eingangsdrehtüren, Stirnwandschiebetüren mit festen Fenstern, Abteilschiebetüren, 3 Pendeltüren, Drehtüren in Abortquerwänden, Entlüftung der Abteile durch 9 Wendler-Luftsauger und Lüftungsrosetten innerhalb der Lampen, 1.000 mm breite Metallrahmenfenster mit Gewichtsausgleich, 2 Lüftungsklappen über den Abteilfenstern, Rollvorhänge, Fensterschutzmäntel, 2 feste Fenster in der Stirnwand und 2 im Seitengang, geteilte Klappfenster in Aborten, im Vorraum Bodenklappe über der Pufferausgleichvorrichtung, Übergangseinrichtung mit Faltenbalg und Übergangsbrücke.
Sitzteilung 0+4, unter den Abteilfenstern je 1 Klapptisch, z. T. mit ortsbeweglichen Metalltischen, Linoleumfußboden, el. Beleuchtung, Lichtgenerator mit Flachriemen und Speicherbatterie, Abort mit Xylolithplatten und Leibstuhl, Fallrohr mit Saughaube, Waschbecken, Waschtischschrank mit 2 Wasserkannen, Rollenhandtücher, Seifenspender, Spiegel, Papierrollenhalter und Reinigungsgeräteschrank.
Ab 1938 erfolgte bei 9 Wagen (16 893+16 894, 16 708+16 709 und 16 783-16 787) der Einbau einer Küche.

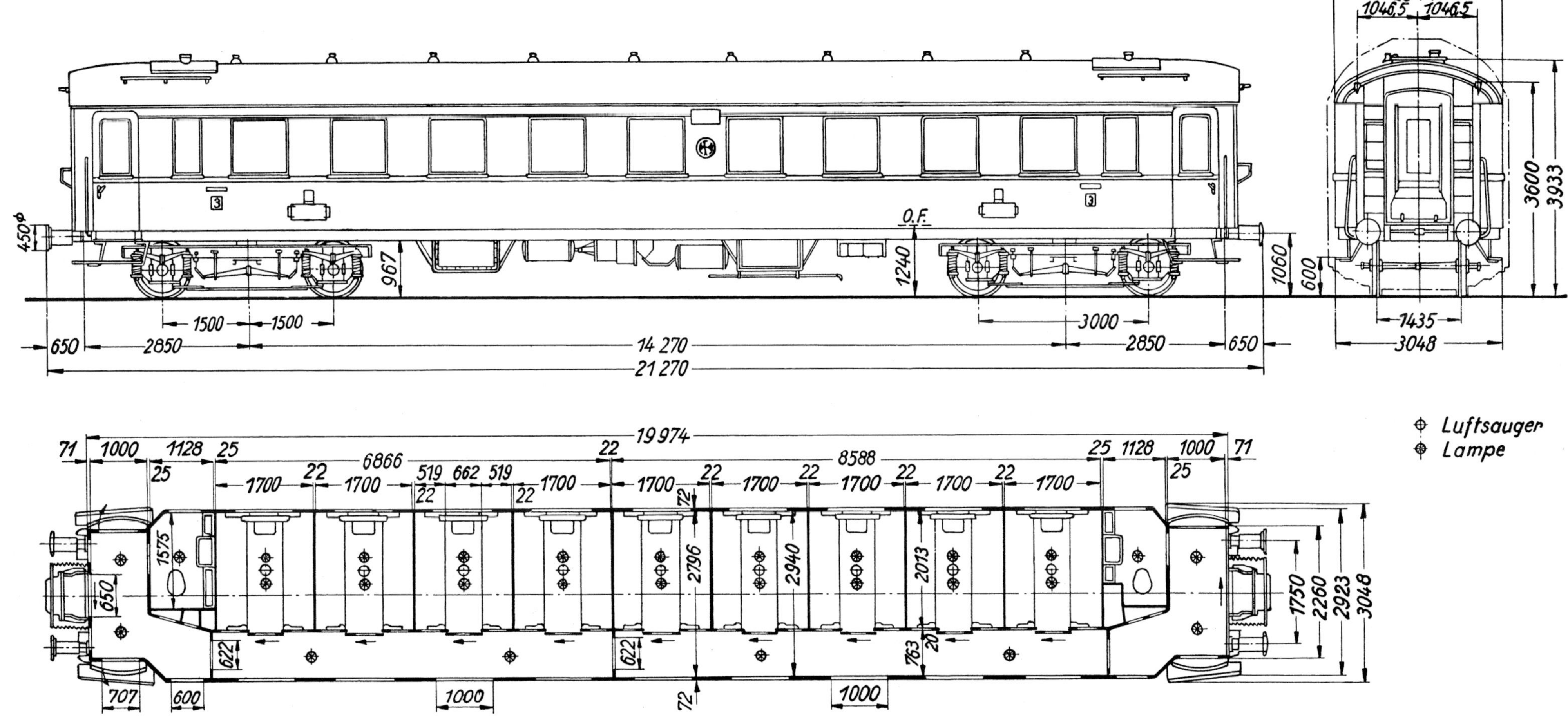

Bemerkungen:
Drehgestellbeschreibungen Nr. 21.3 + 28
#17 122+17 123, 17 126-17 129 C4ü-36a Wb 25
(2) letzte Ausmusterung war Modernisierung.
19 127-19 138 bei MAN storniert.

17 149 nach Unfall bei Genthin (22.12.39) ausgemustert.

Werkfoto LHW

Gattungszeichen	Pw4ü-36	Pw4ü-36a
Nummernreihe	105 557-105 599 105 601-105 616	105 600
Gattungsnummer	516	
Fahrzeugprogramm	1936 I	
Wagenbauvertrag	03.966/61.910	
Planzeichen	Fwpä 28.01	Fwpä 26.1
Übersichtszeichnung	LHW 5840/01.01b	5840/01.02
Lieferwerke	LHW WA 5840 GWF	LHW WA 5840
Lieferjahr	1936	1936
insgesamt beschafft	59	1 Wagen
Beschaffungspr. f. Wg.	105 557-105 616	
	55× mit el. Hz + Hnbr	5× o. el. Hz + Hnbr
1. d. betriebsf. Wg.	44.583,00 RM *	43.169,00 RM *
Ausmusterungsjahr	DB: 1984; DR: 1991	DB: 1979; DR: –
Länge über Puffer	21.720 mm	
Wagenkastenlänge	20.424 mm	
Wagenkastenbreite	2.926 mm	
Fußboden über SO	1.240 mm	
Achsstand gesamt	17.550 mm	
Abstand d. Drehzapfen	14.550 mm	
Achsst. d. Drehgestells	3.600 mm	
Drehgestellbauart	Görlitz III Leicht (81a)	
Planzeichen (Drehgestell)	Fwp 949.04.1	
Anzahl der Aborte	1	
Anz. d. Schiebetüren	4	
Anz. d. Hundeabteile	2	
Sicherung d. Übergänge	Faltenbalgen	
Bremse	Kksbr, z.T. Hnbr	
Heizung	Dampf. z.T. elektrisch	
Beleuchtung	elektrisch	
Ladefläche	42,6 m^2	
Ladegewicht	10,0 t	
Eigengewicht	32,67 t *	32,25 t *

Auch diesen Konstruktionsauftrag für die Nachfolgebauart eines vierachsigen Einheits-D-Zuggepäckwagens führte die Waggonfabrik LHW, Breslau, im Zusammenwirken mit dem RZM aus, die dabei jedoch bewährte Grundelemente vom Pw4ü-35 übernahm. Der Wagengrundriss sah 1 Dienstraum, 1 Laderaum, 1 Abort, 2 Vorräume, 1 Laternenschrank und 3 Hundeabteile vor.

Geschweißtes Untergestell mit zurückgesetzten Vorbauten, zweiachsige Drehgestelle Bauart „Görlitz III Leicht" mit Gleitachslagern, Reibungspuffer Bauart Uerdingen mit 450-mm-Puffertellern und Ausgleichvorrichtung, Handbremse im Dienstraum mit Handrad, Stirnwandleitern, über dem Faltenbalg Trittbrett, Signalstützen, vor jeder Eingangs- und Seitenwandschiebetür 2 hölzerne Trittbretter, Einsteigegriffe, Handgriffe an Schiebetüren, geschweißtes Kastengerippe mit Dachaufbau, Säulen, Dachspriegeln, Vorbau mit parallel eingezogenen Wänden, Rammkonstruktion, Bekleidungsbleche angeschweißt, dagegen Dachbleche aufgenietet, Tonnendach, innere Wandverkleidung aus Kiefernbrettern, im unteren Teil aus Sperrholz, elfenbeinfarbig bzw. hellgrau gestrichen, Innendecke Stahlblech.

Eingangsdrehtüren, Stirnwandschiebetüren, Drehtüren im Dienstraum und Abortquerwand, Drehtüren in Vorräumen, kleine Drehtüren mit Luftschlitzen vor Laternenschrank und Hundeabteilen, 1.810 mm breite innenliegende Doppel-Seitenwandschiebetüren mit Vorlegebaum, 2 Luftschlitze im Dachaufbau, feste Fenster im Vorraum, im Dienstraum 600 mm breite Metallrahmenfenster mit Kniehebelausgleich und Schiebevorhang, feste Fenster mit Schutzgittern im Laderaum, geteiltes Klappfenster im Abort, Kippfenster im Dachaufbau, Bodenklappe über Pufferausgleichvorrichtung, Übergangseinrichtung mit Faltenbalg und Übergangsbrücke.

El. Beleuchtung, Lichtgenerator mit Flachriemen und Speicherbatterie, Abort mit Leibstuhl, Fallrohr mit Saughaube, klappbares Waschbecken, Konsole mit Wasserkanne, Wandbekleidung Linoleum, weiß gestrichen, Xylolithfußboden.

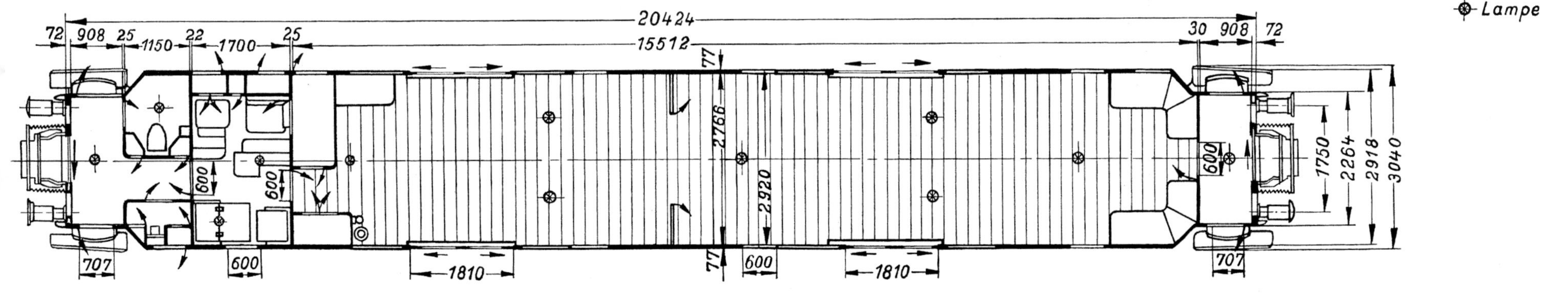

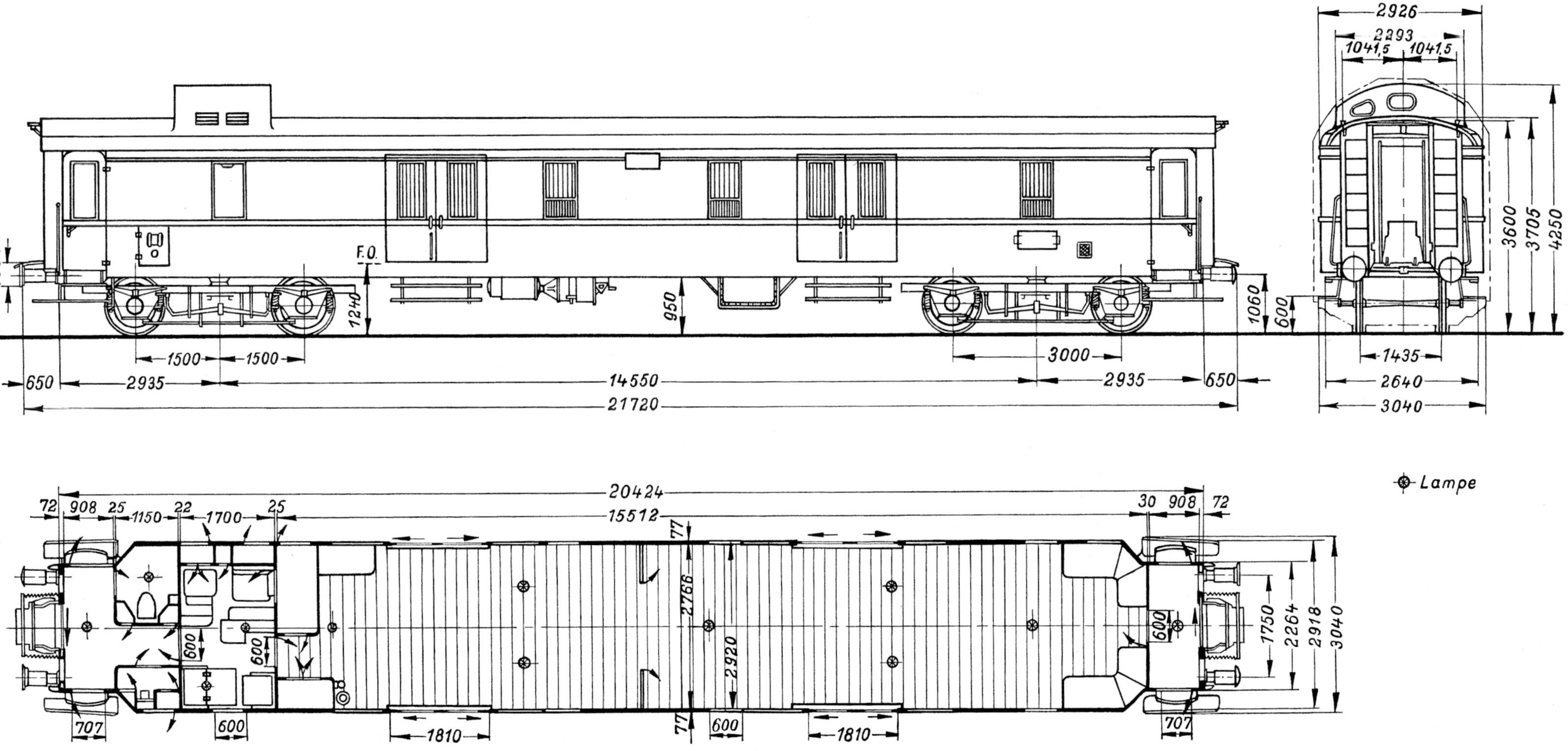

Bemerkungen
Drehgestellbeschreibung Nr. 21
105 600 Stg Versuchsbauart mit stromlinienförmigem Dachaufbau, dieses Fahrzeug ordnete die DB bei der Kodifizierung als Düe[941] (D4ü-37) 92-43 220 ein.

Obige Skizze ist gültig für den Pw4ü-36 (Serienfahrzeug), nebenstehende Aufnahme zeigt den Pw4ü-36a (Versuchsfahrzeug).

Werkfoto LHW, Sammlung Klaus-D. Kroschwald

	1937 I	1937 II
Gattungszeichen	Pw4ü-37	
Nummernreihe	105 617-105 716	105 717•105 871
Gattungsnummer	516	
Fahrzeugprogramme	1937 I	1937 II
Wagenbauverträge	03.966/61.911	03.966/29.301
	39.008/61.912	39.008/29.302
	04.007/61.913	
Planzeichen	Fwpä 29.1 + 29.2	Fwpä 29.1 + 29.2
f. Teilezchg.		Fwpä 30.16•460
Übersichtszchg.	5903/01.01d + 5903/01.02	5903/01.01d + 5903/01.02
Lieferwerke	4	4
Lieferjahre	1937/38	1937/40
insgesamt beschafft	100	155 = 255 Wg
Beschaffungspr. f. Wg.	105 717•105 871	105 717•105 871
1. d. betriebsf. Wg.	k.U.	41.658,00 RM *
2. davon Radsätze	k.U.	1.300,00 RM *
Mehrpreis f. Einb. Hnbr		15× 252,00 RM *
Ausmusterungsjahr f. 105 617•105 871:		DB: 1984; DR: 1991
Länge über Puffer		21.720 mm
Wagenkastenlänge		20.424 mm
Wagenkastenbreite		2.926 mm
Fußboden über SO		1.240 mm
Achsstand gesamt		17.550 mm
Abstand der Drehzapfen		14.550 mm
Achsstand des Drehgestells		3.000 mm
Drehgestellbauart		Görlitz III Leicht (87a)
Planzeichen (Drehgestell)		Fwp 955.04.1
Anzahl der Aborte		1
Anzahl der Schiebetüren		4
Anzahl der Hundeabteile		2
Sicherung der Übergänge		Faltenbalgen
Bremse		Kksbr, z.T. Hnbr
Heizung		Dampf, z.T. elektrisch
Beleuchtung		elektrisch
Ladefläche		40,0 m^2
Ladegewicht		10,0 t
Eigengewicht	k.U.	33,1 t*

Diese D-Zuggepäckwagen-Bauart aus den Fahrzeugprogrammen 1937 I und 1937 II erhielt erstmalig serienmäßige windschnittige Dachaufbauten. Eine Ausnahme bildeten die im freien Geschäft vergebenen Wagen 105 691-105 716 und 105 858-105 871. Die Konstruktion lag in Händen von LHW.

Der Wagengrundriss sah 1 Dienstraum, 1 Laderaum, 1 Abort, 2 Vorräume, 1 Laternenschrank u. 3 Hundeabteile vor, bei 10 Wagen zusätzliches klappbares Zollabteil aus Winkelrahmen mit Streckmetallgitter. Geschweißtes Untergestell mit zurückgesetzten Vorbauten, zweiachsige Drehgestelle Bauart „Görlitz III Leicht" mit Gleitachslagern, Reibungspuffer Bauart Uerdingen mit 450-mm-Puffertellern und Ausgleichvorrichtung, Handbremse im Dienstraum mit Handrad, Stirnwandleitern, über dem Faltenbalg Trittbrett, Signalstützen, vor jeder Eingangs- und Seitenwandschiebetür 2 hölzerne Trittbretter, Einsteigegriffe, Handgriffe an Schiebetüren, geschweißtes Kastengerippe mit zum größten Teil windschnittigem Dachaufbau, Säulen, Dachspriegeln, Vorbau mit parallel eingezogenen Wänden, Rammkonstruktion, Bekleidungsbleche angeschweißt, dagegen Dachbleche angenietet, Tonnendach, innere Wandverkleidung aus Kiefernbrettern, im unteren Teil aus Sperrholz, elfenbeinfarbig bzw. hellgrau gestrichen, Innendecke Stahlblech.

Eingangsdrehtüren, Stirnwandschiebetüren, Drehtüren im Dienstraum und Abortquerwand, Drehtüren in Vorräumen, kleine Drehtüren mit Luftschlitzen vor Laternenschrank und Hundeabteilen, 1.810 mm breite innenliegende Doppel-Seitenwandschiebetüren mit Vorlegebaum, 1 Luftschieber im Dachaufbau, feste Fenster im Vorraum, im Dienstraum 600 mm breite Metallrahmenfenster mit Kniehebelausgleich und Schiebevorhang, feste Fenster mit Schutzgittern im Laderaum, geteiltes Klappfenster im Abort, Kippfenster im Dachaufbau, Bodenklappe über Pufferausgleichvorrichtung, Übergangseinrichtung mit Faltenbalg und Übergangsbrücke.

El. Beleuchtung, Lichtgenerator mit Flachriemen und Speicherbatterie, Abort mit Leibstuhl, Fallrohr mit Saughaube, klappbares Waschbecken, Konsole mit Wasserkanne, Wandbekleidung Linoleum, weiß gestrichen, Xylolithfußboden.

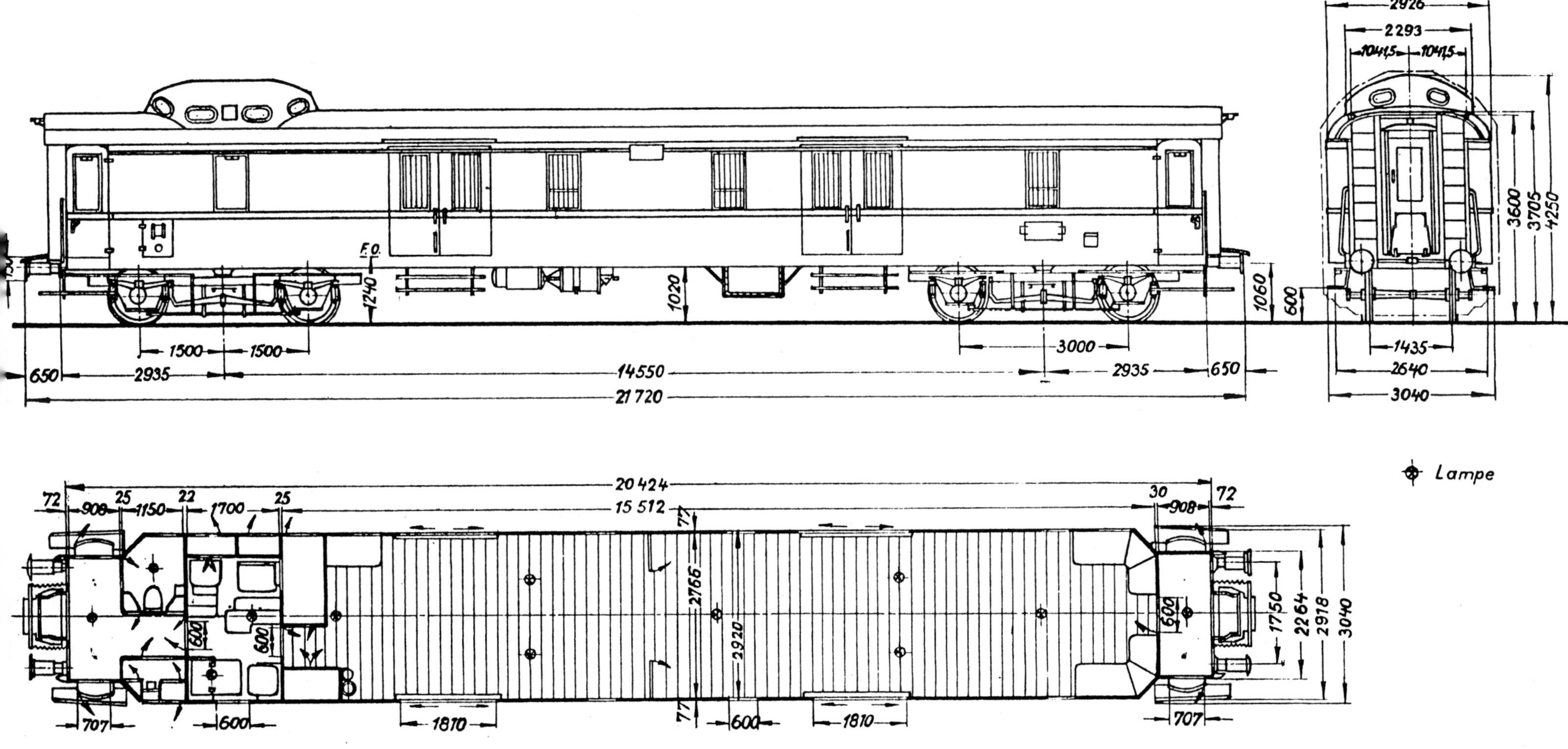

Sammlung Günter Roth

Bemerkungen:
Drehgestellbeschreibung Nr. 27
Bei den bestellten 105 724-105 726 erfolgte 1937 eine Stornierung und Verwendung des Materials zur Fertigung von 3 SalonPw4ü-37 (Wb 76). 1938 musste außerdem der 105 733 auf Wunsch Görings durch das RAW Potsdam zu einem Kraftwagenverladewagen „SalonPw4ü(F)-38" umgebaut werden, Bd. 3. Bei den Fahrzeugen 105 619, 621, 631/633, 635/636, 638, 694, 707, 716, 727, 730/732, 863/864 erfolgte die Umrüstung zu Maschinengepäckwagen I-XVII mit neuem Gattungszeichen MaschPw4ü-37/39. 105 637 nach Unfall bei Genthin (22.12.39) ausgemustert. 105 777-786 nach Fwpä 29.26 (LHW 5903/22.13b) mit einem in der Mitte des Laderaumes liegenden klappbarem Zollabteil. Sie benötigte die RBD Mz für die internationalen Züge nach Paris und Metz.

Werkfoto Wegmann & Co

Die bereits bei den Wagen des Henschel-Wegmann-Zuges (WB Nr. 62 bis 64) zur Anwendung gebrachten Konstruktionsprinzipien versuchten das RZM und die Waggonfabrik Wegmann bei diesem Entwurf teilweise zu übertragen. Besonders bei der Anordnung der Eingangstüren, die jetzt in der Seitenwandebene lagen, musste Neuland betreten werden, daher kamen 2 Varianten zur Ausführung. Der Wagengrundriss sah 9 Abteile 3. Kl. mit 1.700 mm Länge, 2 Vorräume, 2 Aborte und 1 Seitengang mit 755 mm Breite vor.

Geschweißtes Untergestell mit eingezogenen Einstiegen, zweiachsige Drehgestelle Bauart „Görlitz III Leicht" mit Rollenachslagern, Reibungspuffer Bauart Uerdingen mit 450-mm-Puffertellern, Handbremse mit Handrad in einem Vorraum, Stirnwandleitern mit Handgriffen, Signalstützen in mehreren unterschiedlichen Ausführungen, windschnittige Dachschlussleuchte, vor jeder Eingangstür 2 Trittbretter, innenliegende Einsteigegriffe, geschweißtes Kastengerippe, teilweise mit Schürzen, Säulen, Dachspriegeln, windschnittig, Rammkonstruktion, Bekleidungs- und Dachbleche angeschweißt, Tonnendach. Eingangsdreh(knick)türen in 2 Ausführungsarten, Stirnwandschiebetüren mit festen Fenstern, Abteilschiebetüren, 3 Pendeltüren, Drehtüren in Abortquerwänden, Entlüftung der Abteile durch 9 neuartige Luftsauger und Lüftungsrosetten innerhalb der Lampen, 1.000 mm breite Leichtmetallrahmenfenster mit Gewichtsausgleich, 2 Lüftungsklappen über den Abteilfenstern, Rollvorhänge, Fensterschutzmäntel, 2 feste Fenster in der Stirnwand und 2 im Seitengang, geteilte Klappfenster in Aborten, Übergangseinrichtung mit Faltenbalg und Übergangsbrücke.

Sitzteilung 0+4, unter den Abteilfenstern je 1 Klapptisch, z.T. mit ortsbeweglichen Metalltischen, Linoleumfußboden, el. Beleuchtung, Lichtgenerator mit Flachriemen und Speicherbatterie, Abort mit Xylolithplatten und Leibstuhl, Fallrohr mit Saughaube, Waschbecken, Waschtischschrank mit 2 Wasserkannen, Rollenhandtücher, Seifenspender, Spiegel, Papierrollenhalter und Reinigungsgeräteschrank.

Gattungszeichen		C4ü-36a
Nummernreihe		17 122-17 123 17 126-17 129
Gattungsnummer		116
Fahrzeugprogramm		1936 II
Wagenbauvertrag		03.966/61.839
Planzeichen		Fwp 324.001
Übersichtszeichnung		3168b/72 Weg, P 5276
Lieferwerk		Weg WA 3168
Lieferjahre		1936-1937
insgesamt beschafft		6 Wagen
Beschaffungspreis für Wagen		aufgeführt in Wb 22
für Radsätze		aufgeführt in Wb 22
für Wagenteil ohne Radsätze		aufgeführt in Wb 22
Ausmusterungsjahr		DB: 1981; DR –
Länge über Puffer		21.270 mm
Wagenkastenlänge	20.960 *	20.970 mm
Wagenkastenbreite		2.928 mm
Fußboden über SO		1.240 mm
Achsstand gesamt		17.270 mm
Abstand der Drehzapfen		14.270 mm
Achsstand des Drehgestells		3.000 mm
Drehgestellbauart		Görlitz III Leicht (87)
Planzeichen (Drehgestell)		Fwp 959a.04.1
Anzahl der Aborte		2
Anzahl der Abteile		9
Sitzplätze 1. Klasse		–
2. Klasse		–
3. Klasse		72
Militärtransport		–
für Krankentransport		–
Sicherung der Übergänge		Faltenbalgen
Bremse		Kksbr, Hnbr
Heizung		Dampf, elektrisch
Beleuchtung		elektrisch
Eigengewicht		40,2 t

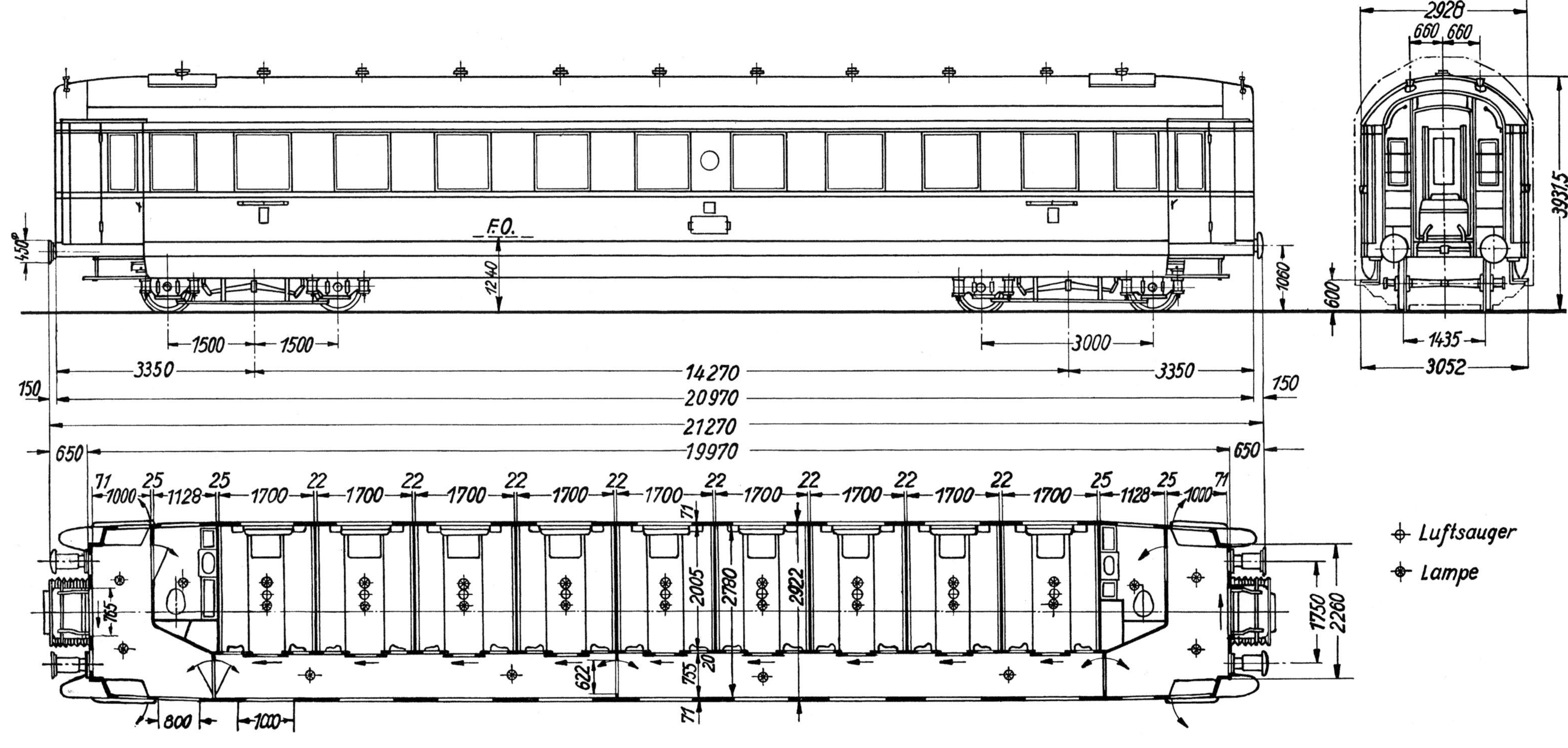

Bemerkungen:
Drehgestellbeschreibung Nr. 28
Entwicklungsbauart
17 122+17 123, 17 126+17 127 Hl Eingangstüren Wegmann*, 17 128 + 17 129 Mz Eingangstüren RZA, 17 123+17 129 ohne Schürzen, Türvorschlag Wegmann Fwp 317.129 (3168/32), Türvorschlag RZA Bln Fwp 317.128 (3168/36), ursprünglich 17 118+17 119, 17 128+17 129 Hl und 17 130+17 131 Mz als Wagennummern vorgesehen.
Die Bereinigung des Nummernplanes brachte 1955 die Umzeichnung des 17 123 in 17 451 (II) mit sich.

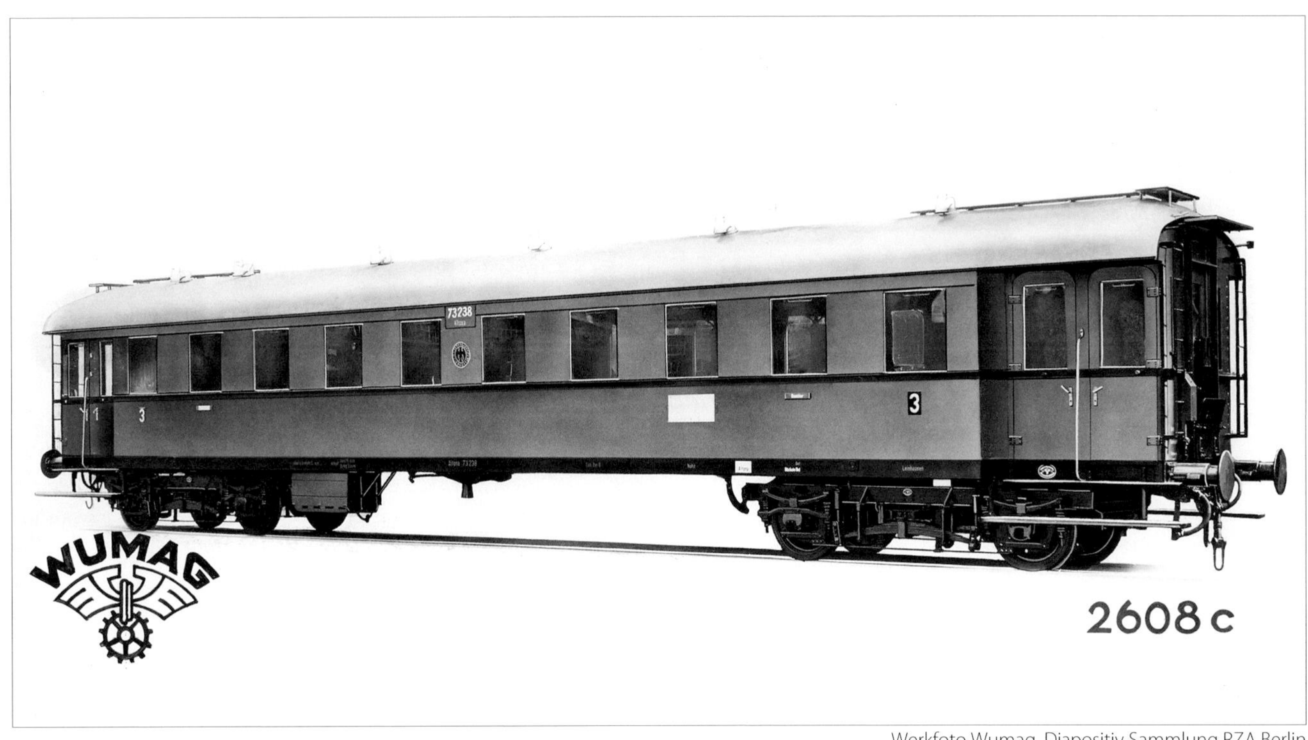

Werkfoto Wumag, Diapositiv Sammlung RZA Berlin

Für Konstruktion und Bau dieser beiden Versuchsfahrzeuge zeichnete die Waggonfabrik Wumag, Görlitz, verantwortlich. Die Grundkonzeption eines vierachsigen 3.-Kl.-Durchgangswagen durfte dabei nicht verlassen werden. Die Firma legte ihr besonderes Augenmerk auf eine leichte Innenausstattung, um auch hier an Gewicht zu sparen.

Der Wagengrundriss sah in der 3. Klasse 1 geschlossenes Abteil mit 1.550 mm, 7 offene mit 1.550 mm und 2 mit 1.547 mm Länge, 2 Vorräume und 2 Aborte vor.

Geschweißtes Untergestell mit zurückgesetzten Vorbauten, zweiachsige Drehgestelle Bauart „Görlitz III Leicht" mit Gleitachslagern, Hülsenpuffer mit 500-mm-Puffertellern, Handbremse mit Handrad in einem Vorraum, Stirnwandleitern, Sprungbrett, Dachhandgriffe und -laufbretter, Signalstützen, vor den Eingangstüren 2 hölzerne Trittbretter – die oberen abgerundet, Einsteigegriffe, geschweißtes Kastengerippe mit Säulen, Dachspriegeln, Rammblechen, Vorbau mit parallel eingezogenen Wänden, Bekleidungsbleche angeschweißt, Dachbleche dagegen aufgenietet, Tonnendach.

Seiteneingangstüren in Vorbauten, Stirnwandschiebetüren mit festen Fenstern, Drehtüren in Zwischen- und Abortquerwänden, Vorraumschiebetüren, Übergangsschutztüren, Wendler-Luftsauger mit Luftsaugerkästen und Lüftungsrosetten für Abteile und Schaltschrank, 800 mm breite Metallrahmenfenster mit Kniehebelausgleich, 600 mm breite, geteilte Klappfenster in Aborten, feste Fenster in Stirnwänden, Rollvorhänge, Übergangsbrücke mit Scherengitter.

Unterteilung des Innenraumes durch halbhohe Zwischenwände in Einzelabteile, Sitzteilung 2+3 mit 472 mm breitem Mittelgang, Armlehnen an den Außenwänden, Ablegetische, Linoleumfußboden, el. Beleuchtung, Lichtgenerator mit Flachriemenantrieb und Speicherbatterie, Abort mit Xylolithfußboden und Leibstuhl, Fallrohr mit Saughaube, Papierrollenhalter, Waschbecken, Seifenspender, Waschtisch- und Reinigungsgeräteschrank, 2 Wasserkannen, Rollenhandtücher, Spiegel, Linoleumbekleidung und Leisten weiß gestrichen.

Gattungszeichen			C4i-32
Nummernreihe	73 237	+	73 238
Gattungsnummer			–
Fahrzeugprogramm			1932
Wagenbauvertrag			03.966/26.9952 v. 1.11.32
Planzeichen			Fwp 551.501 fr. B.e. 6371 ff
Übersichtszeichnung			Gör C4i-1022
Lieferwerk			Wum WA 8391
Lieferjahr			1933
insgesamt beschafft			2 Wagen
Beschaffungspreis für	73 237	+	73 238
1. d. betriebsfertigen Wg.	54.424,25		57.382,85 RM *
2. davon Radsätze	1.191,00		1.285,80 RM *
Ausmusterungsjahr	DB: –; DR: –		DB: –; DR: –
Länge über Puffer			20.960 mm
Wagenkastenlänge			19.660 mm
Wagenkastenbreite			3.003 mm
Fußboden über SO			1.240 mm
Achsstand gesamt			16.300 mm
Abstand der Drehzapfen			13.300 mm
Achsstand des Drehgestells			3.000 mm
Drehgestellbauart	Gör III L (67)		Görlitz III L (66)
Planzeichen (Drehgestell)	Fwp 942b.04.1		Fwp 942a.04.1
Anzahl der Aborte			2
Anzahl der Abteile			10
Sitzplätze 1. Klasse			–
2. Klasse			–
3. Klasse			84
Militärtransport			keine Unterlagen
für Krankentransport			–
Sicherung der Übergänge			Scherengitter
Bremse	Kkp 3 Br		Trommelbr
Heizung			Dampf
Beleuchtung			elektrisch
Eigengewicht	32,1 t *		31,0 t *

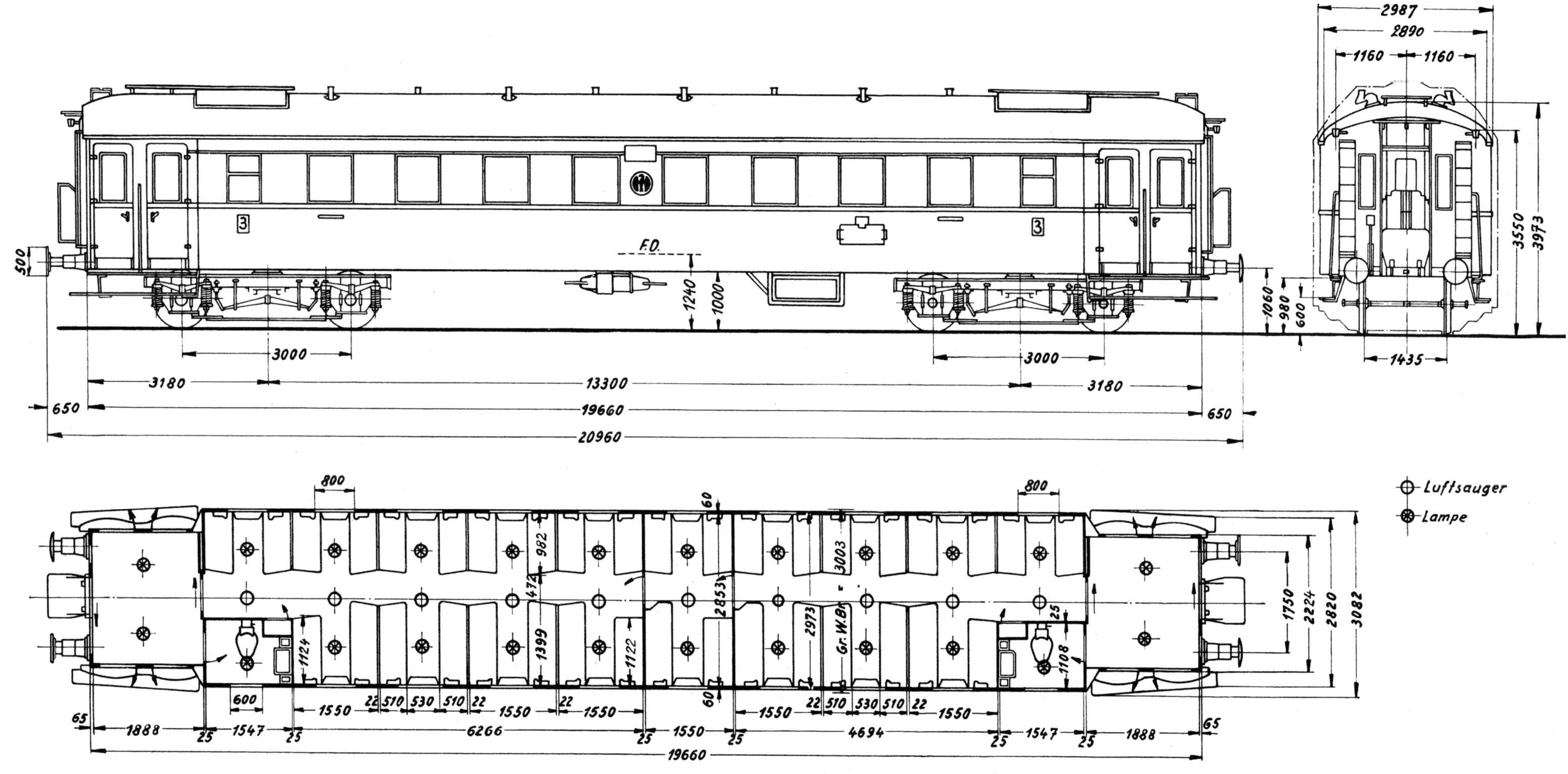

Bemerkungen:
Drehgestellbeschreibungen Nr. 11 + 10
Entwicklungsbauart
73 237 Kiew + 73 238 Riga liefen im RuSF-Verkehr.

Gattungszeichen	C4i-32a
Nummernreihe	73 239 Köl
Gattungsnummer	–
Fahrzeugprogramm	1932
Wagenbauvertrag	03.966/26.9952 v. 15.3.33
Planzeichen	Fwp 551.1 fr. B.e. 6371 ff
Übersichtszeichnung	30 520 Ab WWk
Lieferwerk	WWk WA 10 015
Lieferjahr	1933
insgesamt beschafft	1 Wagen
Beschaffungspreis für	73 239 Köl
1. den betriebsfertigen Wagen	53.746,75 RM *
2. davon Radsätze	1.191,00 RM *
Ausmusterungsjahr	DB: –; DR: –
Länge über Puffer	20.960 mm
Wagenkastenlänge	19.660 mm
Wagenkastenbreite	3.003 mm
Fußboden über SO	1.240 mm
Achsstand gesamt	16.300 mm
Abstand der Drehzapfen	13.300 mm
Achsstand des Drehgestells	3.000 mm
Drehgestellbauart	Görlitz III Leicht (68)
Planzeichen (Drehgestell)	Fwp 939a.04.1
Anzahl der Aborte	2
Anzahl der Abteile	10
Sitzplätze 1. Klasse	–
2. Klasse	–
3. Klasse	84
Militärtransport	keine Unterlagen
für Krankentransport	–
Sicherung der Übergänge	Scherengitter
Bremse	Kkp 3 Br
Heizung	Dampf
Beleuchtung	elektrisch
Eigengewicht	29,3 t *

Die VWW, Köln-Deutz, gehörten ebenfalls zu den Firmen, die von der Reichsbahn beauftragt wurden, geschweißte Versuchsfahrzeuge der vierachsigen Durchgangsbauart zu konstruieren und zu bauen. Auch hier mussten die Hauptabmessungen und Einteilungen der bisherigen 3.-Klasse-Bauart erhalten bleiben.
Der Wagengrundriss sah in der 3. Klasse 1 geschlossenes Abteil mit 1.556 mm, 9 offene mit 1.550 mm, 2 Vorräume und 2 Aborte vor.
Geschweißtes Untergestell mit zurückgesetzten Vorbauten, zweiachsige Drehgestelle Bauart „Görlitz III Leicht" mit Gleitachslagern, Hülsenpuffer mit 500-mm-Puffertellern, Handbremse mit Handrad in einem Vorraum, Stirnwandleitern, Sprungbrett, Dachhandgriffe und -laufbretter, Signalstützen, vor den Eingangstüren 2 hölzerne Trittbretter – die oberen abgerundet, Einsteigegriffe, geschweißtes Kastengerippe mit gesenktem Obergurt, Säulen, Dachspriegeln, Rammblechen, Vorbau mit parallel eingezogenen Wänden, Bekleidungsbleche angeschweißt, Dachbleche dagegen aufgenietet, Tonnendach. Seiteneingangstüren in Vorbauten, Stirnwandschiebetüren mit festen Fenstern, Drehtüren in Zwischen- und Abortquerwänden, Vorraumschiebetüren, Übergangsschutztüren, Wendler-Luftsauger mit Luftsaugerkästen und Lüftungsrosetten für Abteile und Schaltschrank, 800 mm breite Metallrahmenfenster, je zur Hälfte mit Kniehebelausgleich bzw. mit Deutz-Fensterhebern, 600 mm breite, geteilte Klappfenster in Aborten, feste Fenster in Stirnwänden, Rollvorhänge, Übergangsbrücke mit Scherengitter.
Unterteilung des Innenraumes durch halbhohe Zwischenwände in Einzelabteile, Sitzteilung 2+3 mit 466 mm breitem Mittelgang, Armlehnen an den Außenwänden, Ablegetische, Linoleumfußboden, el. Beleuchtung, Lichtgenerator mit Flachriemenantrieb und Speicherbatterie, Abort mit Xylolithfußboden und Leibstuhl, Fallrohr mit Saughaube, Papierrollenhalter, Waschbecken, Seifenspender, Waschtisch- und Reinigungsgeräteschrank, 2 Wasserkannen, Rollenhandtücher, Spiegel, Linoleumbekleidung und Leisten weiß gestrichen.

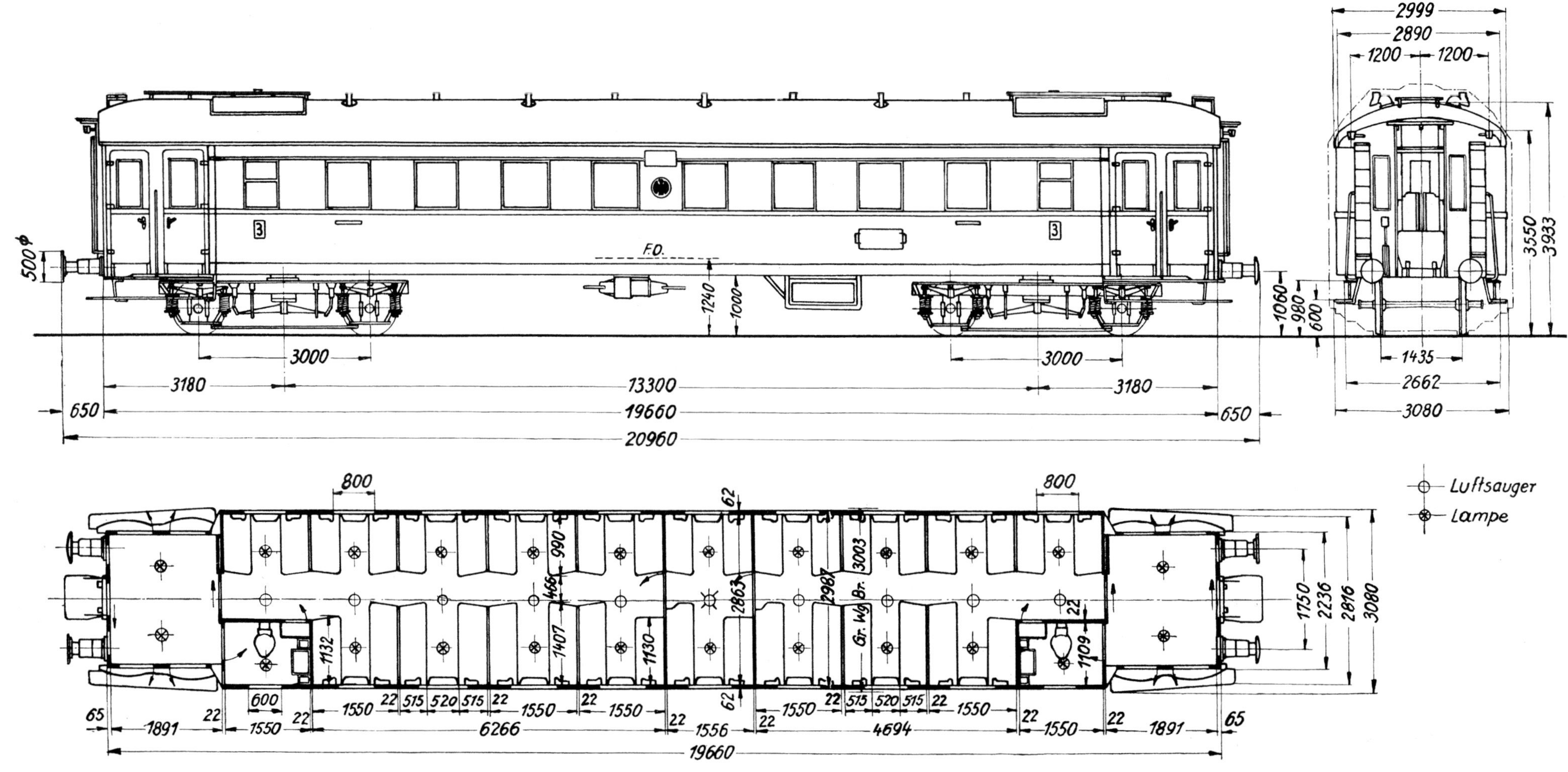

Bemerkungen:
Drehgestellbeschreibung Nr. 14
Entwicklungsbauart
73 239 Riga eingesetzt im RuSF-Verkehr.

Werkfoto VWW, Köln-Deutz

Gattungszeichen	C4i-32b
Nummernreihe	73 240
Gattungsnummer	–
Fahrzeugprogramm	1932
Wagenbauvertrag	03.966/26.9952 v. 15.3.33
Planzeichen	Fwp 551.251 fr. B.e. 6371 ff
Übersichtszeichnung	30 520 Ab WWk
Lieferwerk	WWk WA 10 015
Lieferjahr	1933
insgesamt beschafft	1 Wagen
Beschaffungspreis für	73 240
1. den betriebsfertigen Wagen	59.807,95 RM *
2. davon Radsätze	4.591,20 RM *
Ausmusterungsjahr	DB: 1979; DR: –
Länge über Puffer	20.960 mm
Wagenkastenlänge	19.660 mm
Wagenkastenbreite	3.003 mm
Fußboden über SO	1.240 mm
Achsstand gesamt	16.300 mm
Abstand der Drehzapfen	13.300 mm
Achsstand des Drehgestells	3.000 mm
Drehgestellbauart	Görlitz III Leicht (69)
Planzeichen (Drehgestell)	Fwp 939b.04.1
Anzahl der Aborte	2
Anzahl der Abteile	10
Sitzplätze 1. Klasse	–
2. Klasse	–
3. Klasse	84
Militärtransport	keine Unterlagen
für Krankentransport	–
Sicherung der Übergänge	Scherengitter
Bremse	Zangenbr
Heizung	Dampf
Beleuchtung	elektrisch
Eigengewicht	37,64 t *

Das nachstehend beschriebene Versuchsfahrzeug ist das zweite, welches die VWW, Köln-Deutz, konstruierten. Hierbei legte das Werk einen besonderen Wert auf die Ausführung der Wandstärken bei den Zwischenwänden, die sie schwächer als üblich ausführte und auf diesem Wege so zu größeren Abteilabmessungen bzw. zu Gewichtseinsparungen zu gelangen.
Der Wagengrundriss sah in der 3. Klasse 1 geschlossenes Abteil mit 1.563 mm, 9 offene mit 1.557 mm, 2 Vorräume und 2 Aborte vor.
Geschweißtes Untergestell mit zurückgesetzten Vorbauten, zweiachsige Drehgestelle Bauart „Görlitz III Leicht" mit Gleitachslagern, Hülsenpuffer mit 500-mm-Puffertellern, Handbremse mit Handrad in einem Vorraum, Stirnwandleitern, Sprungbrett, Dachhandgriffe und -laufbretter, Signalstützen, vor den Eingangstüren 2 hölzerne Trittbretter – die oberen abgerundet, Einsteigegriffe, geschweißtes Kastengerippe mit gesenktem Obergurt, Säulen, Dachspriegeln, Rammblechen, Vorbau mit parallel eingezogenen Wänden, Bekleidungsbleche angeschweißt, Dachbleche dagegen aufgenietet, Tonnendach. Seiteneingangstüren in Vorbauten, Stirnwandschiebetüren mit festen Fenstern, Drehtüren in Zwischen- und Abortquerwänden, Vorraumschiebetüren, Übergangsschutztüren, Wendler-Luftsauger mit Luftsaugerkästen und Lüftungsrosetten für Abteile und Schaltschrank, 800 mm breite Metallrahmenfenster mit Kniehebelausgleich, 600 mm breite, geteilte Klappfenster in Aborten, feste Fenster in Stirnwänden, Rollvorhänge, Übergangsbrücke mit Scherengitter.
Unterteilung des Innenraumes durch halbhohe Zwischenwände in Einzelabteile, Sitzteilung 2+3 mit 466 mm breitem Mittelgang, Armlehnen an den Außenwänden, Ablegetische, Linoleumfußboden, el. Beleuchtung, Lichtgenerator mit Flachriemenantrieb und Speicherbatterie, Abort mit Xylolithfußboden und Leibstuhl, Fallrohr mit Saughaube, Papierrollenhalter, Waschbecken, Seifenspender, Waschtisch- und Reinigungsgeräteschrank, 2 Wasserkannen, Rollenhandtücher, Spiegel, Linoleumbekleidung und Leisten weiß gestrichen.

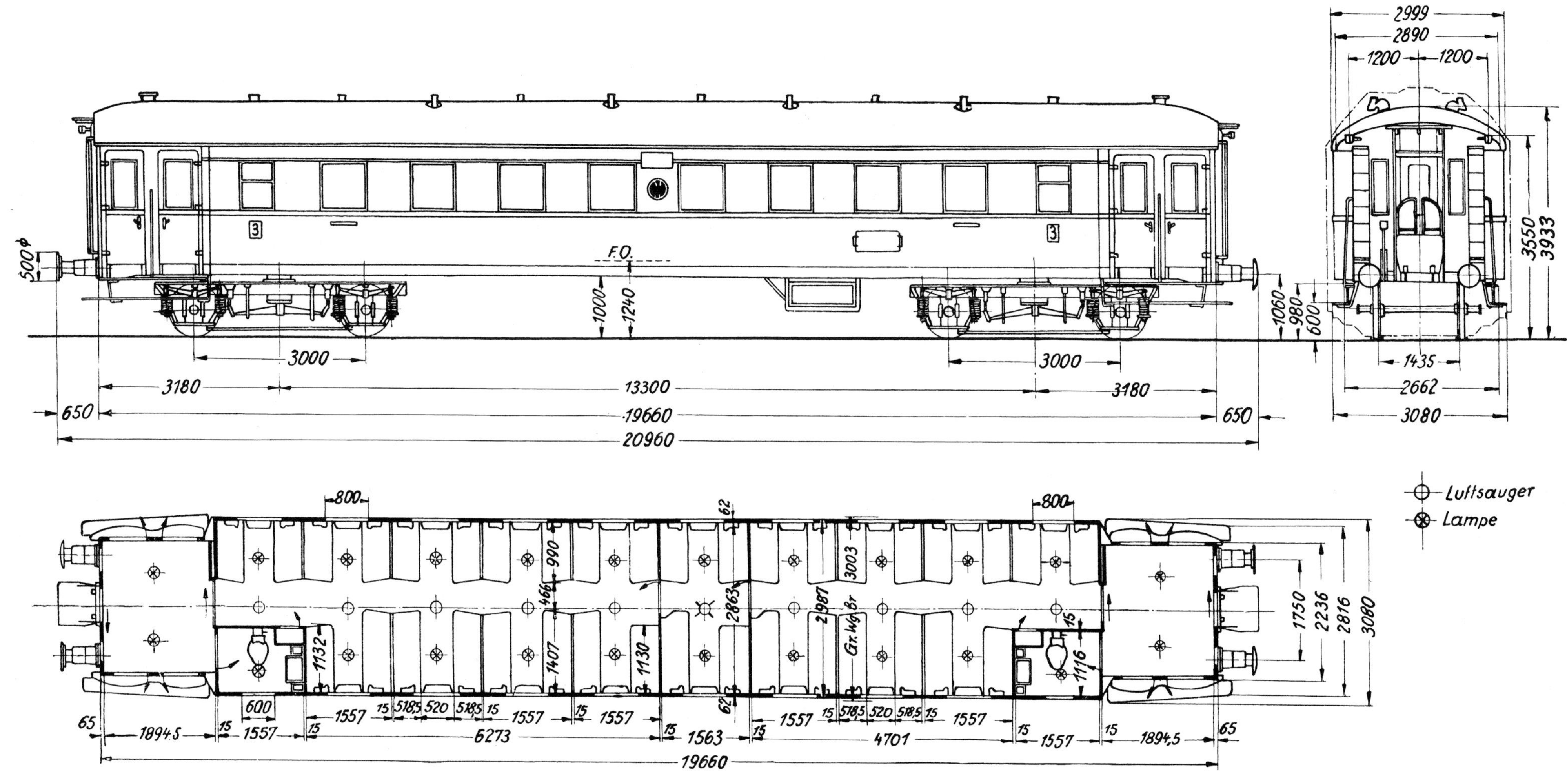

Bemerkungen:
Drehgestellbeschreibung Nr. 15
Entwicklungsbauart
73 240 Riga eingesetzt im RuSF-Verkehr, die Bereinigung des Nummernplanes brachte 1955 die Umzeichnung des 73 240 in 73 235 (II) mit sich,

sp. 657 29-13 620.

Werkfoto MAN

Die Waggonfabrik MAN in Nürnberg erhielt als drittes Werk von der Reichsbahn den Auftrag, einen vierachsigen Durchgangswagen 3. Klasse in geschweißter Bauart zu entwickeln und zu bauen, wobei auch hier die Hauptabmessungen sowie Einteilungen der bisherigen 3.-Klasse-Wagen übernommen werden mussten.

Der Wagengrundriss sah in der 3. Klasse 1 geschlossenes Abteil mit 1.550 mm, 7 offene mit 1.550 mm und 2 mit 1.547 mm Länge, 2 Vorräume und 2 Aborte vor.

Geschweißtes Untergestell mit zurückgesetzten Vorbauten, zweiachsige Drehg.-Ba „Görlitz III Leicht" mit Gleitachslagern, Hülsenpuffer mit 500-mm-Puffertellern, Handbremse mit Handrad in einem Vorraum, Stirnwandleitern, Sprungbrett, Dachhandgriffe und -laufbretter, Signalstützen, vor den Eingangstüren 2 hölzerne Trittbretter, Einsteigegriffe, geschweißtes Kastengerippe mit gesenktem Obergurt, Säulen, Dachspriegeln, Rammblechen, Vorbau mit parallel eingezogenen Wänden, Bekleidungsbleche angeschweißt, Dachbleche dagegen aufgenietet, untere Seitenwandbleche mit Längssicken, Tonnendach. Seiteneingangstüren in Vorbauten, Stirnwandschiebetüren mit festen Fenstern, Drehtüren in Zwischen- und Abortquerwänden, Vorraumschiebetüren, Übergangsschutztüren, Wendler-Luftsauger mit Luftsaugerkästen und Lüftungsrosetten für Abteile und Schaltschrank, 800 mm breite Metallrahmenfenster mit Kniehebelausgleich, 600 mm breite, geteilte Klappfenster in Aborten, feste Fenster in Stirnwänden, Rollvorhänge, Übergangsbrücke mit Scherengitter.

Unterteilung des Innenraumes durch halbhohe Zwischenwände in Einzelabteile, Sitzteilung 2+3 mit 470 mm breitem Mittelgang, Armlehnen an den Außenwänden, Ablegetische, Linoleumfußboden, el. Beleuchtung, Lichtgenerator mit Flachriemenantrieb und Speicherbatterie, Abort mit Xylolithfußboden und Leibstuhl, Fallrohr mit Saughaube, Papierrollenhalter, Waschbecken, Seifenspender, Waschtisch- und Reinigungsgeräteschrank, 2 Wasserkannen, Rollenhandtücher, Spiegel, Linoleumbekleidung und Leisten weiß gestrichen.

Gattungszeichen			C4i-32c
Nummernreihe			73 241+73 242
			73 313-73 315
Gattungsnummer			–
Fahrzeugprogramme			1932+1933 Ü
Wagenbauverträge			03.966/26.9952 v. 1.11.32
			03.966/61. 804 v. 1.1.34
Planzeichen			Fwp 551.1
Übersichtszeichnung			C4i-20 081 MAN
Lieferwerk			MAN WA 6983
			MAN WA 6993
Lieferjahre			1933/34
insgesamt beschafft			5 Wagen
Beschaffungspreis für	73 241	73 242	73 313-73 315
1. d. betriebsf. Wg.	54.094,85	54.571,05	53.483 RM *
2. davon Radsätze		1.191,00 RM *	
Ausmusterungsjahr			DB: 1982; DR: –
Länge über Puffer			20.960 mm
Wagenkastenlänge			19.660 mm
Wagenkastenbreite			3.021 mm
Fußboden über SO			1.240 mm
Achsstand gesamt			16.300 mm
Abstand d. Drehzapfen			13.300 mm
Achsst. d. Drehgestells			3.000 mm
Drehgestellbauart	Gör III L (68)	Gör III L (70)	Gör III L (77)
Planzeichen (Drehgestell)	Fwp 939a.04.1	Fwp 939c.04.1	
			Fwp 943.04.1
Anzahl der Aborte			2
Anzahl der Abteile			10
Sitzplätze 1. Klasse			–
2. Klasse			–
3. Klasse			84
Militärtransport			keine Unterlagen
für Krankentransport			–
Sicherung der Übergänge			Scherengitter
Bremse	Kkp 3 Br	Kkp 3 geteilt	Hikp
Heizung			Dampf
Beleuchtung			elektrisch
Eigengewicht	32,7 t	30,1 t	35,7 t *

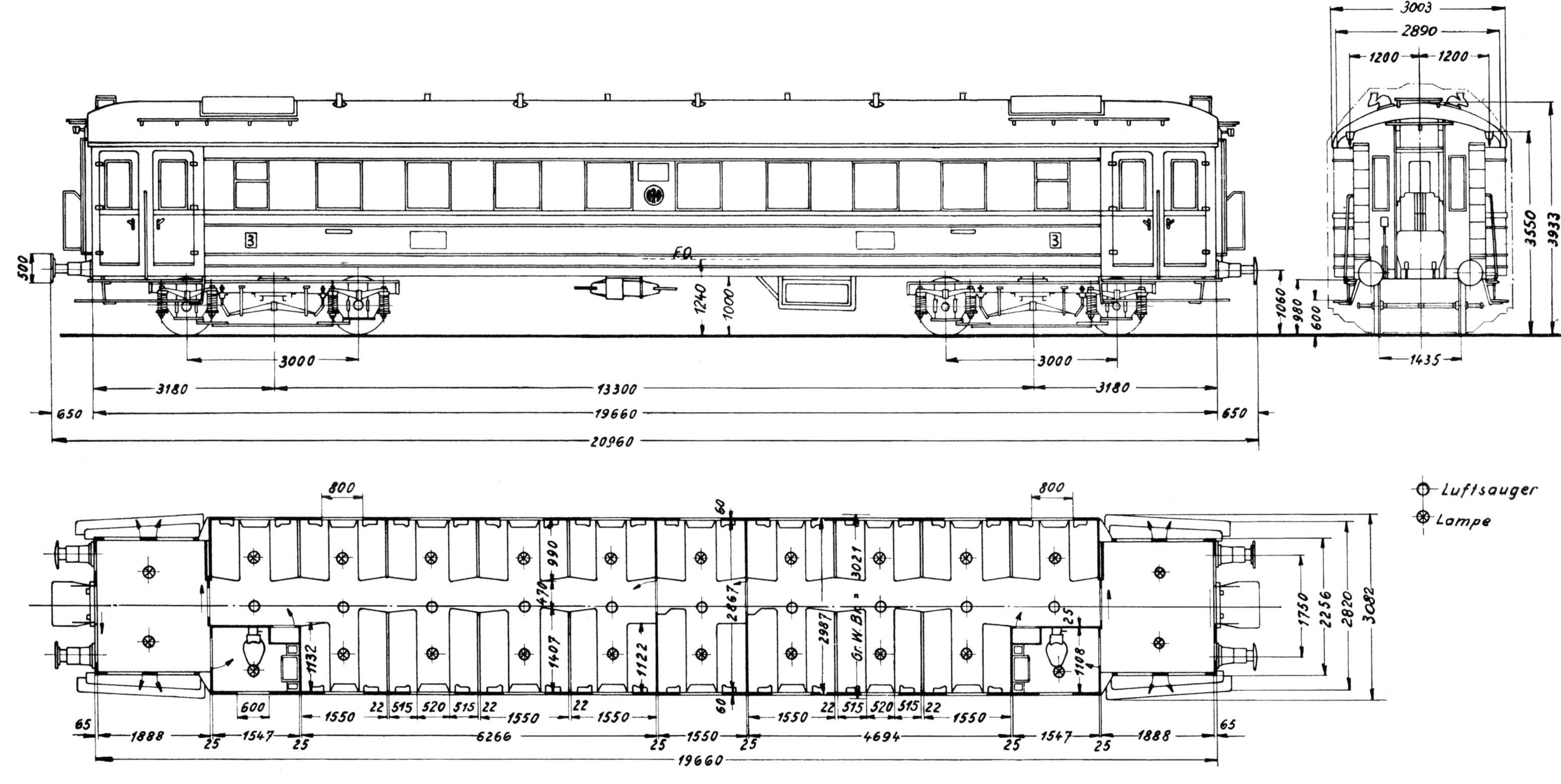

Bemerkungen:
Drehgestellbeschreibungen Nr. 14 + 16 + 18
Entwicklungsbauart
73 242 mit geteilter Kkp-Bremse, 73 313-73 315 Mü Nachbau mit Hikp-Bremse und Bremstrommeln, gesenktem Obergurt, el. Hz, Korkspritzisolierung, F-Nr.: 126 876 + 126 877, 126 936-126 938.
73 241 Kiew und 73 242 Kiew liefen im RuSF-Verkehr. Die Bereinigung des Nummernplanes brachte 1955 die Umzeichnung des 73 241 in 73 236 (II) mit sich, sp. 658 29-13 621

Richard Schulz

Bei dieser Bauart handelte es sich um das 1. Entwicklungsfahrzeug, für das die VWW in Köln-Deutz die Konstruktion und den Bau durchführten. Sie lehnte sich, wenn auch mit einigen wesentlichen Änderungen (z.B. Vergrößerung der Ladefläche von rd. 34 auf rd. 41 m², dies gelang durch die Verwendung der Längen- und Breitenabmessungen des BC4i-Wagens und innenliegender Schiebetüren Die Reichsbahn gab hiernach die Serienfahrzeuge in Auftrag.

Der Wagengrundriss sah 1 Dienstraum in bisheriger Ausführung, 1 Laderaum (vorbereitet für den nachträglichen Einbau einer Küche und Anrichte), 1 Abort, 2 Vorräume, 1 Laternenschrank und 3 Hundeabteile vor, die vom NHBrE jetzt auf die Bremsseite verlegt wurden. Genietetes Untergestell mit zurückgesetzten Vorbauten, zweiachsige Drehg.-Ba „Görlitz III leicht" mit Gleitachslagern, Hülsenpuffer mit 500-mm-Puffertellern und Ausgleichvorrichtung, Handbremse im Dienstraum mit Handrad, Stirnwandleitern, Trittbrett, Signalstützen, 2 hölzerne Trittbretter vor Eingangs- und Seitenwandschiebetüren, genietetes z.T. geschweißtes Kastengerippe mit Dachaufbau, Säulen, Dachspriegeln und Rammblechen, Vorbau mit parallel eingezogenen Wänden, Bekleidungs- und Dachbleche aufgenietet, flachgewölbtes Tonnendach, innere Wandverkleidung aus Kiefernbrettern, unten hellgrau, oben elfenbeinfarbig gestrichen, Deckenverkleidung aus Blech. Eingangsdrehtüren, Stirnwandschiebetüren mit festen Fenstern, Drehtüren im Dienstraum und Abortlängswand, kleine Drehtüren mit Luftschlitzen vor Laternenschrank und Hundeabteilen, 1.720 mm breite einfache bzw. 1.810 mm breite doppelte innenliegende Seitenwandschiebetüren mit festen Fenstern, Vorlegebaum, 2 Grove-Luftsauger am Dachaufbau, feste Fenster im Vorraum, im Dienstraum 600 mm breite Metallrahmenfenster mit Kniehebelausgleich, Rollvorhang, feste Fenster mit Schutzgittern im Laderaum, geteiltes Klappfenster im Abort und Kippfenster im Dachaufbau, Bodenklappe über Pufferausgleichvorrichtung, Übergangsbrücke mit Scherengitter.

El. Beleuchtung, Lichtgenerator mit Flachriemen, Speicherbatterie, Abort mit Leibstuhl, Fallrohr mit Saughaube, klappbares Waschbecken, Konsole mit Wasserkanne, Xylolithfußboden.

Gattungszeichen	Pw4i -32 Pw4ik-32
Nummernreihe	112 306 Hl 112 308-112 376
Gattungsnummer	521
Fahrzeugprogramme	1932+1933
Wagenbauverträge	03.966/26.9955 k. Angabe 03.966/61.4201 v. 1.4.33
Planzeichen	Fwpä 25.1
Übersichtszeichnung	31 007 Ag WWk 30 998 A WWk
Lieferwerk	WWk WA 10 009 WWk WA 10 018
Lieferjahr	1932
insgesamt beschafft	1 + 69 = 70 Wagen
Beschaffungspreis für	112 306 Hl
1. den betriebsfertigen Wagen	44.669,00 RM *
2. davon Radsätze	1.191,00 RM *
Ausmusterungsjahr	DB: 1984; DR: 1980 (3)
Länge über Puffer	20.960 mm
Wagenkastenlänge	19.660 mm
Wagenkastenbreite	3.003 mm
Fußboden über SO	1.240 mm
Achsstand gesamt	16.300 mm
Abstand der Drehzapfen	13.300 mm
Achsstand des Drehgestells	3.000 mm
Drehgestellbauart	Görlitz III leicht (51)
Planzeichen (Drehgestell)	Fwp 902.04.1 (905.04.000)
Anzahl der Aborte	1
Anzahl der Schiebetüren	4
Anzahl der Hundeabteile	3
Sicherung der Übergänge	Scherengitter
Bremse	Kkpbr
Heizung	Dampf, z.T.elektrisch
Beleuchtung	elektrisch
Ladefläche	40,0 m²
Ladegewicht	10,0 t
Eigengewicht	33,584 t *

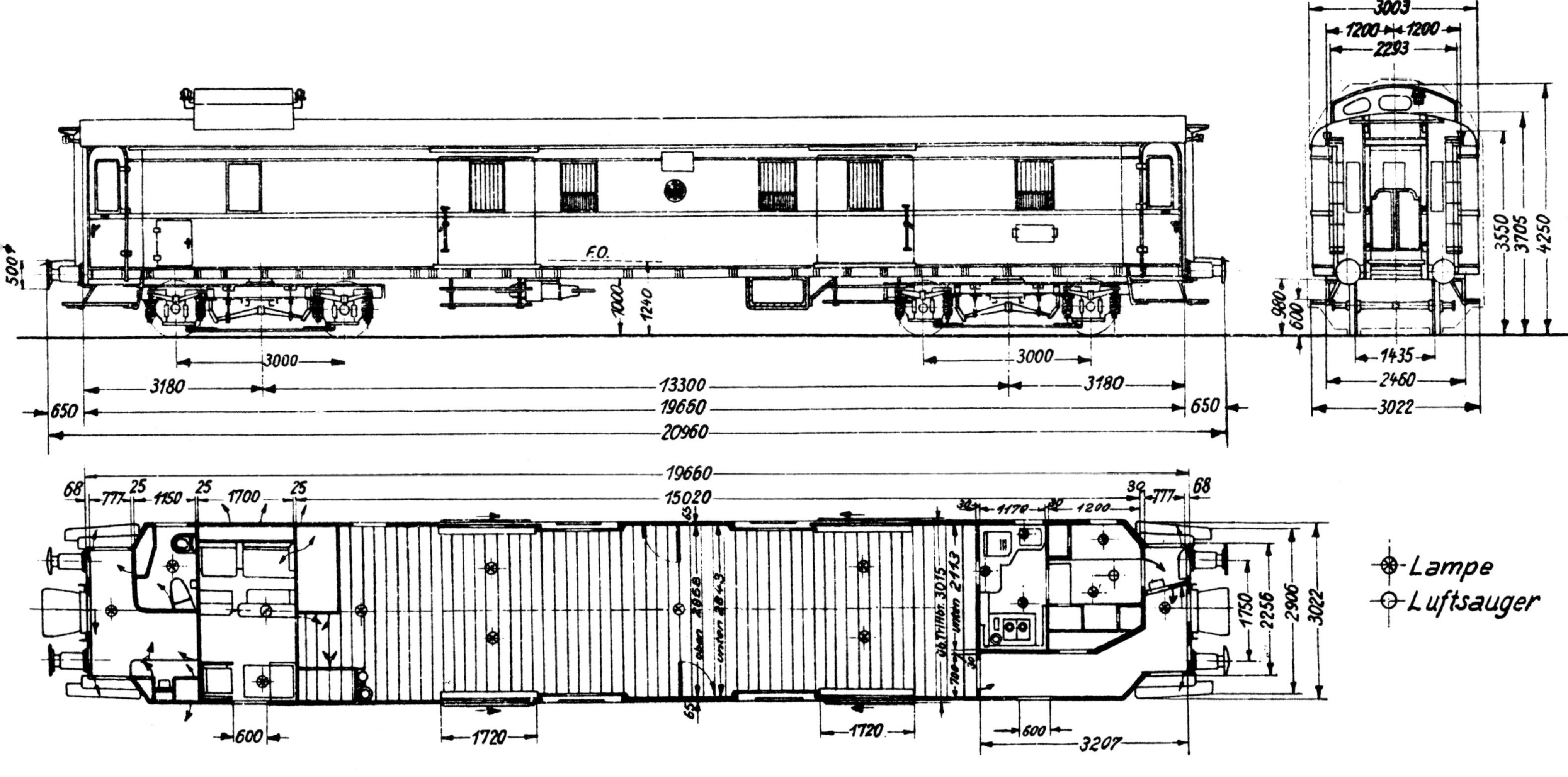

Bemerkungen:
Drehgestellbeschreibung für 112 306 Hl, 112 308-112 376 = s. Bd. 1, S. 27.
112 306 Hl als Entwicklungsfahrzeug gebaut.
Beim 112 356 Mz erfolgte 1937 ein Umbau, neues Gattungszeichen Pw4ik-32/37, (3) Rückbau in Pw4ü, ausgemustert 1989.

Lt. Bestandskarten 9 Wagen mit innenliegender zweiflügeliger Schiebetür nach Fwpä 25.285 (32 349 A WWk).
112 308+309, 316+317, 320, 326+327, 330+331, 339, 345-349, 356, 358, 360-364, 367+368 erhielten 1933/34 durch das RAW Gotha eine „kurze" Küche und Anrichte eingebaut (Verf. Rbd Hl v. 21.4.34 -33 Bfp 11 Bw-).
Abbildung: Pw4i-32, Skizze: Pw4ik-32

Emil Konrad (†)

Gattungszeichen	Pw4i-32a
Nummernreihe	112 307 Hl
	Heimatbf Halle (Saale)
Gattungsnummer	521
Fahrzeugprogramm	1932
Wagenbauvertrag	03.966/26.9955
Planzeichen	Fwpä 16.1
Übersichtszeichnung	31 087 Af WWk
Lieferwerk	WWk WA 10 009
Lieferjahr	(06.) 1933
insgesamt beschafft	1 Wagen
Beschaffungspreis für	112 307 Hl
1. den betriebsfertigen Wagen	45.269,00 RM *
2. davon Radsätze	1.191,00 RM *
Ausmusterungsjahr	DB: 1979; DR: –
Länge über Puffer	20.960 mm
Wagenkastenlänge	19.660 mm
Wagenkastenbreite	3.001 mm
Fußboden über SO	1.240 mm
Achsstand gesamt	16.300 mm
Abstand der Drehzapfen	13.300 mm
Achsstand des Drehgestells	3.000 mm
Drehgestellbauart	Görlitz III leicht (51)
Planzeichen (Drehgestell)	Fwp 902.04.1 (9o5.04.000)
Anzahl der Aborte	1
Anzahl der Schiebetüren	4
Anzahl der Hundeabteile	2
Sicherung der Übergänge	Scherengitter
Bremse	Kkpbr
Heizung	Dampf
Beleuchtung	elektrisch
Ladefläche	40,0 m^2
Ladegewicht	10,0 t
Eigengewicht	33,584 t *

Bei dieser Bauart handelte es sich um das 2. Entwicklungsfahrzeug, für das die VWW in Köln-Deutz die Konstruktion und Lieferung mit den in Wb 30 geschilderten Änderungen durchführte. Zu einer Serienlieferung mit innenliegenden Doppel-Seitenwandschiebetüren und windschnittigem Dachaufbau kam es nicht.
Der Wagengrundriss sah 1 Dienstraum, 1 Laderaum (vorbereitet für den nachträglichen Einbau einer Küche und Anrichte), 1 Abort, 2 Vorräume, 1 Laternenschrank und 3 Hundeabteile vor.
Genietetes Untergestell mit zurückgesetzten Vorbauten, zweiachsige Drehgestelle Bauart „Görlitz III leicht" mit Gleitachslagern, Hülsenpuffer mit 500-mm-Puffertellern und Ausgleichvorrichtung, Handbremse im Dienstraum mit Handrad, Stirnwandleitern, Trittbrett, Signalstützen, 2 hölzerne Trittbretter vor Eingangs- und Seitenwandschiebetüren, genietetes Kastengerippe mit windschnittigem Dachaufbau, Säulen, Dachspriegeln und Rammblechen, Vorbau mit parallel eingezogenen Wänden, Bekleidungs- und Dachbleche angenietet, flachgewölbtes Tonnendach, innere Wandverkleidung aus Kiefernbrettern, unten hellgrau, oben elfenbeinfarbig gestrichen und Deckenverkleidung aus Blech.
Eingangsdrehtüren, Stirnwandschiebetüren mit festen Fenstern, Drehtüren im Dienstraum und Abortlängswand, kleine Drehtüren mit Luftschlitzen vor Laternenschrank und vergrößerten Hundeabteilen, 1.810 mm breite doppelte innenliegende Seitenwandschiebetüren mit festen Fenstern und Streckmetall als Gitter, Vorlegebaum, Lüftungsschieber im Dachaufbau, feste Fenster im Vorraum, im Dienstraum 600 mm breite Metallrahmenfenster mit Kniehebelausgleich, Rollvorhang, feste Fenster mit Streckmetall als Gitter im Laderaum, geteiltes Klappfenster im Abort und Kippfenster im Dachaufbau, Bodenklappe über Pufferausgleichvorrichtung, Übergangsbrücke mit Scherengitter.
El. Beleuchtung, Lichtgenerator mit Flachriemen, Speicherbatterie, Abort mit Leibstuhl, Fallrohr mit Saughaube, klappbares Waschbecken, Konsole mit Wasserkanne, Xylolithfußboden.

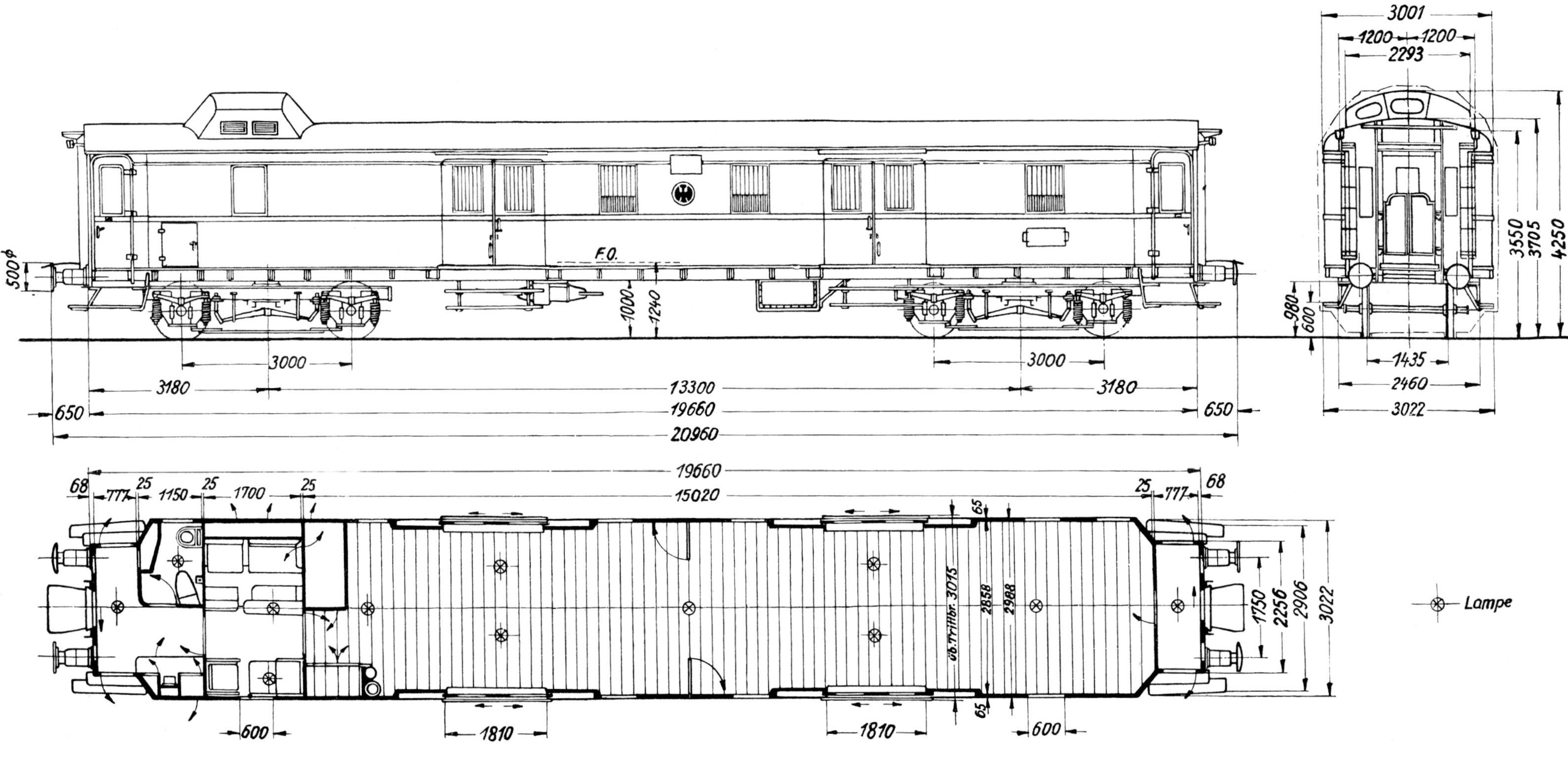

Sammlung Ernst Andreas Weigert

Bemerkungen:
Drehgestellbeschreibung für 112 306 Hl = s. Bd. 1, S. 27
Entwicklungsbauart

Joachim Deppmeyer

Gattungszeichen	BC4i-33	BC4i-33a	BC4i-33e
Nummernreihe	33 382•423	33 388•471	33 438-467
Gattungsnummer		310	
Fahrzeugprogramme	1933	1933+33 Ü	1933 Ü
Wagenbauverträge	03.966	03.966	03.966
	61.4101	61.4101	61.802 #
		61.800 + 61.801 #	
Planzeichen	Fwp 505		Fwp 505
	fr. B.e.6500		fr. B.e.6500.2
Übersichtszeichnung		D 190/27 877d LHB	
Lieferwerke	LHB WA 5704 Weg		O&K
		Weg WA 2720	Uer
			Weg WA 2757
Lieferjahre	1933	1933/34	1934
insgesamt beschafft	33	22	30 Wagen
Beschaffungspr. f. Wg.	33 382	33 388•471	33 438-33 467
1. d. betriebsf. Wg.	52.546,50	54.163,00 *	58.303,00 RM *
2. davon Radsätze	1.191,00	1.191,00 *	1.191,00 RM *
Ausmusterungsjahr	DB: 1982; DR: 1975		DB: 1982; DR: 1973
		DB: 1981; DR: 1948	
Länge über Puffer		21.150 mm	
Wagenkastenlänge		19.850 mm	
Wagenkastenbreite		2.996 mm	
Fußboden über SO		1.240 mm	
Achsstand gesamt		16.490 mm	
Abstand d. Drehzapfen		13.490 mm	
Achsst. d. Drehgestells		3.000 mm	
Drehgestellbauart		Görlitz III leicht (51) + (77#)	
Planzeichen (Drehgestell)		s. Bemerkungen	
Anzahl der Aborte		2	
Anzahl der Abteile		4+5	
Sitzplätze 1. Klasse		–	
2. Klasse		24	
3. Klasse		40	
Militärtr.	18	19	19 Off
	30	32	32 M
für Krankentransport	–	–	–
Sicherung d. Übergänge		Scherengitter	
Bremse		Kkpbr	HikpBr *
Heizung		Dampf	
Beleuchtung		elektrisch	
Eigengewicht	35,7	36,6 *	36,6 t *

Das RZM und LHB als Konstruktionsfirma legten bei diesen 3 gemischtklassigen Bauarten wie bei den BC4i-29, -29a (s. Bd. 1, Wb Nr. 27) wieder einen Seitengang in der 2. Klasse fest.
Der Wagengrundriss sah in der 2. Klasse 1 geschlossenes Abteil mit 1.876 mm und 3 offene Abteile mit 1.870 mm Länge, in der 3. Klasse 4 offene mit 1.550 mm und 1 offenes mit 1.547 mm Länge, 2 Vorräume und 2 Aborte vor.
Genietetes Untergestell mit zurückgesetzten Vorbauten, zweiachsige Drehgestelle Bauart „Görlitz III leicht“ mit Gleitachslagern, Hülsenpuffer mit 500-mm-Puffertellern und Ringfeder, ohne Ausgleich, Handbremse mit Handrad in einem Vorraum, Bauart BC4i-33e mit Öldruckhandbremse, Stirnwandleitern, Trittbretter mit Dachhandgriffen und -laufbrettern, Signalstützen, vor jeder Eingangstür 2 hölzerne Trittbretter, Einsteigegriffe, genietetes Kastengerippe mit Säulen, Befestigungswinkeln, Dachspriegeln, Rammblechen, Vorbau mit parallel eingezogenen Wänden, Bauart BC4i-33a mit gesenktem Obergurt, Bekleidungs- und Dachbleche angenietet, Tonnendach.
Eingangsdrehtüren, Stirnwandschiebetüren mit festen Fenstern, Drehtüren in Zwischen- und Abortquerwänden, Vorraumschiebetüren, Übergangsschutztüren, 9 Wendler-Luftsauger mit Luftsaugerkästen und Lüftungsrosetten für Abteile, 1.000/800 mm breite Metallrahmenfenster mit Kniehebelausgleich, 600 mm breite, geteilte Klappfenster in Aborten, feste Fenster in Stirnwänden, Rollvorhänge, Übergangsbrücke mit Scherengitter.
Unterteilung des Innenraumes durch halbhohe Zwischenwände in Einzelabteile, Sitzteilung im B-Abteil 0+3 mit 780 mm breiten Seitengang, im C-Abteil 2+3 mit 470 mm breitem Mittelgang, Armlehnen an den Außenwänden, Ablegetische, Linoleumfußboden, el. Beleuchtung, Lichtgenerator mit Flachriemenantrieb und Speicherbatterie, Abort mit Xylolithfußboden und Leibstuhl, Fallrohr mit Saughaube, Papierrollenhalter, Waschbecken, Seifenspender, Waschtisch- und Reinigungsgeräteschrank, 2 Wasserkannen, Rollenhandtücher, Spiegel, Linoleumbekleidung und Leisten weiß gestrichen.

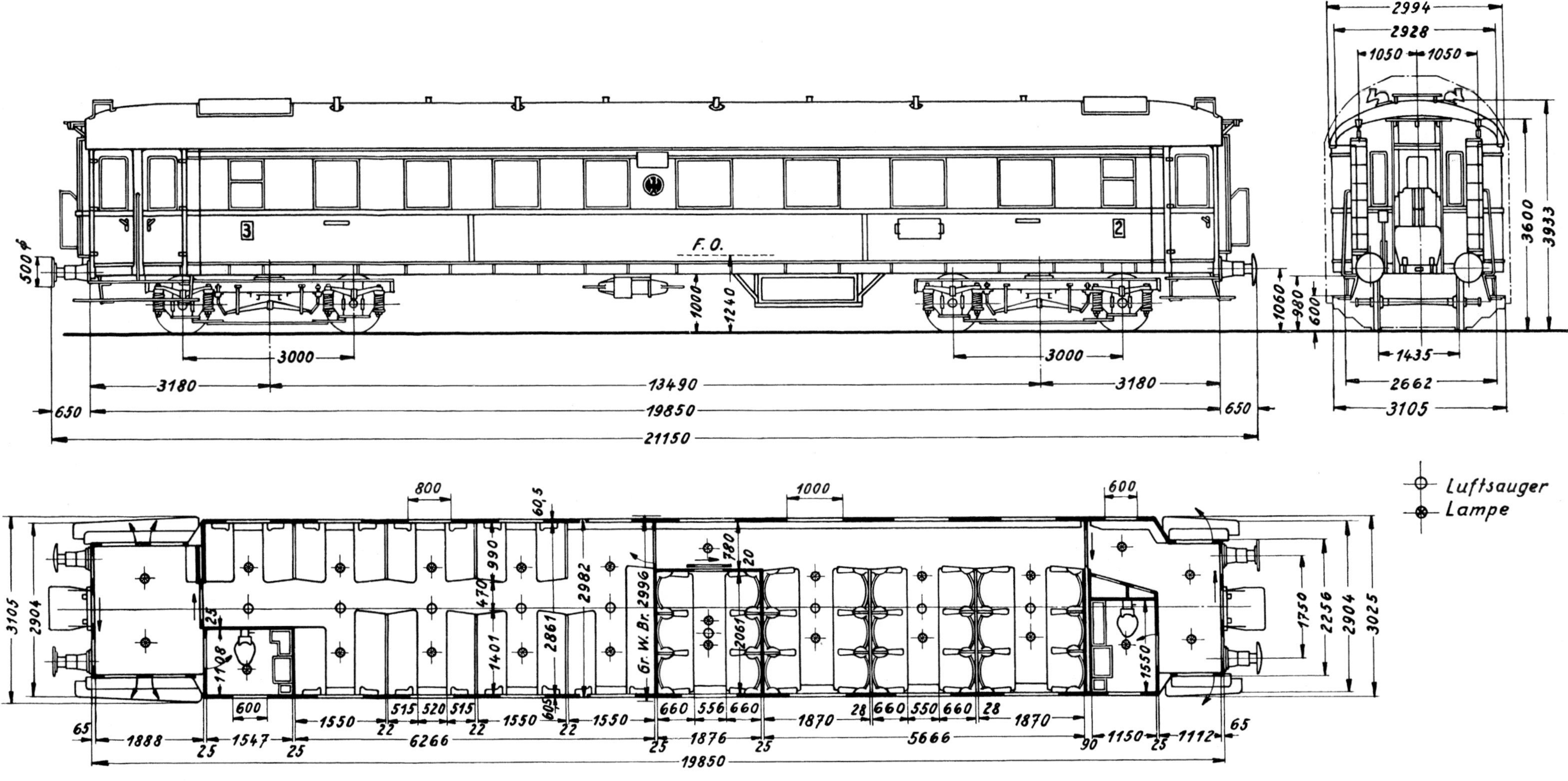

Bemerkungen:
Drehgestellbeschreibungen: s. Bd. 1, S. 27 + Nr. 18#
Obige Skizze ist gültig für den BC4i-33, die nebenstehende Aufnahme zeigt den BC4i-33 (33 384 Han).
BC4i-33: 33 382-33 387, 33 389-33 414, 33 423,

BC4i-33a: 33 388, 33 415-33 422, 33 424-33 426,
33 432-33 437 (03.966/61.800 v. 1.2.34),
33 468-33 471 # (03.966/61.801 v. 1.3.34), davon 3 Wg. mit el. Heizeinrichtung, Mehrpreis 3.200 RM *

BC4i-33e: 33 438-33 467 # mit Trommel- und Öldruckhandbremse.
Die Bereinigung des Nummernplanes brachte 1955 die Umzeichnung des 33 382 in 33 378 (II) und 33 384 in 33 380 (II) mit sich.

Wolfgang Illenseer

Allen drei Bauarten lag eine Übersichtszeichnung der Konstruktionsfirma Linke-Hofmann-Busch zu Grunde. Unterschiede ergaben sich u.a. in den Abteil- und Abortlängen sowie in den Ausführungen der Abteilzwischenwände.
Der Wagengrundriss sah in der 2. Kl. 4 offene Abteile mit 1.873 mm Länge (bei BC4i-33c 1.871,5 mm), in der 3. Kl. 4 offene mit 1.550 mm und 1 offenes mit 1.547mm Länge, 2 Vorräume und 2 Aborte vor.
Geschweißtes Untergestell mit zurückgesetzten Vorbauten, zweiachsige Drehgestelle Bauart „Görlitz III Leicht" mit Gleitachslagern, Hülsenpuffer mit 500-mm-Puffertellern und Ringfeder, ohne Ausgleich, Handbremse mit Handrad in einem Vorraum, Stirnwandleitern, Trittbretter mit Dachhandgriffen und -laufbrettern, Signalstützen, vor jeder Eingangstür 2 hölzerne Trittbretter – das obere abgerundet, Einsteigegriffe, geschweißtes Kastengerippe mit Säulen, Dachspriegeln, Rammblechen, Vorbau mit parallel eingezogenen Wänden, Bekleidungs- und Dachbleche angeschweißt, Tonnendach. Eingangsdrehtüren, Stirnwandschiebetüren mit festen Fenstern, Drehtüren in Zwischen- und Abortquerwänden, Vorraumschiebetüren (bei BC4i-33d im Vorraum 2. Klasse Pendeltür), 1 Pendeltür im Seitengang 2. Klasse, Übergangsschutztüren, 9 Wendler-Luftsauger mit Luftsaugerkästen und Lüftungsrosetten für Abteile, 1.000/800 mm breite Metallrahmenfenster mit Kniehebelausgleich, 600 mm breite, geteilte Klappfenster in Aborten, feste Fenster in Stirnwänden, Rollvorhänge, Übergangsbrücke mit Scherengitter.
Unterteilung des Innenraumes durch halbhohe Zwischenwände in Einzelabteile (s. Bemerkungen), Sitzteilung im B-Abteil 0+3 mit 750 mm breiten Seitengang, im C-Abteil 2+3 mit 470 mm breitem Mittelgang, Armlehnen an den Außenwänden, Ablegetische, Linoleumfußboden, el. Beleuchtung, Lichtgenerator mit Flachriemenantrieb und Speicherbatterie, Abort mit Xylolithfußboden und Leibstuhl, Fallrohr mit Saughaube, Papierrollenhalter, Waschbecken, Seifenspender, Waschtisch- und Reinigungsgeräteschrank, 2 Wasserkannen, Rollenhandtücher, Spiegel, Linoleumbekleidung und Leisten weiß gestrichen.

Gattungszeichen	BC4i-33b	BC4i-33c	BC4i-33d
Nummernreihe	33 427-429	33 430	33 431
Gattungsnummer		310	
Fahrzeugprogramm		1933	
Wagenbauvertrag		03.966/26.351 v.1.4.34	
Planzeichen		Fwp 553.1	
Übersichtszeichnung		D 240/36 379a LHW	
Lieferwerk		LHW	
	WA 5705	WA 5706	WA 5707
Lieferjahr		1934	
insgesamt beschafft	3	1	1 Wagen
Beschaffungspr. f. Wg.		33 430 Köl	
f. Radsätze		o.A. RM	
f. Wagenteil o. Rads.		58.437,50 RM	
Ausmusterungsjahre	DB: 1975; DR –	DB: 1975; DR –	DB: –; DR –
Länge über Puffer		21.150 mm	
Wagenkastenlänge		19.850 mm	
Wagenkastenbreite		2.996 mm	
Fußboden über SO		1.240 mm	
Achsstand gesamt		16.490 mm	
Abstand d. Drehzapfen		13.490 mm	
Achsst. d. Drehgestells		3.000 mm	
Drehgestellbauart		Görlitz III Leicht } (1)	
Planzeichen (Drehgestell)		Fwp } (1)	
Anzahl der Aborte		2	
Anzahl der Abteile		4+5	
Sitzplätze 1. Klasse		–	
2. Klasse		24	
3. Klasse		40	
Militärtransp.		keine Unterlagen	
f. Krankentransport	–	–	–
Sicherung d. Übergänge		Scherengitter	
Bremse		Kkp3 Br	
Heizung		Dampf, z.T. elektrisch	
Beleuchtung		elektrisch	
Eigengewicht	32,6	32,9	33,0 t

(1) Weitere Angaben sind nicht überliefert, eine Einordnung ist somit nicht möglich.

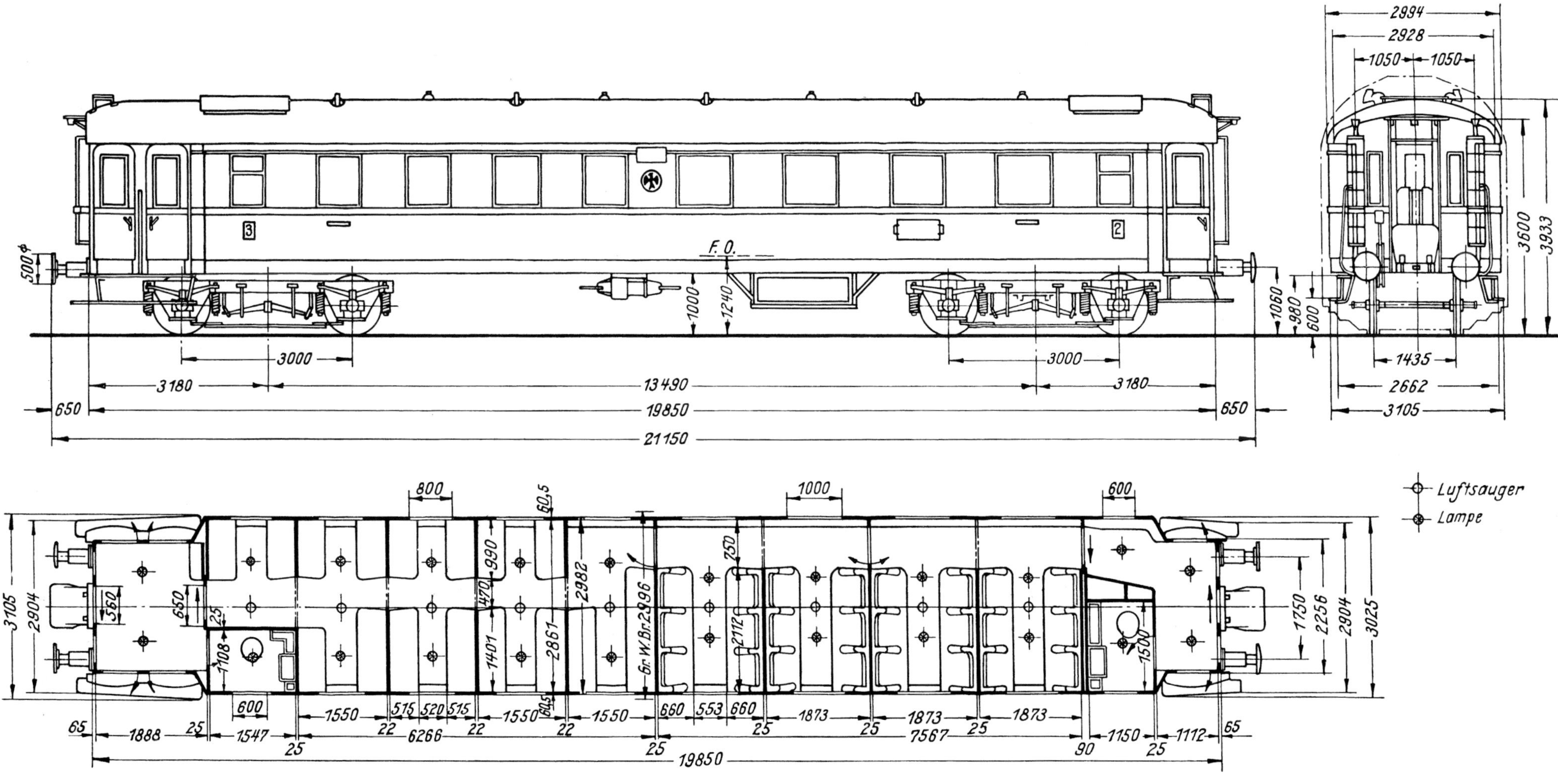

Bemerkungen:
Drehgestellbeschreibung: keine Unterlagen
Entwicklungsbauarten
Obige Skizze ist gültig für den BC4i-33b, nebenstehende Aufnahme zeigt den BC4i-33c (33 430 Han).

Ausmusterungen: 33 427+33 428 KV, 33 429 bei DB (1975), 33 430 bei DB (1975), 33 431 KV. Bei der DR kein Wagen verblieben.
33 427-33 429 mit hohen Zwischenwänden, 33 430 mit hohen und halbhohen Zwischenwänden, 33 431 mit jeweils hohen Wänden in beiden Klassen, außerdem mit einer Abortlänge in der 2. Kl. von 1.215 mm statt 1.150 mm. In der 2. Kl. Wände oberhalb der Fensterleiste und Decke mit Ledertuchbespannung in zwei verschiedenen Dekoren.

Gattungszeichen	C4i-33
Nummernreihe	73 269-73 278
Gattungsnummer	327
Fahrzeugprogramm	1933
Wagenbauvertrag	03.966/61.4102 v. 1.8.33
Planzeichen	Fwp 508.1
Übersichtszeichnung	Bl 1594 Bau
Lieferwerk	Bau
Lieferjahr	1933
insgesamt beschafft	10 Wagen
Beschaffungspreis für Wagen	73 277 Dre
für Radsätze	1.143,00 RM
für Wagenteil ohne Radsätze	47.733,11 RM
Ausmusterungsjahr	DB: 1967; DR: 1967
Länge über Puffer	20.960 mm
Wagenkastenlänge	19.660 mm
Wagenkastenbreite	3.003 mm
Fußboden über SO	1.260 mm
Achsstand gesamt	16.300 mm
Abstand der Drehzapfen	13.300 mm
Achsstand des Drehgestells	3.000 mm
Drehgestellbauart	Görlitz III leicht (51)
Planzeichen (Drehgestell)	Fwp 902.04.1 (905.04.000)
Anzahl der Aborte	2
Anzahl der Abteile	10
Sitzplätze 1. Klasse	–
2. Klasse	–
3. Klasse	84
Militärtransport	68 M
für Krankentransport	–
Sicherung der Übergänge	Scherengitter
Bremse	Kkpbr
Heizung	Dampf
Beleuchtung	elektrisch
Eigengewicht	35,2 t

Konstruktion und Bauausführung für diesen vierachsigen Durchgangswagen 3. Klasse lagen bei der Waggonfabrik LHB in Bautzen. Die Bauart entsprach im Wesentlichen der bisher gebauten. Die Auftragserteilung durch die Reichsbahn erfolgte unter dem Gesichtspunkt der Weiterbeschäftigung, um eine sonst drohende Stilllegung wegen schlechter Beschäftigungslage zu vermeiden.

Der Wagengrundriss sah in der 3. Klasse 1 geschlossenes Abteil mit 1.550 mm Länge, 7 offene mit 1.550 mm und 2 offene mit 1.547 mm Länge, 2 Vorräume und 2 Aborte vor.

Genietetes Untergestell mit zurückgesetzten Vorbauten, zweiachsige Drehgestelle Bauart „Görlitz III leicht" mit Gleitachslagern, Hülsenpuffer mit 500-mm-Puffertellern und Ringfeder, ohne Ausgleich, Handbremse mit Handrad in einem Vorraum, Stirnwandleitern, Trittbretter mit Dachhandgriffen und -laufbrettern, Signalstützen, vor jeder Eingangstür 2 hölzerne Trittbretter – das obere abgerundet, Einsteigegriffe, genietetes Kastengerippe mit Säulen, Befestigungswinkeln, Dachspriegeln, Rammblechen, Vorbau mit parallel eingezogenen Wänden, Bekleidungs- und Dachbleche angenietet, Tonnendach.

Eingangsdrehtüren, Stirnwandschiebetüren mit festen Fenstern, Drehtüren in Zwischen- und Abortquerwänden, Vorraumschiebetüren, Übergangsschutztüren, 10 Wendler-Luftsauger mit Luftsaugerkästen und Lüftungsrosetten für Abteile, 800 mmm breite Metallrahmenfenster mit Kniehebelausgleich, 600 mm breite, geteilte Klappfenster in Aborten, feste Fenster in Stirnwänden, Rollvorhänge, Übergangsbrücke mit Scherengitter.

Unterteilung des Innenraumes durch halbhohe Zwischenwände in Einzelabteile, Sitzteilung 2+3 mit 470 mm breitem Mittelgang, Armlehnen an den Außenwänden, Ablegetische, Linoleumfußboden, el. Beleuchtung, Lichtgenerator mit Flachriemenantrieb und Speicherbatterie, Abort mit Xylolithfußboden und Leibstuhl, Fallrohr mit Saughaube, Papierrollenhalter, Waschbecken, Seifenspender, Waschtisch- und Reinigungsgeräteschrank, 2 Wasserkannen, Rollenhandtücher, Spiegel, Linoleumbekleidung und Leisten weiß gestrichen.

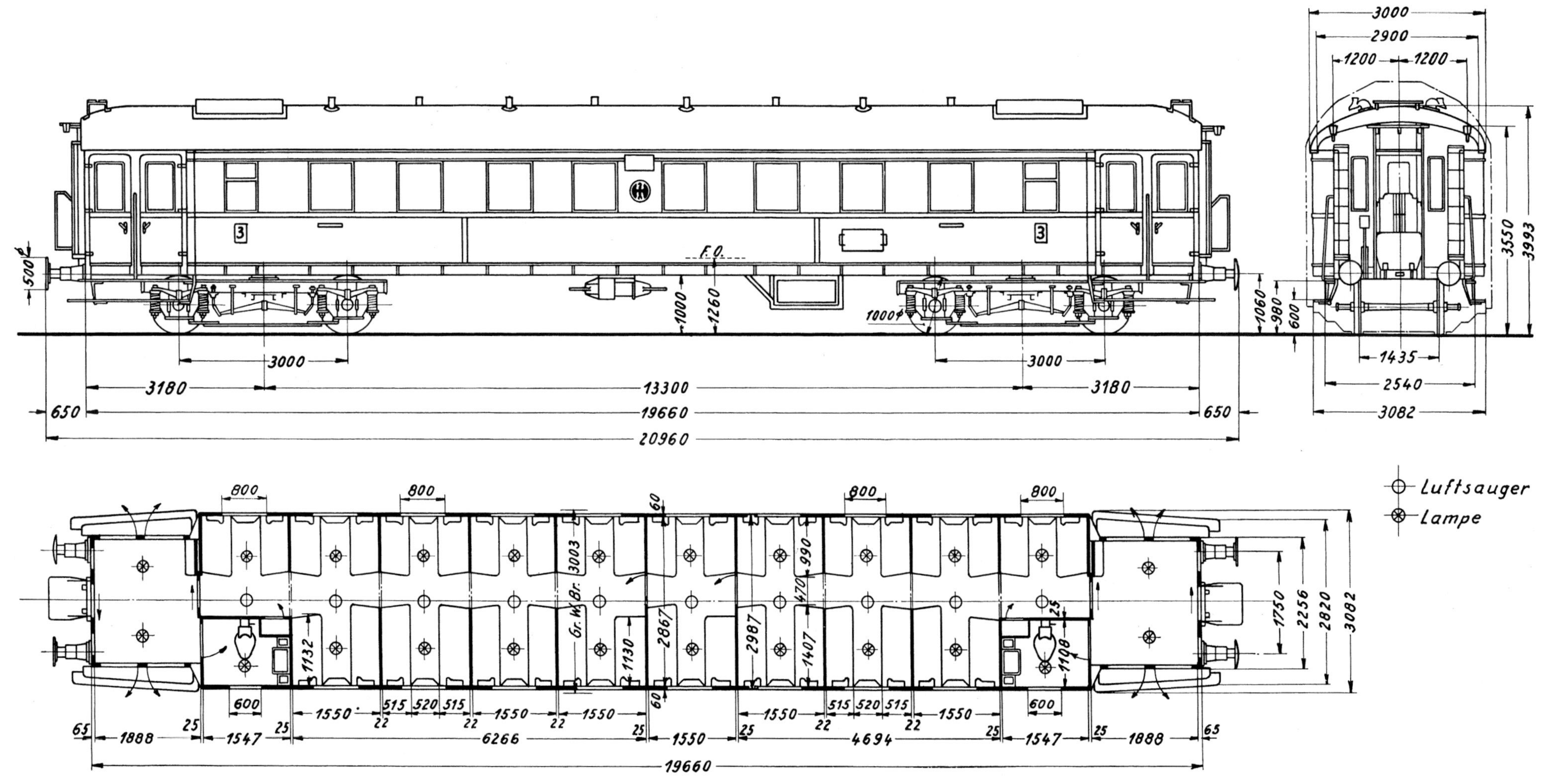

Bemerkungen:
Drehgestellbeschreibung, s. Bd. 1, S. 27

Joachim Deppmeyer

Gattungszeichen	C4i-33a
Nummernreihe	73 279-73 285
Gattungsnummer	327
Fahrzeugprogramm	1933
Wagenbauvertrag	03.966/61.4102 v. 15.8.33
Planzeichen	Fwp 508.1 fr. B.e.5524.2
Übersichtszeichnung	Pl 78 Fu
Lieferwerk	Fu
Lieferjahr	1933
insgesamt beschafft	7 Wagen
Beschaffungspreis für Wagen	73 281 Kar
für Radsätze	1.143,00 RM
für Wagenteil ohne Radsätze	47.733,11 RM
Ausmusterungsjahr	DB: 1982; DR: –
Länge über Puffer	20.960 mm
Wagenkastenlänge	19.660 mm
Wagenkastenbreite	3.003 mm
Fußboden über SO	1.260 mm
Achsstand gesamt	16.300 mm
Abstand der Drehzapfen	13.300 mm
Achsstand des Drehgestells	3.000 mm
Drehgestellbauart	Görlitz III leicht (51)
Planzeichen (Drehgestell)	Fwp 902.04.1 (905.04.000)
Anzahl der Aborte	2
Anzahl der Abteile	10
Sitzplätze 1. Klasse	–
2. Klasse	–
3. Klasse	84
Militärtransport	62 M
für Krankentransport	–
Sicherung der Übergänge	Scherengitter
Bremse	Kkpbr
Heizung	Dampf
Beleuchtung	elektrisch
Eigengewicht	34,8 t

Bei dieser Bauart handelte es sich um einen Nachbau eines vierachsigen Durchgangswagens mit dem Gattungszeichen C4i-30 (s. Bd. 1, Wb 31), für welchen die Waggonfabrik Fuchs in Heidelberg eine neue Übersichtszeichnung sowie einige weitere Detailzeichnungen für die vorgenommenen Änderungen erstellte. Die Auftragsvergabe geschah ebenfalls aus Gründen der Weiterbeschäftigung.

Der Wagengrundriss sah in der 3. Klasse 1 geschlossenes Abteil mit 1.550 mm Länge, 7 offene mit 1.550 mm und 2 offene mit 1.547 mm Länge, 2 Vorräume und 2 Aborte vor.

Genietetes Untergestell mit zurückgesetzten Vorbauten, zweiachsige Drehgestelle Bauart „Görlitz III leicht" mit Gleitachslagern, Hülsenpuffer mit 500-mm-Puffertellern und Ringfeder, ohne Ausgleich, Handbremse mit Handrad in einem Vorraum, Stirnwandleitern, Trittbretter mit Dachhandgriffen und -laufbrettern, Signalstützen, vor jeder Eingangstür 2 hölzerne Trittbretter, Einsteigegriffe, genietetes Kastengerippe mit Säulen, Befestigungswinkeln, Dachspriegeln, Rammblechen, Vorbau mit parallel eingezogenen Wänden, Bekleidungs- und Dachbleche angenietet, Tonnendach.

Eingangsdrehtüren, Stirnwandschiebetüren mit festen Fenstern, Drehtüren in Zwischen- und Abortquerwänden, Vorraumschiebetüren, Übergangsschutztüren, 10 Wendler-Luftsauger mit Luftsaugerkästen und Lüftungsrosetten für Abteile, 800 mmm breite Metallrahmenfenster mit Kniehebelausgleich, 600 mm breite, geteilte Klappfenster in Aborten, feste Fenster in Stirnwänden, Rollvorhänge, Übergangsbrücke mit Scherengitter.

Unterteilung des Innenraumes durch halbhohe Zwischenwände in Einzelabteile, Sitzteilung 2+3 mit 470 mm breitem Mittelgang, Armlehnen an den Außenwänden, Ablegetische, Linoleumfußboden, el. Beleuchtung, Lichtgenerator mit Flachriemenantrieb und Speicherbatterie, Abort mit Xylolithfußboden und Leibstuhl, Fallrohr mit Saughaube, Papierrollenhalter, Waschbecken, Seifenspender, Waschtisch- und Reinigungsgeräteschrank, 2 Wasserkannen, Rollenhandtücher, Spiegel, Linoleumbekleidung und Leisten weiß gestrichen.

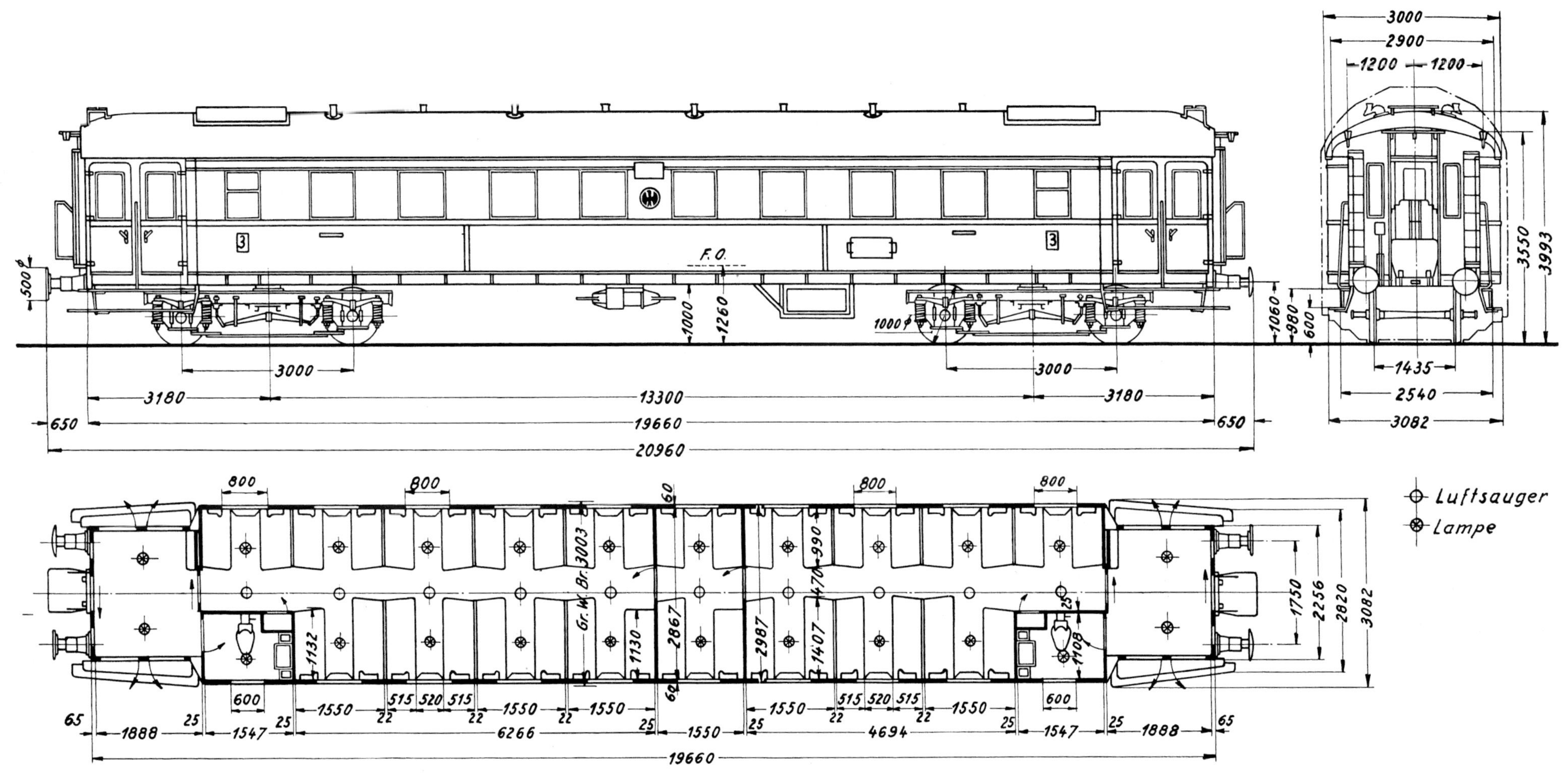

Bemerkungen:
Drehgestellbeschreibung: s. Bd. 1, S. 27

Gattungszeichen	C4i-33b	C4i-33c
Nummernreihe	73 286 73 289-73 292	73 287-73 288
Gattungsnummer	327	
Fahrzeugprogramm	1933	
Wagenbauvertrag	03.966/61.4102	
	v. 15.8.33	v. 15.9.33
Planzeichen	Fwp 508.1 fr. B.e.5524.2	Fwp 508.1 Bl 1595
Übersichtszeichnung	12 866 Cre	
Lieferwerk	Cre	
Lieferjahr	1933	1933
insgesamt beschafft	5	2 Wagen
Beschaffungspr. f. Wg.	73 289 Hl	
f. Radsätze	1.143,00 RM	
f. Wagenteil o. Rads.	50.802,41 RM	
Ausmusterungsjahr	DB: 1981; DR: –	
Länge über Puffer	20.960 mm	
Wagenkastenlänge	19.660 mm	
Wagenkastenbreite	3.003 mm	
Fußboden über SO	1.240 mm	
Achsstand gesamt	16.300 mm	
Abstand d. Drehzapfen	13.300 mm	
Achsst. d. Drehgestells	3.000 mm	
Drehgestellbauart	Görlitz III leicht (51)	
Planzeichen (Drehgestell)	Fwp 902.04.1 (905.04.000	
Anzahl der Aborte	2	
Anzahl der Abteile	10	
Sitzplätze 1. Klasse	–	
2. Klasse	–	
3. Klasse	84	
Militärtransport	68 M	
für Krankentransport	–	
Sicherung der Übergänge	Scherengitter	
Bremse	Kkpbr	
Heizung	Dampf, z.T. elektrisch	
Beleuchtung	elektrisch	
Eigengewicht	35,2 t	35,3 t

Das RZM und die Konstruktions- sowie Lieferfirma Gebr. Credé in Kassel stellten bei diesen beiden Bauarten zwei Grundrisse mit unterschiedlichen Zwischenwänden auf. Die Wagen entsprachen im Allgemeinen jedoch der Austauschbauart C4i-30 (Bd. 1, Wb Nr. 31). Der Wagengrundriss sah in der 3. Klasse 1 geschlossenes Abteil mit 1.550 mm Länge, 7 offene mit 1.550 mm und 2 offene mit 1.547 mm Länge, 2 Vorräume und 2 Aborte vor.

Genietetes Untergestell mit zurückgesetzten Vorbauten, zweiachsige Drehgestelle Bauart „Görlitz III leicht" mit Gleitachslagern, Hülsenpuffer mit 500-mm-Puffertellern und Ringfeder, ohne Ausgleich, Handbremse mit Handrad in einem Vorraum, Stirnwandleitern, Trittbretter mit Dachhandgriffen und -laufbrettern, Signalstützen, vor jeder Eingangstür 2 hölzerne Trittbretter, Einsteigegriffe, genietetes Kastengerippe mit gesenktem Obergurt und Säulen, Befestigungswinkeln, Dachspriegeln, Rammblechen, Vorbau mit parallel eingezogenen Wänden, Bekleidungs- und Dachbleche angenietet, Tonnendach. Eingangsdrehtüren, Stirnwandschiebetüren mit festen Fenstern, Drehtüren in Zwischen- und Abortquerwänden, Vorraumschiebetüren, Übergangsschutztüren, 10 Wendler-Luftsauger mit Luftsaugerkästen und Lüftungsrosetten für Abteile, 800 mm breite Metallrahmenfenster mit Kniehebelausgleich, 600 mm breite, geteilte Klappfenster in Aborten, feste Fenster in Stirnwänden, Rollvorhänge, Übergangsbrücke mit Scherengitter.

Unterteilung des Innenraumes durch halbhohe (C4i-33b) oder abwechselnd hohe bzw. halbhohe (C4i-33c) Zwischenwände in Einzelabteile, Sitzteilung 2+3 mit 470 mm breitem Mittelgang, Armlehnen an den Außenwänden, Ablegetische, Linoleumfußboden, el. Beleuchtung, Lichtgenerator mit Flachriemenantrieb und Speicherbatterie, Abort mit Xylolithfußboden und Leibstuhl, Fallrohr mit Saughaube, Papierrollenhalter, Waschbecken, Seifenspender, Waschtisch- und Reinigungsgeräteschrank, 2 Wasserkannen, Rollenhandtücher, Spiegel, Linoleumbekleidung und Leisten weiß gestrichen.

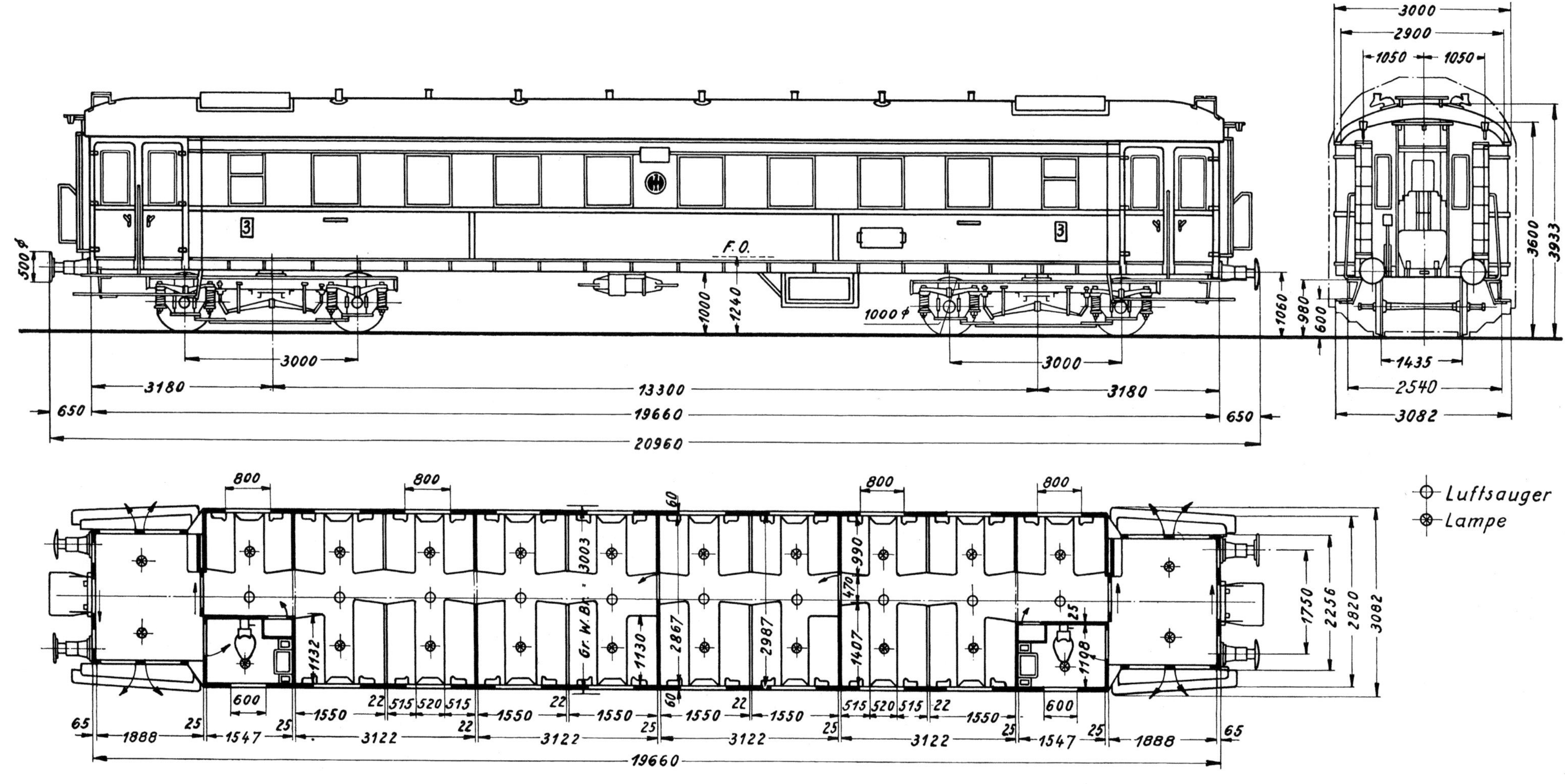

Bemerkungen:
Drehgestellbeschreibung: s. Bd. 1, S. 27
Grundriss I mit halbhohen Zwischenwänden und gesenktem Obergurt,
Grundriss II mit abwechselnd hohen und halbhohen Zwischenwänden sowie gesenktem Obergurt.

Skizze: C4i-33c.

Joachim Deppmeyer

Im Anschluss an die geschweißten Versuchsbauarten vierachsiger Durchgangswagen 3. Kl. erhielten die Wumag in Görlitz und die MAN in Nürnberg vom RZM Berlin den Auftrag, diese weiter zu entwickeln. Die Werke gingen dabei etwas unterschiedliche Wege. Die Konstrukteure in Görlitz konnten das Eigengewicht auf 31,8 t drücken.
Der Wagengrundriss sah in der 3. Klasse 1 geschlossenes Abteil mit 1.550 mm Länge, 7 offene mit 1.550 mm und 2 mit 1.547 mm Länge, 2 Vorräume und 2 Aborte vor.
Geschweißtes Untergestell mit zurückgesetzten Vorbauten, zweiachsige Drehgestelle Bauart „Görlitz III Leicht" mit Gleitachslagern, Hülsenpuffer mit 500-mm-Puffertellern und Ringfeder, ohne Ausgleich, Öldruckhandbremse mit Handrad in einem Vorraum, Stirnwandleitern, Sprungbrett, Dachhandgriffe und -laufbretter, Signalstützen, vor den Eingangstüren 2 hölzerne Trittbretter – die oberen abgerundet, Einsteigegriffe, geschweißtes Kastengerippe, Säulen, Dachspriegeln, Rammblechen, Vorbau mit parallel eingezogenen Wänden, Bekleidungs- und Dachbleche angeschweißt, bei den MAN-Wagen untere Seitenwandbleche mit Längssicken, Tonnendach.
Seiteneingangstüren in Vorbauten, Stirnwandschiebetüren mit festen Fenstern, Drehtüren in Zwischen- und Abortquerwänden, Vorraumschiebetüren, Übergangsschutztüren, 10 Wendler-Luftsauger mit Luftsaugerkästen und Lüftungsrosetten für Abteile, 800 mm breite Metallrahmenfenster mit Kniehebelausgleich, 600 mm breite, geteilte Klappfenster in Aborten, feste Fenster in Stirnwänden, Rollvorhänge, Übergangsbrücke mit Scherengitter.
Unterteilung des Innenraumes durch halbhohe Zwischenwände in Einzelabteile, Sitzteilung 2+3 mit 470 mm breitem Mittelgang, Armlehnen an den Außenwänden, Ablegetische, Linoleumfußboden, el. Beleuchtung, Lichtgenerator mit Flachriemenantrieb und Speicherbatterie, Abort mit Xylolithfußboden und Leibstuhl, Fallrohr mit Saughaube, Papierrollenhalter, Waschbecken, Seifenspender, Waschtisch- und Reinigungsgeräteschrank, 2 Wasserkannen, Rollenhandtücher, Spiegel, Linoleumbekleidung und Leisten weiß gestrichen.

Gattungszeichen	C4i-33h
Nummernreihe	73 293-73 312 73 316-73 327
Gattungsnummer	328
Fahrzeugprogramm	1933 Ü
Wagenbauvertrag	03.966/61.804 v. 1.1.34
Planzeichen	Fwp 552.301 fr. B.e. 7200a
Übersichtszeichnung	C4i-2051a Wum
Lieferwerke	Wum WA 8410 MAN WA 6993
Lieferjahr	1934
insgesamt beschafft	32 Wagen
Beschaffungspreis für Wagen	73 293•73 327
1. den betriebsfertigen Wagen	53.483,00 RM *
2. davon Radsätze	1.191,00 RM *
Ausmusterungsjahr	DB: 1982; DR: 1980 (4)
Länge über Puffer	20.960 mm
Wagenkastenlänge	19.660 mm
Wagenkastenbreite	2.997 (3.021) mm
Fußboden über SO	1.240 mm
Achsstand gesamt	16.300 mm
Abstand der Drehzapfen	13.300 mm
Achsstand des Drehgestells	3.000 mm
Drehgestellbauart	Görlitz III Leicht (77)
Planzeichen (Drehgestell)	Fwp 946.04.1
Anzahl der Aborte	2
Anzahl der Abteile	10
Sitzplätze 1. Klasse	–
2. Klasse	–
3. Klasse	84
Militärtransport	68 M
für Krankentransport	–
Sicherung der Übergänge	Scherengitter
Bremse	Hikpbr m. Bremstrommeln
Heizung	Dampf, z.T. elektrisch
Beleuchtung	elektrisch
Eigengewicht	35,7 t *

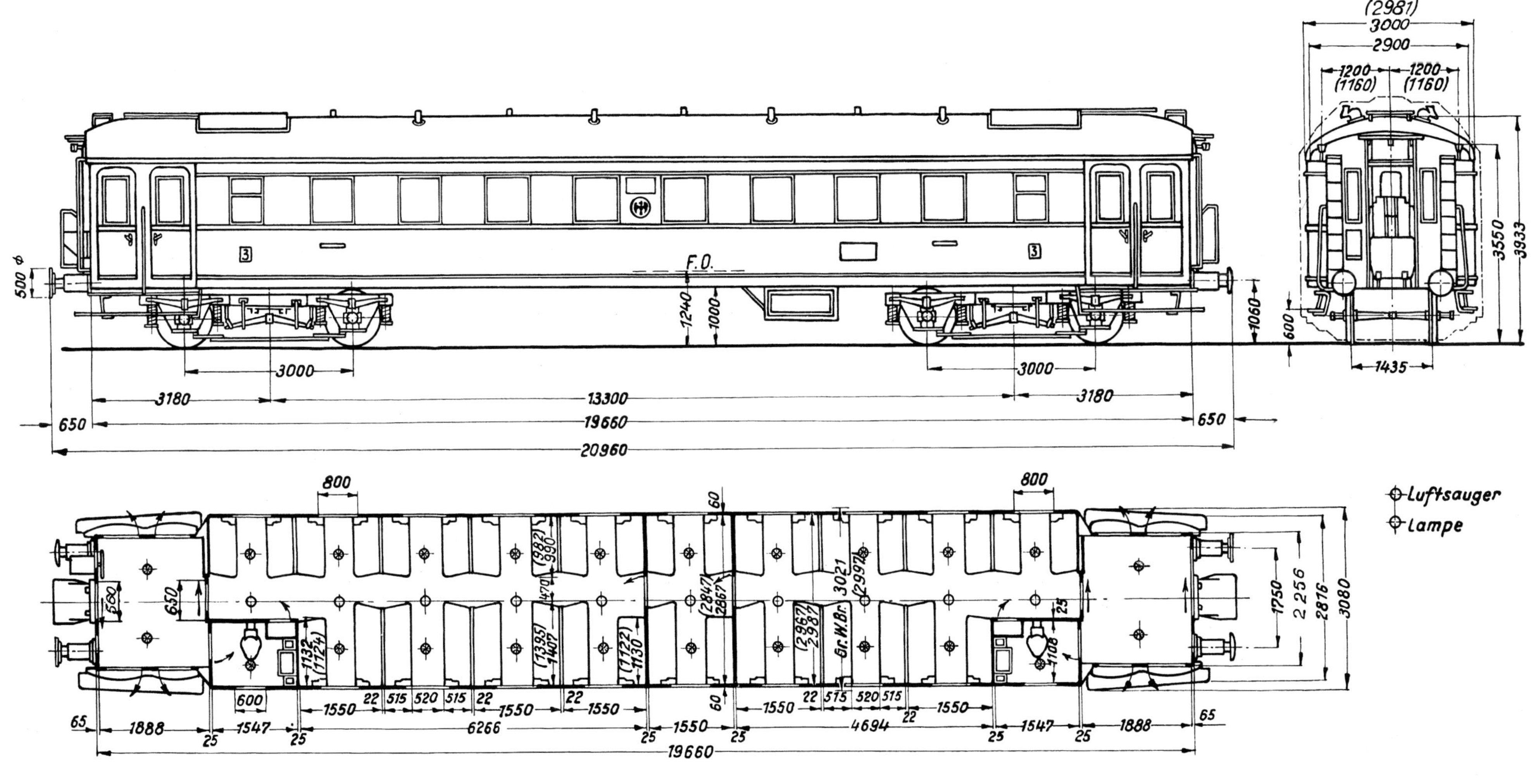

Bemerkungen:
Drehgestellbeschreibung Nr. 18
73 293-73 312 nach (-) Maßen, Lieferwerk Wum, 73 316-73 327 Lieferwerk MAN, Planzeichen Fwp 552.1, nach der Übersichtszeichnung MAN C4i-01.000.3 mit Längssicken in der Seitenwandverkleidung, el. Hz und Korkspritzisolierung, F-Nr. 126 939-126 950. 15 Wagen mit el. Hz, Mehrpreis 3.200 RM.
Obige Skizze ist gültig für den C4i-33h mit glatten Seitenwänden, nebenstehende Aufnahme zeigt den C4i-33h (73 324 Han).

(4) 28-14 577 1968 Ub für Wzb = 28-14 862.

Werkfoto Wumag, Sammlung Wolfgang Theurich

Gattungszeichen		Pw4i-33		
Nummernreihe	112 377	112 378	112 379	112 380-390
Gattungsnummer		521		
Fahrzeugprogr.	1933	1933	1934	1934
Wagenbauvertr.	03.966	03.966	03.966	03.966
	26.353	26.354	61.906	61.908
	v. 1.5.33	v. 1.9.33	k.A.	k.A.
Planzeichen Fwpä	022.001	023.001	024.001	023.300
Übersichtszchg	32 271Aa	Pw4i 6	32 271Ac	32 271 Ac
Lieferwerke	WWk	Wum	Dzg	WWm
	WA 10 021	WA 8408		
Lieferjahre	1933	1933	1934	1935
insgesamt beschafft		14 Wagen		
Beschaff.pr. f. Wg.	112 377	112 378		
f. Radsätze	1.191,00	1.191,00	k.U. RM	k.U. RM
f. Wg.teil o. Rads.	40.069,16	39.576,67	k.U. RM	k.U. RM
Ausmust.jahr	DB: 1976; DR: –	DB: –; DR:–	DB: 1984; DR: 1976	

Länge über Puffer	20.960 mm
Wagenkastenlänge	19.660 mm
Wagenkastenbreite	3.001 mm
Fußboden über SO	1.240 mm
Achsstand gesamt	16.300 mm
Abstand d. Drehzapfen	13.300 mm
Achsst.d. Drehg.	3.000 mm

Drehg.ba. Gör III L	(73)	(77a)	(73)	(73)
Planzeichen Drehg.	Fwp 943.04.1	951.04.1	943.04.1	

Anzahl der Aborte	1
Anz. d. Schiebetüren	4
Anz. d. Hundeabteile	2
Sicherung d. Übergänge	Scherengitter
Bremse	Kkpbr
Heizung	Dampf
Beleuchtung	elektrisch
Ladefläche	40,0 m^2
Ladegewicht	10,0 t
Eigengewicht	29,7 t

Die Reichsbahn gab 3 Entwicklungsfahrzeuge eines vierachsigen Personenzug-Gepäckwagens in geschweißter Bauart mit innenliegenden einfachen Seitenwandschiebetüren in Auftrag. Als Konstruktionsfirmen zeichneten die VWW in Köln und Wumag in Görlitz verantwortlich.

Der Wagengrundriss sah 1 Dienstraum, 1 Laderaum (vorbereitet für den nachträglichen Einbau einer Küche und Anrichte), 1 Abort, 2 Vorräume, 1 Laternenschrank und 3 Hundeabteile vor.

Geschweißtes Untergestell mit zurückgesetzten Vorbauten, zweiachsige Drehgestelle Bauart „Görlitz III Leicht" mit Gleitachslagern, Hülsenpuffer mit 500-mm-Puffertellern und Ringfeder, ohne Ausgleich, Handbremse mit Handrad im Dienstraum, Stirnwandleitern, Trittbrett, Signalstützen, 2 hölzerne Trittbretter vor Eingangs- und Seitenwandschiebetüren, geschweißtes Kastengerippe mit Dachaufbau, Säulen, Dachspriegeln und Rammblechen, Vorbau mit parallel eingezogenen Wänden, Bekleidungs- und Dachbleche angeschweißt, flachgewölbtes Tonnendach, innere Wand- und Deckenverkleidung aus Kiefernbrettern, unten hellgrau, oben elfenbeinfarbig gestrichen und Deckenverkleidung aus Blech.

Eingangsdrehtüren, Stirnwandschiebetüren mit festen Fenstern, Drehtüren im Dienstraum und Abortquerwand, kleine Drehtüren mit Luftschlitzen vor Laternenschrank und Hundeabteilen, 1.721 mm breite einfache innenliegende Seitenwandschiebetüren mit festen Fenstern, Vorlegebaum, 2 Grove-Luftsauger am Dachaufbau (bei den Serienfahrzeugen seitliche Luftschlitze), feste Fenster im Vorraum, im Dienstraum 600 mm breite Metallrahmenfenster mit Kniehebelausgleich, Rollvorhang, feste Fenster mit Schutzgittern im Laderaum, geteiltes Klappfenster im Abort und Kippfenster im Dachaufbau, Übergangsbrücke mit Scherengitter.

Vorraum mit geänderter Anordnung des Kleiderschrankes nunmehr an der Abortlängswand, el. Beleuchtung, Lichtgenerator mit Flachriemen, Speicherbatterie, Abort mit Leibstuhl, Fallrohr mit Saughaube, klappbares Waschbecken, Konsole mit Wasserkanne, Xylolithfußboden.

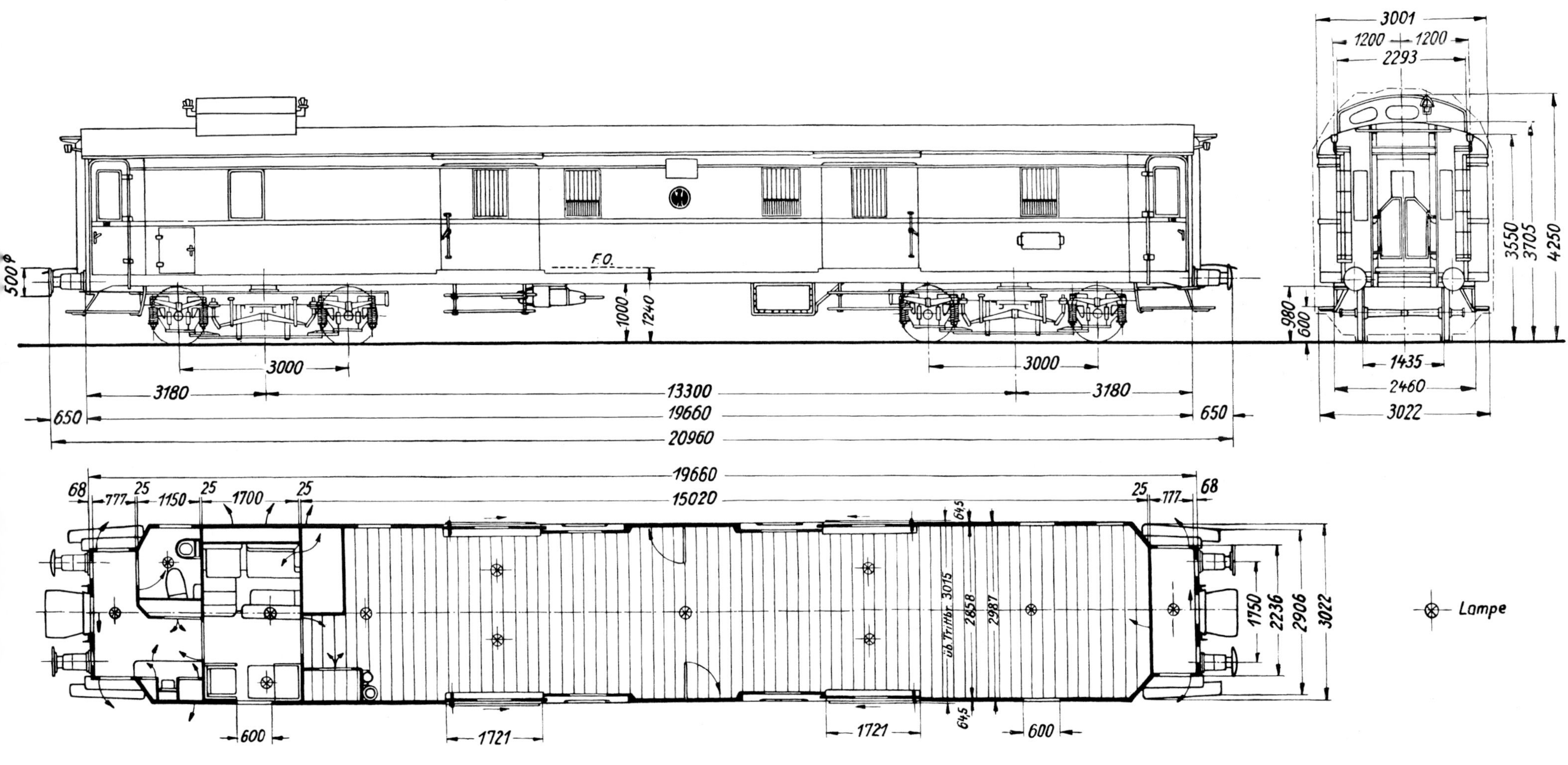

Sammlung Ernst Andreas Weigert

Bemerkungen:
Drehgestellbeschreibungen Nr. 17+19+17+17
112 377 Köl (Heimatbf Deutzerfeld) und 112 378 Köl (Heimatbf Krefeld Hbf) Entwicklungsbauarten mit Luftsauger im Dachaufbau, 112 379 Köl ebenfalls Entwicklungsbauart mit Trommelbremse, 112 384 Hl Teilnahme an der Parade am 8. Dezember 1935 in Nürnberg.
Obige Skizze ist gültig für den Pw4i-33 (112 377 Köl), nebenstehende Aufnahme zeigt den Pw4i-33 (112 378 Köl, Heimatbf Krefeld Hbf).

Werkfoto O&K

Gattungszeichen		BC4i-34	
Nummernreihe	33 477-33 522		33 523-33 536
Gattungsnummer		310	
Fahrzeugprogramme	1934		1934 Z
Wagenbauverträge	03.966/61.809		03.966/61.826
Planzeichen	Fwp 555.1		Fwp 557.1
	fr. B.e. 6500.4		fr. B.e. 6500.4
Übersichtszeichnung.	D190/27 877e LHW		D258/39 590 LHW
Lieferwerke	LHW WA 5737		LHW WA 5763
	O&K		O&K
Lieferjahre	1934		1935
insgesamt beschafft	46		14 Wagen
Beschaffungspr. f. Wg.	33 477-33 505	33 506-33 522	33 523-33 536
1. d. betriebsf. Wg.	59.244,00	60.407,00	k.U. RM *
2. davon Radsätze	1.200,00	1.200,00	k.U. RM *
Ausmusterungsjahr f.	33 477-33 536:		DB: 1982; DR: 1973
Länge über Puffer		21.150 mm	
Wagenkastenlänge		19.854 mm	
Wagenkastenbreite		2.996 mm	
Fußboden über SO		1.240 mm	
Achsstand gesamt		16.490 mm	
Abstand d. Drehzapfen		13.490 mm	
Achsst. d. Drehgestells		3.000 mm	
Drehgestellbauart	Görlitz III Leicht (77)		Görlitz III Leicht (77a)
Planzeichen (Drehg.)	Fwp 946.04.1		951.04.1
Anzahl der Aborte		2	
Anzahl der Abteile		4+5	
Sitzplätze 1. Klasse		–	
2. Klasse		24	
3. Klasse		40	
Militärtr.		16 Off+32 M	
f. Krankentransport		–	
Sicherung d. Übergänge		Scherengitter	
Bremse		s. Bemerkungen	
Heizung		Dampf, z.T. elektrisch	
Beleuchtung		elektrisch	
Eigengewicht	30,72 t *	30,92 t *	k.U. t *

Für diese Bauart übernahm die Waggonfabrik LHW in Breslau bei der Konstruktion die Raumaufteilung, u. a. mit dem Seitengang in der 2. Klasse, von der Bauart 1933. Die Wagen kamen jedoch mit unterschiedlichen Bremsbauarten zur Ablieferung.
Der Wagengrundriss sah in der 2. Klasse 1 geschlossenes Abteil mit 1.876 mm und 3 offene Abteile mit 1.870 mm Länge, in der 3. Klasse 4 offene mit 1.550 mm und 1 offenes mit 1.547 mm Länge, 2 Vorräume und 2 Aborte vor.
Geschweißtes Untergestell mit zurückgesetzten Vorbauten, zweiachsige Drehgestelle Bauart „Görlitz III Leicht" mit Gleitachslagern, Hülsenpuffer mit 500-mm-Puffertellern und Ringfeder, ohne Ausgleich, Handbremse mit Handrad in einem Vorraum (s.a. Bemerkungen), Stirnwandleitern, Trittbretter mit Dachhandgriffen und -laufbrettern, Signalstützen, vor jeder Eingangstür 2 hölzerne Trittbretter – die oberen abgerundet, Einsteigegriffe, geschweißtes Kastengerippe mit Säulen, Dachspriegeln, Rammblechen, Vorbau mit parallel eingezogenen Wänden, Bekleidungs- und Dachbleche angeschweißt, Tonnendach. Eingangsdrehtüren, Stirnwandschiebetüren mit festen Fenstern, Drehtüren in Zwischen- und Abortquerwänden, Vorraumschiebetüren, Übergangsschutztüren, 9 Wendler-Luftsauger mit Luftsaugerkästen und Lüftungsrosetten für Abteile, 1.000/800 mm breite Metallrahmenfenster mit Kniehebelausgleich, 600 mm breite, geteilte Klappfenster in Aborten, feste Fenster in Stirnwänden, Rollvorhänge, Übergangsbrücke mit Scherengitter.
Unterteilung des Innenraumes durch halbhohe Zwischenwände in Einzelabteile, Sitzteilung im B-Abteil 0+3 mit 780 mm breiten Seitengang, im C-Abteil 2+3 mit 470 mm breitem Mittelgang, Armlehnen an den Außenwänden, Ablegetische, Linoleumfußboden, el. Beleuchtung, Lichtgenerator mit Flachriemenantrieb und Speicherbatterie, Abort mit Xylolithfußboden und Leibstuhl, Fallrohr mit Saughaube, Papierrollenhalter, Waschbecken, Seifenspender, Waschtisch- und Reinigungsgeräteschrank, 2 Wasserkannen, Rollenhandtücher, Spiegel, Linoleumbekleidung und Leisten weiß gestrichen. Decke und Wände in den offenen 2.-Klasse-Abteilen mit Ledertuchbespannung in zwei verschiedenen Dekoren, Leistenwerk am. Nussbaum.

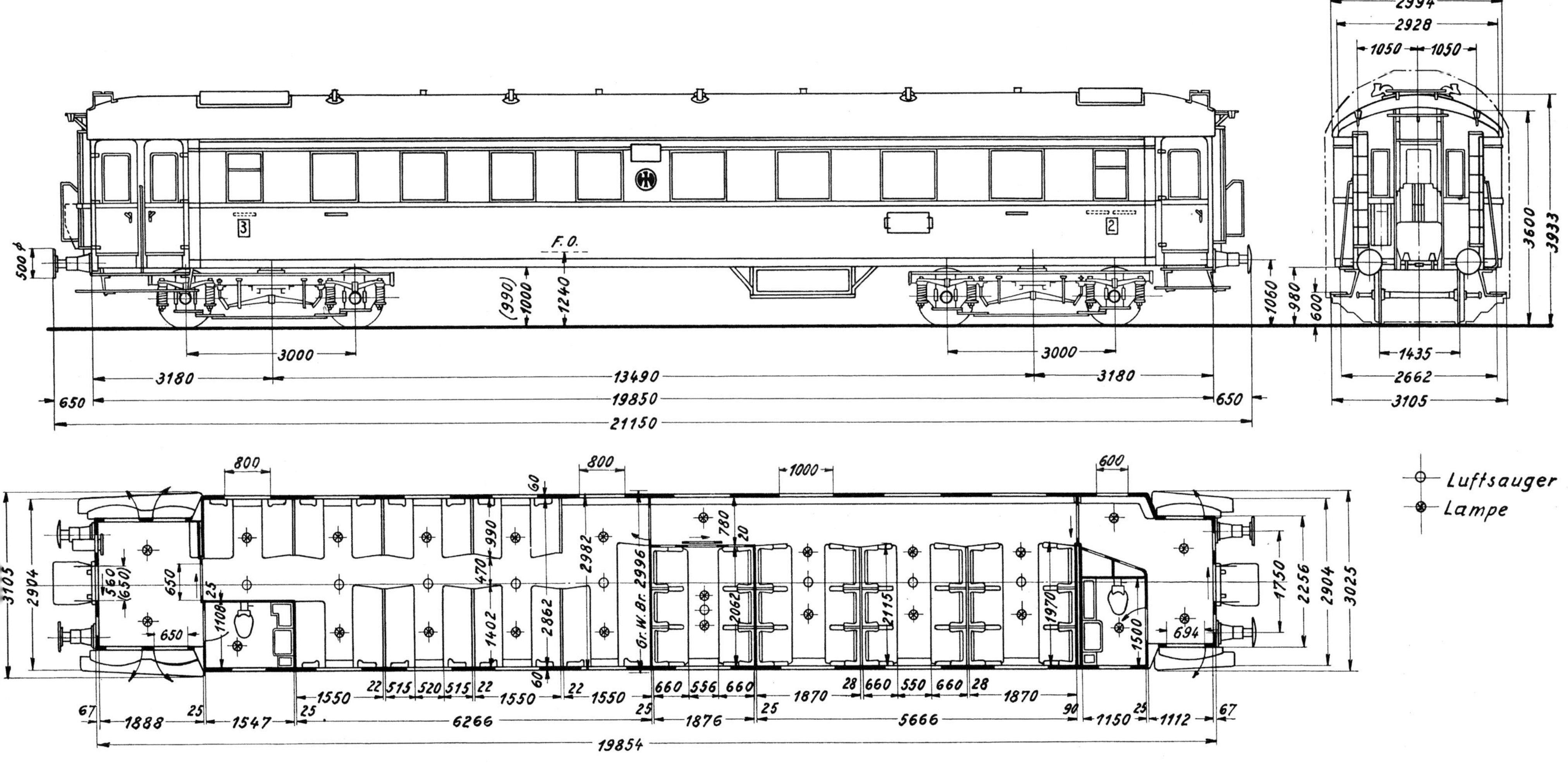

Bemerkungen:
Drehgestellbeschreibungen Nr. 18+19
33 477-33 505 Hikpbr mit Bremstrommeln, 33 506-33 522 Hikpbr mit Bremstrommeln und Öldruckhandbremse sowie el. Hz, Mehrpreis 2.600 RM *, 33 523-33 526 mit Kkp3-Bremse ohne Handbremse, 33 527-33 536 mit Kkp3-Bremse und Handbremse, 33 523-33 536 nach (-) Maßen und wendbaren Raucherschildern.

Joachim Deppmeyer

Gattungszeichen		C4i-34	
Nummernreihe	73 340-73 343 73 372-73 388		73 389-73 400 73 401-73 409
Gattungsnummer		328	
Fahrzeugprogramme	1934		1934 Z
Wagenbauverträge	03.966/61.810		03.966/61.823 03.966/61.826
Planzeichen	Fwp 554.1		Fwp 556.1
Übersichtszeichnungen	2325b Wum		2589a Wum
Lieferwerke	MAN WA 6111 Wum WA 8416		Wum WA 8426 Uer WA 2298 Weg WA 2945
Lieferjahre	1934		1935
insgesamt beschafft	4+17		12+5+4 Wagen
Beschaffungspr. f. Wg.	73 372-73 388		
1. d. betriebsf. Wg.	56.547,00		k.U. RM *
2. davon Radsätze	1.200,00		k.U. RM *
Ausmusterungsjahr f.	73 340 • 73 409:		DB: 1982; DR: 1951 (5)
Länge über Puffer		20.960 mm	
Wagenkastenlänge		19.660 mm	
Wagenkastenbreite		2.997 mm	
Fußboden über SO		1.240 mm	
Achsstand gesamt		16.300 mm	
Abstand d. Drehzapfen		13.300 mm	
Achsst. d. Drehgestells		3.000 mm	
Drehgestellbauart	Gö III L (77)		Gör III L (77a)
Planzeichen (Drehgestell)	Fwp 946.04.1		951.04.1
Anzahl der Aborte		2	
Anzahl der Abteile		10	
Sitzplätze 1. Klasse		–	
2. Klasse		–	
3. Klasse		84	
Militärtransport		68 M	
für Krankentransport		s. Bemerkungen	
Sicherung der Übergänge		Scherengitter	
Bremse		s. Bemerkungen	
Heizung		Dampf, z.T. elektrisch	
Beleuchtung		elektrisch	
Eigengewicht	30,92 t		k.A.

Neben der gemischtklassigen Bauart ließ das RZM auch einen vierachsigen 3.-Kl.-Durchgangswagen von der Wumag durchkonstruieren, wobei sie neben verschiedenen Bremsausrüstungen auch Sondereinrichtungen auf Veranlassung des Generalstabes vorsehen musste.
Der Wagengrundriss sah in der 3. Klasse 1 geschlossenes Abteil mit 1.550 mm Länge, 7 offene mit 1.550 mm und 2 mit 1.547 mm Länge, 2 Vorräume und 2 Aborte vor.
Geschweißtes Untergestell mit zurückgesetzten Vorbauten, zweiachsige Drehgestelle Bauart „Görlitz III Leicht“ mit Gleitachslagern, Hülsenpuffer mit 500-mm-Puffertellern und Ringfeder, ohne Ausgleich, Handbremse mit Handrad in einem Vorraum, Stirnwandleitern, Sprungbrett, Dachhandgriffe und -laufbretter, Signalstützen, vor den Eingangstüren 2 hölzerne Trittbretter – die oberen abgerundet, Einsteigegriffe, geschweißtes Kastengerippe, Säulen (mittlere Türsäulen am HBrE bei Wagen mit Sondereinrichtung umlegbar), Dachspiegeln, Rammblechen, Vorbau mit parallel eingezogenen Wänden, Bekleidungs- und Dachbleche angeschweißt, Tonnendach, klappbare Vorraumwandteile, Seiteneingangstüren in Vorbauten, Stirnwandschiebetüren mit festen Fenstern, Drehtüren in Zwischen- und Abortquerwänden, Vorraumschiebetüren, Übergangsschutztüren, 10 Wendler-Luftsauger mit Luftsaugerkästen und Lüftungsrosetten für Abteile, 800 mm breite Metallrahmenfenster mit Kniehebelausgleich, 600 mm breite, geteilte Klappfenster in Aborten, feste Fenster in Stirnwänden, Rollvorhänge, Übergangsbrücke mit Scherengitter, Stirnwände für den Einbau von Faltenbalgen vorbereitet.
Unterteilung des Innenraumes durch halbhohe Zwischenwände in Einzelabteile, Sitzteilung 2+3 mit 470 mm breitem Mittelgang, Armlehnen an den Außenwänden, Ablegetische, Linoleumfußboden, el. Beleuchtung, Lichtgenerator Flachriemenantrieb und Speicherbatterie, Abort mit Xylolithfußboden und Leibstuhl, Fallrohr mit Saughaube, Papierrollenhalter, Waschbecken, Seifenspender, Waschtisch- und Reinigungsgeräteschrank, 2 Wasserkannen, Rollenhandtücher, Spiegel, Linoleumbekleidung und Leisten weiß gestrichen.

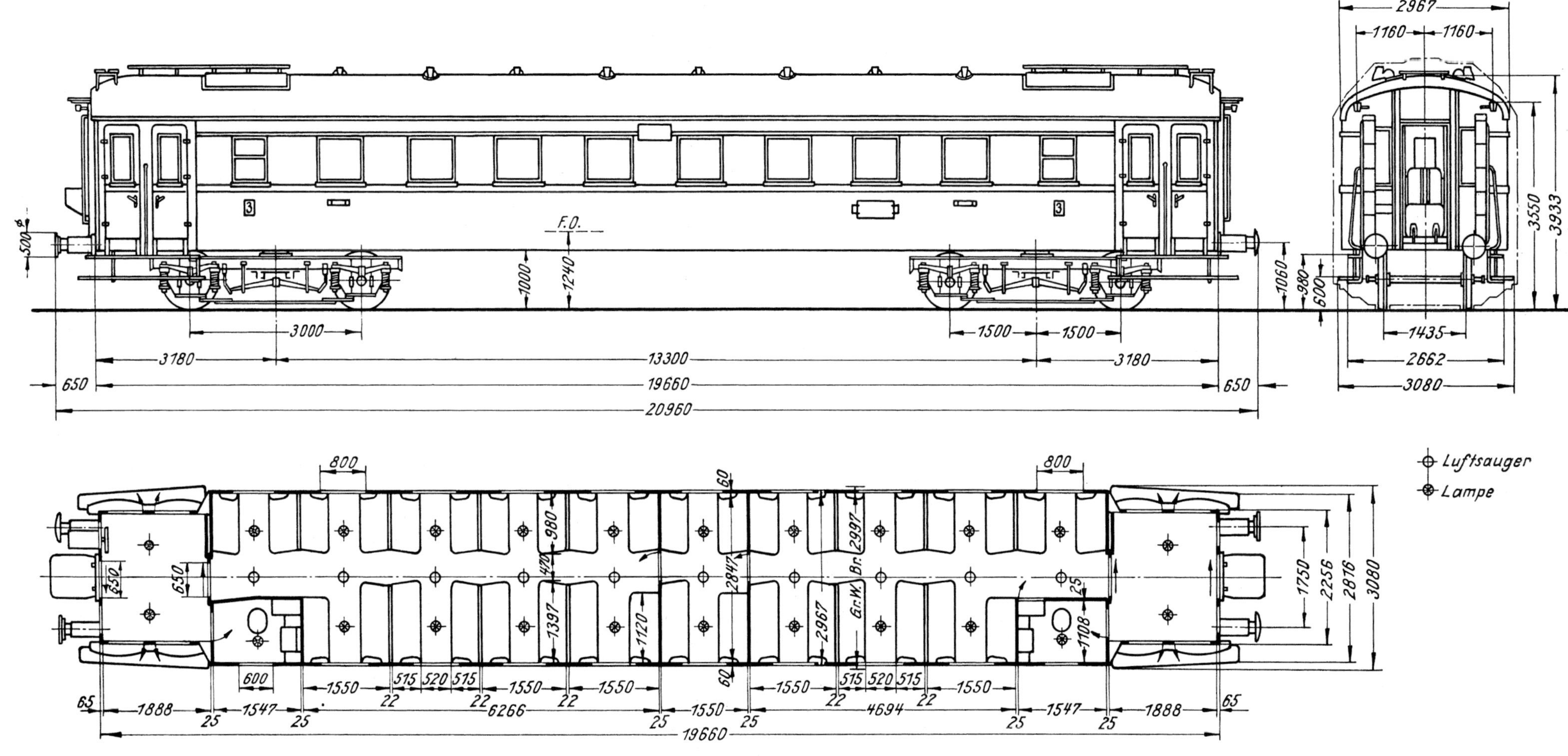

Bemerkungen:
Drehgestellbeschreibungen Nr. 18 + 19
73 340-73 343, 73 372-73 388 Hikpbr mit Bremstrommeln und Öldruckhandbremse, Mehrpreis f. el. Heizung,
73 389-73 409 mit Kkp3-Bremse, 73 389-73 405 mit Polstersitzen 3. Klasse, 73 372-73 409 mit Sondereinrichtung für Krankenbeförderung (s. Seite 38). (5) Letzte Ausmusterung war Umbau in Kr4ü/Op 4ü.
73 383 Nür Teilnahme an der Parade am 8. Dezember 1935 in Nürnberg.
73 409 in einem der ersten 16 Lkz.

Joachim Deppmeyer

Gattungszeichen		C4i-34a
Nummernreihe		73 344-73 371 Stg (Heimatbf Stg Hbf)
Gattungsnummer		328
Fahrzeugprogramm		1934
Wagenbauvertrag		03.966/61.814 v. 1.3.34
Planzeichen		Fwp 565.1
Übersichtszeichnung		17 305a WWk
Lieferwerk		WWk
Lieferjahr		1934
insgesamt beschafft		28 Wagen
Beschaffungspreis für Wagen		73 344-73 371
1. den betriebsfertigen Wagen		53.029,00 RM *
2. davon Radsätze		1.200,00 RM *
Ausmusterungsjahr		DB: 1982; DR: bis 1950
Länge über Puffer		20.960 mm
Wagenkastenlänge		19.600 mm
Wagenkastenbreite		3.003 mm
Fußboden über SO		1.240 mm
Achsstand gesamt		16.300 mm
Abstand der Drehzapfen		13.300 mm
Achsstand des Drehgestells		3.000 mm
Drehgestellbauart	27x Gör III L (77)	1x Gör III L (79)
Planzeichen (Drehgestell)	Fwp 946.04.1	Fwp 950.04.1
Anzahl der Aborte		2
Anzahl der Abteile		10
Sitzplätze 1. Klasse		–
2. Klasse		–
3. Klasse		84
Militärtransport		68 M
für Krankentransport		s. Bemerkungen
Sicherung der Übergänge		Scherengitter
Bremse		Hikpbr mit Bremstrommeln
Heizung		Dampf, elektrisch
Beleuchtung		elektrisch
Eigengewicht		35,1 t *

Neben der geschweißten Bauart eines vierachsigen 3.-Klasse-Durchgangswagens kam diese nochmals in genieteter Ausführung (die Skizze entspricht in der Langträgeransicht nicht den Gegebenheiten). Die Konstruktion und Bau, ebenfalls mit Sondereinrichtung, führten die VWW in Köln-Deutz durch.
Der Wagengrundriss sah in der 3. Klasse 1 geschlossenes Abteil mit 1.550 mm Länge, 7 offene mit 1.550 mm und 2 offene mit 1.547 mm Länge, 2 Vorräume und 2 Aborte vor.
Genietetes Untergestell mit zurückgesetzten Vorbauten, zweiachsige Drehgestelle Bauart „Görlitz III Leicht" mit Gleitachslagern, Hülsenpuffer mit 500-mm-Puffertellern und Ringfeder, ohne Ausgleich, Wagen besitzen keine Handbremse, Stirnwandleitern, Trittbretter mit Dachhandgriffen und -laufbrettern, Signalstützen, vor jeder Eingangstür 2 hölzerne Trittbretter – die oberen abgerundet, Einsteigegriffe, genietetes Kastengerippe mit Säulen (mittlere Türsäulen in einem Vorraum bei Wagen mit Sondereinrichtung umlegbar), Befestigungswinkeln, Dachspriegeln, Rammblechen, Vorbau mit parallel eingezogenen Wänden, Bekleidungs- und Dachbleche aufgenietet, Tonnendach, klappbare Vorraumwandteile. Eingangsdrehtüren, Stirnwandschiebetüren mit festen Fenstern, Drehtüren in Zwischen- und Abortquerwänden, Vorraumschiebetüren, Übergangsschutztüren, 10 Wendler-Luftsauger mit Luftsaugerkästen und Lüftungsrosetten für Abteile, 800 mmm breite Metallrahmenfenster mit Kniehebelausgleich, 600 mm breite, geteilte Klappfenster in Aborten, feste Fenster in Stirnwänden, Rollvorhänge, Übergangsbrücke mit Scherengitter.
Unterteilung des Innenraumes durch halbhohe Zwischenwände in Einzelabteile, Sitzteilung 2+3 mit 470 mm breitem Mittelgang, Armlehnen an den Außenwänden, Ablegetische, Linoleumfußboden, el. Beleuchtung, Lichtgenerator mit Flachriemenantrieb und Speicherbatterie, Abort mit Xylolithfußboden und Leibstuhl, Fallrohr mit Saughaube, Papierrollenhalter, Waschbecken, Seifenspender, Waschtisch- und Reinigungsgeräteschrank, 2 Wasserkannen, Rollenhandtücher, Spiegel, Linoleumbekleidung und Leisten weiß gestrichen.

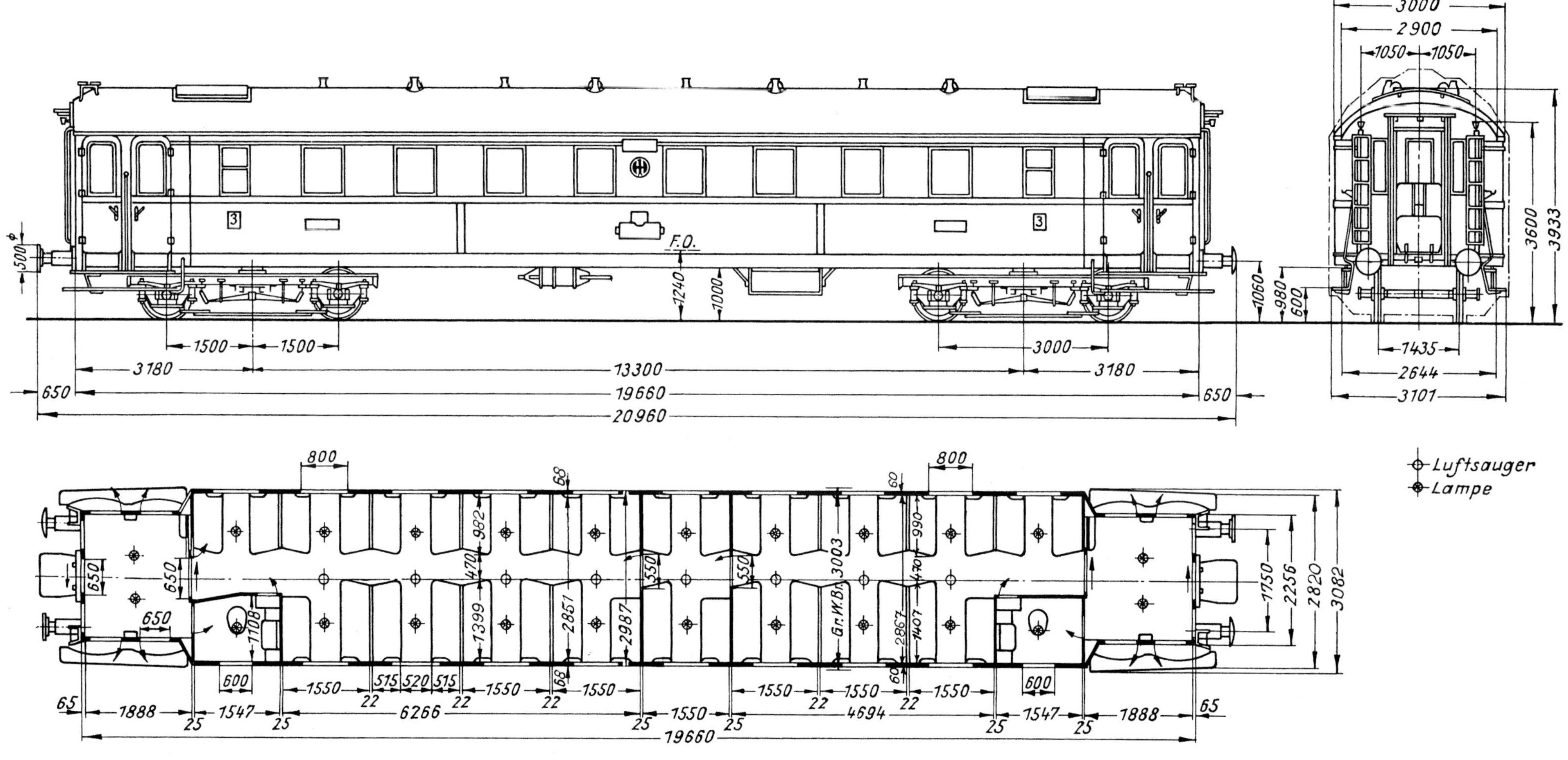

Bemerkungen:
Drehgestellbeschreibungen Nr. 18 + 20
Mehrpreis für el. Heizung pro Wg. 2.700 RM *
73 344-73 371 mit Sondereinrichtung für Krankenbeförderung (s. Seite 38), 73 371 Stg mit Versuchsdrehgestellsatz in Hohlträgerbauart mit Trommelbremse (Abart Deutz), Drehgestellbeschreibung Nr. 20. 73 348 Nür Teilnahme an der Parade am 8. Dezember 1935 in Nürnberg. 73 366 wurde Museumswagen der DB mit der jetzigen Bauart-Nr. 052, Bye, 29-43 684-8.

Werkfoto LHW

Gattungszeichen	BC4i-35a	
Nummernreihe	33 540+33 541 Dre	33 542-33 571 Dre
Gattungsnummer	319	
Fahrzeugprogramme	1935 I	1936 I
Wagenbauverträge	03.966/26.364	03.966/61.840
Planzeichen	Fwp 560.001/2	Fwp 562.1
Übersichtszeichnungen	5811/01.02/03 LHW	5845/01.01e LHW
Lieferwerke	LHW WA 5811	LHW 5845
Lieferjahre	1935	1936
insgesamt beschafft	2	30 Wagen
Beschaffungspr. f. Wg.	33 540 Dre	33 542-33 571
1. d. betriebsf. Wg.	53.200,00	54 762,00 RM *
2. davon Radsätze	k.A.	2.160,00 RM *
Ausmusterungsjahr f.	33 540-33 571:	DB: 1964; DR: 1968
Länge über Puffer	18.355 mm	
Wagenkastenlänge	17.055 mm	
Wagenkastenbreite	3.014 mm	
Fußboden über SO	1.200 mm	
Achsstand gesamt	14.225 mm	
Abstand d. Drehzapfen	11.225 mm	
Achsst. d. Drehgestells	3.000 mm	
Drehgestellbauart	Gör IV Leicht (84)	Gör IV Leicht (85)
Planzeichen (Drehgestell)	Fwp 965.04.2	Fwp 954.04.1
Anzahl der Aborte	1	
Anzahl der Abteile	4+3	
Sitzplätze 1. Klasse	–	
2. Klasse	32	
3. Klasse	24	
Militärtrsport	24 Off+14 M	
für Krankentransport	–	
Sicherung der Übergänge	Scherengitter	
Bremse	Hikpbr	
Heizung	Dampf	
Beleuchtung	elektrisch	
Eigengewicht	26,0 t	25,0 t *

Die Wagen kamen in einer besonders leichten Ausführung zur Ablieferung, was sich im Erhaltungsaufwand bemerkbar machen sollte. Der Wagengrundriss sah in der 2. Klasse 4 offene Abteile mit 2.000 mm Länge, in der 3. Klasse 3 offene mit 1 600 mm Länge, 1 Mittel- und 2 Endeinstiegräume sowie 1 Abort vor.

Geschweißtes Untergestell mit nicht zurückgesetzten Vorbauten, Mitteleinstiegpartien aus Walzprofilen zusammengeschweißt, zweiachsige Drehgestelle Bauart „Görlitz IV Leicht" mit Gleitachslagern, Hülsenpuffer mit 500-mm-Puffertellern, Bauart Krupp, mit Ringfeder, ohne Ausgleich, Handbremse mit Handrad in einem Vorraum, Stirnwandleitern, Trittbretter mit Dachhandgriffen und -laufbrettern, Signalstützen, Trittstufen z.T. im Innern der Einstiegräume liegend, Einsteigegriffe, geschweißtes Kastengerippe mit Säulen, Dachspriegeln, Rammblechen, Vorbau mit in einer Ebene liegenden Wänden, Bekleidungsbleche angeschweißt, Dachbleche aufgenietet, Tonnendach.

Ein- oder zweiflügelige Eingangsschiebetüren, Stirnwandschiebetüren mit festen Fenstern, Drehtüren in Zwischen- und Abortquerwänden, Schiebetüren in End- und Mitteleinstiegräumen, Übergangsschutztüren, 7 Wendler-Luftsauger mit Luftsaugerkästen und Lüftungsschlitzen für Abteile, 1.200/1.000 mm breite Metallrahmenfenster mit Gewichtsausgleich, 600 mm breites, geteiltes Klappfenster im Abort, feste Fenster in Stirnwänden, Rollvorhänge, Übergangsbrücke mit Scherengitter.

Unterteilung des Innenraumes durch halbhohe Zwischenwände in Einzelabteile, Sitzteilung im B-Abteil 1+3 mit 550 mm breitem Mittelgang, im C-Abteil 2+3 mit 477 mm breitem Mittelgang, in beiden Endeinstiegräumen Abstellvorrichtungen für Skier, Linoleumfußboden, el. Beleuchtung, Lichtgenerator mit Flachriemenantrieb und Speicherbatterie, Abort mit Xylolithfußboden und Leibstuhl, Fallrohr mit Saughaube, Papierrollenhalter, Waschbecken, Seifenspender, Waschtisch- und Reinigungsgeräteschrank, 2 Wasserkannen, Rollenhandtücher, Spiegel, Linoleumbekleidung und Leisten weiß gestrichen.

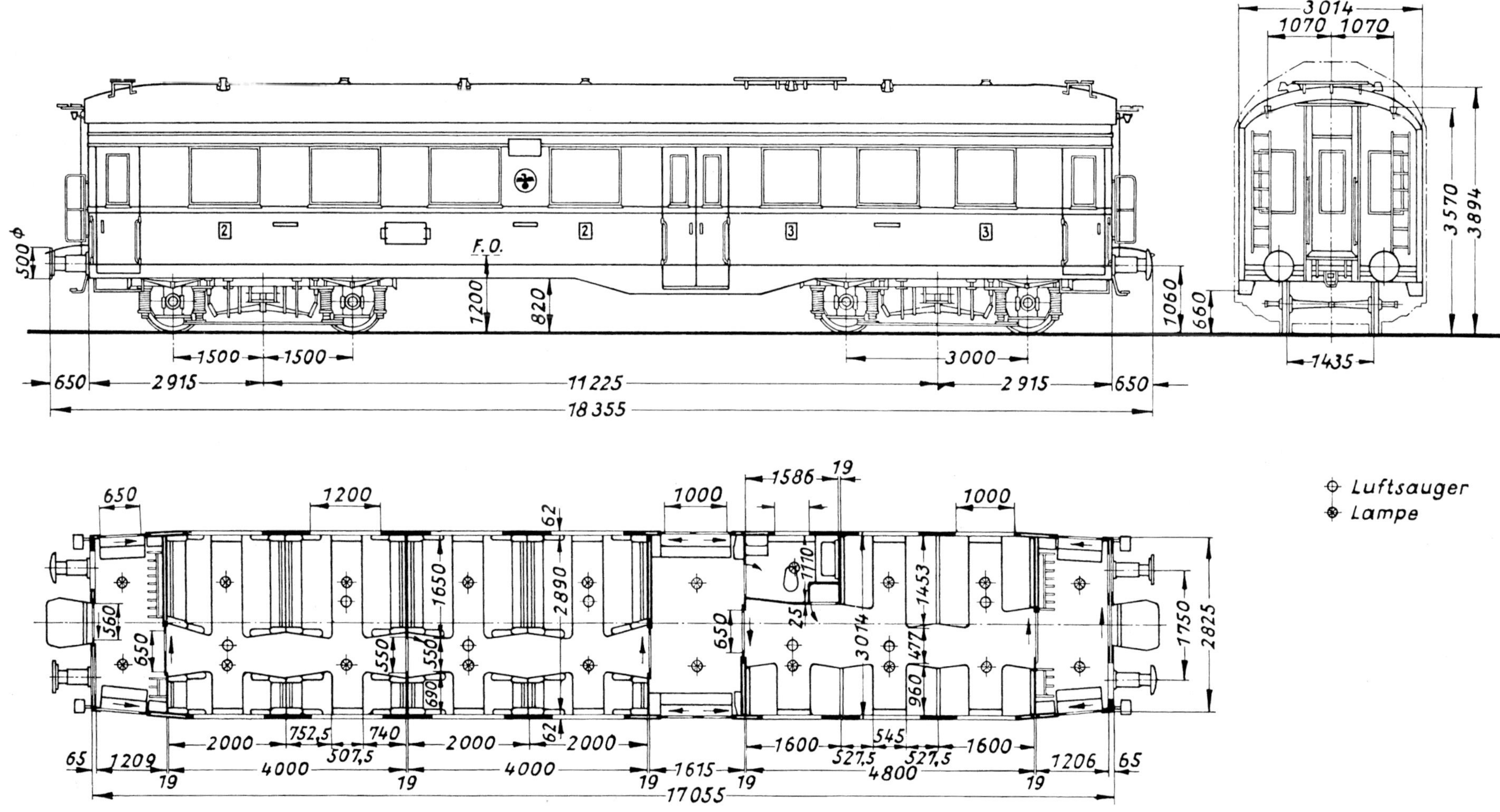

Bemerkungen:
Drehgestellbeschreibungen Nr. 37 + 38
Bauart „Heidenau-Altenberg", 33 540 Entwicklungsbauart nach Fwp 560.001 (5811/01.02 LHW),
33 541 Entwicklungsbauart nach Fwp 560.002 (5811/01.03 LHW).

Nach den beiden Probefahrzeugen, mit u.a. unterschiedlicher Anordnung des Abortes auf der Drei- bzw. Zweiplatzseite, entschied sich die HV bei den Serienfahrzeugen für die erste Ausführung. Bei diesen kamen auch Leichtradsätze zum Einbau.

Obige Skizze ist gültig für den BC4i-35a (Serienfahrzeug), nebenstehende Abbildung: zeigt den BC4i-35a (35 540 Dre) – Probewagen. 1957 konnte der 33 544 an die Mindener Kreisbahn verkauft werden.

Werkfoto LHW

Gattungszeichen	C4i-35a	
Nummernreihe	73 413-73 416 Dre	73 467-73 526 Dre
Gattungsnummer	320	
Fahrzeugprogramme	1935 I	1936 I
Wagenbauverträge	03.966/26.364	03.966/61.840
Planzeichen	Fwp 560.003/4	Fwp 562.2
Übersichtszeichnungen	5812/01.02/03 LHW	5846/01.01d LHW
Lieferwerke	LHW WA 5812	LHW 5846
Lieferjahre	1935	1936/37
insgesamt beschafft	4	60 Wagen
Beschaffungspr. f. Wg.	73 413 Dre	
1. d. betriebsf. Wg.	49.900,00	50.620,00 RM *
2. davon Radsätze	k.A.	2.160,00 RM *
Ausmusterungsjahr für	73 413•73 526:	DB: 1965, DR: 1968
Länge über Puffer	19.130 mm	
Wagenkastenlänge	17.830 mm	
Wagenkastenbreite	2.992 mm	
Fußboden über SO	1.200 mm	
Achsstand gesamt	15.000 mm	
Abstand d. Drehzapfen	12.000 mm	
Achsst. d. Drehgestells	3.000 mm	
Drehgestellbauart	Gör IV L (84)	Gör IV L (85)
Planzeichen (Drehgestell)	Fwp 965.04.2	Fwp 954.04.1
Anzahl der Aborte	2	
Anzahl der Abteile	7	
Sitzplätze 1. Klasse	–	
2. Klasse	–	
3. Klasse	64+4 Klappsitze im Vorraum	
Militärtransport	40 M	
für Krankentransport	–	
Sicherung der Übergänge	Scherengitter	
Bremse	Hikpbr	
Heizung	Dampf	
Beleuchtung	elektrisch	
Eigengewicht	24,5 t	25,0 t *

Der Wagengrundriss sah in der 3. Klasse 7 offene Abteile mit 1 600 mm Länge, 1 Mittel- und 2 Endeinstiegräume, wovon einer je nach Bedarf als Gepäckraum, Postabteil oder Einstellraum für Skier bzw. Stehplatzraum genutzt werden konnte sowie 1 Abort vor.
Geschweißtes Untergestell mit nicht zurückgesetzten Vorbauten, Mitteleinstiegpartien aus Walzprofilen zusammengeschweißt, zweiachsige Drehgestelle Bauart „Görlitz IV Leicht" mit Gleitachslagern, Hülsenpuffer mit 500-mm-Puffertellern, Bauart Krupp, mit Ringfeder, ohne Ausgleich, Handbremse mit Handrad in einem Vorraum, Stirnwandleitern, Trittbretter mit Dachhandgriffen und -laufbrettern, Signalstützen, Trittstufen z.T. im Innern der Einstiegräume liegend, Einsteigegriffe, geschweißtes Kastengerippe mit Säulen, Dachspriegeln, Rammblechen, Vorbau mit in einer Ebene liegenden Wänden, Bekleidungsbleche angeschweißt, Dachbleche aufgenietet, Tonnendach.
Eingangsschiebetüren am NHBrE einflügelig, sonst zweiflügelig, Stirnwandschiebetüren mit festen Fenstern, Drehtür in Abortquerwand, Schiebetüren in End- und Mitteleinstiegräumen, Übergangsschutztüren, 8 Wendler-Luftsauger mit Luftsaugerkästen und Lüftungsschlitzen für Abteile, 1.000 mm breite Metallrahmenfenster mit Gewichtsausgleich, 600 mm breites, geteiltes Klappfenster im Abort, feste Fenster in Stirnwänden, Rollvorhänge, Übergangsbrücke mit Scherengitter.
Unterteilung des Innenraumes durch halbhohe Zwischenwände in Einzelabteile, Sitzteilung 2+3 mit 477 mm breitem Mittelgang, in beiden Endeinstiegräumen Abstellvorrichtungen für Skier, am HbrE 4 zusätzliche Klappsitze, Linoleumfußboden, el. Beleuchtung, Lichtgenerator mit Flachriemenantrieb und Speicherbatterie, Abort mit Xylolithfußboden und Leibstuhl, Fallrohr mit Saughaube, Papierrollenhalter, Waschbecken, Seifenspender, Waschtisch- und Reinigungsgeräteschrank, 2 Wasserkannen, Rollenhandtücher, Spiegel, Linoleumbekleidung und Leisten weiß gestrichen.

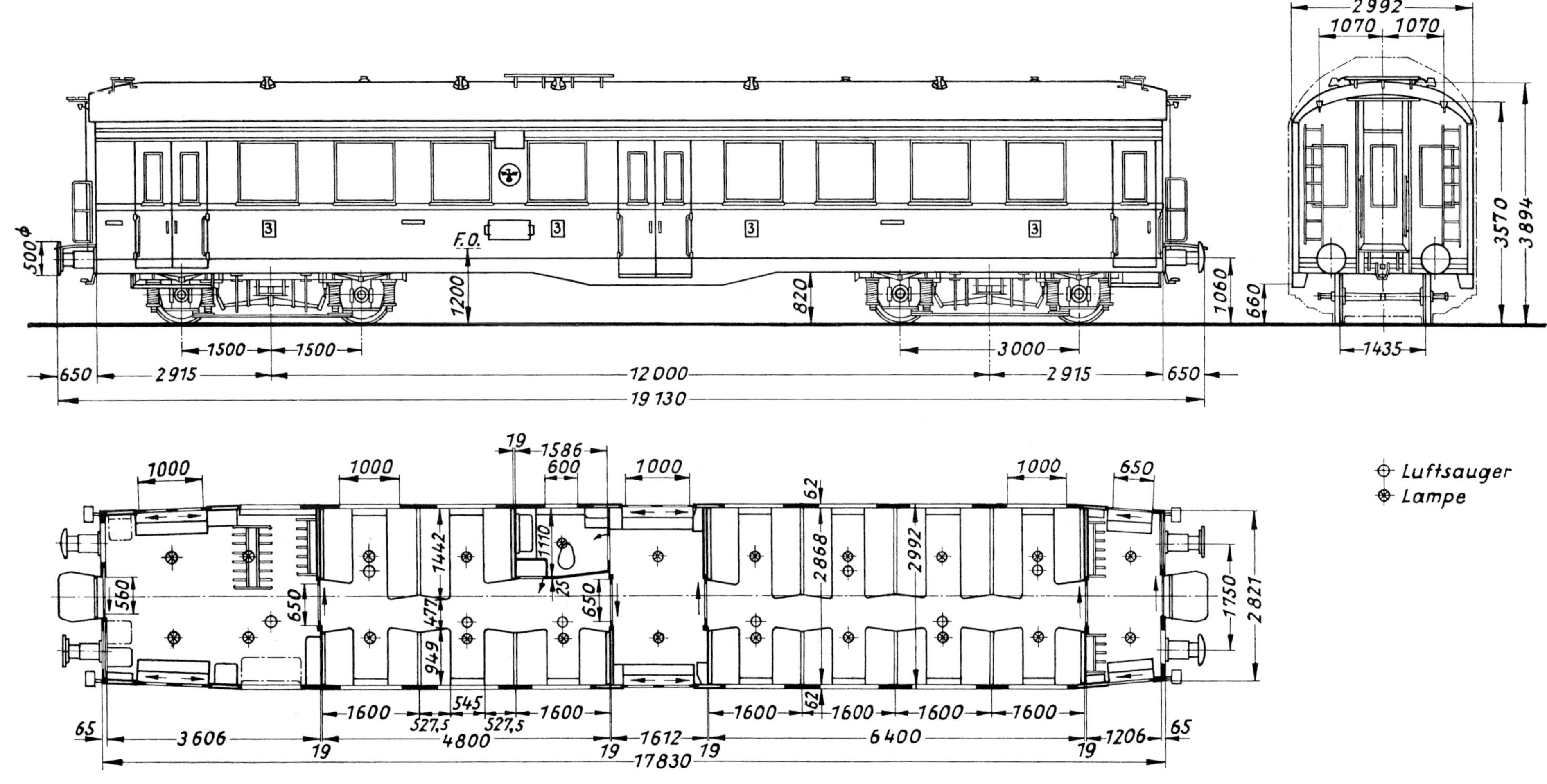

Drehgestellbeschreibungen Nr. 37 + 38

Bauart „Heidenau-Altenberg". 73 413-73 414 Entwicklungsbauart nach Fwp 560.003 (5812/01.02 LHW), 73 415+73 416 Entwicklungsbauart nach Fwp 560.004 (5812/01.03 LHW).

Nach 4 Probefahrzeugen mit u.a. unterschiedlicher Anordnung des Abortes auf der Drei- bzw. Zweiplatzseite entschied sich die HV bei den Serienfahrzeugen für die erste Ausführung. Außerdem kamen bei diesen auch serienmäßig Leichtradsätze mit Hohlwellen zum Einbau.

Obige Skizze ist gültig für die Bauart C4i-35a (Serienfahrzeug). Nebenstehende Aufnahme zeigt den C4i-35a (73 414 Dre) Probewagen.

Der 73 525 wurde bereits im Juli 1949 zum Umbau in den ES 85 40 freigegeben.

Werkfoto VWW, Köln-Deutz, Diapositiv Sammlung RZA Berlin

Gattungszeichen		BC4i-35
Nummernreihe		33 537-33 539
Gattungsnummer		310
Fahrzeugprogramm		1935 I
Wagenbauvertrag		03.966/26.365
Planzeichen		Fwp 558.1
Übersichtszeichnung		22 053b WWk
Lieferwerk		WWk WA 10 048
Lieferjahr		1935
insgesamt beschafft		3 Wagen
Beschaffungspr. f. Wg.	33 537-33 539 mit	
	Leichtradsätzen 1×	Normalradsätzen 2×
1. d. betriebsf. Wagen	72.548,90	62.582,47 RM *
2. davon Radsätze	2 192,00	1.191,00 RM *
Ausmusterungsjahr		DB: 1971, DR: –
Länge über Puffer		21.035 mm
Wagenkastenlänge		19.735 mm
Wagenkastenbreite		2.997 mm
Fußboden über SO		1.240 mm
Achsstand gesamt		16.375 mm
Abstand der Drehzapfen		13.375 mm
Achsstand des Drehgestells		3.000 mm
Drehgestellbauart		Görlitz III Leicht (83a)
Planzeichen (Drehgestell)		Fwp 953.04.1
Anzahl der Aborte		2
Anzahl der Abteile		4+5
Sitzplätze 1. Klasse		–
2. Klasse		24
3. Klasse		36
Militärtransport		keine Angaben
für Krankentransport		–
Sicherung der Übergänge		Scherengitter
Bremse		Hikpbr
Heizung		Dampf
Beleuchtung		elektrisch
Eigengewicht	32,33 t	33,36 t *

In Zusammenarbeit mit dem RZM führten die VWW in Köln Konstruktion und Fertigung dieser Probewagen mit verbessertem Komfort aus.

Der Wagengrundriss sah in der 2. Klasse 4 geschlossene Abteile mit 2.000 mm, in der 3. Klasse 4 offene Abteile mit 1.600 mm und 1 offenes Halbabteil mit 1.000 mm Länge, 2 Vorräume und 2 Aborte vor.

Geschweißtes Untergestell mit zurückgesetzten Vorbauten, zweiachsige Drehgestelle Bauart „Görlitz III Leicht" mit Gleitachslagern, Hülsenpuffer mit 500-mm-Puffertellern und Ringfeder, ohne Ausgleich, Handbremse mit Handrad im Vorraum 3. Klasse, Stirnwandleitern, Trittbretter mit Dachhandgriffen und -laufbrettern, Signalstützen, vor jeder Eingangstür 2 hölzerne Trittbretter – die oberen abgerundet, Einsteigegriffe, geschweißtes Kastengerippe mit Säulen, Dachspriegeln, Rammblechen, Vorbau mit parallel eingezogenen Wänden, Bekleidungsbleche angeschweißt, Dachbleche aufgenietet, Tonnendach.

Eingangsdrehtüren, Stirnwandschiebetüren mit festen Fenstern, Drehtüren in Zwischen- und Abortquerwänden, doppelflügelige Abteilschiebetüren und 1 Pendeltür in der 2. Klasse, Vorraumschiebetür, Übergangsschutztüren, 8 Wendler-Luftsauger mit Luftsaugerkästen und Lüftungsrosetten für Abteile, 1.200/1.000/800 mm breite Metallrahmenfenster mit Gewichtsausgleich, 600 mm breite, geteilte Klappfenster in Aborten, feste Fenster in Stirnwänden und Vorraum NHBrE, Rollvorhänge, Übergangsbrücke mit Scherengitter.

Unterteilung des Innenraumes durch hohe oder halbhohe Zwischenwände in Einzelabteile, Sitzteilung im B-Abteil 0+3 mit 763 mm breiten Seitengang, im C-Abteil 2+3 mit 470 mm breitem Mittelgang, unter den Abteilfenstern einteilige Klapptische in der 2. Klasse und Ablagebretter in der 3. Klasse, Linoleumfußboden, el. Beleuchtung, Lichtgenerator mit Flachriemenantrieb und Speicherbatterie, Abort mit Xylolithfußboden und Leibstuhl, Fallrohr mit Saughaube, Papierrollenhalter, Waschbecken, Seifenspender, Waschtisch- und Reinigungsgeräteschrank, 2 Wasserkannen, Rollenhandtücher, Spiegel, Linoleumbekleidung und Leisten weiß gestrichen.

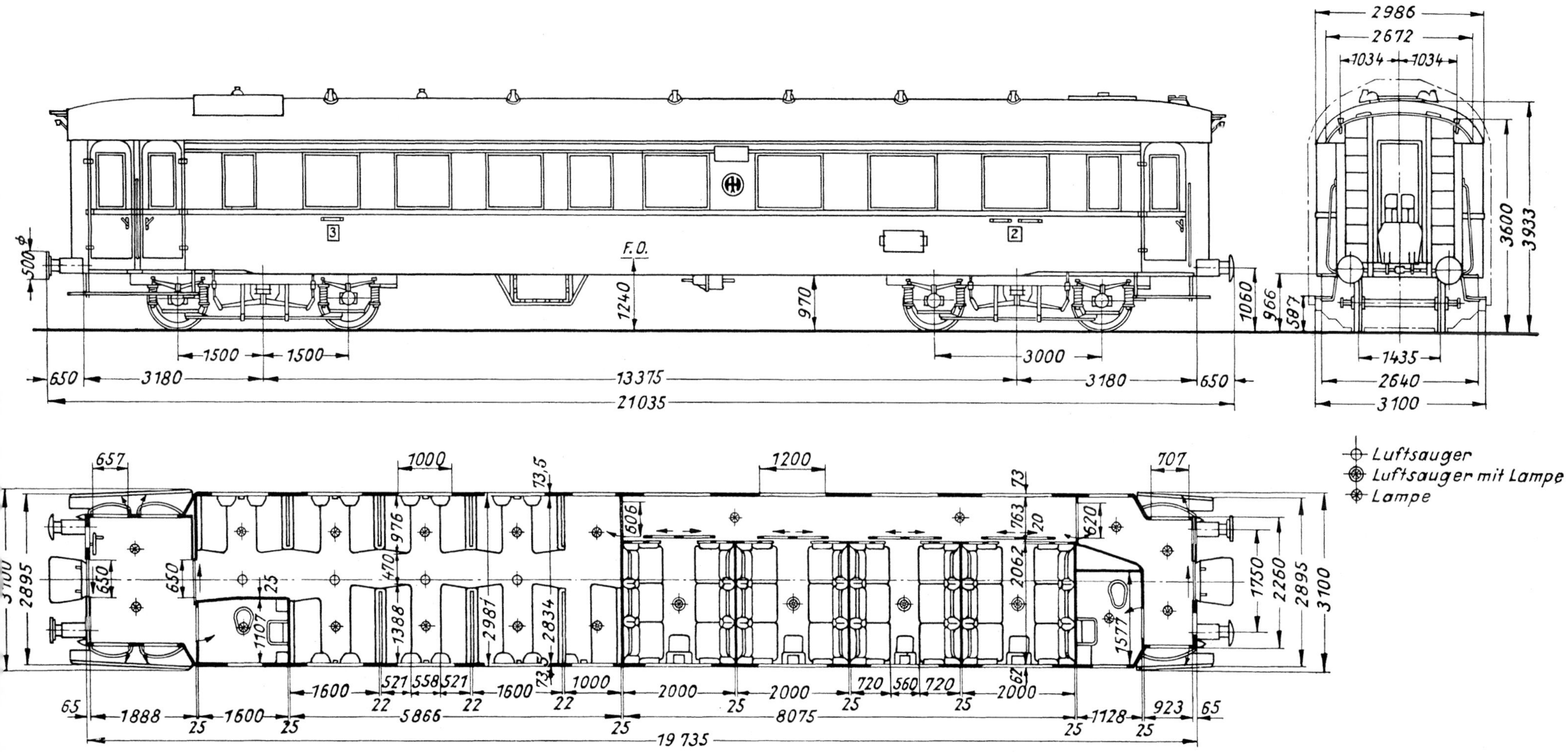

Bemerkungen:
Drehgestellbeschreibung Nr. 23
Entwicklungsbauart
33 537-33 539 Han, Heimatbf Hannover Hbf, 33 537 Han auf der Jubiläumsschau 1935 in Nürnberg ausgestellt, 33 537+33 538 Han Teilnahme an der Parade am 8. Dezember 1935 in Nürnberg.

Reinhard Todt, Archiv Eisenbahnstiftung

Gattungszeichen		C4i-35
Nummernreihe		73 410-73 412
Gattungsnummer		330
Fahrzeugprogramm		1935 I
Wagenbauvertrag		03.966/26.365
Planzeichen		Fwp 559.1
Übersichtszeichnung		D 268/41.306b LHW
Lieferwerk		LHW WA 5797
Lieferjahr		1936
insgesamt beschafft		3 Wagen
Beschaffungspr.f.Wg.	73 410-73 412 mit	
	Leichtradsätzen 1×	Normalradsätzen 2×
1. d. betriebsf. Wagen	56.100,67 RM *	55.001,67 RM *
2. davon Radsätze	2.290,00 RM *	1.191,00 RM *
Ausmusterungsjahr		DB: 1979; DR: –
Länge über Puffer		20.860 mm
Wagenkastenlänge		19.564 mm
Wagenkastenbreite		2.990 mm
Fußboden über SO		1.240 mm
Achsstand gesamt		16.200 mm
Abstand der Drehzapfen		13.200 mm
Achsstand des Drehgestells		3.000 mm
Drehgestellbauart		Görlitz III Leicht (83b)
Planzeichen (Drehgestell)		Fwp 953.04.1
Anzahl der Aborte		2
Anzahl der Abteile		10
Sitzplätze 1. Klasse		–
2. Klasse		–
3. Klasse		79
Militärtransport		keine Angaben
für Krankentransport		ja
Sicherung der Übergänge		Scherengitter
Bremse		Hikpbr
Heizung		Dampf
Beleuchtung		elektrisch
Eigengewicht	30,65 t *	31,89 t *

Auch mit dieser Bauart eines vierachsigen 3.-Klasse-Durchgangswagens versuchte die Reichsbahn den Komfort in Eilzügen deutlich anzuheben. Die Linke-Hofman-Werke führten in Zusammenarbeit mit dem RZM Konstruktion und Bau durch. Allein die Vergrößerung der Abteile und Fenster fanden große Zustimmung.

Der Wagengrundriss sah in der 3. Klasse 1 geschlossenes Abteil mit 1.600 mm und 8 offene mit 1.600 mm Länge sowie 1 offenes Halbabteil mit 1.000 mm Länge, 2 Vorräume und 2 Aborte vor.

Geschweißtes Untergestell mit zurückgesetzten Vorbauten, zweiachsige Drehgestelle Bauart „Görlitz III Leicht" mit Gleitachslagern, Hülsenpuffer mit 500-mm-Puffertellern und Ringfeder, ohne Ausgleich, Handbremse mit Handrad in einem Vorraum, Stirnwandleitern, Sprungbrett, Dachhandgriffe und -laufbretter, Signalstützen, vor den Eingangstüren 2 hölzerne Trittbretter – die oberen abgerundet, Einsteigegriffe, geschweißtes Kastengerippe, Säulen (mittlere Türsäulen am HBrE umlegbar), Dachspriegeln, Rammblechen, Vorbau mit parallel eingezogenen Wänden, Bekleidungsbleche angeschweißt, Dachbleche aufgenietet, Tonnendach, klappbare Vorraumwandteile.

Seiteneingangstüren in Vorbauten, Stirnwandschiebetüren mit festen Fenstern, Drehtüren in Zwischen- und Abortquerwänden, Vorraumschiebetüren, Übergangsschutztüren, 10 Wendler-Luftsauger mit Luftsaugerkästen und Lüftungsrosetten für Abteile, 1.000/800 mm breite Metallrahmenfenster mit Gewichtsausgleich, 600 mm breite, geteilte Klappfenster in Aborten, feste Fenster in Stirnwänden, Rollvorhänge, Übergangsbrücke mit Scherengitter. Unterteilung des Innenraumes durch halbhohe Zwischenwände in Einzelabteile, Sitzteilung 2+3 mit 470 mm breitem Mittelgang, Armlehnen an den Außenwänden, Ablegetische, Linoleumfußboden, el. Beleuchtung, Lichtgenerator mit Flachriemenantrieb und Speicherbatterie, Abort mit Xylolithfußboden und Leibstuhl, Fallrohr mit Saughaube, Papierrollenhalter, Waschbecken, Seifenspender, Waschtisch- und Reinigungsgeräteschrank, 2 Wasserkannen, Rollenhandtücher, Spiegel, Linoleumbekleidung und Leisten weiß gestrichen.

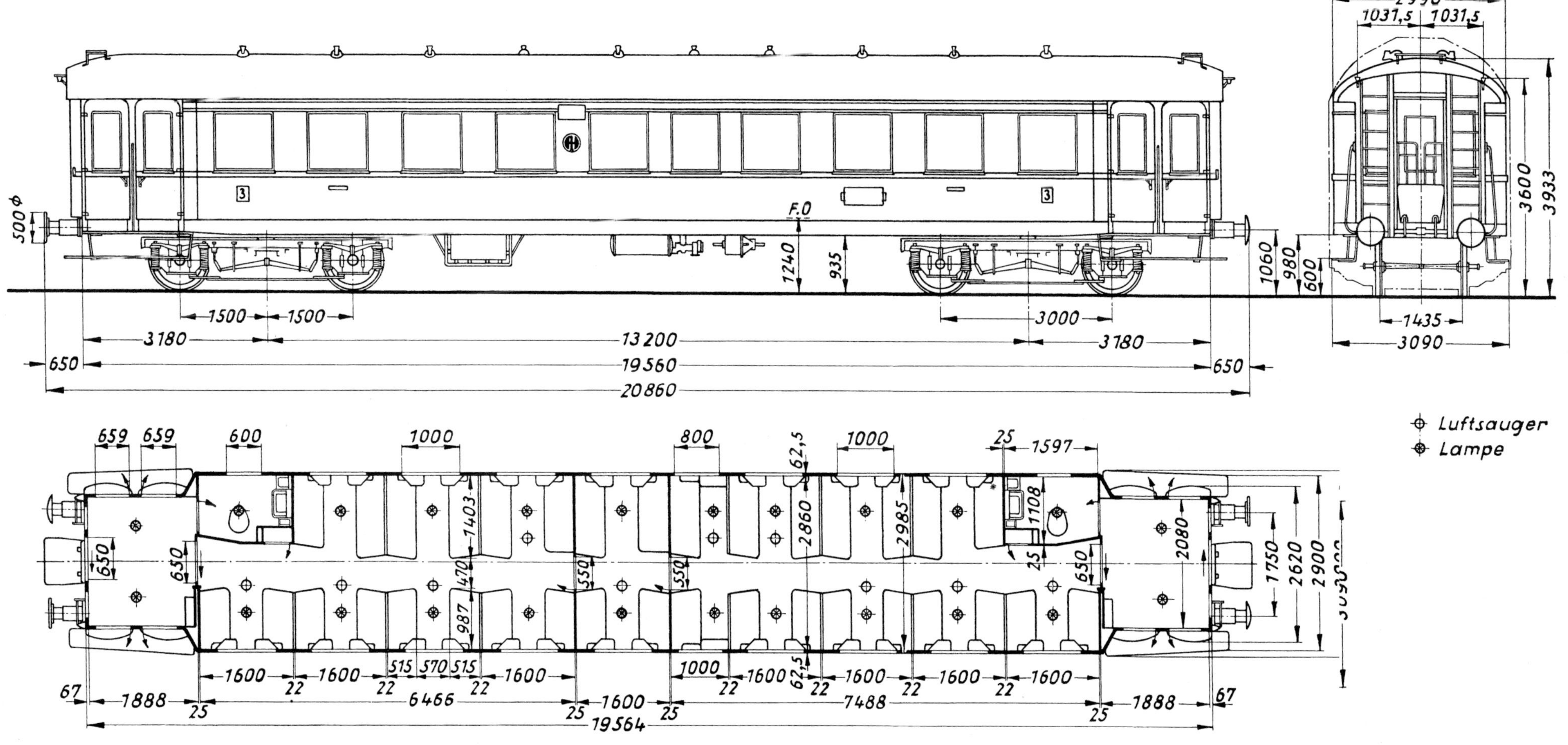

Bemerkungen:
Drehgestellbeschreibung Nr. 23
Entwicklungsbauart
73 410-73 412 Han, Heimatbf Hannover Hbf, mit Sondereinrichtung für Krankenbeförderung (s. Seite 38), 73 411 Han wurde 1941 ausgemustert.

73 410 Bye^{665} 28-11 102, a V/69 Sbr
73 412 Bye^{665} 28-11 103, a V/79 Hmb

Werkfoto VWW, Köln-Deutz

Gattungszeichen	C4i-36			
Nummernreihen	73 417-466	73 527-686	73 687-756	73 757-816
Gattungsnummer	073			
FPr	1936 I	1936 II	1937 I	1937 II
Wagenbauverträge	61.838	61.841	61.845	26.004
Planzeichen Fwp	561.001.4	561.001.6	563.01.1	566.01.1
Übersichtszchg.	24 264d	24 264e	24 264e	24 264h WWk
Lieferwerke	1	5	3	2
Lieferjahre	1936	1937	1937/38	1937/38
insgesamt beschafft	50	160	70	60=340 Wg.
Beschaff.pr. mit	k.U.	el. Hz+Hdbr	el. Hz.+Hdbr	k.U.
1.d. betriebsf. Wg.	k.U.	59× 53.830	35× 53.075	k.U. RM *
2. davon Radsätze	k.U.	1.200	1.200	k.U RM *
Beschaff.pr. ohne	k.U.	el. Hz	Hnbr	k.U.
1. d. betr.sf. Wg.	k.U.	21× 51.040	35× 52.871	k.U. RM *
2. davon Radsätze		1.200	1.200	k.U. RM *
Beschaff.pr mit		el. Hz., Hdbr		
1. d. betriebsf. Wg.		58× 53.626		k.U. RM *
2. davon Radsätze		1.200		k.U. RM *
Beschaff.pr.ohne		el. Hz+Hdbr		
1.d. betriebsf.Wg.		22× 50.836		k.U. RM *
2. davon Radsätze		1.200		k.U. RM *
Ausmusterungsjahr f.	73 417•73 816:			DB: 1982; DR:1967
Länge über Puffer				20.860 mm
Wagenkastenlänge				19.560 mm
Wagenkastenbreite				2.998 mm
Fußboden über SO				1.240 mm
Achsstand gesamt				16.200 mm
Abstand der Drehzapfen				13.200 mm
Achsstand des Drehgestells				3.000 mm
Drehg.ba. Gör III L	(86a)	(86)	(97a)	(97a)
Planz. (Drehg.) Fwp	957.04.1	956.04.1	964.04.1	964.04.1
Anzahl der Aborte				2
Anzahl der Abteile				10
Sitzplätze 1. Klasse				–
2. Klasse				–
3. Klasse				79
Militärtransport				49
für Krankentransport				ja
Sicherung d.Übergänge				Scherengitter
Bremse				Hikpbr
Heizung				Dampf, z.T. elektrisch
Beleuchtung				elektrisch
Eigengewicht	k.U.	34,9-32,9	34,09/33,91	k.U. t *

Auf der Grundlage der von ihr 1935 gebauten drei Versuchswagen BC4i-35 (Wb 44) mussten die VWW diesen vierachsigen 3.-Klasse-Durchgangswagens vollständig neu entwickeln, er sollte dann über sechs Jahre die am meisten von der Reichsbahn beschaffte Einheitsbauart werden. Zwar gab es im Laufe der Jahre gewisse zeitbedingte Änderungen, die Grundkonstruktion blieb jedoch erhalten.

Der Wagengrundriss sah in der 3. Klasse 1 geschlossenes Abteil mit 1.600 mm und 8 offene mit 1.600 mm Länge sowie 1 offenes Halbabteil mit 1.000 mm Länge, 2 Vorräume und 2 Aborte vor.

Geschweißtes Untergestell mit zurückgesetzten Vorbauten, zweiachsige Drehgestelle Bauart „Görlitz III Leicht" mit Gleitachslagern, Hülsenpuffer mit 500-mm-Puffertellern und Ringfeder, ohne Ausgleich, Handbremse mit Handrad in einem Vorraum, Stirnwandleitern, Sprungbrett, Dachhandgriffe und -laufbretter, Signalstützen, vor den Eingangstüren 2 hölzerne Trittbretter – die oberen abgerundet, Einsteigegriffe, geschweißtes Kastengerippe, Säulen (z.T. mittlere Türsäulen am HBrE umlegbar), Dachspriegeln, Rammblechen, Vorbau mit parallel eingezogenen Wänden, Bekleidungs- und Dachbleche angeschweißt, Tonnendach, z.T. klappbare Vorraumwandteile.

Seiteneingangstüren in Vorbauten, Stirnwandschiebetüren mit festen Fenstern, Drehtüren in Zwischen- und Abortquerwänden, Vorraumschiebetüren, Übergangsschutztüren, 9 Wendler-Luftsauger mit Luftsaugerkästen und Lüftungsrosetten für Abteile, 1.000/800 mm breite Metallrahmenfenster mit Gewichtsausgleich, 600 mm breite, geteilte Klappfenster in Aborten, feste Fenster in Stirnwänden, Rollvorhänge, Übergangsbrücke mit Scherengitter.

Unterteilung des Innenraumes durch halbhohe Zwischenwände in Einzelabteile, Sitzteilung 2+3 mit 470 mm breitem Mittelgang, Armlehnen an den Außenwänden, Ablegetische, Linoleumfußboden, el. Beleuchtung, Lichtgenerator mit Flachriemenantrieb und Speicherbatterie, Abort mit Xylolithfußboden und Leibstuhl, Fallrohr mit Saughaube, Papierrollenhalter, Waschbecken, Seifenspender, Waschtisch- und Reinigungsgeräteschrank, 2 Wasserkannen, Rollenhandtücher, Spiegel, Linoleumbekleidung und Leisten weiß gestrichen.

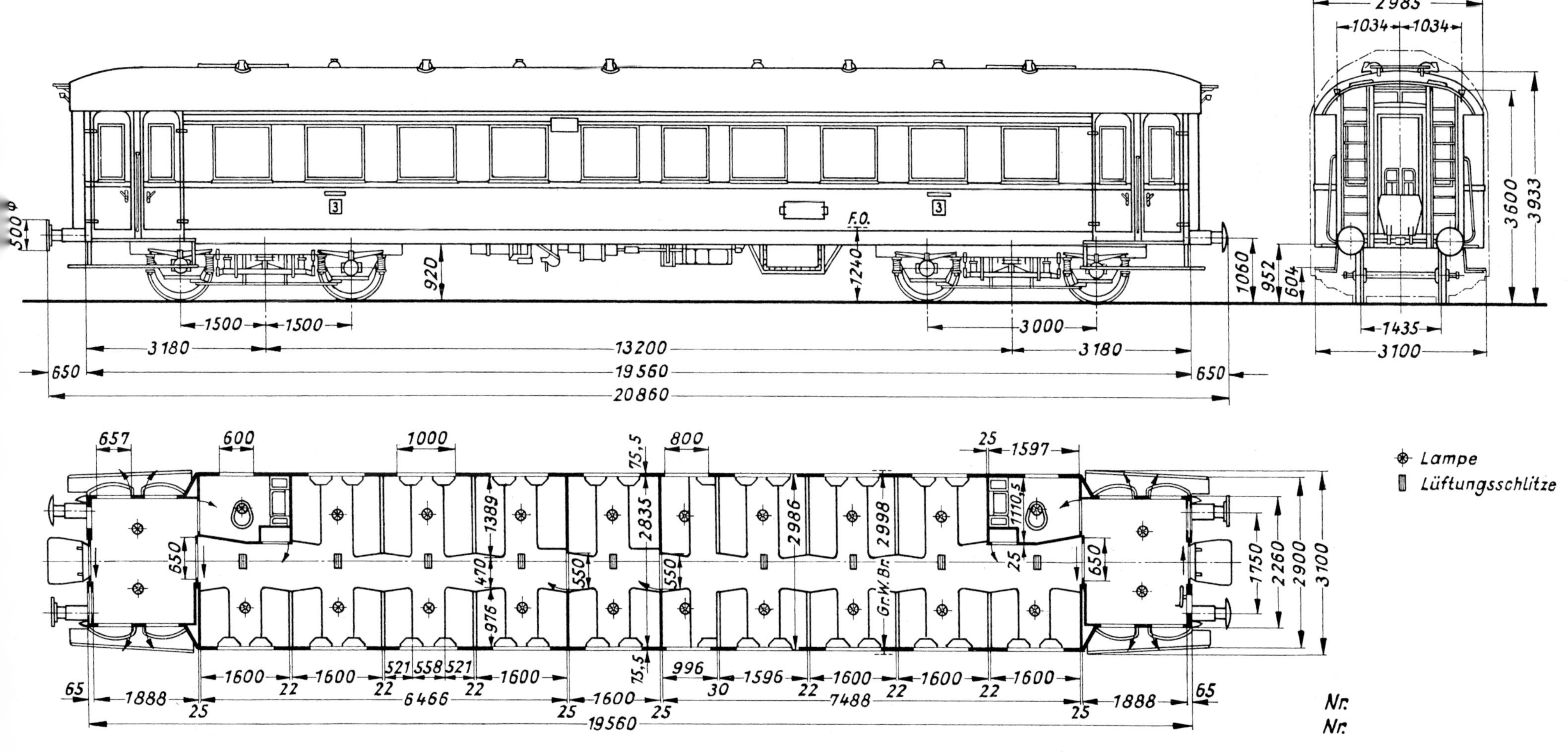

Bemerkungen:
Drehgestellbeschreibungen Nr. 25, 26, 35 + Bd. 3
Die Beschaffungen dieser Bauart gingen nach 1937 weiter, nähere Angaben zu weiteren FPr, Planzeichen, Übersichtszeichnungen und Wagennummernreihen auf Seite 22.

73 417 • 74 539 mit Sondereinrichtung für Krankenbeförderung (s. Seite 38), 73 817-74 066 mit Hikpr mit Hikp-1-Steuerventil, 1941 Ausmusterung der Wagen 73 666, 73 711+73 795. 74 073+74 311, Zweitbesetzung der Wagennummern durch die übernommenen ELE-Wagen 56+54.

73 633+74 539 wurden Museumswagen der DB mit den jetzigen Bauart-Nr. 052 + 050, Bye+ADyse.

Werkfoto VWW, Köln-Deutz

Gattungszeichen		BC4i-37
Nummernreihe		33 572-33 641
Gattungsnummer		310
Fahrzeugprogramme		1937 II + s. Bemerkungen
Wagenbauverträge		03.966/26.005 = 70 Wagen
Planzeichen		Fwp 564.01.1 sp.558.1.5
Übersichtszeichnung		22 053f VWW
Lieferwerke		WWk, WWm
Lieferjahre		1938-1939
insgesamt beschafft		70 Wagen
Beschaffungspr. f. Wg.		33 572-33 641
Beschaff.pr. mit	el. Hz.+Hdbr	el. Hz.
1.d. betriebsf. Wg.	35× 65.185,00	35× 64.981,00 RM *
2. davon Radsätze	1.210,00	1.210,00 RM *
Ausmusterungsjahr		DB: 1982, DR: 1963 (2)
Länge über Puffer		21.035 mm
Wagenkastenlänge		19.735 mm
Wagenkastenbreite		2.997 mm
Fußboden über SO		1.240 mm
Achsstand gesamt		16.375 mm
Abstand der Drehzapfen		13.375 mm
Achsstand des Drehgestells		3.000 mm
Drehgestellbauart		Görlitz III Leicht (97a)
Planzeichen (Drehgestell)		Fwp 964.04.1 + s. Bemerkungen
Anzahl der Aborte		2
Anzahl der Abteile		4+3 ½
Sitzplätze 1. Klasse		–
2. Klasse		24
3. Klasse		36
Militärtransport		24 Off+22 M
für Krankentransport		–
Sicherung der Übergänge		Scherengitter
Bremse		Hikpbr, z.T. ohne Handbr
Heizung		Dampf, z.T. elektrisch
Beleuchtung		elektrisch
Eigengewicht	35,2 t *	35,02 t *

Die Serienfahrzeuge der gemischtklassigen Bauart eines vierachsigen Durchgangswagens wurden erst zwei Jahre nach dem 3.-Klasse-Wagen abgeliefert. Die VWW erhielten auch für diese Bauart den Auftrag, in Zusammenarbeit mit dem RZA die Wagen serienreif durchzukonstruieren und den Zeichnungssatz anzufertigen. Kapazitätsengpässe verhinderten eine frühere Fertigstellung.
Der Wagengrundriss sah in der 2. Klasse 4 geschlossene Abteile mit 2.005 * mm, in der 3. Klasse 4 offene Abteile mit 1.600 * mm und 1 offenes Halbabteil mit 996 mm Länge (* Längen z.T. etwas unterschiedlich), 2 Vorräume und 2 Aborte vor.
Geschweißtes Untergestell mit zurückgesetzten Vorbauten, zweiachsige Drehgestelle Bauart „Görlitz III Leicht" mit Gleitachslagern, Hülsenpuffer mit 500-mm-Puffertellern und Ringfeder, ohne Ausgleich, Handbremse mit Handrad im Vorraum 3. Klasse, Stirnwandleitern, Trittbretter mit Dachhandgriffen und -laufbrettern, Signalstützen, vor jeder Eingangstür 2 hölzerne Trittbretter – die oberen abgerundet, Einsteigegriffe, geschweißtes Kastengerippe mit Säulen, Dachspriegeln, Rammblechen, Vorbau mit parallel eingezogenen Wänden, Bekleidungs- und Dachbleche angeschweißt, Tonnendach. Eingangsdrehtüren, Stirnwandschiebetüren mit festen Fenstern, Drehtüren in Zwischen- und Abortquerwänden, doppelflügelige Abteilschiebetüren und 1 Pendeltür in der 2. Klasse, Vorraumschiebetür, Übergangsschutztüren, 8 Wendler-Luftsauger mit Luftsaugerkästen und Lüftungsrosetten für Abteile, 1.200/1.000/800 mm breite Metallrahmenfenster mit Fensterkurbel und Gewichtsausgleich, 600 mm breite, geteilte Klappfenster in Aborten, feste Fenster in Stirnwänden und Vorraum NHBrE, Rollvorhänge, Fenstermäntel, Übergangsbrücke mit Scherengitter.
Unterteilung des Innenraumes durch hohe oder halbhohe Zwischenwände in Einzelabteile, Sitzteilung im B-Abteil 0+3 mit 770 mm breiten Seitengang, im C-Abteil 2+3 mit 470 mm breitem Mittelgang, unter den Abteilfenstern einteilige Klapptische in der 2. Klasse und Ablagebretter in der 3. Klasse, Linoleumfußboden, el. Beleuchtung, Lichtgenerator mit Flachriemenantrieb und Speicherbatterie, Abort mit Xylolithfußboden und Leibstuhl, Fallrohr mit Saughaube, Papierrollenhalter, Waschbecken, Seifenspender, Waschtisch- und Reinigungsgeräteschrank, 2 Wasserkannen, Rollenhandtücher, Spiegel, Linoleumbekleidung und Leisten weiß gestrichen.

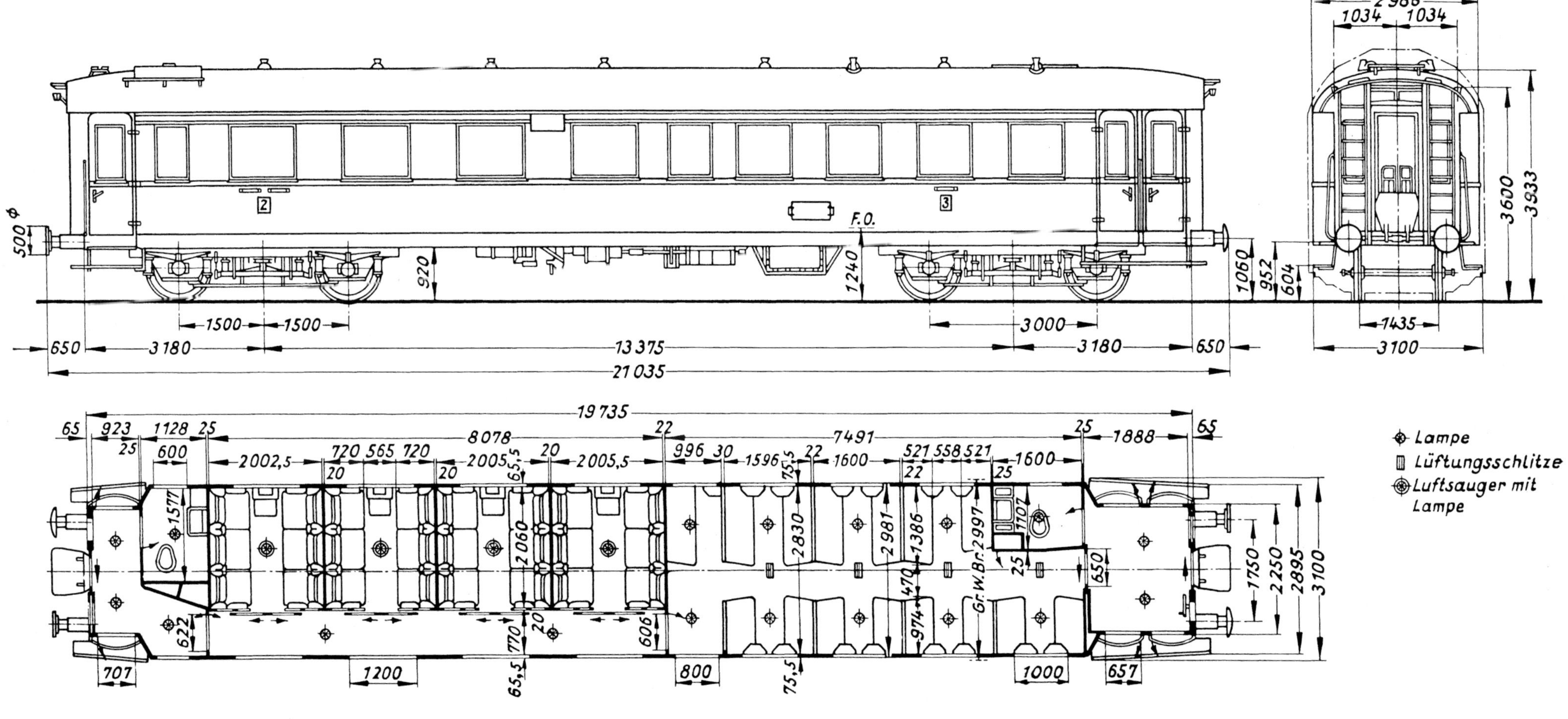

Bemerkungen:
Drehgestellbeschreibungen Nr. 35 + Bd. 3
(2) letzte Ausmusterung war Modernisierung.
Die Beschaffungen dieser Bauart gingen nach 1937 in folgenden Fahrzeugprogrammen weiter:

FPr	Vertrag	Fwp	→Fwp	Ü.-Zchg.	Wg.-Nummer	Stückzahl	Bemerkung
1938	03.966/26.012	567.01.1	558.1.6	22.053g	33 642-33 666	= 25 Wg.	15× WWk, 10× WWm
1939	03.966/26.024	568.01.1	558.1.6	22.053g	33 667-33 716	= 50 Wg.	50× WWm
1939 Z	03.966/26.035	571.01.1		22.053	33 717-33 736	= 20 Wg.	gepl. + storn.

Gattungszeichen	BCi-32
Nummernreihe	39 011 Dre (Heimatbf Gottleuba)
Gattungsnummer	394
Fahrzeugprogramm	1932
Wagenbauvertrag	03.966/26.9953
Planzeichen	Fwp 124.1
Übersichtszeichnung	BCi L 01.000.00 MAN
Lieferwerk	MAN WA 6984
Lieferjahr	(12.02.)1933
insgesamt beschafft	1 Wagen
Beschaffungspreis für	39 011 Dre
1. den betriebsfertigen Wagen	32.237,25 RM *
2. davon Radsätze	595,50 RM *
Ausmusterungsjahr	DB: –; DR: –
Länge über Puffer	12.850 mm
Wagenkastenlänge	11.656 mm
Wagenkastenbreite	3.100 mm
Fußboden über SO	1.235 mm
Achsstand gesamt	6.200 mm
Abstand der Drehzapfen	–
Achsstand des Drehgestells	–
Drehgestellbauart	–
Planzeichen (Drehgestell)	–
Anzahl der Aborte	1
Anzahl der Abteile	2+3
Sitzplätze 1. Klasse	–
2. Klasse	15
3. Klasse	30
Militärtransport	–
für Krankentransport	–
Sicherung der Übergänge	Scherengitter
Bremse	Hikpbr
Heizung	Dampf
Beleuchtung	elektrisch
Eigengewicht	13,9 t

Nach dem Einheits-Nebenbahnwagen mit dem Gattungszeichen BCi-31 in genieteter Ausführung (Bd. 1, Wb Nr. 64) gab die Reichsbahn diese gemischtklassige Bauart in Auftrag, um mit Hilfe der Schweißung, Verwendung von Leichtprofilen und Leichtradsätzen das Eigengewicht weiter zu drücken. Die MAN führte im Zusammenwirken mit dem RZM die Konstruktion und den Bau aus.

Der Wagengrundriss sah für die 2. Klasse 2 offene Abteile mit 1.870 mm Länge, für die 3. Klasse 3 offene Abteile mit 1.550 mm Länge, 2 Vorräume und 1 Abort vor.

Laufwerk mit 6-lagigen Tragfedern und Gleitachslagern, geschweißtes Untergestell mit zurückgesetzten Vorbauten, Stangenpuffer mit 450-mm-Puffertellern, Handbremse mit Handrad in einem Vorraum, Stirnwandleitern, Signalstützen, vor den Eingangstüren 2 hölzerne Trittbretter, Einsteigegriffe, geschweißtes Kastengerippe mit Säulen, Dachspriegeln, Rammblechen, Vorbau mit parallel eingezogenen Wänden, Bekleidungs- und Dachbleche angeschweißt, Tonnendach.

Eingangsdrehtüren, Stirnwandschiebetüren mit festen Fenstern, Schiebetüren in Zwischenwänden und Vorräumen, Drehtür in Abortlängswand, Übergangsschutztüren, Entlüftung durch 5 Wendler-Luftsauger mit Luftsaugerkästen sowie Lüftungsrosetten für Abteile, 1.000 bzw. 800 mm breite Metallrahmenfenster mit Kniehebelausgleich und Rollvorhängen, 600 mm breites geteiltes Klappfenster im Abort, feste Fenster in Vorräumen, Übergangsbrücken mit Scherengitter.

In der 2. Klasse Sitzteilung 0+4 und Seitengang 667 mm breit, in der 3. Klasse Sitzteilung 2+3 und Mittelgang 470 mm, Ablagebretter unter allen Abteilfenstern, Schrank für Schalttafel und el. Ersatzteile, Linoleumfußboden, el. Beleuchtung, Lichtgenerator mit Kardanantrieb „Bauart Jäger", Speicherbatterie, Abort mit Leibstuhl, Fallrohr mit Saughaube, Papierrollenhalter, Waschbecken, Konsole mit 1 Wasserkanne, Spiegel, Eckbrett, Wandbekleidung aus Linoleum, weiß gestrichen, Xylolithfußboden.

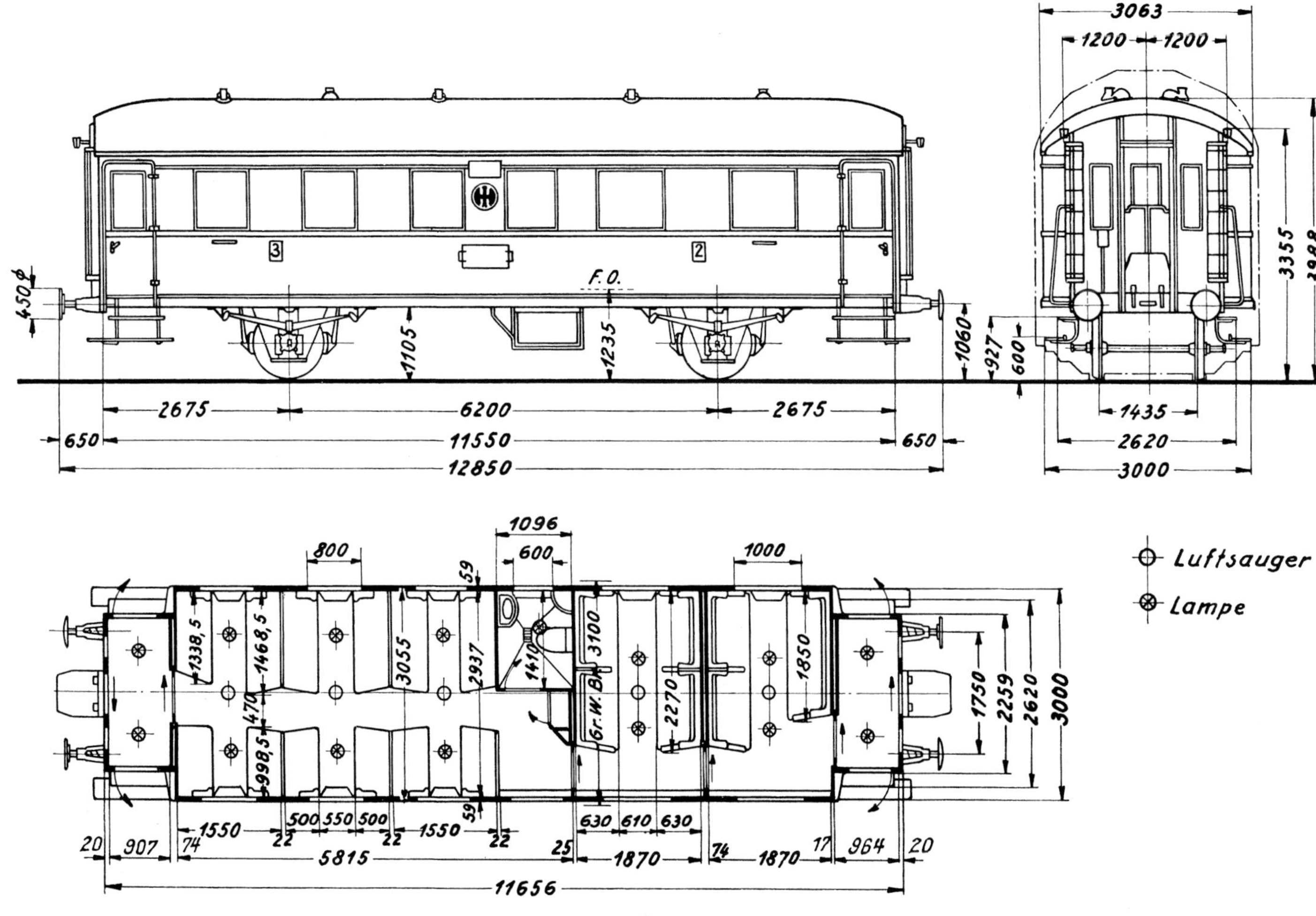

Sammlung Ernst Andreas Weigert

Bemerkungen:
Einheits-Nebenbahnwagen
Entwicklungsbauart, F-Nr. 126.910

Werkfoto MAN

Gattungszeichen	Ci-32
Nummernreihe	98 070 Dre (Heimatbf Johanngeorgenstadt)
Gattungsnummer	397
Fahrzeugprogramm	1932
Wagenbauvertrag	03.966/26.9953
Planzeichen	Fwp 124.1
Übersichtszeichnung	Ci L 01.000.00 MAN
Lieferwerk	MAN WA 6985
Lieferjahr	(10.02.)1933
insgesamt beschafft	1 Wagen
Beschaffungspreis für	98 070 Dre
1. den betriebsfertigen Wagen	29.162,15 RM *
2. davon Radsätze	595,50 RM *
Ausmusterungsjahr	DB: (Juli) 1955; DR: –
Länge über Puffer	12.850 mm
Wagenkastenlänge	11.656 mm
Wagenkastenbreite	3.100 mm
Fußboden über SO	1.235 mm
Achsstand gesamt	6.200 mm
Abstand der Drehzapfen	–
Achsstand des Drehgestells	–
Drehgestellbauart	–
Planzeichen (Drehgestell)	–
Anzahl der Aborte	1
Anzahl der Abteile	6
Sitzplätze 1. Klasse	–
2. Klasse	–
3. Klasse	56
Militärtransport	–
für Krankentransport	–
Sicherung der Übergänge	Scherengitter
Bremse	Hikpbr
Heizung	Dampf
Beleuchtung	elektrisch
Eigengewicht	13,5 t *

Nach dem Einheits-Nebenbahnwagen mit dem Gattungszeichen Ci-31 in genieteter Ausführung (Bd. 1, Wb Nr. 65) gab die Reichsbahn ebenfalls eine einklassige Bauart in Auftrag, um mit Hilfe der Schweißung, Verwendung von Leichtprofilen und Leichtradsätzen das Eigengewicht weiter zu drücken. Die MAN führte auch für diese Entwicklungsbauart in Zusammenarbeit mit dem RZM die Konstruktion und den Bau aus.

Der Wagengrundriss sah für die 3. Klasse 5 offene Abteile mit 1.561 mm und 1 offenes mit 1.596 mm Länge, 2 Vorräume und 1 Abort vor. Laufwerk mit 6-lagigen Tragfedern und Gleitachslagern, geschweißtes Untergestell mit zurückgesetzten Vorbauten, Stangenpuffer mit 450-mm-Puffertellern, Handbremse mit Handrad in einem Vorraum, Stirnwandleitern, Signalstützen, vor den Eingangstüren 2 hölzerne Trittbretter, Einsteigegriffe, geschweißtes Kastengerippe mit Säulen, Dachspriegeln, Rammblechen, Vorbau mit parallel eingezogenen Wänden, Bekleidungs- und Dachbleche angeschweißt, Tonnendach. Eingangsdrehtüren, Stirnwandschiebetüren mit festen Fenstern, Schiebetüren in Zwischenwand und Vorräumen, Drehtür in Abortquerwand, Übergangsschutztüren, Entlüftung durch 6 Wendler-Luftsauger mit Luftsaugerkästen sowie Lüftungsrosetten für Abteile, 800 mm breite Metallrahmenfenster mit Kniehebelausgleich und Rollvorhängen, 600 mm breites geteiltes Klappfenster im Abort, feste Fenster in Vorräumen, Übergangsbrücken mit Scherengitter.

Sitzteilung 2+3 und Mittelgang 470 mm, Armlehnen und Ablagebretter unter Abteilfenstern, Schrank für Schalttafel und el. Ersatzteile, Linoleumfußboden, el. Beleuchtung, Lichtgenerator mit Kardanantrieb „Bauart Jäger", Speicherbatterie, Abort mit Leibstuhl, Fallrohr mit Saughaube, Papierrollenhalter, Waschbecken, Konsole mit 1 Wasserkanne, Spiegel, Eckbrett, Wandbekleidung aus Linoleum, weiß gestrichen, Xylolithfußboden.

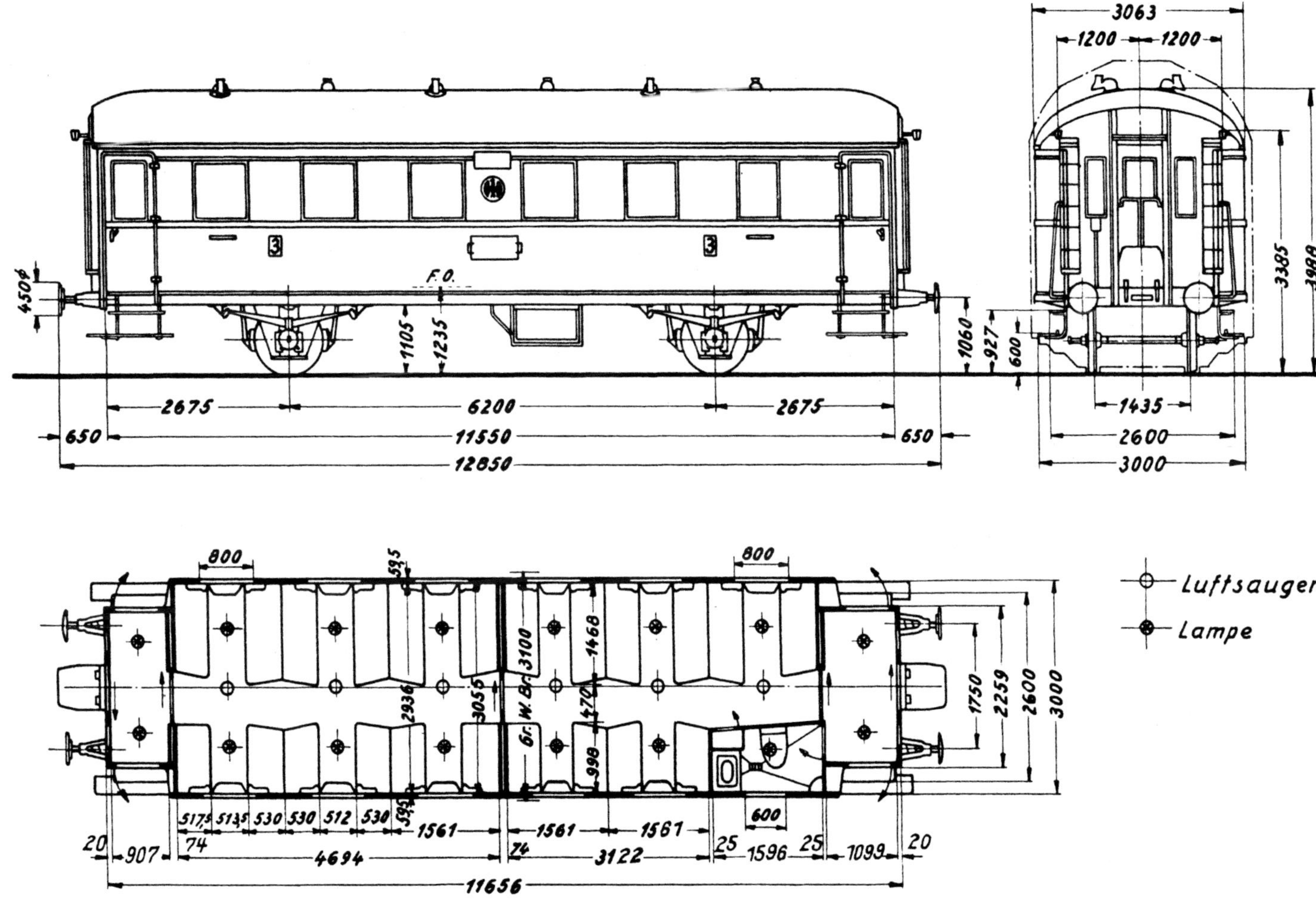

Bemerkungen:
Einheits-Nebenbahnwagen
Entwicklungsbauart, F-Nr. 126.909
Rückgabewagen von der ČSD (24. Folge)

Gattungszeichen	Pwi-32
Nummernreihe	117 530 Ost
Gattungsnummer	551
Fahrzeugprogramm	1932
Wagenbauvertrag	03.966/26.9956
Planzeichen	Fwpä 11.1
Übersichtszeichnung	H7/66dWWk
Lieferwerk	WWm
Lieferjahr	1933
insgesamt beschafft	1 Wagen
Beschaffungspreis für Wagen	117 530 Ost
für Radsätze	595,50 RM
für Wagenteil ohne Radsätze	24.489,78 RM
Ausmusterungsjahr	DB: 1968; DR: –
Länge über Puffer	12.850 mm
Wagenkastenlänge	11.656 mm
Wagenkastenbreite	3.120 mm
Fußboden über SO	1.235 mm
Achsstand gesamt	6.200 mm
Abstand der Drehzapfen	–
Achsstand des Drehgestells	–
Drehgestellbauart	–
Planzeichen (Drehgestell)	–
Anzahl der Aborte	1
Anzahl der Schiebetüren	2
Anzahl der Hundeabteile	1
Sicherung der Übergänge	Scherengitter
Bremse	Hikpbr
Heizung	Dampf
Beleuchtung	elektrisch
Ladefläche	19,5 m^2
Ladegewicht	7,0 t
Eigengewicht	13,9 t

Nach dem Einheits-Nebenbahnwagen mit dem Gattungszeichen Pwi-31a in genieteter Ausführung (Bd. 1, Wb Nr. 66) gab die Reichsbahn ebenfalls einen Personenzug-Gepäckwagen in Auftrag, um mit Hilfe der Schweißung, Verwendung von Leichtprofilen und Leichtradsätzen das Eigengewicht auch dieser Bauart weiter zu drücken. Die VWW, Werk Mainz-Mombach, führten in Zusammenarbeit mit dem RZM die Entwicklung, Konstruktion und den Bau aus. Zu einer Serienbestellung kam es jedoch nicht mehr.
Der Wagengrundriss sah 1 Dienstraum, 1 vergrößerten Laderaum, 1 Abort, 2 Vorräume, 1 Laternenschrank und 1 Hundeabteil vor.
Laufwerk mit 6-lagigen Tragfedern und Gleitachslagern, geschweißtes Untergestell mit zurückgesetzten Vorbauten, Hülsenpuffer mit 450-mm-Puffertellern, Handbremse mit Handrad im Vorraum, Stirnwandleitern, Signalstützen, vor jeder Eingangs- und Seitenwandschiebetür 2 hölzerne Trittbretter, Einsteigegriffe, Handgriffe an Schiebetüren, geschweißtes Kastengerippe mit Dachaufbau und Säulen, Dachspriegeln, Rammblechen, Vorbau mit parallel eingezogenen Wänden, Bekleidungs- und Dachbleche angeschweißt, Tonnendach, innere Wandverkleidung aus Kiefernbrettern, unten hellgrau, oben elfenbeinfarbig gestrichen und Deckenverkleidung aus Blech.
Eingangsdrehtüren, Stirnwandschiebetüren mit festen Fenstern, Drehtüren im Dienstraum und Abortlängswand, kleine Drehtüren mit Luftschlitzen vor Laternenschrank und Hundeabteil, 1.720 mm breite Seitenwandschiebetüren mit festen Fenstern, Vorlegebaum, Übergangsschutztüren, 2 Grove-Luftsauger am Dachaufbau, feste Fenster im Vorraum, im Dienstraum 600 mm breite Metallrahmenfenster mit Kniehebelausgleich, Rollvorhang, feste Fenster mit Schutzgittern im Laderaum, 600 mm breites geteiltes Klappfenster im Abort und Kippfenster im Dachaufbau, Übergangsbrücken mit Scherengitter.
El. Beleuchtung, Lichtgenerator mit Flachriemen, Speicherbatterie, Abort mit Leibstuhl, Fallrohr mit Saughaube, klappbares Waschbecken, Konsole mit Wasserkanne, Xylolithfußboden.

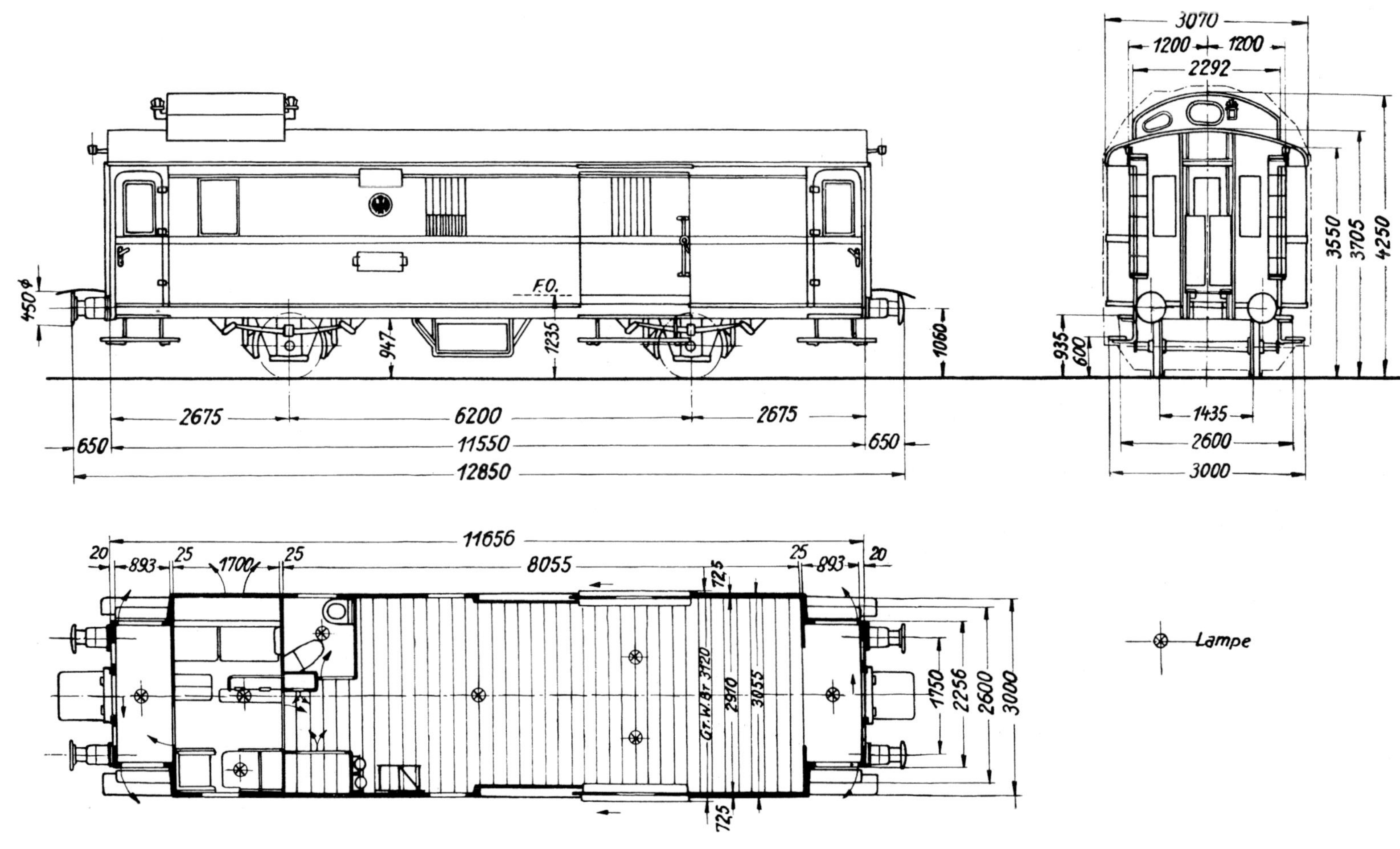

Bemerkungen:
Einheits-Nebenbahnwagen
Entwicklungsbauart

Werkfoto G. Lindner, Sammlung Wolfgang Theurich

Gattungszeichen	Ci-33	Ci-33a	Ci-33b
Nummernreihe	98 071 98 074-98 123 #	98 072	98 073
Gattungsnummer		397	
Fahrzeugprogramme	1933+1934 #	1933	1933
Wagenbauverträge	03.966/26.352 v. 01.10/15.12.33 61.812 #		
Planzeichen	Fwp 125+123.2#	Fwp 125.1	Fwp 125.2
Übersichtszeichn.	P 5150d Weg	Al 988 Uer	Al 241 Lin
Lieferwerke	Weg WA 2761 WWk	Uer	Lin
Lieferjahre	20.12.1933 1934 #	21.12.1934	1933
insges. beschafft	1 50 #	1	1 Wagen
Beschaff.pr. f. Wg.	98 074-98 123 #		
1. d. betriebsf. Wg.	28.530,00 RM *		
2. davon Radsätze	600,00 RM *		
Ausmusterungsjahr f.	98 071-98 123:	DB: 1967; DR: bis 1970	
Länge über Puffer		12.956 mm	12.850 mm
Wagenkastenlänge		11.656 mm	
Wagenkastenbreite	3.078 mm	3.085 mm	3.081 mm
Fußboden über SO	1.235 mm	1.230 mm	1.250 mm
Achsstand gesamt		6.200 mm	
Abstand d. Drehzapfen		–	
Achsst. d. Drehgestells		–	
Drehgestellbauart		–	
Planzeichen (Drehg.)		–	
Anzahl der Aborte		1	
Anzahl der Abteile		6	
Sitzplätze 1. Klasse		–	
2. Klasse		–	
3. Klasse		56	
Militärtransport		34 M	
f. Krankentransport		–	
Sicherung d. Übergänge		Scherengitter	
Bremse		Hikpbr	
Heizung		Dampf	
Beleuchtung		elektrisch	
Eigengewicht	14,4 13,5 * #	14,0	13,8 t

Nach den Versuchswagen des einklassigen Durchgangswagens Ci-32 gab die Reichsbahn nochmals drei Probewagen in Auftrag. Sie entschied sich dann bei den Serienwagen für den Entwurf der Waggonfabrik Wegmann in Kassel und legte diesen unter gewissen Änderungen (u.a. Triebwagenanstrich, erforderliche el. Einrichtungen) auch für die Beiwagen im AT- und VT-Dienst zu Grunde. Alle drei Probewagen gingen bei der Rbd Dresden (Heimatbf Pirna) in den Versuchsbetrieb. Die Serienfahrzeuge erhielt hauptsächlich die Rbd Kar für den Einsatz auf der Höllentalbahn.

Der Wagengrundriss sah für die Serienausführung bei der 3. Kl. 6 offene Abteile mit unterschiedlicher Länge, 2 Vorräume und 1 Abort vor. Laufwerk mit 6-lagigen Tragfedern u. Gleitachslagern, geschweißtes Untergestell mit zurückgesetzten Vorbauten, Stangenpuffer mit 450-mm-Puffertellern, Handbremse mit Handrad in einem Vorraum, Stirnwandleitern, Signalstützen, vor den Eingangstüren 2 hölzerne Trittbretter – das obere abgerundet, Einsteigegriffe, geschweißtes Kastengerippe mit Säulen, Dachspriegeln, Rammblechen, Vorbau mit parallel eingezogenen Wänden, Bekleidungs- und Dachbleche angeschweißt, Tonnendach.

Eingangsdrehtüren, Stirnwandschiebetüren mit festen Fenstern, Schiebetüren in Zwischenwand und Vorräumen, Drehtür in Abortquerwand, Übergangsschutztüren, Entlüftung durch 6 Wendler-Luftsauger mit Luftsaugerkästen sowie Lüftungsrosetten für Abteile, 800 mm breite Metallrahmenfenster mit Kniehebelausgleich und Rollvorhängen, 600 mm breites geteiltes Klappfenster im Abort, feste Fenster in Vorräumen, Übergangsbrücken mit Scherengitter.

Sitzteilung 2+3 u. Mittelgang 470 mm, Armlehnen und Ablagebretter unter Abteilfenstern, Schrank für Schalttafel und el. Ersatzteile, Linoleumfußboden, el. Beleuchtung, Lichtgenerator mit Flachriemen, Speicherbatterie, Abort mit Leibstuhl, Fallrohr mit Saughaube, Papierrollenhalter, Waschbecken, Konsole mit 1 Wasserkanne, Spiegel, Eckbrett, Wandbekleidung aus Linoleum, weiß gestrichen, Xylolithfußboden.

98 071-98 073 Dre (H'bf Pirna) Entwicklungsbauarten. 98 142-98 143 mit Elektro-Dampfkessel, 98 074-98 163 Serienbauart Kkpbr, z.T. el. Hz.

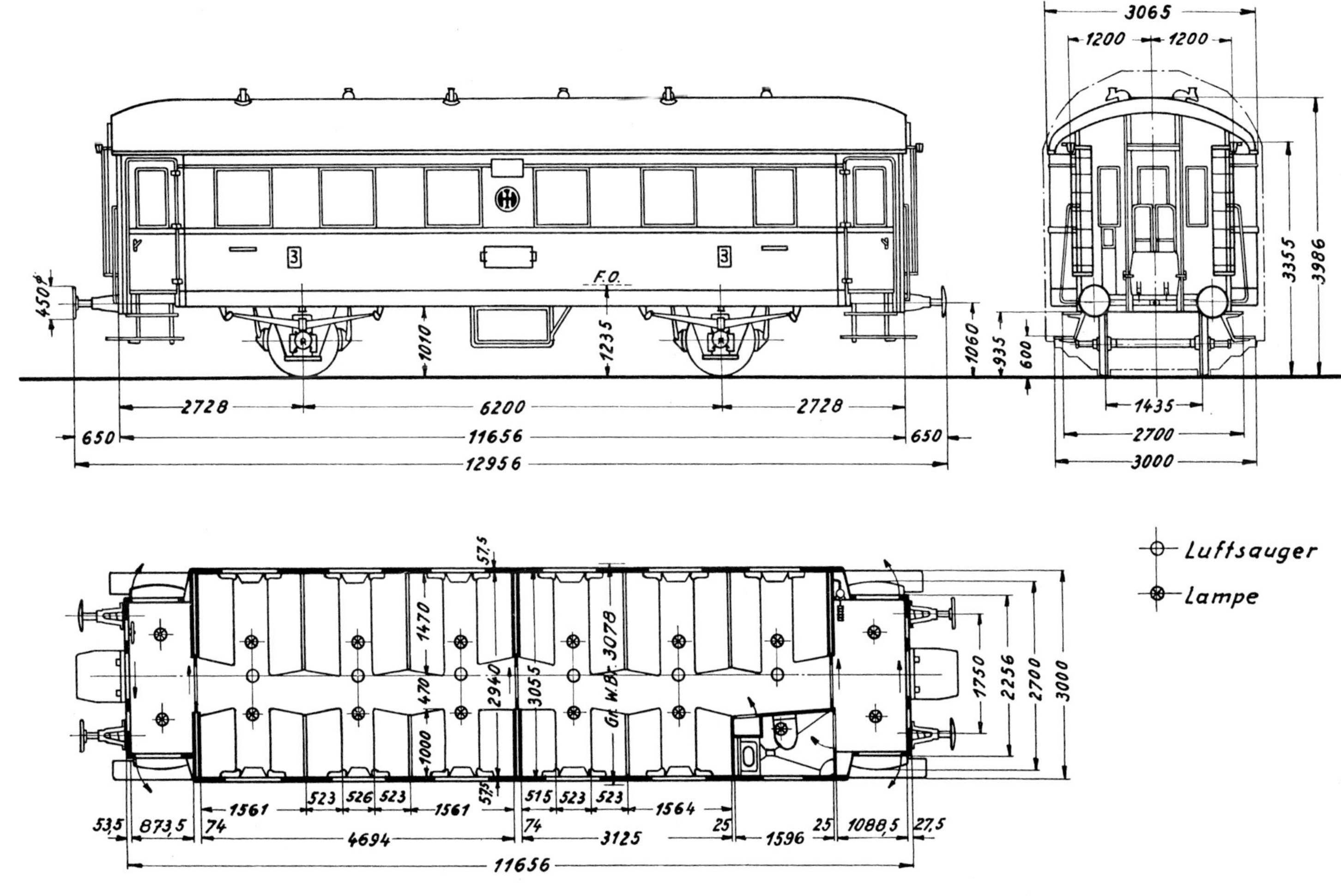

Sammlung Ernst Andreas Weigert

Bemerkungen:
Einheits-Nebenbahnwagen, 1) Wagenbauvertrag 03.966/61.812 lautete ursprünglich über 152 Wagen, 92 davon kamen jedoch als Civ zur Auslieferung. Obige Skizze ist gültig für den Ci-33 (Serienfahrzeug), nebenstehende Abbildung zeigt den Ci-33b (98 073).
Weitere Angaben zu den Serienwagen Ci-33:

FPr	Vertrag	Fwp	Ü.-Zeichnung	Wg.-Nummer	Stück	Bemerkung
34	03.966/61.812 1	123.2	P 5150d Weg	98 124-98 133	= 10	10× MAN
34Z	03.966/61.822	123.2	P 5150d Weg	98 134-98 148	= 15	10× Fu, 5× Rat
34Z	03.966/61.824	123.2	P 5150d Weg	98 149-98 152	= 4	Rat
34Z	03.966/61.827	123.2	P 5150d Weg	98 153-98 163	= 11	7× Fu, 4× Ras

Werkfoto WWW, Mainz-Mombach

Gattungszeichen	BCi-34
Nummernreihe	39 012-39 081 39 103-39 111
Gattungsnummer	394
Fahrzeugprogramm	1934
Wagenbauvertrag	03.966/61.811
Planzeichen	Fwp 123.1
Übersichtszeichnung	P 5162f Weg
Lieferwerke	Beu, Fu, WWm Weg WA 2795
Lieferjahr	1934
insgesamt beschafft	79 Wagen
Beschaffungspr. f. Wg.	39 012-39 081 39 103-39 111
1. den betriebsfertigen Wagen	30.550,00 RM *
2. davon Radsätze	600,00 RM *
Ausmusterungsjahr	DB: 1966; DR: 1970
Länge über Puffer	12.956 mm
Wagenkastenlänge	11.656 mm
Wagenkastenbreite	3.078 mm
Fußboden über SO	1.235 mm
Achsstand gesamt	6.200 mm
Abstand der Drehzapfen	–
Achsstand des Drehgestells	–
Drehgestellbauart	–
Planzeichen (Drehgestell)	–
Anzahl der Aborte	1
Anzahl der Abteile	2 + 3
Sitzplätze 1. Klasse	–
2. Klasse	15
3. Klasse	30
Militärtransport	8 Off + 18 M
für Krankentransport	–
Sicherung der Übergänge	Scherengitter
Bremse	Kkpbr
Heizung	Dampf, z.T. elektrisch
Beleuchtung	elektrisch
Eigengewicht	13,9 t *

Nach der Erprobung des gemischtklassigen Durchgangswagens BCi-32 erteilte die Reichsbahn der Waggonfabrik Wegmann in Kassel den Auftrag, zusammen mit dem RZM die Konstruktion für die Serienwagen durchzuführen und den Zeichnungssatz zu erstellen. Auch von dieser Bauart kamen Fahrzeuge mit gewissen Änderungen (u.a. Triebwagenanstrich, el. Einrichtungen) in den Dienst als Beiwagen.

Der Wagengrundriss sah für die 2. Klasse 2 offene Abteile mit 1.870 mm Länge, für die 3. Klasse 3 offene Abteile mit 1.564 mm Länge, 2 Vorräume und 1 Abort vor.

Laufwerk mit 6-lagigen Tragfedern u. Gleitachslagern, teilweise nachträgliche Umrüstung auf Leichtradsätze, geschweißtes Untergestell mit zurückgesetzten Vorbauten, Stangenpuffer mit 450-mm-Puffertellern, Handbremse mit Handrad in einem Vorraum, Stirnwandleitern, Signalstützen, vor den Eingangstüren 2 hölzerne Trittbretter – das obere abgerundet, Einsteigegriffe, geschweißtes Kastengerippe mit Säulen, Dachspriegeln, Rammblechen, Vorbau mit parallel eingezogenen Wänden, Bekleidungs- u. Dachbleche angeschweißt, Tonnendach. Eingangsdrehtüren, Stirnwandschiebetüren mit festen Fenstern, Schiebetüren in Zwischenwand und Vorräumen, Drehtür in Zwischen- und Abortlängswand, Übergangsschutztüren, Entlüftung durch 5 Wendler-Luftsauger mit Luftsaugerkästen sowie Lüftungsrosetten für Abteile, 1.000 bzw. 800 mm breite Metallrahmenfenster mit Kniehebelausgleich und Rollvorhängen, 600 mm breites geteiltes Klappfenster im Abort, feste Fenster in Vorräumen, Übergangsbrücken mit Scherengitter.

In der 2. Klasse Sitzteilung 0+4 und Seitengang 670 mm breit, in der 3. Klasse Sitzteilung 2+3 und Mittelgang 470 mm, Ablagebretter unter allen Abteilfenstern, Schrank für Schalttafel und el. Ersatzteile, Linoleumfußboden, el. Beleuchtung, Lichtgenerator mit Flachriemen, Speicherbatterie, Abort mit Leibstuhl, Fallrohr mit Saughaube, Papierrollenhalter, Waschbecken, Konsole mit 1 Wasserkanne, Spiegel, Eckbrett, Wandbekleidung aus Linoleum, weiß gestrichen, Xylolithfußboden.

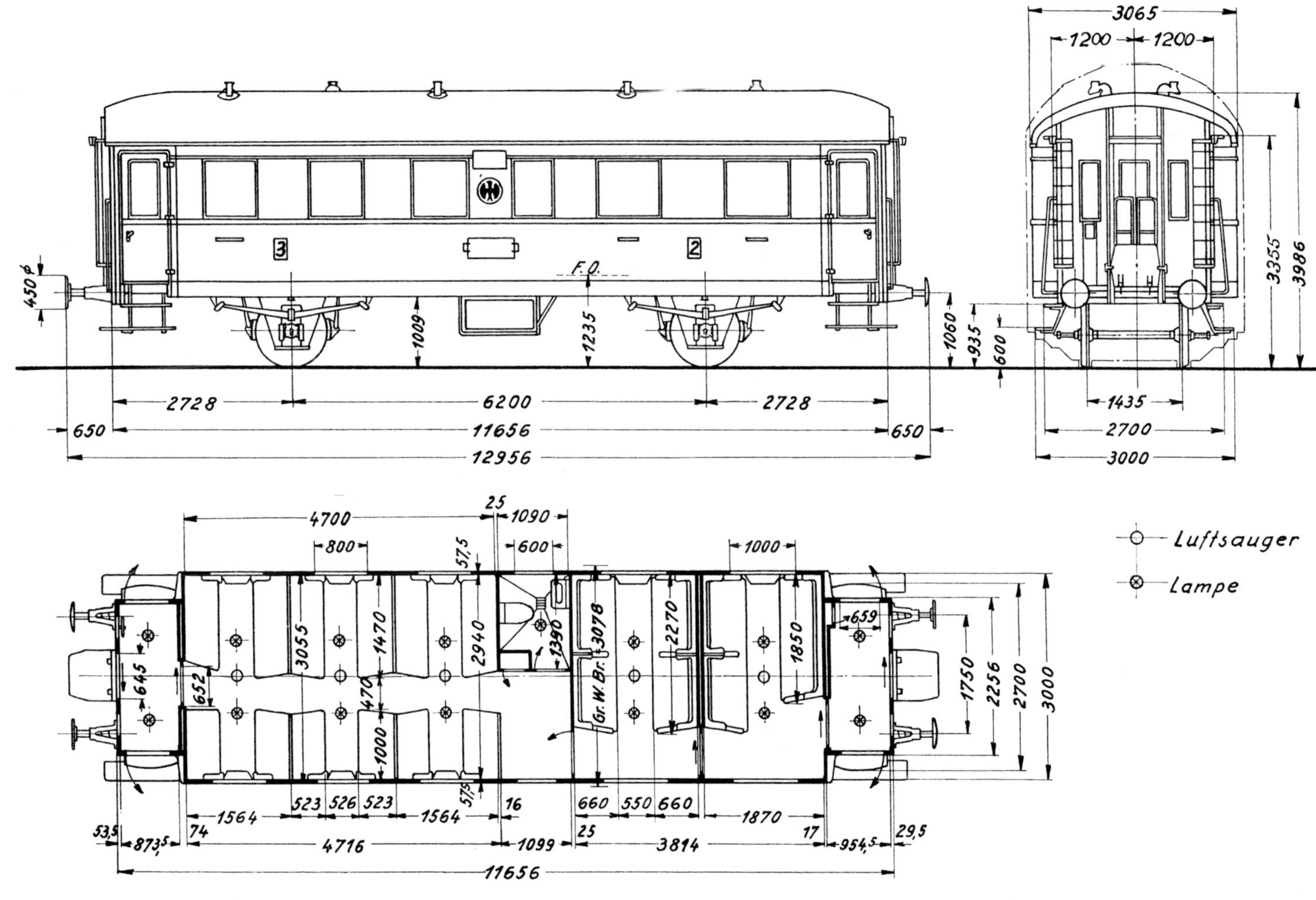

Sammlung Ernst Andreas Weigert

Bemerkungen:
Einheits-Nebenbahnwagen
39 041+39 056 im Jahr 1940 ausgemustert, von den ursprünglich bei Weg bestellten 24 Wagen kamen 15 als BCiv zur Auslieferung. 15 Wagen erhielten eine el. Hz, Mehrpreis 1.750 RM/Wg.

Werkfoto G. Lindner, Sammlung RZA Berlin

Gattungszeichen	BCi-34a
Nummernreihe	39 082-39 102
Gattungsnummer	394
Fahrzeugprogramm	1934
Wagenbauvertrag	03.966/61.811
Planzeichen	Fwp 123.300
Übersichtszeichnung	AI243a Lin
Lieferwerke	Lin WA k.A.
Lieferjahr	1934
insgesamt beschafft	21 Wagen
Beschaffungspreis für Wagen	39 082-39 102
1. den betriebsfertigen Wagen	30.550,00 RM *
2. davon Radsätze	600,00 RM *
Ausmusterungsjahr	DB: 1963; DR: 1971
Länge über Puffer	12.850 mm
Wagenkastenlänge	11.656 mm
Wagenkastenbreite	3.081 mm
Fußboden über SO	1.240 mm
Achsstand gesamt	6.200 mm
Abstand der Drehzapfen	–
Achsstand des Drehgestells	–
Drehgestellbauart	–
Planzeichen (Drehgestell)	–
Anzahl der Aborte	1
Anzahl der Abteile	2 + 3
Sitzplätze 1. Klasse	–
2. Klasse	15
3. Klasse	30
Militärtransport	15 Off+24 M
für Krankentransport	–
Sicherung der Übergänge	Scherengitter
Bremse	Kkpbr
Heizung	Dampf
Beleuchtung	elektrisch
Eigengewicht	13,9 t *

Bei Konstruktion und Fertigung dieser Bauart konnten RZM und Lindner auf die gewonnenen Erfahrungen beim Bau des einklassigen Probewagens Ci-33b zurückgreifen. Sie führten zu anderen Stärken bei Stirn-, Seiten- und Innenwänden, außerdem zog man die Seitenwandbeblechung fast bis an die Langträgerunterkanten herunter.

Der Wagengrundriss sah für die 2. Klasse 2 offene Abteile mit 1.870 mm Länge, für die 3. Klasse 3 offene Abteile mit 1.566 mm Länge, 2 Vorräume und 1 Abort vor.

Laufwerk mit 6-lagigen Tragfedern und Gleitachslagern, teilweise nachträgliche Umrüstung auf Leichtradsätze, geschweißtes Untergestell mit zurückgesetzten Vorbauten, Stangenpuffer mit 450-mm-Puffertellern, Handbremse mit Handrad in einem Vorraum, Stirnwandleitern, Signalstützen, vor den Eingangstüren 2 hölzerne Trittbretter, Einsteigegriffe, geschweißtes Kastengerippe mit Säulen, Dachspriegeln, Rammblechen, Vorbau mit parallel eingezogenen Wänden, Bekleidungs- und Dachbleche angeschweißt, Tonnendach. Eingangsdrehtüren, Stirnwandschiebetüren mit festen Fenstern, Schiebetüren in Zwischenwand und Vorräumen, Drehtür in Zwischen- und Abortlängswand, Übergangsschutztüren, Entlüftung durch 5 Wendler-Luftsauger mit Luftsaugerkästen sowie Lüftungsrosetten für Abteile, 1.000 bzw. 800 mm breite Metallrahmenfenster mit Kniehebelausgleich und Rollvorhängen, 600 mm breites geteiltes Klappfenster im Abort, feste Fenster in Vorräumen, Übergangsbrücken mit Scherengitter.

In der 2. Klasse Sitzteilung 0+4 und Seitengang 663 mm breit, in der 3. Klasse Sitzteilung 2+3 und Mittelgang 470 mm, Ablagebretter unter allen Abteilfenstern, Schrank für Schalttafel und el. Ersatzteile, Linoleumfußboden, el. Beleuchtung, Lichtgenerator mit Flachriemen, Speicherbatterie, Abort mit Leibstuhl, Fallrohr mit Saughaube, Papierrollenhalter, Waschbecken, Konsole mit 1 Wasserkanne, Spiegel, Eckbrett, Wandbekleidung aus Linoleum, weiß gestrichen, Xylolithfußboden.

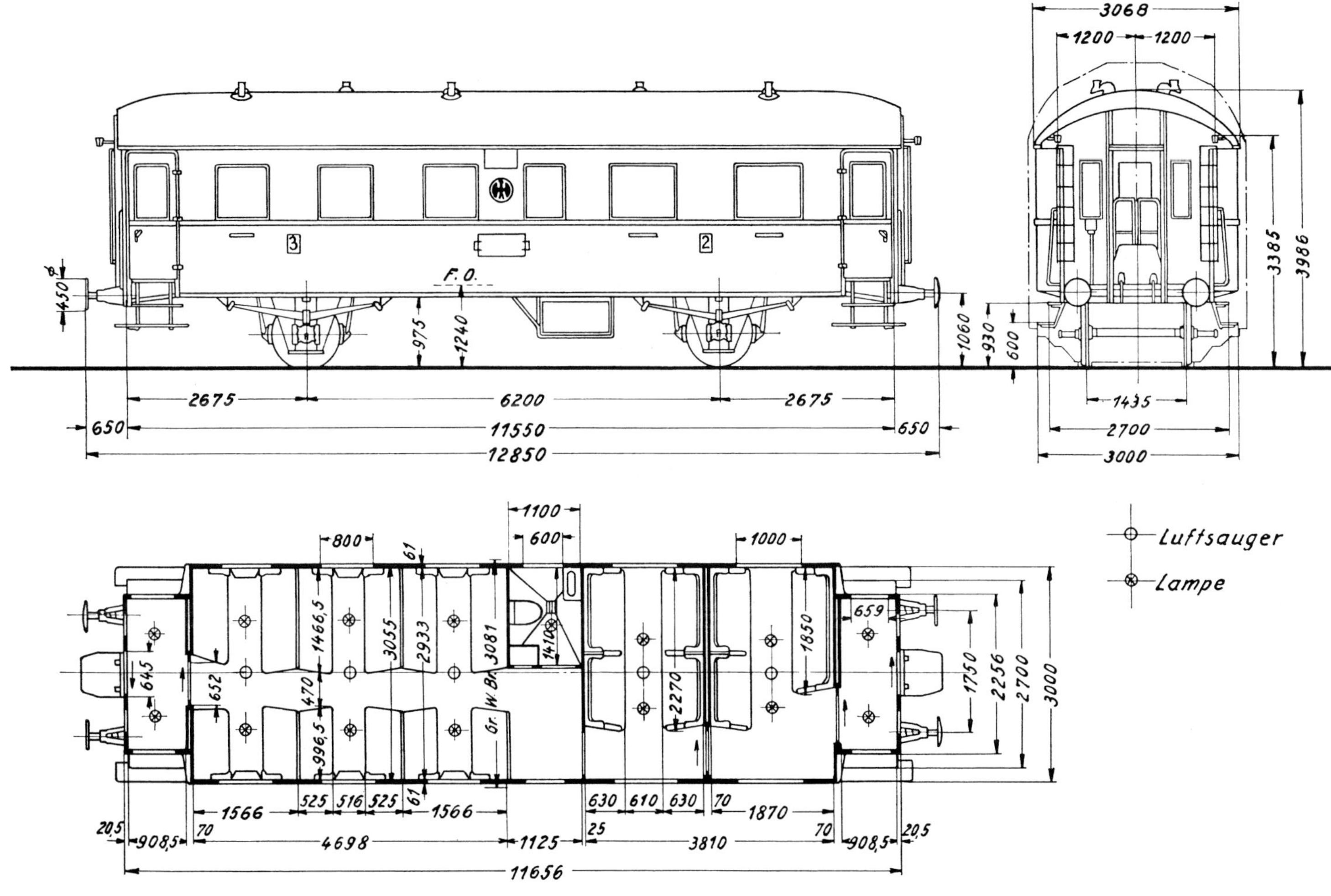

Sammlung Ernst Andreas Weigert

Bemerkungen:
Einheits-Nebenbahnwagen

Werkfoto WWW, Mainz-Mombach, Sammlung Emil Konrad (†)

Gattungszeichen	PwPosti-34
Nummernreihe	102 503-102 552
Gattungsnummer	579
Fahrzeugprogramm	1933 Ü
Wagenbauvertrag	03.966/61.902 v. 15.12.33
Planzeichen	Fwpä 306.1, PwPosti(579)01.000
Übersichtszeichnung	F1/38c WWm
Lieferwerke	WWm
	Fu
Lieferjahr	1934
insgesamt beschafft	50 Wagen
Beschaffungspreis für Wagen	102 503 Alt
für Radsätze	595,50 RM
für Wagenteil ohne Radsätze	21.513,40 RM
Ausmusterungsjahr als PwPosti	DB: 1969; DR: 1971 (8)
Länge über Puffer	12.850 mm
Wagenkastenlänge	11.654 mm
Wagenkastenbreite	3.140 mm
Fußboden über SO	1.260 mm
Achsstand gesamt	6.200 mm
Abstand der Drehzapfen	–
Achsstand des Drehgestells	–
Drehgestellbauart	–
Planzeichen (Drehgestell)	–
Anzahl der Aborte	1
Anzahl der Schiebetüren	2
Anzahl der Hundeabteile	1
Sicherung der Übergänge	Scherengitter
Bremse	Kkpbr
Heizung	Dampf, Ofen
Beleuchtung	elektrisch
Ladefläche	Gepäckraum 13,5 m^2, Postraum 9,5 m^2
Ladegewicht	Gepäckraum 3,2 t, Postraum 2,8 t
Eigengewicht	18,6 t

Wegen des hohen Arbeitsanfalles beim RZM infolge der zahlreichen Neukonstruktionen für die Bauarten 1935 musste die Reichsbahn aus Termingründen bei dieser Bauart auf die genietete Ausführung der beiden Versuchswagen PwPosti-31 (s. Bd. 1, Wb Nr. 67) zurückgreifen. Der Nachbau erfolgte mit wenigen durchgeführten Änderungen.

Der Wagengrundriss sah 1 Dienstraum, 1 Laderaum, 1 Postabteil, 1 Abort und 1 Hundeabteil vor.

Laufwerk mit 10-lagigen Tragfedern und Gleitachslagern, genietetes Untergestell mit einseitig zurückgesetztem Vorbau, Hülsenpuffer mit 450-mm-Puffertellern ohne Ausgleich, Handbremse mit Handrad im Dienstraum, Stirnwandleitern, Signalstützen, vor den Dreh- und Schiebetüren in den Seitenwänden je 2 hölzerne Trittbretter, Einsteigegriffe, Handgriffe an Schiebetüren, Briefkasten mit Kursschild, Signalfahnenhalter, genietetes Kastengerippe mit Säulen, Befestigungswinkeln, Dachspriegeln, Rammblechen, Vorbau mit parallel eingezogenen Wänden, Bekleidungs- und Dachbleche angenietet, Oberlichtaufbau, innere Wand- und Deckenverkleidung aus Kiefernbrettern, unten hellgrau und oben elfenbeinfarbig gestrichen.

Am HBrE Eingangsdrehtüren und Stirnwandschiebetür mit festem Fenster, Drehtüren im Dienstraum und Abortquerwänden, kleine Drehtür mit Luftschlitz vor Hundeabteil, 1.500 mm breite Seitenwandschiebetüren mit festen Fenstern, Dreifinger-Verschlusshaken und Vorlegebaum, zweiflügelige Ladetüren vor Postabteil, Übergangsschutztüren, 5 Wendler-Luftsauger am Oberlichtaufbau, feste Fenster in Stirnwand am HBrE, im Dienstraum 600 mm breites Metallrahmenfenster mit Kniehebelausgleich, Rollvorhang, feste Fenster mit Schutzgittern im Laderaum und Postabteil, 600 mm breites geteiltes Klappfenster im Abort, Übergangsbrücken mit Scherengitter.

El. Beleuchtung, Lichtgenerator mit Flachriemen, Speicherbatterie, zus. Ofenheizung, Abort mit Leibstuhl, Fallrohr mit Saughaube, klappbares Waschbecken, Konsole mit Wasserkanne, Xylolithfußboden.

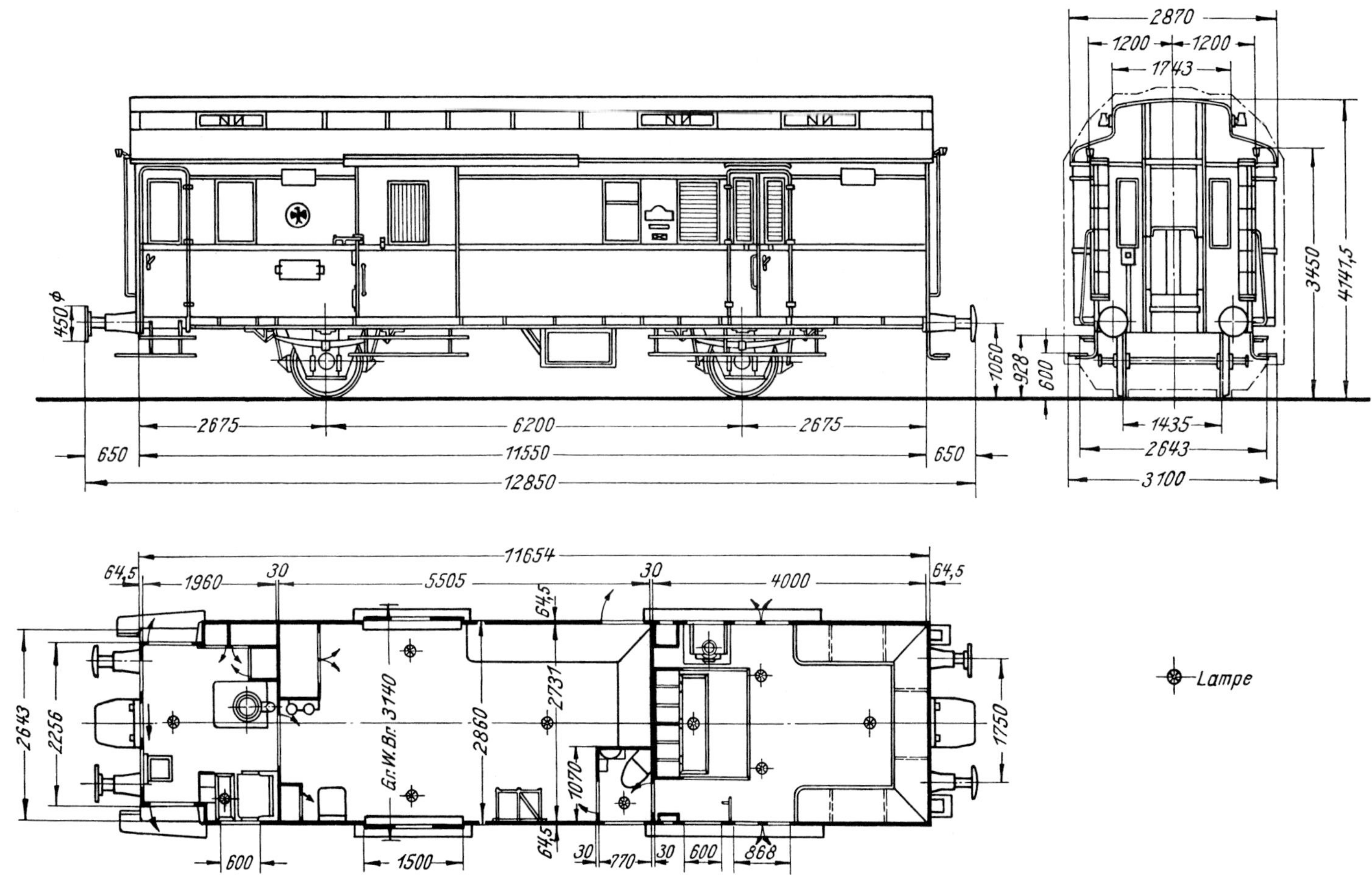

Sammlung Ernst Andreas Weigert

Bemerkungen:
Einheits-Nebenbahnwagen, Austauschbau
ab 1942 erfolgte bei einigen Wagen nach Skizze Pwi-34/42 der Ausbau des Postabteiles unter gleichzeitiger Verlegung des Abortes an die hintere Stirnwand, von diesen wurde der letzte – 102 527 – als D2i[885] im Jahre 1975 ausgemustert.
(8) teilweise in Pwi 710-430, 501 ff.
102 528 fehlt in der Nachweisung vom 31.12.1939.

Sammlung Dr. Günther Scheingraber (†)/EK-Verlag

Um auch bei den vereinigten Post- und Gepäckwagen in geschweißter Ausführung zu einer serienreifen Bauart zu kommen, entwickelten und bauten die VWW in Mainz-Mombach in Zusammenarbeit mit dem RZM diese beiden Probewagen. Mit der neuen Schweißtechnik, dem Einsatz von Leichtprofilen und dem Verzicht auf das Oberlichtdach gelang es, das Eigengewicht um rd. 3 t herabzudrücken.
Der Wagengrundriss sah 1 Dienstraum, 1 Laderaum, 1 Postabteil, 1 Abort und 1 Hundeabteil vor. Laufwerk mit 6-lagigen Tragfedern und Gleitachslagern, geschweißtes Untergestell mit einseitig zurückgesetztem Vorbau, Hülsenpuffer mit 450-mm-Puffertellern ohne Ausgleich, Handbremse mit Handrad im Dienstraum, Stirnwandleitern, Signalstützen, vor den Dreh- und Schiebetüren in den Seitenwänden je 2 hölzerne Trittbretter, Einsteigegriffe, Handgriffe an Schiebetüren, Briefkasten mit Kursschild, Signalfahnenhalter, geschweißtes Kastengerippe mit Säulen, Dachspriegeln, Rammblechen, Vorbau mit parallel eingezogenen Wänden, Bekleidungs- und Dachbleche angeschweißt, Tonnendach, innere Wand- und Deckenverkleidung aus Kiefernbrettern, unten hellgrau und oben elfenbeinfarbig gestrichen.
Am HBrE Eingangsdrehtüren und Stirnwandschiebetür mit festem Fenster, Drehtüren im Dienstraum und Abortquerwänden, kleine Drehtür mit Luftschlitz vor Hundeabteil, 1.810 mm breite doppelflügelige Seitenwandschiebetüren mit festen Fenstern, Vorlegebaum, doppelflügelige Ladetüren vor Postabteil, Übergangsschutztüren, 5 Wendler-Luftsauger, feste Fenster in Stirnwand am HBrE, im Dienstraum 600 mm breites Metallrahmenfenster mit Kniehebelausgleich, Rollvorhang, feste Fenster mit Schutzgittern im Laderaum und Postabteil, 600 mm breites geteiltes Klappfenster im Abort, Übergangsbrücken mit Scherengitter.
El. Beleuchtung, Lichtgenerator mit Flachriemen, Speicherbatterie, zus. Ofenheizung, Abort mit Leibstuhl, Fallrohr mit Saughaube, klappbares Waschbecken, Konsole mit Wasserkanne, Xylolithfußboden.

Gattungszeichen	PwPosti-34a
Nummernreihe	102 553+102 554 Alt (Heimatbf Buchholz bzw. Heide)
Gattungsnummer	579
Fahrzeugprogramm	1934
Wagenbauvertrag	03.966/L 501 v.1.3.34
Planzeichen	Fwpä 308.001
Übersichtszeichnung	F1/39e WWm
Lieferwerke	WWm
Lieferjahr	(20.07.)1934
insgesamt beschafft	2 Wagen
Beschaffungspreis für Wagen	102 553 Alt
für Radsätze	595,50 RM
für Wagenteil ohne Radsätze	23.844,50 RM
Ausmusterungsjahr als PwPosti	DB: 1952; DR: –
Länge über Puffer	12.850 mm
Wagenkastenlänge	11.656 mm
Wagenkastenbreite	3.120 mm
Fußboden über SO	1.235 mm
Achsstand gesamt	6.200 mm
Abstand der Drehzapfen	–
Achsstand des Drehgestells	–
Drehgestellbauart	–
Planzeichen (Drehgestell)	–
Anzahl der Aborte	1
Anzahl der Schiebetüren	2
Anzahl der Hundeabteile	1
Sicherung der Übergänge	Scherengitter
Bremse	Kkpbr
Heizung	Dampf, Ofen
Beleuchtung	elektrisch
Ladefläche	Gepäckraum 11,5 m^2, Postraum 10,8 m^2
Ladegewicht	Gepäckraum 3,85 t, Postraum – t
Eigengewicht	15,3 t

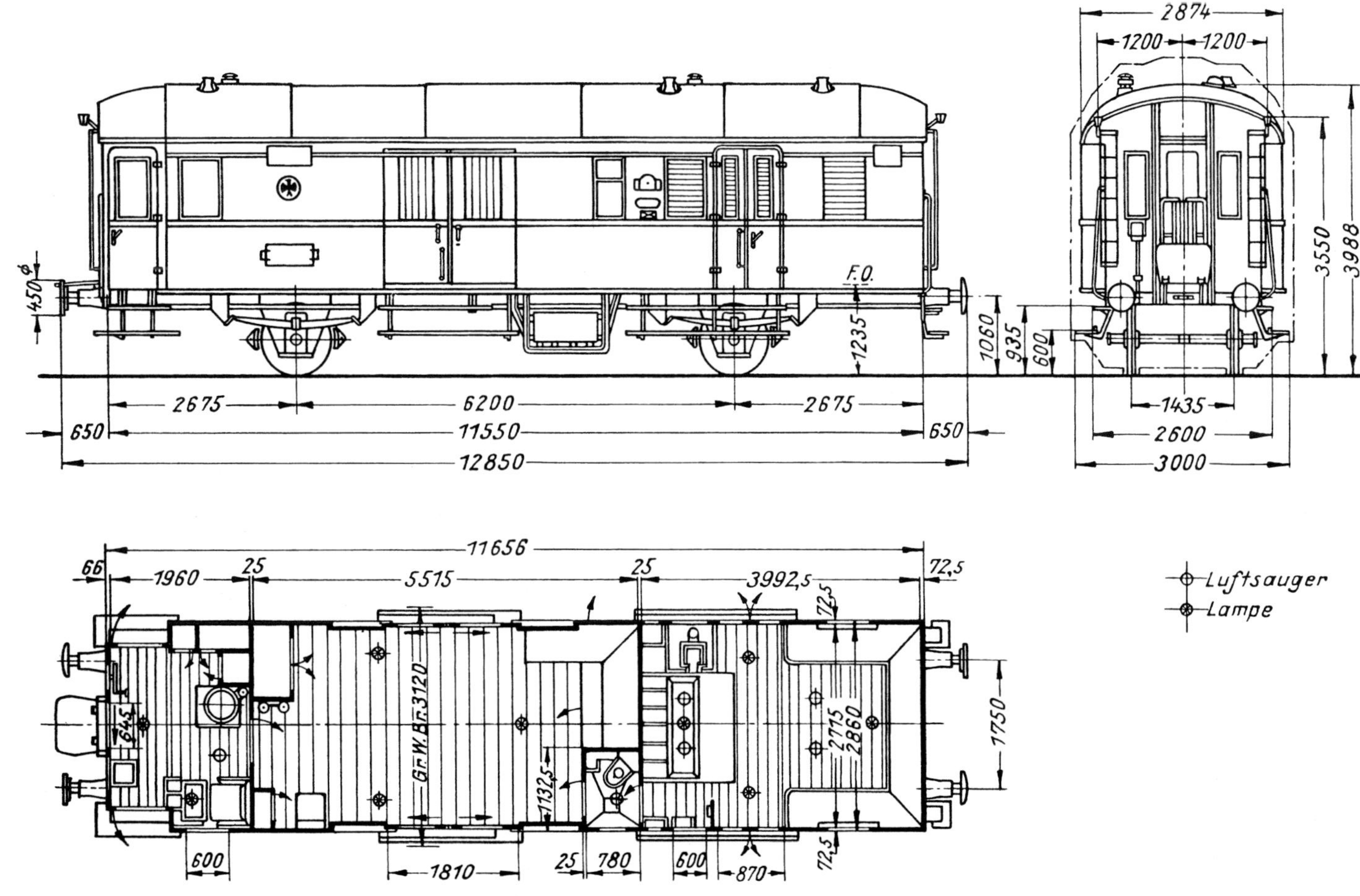

Sammlung Ernst Andreas Weigert

Bemerkungen:
Einheits-Nebenbahnwagen, Entwicklungsbauart
102 553+102 554 Hmb liefen ab 1. Dezember 1952 als Pwi > D2ie[887].

Werkfoto LHW, Diapositiv Sammlung RZA Berlin

Nach dem ursprünglichen Konzept sollten diese beiden gemischtklassigen Bauarten als Mittelwagen in einem Dreiwagenzug zum Einsatz kommen. Für die Konstruktion zeichneten die Linke-Hofmann-Werke in Breslau verantwortlich. Die 5 Probewagen kamen mit 3 verschiedenen Grundrissen zum Einsatz, deren Unterschiede in der Ausführung der Zwischenwände, Durchgänge und im Außenanstrich lagen.

Der Wagengrundriss sah in der 2. Klasse 4 offene Vollabteile mit 2.000 mm Länge und in der 3. Klasse 6 offene Vollabteile mit 1.600 mm Länge und 2 Vorräume mit 2 Aborten vor.

Geschweißtes Untergestell, zweiachsige Drehgestelle Bauart „Görlitz III Leicht" mit Gleitachslagern, Hülsenpuffer mit 500-mm-Puffertellern und Ringfeder, ohne Ausgleich, Handbremse mit Handrad in einem Vorraum, Stirnwandleitern, Trittbretter, Signalstützen, vor jeder Abteiltür 2 hölzerne Trittbretter, Einsteigegriffe, geschweißtes Kastengerippe mit Säulen, Dachspriegeln, Rammblechen, Bekleidungs- und Dachbleche angeschweißt, Tonnendach.

Auf der Abteilseite 10 und auf der Gangseite 5 Eingangsdrehtüren, Stirnwandschiebetüren mit festen Fenstern, im Seitengang Dreh-, Pendel- und Schiebetüren, Übergangsschutztüren, 10 Wendler-Luftsauger mit Luftsaugerkästen und Lüftungsrosetten für Abteile, 1.000 mm breite Metallrahmenfenster mit Kniehebelausgleich, 330 mm breite feste Fenster in Abteilen und Seitengang, 600 mm breite Fenster im Vorraum und Abort, diese geteilt, feste Fenster in den Stirnwänden, Vorhänge, Übergangsbrücke mit Scherengitter. Unterteilung des Innenraumes durch hohe oder halbhohe Zwischenwände in Einzelabteile, Sitzteilung im B-Abteil 0+3 und im C-Abteil 0+4, Seitengang 500/480 mm, Armlehnen an der Abteilwand, Linoleumfußboden, el. Beleuchtung, Lichtgenerator mit Flachriemenantrieb und Speicherbatterie, Abort mit Xylolithfußboden und Leibstuhl, Fallrohr mit Saughaube, Papierrollenhalter, Waschbecken, Seifenspender, Waschtisch- und Reinigungsgeräteschrank, 2 Wasserkannen, Rollenhandtücher, Spiegel, Linoleumbekleidung und Leisten weiß gestrichen.

Gattungszeichen	BC4i-33f	BC4i-33g
Nummernreihe	33 472-33 474	33 475+33 476
Gattungsnummer	318	
Fahrzeugprogramm	1933	
Wagenbauvertrag	03.966/61.4103	
Planzeichen	Fwp 601.1 fr. B.e. 6900a	
Übersichtszeichnung	A 239/36 172f LHW	
Lieferwerk	LHW WA 5708	
Lieferjahr	1934	
insgesamt beschafft	3	2 Wagen
Beschaffungspr. f. Wg.		33 475 Hl
f. Radsätze		1.191,00 RM
f. Wagenteil o. Rads.		63.865,83 RM
Ausmusterungsjahr	DB: 1946; DR: –	DB: 1956; DR: –
Länge über Puffer	22.168 mm	
Wagenkastenlänge	20.868 mm	
Wagenkastenbreite	2.618 mm	
Fußboden über SO	1.240 mm	
Achsstand gesamt	17.508 mm	
Abstand d. Drehzapfen	14.508 mm	
Achsst. d. Drehgestells	3.000 mm	
Drehgestellbauart	Görlitz III Leicht (73)	
Planzeichen (Drehgestell)	Fwp 943.04.1	
Anzahl der Aborte	2	
Anzahl der Abteile	4+6	
Sitzplätze 1. Klasse	–	
2. Klasse	24	
3. Klasse	48	
Militärtransport	–	
für Krankentransport	–	
Sicherung der Übergänge	Scherengitter	
Bremse	Kkpbr	
Heizung	Dampf	
Beleuchtung	elektrisch	
Eigengewicht	32,8 t	

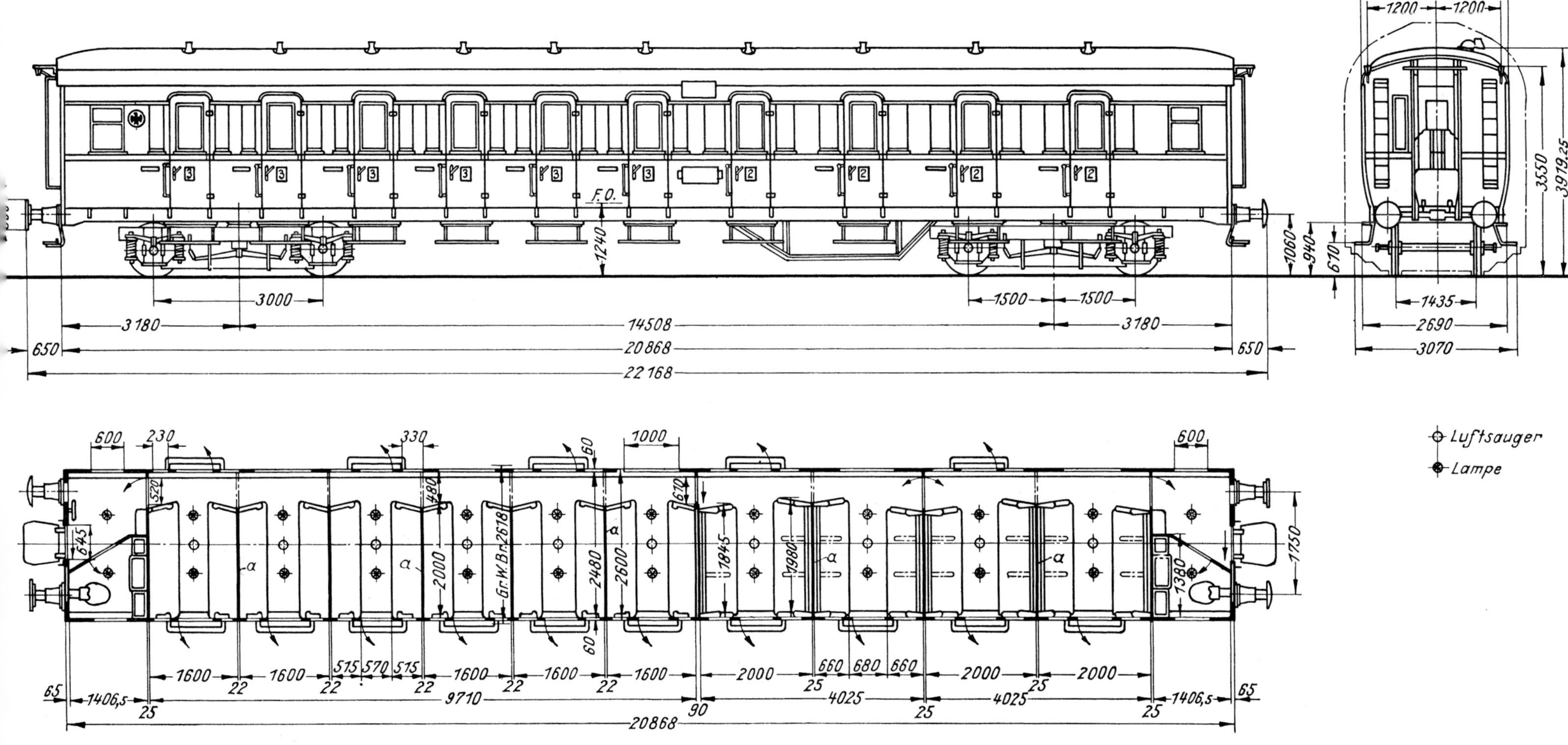

Bemerkungen:
Drehgestellbeschreibung Nr. 17
englische Bauart. 33 472-33 473 mit Triebwagenanstrich, Klapptisch und -sitz, Schaffnerhahn, Manometer für Zugführer, ohne Handbremse, 33 474 ohne Gerätekasten, alle Wagen mit je 1 Pendeltürwand und 1 Schiebetürzwischenwand, 33 472-33 474 Grundriss I mit 7 halbhohen Zwischenwänden, 33 475 Grundriss III mit je 2 hohen und halbhohen Zwischenwänden, 33 476 Grundriss II mit 7 hohen Zwischenwänden, 33 472-33 473 Esn, Heimatbf Dortmund Hbf, 33 474-33475 Hl, Heimatbf Lpz H West, 33 476 Frt, Heimatbf Frt Hbf.
Obige Skizze ist gültig für die Bauart BC4i-33g, nebenstehende Aufnahme zeigt den BC4i-33f (33 472 Esn) Abteilseite.

Werkfoto H. Fuchs, Diapositiv Sammlung RZA Berlin

Gattungszeichen	C4i-33d	-33e	-33f	-33g
Nummernreihe	73 328-73 329	73 330-73 333	73 334-73 336	73 337-73 339
Gattungsnummer	329			
Fahrzeugprogramm	1933			
Wagenbauvertrag	03.966/61.4104			
Planzeichen	Fwp 602.1			
Übersichtszeichnung	Pl76 Fu			
Lieferwerk	Fu			
Lieferjahr	1934			
insgesamt beschafft	2	4	3	3 Wg.
Beschaffungspr. f. Wg.	73 332 Esn			
f. Radsätze	1.143,00 RM			
f. Wagenteil o. Rads.	57.714,39 RM			
Ausmuster.jahr	DB: –; DR: 1973	DB: 1964; DR: –	DB: –; DR: 1970	DB: 1965; DR: 1946
Länge über Puffer	22.168 mm			
Wagenkastenlänge	20.868 mm			
Wagenkastenbreite	2.618 mm			
Fußboden über SO	1.240 mm			
Achsstand gesamt	17 508 mm			
Abstand d. Drehzapfen	14.508 mm			
Achsst. d. Drehgestells	3.000 mm			
Drehgestellbauart	Görlitz III Leicht (73)			
Planzeichen (Drehgestell)	Fwp 943.04.1			
Anzahl der Aborte	2			
Anzahl der Abteile	11			
Sitzplätze 1. Klasse	–			
2. Klasse	–			
3. Klasse	88			
Militärtransport	–			
für Krankentransport	–			
Sicherung der Übergänge	Scherengitter			
Bremse	Kkpbr			
Heizung	Dampf			
Beleuchtung	elektrisch			
Eigengewicht	32,3 t			

Nach der ursprünglichen Konzeption sollten diese vier einklassigen Bauarten als Endwagen zum Einsatz kommen. Daher lagen bei der einen Hälfte der Fahrzeuge die Oberwagenbeleuchtung und die Schlusslaterne auf der Seite der flachen Puffer am Bremsende, bei der anderen am Nichtbremsende. Die Konstruktion und Bau führte die Waggonfabrik Fuchs, Heidelberg, aus. Die Wagen kamen mit verschiedenen Grundrissen (Unterschiede bei Wänden, Durchgängen, Anstrich) zur Ablieferung.
Der Wagengrundriss sah für die 3. Klasse 11 offene Vollabteile mit 1.600 mm Länge und 2 Vorräume mit 2 Aborten vor.
Geschweißtes Untergestell, zweiachsige Drehgestelle Bauart „Görlitz III Leicht" mit Gleitachslagern, Hülsenpuffer mit 500-mm-Puffertellern und Ringfeder, ohne Ausgleich, Handbremse mit Handrad in einem Vorraum, Stirnwandleitern, Trittbretter, Signalstützen, vor jeder Abteiltür 2 hölzerne Trittbretter, Einsteigegriffe, geschweißtes Kastengerippe mit Säulen, Dachspriegeln, Rammblechen, Bekleidungs- und Dachbleche angeschweißt, Tonnendach.
Auf der Abteilseite 11 und auf der Gangseite 6 Eingangsdrehtüren, Stirnwandschiebetüren mit festen Fenstern, im Seitengang Dreh- und Schiebetüren, Übergangsschutztüren, 11 Wendler-Luftsauger mit Luftsaugerkästen und Lüftungsrosetten für Abteile, 1.000 mm breite Metallrahmenfenster mit Kniehebelausgleich, 270 mm breite feste Fenster in Abteilen, 600 mm breite Fenster im Vorraum und Abort, diese geteilt, feste Fenster in den Stirnwänden, Vorhänge, Übergangsbrücke mit Scherengitter.
Unterteilung des Innenraumes durch hohe oder halbhohe Zwischenwände in Einzelabteile, Sitzteilung 0+4, Seitengang 480 mm, Armlehnen an der Abteilwand, Linoleumfußboden, el. Beleuchtung, Lichtgenerator mit Flachriemenantrieb und Speicherbatterie, Abort mit Xylolithfußboden und Leibstuhl, Fallrohr mit Saughaube, Papierrollenhalter, Waschbecken, Seifenspender, Waschtisch- und Reinigungsgeräteschrank, 2 Wasserkannen, Rollenhandtücher, Spiegel, Linoleumbekleidung und Leisten weiß gestrichen.

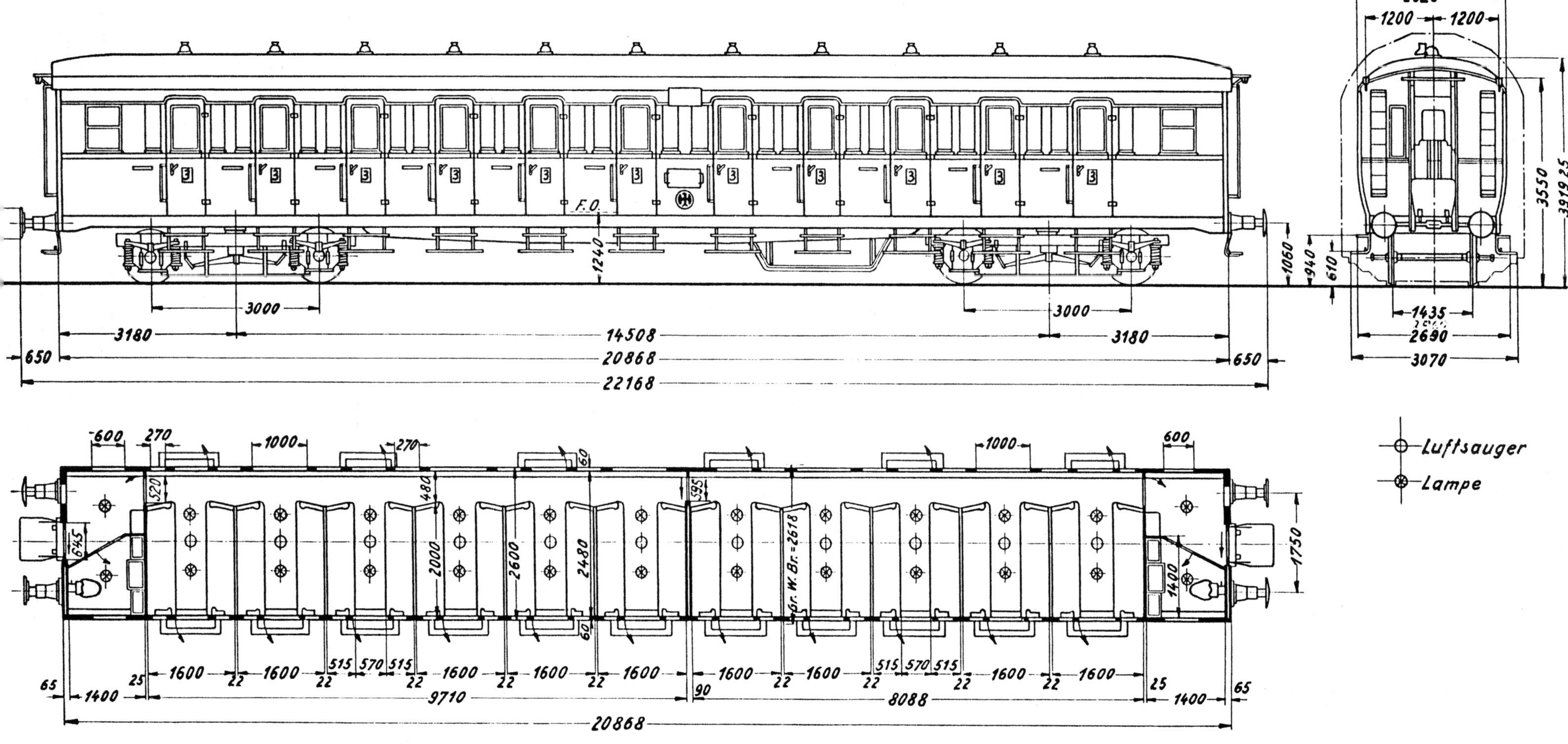

Bemerkungen:
Drehgestellbeschreibung Nr. 17
englische Bauart
73 330-73 333 mit Triebwagenanstrich und für Personal je ein Klappsitz im Vorraum (Fu 01.000), 73 328-73 333 mit halbhohen Wänden, 73 334-73 336 mit vier hohen und fünf halbhohen Wänden, davon zwei Wagen mit geradem und ein Wagen mit rundem Durchgang, 73 337-73 339 mit hohen Wänden, davon ein Wagen mit geradem und zwei Wagen mit rundem Durchgang, 73 332 Esn Hikpbr mit Bremstrommeln.
Obige Skizze ist gültig für die Bauart C4i-33g, nebenstehende Aufnahme zeigt den C4i-33e (73 331 Esn) Gangseite.

Gattungszeichen	Z-34
Nummernreihe	10 047-10 053
Gattungsnummer	864
Fahrzeugprogramm	1934
Wagenbauvertrag	03.966/61.805 v. 15.10.33
Planzeichen	Fwp 730.001
Übersichtszeichnung	2780/5 Weg
Lieferwerk	Weg WA 2780
Lieferjahr	1933
insgesamt beschafft	7 Wagen
Beschaffungspreis für Wagen	10 047-10 053
1. den betriebsfertigen Wagen	30.325 RM *
2. davon Radsätze	600 RM *
Ausmusterungsjahr	DB: 1961; DR: 1973
Länge über Puffer	12.000 mm
Wagenkastenlänge	10.804 mm
Wagenkastenbreite	3.113 mm
Fußboden über SO	1.235 mm
Achsstand gesamt	6.200 mm
Abstand der Drehzapfen	–
Achsstand des Drehgestells	–
Drehgestellbauart	–
Planzeichen (Drehgestell)	–
Anzahl der Aborte	1
Anzahl der Begleiterabteile	1
Anzahl der Zellen	12
Anzahl der Sitzplätze	2+28
Sicherung der Übergänge	–
Bremse	Kkpbr
Heizung	Warmwasser, Dampfleitung
Beleuchtung	elektrisch
Eigengewicht	21,1 t *

Bei dieser genieteten Bauart eines zweiachsigen Gefangenenwagens handelt es sich um den Nachbau des Z-30 (s. Bd. 1, Wb Nr. 76) mit geringen Änderungen, den die Waggonfabrik Wegmann in Kassel auch hier wieder ausführte.

Der Wagengrundriss sah 10 Zweiplatz- und 2 Vierplatz-Zellen mit 1.060 bzw. 2.000 mm Länge, 1 Begleiterabteil, 1 Abort, 1 Ofenraum, 1 Vorraum und 1 Mittelgang vor.

Laufwerk mit Gleitachslagern, genietetes Untergestell mit zurückgesetztem Vorbau, Hülsenpuffer Bauart Siegen mit 370-mm-Puffertellern ohne Ausgleich, Handbremse mit Handrad im Vorraum, vor jedem Einstieg 2 hölzerne Trittbretter mit Einsteigegriffen an den Stirnwänden, an jeder Stirnseite Trittbleche sowie Laufbrett mit Handgriffen, Signalstützen und Signalfahnenhalter, genietetes Kastengerippe mit Säulen, Befestigungswinkeln, Dachspriegeln, Vorbau mit parallel eingezogenen Wänden, Bekleidungs- und Dachbleche angenietet, Oberlichtdach, innere Wände aus Sperrholz, innere Deckenverkleidung aus Blech. Eingangsdrehtüren, Schiebetür zwischen Vorraum und Mittelgang, Drehtüren vor Abort und Zellen, diese mit Schloss und Riegel sowie vergittertem festen Fenster, 12 Wendler-Luftsauger, Lüftungsschieber im Oberlichtdach und Zellentüren, 450 mm breite Metallrahmenfenster mit Vorhängen im Dienstabteil, Ofenraum und in Stirnwänden, Klappfenster mit matter Scheibe und Drahtgeflecht vor den Zellen, alle Fenster durch querliegende Eisengitter gesichert, keine Übergänge.

Zellen mit Lattensitzbank und Klapptisch, in der Schlafzelle zwischen den Bänken abklappbares Brett zur Herrichtung einer Liege, im Begleiterabteil 2 Sitzbänke mit gepolsterten Doppelsitzen, Armlehnen, Klapptisch, Schrank für Decken und Wasserkannen, im Ofenraum Kleiderschrank, Schrank für Schalttafel und el. Ersatzteile, 2 Kocherschränke, Linoleumfußboden, el. Beleuchtung, Lichtgenerator mit Flachriemen, Speicherbatterie, Abort mit Leibstuhl, Fallrohr mit Saughaube, klappbares Waschbecken, Wasserkanne, Xylolithfußboden.

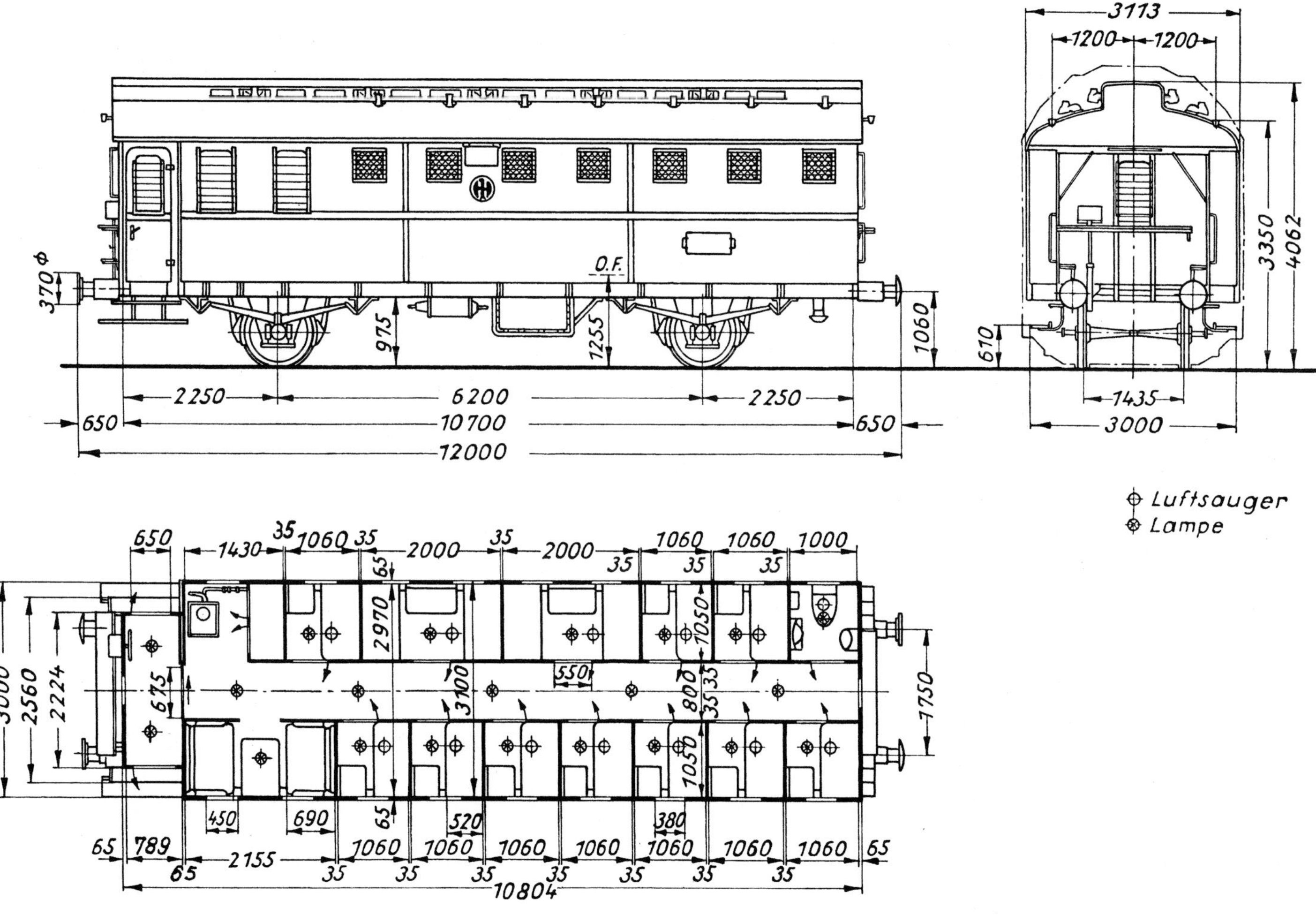

Sammlung Joachim Kirchner (†)

Bemerkungen:
Da der Betrieb eine Anzahl neuer zweiachsiger Gefangenenwagen benötigte, die vielen Neukonstruktionen der Bauarten 1935 das RZM aber stark beschäftigte und keine Zeit für einen Neuentwurf in geschweißter Bauart zuließ, entschloss sich die HV zum Nachbau der Bauart 1930.

Werkfoto Wegmann & Co

Gattungszeichen	Z-36a
Nummernreihe	10 054 Kbg Heimatbf Kbg Hbf
Gattungsnummer	864
Fahrzeugprogramm	1934 Z
Wagenbauvertrag	03.966/61.828
Planzeichen	Fwp 731.1
Übersichtszeichnung	P 5215d Weg
Lieferwerk	Weg WA 2955
Lieferjahr	1936
insgesamt beschafft	1 Wagen
Beschaffungspreis für Wagen für Radsätze für Wagenteil ohne Radsätze	keine Unterlagen vorhanden
Ausmusterungsjahr	DB: –; DR: –
Länge über Puffer	12.000 mm
Wagenkastenlänge	10.824 mm
Wagenkastenbreite	3.050 mm
Fußboden über SO	1.255 mm
Achsstand gesamt	6.200 mm
Abstand der Drehzapfen	–
Achsstand des Drehgestells	–
Drehgestellbauart	–
Planzeichen (Drehgestell)	–
Anzahl der Aborte	1
Anzahl der Begleiterabteile	1
Anzahl der Zellen	12
Anzahl der Sitzplätze	2+28
Sicherung der Übergänge	–
Bremse	Hikpbr
Heizung	Warmwasser, Dampfleitung
Beleuchtung	elektrisch
Eigengewicht	19,9 t

Der Wagengrundriss sah 10 Zweiplatz- und 2 Vierplatz-Zellen mit 1.060 bzw.1.970 mm Länge, 1 Begleiterabteil, 1 Abort, 1 Ofenraum, 1 Vorraum und 1 Mittelgang vor.
Laufwerk mit 6-lagigen Tragfedern und Gleitachslagern, geschweißtes Untergestell mit zurückgesetztem Vorbau, Hülsenpuffer Bauart Siegen mit 370-mm-Puffertellern ohne Ausgleich, Handbremse mit Handrad im Vorraum, vor jedem Einstieg 2 hölzerne Trittbretter mit Einsteigegriffen, Stirnwandleitern, Signalstützen, Signalfahnenhalter, im Mittelgang Schreibtafeln vor den Zellen, geschweißtes Kastengerippe mit Säulen, Dachspriegeln, Vorbau mit parallel eingezogenen Wänden, Bekleidungsbleche angeschweißt, Dachbleche aufgenietet, Tonnendach, innere Wände aus Sperrholz, innere Deckenverkleidung aus Blech.
Eingangsdrehtüren, Schiebetür zwischen Vorraum und Mittelgang, Drehtüren vor Abort und Zellen, diese mit Kette, Schloss und Riegel, Lüftungsschieber sowie vergittertem festen Fenster, 770 mm breite feste Fenster mit 2 Lüftungsklappen in Zweiplatzzellen und Abort, 670 mm breite mit 1 Lüftungsklappe in Vierplatzzellen, Verglasung mit undurchsichtigen Scheiben und oberer schmaler Durchblickmöglichkeit, Sicherung durch kreuzweise verlegte Eisenstäbe, Metallrahmenfenster mit Schiebevorhängen, 1 Lüftungsklappe und querliegenden Eisenstäben im Begleiterabteil 600 mm breit, im Ofen- und Vorraum sowie in Stirnwand 700 mm breit, keine Übergänge.
Zellen mit Lattensitzbank und Klapptisch, in der Schlafzelle zwischen den Bänken abklappbares Brett zur Herrichtung einer Liege, im Begleiterabteil 2 Sitzbänke mit gepolsterten Doppelsitzen, Armlehnen, Klapptisch, Schrank für Decken und Wasserkannen, im Ofenraum Kleiderschrank, Schrank für Schalttafel und el. Ersatzteile, 2 Kocherschränke, in Stirnwand am HBrE außen angebrachter Kohlenkasten, Linoleumfußboden, el. Beleuchtung, Lichtgenerator mit Flachriemen, Speicherbatterie, Abort mit Leibstuhl, Fallrohr mit Saughaube, Papierkasten, klappbares Waschbecken, Wasserkanne, Xylolithfußboden.

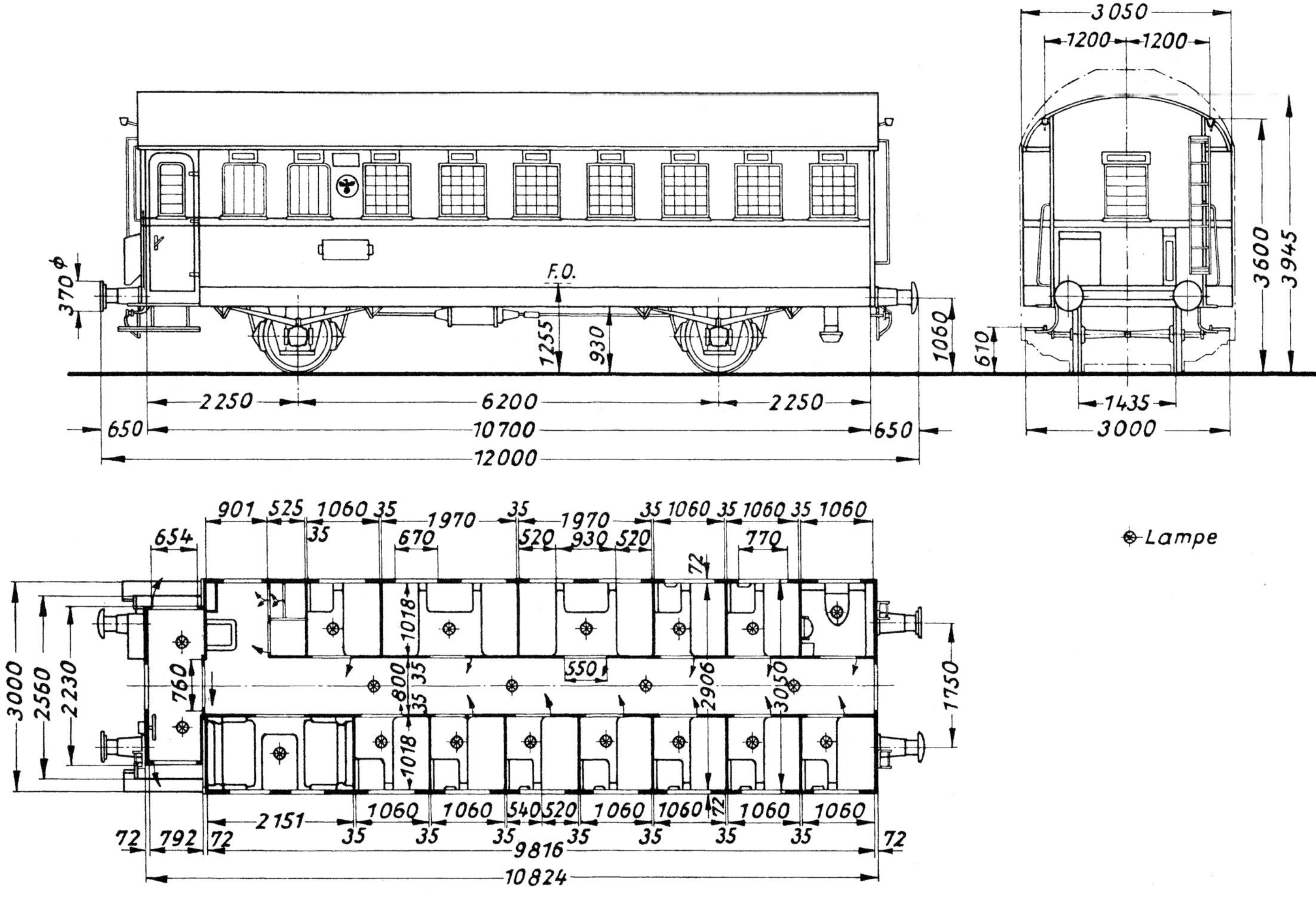

Sammlung Joachim Kirchner (†)

Bemerkungen:

Entwicklungsbauart

Obwohl das FPr 1934 Z schon diesen Versuchswagen enthielt, verschoben sich Konstruktion sowie Bau. Die Waggonfabrik Wegmann in Kassel, bisheriger alleiniger Hersteller von Gefangenenwagen, erhielt auch für diese Bauart den Auftrag, den sie zusammen mit dem RZM in Berlin ausführte.

Werkfoto Wegmann & Co

Gattungszeichen	Z4-36
Nummernreihe	10 151+10 152 Bln
	Heimatbf Bln Ahb
Gattungsnummer	864
Fahrzeugprogramm	1936 I
Wagenbauvertrag	03.966/L 501
Planzeichen	Fwp 732.1
Übersichtszeichnung	P 5214a Weg
Lieferwerk	Weg WA 3152
Lieferjahr	1936
insgesamt beschafft	2 Wagen
Beschaffungspreis für Wagen	10 152 Bln
für Radsätze	1.171,00 RM
für Wagenteil ohne Radsätze	60.492,46 RM
Ausmusterungsjahr	DB: 1964; DR: bis 1958
Länge über Puffer	21.150 mm
Wagenkastenlänge	19.884 mm
Wagenkastenbreite	2.968 mm
Fußboden über SO	1.240 mm
Achsstand gesamt	16.800 mm
Abstand der Drehzapfen	13.800 mm
Achsstand des Drehgestells	3.000 mm
Drehgestellbauart	Görlitz III Leicht (83)
Planzeichen (Drehgestell)	Fwp 958.04.1
Anzahl der Aborte	1
Anzahl der Begleiterabteile	1
Anzahl der Zellen	24
Anzahl der Sitzplätze	4+54
Sicherung der Übergänge	–
Bremse	Hikpbr
Heizung	Warmwasser, Dampfleitung
Beleuchtung	elektrisch
Eigengewicht	35,8 t

Der Wagengrundriss sah 1 Vierplatzelle und 21 Zweiplatz-Zellen mit 1.060 bzw. 3.000 mm Länge, 2 Schlafzellen mit 1.900 mm Länge, 1 Begleiterabteil, 1 Ofenraum, 1 Schrankraum, 1 Abort, 1 Vorraum und 1 Mittelgang vor.
Geschweißtes Untergestell mit zurückgesetztem Vorbau, zweiachsige Drehgestelle Bauart „Görlitz III Leicht" mit Gleitachslagern, Hülsenpuffer mit 500-mm-Puffertellern und Ringfeder, ohne Ausgleich, Handbremse mit Handrad im Vorraum, vor jedem Einstieg 2 hölzerne Trittbretter – das obere abgerundet – mit Einsteigegriffen, Stirnwandleitern, Signalstützen, Signalfahnenhalter, im Mittelgang Schreibtafeln vor den Zellen, geschweißtes Kastengerippe mit Säulen, Dachspriegeln, Vorbau mit parallel eingezogenen Wänden, Bekleidungsbleche angeschweißt, Dachbleche aufgenietet, Tonnendach, innere Wände aus Sperrholz, innere Deckenverkleidung aus Blech.
Eingangsdrehtüren, Schiebetür zwischen Vorraum u. Mittelgang, Drehtüren vor Abort und Zellen, diese mit Kette, Schloss u. Riegel, Lüftungsschieber sowie vergittertem festen Fenster, Metallrahmenfenster mit Schiebevorhängen, 1 Lüftungsklappe u. querliegenden Eisenstäben im Begleiterabteil 600 mm breit, im Ofen-, Vorraum sowie Stirnwand 700 mm breit, feste Fenster 800 mm breit in Zweiplatzzellen mit 2 Lüftungsklappen, 700 mm breite in Vierplatz- u. Schlafzellen sowie 600 mm in Abort- u. Schrankraum mit jeweils 1 Lüftungsklappe, Verglasung mit undurchsichtigen Scheiben u. oberer schmaler Durchblickmöglichkeit, Sicherung durch kreuzweise verlegte Eisenstäbe, keine Übergänge.
Zellen: Lattensitzbank und Klapptisch, in der Schlafzelle zwischen den Bänken abklappbares Brett zur Herrichtung einer Liege. *Begleiterabteil:* 2 Sitzbänke mit gepolsterten Doppelsitzen, Armlehnen, Klapptisch, Schrank für Decken und Wasserkannen, Glocke, Klappenschrank. *Ofenraum:* Narag-Ofen mit Vorwärmplatte, Kleiderschrank, Schaltschrank und Schrank für el. Ersatzteile, 2 el. Kocher, Schrank für Essvorräte. *Schrankraum:* Schränke für Matratzen, Wasserkannen, Schlafdecken. *Vorraum:* außen angebrachter Kohlenkasten, Linoleumfußboden. Abort mit Leibstuhl, Fallrohr mit Saughaube, Papierkasten, klappbares Waschbecken, Wasserkanne, Xylolithfußboden.

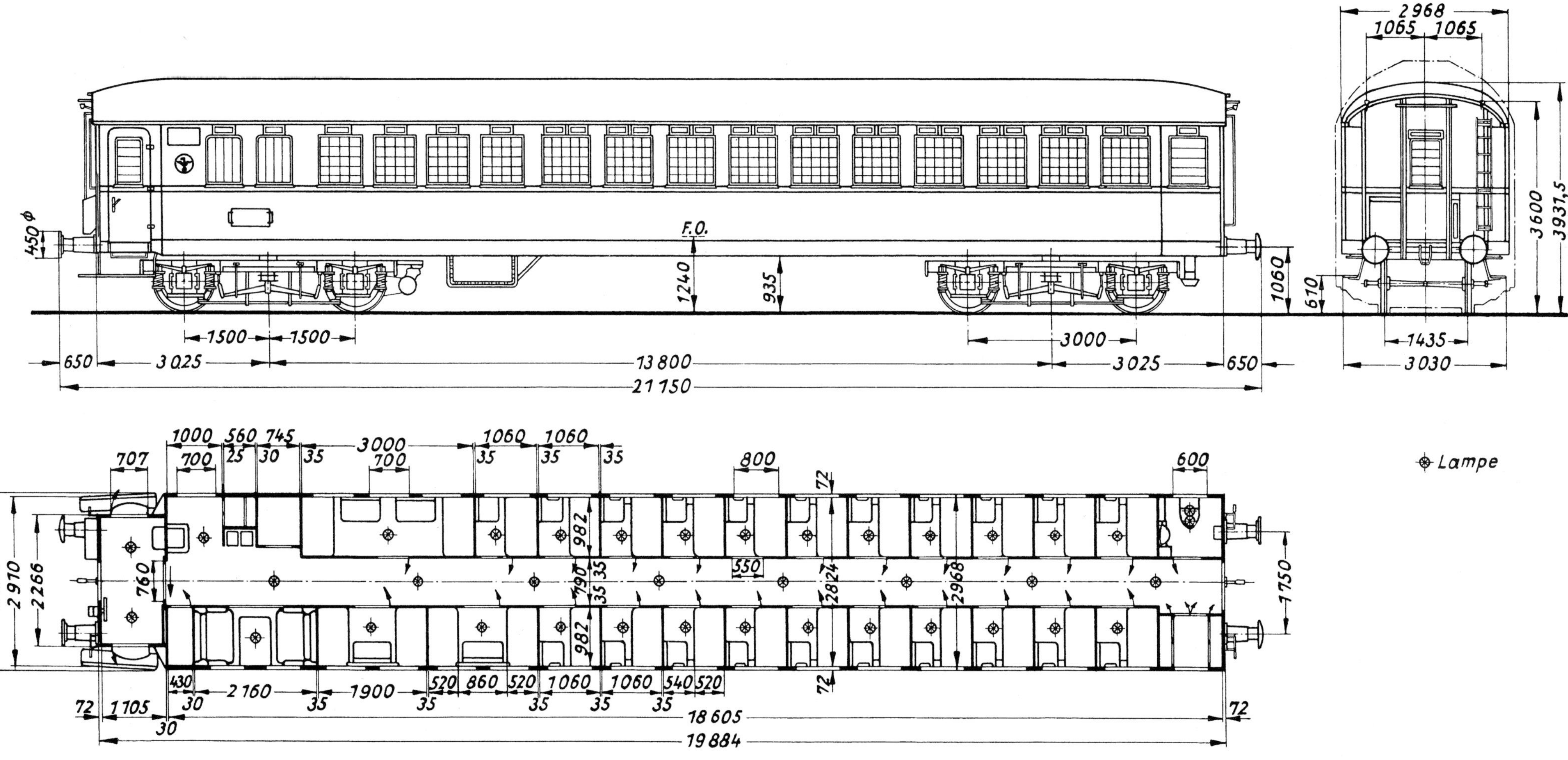

Sammlung Joachim Kirchner (†)

Bemerkungen:
Drehgestellbeschreibung Nr. 22
Entwicklungsbauart
In Zusammenarbeit mit dem im RZM neu eingerichteten Dez L und der Waggonfabrik Wegmann in Kassel kam es erstmalig zu dieser Konstruktion und dem Bau eines vierachsigen Gefangenenwagens, wobei eine Reihe von Bauteilen des Z-36a übernommen werden konnten, u.a. die Ausführungen der el. Beleuchtung und des Abortes.

Gattungszeichen	Z4-37
Nummernreihe	– geplant – 10 153-10 156
Gattungsnummer	864
Fahrzeugprogramm	1937 II
Wagenbauvertrag	03.966/29.303
Planzeichen	Fwp 733.1
Übersichtszeichnung	3435/8b Weg
Lieferwerk	Weg WA 3435
Lieferjahr	storniert
insgesamt geplant	4 Wagen
Beschaffungspreis für Wagen	10 153-10 156
1. den betriebsfertigen Wagen	46.000 RM
2. davon Radsätze	k. A. RM
Ausmusterungsjahr	entfällt
Länge über Puffer	21.150 mm
Wagenkastenlänge	19.850 mm
Wagenkastenbreite	2.000 mm
Fußboden über SO	1.200 mm
Achsstand gesamt	16.800 mm
Abstand der Drehzapfen	13.800 mm
Achsstand des Drehgestells	3.000 mm
Drehgestellbauart	Görlitz III Leicht (83b)
Planzeichen (Drehgestell)	Fwp 963.04.1
Anzahl der Aborte	2
Anzahl der Begleiterabteile	1
Anzahl der Zellen	24
Anzahl der Sitzplätze	4+54
Sicherung der Übergänge	–
Bremse	Hikpbr
Heizung	Warmwasser, Dampfleitung
Beleuchtung	elektrisch
Eigengewicht	0,00 t

Der Wagengrundriss sah 1 Vierplatzzelle u. 21 Zweiplatz-Zellen mit 3.000 bzw. 1.060 mm Länge, 2 Schlafzellen mit 1.900 mm Länge, 1 Begleiterabteil, 1 Ofenraum, 2 Aborte, 1 Vorraum u. 1 Mittelgang vor.
Geschweißtes Untergestell mit zurückgesetztem Vorbau, zweiachsige Drehgestelle Bauart „Görlitz III Leicht" mit Gleitachslagern, Hülsenpuffer mit 500-mm-Puffertellern und Ringfeder, ohne Ausgleich, Handbremse mit Handrad im Vorraum, vor jedem Einstieg 2 hölzerne Trittbretter – das obere abgerundet – mit Einsteigegriffen, Stirnwandleitern, Signalstützen, Signalfahnenhalter, im Mittelgang Schreibtafeln vor den Zellen, geschweißtes Kastengerippe mit Säulen, Dachspriegeln, Vorbau mit parallel eingezogenen Wänden, Bekleidungs- und Dachbleche angeschweißt, Tonnendach, innere Wände aus Sperrholz, innere Deckenverkleidung aus Blech.
Eingangsdrehtüren, Schiebetür zwischen Vorraum und Mittelgang, Drehtüren vor Abort und Zellen, diese mit Kette, Schloss und Riegel, Lüftungsschieber sowie vergitterten festen Fenstern, 4 Wendler-Luftsauger, Ausführung und Größe der Metallrahmenfenster, Lüftungsklappen und Sicherungen wie Z4-36, keine Übergänge.
Zellen: Lattensitzbank und Klapptisch, in der Schlafzelle zwischen den Bänken abklappbares Brett zur Herrichtung einer Liege. *Begleiterabteil:* 2 Sitzbänke mit gepolsterten Doppelsitzen, 2 Klappsitze, Armlehnen, Klapptisch, Schrank für Decken und Wasserkannen, Glocke, Klappenschrank. *Ofenraum:* Narag-Ofen mit Vorwärmplatte, Kleiderschrank, Schaltschrank und Schrank für el. Ersatzteile, 2 el. Kocher, Schrank für Essvorräte und Gepäck. *Mittelgang:* Schrank für Wasserkannen. Vorraum: außen angebrachter Kohlenkasten, Linoleumfußboden, el. Beleuchtung, Lichtgenerator mit Flachriemen, Speicherbatterie, Abort mit Leibstuhl, Fallrohr mit Saughaube, Papierkasten, klappbares Waschbecken, Wasserkanne, Xylolithfußboden.

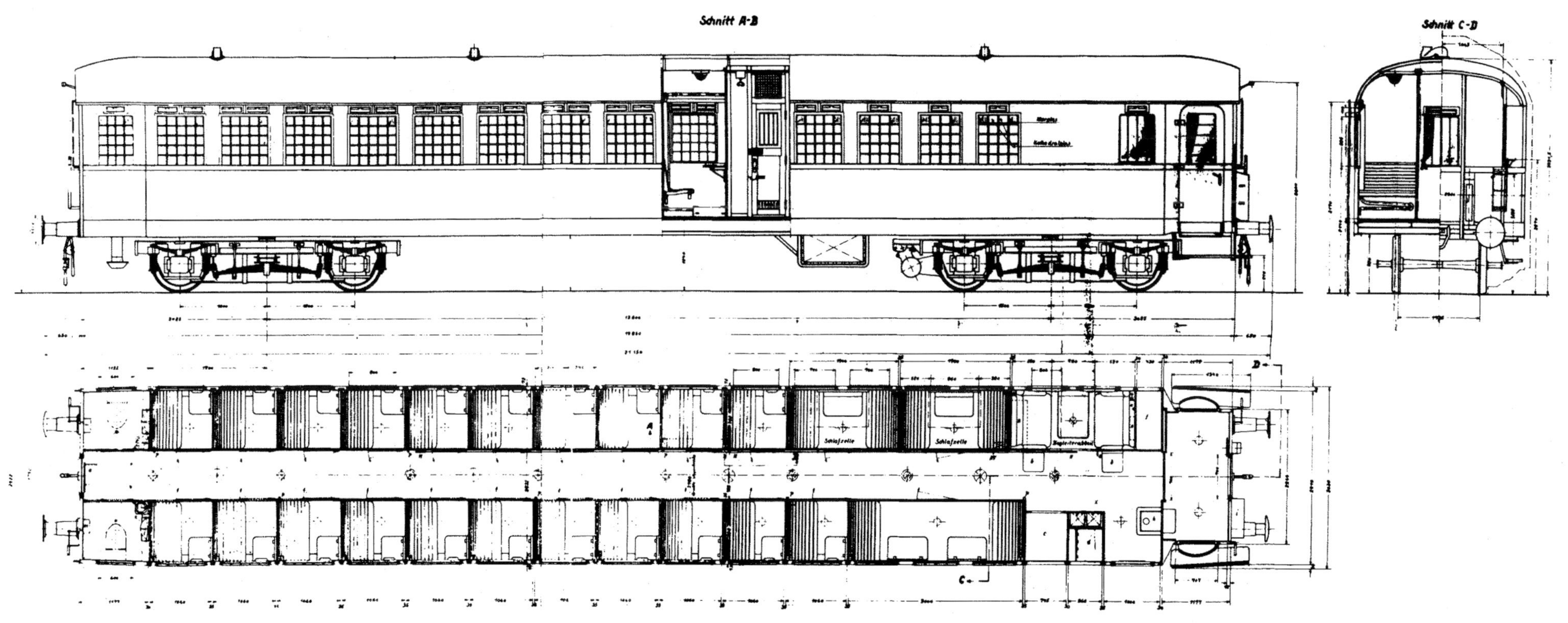

Wegmann & Co

Bemerkungen:
Drehgestellbeschreibung Nr. 36
in Auftrag gegeben, infolge Kürzung der Stahlmengen storniert. In den Fahrzeugprogrammen 1939 bzw. 1941 auf den Wagenbauverträgen 03.966/29.307 bzw. 29.326 erneut aufgenommen, aber jeweils wieder storniert. Erst im FPr 1942 in vereinfachter Form gebaut, s. Band 3.

Werkfoto Wegmann & Co

Gattungszeichen	SWRPwPost4ü-35
Nummernreihe	10 401 Bln
Gattungsnummer	018
Fahrzeugprogramm	1934 Z
Wagenbauvertrag	03.966/26.361
Planzeichen	Fwp 461.2
Übersichtszeichnung	P 5208 Weg
Lieferwerk	Weg WA 2950
Lieferjahr	1935
insgesamt beschafft	1 Wagen
Beschaffungspreis für Wagen	10 401 Bln
für Radsätze für Wagenteil ohne Radsätze	} 118.000,00 RM
Ausmusterungsjahr	DB: 1959; DR: –
Länge über Puffer	22.195 mm
Wagenkastenlänge	21.825 mm
Wagenkastenbreite	2.900 mm
Fußboden über SO	1.090 mm
Achsstand gesamt	18.415 mm
Abstand der Drehzapfen	15.415 mm
Achsstand des Drehgestells	3.000 mm
Drehgestellbauart	Görlitz III Leicht (80)
Planzeichen (Drehgestell)	Fwp 948.04.1
Anzahl der Aborte	1
Anzahl der Räume	5
je 1 Post-, Gepäck-, Speiseraum, Anrichte + Küche	
Sitzplätze im Speiseraum	23
Sitzplätze 1. Klasse	–
2. Klasse	–
3. Klasse	–
Militärtransport	–
für Krankentransport	–
Sicherung der Übergänge	Faltenbalgen
Bremse	Hikpbr
Heizung	Dampf, Luft
Beleuchtung	elektrisch
Eigengewicht	37,5 t

Der Wagengrundriss sah je 1 Post-, Gepäck-, Einstieg- und Vorraum, 1 Anrichte, 1 Küche, 1 Speiseraum mit 7.400 mm Länge und 760 mm breiten Mittelgang sowie 1 Abort vor.
Geschweißtes Untergestell, an einem Ende gerundet, zweiachsige Drehgestelle Bauart „Görlitz III Leicht" mit Blende, Rollenachslagern, Radsätze mit Hohlachsen, Scharfenberg-Kurzkupplung, verkleidete Hülsenpuffer mit Ringfeder, besondere Dämpfungspuffer an Pufferbohlen und über Stirnwandtüren, Handbremse im Postraum, 2 Trittstufen, davon die obere innenliegend, die untere mittels Druckluft klappbar, beleuchtbar, Einsteigegriffe, Schlussleuchten am HbrE, geschweißtes Kastengerippe mit einseitig runder Kopfform, Schürzen, Säulen, Dachspriegeln, windschnittig, Rammkonstruktion, Bekleidungsbleche angeschweißt, Dachbleche aufgenietet, Tonnendach, Abteilzwischenwände zur Aussteifung in Profilgerippen mit Kastengerippe verschweißt.
Einstiegschiebetüren in Seitenwandebene, Stirnwandschiebetür, Drehtüren in Zwischenwänden und Abortquerwand, Pendeltür zwischen Speise- und Einstiegraum, Belüftungsanlage mit Zufuhr von Frischluft durch Luftkanäle, 1.200/800/600/400 mm breite Metallrahmenfenster, in Abteilen mit Gewichtsausgleich, Betätigung durch Fenstergriffe oder -kurbel, Rollvorhänge, Gardinen, Fenstermäntel, 400 mm breite geteilte Klappfenster im Abort, feste Fenster im Vorraum, Übergangseinrichtung mit innerem und äußeren Faltenbalg, letzterer dem Wagenquerschnitt entsprechend.
Sitzteilung im Speiseraum 1+2, Teppiche, Linoleumfußboden, Postraum mit Wertschrank, Brieffachwerken, Beutelspannvorrichtung, Klapptisch mit zusammenlegbarem Schutzgitter, Packbretter, Kleiderschrank, Decke aus Leichtmetallblech, in beiden Außenwänden jeweils ein Briefkasten mit darüber liegendem Hinweisschild mit dem Briefsymbol, darunter innerhalb der Schürze eine kleine Trittstufe, Einrichtung der Küche und Anrichte entsprachen der MITROPA-Bauart, allerdings kam **erstmalig** ein elektrischer Herd zum Einbau, der über zwei Kochplatten mit 800 und 1.200 W verfügte. Den benötigten Strom, auch für die Beleuchtung, lieferte einer der beiden Turbogeneratoren auf der Lok. Bei Ausfall blieb die Küche allerdings kalt. Speicherbatterien im Gepäckabteil, die Abortausstattung entspricht denen der Mittelwagen.

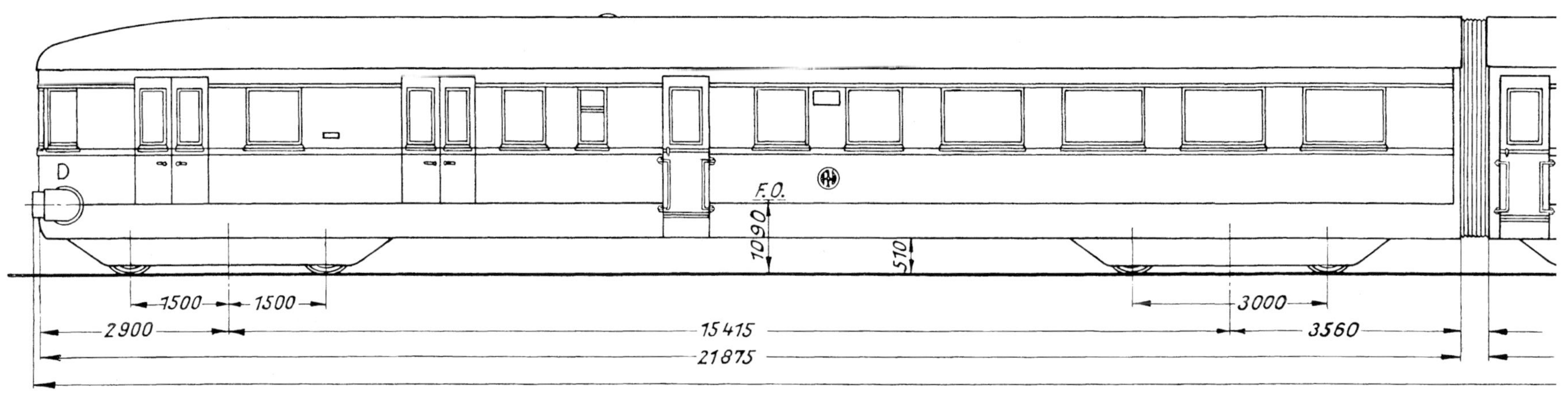

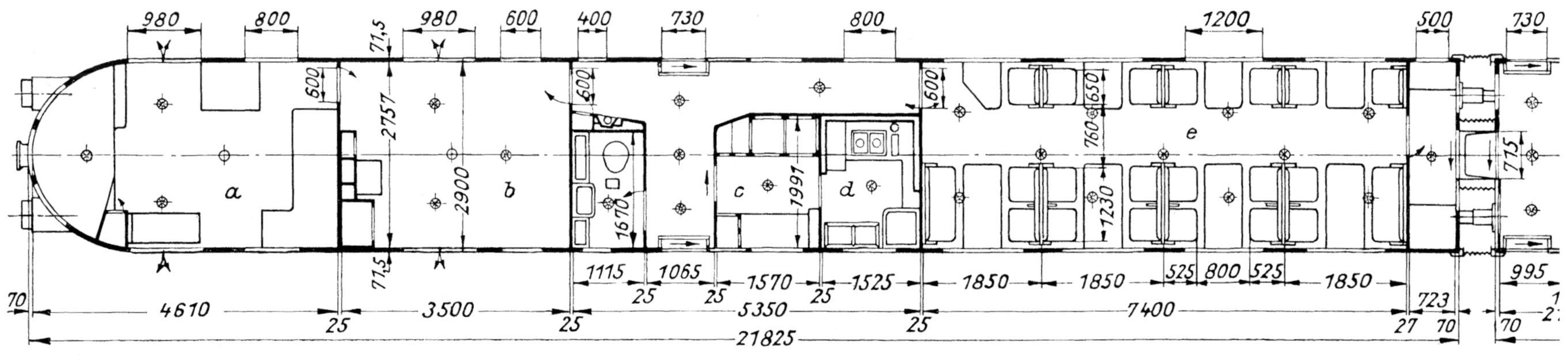

Bemerkungen:
Drehgestellbeschreibung Nr. 24
Der Beschaffungspreis entstammt der DV 939b, Berichtigungsblatt 3 vom 1. Juni 1940, und versteht sich einschließlich des Drehgestellsatzes.

Auf der Jubiläumsschau 1935 in Nürnberg ausgestellt, Teilnahme an der Parade am 8. Dezember 1935 in Nürnberg.

Emil Konrad (†)

Der Wagengrundriss sah 2 Abteile 2. Klasse mit 2.283,5 mm Länge und 7 Abteile 3. Klasse mit 1.700 mm Länge, 2 Vorräume, 2 Aborte und 1 Seitengang mit 750 mm Breite vor.

Geschweißtes Untergestell, zweiachsige Drehgestelle Bauart „Görlitz III Leicht" mit Blende, Rollenachslagern, Radsätze mit Hohlachsen, Scharfenberg-Kurzkupplung, besondere Dämpfungspuffer an Pufferbohlen und über Stirnwandtüren, keine Handbremse, 2 Trittstufen, davon die obere innenliegend, die untere mittels Druckluft klappbar, bei Dunkelheit durch seitlich angebrachte Lampen beleuchtbar, Einsteigegriffe, geschweißtes Kastengerippe mit Schürzen, Säulen, Dachspriegeln, windschnittig, Rammkonstruktion, Bekleidungsbleche angeschweißt, Dachbleche aufgenietet, Tonnendach, Abteilzwischenwände zwecks Aussteifung in Profilgerippen mit Kastengerippe verschweißt.

Einstiegschiebetüren in Seitenwandebene, Stirnwandschiebetüren, Drehtüren in Abortquerwand, Pendeltüren im Seitengang, Abteilschiebetüren, vor der 2. Klasse doppelflügelig, Belüftungsanlage mit Zufuhr von Frischluft durch Luftkanäle, 1.400/1.200 mm breite Metallrahmenfenster, in Abteilen mit Gewichtsausgleich, Betätigung durch Fenstergriffe oder -kurbel, Rollvorhänge, Gardinen, Fenstermäntel, 500 mm breite geteilte Klappfenster in den Aborten, feste Fenster in Vorräumen, Übergangseinrichtung mit innerem und äußeren Faltenbalg, letzterer dem Wagenquerschnitt entsprechend.

Sitzteilung in der 2. Klasse 0+3 und in der 3. Klasse 0+4, Innenausstattung entsprechend den D-Zug Bauarten 1935, in der 2. Klasse jedoch mit Drape-Mahagoni-Furnier oberhalb der Brüstung, unterhalb mit blau gemustertem Plüsch bespannt, Seitengang vor diesen Abteilen ebenso, in der 3. Klasse mit gepolsterten Sitzbänken sowie Rückenlehnen, Linoleumfußboden, el. Beleuchtung durch Turbogeneratoranlage auf der Lokomotive, Speicherbatterien, Abort Xylolithfußboden und Leibstuhl, Fallrohr mit Saughaube, Papierrollenhalter, Waschbecken, Waschtischschrank mit 2 Wasserkannen, Seifenspender, Rollenhandtücher, Spiegel, Reinigungsgeräteschrank.

Gattungszeichen	SBC4ü-35
Nummernreihe	10 402+10 403 Bln 10 404 II Bln #
Gattungsnummer	017
Fahrzeugprogramme	1934 Z+1938 #
Wagenbauverträge	03.966/26.361 03.966/26.015 #
Planzeichen	Fwp 461.1
Übersichtszeichnungen	Weg P 5211 Weg 3755/8
Lieferwerk	Weg WA 2950 Weg WA 3755 #
Lieferjahre	1935+1940 #
insgesamt beschafft	2+1 Wagen #
Beschaffungspreis für Wagen	10 402 Bln
für Radsätze für Wagenteil ohne Radsätze	} 108.300,00 RM
Ausmusterungsjahr	DB: 1959; DR: –
Länge über Puffer	21.560 mm
Wagenkastenlänge	21.200 mm
Wagenkastenbreite	2.900 mm
Fußboden über SO	1.090 mm
Achsstand gesamt	18.400 mm
Abstand der Drehzapfen	15.400 mm
Achsstand des Drehgestells	3.000 mm
Drehgestellbauart	Görlitz III Leicht (80)
Planzeichen (Drehgestell)	Fwp 948.04.1
Anzahl der Aborte	2
Anzahl der Abteile	2+7
Sitzplätze 1. Klasse	–
2. Klasse	12
3. Klasse, gepolstert	56
Militärtransport	–
für Krankentransport	–
Sicherung der Übergänge	Faltenbalgen
Bremse	Hikpbr + Mg
Heizung	Dampf, Luft
Beleuchtung	elektrisch
Eigengewicht	33,5 t

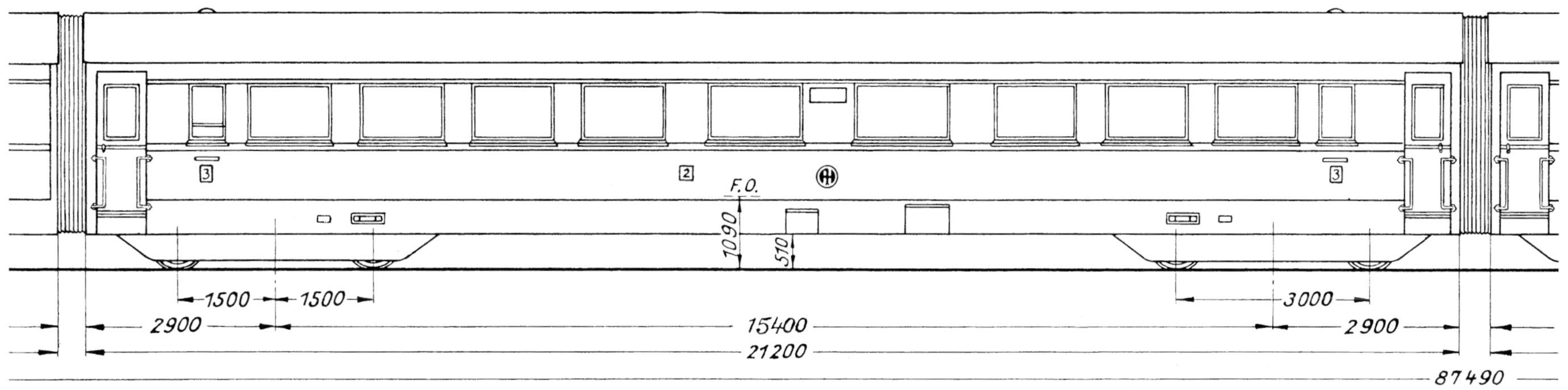

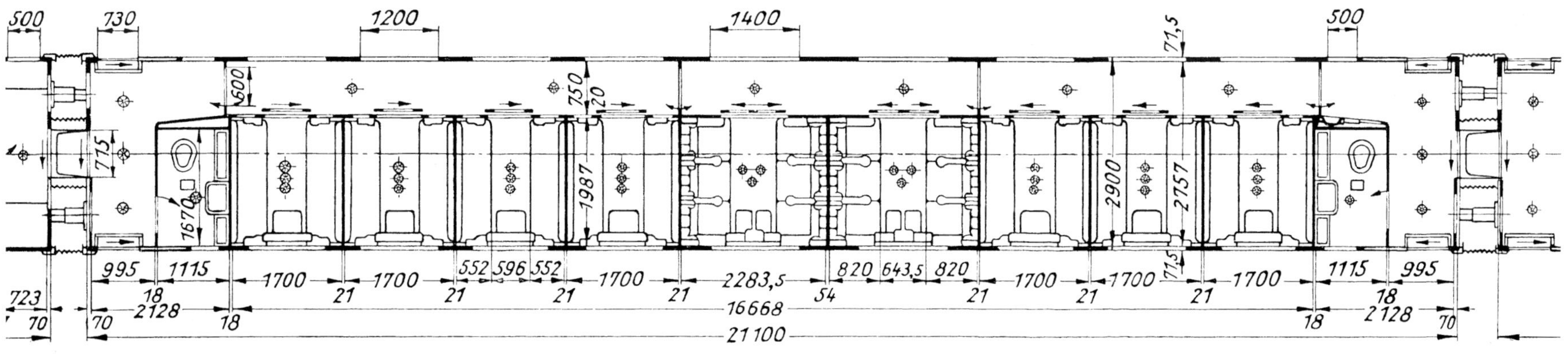

Bemerkungen:
Drehgestellbeschreibung Nr. 24
Der Beschaffungspreis entstammt der DV 939b, Berichtigungsblatt 3 vom 1. Juni 1940 und versteht,sich einschließlich des Drehgestellsatzes. Auf der Jubiläumsschau 1935 in Nürnberg ausgestellt, Teilnahme an der Parade am 8. Dezember 1935 in Nürnberg.
Der 3. Mittelwagen erhielt 1940 bei seiner Anlieferung die Wagennummer 10 404 II in 2. Besetzung.

Georg Otte/EK-Verlag

Gattungszeichen	SBC4ü-35
Nummernreihe	10 404 ^I^ Bln
Gattungsnummer	017
Fahrzeugprogramm	1934 Z
Wagenbauvertrag	03.966/26.361
Planzeichen	Fwp 461.3
Übersichtszeichnung	P 5212 Weg
Lieferwerk	Weg WA 2950
Lieferjahr	1935
insgesamt beschafft	1 Wagen
Beschaffungspreis für Wagen	10 404 ^I^ Bln
für Radsätze	112.200,00 RM
für Wagenteil ohne Radsätze	
Ausmusterungsjahr	DB: 1959; DR: –
Länge über Puffer	22.195 mm
Wagenkastenlänge	21.825 mm
Wagenkastenbreite	2.900 mm
Fußboden über SO	1.090 mm
Achsstand gesamt	18.415 mm
Abstand der Drehzapfen	15.415 mm
Achsstand des Drehgestells	3.000 mm
Drehgestellbauart	Görlitz III Leicht (80)
Planzeichen (Drehgestell)	Fwp 948.04.1
Anzahl der Aborte	2
Anzahl der Abteile	4 + 4
Sitzplätze 1. Klass	–
2. Klasse	24
3. Klasse, gepolstert	32
Militärtransport	–
für Krankentransport	–
Sicherung der Übergänge	Faltenbalgen
Bremse	Hikpbr + Mg
Heizung	Dampf, Luft
Beleuchtung	elektrisch
Eigengewicht	33,8 t

Der Wagengrundriss sah 4 Abteile 2. Kl. mit 2.283 bzw. 2.300 mm Länge und 4 Abteile 3. Kl. mit 1.700 mm Länge, 1 Aussichtsraum, 2 Vorräume, 2 Aborte und 1 Seitengang mit 750 mm Breite vor.
Geschweißtes Untergestell an einem Ende gerundet, zweiachsige Drehgestelle Bauart „Görlitz III Leicht" mit Blende, Rollenachslagern, Radsätze mit Hohlachsen, Scharfenberg-Kurzkupplung, am HBrE verkleidete Hülsenpuffer mit Ringfeder, besondere Dämpfungspuffer an Pufferbohlen und über Stirnwandtüren, Handbremse im Aussichtsraum, 2 Trittstufen, davon die obere innenliegend, die untere mittels Druckluft klappbar, bei Dunkelheit durch seitlich angebrachte Lampen beleuchtbar, Einsteigegriffe, Schlussleuchten am HBrE, geschweißtes Kastengerippe mit einseitig runder Kopfform, Schürzen, Säulen, Dachspriegeln, windschnittig, Rammkonstruktion, Bekleidungsbleche angeschweißt, Dachbleche aufgenietet, Tonnendach, Abteilzwischenwände zwecks Aussteifung in Profilgerippen mit Kastengeripe verschweißt. Aussichtsraum durch 2 niedrige Zwischenwände abgeteilt.
Einstiegschiebetüren in Seitenwandebene, Stirnwandschiebetür, Drehtüren in Abortquerwand, Pendeltüren im Seitengang, Abteilschiebetüren, vor der 2. Klasse doppelflügelig, Belüftungsanlage mit Zufuhr von Frischluft durch Luftkanäle, 1.400/1.200 mm breite Metallrahmenfenster, in Abteilen mit Gewichtsausgleich, Betätigung durch Fenstergriffe oder -kurbel, Rollvorhänge, Gardinen, Fenstermäntel, 500 mm breite geteilte Klappfenster in den Aborten, feste Fenster in Vorräumen und Aussichtsraum, Übergangseinrichtung mit inneren und äußeren Faltenbalg, letzterer dem Wagenquerschnitt entsprechend.
Sitzteilung in der 2. Klasse 0 + 3 und in der 3. Klasse 0 + 4, Innenausstattung entsprechend den D-Zug-Bauarten 1935, in der 2. Klasse aber mit Drape-Mahagoni Furnier oberhalb der Brüstung, unterhalb mit blau gemustertem Plüsch bespannt, Seitengang vor diesen Abteilen ebenso, in der 3. Klasse mit gepolsterten Sitzbänken sowie Rückenlehnen, im Aussichtsraum 4 Stühle, Linoleumfußboden, el. Beleuchtung und Aborteinrichtung wie Mittelwagen.

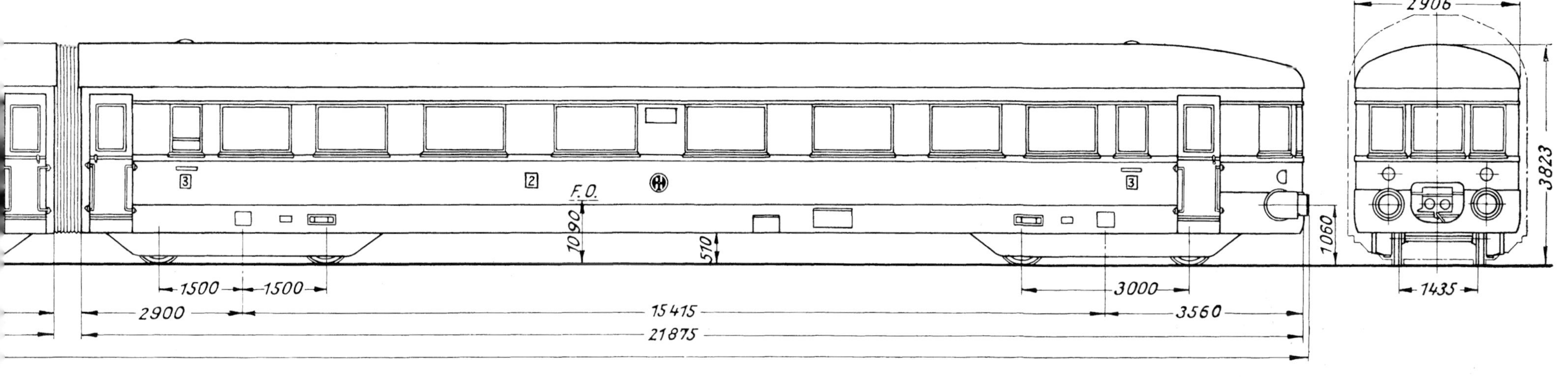

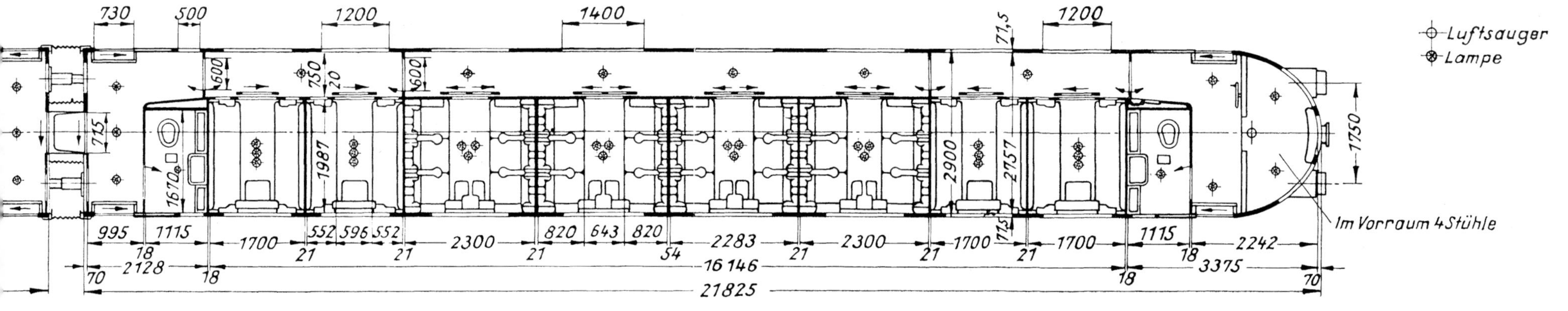

Bemerkungen:

Drehgestellbeschreibung Nr. 24

Der Beschaffungspreis entstammt der DV 939b, Berichtigungsblatt 3 vom 1. Juni1940, und versteht sich einschließlich des Drehgestellsatzes.

Auf der Jubiläumsschau 1935 in Nürnberg ausgestellt, Teilnahme an der Parade am 8. Dezember 1935 in Nürnberg. 1940 nach Anlieferung eines weiteren Mittelwagens zum 10 405 Bln umgezeichnet.

Werkfoto Wegmann & Co

Gattungszeichen	Salon4ü-35
Nummernreihe	10 201 Bln
	Heimatbf Bln Gd
Gattungsnummer	028
Fahrzeugprogramm	1934 Z
Wagenbauvertrag	03.966/26.359
Planzeichen	Fwp 475.001
Übersichtszeichnung	2980/90a Weg
Lieferwerk	Weg WA 2980
Lieferjahr	1934
insgesamt beschafft	1 Wagen
Beschaffungspreis für Wagen	10 201 Bln
für Radsätze	} 280.341,93 RM
für Wagenteil ohne Radsätze	
Ausmusterungsjahr	DB: 1962; DR: –
Länge über Puffer	23.076 mm
Wagenkastenlänge	21.776 mm
Wagenkastenbreite	2.896 mm
Fußboden über SO	1.240 mm
Achsstand gesamt	19.780 mm
Abstand der Drehzapfen	16.180 mm
Achsstand des Drehgestells	3.600 mm
Drehgestellbauart	Gör III Schwer (76)
Planzeichen (Drehgestell)	Fwp 945.04.1
Mittel-, Endabort	1+1
Vorsalon, Salon	1+1
Schlafabteile (1-bettig)	2
Schlafabteile (2-bettig)	3
eingebautes Bad	–
Begleiterraum	1
Sonderräume	–
Sicherung der Übergänge	Faltenbalgen
Bremse	Kksbr, Hnbr, Avsbr 02
Heizung	Dampf, Ofen, elektrisch
Beleuchtung	elektrisch
Eigengewicht	47,0 t

Vor dem Umbau 1936 sah der Wagengrundriss 1 Vorsalon, 1 Salon, 1 Schlafraum mit Schlafsessel, 1 Schlafraum einbettig, 3 Schlafräume zweibettig, 1 Begleiterraum, 2 Aborte, 1 Zwischen- sowie 1 Seitengang, 1 Ofenraum und 1 Vorraum vor.

Geschweißtes Untergestell mit zurückgesetzten Vorbauten, zweiachsige Drehgestelle „Görlitz III Schwer" mit Gleitachslagern, Reibungspuffer Bauart Uerdingen mit 450-mm-Puffertellern und Ausgleich, Handbremse mit Handrad im Vorraum, Trossenösen, Stirnwandleitern, über dem Faltenbalg Trittbrett mit Dachhandgriffen, vor den Eingangstüren am Vorraum 2 Trittbretter und am Vorsalon 3 Klapptritte, Einsteigegriffe, geschweißtes Kastengerippe mit Säulen, Dachspriegeln, Vorbau mit parallel eingezogenen Wänden, Rammkonstruktion, Bekleidungsbleche angeschweißt, Dachbleche aufgenietet, Tonnendach.

Eingangsdrehtüren, Stirnwanddrehtüren mit festen Fenstern, Drehtüren vor Abteilen, Seiten- und Zwischengang, Ofenraum, Abortlängs- und -querwänden, aufklappbare vierteilige Glastür zwischen Salon und Vorsalon, 1.400/1.200/1.000/800 mm breite Metallrahmenfenster mit Gewichtsausgleich, Fenstergriffe, teilweise zusätzliche Fensterkurbeln, Schiebevorhänge, Gardinen, 2 feste Fenster in Stirnwand, geteilte Klappfenster in Aborten, Entlüftung durch 16 Wendler-Luftsauger, Übergangseinrichtung mit Faltenbalg, Übergangsbrücke.

El. Beleuchtungsanlage von 24 V, 2 Lichtgeneratoren mit Rollenkette in den Drehgestellen und Speicherbatterien, Warmwasserumlaufheizung durch Dampf, Strom oder Kohlenofen, Warmwasserversorgungsanlage mit Durchlauferhitzer für Waschzwecke, Entlüftung statisch oder motorisch, Mittel- und Endabort mit Fliesenfußboden, Leibstuhl, Fallrohr mit Saughaube, Papierrollenhalter, Waschbecken, Handtuchhalter, Spiegel, im Endabort Waschtischschrank mit Wasserkannen, Seifenspender, Reinigungsgeräteschrank, in den Schlafräumen 1+2 Waschbecken mit Ablage und Spiegel.

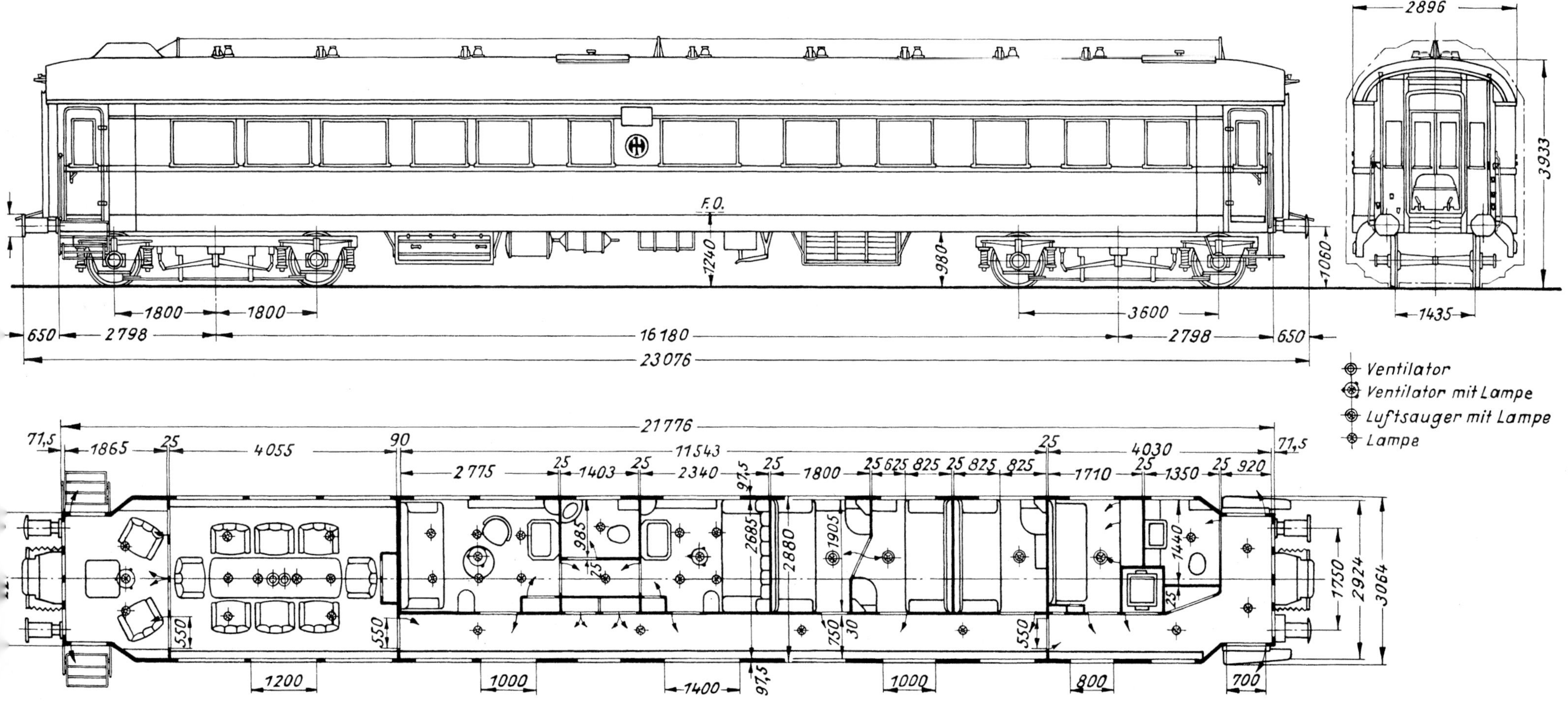

Bemerkungen:
Drehgestellbeschreibung Nr. 6 + Band 3
Dienst-Salonwagen, 1936 Umbau des Schlafraumes 1, Ausbau der Verbindungstür zum Salon, Entfernung des ausziehbaren Schlafsessels und dafür Einbau eines Querschlafsofas, Ausstattung des Wagens mit einer Rundfunkempfang- und Fernsprechanlage, 2 Leuchtuhren, Änderung verschiedener Inneneinrichtungen, u.a. neue Bezüge für Polster und Dekorat im Salon, in den Abteilen bzw. im Gang, Verstärkung des Untergestelles, Gesamtkosten 50.506,14 RM. 1939 erneuter Umbau, Wagen erhielt windschnittige Kopfform sowie Schürze (Weg WA 3839). Der Eisenbahn-Kurier Verlag kaufte 1985 diesen Wagen, damit begann sein „zweites Leben".
Skizze: nach 1. Umbau 1936.

Werkfoto Gebr. Credé, Sammlung Dr. Walter Haberling

Gattungszeichen	Salon4ü-35a
Nummernreihe	10 202 Bln
	Heimatbf Bln Gd
Gattungsnummer	028
Fahrzeugprogramm	1934
Wagenbauvertrag	03.966/26.359
Planzeichen	Fwp 476.001
Übersichtszeichnung	13 418 Cre
Lieferwerk	Cre
Lieferjahr	1934
insgesamt beschafft	1 Wagen
Beschaffungspreis für Wagen	10 202 Bln
für Radsätze für Wagenteil ohne Radsätze	} 210.687,00 RM
Ausmusterungsjahr	DB: 1972; DR: –
Länge über Puffer	23.076 mm
Wagenkastenlänge	21.776 mm
Wagenkastenbreite	2.895 mm
Fußboden über SO	1.250 mm
Achsstand gesamt	19.780 mm
Abstand der Drehzapfen	16.180 mm
Achsstand des Drehgestells	3.600 mm
Drehgestellbauart	Gör III Schwer (76)
Planzeichen (Drehgestell)	Fwp 945.04.1
Mittel-, Endabort	1+1
Vorsalon, Salon	1+1
Schlafabteile (1-bettig)	2
Schlafabteile (2-bettig)	3
eingebautes Bad	–
Begleiterraum	1
Sonderräume	–
Sicherung der Übergänge	Faltenbalgen
Bremse	Kksbr, Hnbr, Avsbr 02
Heizung	Dampf, Ofen, elektrisch
Beleuchtung	elektrisch
Eigengewicht	54,5 t

Vor dem Umbau 1936 sah der Wagengrundriss 1 Vorsalon, 1 Salon, Schlafraum 1 mit Schlafsofa in Längsrichtung, Schlafraum 2 mit Querschlafsofa, 3 Schlafräume zweibettig, 1 Begleiterraum, 2 Aborte, 1 Zwischen- sowie 1 Seitengang, 1 Ofenraum und 1 Vorraum vor.
Geschweißtes Untergestell mit zurückgesetzten Vorbauten, zweiachsige Drehgestelle „Görlitz III Schwer" mit Gleitachslagern, Reibungspuffer Bauart Uerdingen mit 450-mm-Puffertellern und Ausgleich, Handbremse mit Handrad im Vorraum, Tr ossenösen, Stirnwandleitern, über dem Faltenbalg Trittbrett mit Dachhandgriffen, Signalstützen, vor den Eingangstüren am Vorraum 2 Trittbretter und am Vorsalon 3 Klapptritte, Einsteigegriffe, geschweißtes Kastengerippe mit Säulen, Dachspriegeln, Vorbau mit parallel eingezogenen Wänden, Rammkonstruktion, Bekleidungsbleche angeschweißt, Dachbleche aufgenietet, Tonnendach.
Eingangsdrehtüren, Stirnwanddrehtüren mit festen Fenstern, Drehtüren vor Abteilen, Seiten- und Zwischengang, Ofenraum, Abortlängs- und -querwänden, aufklappbare dreiteilige Glastür zwischen Salon und Vorsalon, 1.400/1.200/1.000/800 mm breite Metallrahmenfenster mit Gewichtsausgleich, Fenstergriffe, teilweise zusätzliche Fensterkurbeln, Schiebevorhänge, Gardinen, 2 feste Fenster in Stirnwand, geteilte Klappfenster in Aborten, Entlüftung durch 16 Wendler-Luftsauger, Übergangseinrichtung mit Faltenbalg, Übergangsbrücke.
El. Beleuchtungsanlage von 24 V, 2 Lichtgeneratoren mit Rollenkette in den Drehgestellen und Speicherbatterien, Warmwasserumlaufheizung durch Dampf, Strom oder Kohlenofen, Warmwasserversorgungsanlage mit Durchlauferhitzer für Waschzwecke, Entlüftung statisch oder motorisch, Mittel- und Endabort mit Fliesenfußboden, Leibstuhl, Fallrohr mit Saughaube, Papierrollenhalter, Waschbecken, Handtuchhalter, Spiegel, im Endabort Waschtischschrank mit Wasserkannen, Seifenspender, Reinigungsgeräteschrank, in den Schlafräumen 1+2 Waschbecken mit Ablage und Spiegel.

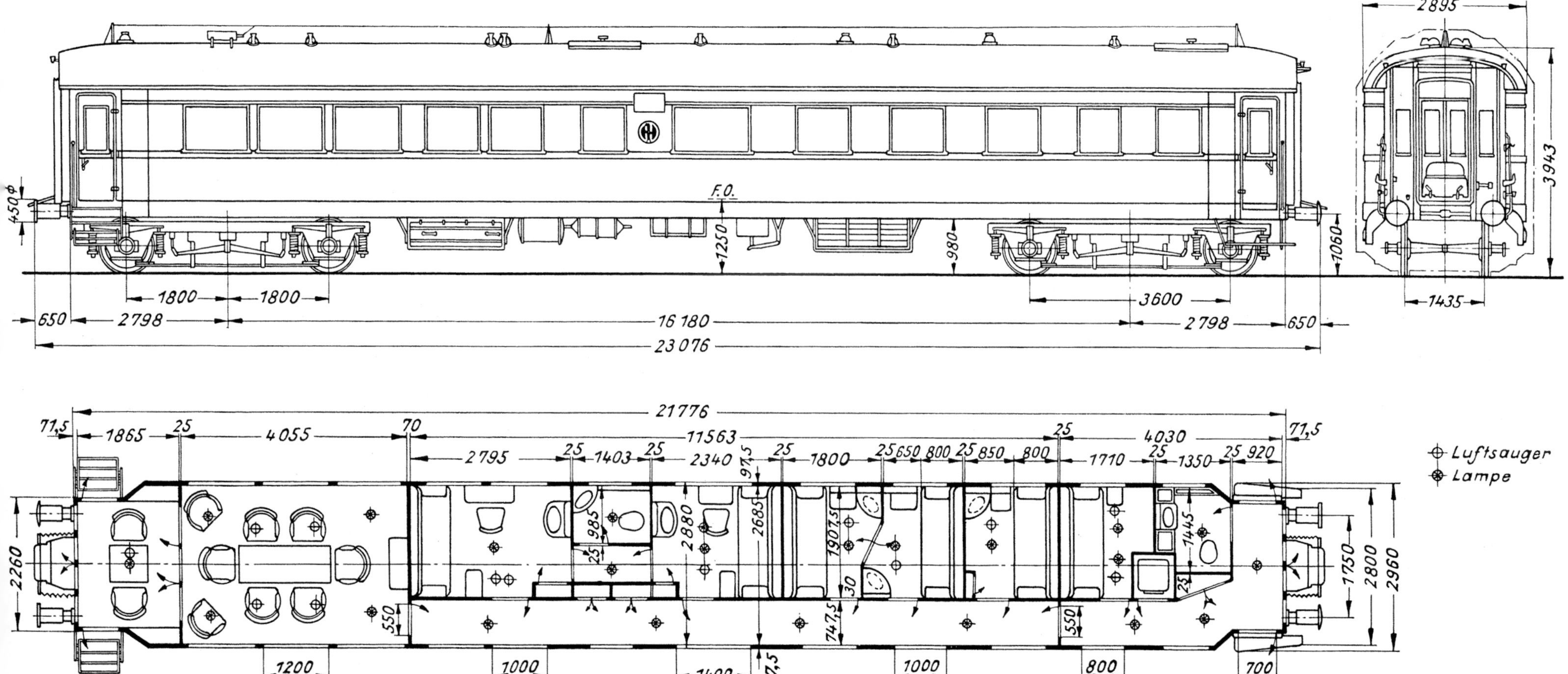

Bemerkungen:
Drehgestellbeschreibungen Nr. 6 + Band 3
Dienst-Salonwagen, bis 1935 Führerwagen, 1936 Umbau des Schlafraumes 1, Ausbau der Verbindungstür und Änderung der Querwand zum Salon, Entfernung des Längsschlafsofas und Einbau eines Querschlafsofas, Ausstattung mit einer Rundfunkempfangs- und Fernsprechanlage, Änderung und Aufarbeitung verschiedener Inneneinrichtungen, Änderung der Stromversorgungsanlage. 1939 erneuter Umbau, Wagen erhielt windschnittige Kopfform sowie kleine Schürze.

Skizze: nach 1. Umbau 1936.

Fotograph unbekannt, Diapositiv Sammlung RZA Berlin

Der Wagengrundriss sah 1 Vorsalon, 1 Salon, 2 Schlafräume einbettig, 2 Schlafräume zweibettig, 1 Begleiterraum, 1 großes Bad, 1 Waschraum, 1 Abort, 1 Seitengang, 1 Ofenraum und 1 Vorraum vor. Geschweißtes Untergestell mit zurückgesetzten Vorbauten, zweiachsige Drehgestelle „Görlitz III Schwer" mit Gleitachslagern, Reibungspuffer Bauart Uerdingen mit 500-mm-Puffertellern, Handbremse mit Handrad im Vorraum, Trossenösen, Stirnwandleitern, über dem Faltenbalg Trittbrett mit Dachhandgriffen und Laufbrettern, Signalstützen, vor den Eingangstüren am Vorraum 2 Trittbretter und am Vorsalon Klapptritt mit Hilfsklappe, Einsteigegriffe, geschweißtes Kastengerippe mit kleiner Schürze, Säulen, Dachspriegeln, Vorbau mit parallel eingezogenen Wänden, Rammkonstruktion, Bekleidungsbleche angeschweißt, Dachbleche aufgenietet, Tonnendach.

Eingangsdrehtüren, Stirnwanddrehtüren mit festen Fenstern, Drehtüren vor Abteilen, Seiten- und Zwischengang, Ofenraum, Abortquerwänden, aufklappbare dreiteilige Glastür zwischen Salon und Vorsalon, 1.600/1.400/1.100/1.000 mm breite Metallrahmenfenster mit Gewichtsausgleich, Fenstergriffe, teilweise zusätzliche Fensterkurbeln, Schiebevorhänge, Gardinen, 2 feste Fenster in Stirnwand, geteilte Klappfenster in Aborten, Entlüftung durch Wendler-Luftsauger, Übergangseinrichtung mit Faltenbalg, Übergangsbrücke.

El. Beleuchtungsanlage von 24 V, 3 Lichtgeneratoren mit Rollenkette in den Drehgestellen und Speicherbatterien, Warmwasserumlaufheizung durch Dampf, Strom oder Kohlenofen, Warmwasserversorgungsanlage mit Durchlauferhitzer für Wasch- und Badezwecke, Entlüftung statisch oder motorisch, Endabort mit Fliesenfußboden, Leibstuhl, Fallrohr mit Saughaube, Papierrollenhalter, Waschbecken, Waschtischschrank mit Wasserkannen, Spiegel, Reinigungsgeräteschrank, Bad mit Einbauwanne und Brause, Waschbecken, Spiegel, Seifenschale, 2 Ablagen, Leibstuhl; Mittelabort mit Leibstuhl, Waschbecken, Spiegel, Seifenschale, 2 Ablagen, Wände im Bad und Mittelabort mit elfenbeinfarbigem Opakglas belegt.

Gattungszeichen	Salon4ü-35b
Nummernreihe	10 203 Bln
Gattungsnummer	028
Fahrzeugprogramm	1935 I
Wagenbauvertrag	03.966/26.366
Planzeichen	Fwp 478.001
Übersichtszeichnung	5765/07.55d LHW
Lieferwerk	LHW WA 5765
Lieferjahr	1935
insgesamt beschafft	1 Wagen
Beschaffungspreos für Wagen	10 203 Bln
für Radsätze	239.371,00 RM
für Wagenteil ohne Radsätze	
Ausmusterungsjahr als Salonwagen	DB: 1952; DR: –
Länge über Puffer	23.500 mm
Wagenkastenlänge	22.200 mm
Wagenkastenbreite	2.886 mm
Fußboden über SO	1.250 mm
Achsstand gesamt	19.780 mm
Abstand der Drehzapfen	16.180 mm
Achsstand des Drehgestells	3.600 mm
Drehgestellbauart	Gör III Schwer (106)
Planzeichen (Drehgestell)	Fwp 952.04.1
Mittel-, Endabort	2+1
Vorsalon, Salon	1+1
Schlafabteile (1-bettig)	2
Schlafabteile (2-bettig)	2
eingebautes großes Bad	1
Begleiterraum	1
Sonderräume	–
Sicherung der Übergänge	Faltenbalgen
Bremse	Kksbr, Hnbr, Hardybr
Heizung	Dampf, Ofen, elektrisch
Beleuchtung	elektrisch
Eigengewicht	53,8 t

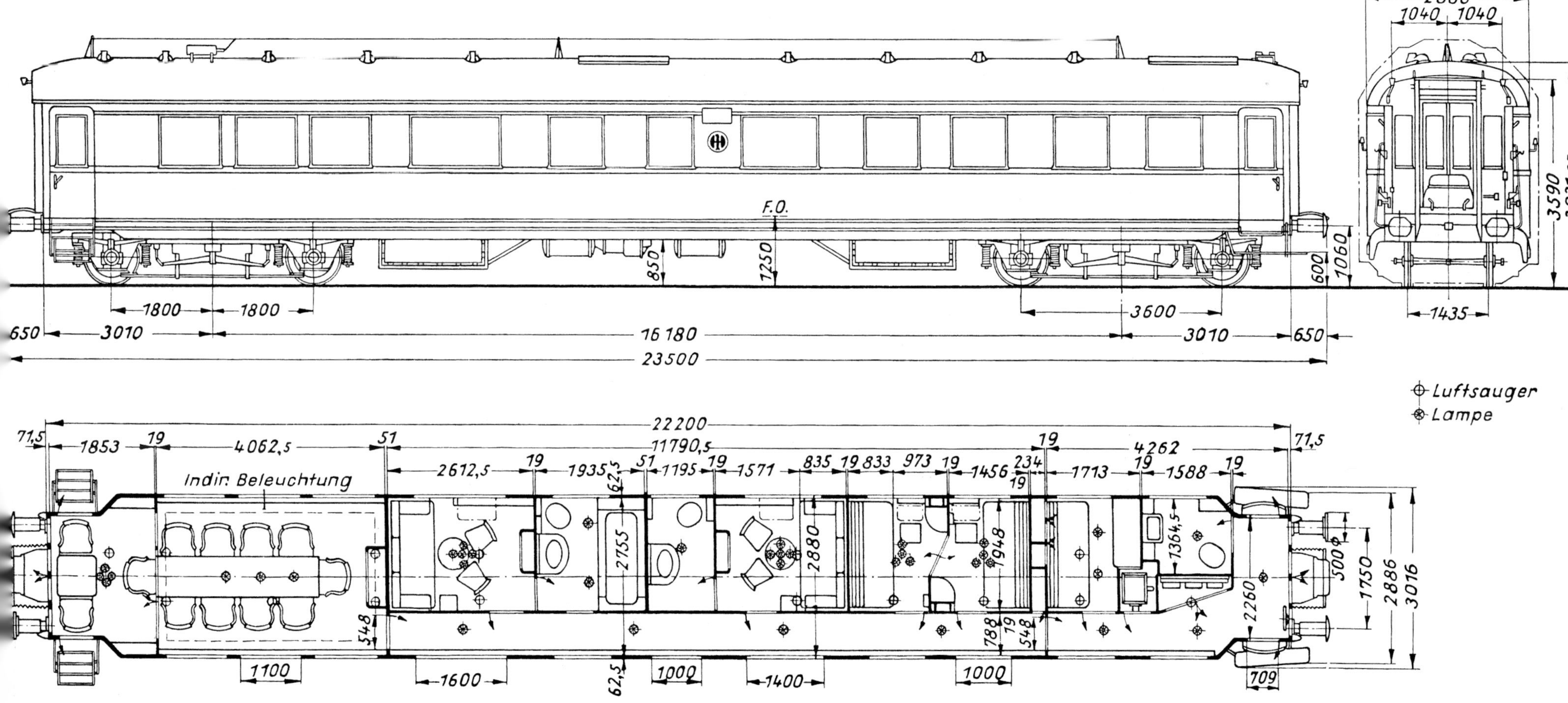

Bemerkungen:
Drehgestellbeschreibungen Nr. 7 + Band 3
Dienst-Salonwagen
Bis September 1937 Führerwagen, danach Führer-Ersatzwagen. 1939 Umbau, Wagen erhielt windschnittige Kopfform sowie Schürze, 1942 Übernahme und Umbau durch die Wehrmacht, danach neue Bezeichnung: Sdr4ü 918 253 Ⓟ Berlin.
1951 gaben die US-Behörden den Wagen an die DB zurück. Bei der HV entschied man sich für einen künftigen Einsatz als Röntgen-Prüfwagen. Den Auftrag zur entsprechenden Herrichtung erhielt die Waggon- u. Maschinenbau GmbH, Donauwörth (WMD). Sie lieferte ihn 1952 mit der Wagennummer 729 018 Mü (sp. 5002 Mü) an das Dez. 14 des BZA München ab.

Fotograph unbekannt, Diapositiv Sammlung RZA Berlin

Gattungszeichen	Salon4ü-36
Nummernreihe	10 204 Bln
Gattungsnummer	028
Fahrzeugprogramm	1935 I
Wagenbauvertrag	03.966/26.366
Planzeichen	Fwp 479.001
Übersichtszeichnung	14 207b Cre
Lieferwerk	Cre
Lieferjahr	1936
insgesamt beschafft	1 Wagen
Beschaffungspreis für Wagen	10 204 Bln
für Drehgestellsatz	17.040,00 RM
für Wagenteil ohne Radätze	210.687,00 RM
Ausmusterungsjahr	DB: 1965; DR: –
Länge über Puffer	23.500 mm
Wagenkastenlänge	22.200 mm
Wagenkastenbreite	2.895 mm
Fußboden über SO	1.245 mm
Achsstand gesamt	19.460 mm
Abstand der Drehzapfen	15.860 mm
Achsstand des Drehgestells	3.600 mm
Drehgestellbauart	Gör III Schwer (106)
Planzeichen (Drehgestell)	Fwp 952.04.1
Mittel-, Endabort	2+1
Vorsalon, Salon	1+1
Schlafabteile (1-bettig)	2
Schlafabteile (2-bettig)	2
eingebautes kleines Bad	1
Begleiterraum	1
Sonderräume	–
Sicherung der Übergänge	Faltenbalgen
Bremse	Kksbr, Hnbr, Hardybr
Heizung	Dampf, Ofen, elektrisch
Beleuchtung	elektrisch
Eigengewicht	56,3 t

Der Wagengrundriss sah 1 Vorsalon, 1 Salon, 2 Schlafräume einbettig, 2 Schlafräume zweibettig, 1 Begleiterraum, 1 kleines Bad, 2 Waschräume, 1 Abort, 1 Zwischen- sowie 1 Seitengang, 1 Ofenraum und 1 Vorraum vor.
Geschweißtes Untergestell mit zurückgesetzten Vorbauten, zweiachsige Drehgestelle „Görlitz III Schwer" mit Gleitachslagern, Reibungspuffer Bauart Uerdingen mit 500-mm-Puffertellern, Handbremse mit Handrad im Vorraum, Trossenösen, Stirnwandleitern, über dem Faltenbalg Trittbrett mit Dachhandgriffen und Laufbrettern, Signalstützen, vor den Eingangstüren am Vorraum 2 Trittbretter und am Vorsalon Klapptritt mit Hilfsklappe, Einsteigegriffe, geschweißtes Kastengerippe mit Säulen, Dachspriegeln, Vorbau mit parallel eingezogenen Wänden, Rammkonstruktion, Bekleidungsbleche angeschweißt, Dachbleche angenietet, Tonnendach.
Eingangsdrehtüren, Stirnwanddrehtüren mit festen Fenstern, Drehtüren vor Abteilen, Seiten- und Zwischengang, Ofenraum, Abortlängs- und -querwänden, aufklappbare dreiteilige Glastür zwischen Salon und Vorsalon, 1.400/1.200/1.000 mm breite Metallrahmenfenster mit Gewichtsausgleich, Fenstergriffe, teilweise zusätzliche Fensterkurbeln, Schiebevorhänge, Gardinen, 2 feste Fenster in Stirnwand, geteilte Klappfenster in Aborten, Entlüftung durch Wendler-Luftsauger, Übergangseinrichtung mit Faltenbalg, Übergangsbrücke.
El. Beleuchtungsanlage von 24 V, 2 Lichtgeneratoren mit Rollenkette in den Drehgestellen und Speicherbatterien, Warmwasserumlaufheizung durch Dampf, Strom oder Kohlenofen, Warmwasserversorgungsanlage mit Durchlauferhitzer für Wasch- und Badezwecke, Entlüftung statisch oder motorisch, Endabort mit Fliesenfußboden, Leibstuhl, Fallrohr mit Saughaube, Papierrollenhalter, Waschbecken, Seifenschale,Waschtischschrank mit Wasserkannen, Spiegel, Reinig ungsgeräteschrank, 2 Waschräume mit gemeinsamer Sitzbadewanne und Brause, Waschbecken, Spiegel, Seifenschale, 2 Ablagen, Leibstuhl.

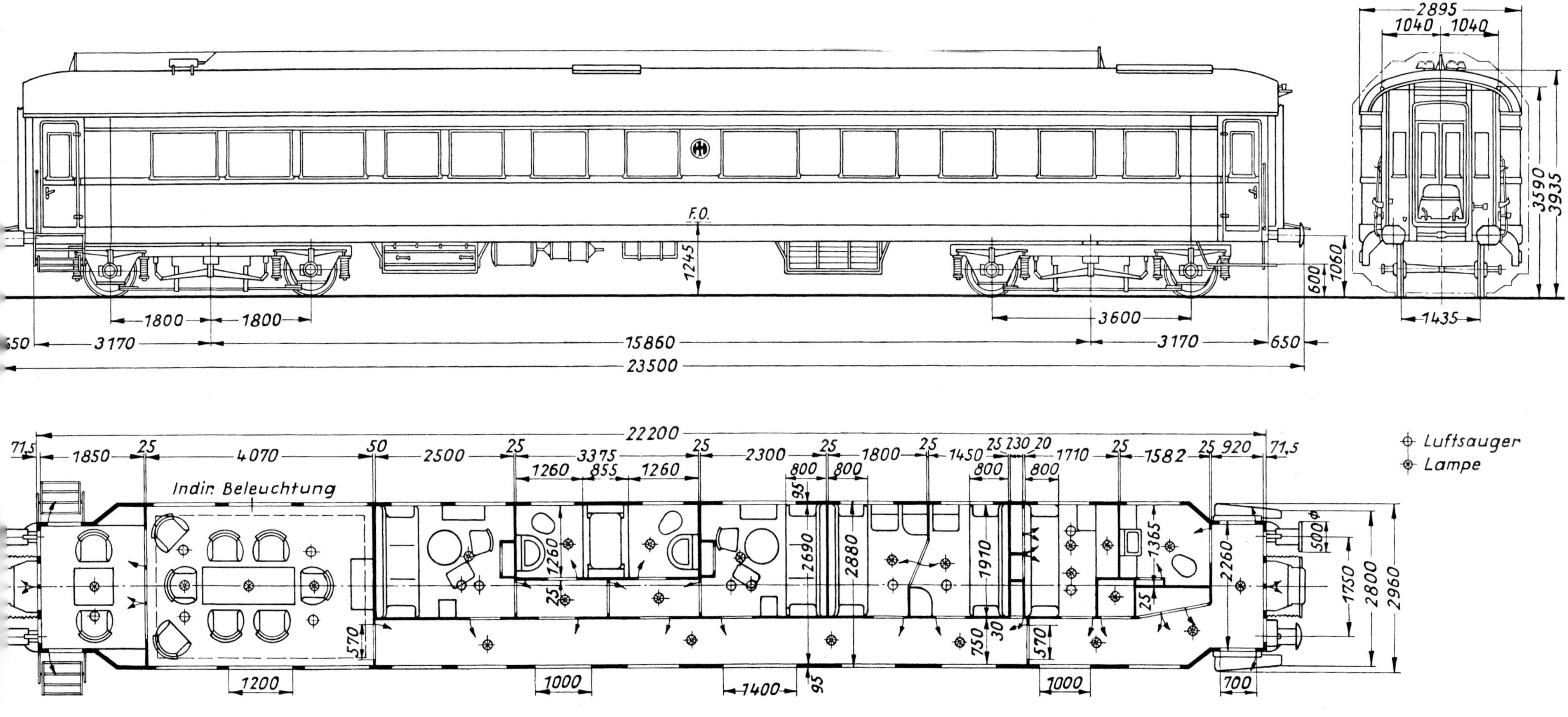

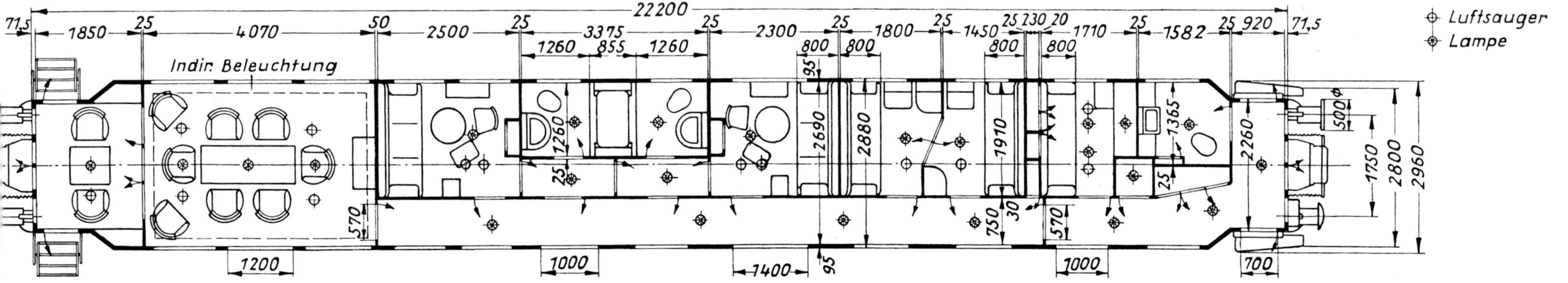

Sammlung Ernst Andreas Weigert

Bemerkungen:
Drehgestellbeschreibungen Nr. 7 + Band 3
Dienst-Salonwagen
1938 Umbau, Wagen erhielt windschnittige Kopfform sowie Schürze.
Der Salonwagen stand nach Kriegsende der britischen Militärregierung zur Verfügung, die ihn 1951 an die DB zurückgab. Nach Auffrischung benutzte ab 1952 der kurzzeitig als DB-Generaldirektor eingesetzte Hellberg den nunmehrigen Dienstwagen. Bei der Übernahme des Amtes als Präsident der BD Hamburg erfolgte die Umbeheimatung von Ffm nach Hmb.

Werkfoto Wegmann & Co

Gattungszeichen	Salon4ü-37
Nummernreihe	10 205 Bln Heimatbf Bln Ahb
Gattungsnummer	028
Fahrzeugprogramm	1937 II
Wagenbauvertrag	03.966/59.003
Planzeichen	Fwp 480.001
Übersichtszeichnung	3508/201c Weg
Lieferwerk	Weg WA 3509
Lieferjahr	1937
insgesamt beschafft	1 Wagen
Beschaffungspreis für Wagen	10 205 Bln
für Radsätze	3.856,00 RM
für Wagenteil ohne Radsätze	386.895,00 RM
Ausmusterungsjahr	DB: 31.08.1990; DR: –
Länge über Puffer	23.500 mm
Wagenkastenlänge	22.200 mm
Wagenkastenbreite	2.894 mm
Fußboden über SO	1.260 mm
Achsstand gesamt	19.780 mm
Abstand der Drehzapfen	16.180 mm
Achsstand des Drehgestells	3.600 mm
Drehgestellbauart	Gör III Schwer (98)
Planzeichen (Drehgestell)	Fwp 967.04.1a
Mittel-, Endabort	2+1
Vorsalon, Salon (Bibliothek)	1+1
Schlafabteile (1-bettig)	2
Schlafabteile (2-bettig)	2
eingebautes kleines Bad	1
Begleiterraum	1
Sonderräume	–
Sicherung der Übergänge	Faltenbalgen
Bremse	Kksbr, Hnbr
Heizung	Dampf, Ofen, elektrisch
Beleuchtung	elektrisch
Eigengewicht	63,8 t

Der Wagengrundriss sah 1 Vorsalon, 1 Salon, 2 Schlafräume einbettig, 2 Schlafräume zweibettig, 1 Begleiterraum, 1 kleines Bad, 2 Waschräume, 1 Abort, 1 Zwischen- sowie 1 Seitengang, 1 Ofenraum und 1 Vorraum vor.

Geschweißtes Untergestell mit eingezogenen Einstiegen, zweiachsige Drehgestelle „Görlitz III Schwer" mit Rollenachslagern, Reibungspuffer Bauart Uerdingen mit 500-mm-Puffertellern, Handbremse mit Handrad im Vorraum, Trossenösen, Laternenstützen, vor den Eingangstüren am Vorraum 2 Trittbretter, am Vorsalon 3 Klapptritte, Einsteigegriffe, geschweißtes Kastengeripppe mit Schürzen, Säulen, Dachspriegeln, windschnittig, Rammkonstruktion, Bekleidungs- und Dachbleche angeschweißt, Tonnendach.

Eingangsdrehtüren, Stirnwanddrehtüren mit festen Fenstern, Drehtüren vor Abteilen, Seiten- und Zwischengang, Ofenraum, Abortlängs- und -querwänden, aufklappbare Doppelglastüren zwischen Salon und Vorsalon, 1.400/1.100/1.000/800 mm breite Metallrahmenfenster mit Doppelscheibenverglasung und Gewichtsausgleich, Fenstergriffe, teilweise zusätzliche Fensterkurbeln, Schiebevorhänge, Gardinen, 2 feste Fenster in Stirnwand, geteilte Klappfenster in Aborten, Entlüftung durch 1 einfachen und 8 doppelte Wendler-Luftsauger, Übergangseinrichtung mit Faltenbalg, Übergangsbrücke mit Kokosmatte.

El. Beleuchtungsanlagen von 110 und 12 V, 2 Tatzenlager-Generatoren ZOG 180 in den Drehgestellen und Speicherbatterien, Aufladung bei längeren Stillstandzeiten durch die Diesel-Stromversorgungsanlagen in den Maschinengepäckwagen über fest verlegte Durchgangsleitungen, Warmwasserumlaufheizung mit Durchlauferhitzer durch Dampf, Strom oder Kohleofen, Warmwasserversorgungsanlage für Wasch- und Badezwecke, Druckbelüftungsanlage durch Einlassen von gekühlter oder vorgewärmter Frischluft, Entlüftung statisch oder motorisch, Endabort mit Fliesenfußboden und Leibstuhl, Fallrohr mit Saughaube, Papierrollenhalter, Waschbecken, Waschtischschrank mit Wasserkannen, Seifenspender, Handtuchhalter, Spiegel, Reinigungsgeräteschrank.

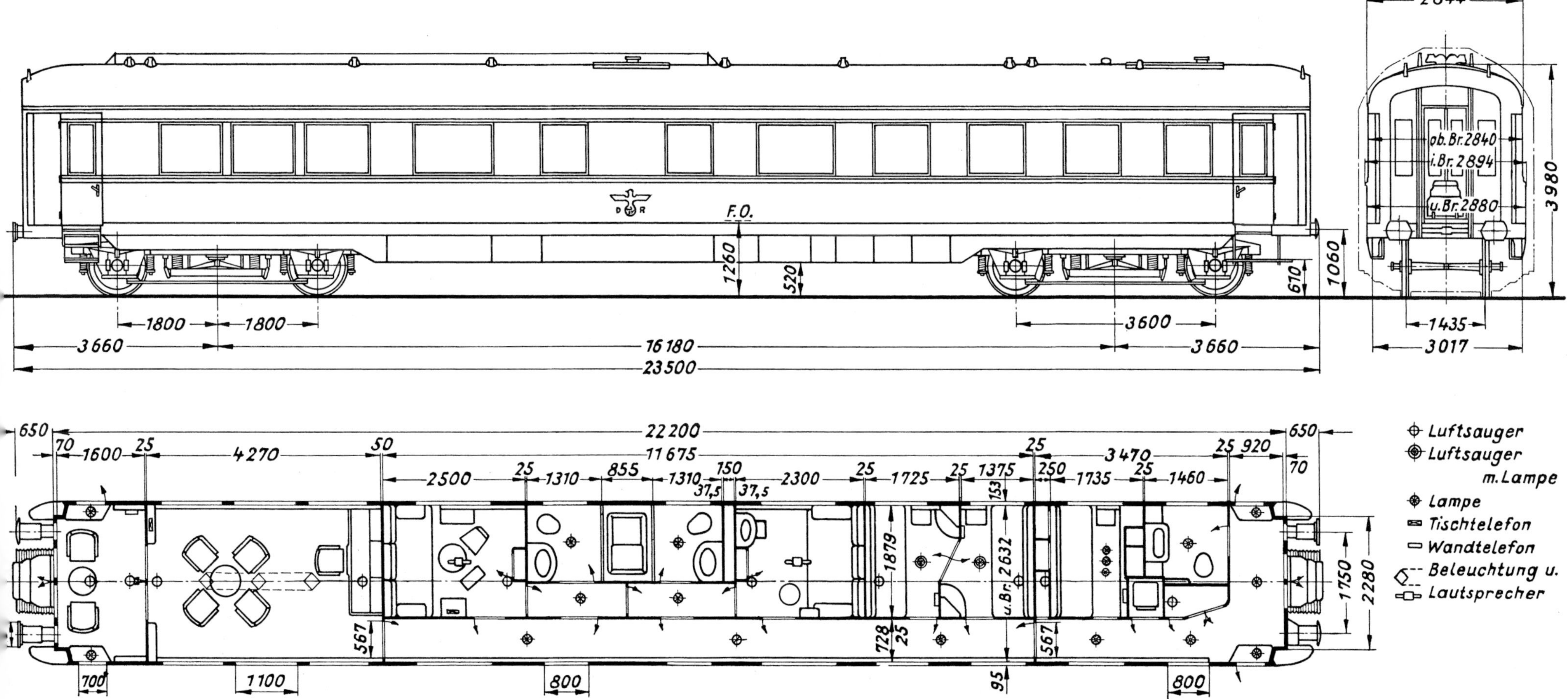

Bemerkungen:
Drehgestellbeschreibung Nr. 8
Dienst-Salonwagen, Übersichtsskizze Fw 2420
Anlässlich der Besichtigung des neuen – größeren – Dienstwagens 10 215 (s. Bd. 3) äußerte das Staatsamt Göring 1940 den Wunsch, den bisherigen 10 205 für die Familie Göring umzubauen. Es sei beabsichtigt, den Schlafraum 2 mit der Zwischentoilette zu einem großen Raum zu vergrößern. Die Waggonfabrik Wegmann & Co arbeitete daraufhin vier Änderungsvorschläge aus. Das RVM nahm davon Kenntnis, das Staatsamt erteilte jedoch keine Auftrag. Nach Rückgabe durch die amerikanische Besatzungsmacht stand der Salonwagen den jeweiligen Bundeskanzlern zur Verfügung.

Bayerische Staatsbibliothek München/Bildarchiv

Der Wagengrundriss sah 1 Vorsalon, 1 Salon, 3 Schlafräume einbettig,1 Schlafraum zweibettig, 1 Begleiterraum,1 großes Bad, 2 Waschräume, 1 Abort, 1 Seitengang, 1 Ofenraum und 1 Vorraum vor.

Geschweißtes Untergestell mit eingezogenen Einstiegen, zweiachsige Drehgestelle „Görlitz III Schwer" mit Rollenachslagern, Reibungspuffer Bauart Uerdingen mit 500-mm-Puffertellern, Handbremse mit Handrad im Vorraum, Trossenösen, Laternenstützen, vor den Eingangstüren am Vorraum 2 Trittbretter, am Vorsalon 3 Klapptritte, Einsteigegriffe, geschweißtes Kastengerippe mit Schürzen, Säulen, Dachspriegeln, windschnittig, Rammkonstruktion, Bekleidungs- und Dachbleche angeschweißt, Tonnendach.

Eingangsdrehtüren, Stirnwanddrehtüren mit festen Fenstern, Drehtüren vor Abteilen, Seitengang, Ofenraum, Abortquerwänden, aufklappbare Glastüren zwischen Salon und Vorsalon, 1.400/1.200/1.000/800 mm breite Metallrahmenfenster mit Doppelscheibenverglasung und Gewichtsausgleich, Fenstergriffe, teilweise zusätzliche Fensterkurbeln, Schiebevorhänge, Gardinen, 2 feste Fenster in Stirnwand, geteilte Klappfenster in Aborten, Entlüftung durch 3 einfache und 7 doppelte Wendler-Luftsauger, Übergangseinrichtung mit Faltenbalg, Übergangsbrücke mit Kokosmatte.

El. Beleuchtungsanlagen von 110 und 12 V, 2 Tatzenlager-Generatoren ZOG 180 in den Drehgestellen und Speicherbatterien, Aufladung bei längeren Stillstandzeiten durch die Diesel-Stromversorgungsanlagen in den Maschinengepäckwagen über fest verlegte Durchgangsleitungen, Warmwasserumlaufheizung mit Durchlauferhitzer durch Dampf, Strom oder Kohleofen, Warmwasserversorgungsanlage für Wasch- und Badezwecke, Druckbelüftungsanlage durch Einlassen von gekühlter oder vorgewärmter Frischluft, Entlüftung statisch oder motorisch, Endabort mit Fliesenfußboden und Leibstuhl, Fallrohr mit Saughaube, Papierrollenhalter, Waschbecken, Waschtischschrank mit Wasserkannen, Seifenspender, Handtuchhalter, Spiegel, Reinigungsgeräteschrank. 1942 im RAW Potsdam Umbau der Warmwasserversorgung als Frostschutzvorsogemaßnahme.

Gattungszeichen	Salon4ü-37a
Nummernreihe	10 206 Bln
	Heimatbf Bln Ahb
Gattungsnummer	028
Fahrzeugprogramm	1937 II
Wagenbauvertrag	03.966/59.002
Planzeichen	Fwp 480.001
Übersichtszeichnung	16 639 Cre
Lieferwerk	Cre
Lieferjahr	1937
insgesamt beschafft	1 Wagen
Beschaffungspreis für Wagen	10 206 Bln
für Radsätze	3.856,00 RM
für Wagenteil ohne Radsätze	386.121,00 RM
Ausmusterungsjahr	DRB: 1.5.1945; DR: –
Länge über Puffer	23.500 mm
Wagenkastenlänge	22.200 mm
Wagenkastenbreite	2.894 mm
Fußboden über SO	1.260 mm
Achsstand gesamt	19.780 mm
Abstand der Drehzapfen	16.180 mm
Achsstand des Drehgestells	3.600 mm
Drehgestellbauart	Gör III schwer (98)
Planzeichen (Drehgestell)	Fwp 967.04.1a
Mittel-, Endabort	2+1
Vorsalon, Salon	1+1
Schlafabteile (1-bettig)	3
Schlafabteile (2-bettig)	1
eingebautes großes Bad	1
Begleiterraum	1
Sonderräume	–
Sicherung der Übergänge	Faltenbalgen
Bremse	Kksbr, Hnbr
Heizung	Dampf, Ofen, elektrisch
Beleuchtung	elektrisch
Eigengewicht	63,5 t

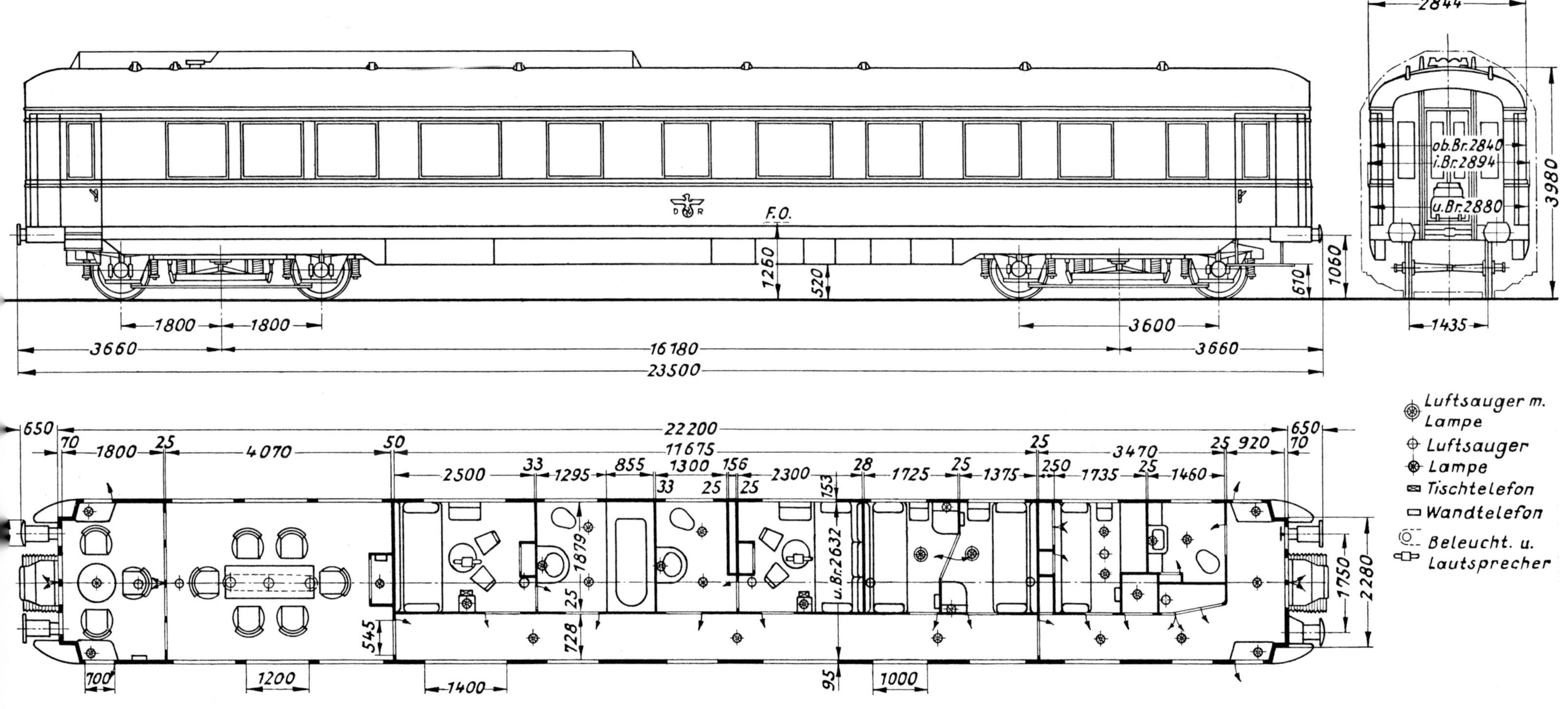

Bemerkungen:
Drehgestellbeschreibung Nr. 8
Dienst-Salonwagen, Führerwagen, Übersichtsskizze Fw 2409b
Am 1. Mai 1945 stand der Dienstzug „Brandenburg", sicher vor Tieffliegerangriffen geschützt, beim Bf. Mallnitz (Tauernstrecke) im nahegelegenen Tunnel, als aus der Reichskanzlei die Anweisung zum Aussetzen des Berlin 10 206 eintraf. Um zu verhindern, dass der Wagen als Beute den alliierten Truppen in die Hände fiel, sollte er umgehend gesprengt werden. Ein Pionierkommando trapierte im Wagen geballte Sprengladungen, übergoss Teile der Inneneinrichtung mit Benzin und zündete mit Handgranaten. Nach der Explosion kippte man die Reste des Salonwagens in die angrenzende tiefe Schlucht.

G. Bahl

Der Wagengrundriss sah 1 Vorsalon, 1 Salon, 2 Schlafräume einbettig, 2 Schlafräume zweibettig, 1 Begleiterraum, 1 kleines Bad, 2 Waschräume, 1 Abort, 1 Zwischen- sowie 1 Seitengang, 1 Ofenraum und 1 Vorraum vor.
Geschweißtes Untergestell mit eingezogenen Einstiegen, zweiachsige Drehgestelle „Görlitz III Schwer" mit Rollenachslagern, Reibungspuffer Bauart Uerdingen mit 500-mm-Puffertellern, Handbremse mit Handrad im Vorraum, Trossenösen, Laternenstützen, vor den Eingangstüren am Vorraum 2 Trittbretter, am Vorsalon 3 Klapptritte, Einsteigegriffe, geschweißtes Kastengerippe mit Schürzen, Säulen, Dachspriegeln, windschnittig, Rammkonstruktion, Bekleidungs- und Dachbleche angeschweißt, Tonnendach.
Eingangsdrehtüren, Stirnwanddrehtüren mit festen Fenstern, Drehtüren vor Abteilen, Seiten- und Zwischengang, Ofenraum, Abortlängs- und -querwänden, aufklappbare dreiteilige Glastür zwischen Salon und Vorsalon, 1.400/1.100/1.000/800 mm breite Metallrahmenfenster mit Doppelscheibenverglasung und Gewichtsausgleich, Fenstergriffe, teilweise zusätzliche Fensterkurbeln, Schiebevorhänge, Gardinen, 2 feste Fenster in Stirnwand, geteilte Klappfenster in Aborten, Entlüftung durch 3 einfache und 7 doppelte Wendler-Luftsauger, Übergangseinrichtung mit Faltenbalg, Übergangsbrücke mit Kokosmatte.
El. Beleuchtungsanlagen von 110 und 12 V, 2 Tatzenlager-Generatoren ZOG 180 in den Drehgestellen und Speicherbatterien, Aufladung bei längeren Stillstandzeiten durch die Diesel-Stromversorgungsanlagen in den Maschinengepäckwagen über fest verlegte Durchgangsleitungen, Warmwasserumlaufheizung mit Durchlauferhitzer durch Dampf, Strom oder Kohlenofen, Warmwasserversorgungsanlage für Wasch- und Badezwecke, Druckbelüftungsanlage durch Einlassen von gekühlter oder vorgewärmter Frischluft, Entlüftung statisch oder motorisch, Endabort mit Fliesenfußboden und Leibstuhl, Fallrohr mit Saughaube, Papierrollenhalter, Waschbecken, Waschtischschrank mit Wasserkannen, Seifenspender, Handtuchhalter, Spiegel, Reinigungsgeräteschrank.

Gattungszeichen	Salon4ü-37b
Nummernreihe	10 207 Bln
	Heimatbf Bln Ahb
Gattungsnummer	028
Fahrzeugprogramm	1937 II
Wagenbauvertrag	03.966/59.001
Planzeichen	Fwp 480.001
Übersichtszeichnung	16 627 Cre
Lieferwerk	Cre
Lieferjahr	1937
insgesamt beschafft	1 Wagen
Beschaffungspreis für Wagen	10 207 Bln
für Radsätze	3.856,00 RM
für Wagenteil ohne Radsätze	380.601,00 RM
Ausmusterungsjahr	DB: 30.4.1996, DR: –
Länge über Puffer	23.500 mm
Wagenkastenlänge	22.200 mm
Wagenkastenbreite	2.894 mm
Fußboden über SO	1.260 mm
Achsstand gesamt	19.780 mm
Abstand der Drehzapfen	16.180 mm
Achsstand des Drehgestells	3.600 mm
Drehgestellbauart	Gör III Schwer (98)
Planzeichen (Drehgestell)	Fwp 967.04.1a
Mittel-, Endabort	2+1
Vorsalon, Salon	1+1
Schlafabteile (1-bettig)	2
Schlafabteile (2-bettig)	2
eingebautes kleines Bad	1
Begleiterraum	1
Sonderräume	–
Sicherung der Übergänge	Faltenbalgen
Bremse	Kksbr, Hnbr
Heizung	Dampf, Ofen, elektrisch
Beleuchtung	elektrisch
Eigengewicht	63,8 t

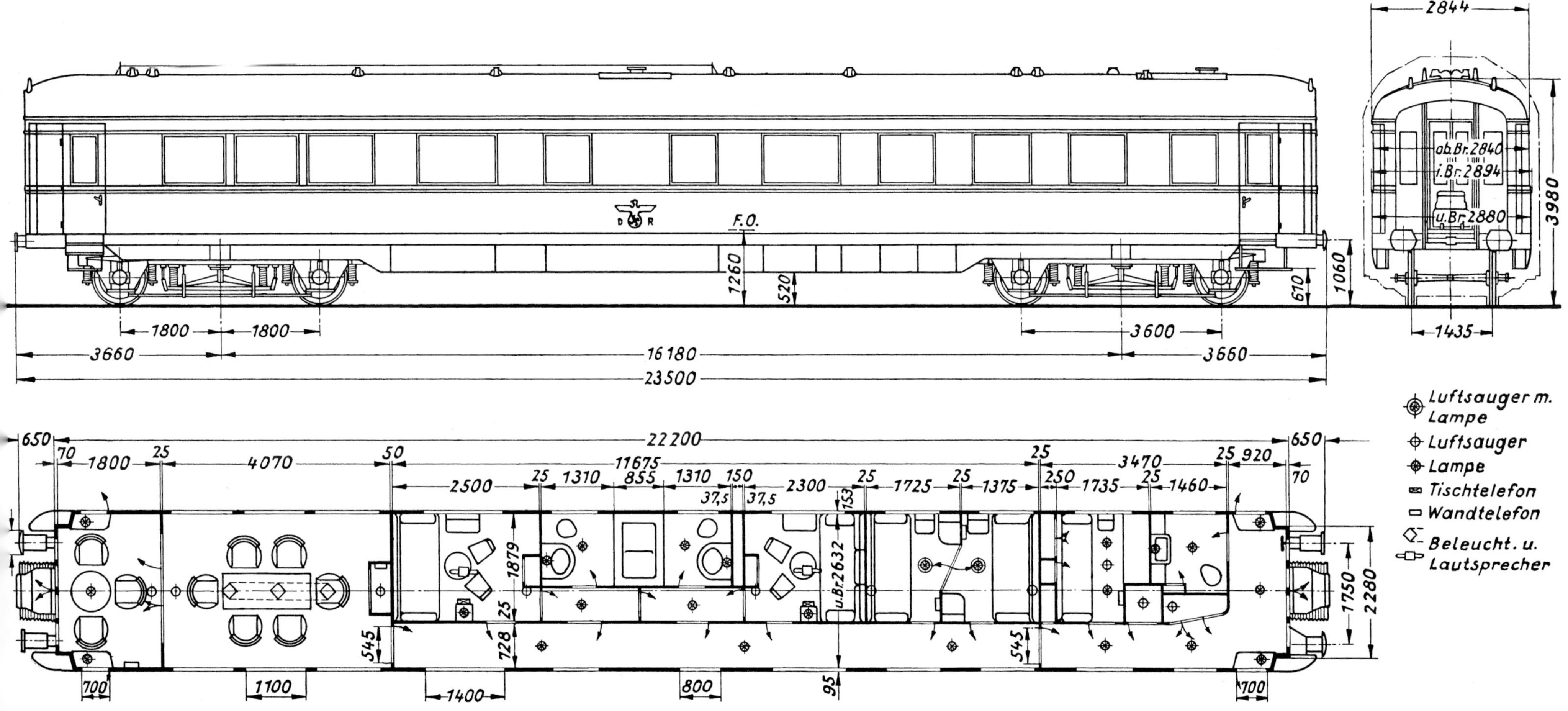

Bemerkungen:
Drehgestellbeschreibung Nr. 8
Dienst-Salonwagen, Übersichtsskizze Fw 2410b
Nach Rückgabe 1951 durch die britische Behörde veranlasste die HV einige Änderungen und eine allgemeine Auffrischung der Inneneinrichtung. Danach stand dieser Salonwagen dem Bundesverkehrsminister zur Verfügung.

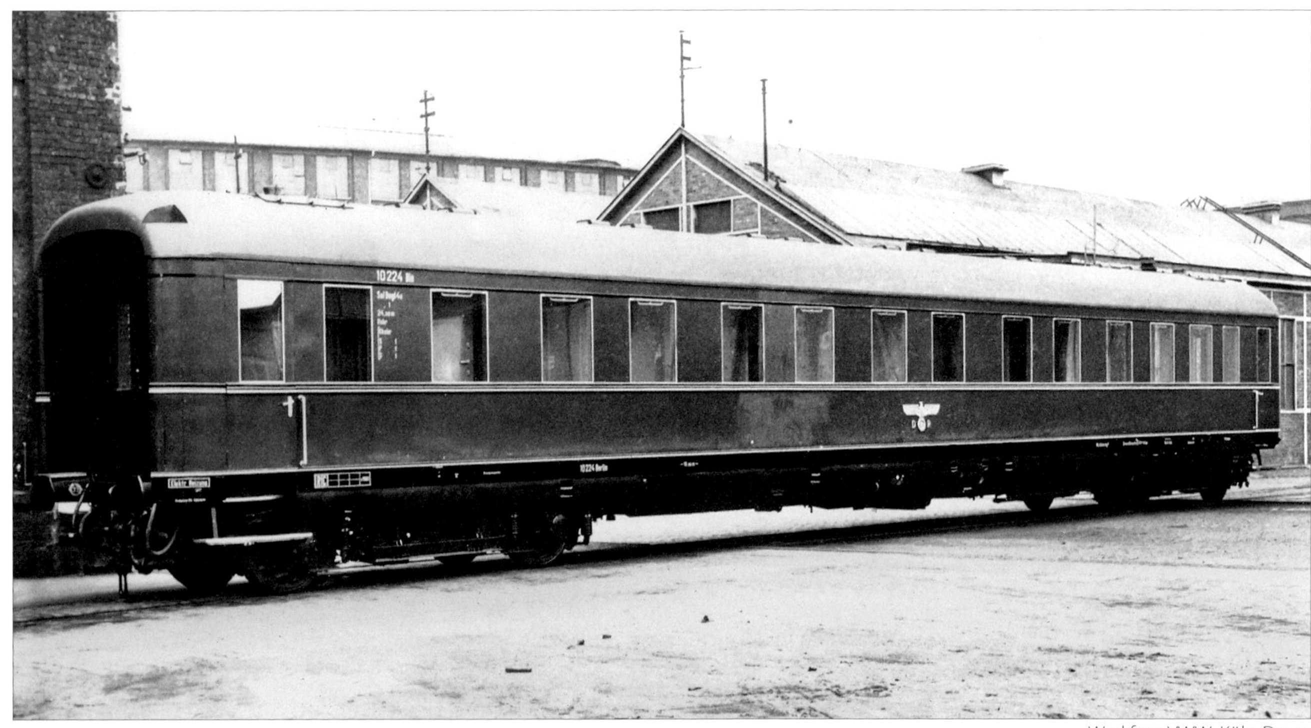

Werkfoto VWW, Köln-Deutz

Gattungszeichen	SalonBegl4ü-37
Nummernreihe	10 221-10 225 Bln
	Heimatbf Bln Ahb
Gattungsnummer	028
Fahrzeugprogramme	1937 II, 1938, 1939
Wagenbauverträge	03.966/59.005
	03.966/59.014
	03.966/26(59).022
Planzeichen	Fwp 482.001, 482a.01.01.2
Übersichtszeichnungen	28 408 WWk, 29 364 WWk
Lieferwerk	WWk WA 10 092
	WWk WA 10 095
	WWk WA unb.?
Lieferjahre	1937+1938+1942
insgesamt beschafft	2+1+2 Wagen
Beschaffungspreis für Wagen	10 221 Bln
für Radsätze	3.835,00 RM
für Wagenteil ohne Radsätze	351.820,00 RM
Ausmusterungsjahr	DB: XI/1978; DR: –
Länge über Puffer	24.300 mm
Wagenkastenlänge	23.000 mm
Wagenkastenbreite	2.814 mm
Fußboden über SO	1.260 mm
Achsstand gesamt	20.560 mm
Abstand der Drehzapfen	16.960 mm
Achsstand des Drehgestells	3.600 mm
Drehgestellbauart	Gör III Schwer (98)
Planzeichen (Drehgestelle)	Fwp 967.04.1a+966b.04.1
Endabort	2
Schlafabteile (2-bettig)	10
Wachabteile mit Koffergestell	1
Begleiterraum	1
Sonderräume	–
Sicherung der Übergänge	Faltenbalgen
Bremse	Kksbr, Henryltg
Heizung	Dampf, Ofen, elektrisch
Beleuchtung	elektrisch
Eigengewicht	62,3 t

Der Wagengrundriss sah 10 Schlafabteile zweibettig, 1 Wachabteil, 1 Begleiterraum, 2 Aborte, 1 Seitengang, 1 Ofenraum und 2 Vorräume vor.

Geschweißtes Untergestell mit eingezogenen Einstiegen, zweiachsige Drehgestelle „Görlitz III Schwer" mit Rollenachslagern, Reibungspuffer Bauart Uerdingen mit 500-mm-Puffertellern, Handbremse mit Handrad im Vorraum, Trossenösen, Laternenstützen, vor jeder Eingangstür 2 Trittbretter, Einsteigegriffe, geschweißtes Kastengerippe mit Schürzen, Säulen, Dachspriegeln, windschnittig, Rammkonstruktion, Bekleidungs- und Dachbleche angeschweißt, Tonnendach.

Eingangsdrehtüren, Stirnwanddrehtüren mit festen Fenstern, Drehtüren vor Abteilen, Seitengang, Ofenraum, Abortquerwänden, 800 mm breite Metallrahmenfenster mit Doppelscheibenverglasung und Scherenausgleich (Bauart Deutz), Fenstergriffe, Schiebevorhänge, Gardinen, 2 feste Fenster in Stirnwand und Vorraum, 600 mm geteilte Klappfenster in Aborten, Entlüftung durch Ventilatoren mit 12 Wendler-Luftsaugern (10 224+10 225 Bln Bauart Kuckuck), Übergangseinrichtung mit Faltenbalg, Übergangsbrücke mit Kokosmatte.

El. Beleuchtungsanlagen von 110 und 12 V, 1 Tatzenlager-Generator ZOG 180 im Drehgestell am NHbrE und Speicherbatterien, Aufladung bei längeren Stillstandzeiten durch die Diesel-Stromversorgungsanlagen in den Maschinengepäckwagen über fest verlegte Durchgangsleitungen, Warmwasserumlaufheizung mit Durchlauferhitzer durch Dampf, Strom oder Kohleofen, Warmwasserversorgungsanlage für Waschzwecke, Druckbelüftungsanlage durch Einlassen von vorgewärmter Frischluft, Entlüftung statisch oder motorisch, Abortausstattung entsprechend den D-Zugwagen in weiß gestrichen, Leibstuhl, Fallrohr mit Saughaube, Papierrollenhalter, Waschbecken, Waschtischschrank mit Wasserkannen, Seifenspender, Schwammschale, Handtuchhalter, Spiegel, Reinigungsgeräteschrank, im Abort am NHBrE Besenschrank.

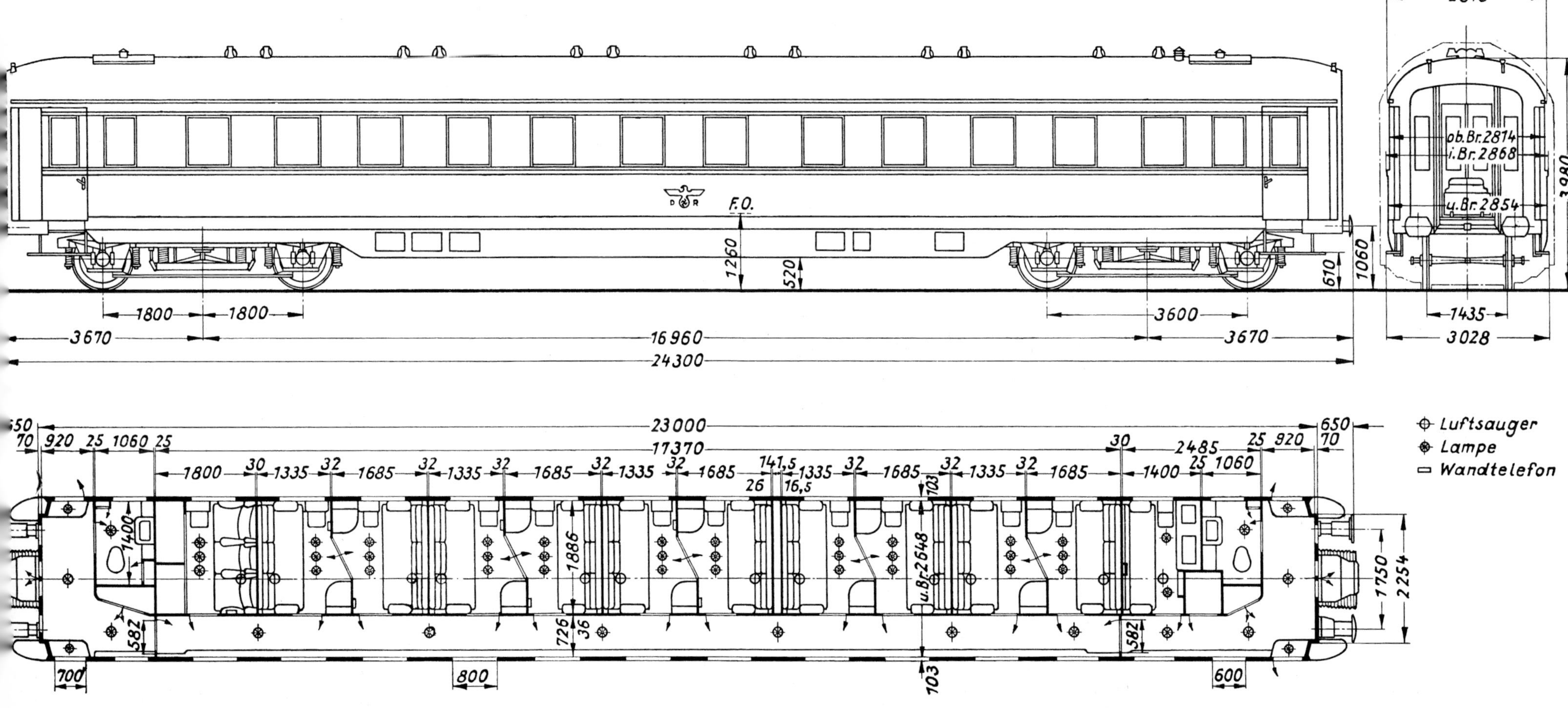

Bemerkungen:
Drehgestellbeschreibungen Nr. 8 + Band 3
Weitere Ausmusterungsdaten:
10 224+10 225 Reichsbahn-Schlafwagen: X/58, +1955
Übersichtsskizze Fw 2385d

10 221 im August 1955 an die DSG verkauft, neue Wagennr. 22 990 Ⓟ. 10 222 m. Verf. v. 17.04.50 zur ED Köln als ständiger Beiwagen zum Salonwagen des Bundespräsidenten. Den gegen Ende des Krieges schwer beschädigten 10 223 musterte die Verwaltung 1947 aus und genehmigte den Umbau zum Bahndienstwagen. Diesen erledigte 1948/50 die Waggon- u. Maschinenbau GmbH, Donauwörth (WMD). Das Dez. 14 des BZA München übernahm ihn als Brückenmesswagen 729 019 Mü (sp. 5001 Mü).

Joachim Deppmeyer

Gattungszeichen	SalonL4ü-37
Nummernreihe	10 231+10 232 Bln Heimatbf Bln Ahb
Gattungsnummer	028
Fahrzeugprogramm	1937 II
Wagenbauvertrag	03.966/59.007
Planzeichen	Fwp 484.001
Übersichtszeichnung	29 362 WWk
Lieferwerk	WWk WA 10 093
Lieferjahr	1937
insgesamt beschafft	2 Wagen
Beschaffungspreis für Wagen	10 231 Bln
für Radsätze	3.820,00 RM
für Wagenteil ohne Radsätze	356.271,00 RM
Ausmusterungsjahr f. 10 231+10 232	DB: VII/1955; DR: –
Länge über Puffer	23.500 mm
Wagenkastenlänge	22.200 mm
Wagenkastenbreite	2.894 mm
Fußboden über SO	1.260 mm
Achsstand gesamt	19.780 mm
Abstand der Drehzapfen	16.180 mm
Achsstand des Drehgestells	3.600 mm
Drehgestellbauart	Gör III Schwer (98)
Planzeichen (Drehgestell)	Fwp 967.04.1a
Endabort	2
Schlafabteile (1-bettig)	10
Begleiterraum	1
Sonderräume	–
Sicherung der Übergänge	Faltenbalgen
Bremse	Kksbr, Henryltg
Heizung	Dampf, Ofen, elektrisch
Beleuchtung	elektrisch
Eigengewicht	60,4 t

Der Wagengrundriss sah 10 Schlafabteile einbettig, 1 Begleiterraum, 2 Aborte, 1 Seitengang, 1 Ofenraum und 2 Vorräume vor.
Geschweißtes Untergestell mit eingezogenen Einstiegen, zweiachsige Drehgestelle „Görlitz III Schwer" mit Rollenachslagern, Reibungspuffer Bauart Uerdingen mit 500-mm-Puffertellern, Handbremse mit Handrad im Vorraum, Trossenösen, Laternenstützen, vor jeder Eingangstür 2 Trittbretter, Einsteigegriffe, geschweißtes Kastengerippe mit Schürzen, Säulen, Dachspriegeln, windschnittig, Rammkonstruktion, Bekleidungs- und Dachbleche angeschweißt, Tonnendach.
Eingangsdrehtüren, Stirnwanddrehtüren mit festen Fenstern, Drehtüren vor Abteilen, Seitengang, Ofenraum, Abortquerwänden, 900 mm breite Metallrahmenfenster mit Doppelscheibenverglasung und Gewichtsausgleich, Fenstergriffe, teilweise zusätzliche Fensterkurbeln, Schiebevorhänge, Gardinen, 2 feste Fenster in Stirnwand und Vorraum, 600 mm geteilte Klappfenster in Aborten, Entlüftung durch Ventilatoren mit 11 Wendler-Luftsaugern, Übergangseinrichtung mit Faltenbalg, Übergangsbrücke mit Kokosmatte.
El. Beleuchtungsanlagen von 110 und 12 V, 1 Tatzenlager-Generator ZOG 180 im Drehgestell am NHbrE und Speicherbatterien, Aufladung bei längeren Stillstandzeiten durch die Diesel-Stromversorgungsanlagen in den Maschinengepäckwagen über fest verlegte Durchgangsleitungen, Warmwasserumlaufheizung mit Durchlauferhitzer durch Dampf, Strom oder Kohleofen, Warmwasserversorgungsanlage für Waschzwecke, Druckbelüftungsanlage durch Einlassen von vorgewärmter Frischluft, Entlüftung statisch oder motorisch, Abortausstattung entsprechend den D-Zugwagen in weiß gestrichen, Leibstuhl, Fallrohr mit Saughaube, Papierrollenhalter, Waschbecken, Waschtischschrank mit Wasserkannen, Seifenspender, Seifen- und Schwammschale, Handtuchhalter, Spiegel, Reinigungsgeräteschrank, im Abort am NHBrE Besenschrank.

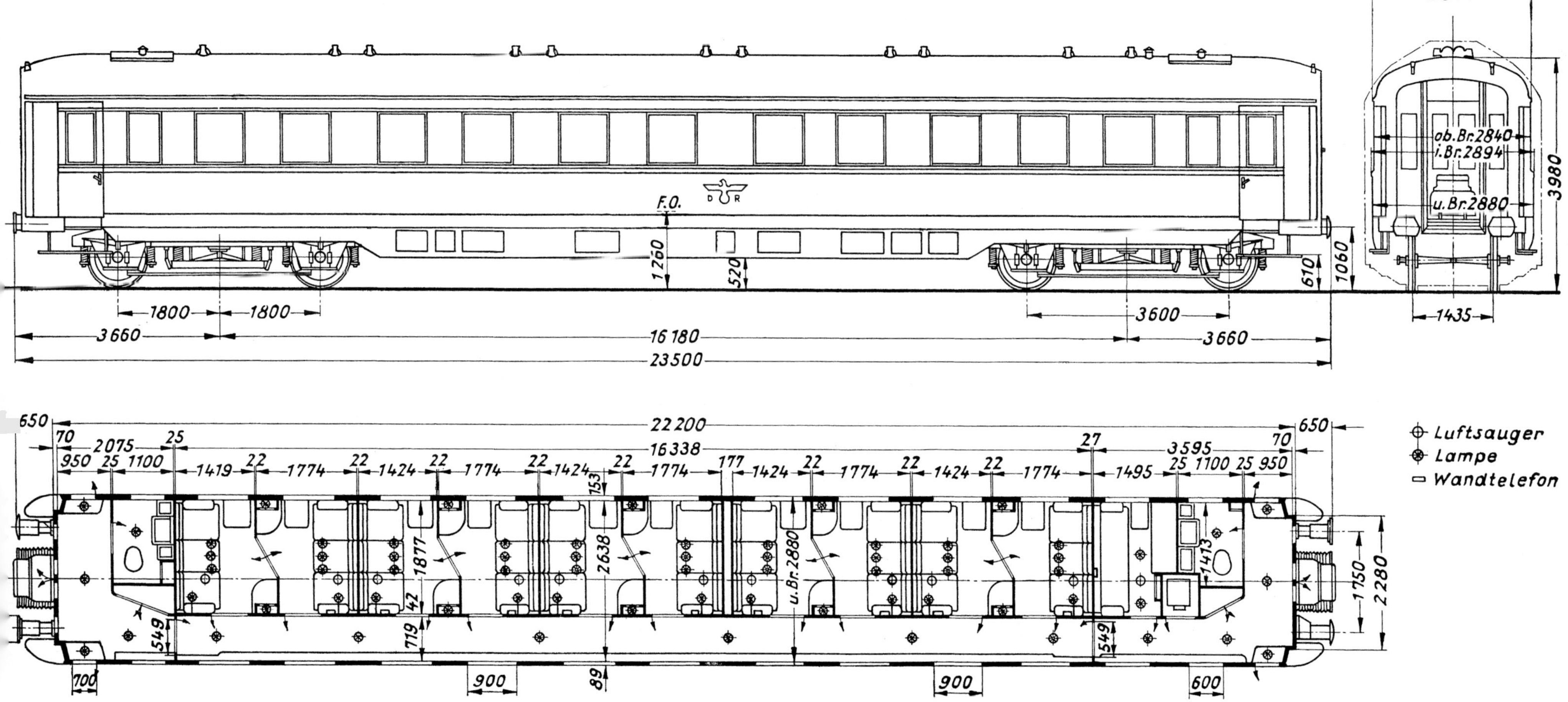

Bemerkungen:
Drehgestellbeschreibung Nr. 8
Dienst-Schlafwagen, Übersichtsskizze Fw 2413b
Auf Veranlassung der militärischen Adjudantur erfolgte im Herbst 1939 für das Abteil 3 des 10 231 Bln die Anfertigung eines Stahlkastens mit Lederüberzug zur Aufbewahrung geheimer Akten während der Fahrten zu den Frontgebieten. Er wurde auf das Gepäcknetz aufgeschraubt.
1940 wünschte diese Dienststelle außerdem für jedes Abteil der beiden Schlafwagen jeweils einen außen mit Leder bezogenen Wäschekasten für 6-8 Oberhemden und 12 Kragen, untergehängt an die Gepäcknetze.
Die RBD Berlin ließ sie im RAW Potsdam fertigen.
1941 Schlafraum 7 des 10 231 umgebaut, Ausbau des Bettes und Einbau eines Tisches sowie Kleiderschrankes.
10 231+10 232 im August 1955 an die DSG verkauft, neue Wagennummern 20 991 🄿 + 20 992 🄿.

Werkfoto Wegmann & Co

Gattungszeichen	SalonR4ü-37
Nummernreihe	10 241-10 244 Bln
	Heimatbf Bln Ahb
Gattungsnummer	028
Fahrzeugprogramme	1937 II, 1938
Wagenbauverträge	03.966/59.004
	03.966/59.012
Planzeichen	Fwp 481.001
Übersichtszeichnungen	3508/165 Weg
	16 552 Cre
Lieferwerke für 10 241+10 243	Weg WA 3508+3681
für 10 242+10 244	Cre
Lieferjahre	1937+1938
insgesamt beschafft	2+2 Wagen
Beschaffungspreis für Wagen	10 241 Bln
für Radsätze	3.856,00 RM
für Wagenteil ohne Radsätze	334.525,00 RM
Ausmusterungsjahr f. 89-40 341	DB: 30.4.1996; DR: –
Ausmusterungsjahr f. 89-40 342	DB: 31.1.1988; DR: –
Länge über Puffer	23.500 mm
Wagenkastenlänge	22.200 mm
Wagenkastenbreite	2.894 mm
Fußboden über SO	1.260 mm
Achsstand gesamt	19.780 mm
Abstand der Drehzapfen	16.180 mm
Achsstand des Drehgestells	3.600 mm
Drehgestellbauart	Gör III Schwer (98)
Planzeichen (Drehgestelle)	Fwp 967.04.1a+966b.04.1
Anzahl der Aborte	–
Küche	1
Anrichte	1
Speiseräume	2
Sicherung der Übergänge	Faltenbalgen
Bremse	Kksbr, Hnbr
Heizung	Dampf, Ofen, elektrisch
Beleuchtung	elektrisch
Eigengewicht	63,7 t

Der Wagengrundriss sah 2 Speiseräume, 1 Büffetraum, 1 Anrichte, 1 Küche, 1 Ofenraum und 2 Vorräume vor.

Geschweißtes Untergestell mit eingezogenen Einstiegen, zweiachsige Drehgestelle „Görlitz III Schwer" mit Rollenachslagern, Reibungspuffer Bauart Uerdingen mit 500-mm-Puffertellern, Handbremse mit Handrad im Vorraum, Trossenösen, Laternenstützen, vor jeder Eingangstür 2 Trittbretter, Einsteigegriffe, geschweißtes Kastengerippe mit Schürzen, Säulen, Dachspriegeln, windschnittig, Rammkonstruktion, Bekleidungs- und Dachbleche angeschweißt, Tonnendach.

Eingangsdrehtüren, Stirnwanddrehtüren mit festen Fenstern, Drehtüren vor Speiseräumen, Ofenraum, Pendeltüren in Zwischenwand und Seitengang, Pendelklappe im Büffet, Schiebetüren in Küchenquerwänden, 1.200/1.000/800 mm breite Metallrahmenfenster mit Doppelscheibenverglasung und teilweise mit Glaslüfter, Gewichtsausgleich, Fenstergriffe, teilweise zusätzliche Fensterkurbeln, Schiebevorhänge, Gardinen, feste Fenster in Stirnwand, Vorraum und Anrichte, 800 mm breite Übersetzfenster mit Glaslüfter in Anrichte und Küche, Entlüftung durch Ventilatoren mit 2 Kuckucksaugern und 4 doppelten Wendler-Luftsaugern, Übergangseinrichtung mit Faltenbalg, Übergangsbrücke mit Kokosmatte.

El. Beleuchtungsanlagen von 110 und 12 V, 2 Tatzenlager-Generatoren ZOG 180 in Drehgestellen und Speicherbatterien, Aufladung bei längeren Stillstandzeiten durch die Diesel-Stromversorgungsanlagen in den Maschinengepäckwagen über fest verlegte Durchgangsleitungen, Warmwasserumlaufheizung mit Durchlauferhitzer durch Dampf, Strom oder Kohleofen, Warmwasserversorgungsanlage für Waschzwecke, Druckbelüftungsanlage durch Einlassen von gekühlter oder vorgewärmter Frischluft, Entlüftung statisch oder motorisch. Abortausstattung entsprechend den D-Zugwagen in weiß gestrichen, Leibstuhl, Fallrohr mit Saughaube, Papierrollenhalter, Waschbecken, Waschtischschrank mit Wasserkannen, Seifenspender, Seifen- und Schwammschale, Handtuchhalter, Spiegel, Reinigungsgeräteschrank, im Abort am NHBrE Besenschrank.

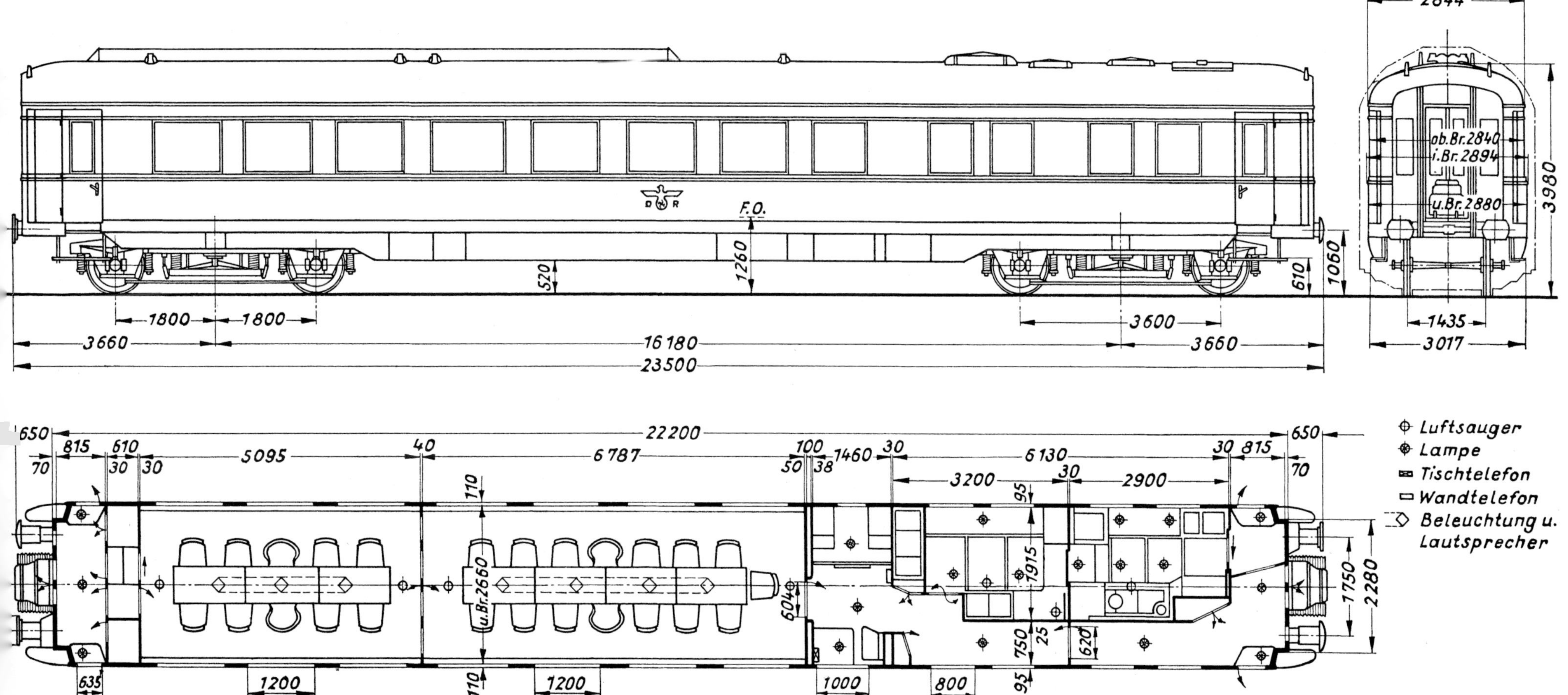

Bemerkungen:
Drehgestellbeschreibungen Nr. 8 + Band 3
Dienst-Speisewagen, Übersichtsskizze Fw 2402c
10 243+10 244 Bln mit geänderter Belüftungsanlage und Schornsteinaufsatz, Leichtmetall- statt Stahlschürzen, Änderung der Stirnwand-Windschürze.

10 241 Bln erhielt 1940 eine elektrische Küche, die notwendige Stromversorgung stellten die beiden im Dienstzug „Asien" eingestellten SalonMaschPw4ü sicher. – Im Januar 1943 trat das Auswärtige Amt (AA) an die Reisestelle des RVM heran, dass der SdrR4ü 10 242 Bln über keinen Raum verfüge, in dem sich die Tischgäste bis zum Erscheinen des Staatsgastes versammeln, nach den Mahlzeiten zu Besprechungen oder gesellschaftlichem Zusammensein zurückziehen könnten. Der vom RZA Berlin daraufhin ausgearbeitete Vorschlag für den Speiseraums II, je nach Bedarf die Tafel abbauen und durch Aufstellen einer Anzahl beweglicher Sessel und Tische zu einem kleinen Gesellschaftsraum einzurichten, wurde angenommen. Im Frühjahr 1943 stand diese Möglichkeit zur Verfügung. Die jeweils nicht benötigten Möbel lagerte man derweil im Gepäckwagen.

Joachim Deppmeyer

Gattungszeichen	SalonPresse4ü-37
Nummernreihe	10 251 Bln
	Heimatbf Bln Ahb
Gattungsnummer	028
Fahrzeugprogramm	1937 II
Wagenbauvertrag	03.966/59.008
Planzeichen	Fwp 485.001
Übersichtszeichnung	3508/232 Weg
Lieferwerk	Weg WA 3510
Lieferjahr	1937
insgesamt beschafft	1 Wagen
Beschaffungspreis für Wagen	10 251 Bln
für Radsätze	3.856,00 RM
für Wagenteil ohne Radsätze	371.584,00 RM
Ausmusterungsjahr als Salonwagen	DB: 1954; DR: –
Länge über Puffer	24.000 mm
Wagenkastenlänge	22.700 mm
Wagenkastenbreite	2.885 mm
Fußboden über SO	1.260 mm
Achsstand gesamt	20.270 mm
Abstand der Drehzapfen	16.670 mm
Achsstand des Drehgestells	3. 600 mm
Drehgestellbauart	Gör III Schwer (98)
Planzeichen (Drehgestell)	Fwp 967.04.1a
Mittel-, Endabort	1+1
Schreibräume	2
Schlafabteile (1-bettig)	2
Schlafabteile (2-bettig)	3
eingebautes Bad	–
Begleiterraum	1
Fernsprechzellen	2
Sicherung der Übergänge	Faltenbalgen
Bremse	Kksbr, Hnbr
Heizung	Dampf, Ofen, elektrisch
Beleuchtung	elektrisch
Eigengewicht	62,5 t

Der Wagengrundriss sah 2 Schlafräume einbettig, 3 Schlafräume zweibettig, 1 Begleiterraum, 2 Fernsprechzellen, 2 Schreibräume, 1 Waschraum, 1 Abort, 1 Seitengang, 1 Ofenraum und 2 Vorräume vor. Geschweißtes Untergestell mit eingezogenen Einstiegen, zweiachsige Drehgestelle „Görlitz III Schwer" mit Rollenachslagern, Reibungspuffer Bauart Uerdingen mit 500-mm-Puffertellern, Handbremse mit Handrad im Vorraum, Trossenösen, Laternenstützen, vor jeder Eingangstür 2 Trittbretter, Einsteigegriffe, geschweißtes Kastengerippe mit Schürzen, Säulen, Dachspriegeln, windschnittig, Rammkonstruktion, Bekleidungs- und Dachbleche angeschweißt, Tonnendach.

Eingangsdrehtüren, Stirnwanddrehtüren mit festen Fenstern, Drehtüren vor Abteilen, Schreibräumen, Waschraum, Seitengang, Ofenraum, Abortquerwänden, 1.400/1.000/800/600 mm breite Metallrahmenfenster mit Doppelscheibenverglasung und Gewichtsausgleich, Fenstergriffe, teilweise zusätzliche Fensterkurbeln, Schiebevorhänge, Gardinen, 2 feste Fenster in Stirnwand, geteilte Klappfenster in Aborten, Entlüftung durch 10 Kuckuck- und 1 Wendler-Luftsauger, Übergangseinrichtung mit Faltenbalg, Übergangsbrücke mit Kokosmatte.

El. Beleuchtungsanlagen von 110 und 12 V, 2 Tatzenlager-Generatoren ZOG 180 in den Drehgestellen und Speicherbatterien, Aufladung bei längeren Stillstandszeiten durch die Diesel-Stromversorgungsanlagen in den Maschinengepäckwagen über festverlegte Durchgangsleitungen, Warmwasserumlaufheizung mit Durchlauferhitzer durch Dampf, Strom oder Kohlenofen, Warmwasserversorgungsanlage für Waschzwecke, Druckbelüftungsanlage durch Einlassen von vorgewärmter Frischluft, Entlüftung statisch oder motorisch, Endabort mit Fliesenfußboden und Leibstuhl, Fallrohr mit Saughaube, Papierrollenhalter, Waschbecken, Waschtischschrank mit Wasserkannen, Seifenspender, Handtuchhalter, Spiegel, Reinigungsgeräteschrank.

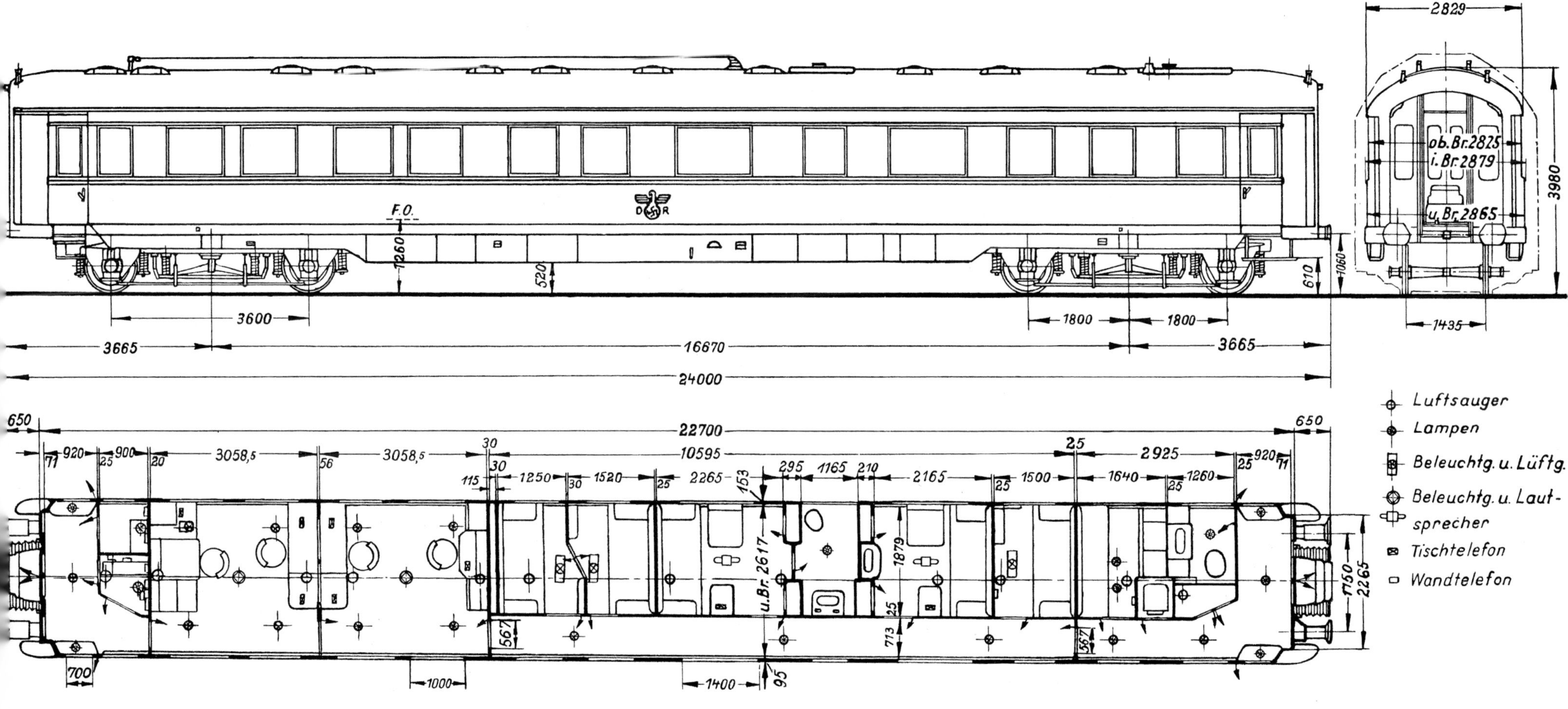

Bemerkungen:
Drehgestellbeschreibung Nr. 8
Dienst-Pressewagen, Übersichtsskizze Weg 3508/204
Im Schreibraum I später 700-W-Kurzwellensender aufgestellt, die dafür notwendigen Umformersätze fanden in dem früher als Fernsprechzellen benutztes Abteil Platz. Die US-Streitkräfte gaben diesen Dienstwagen am 21.12.51 an die DB zurück, danach stand er monatelasng abgestellt. Erst als die HV die Aufarbeitung und den Einsatz des Henschel-Wegmann-Zuges für die Verbindung Hamburg – München innerhalb des neu eingerichteten „Blauen F-Zug-Netzes" in Angriff nahm, sah manfür den Gegenzug die Möglichkeit eines Einsatzes. Die Umbauarbeiten führte die Waggonfabrik Wegmann & Co aus. Ab Mai 1954 lief der in 10 700 (II) umgezeichnete in der geplanten Verbindung bis zur Einstellung des Verkehrs 1959. Danach erfolgte eine Umlackierung in Grün und sein Einsatz in D-Zügen bei verschiedenen BD'en.

Fritz Willke (†), Sammlung Stefan Carstens

Gattungszeichen	SalPw4ü-37	SalMaschPw4ü-37	
Nummernreihe	105 060-062	105 063-064	105 065
Gattungsnummer	028		
Fahrzeugprogramme	1938	1937 II	
Wagenbauverträge	03.966/59.010	03.966/59.006	
Planzeichen	Fwp 483.001		
Übersichtszchg.	6011.01.0 LHW	5991.01.02a.LHW	
Lieferwerk	LHW WA 6011	LHW WA 5991	
Lieferjahre	1937	1938	
insgesamt beschafft	3	3 Wagen	
Beschaffungspr. f. Wg.	105 060-062	105 063-064	105 065
1. d. betriebsf. Wg.	290.597,30 RM *	273.4 9,97 RM*	349.024,23*
2. davon Radsätze		1.619,00 RM *	
Ausmust.jahre DB:	1977/1953/1950	1954/1974	1952>; DR: –
Länge über Puffer	23.500 mm		
Wagenkastenlänge	22.200 mm		
Wagenkastenbreite	2.894 mm		
Fußboden über SO	1.260 mm		
Achsstand gesamt	19.780 mm		
Abstand d. Drehzapfen	16.180 mm		
Achsst. d. Drehgestells	3.000 mm		
Drehgestellbauart	Gör III Schwer (98)		
Planzeichen (Drehgestell)	Fwp 967.04.1a		
Anzahl der Aborte	1		
Anz. d. Schiebetüren	2		
Schlafabteile (2-bettig)	2		
Maschinen-, Gepäckraum	1+1		
Küche mit Anrichte	1		
Begleiterraum	1		
Sicherung d. Übergänge	Faltenbalgen		
Bremse	Kksbr, Hnbr		
Heizung	Dampf, Ofen, elektrisch		
Beleuchtung	elektrisch		
Ladefläche	8,60 m²	5,28 m²	
Ladelänge	3,20 m	2,64 m	
Eigengewicht	60,75 t*	59,7 t*	60,82 t*

Der Wagengrundriss sah 2 Vorräume, 2 Schlafabteile, je 1 Maschinenraum, Laderaum, Anrichte, Küche, Zugführerabteil, Begleiterraum, Ofenraum und Seitengang vor.

Geschweißtes Untergestell mit eingezogenen Einstiegen, zweiachsige Drehgestelle „Görlitz III Schwer“ mit Rollenachslagern, Reibungspuffer Bauart Uerdingen mit 500-mm-Puffertellern, Handbremse mit Handrad in einem Vorraum, Trossenösen, Laternenstützen, vor jeder Eingangstür 2 Trittbretter, Einsteigegriffe, Handgriffe an Schiebetüren, geschweißtes Kastengerippe mit Schürzen und Dachaufbau, Säulen, Dachspriegeln, windschnittig, Rammkonstruktion, Bekleidungs- und Dachbleche angeschweißt, Dachteil über dem Dieselmotor abnehmbar, Tonnendach, Maschinenraumwände sowie Dach und Fußboden mit Glaswollmatten schallisoliert und aus Sicherheitsgründen mit Asbest verkleidet.

Eingangsdrehtüren, Stirnwanddrehtüren mit festen Fenstern, Drehtüren vor Abteilen und im Maschinenraum, Seitengang, Küche, Ofenraum sowie Abortquerwand, 1.500 mm breite Seitenwandschiebetüren, Gangwand in Höhe des Dieselmotors mit Klappen, 1.000/800 mm breite Metallrahmenfenster mit Gewichtsausgleich, Fenstergriffe, Schiebevorhänge und Gardinen, 2 Doppelfallfenster im Maschinenraum, feste Fenster in Vorräumen, 600 mm breite Klappfenster im Abort, 700 mm breite Übersetzfenster in Küche und Anrichte, Entlüftung durch 7 Kuckuck-Lüfter, Übergangseinrichtung mit Faltenbalg, Übergangsbrücke mit Kokosmatte.

El. Beleuchtungsanlagen von 110 und 12 V, 1 Tatzenlager-Generator ZOG 180 (ZOG 181 für 105 063-105 065 Bln) im Drehgestell am NHBrE, Speicherbatterien, Aufladung bei längeren Stillstandzeiten durch die Diesel-Stromversorgungsanlagen in diesen Maschinengepäckwagen, Wasserumlaufheizung mit Durchlauferhitzer durch Dampf, Strom oder Kohleofen, Warmwasserversorgungsanlage für Waschzwecke, Entlüftung statisch oder motorisch, Endabort in D-Zugwagenbauart, zusätzlich mit Handtuchschrank und Beleuchtung über dem Spiegel.

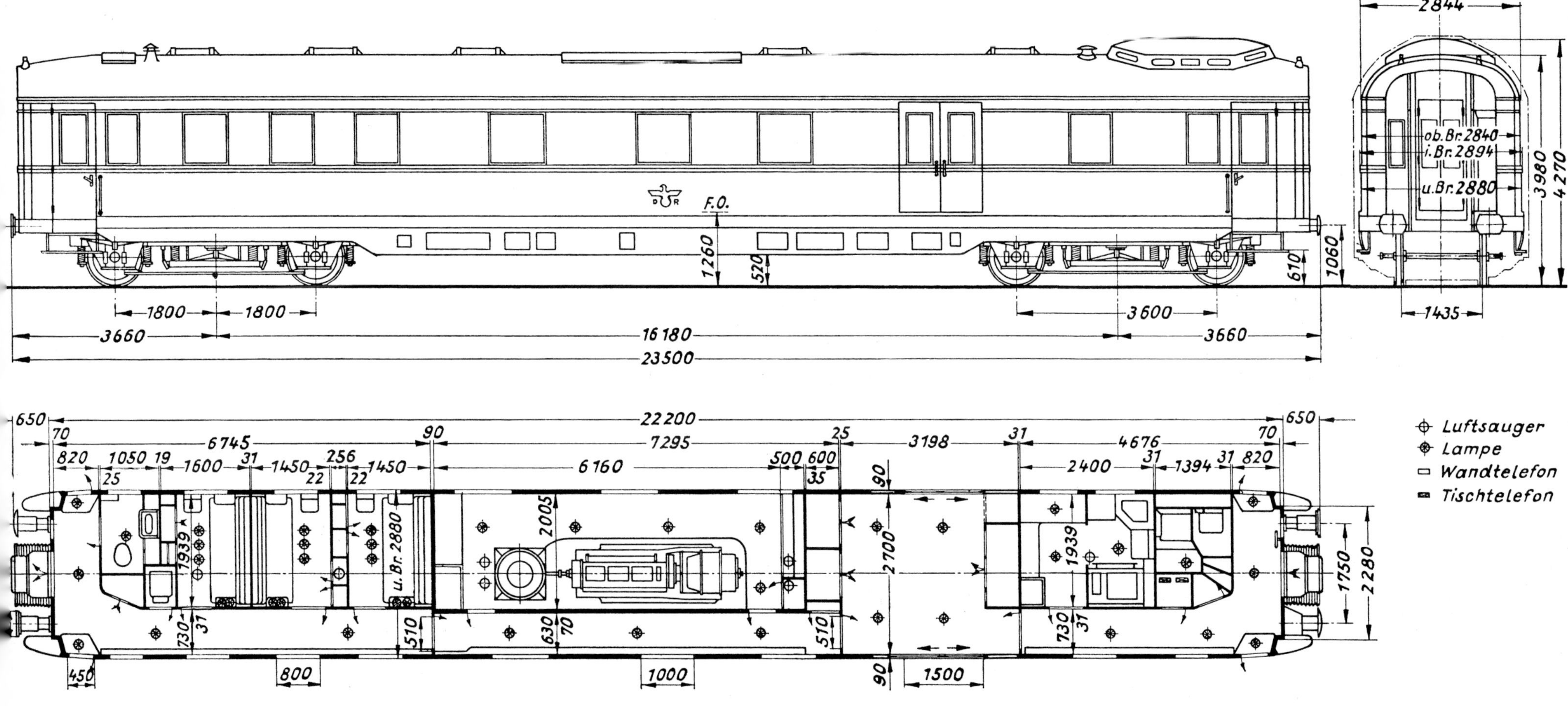

Bemerkungen:
Drehgestellbeschreibung Nr. 8
Dienst-Gepäckwagen
105 060-105 062 Bln sog. Umbauwg., ursprünglich bei LHW als Pw4ü-37 105 724-105 726 einschl. Drehgestelle auf Wagenbauvertrag 03.966/29.301 in Auftrag gegeben, dann in SalPw4ü-37 umgewandelt, die Wumag rüstete die Drehgestelle um. 105 063-105 065 Bln ursprünglich mit Dampfanlage in Auftrag gegeben, liefen vermutlich einige Zeit mit Versuchsdrehgestellen (s. Band 3).
Der Preis für den 105 065 beinhaltet die Ausrüstung und Einbau einer Funkanlage.
Skizze: SalPw4ü-37 (105 060-105 062 Bln).

Werkfoto WWW, Köln-Deutz, Repro Carl Bellingrodt (†)

Gattungszeichen	Pwgs-35
Nummernreihe	124 071 Bln
	Heimatbf Bln Leb
Gattungsnummer	565 (ab 1948 553)
Fahrzeugprogramm	1935 I
Wagenbauvertrag	53.966/61.046
Planzeichen	Fwgä 6.1
Übersichtszeichnung	26 525 WWk
Lieferwerk	WWk WA 10 051
Lieferjahr	1936
insgesamt beschafft	1 Wagen
Beschaffungspreis für Wagen	124 071 Bln
für Radsätze	595,50 RM
für Wagenteil ohne Radsätze	19.256,50 RM
Ausmusterungsjahr	DB: –; DR: –
Länge über Puffer	11.300 mm
Wagenkastenlänge	10.000 mm
Wagenkastenbreite	2.880 mm
Fußboden über SO	1.232 mm
Achsstand gesamt	7.000 mm
Abstand der Drehzapfen	–
Achsstand des Drehgestells	–
Drehgestellbauart	–
Planzeichen (Drehgestell)	–
Anzahl der Aborte	1
Anzahl der Schiebetüren	2
Anzahl der Hundeabteile	–
Sicherung der Übergänge	–
Bremse	Hikpbr
Heizung	Dampf, Ofen
Beleuchtung	elektrisch
Ladefläche	10,3 m^2
Ladegewicht	5,0 t
Eigengewicht	13,7 t

Nachdem die Reichsbahn wegen des Überbestandes infolge Rückgang des Güterverkehrs eine Reihe von Jahren keine Güterzuggepäckwagen benötigte, zeichnete sich für die zweite Hälfte der dreißiger Jahre ein Bedarf ab. Außerdem plante die DRG die Geschwindigkeit der Güterzüge anzuheben. Dazu musste der Achsstand erhöht werden. Um für diesen künftigen Verkehr eine ausgereifte Konstruktion zur Verfügung zu haben, dafür diente u.a. diese Entwicklungsbauart.
Der Wagengrundriss sah 1 Dienstraum, 1 Mannschaftsraum, 1 Laderaum, 1 Abort und 1 Vorraum vor.
Laufwerk mit Gleitachslagern, geschweißtes Untergestell, an einem Ende eingezogen, Hülsenpuffer Bauart Siegen mit 370-mm-Puffertellern ohne Ausgleich, Handbremse im Zugführerabteil, Signalstützen, vor jeder Eingangs- und Seitenwandschiebetür 2 hölzerne Trittbretter, Einsteigegriffe, Handgriffe an Schiebetüren, Trittstufen an Seitenwand, geschweißtes Kastengerippe mit Dachaufbau und Säulen, Dachspriegeln, Rammblechen, Vorbau eingezogen, Bretterverkleidung, Dachbleche angeschweißt, Tonnendach, innere Wand- und Deckenverkleidung aus Sperrholz, untere Wandteile hellgrau, obere einschließlich der Decke elfenbeinfarbig gestrichen.
Eingangsdrehtüren, Drehtüren im Dienst- und Mannschaftsraum sowie in Abortquerwand, 1.390 mm breite Seitenwandschiebetüren, 600 mm breite Metallrahmenfenster mit Kniehebelausgleich und Schiebevorhang, feste Fenster mit Schutzgittern im Laderaum, geteiltes Klappfenster im Abort, Kippfenster im Dachaufbau, 1 Luftsauger, kein Übergang.
Der Wagen besaß folgende Innenausrüstung: *Vorraum*: Geräteschrank. *Dienstraum*: erhöhter Polstersitz für den Zugführer, Schreibklappe mit Tischlampe, Manometer, Notbremseinrichtung, für den Packmeister Polstersitz mit darüber liegendem Gepäcknetz, Briefregal mit Schreibklappe, Ofen mit Kohlenkasten, Wärmeplatte, Kleiderschrank. *Mannschaftsraum*: 2 Eschenlattensitzbänke, 1 Klapptisch, 2 Gepäcknetze.
El. Beleuchtung, Lichtgenerator mit Flachriemen, Speicherbatterie, Abort mit Leibstuhl, Fallrohr mit Saughaube, Waschbecken, Konsole mit Wasserkanne, Xylolithfußboden.

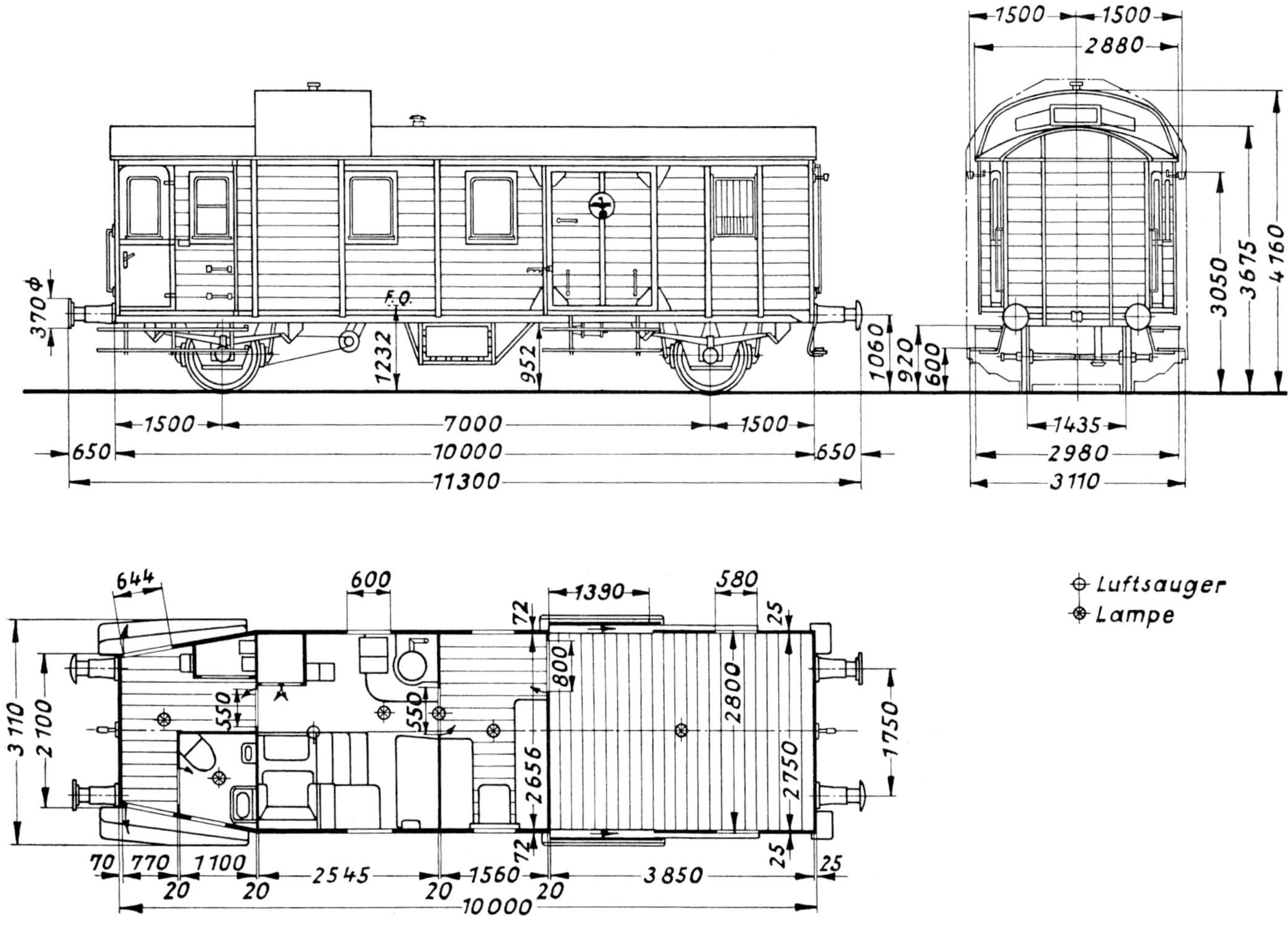

Sammlung Ernst Andreas Weigert

Bemerkungen:
Entwicklungsbauart
In Zusammenarbeit mit dem RZA München, Dez 26, entwickelte die Waggonfabrik Westwaggon mit einem Laufwerk für 90 km/h diesen neuen Typ von Güterzuggepäckwagen. Er weicht in allen Teilen von den bisher gebauten Fahrzeugen ab und ist eine vollständige Neukonstruktion.

Werkfoto VWW, Köln-Deutz

Gattungszeichen	Pwgs-35a
Nummernreihe	124 072 Bln
	Heimatbf Bln Leb
Gattungsnummer	565 (ab 1948 553)
Fahrzeugprogramm	1935 I
Wagenbauvertrag	53.966/61.046
Planzeichen	Fwgä 6.1
Übersichtszeichnung	26 916 WWk
Lieferwerk	WWk WA 10 050
Lieferjahr	1936
insgesamt beschafft	1 Wagen
Beschaffungspreis für Wagen	124 072 Bln
für Radsätze	595,50 RM
für Wagenteil ohne Radsätze	21.594,50 RM
Ausmusterungsjahr	DB: –; DR: –
Länge über Puffer	11.300 mm
Wagenkastenlänge	10.004 mm
Wagenkastenbreite	2.965 mm
Fußboden über SO	1.232 mm
Achsstand gesamt	7.000 mm
Abstand der Drehzapfen	–
Achsstand des Drehgestells	–
Drehgestellbauart	–
Planzeichen (Drehgestell)	–
Anzahl der Aborte	1
Anzahl der Schiebetüren	2
Anzahl der Hundeabteile	–
Sicherung der Übergänge	–
Bremse	Hikpbr
Heizung	Dampf, Ofen
Beleuchtung	elektrisch
Ladefläche	10,3 m^2
Ladegewicht	5,0 t
Eigengewicht	13,9 t

Bei diesen Güterzuggepäckwagen handelt es sich im die zweite Entwicklungsbauart, die in Auftrag gegeben wurde. Beide Konstruktionen sowie den Bau führten die VWW in Köln aus. Gegenüber früheren Fahrzeugen entschied sich das RZM für eine größere LüP, der sofort sichtbare Unterschied lag bei den beiden Versuchswagen in der äußeren Verkleidung.

Der Wagengrundriss sah 1 Dienstraum, 1 Mannschaftsraum, 1 Laderaum, 1 Abort und 1 Vorraum vor.

Laufwerk mit Gleitachslagern, geschweißtes Untergestell, an einem Ende eingezogen, Hülsenpuffer Bauart Siegen mit 370-mm-Puffertellern ohne Ausgleich, Handbremse im Zugführerabteil, Signalstützen, vor jeder Eingangs- und Seitenwandschiebetür 2 hölzerne Trittbretter, Einsteigegriffe, Handgriffe an Schiebetüren, Trittstufen an Seitenwand, geschweißtes Kastengerippe mit Dachaufbau und Säulen, Dachspriegeln, Rammblechen, Vorbau eingezogen, Bekleidungs- und Dachbleche angeschweißt, Tonnendach, innere Wand- und Deckenverkleidung aus Sperrholz, untere Wandteile hellgrau, obere einschließlich der Decke elfenbeinfarbig gestrichen.

Eingangsdrehtüren, Drehtüren im Dienst- und Mannschaftsraum sowie in Abortquerwand, 1.380 mm breite Seitenwandschiebetüren, 600 mm breite Metallrahmenfenster mit Kniehebelausgleich und Schiebevorhang, feste Fenster mit Schutzgittern im Laderaum, geteiltes Klappfenster im Abort, Kippfenster im Dachaufbau, 1 Luftsauger, kein Übergang.

Der Wagen besaß folgende Innenausrüstung: *Vorraum*: Geräteschrank. *Dienstraum*: erhöhter Polstersitz für den Zugführer, Schreibklappe mit Tischlampe, Manometer, Notbremseinrichtung, für den Packmeister Polstersitz mit darüber liegendem Gepäcknetz, Briefregal mit Schreibklappe, Ofen mit Kohlenkasten, Wärmeplatte, Kleiderschrank. *Mannschaftsraum*: 2 Eschenlattensitzbänke, 1 Klapptisch, 2 Gepäcknetze.

El. Beleuchtung, Lichtgenerator mit Flachriemen, Speicherbatterie, Abort mit Leibstuhl, Fallrohr mit Saughaube, Waschbecken, Konsole mit Wasserkanne, Xylolithfußboden.

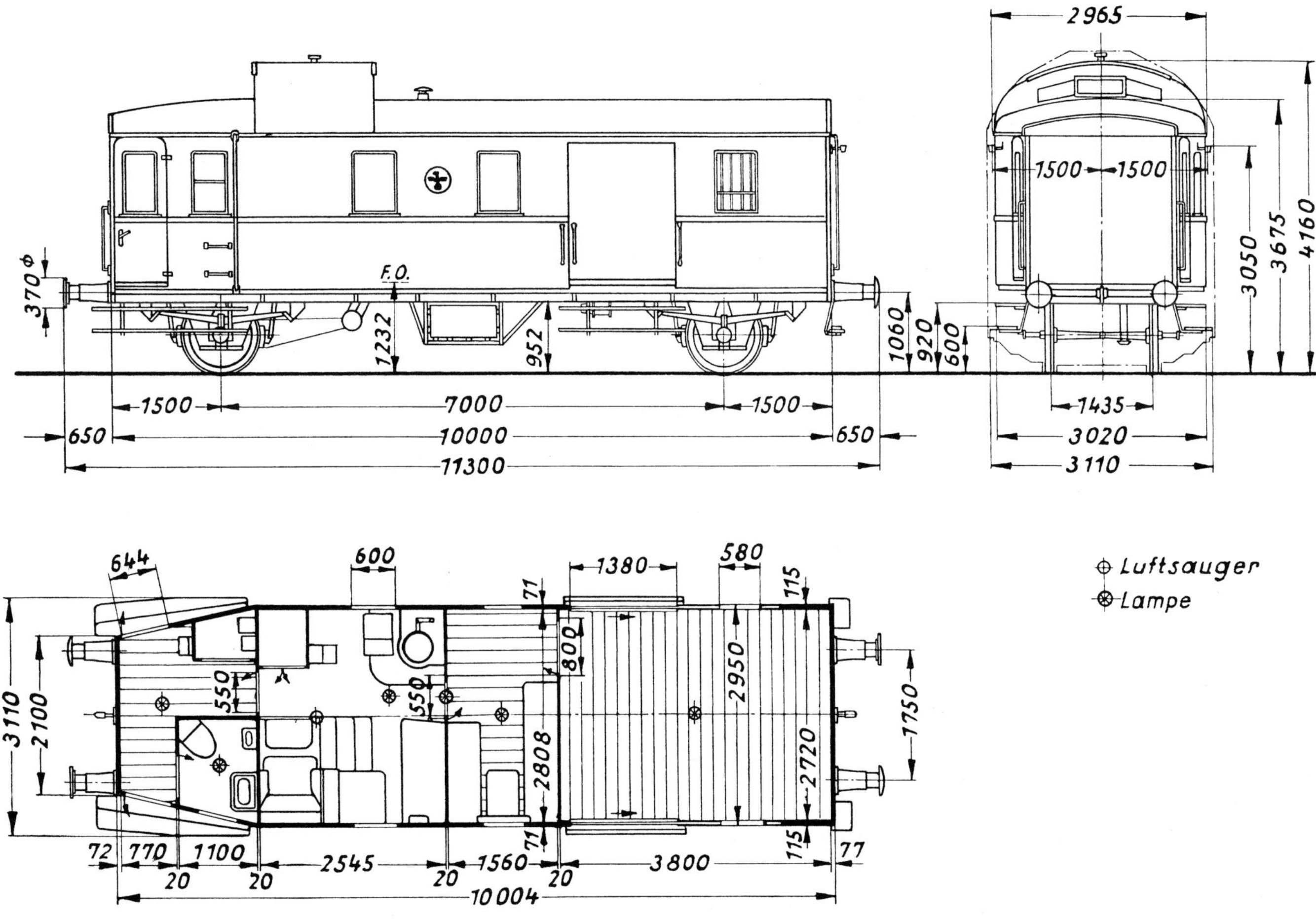

Sammlung Ernst Andreas Weigert

Bemerkungen:
Entwicklungsbauart
In Zusammenarbeit mit dem RZA München, Dez 26, entwickelte die Waggonfabrik Westwaggon mit einem Laufwerk für 90 km/h diesen neuen Typ von Güterzuggepäckwagen. Er weicht in allen Teilen von den bisher gebauten Fahrzeugen ab und ist eine vollständige Neukonstruktion.

Werkfoto VWW, Köln-Deutz

Gattungszeichen	Meß5ü(-35)
Nummernreihe	700 591 Bln
	Lowewa
Gattungsnummer	866
Fahrzeugprogramm	1935 I
Wagenbauvertrag	03.966/26.367
Planzeichen	Fwd 51.1
Übersichtszeichnung	24 118 c WWk
Lieferwerk	WWk WA 10 059
Lieferjahr	04.1938
insgesamt beschafft	1 Wagen
Beschaffungspreis für Wagen	700 591 Bln
1. den betriebsfertigen Wagen	k.U. *
2. davon Radsätze	k.U. *
Ausmusterungsjahr	DRB 1945 KV
Länge über Puffer	23.500 mm
Wagenkastenlänge	22.200 mm
Wagenkastenbreite	2.870mm
Fußboden über SO	k.A. mm
Achsstand gesamt	19.780 mm
Abstand der Drehzapfen	16.180 mm
Achsstand des Drehgestells	3.600 mm
Drehgestellbauart	Sonderbauart m./o. Messachse (101)+(102)
Planzeichen (Drehg.)	Fwp 994a.04.1 Fwp 994b.04.1
Anzahl der Aborte	1 Mittelabort + 1 Waschraum
Anzahl der Schlafabteile (2-bettig)	3
Messraum	1
Beratungsraum	1
Werkstatt	1
Küche	1
Sicherung der Übergänge	Faltenbalgen
Bremse	Hikssbr [Hiks]
Heizung	Whz, ElHzl
Beleuchtung	elektrisch
Eigengewicht	58,5 t

Nach Vorgaben der drei Versuchsabteilungen entstand im RZM Berlin der Entwurf, Westwaggon übernahm die Konstruktion und den Bau dieser neuen stählernen Versuchswagen.

Der Wagengrundriss sah 1 Vorraum, 1 Küche, 1 Ofenraum, 1 Werkstatt, 2 Schlafabteile zweibettig mit dazwischenliegendem Waschraum, 1 Schlafabteil für den Messgruppenleiter, 1 Abort, 1 Seitengang, 1 Beratungsraum, 1 Messraum mit abgeteiltem Arbeitsplatz für den Auswerter sowie mit einem lichtdicht schließenden Vorhang umkleideten Oszillographen, 1 Vorraum vor.

Geschweißtes Untergestell mit diagonalen Versteifungen und zurückgesetzten Vorbauten, Stahlfußboden mit Kork und Linoleum belegt, Drehgestelle in Sonderbauart mit und ohne Messachse, diese mit einer zylindrischen Lauffläche, ohne Spurkranz, ungebremst, Rollenlager, Reibungspuffer Bauart Uerdingen mit 500-mm-Puffertellern, Hikss-Bremse mit 130 bzw. 180 % Abbremsung, Handbremse mit Handrad in einem Vorraum, Stirnwandleiter, Signalstützen, Versuchsausführung der Oberwagenlaternen mit vereinigtem Tag- und Nachtschluss und el. Beleuchtung, vor den Eingangstüren am Vorraum 2 Trittbretter – das obere abgerundet, Einsteigegriffe, geschweißtes Kastengerippe mit kleiner Schürze, Säulen, Dachspriegeln, Vorbau mit parallel eingezogenen Wänden, verstärkte Rammkonstruktion, Bekleidungsbleche angeschweißt und bis an die Pufferteller mit einer großen Rundung vorgezogen, Tonnendach.

Eingangsdrehtüren, Stirnwanddrehtüren mit festen Fenstern, Drehtüren im Seitengang, Beratungs- und Messraum, Küche und in Abortwand, zweiteilige vor Ofenraum und als Innenwand zwischen Mess-/Vorraum, Schiebetüren vor Abteilen, 1.000/800/600 mm breite Metallrahmenfenster (z.T. als Doppelfenster zur Geräuschbekämpfung) mit Gewichtsausgleich, Fenstergriffe, einige Fenster fest verschlossen, Verdunkelungsrollos, Gardinen, 2 feste Fenster in Stirnwand, geteilte Klappfenster im Abort und Waschraum, Entlüftung durch Wendler-Luftsauger, Übergangseinrichtung mit Faltenbalg, Übergangsbrücke.

Werkstatt mit Werkbank und 2 Schlafpritschen. El. Beleuchtungsanlage, 2 Lichtmaschinen mit je 1.200 W in dem zweiachsigen Drehgestell, 110-V-Speicherbatterie, Warmwasserumlaufheizung durch Dampf, Strom oder Kohleofen. Abort mit Leibstuhl, Fallrohr, Saughaube sowie normaler D-Zugwagen Ausstattung.

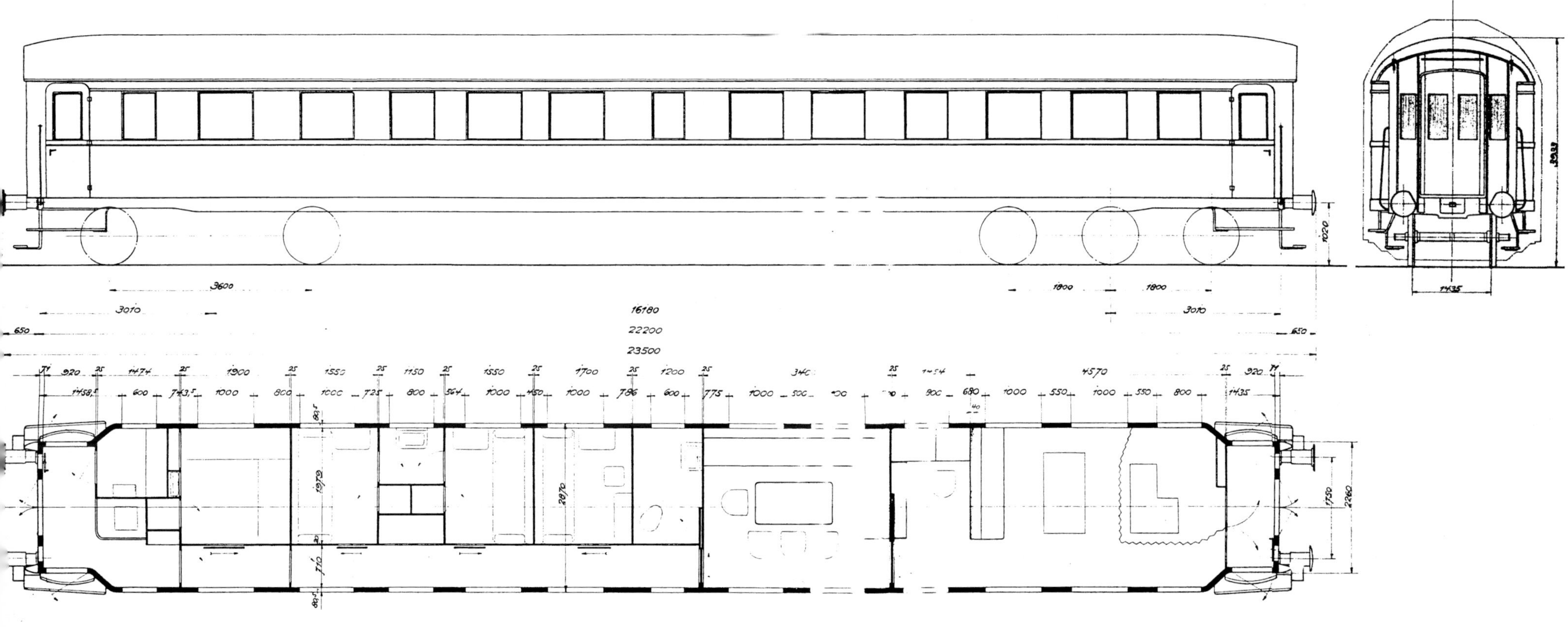

Bemerkungen:

Drehgestellbeschreibungen: Nr. 40 + 41. Die Anschriften am Wagenkasten lauteten:

links:		rechts:	
	Versuchsamt für Lokomotiven und Triebwagen Berlin-Grunewald		Meßwagen A für Lokomotiven

Die Beschreibung der messtechnischen Einrichtung kann der entsprechenden Fachliteratur entnommen werden. Nach tel. Aussage des TBI Mende am 5. März 1970 (früher VersA f. Lokomotiven und Triebwagen, Berlin-Grunewald) erhielten ihre Messwagen aus Luftschutzgründen unmittelbar vor Kriegsschluss noch einen schwarzen Anstrich.

Joachim Deppmeyer

Der Wagengrundriss sah 1 Vorraum, 1 Abort, 1 Ofenraum, 1 Schlafabteil zweibettig, 1 Labor, 1 Werkstatt, 1 Messraum, 1 Schlafabteil für Messgruppenleiter, 2 Schlafabteile mit Längs- bzw. Quersofa und dazwischenliegendem Waschraum, 1 Beratungsraum, Seitengänge, 1 Vorraum vor.
Geschweißtes Untergestell mit diagonalen Versteifungen und zurückgesetzten Vorbauten, Stahlfußboden mit Kork und Linoleum belegt, Drehgestelle Gör III Schwer mit 4. Federung, Rollenlager, Reibungspuffer Bauart Uerdingen mit 500-mm-Puffertellern, Hikss-Bremse mit 130 bzw. 180 % Abbremsung, Handbremse mit Handrad in einem Vorraum, Stirnwandleiter, Signalstützen, vor den Eingangstüren am Vorraum 2 Trittbretter – das obere abgerundet, Einsteigegriffe, geschweißtes Kastengerippe mit kleiner Schürze, Säulen, Dachspriegeln, Vorbau mit parallel eingezogenen Wänden, verstärkte Rammkonstruktion, Bekleidungsbleche angeschweißt und bis an die Pufferteller mit einer großen Rundung vorgezogen, Tonnendach.
Eingangsdrehtüren, Stirnwanddrehtüren mit festen Fenstern, Drehtüren im Seitengang, Beratungs- und Messraum, in Abortwand, zweiteilige vor Ofenraum und in Innenwand Schlafabteil/Beratungsraum, Schiebetüren vor Abteilen, Labor und Werkstatt, abweichende Fensterteilung gegenüber den beiden anderen Messwagen, 1.000/800/600 mm breite Metallrahmenfenster (z.T. als Doppelfenster zur Geräuschbekämpfung) mit Gewichtsausgleich, Fenstergriffe, einige Fenster fest verschlossen, Verdunkelungrollos, Gardinen, 2 feste Fenster in Stirnwand, geteilte Klappfenster im Abort und Waschraum, Entlüftung durch Wendler-Luftsauger, Übergangseinrichtung mit Faltenbalg, Übergangsbrücke. El. Beleuchtungsanlage, 2 Lichtmaschinen mit je 1.200 W an einem Drehgestell, 110-V-Speicherbatterie, Warmwasserumlaufheizung durch Dampf, Strom oder Kohleofen. Abort mit Leibstuhl, Fallrohr, Saughaube sowie normaler D-Zugwagen Ausstattung.

Gattungszeichen	Meß4ü(-35a)
Nummernreihe	700 592 Bln Wawewa
Gattungsnummer	866
Fahrzeugprogramm	1935 I
Wagenbauvertrag	03.966/26.368 vom 9./13.1.37
Planzeichen	Fwd 52.1
Übersichtszeichnung	24 117e WWk
Lieferwerk	WWk WA 10 060
Fabriknummer	156 592
Lieferjahr	07.1937
insgesamt beschafft	1 Wagen
Beschaffungspreis für Wagen	700 592 Bln
1. den betriebsfertigen Wagen	k.U.*
2. davon Radsätze	k.U.*
Ausmusterungsjahr	DB:29.3.1979; DR: –
Länge über Puffer	23.500 mm
Wagenkastenlänge	22.200 mm
Wagenkastenbreite	2.870 mm
Fußboden über SO	k.A. mm
Achsstand gesamt	19.780 mm
Abstand der Drehzapfen	16.180 mm
Achsstand des Drehgestells	3.600 mm
Drehgestellbauart	Görlitz III Schwer (90)
Planzeichen (Drehgestell)	Fwp 962.04.1
Anzahl der Aborte	1 Endabort + 1 Waschraum
Anzahl der Schlafabteile (2-bettig)	4
Messraum	1
Beratungsraum	1
Werkstatt	1
Labor	1
Sicherung der Übergänge	Faltenbalgen
Bremse	Hikssbr [Hiks]
Heizung	Whz, ElHzl
Beleuchtung	elektrisch
Eigengewicht	k.U. t

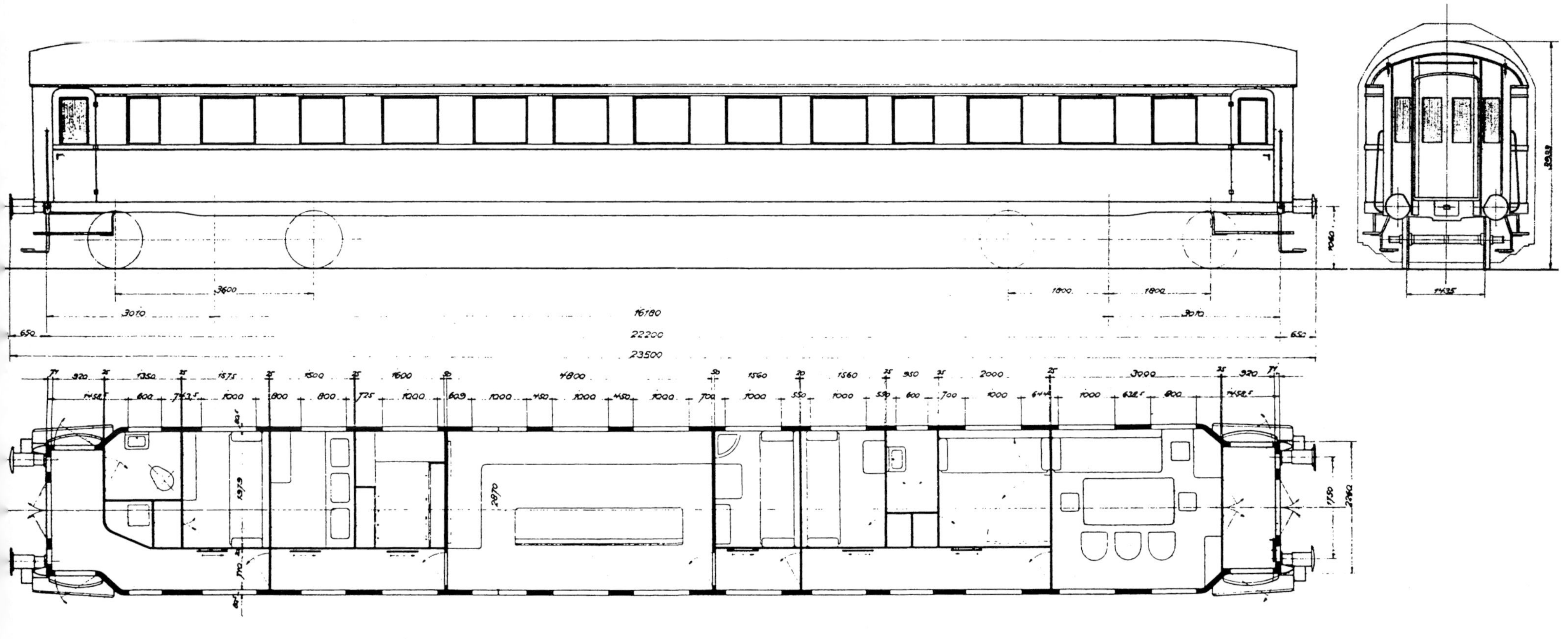

Bemerkungen:
Drehgestellbeschreibung: Nr. 42
Die Übersichtszeichnung, Ausgabe e, liegt leider nicht vor. Zwischen dieser und der oben abgebildeten müssen **Änderungen** angeordnet sein, wie Fotos belegen. Dies trifft u.a. auf Fenstergrößen und die Lage einer Seitengangtür zu. Die nebenstehende Beschreibung nimmt die Entwurfszeichnung als Grundlage. Der 700 592 Bln konnte rechtzeitig im Frühjahr 1945 durch Prof. Dr. Müller von Hof in Richtung München überführt werden. 1950 erhielt er zus. mit den 14 DB-Versuchswagen die neuen M-D-Drehgestelle (s. Band 3). Die Beschreibung der messtechnischen Einrichtung kann der entsprechenden Fachliteratur entnommen werden.

Im Fußboden des Beratungsraumes ist eine Glasfläche eingelassen, um die Bewegungen des eigenen Drehgestells sowie durch Spiegelübertragung das des benachbarten Wagens verfolgen zu können, aus einem unter dem Wagen angebrachten Beobachtungsstand kann der Lauf des 2. Drehgestells ebenfalls beobachtet werden, der Einstieg erfolgt von der Werkstatt aus.

Gattungszeichen	Meß4ü(-35b)
Nummernreihe	700 593 Bln Brawewa
Gattungsnummer	866
Fahrzeugprogramm	1935 I
Wagenbauvertrag	03.966/26.369 vom 9./13.1.37
Planzeichen	Fwd 53.1
Übersichtszeichnung	23 399 c WWk
Lieferwerk	WWk WA 10 059
Lieferjahr	11.1936
insgesamt beschafft	1 Wagen
Beschaffungspreis für Wagen	700 593 Bln
1. den betriebsfertigen Wagen	k.U. *
2. davon Radsätze	k.U. *
Ausmusterungsjahr	DRB 1945 KV
Länge über Puffer	23.500 mm
Wagenkastenlänge	22.200 mm
Wagenkastenbreite	2.870 mm
Fußboden über SO	k.A. mm
Achsstand gesamt	19.780 mm
Abstand der Drehzapfen	16.180 mm
Achsstand des Drehgestells	3.600 mm
Drehgestellbauart	Görlitz III Schwer (90)
Planzeichen (Drehgestell)	Fwp 962.04.1
Anzahl der Aborte	2 Endaborte
Anzahl der Schlafabteile (2-bettig)	1
Messraum	1
Beratungsraum	1
Aufenthaltsraum	1
Maschinenraum	1
Dunkelkammer	1
Sicherung der Übergänge	Faltenbalgen
Bremse	Hikssbr [Hiks]
Heizung	Hzl, Whz, ElHzl
Beleuchtung	elektrisch
Eigengewicht	k.U. t

Der Wagengrundriss sah 1 Vorraum, 1 Ofenraum, 1 Abort, 1 Maschinenraum, 1 Aufenthaltsraum, 1 Dunkelkammer, 1 Seitengang, 1 Messraum, 1 Beratungsraum, 1 Schlafabteil für Messgruppenleiter, 1 Seitengang, 1 Abort, 1 Vorraum vor.

Geschweißtes Untergestell mit diagonalen Versteifungen und zurückgesetzten Vorbauten, Stahlfußboden mit Kork und Linoleum belegt, Drehgestelle Gör III Schwer mit 4. Federung, bei einem Drehgestell dient die hintere Achse als Messachse und wird nicht abgebremst, Rollenlager, Reibungspuffer Bauart Uerdingen mit 500-mm-Puffertellern, Hikss-Bremse mit 130 bzw. 180 % Abbremsung, Handbremse mit Handrad in einem Vorraum, Hauptluftleitung, Bremszylinder und Hilfsluftbehälter mit Anschlüssen für Manometer, Stirnwandleiter, Signalstützen, vor den Eingangstüren am Vorraum 2 Trittbretter – das obere abgerundet, Einsteigegriffe, geschweißtes Kastengerippe mit kleiner Schürze, diese mit Klappen, um ein jederzeitiges Auswechseln der Bremsklötze zu ermöglichen bzw. abnehmbar, um Temperaturmessungen am Drehgestell vornehmen zu können, Säulen, Dachspriegeln, Vorbau mit parallel eingezogenen Wänden, verstärkte Rammkonstruktion, Bekleidungsbleche angeschweißt und bis an die Pufferteller mit einer großen Rundung vorgezogen, Tonnendach.

Eingangsdrehtüren, Stirnwanddrehtüren mit festen Fenstern, Drehtüren im Seitengang, Beratungs- und Messraum und in Abortwand, zweiteilige vor Ofenraum, Schiebetüren vor Abteilen, 1.000/800/600 mm breite Metallrahmenfenster (z.T. als Doppelfenster zur Geräuschbekämpfung) mit Gewichtsausgleich, Fenstergriffe, einige Fenster fest verschlossen, Verdunkelungsrollos, Gardinen, 2 feste Fenster in Stirnwand, geteilte Klappfenster im Abort und Waschraum, in Trennwand Mess-/Besprechungsraum oberhalb des Schreibtisches drei herablassbare Glasfenster mit Rolljalousien, Entlüftung durch Wendler-Luftsauger, Übergangseinrichtung mit Faltenbalg, Übergangsbrücke. In dem verbreiterten Seitengang gegenüber dem Abort befindet sich die Werkbank. Der Maschinenraum enthält die Lademaschine für Mess- und Lichtbatterie sowie den Oszillographenbetrieb. Dieser hat seinen Platz im Messraum.

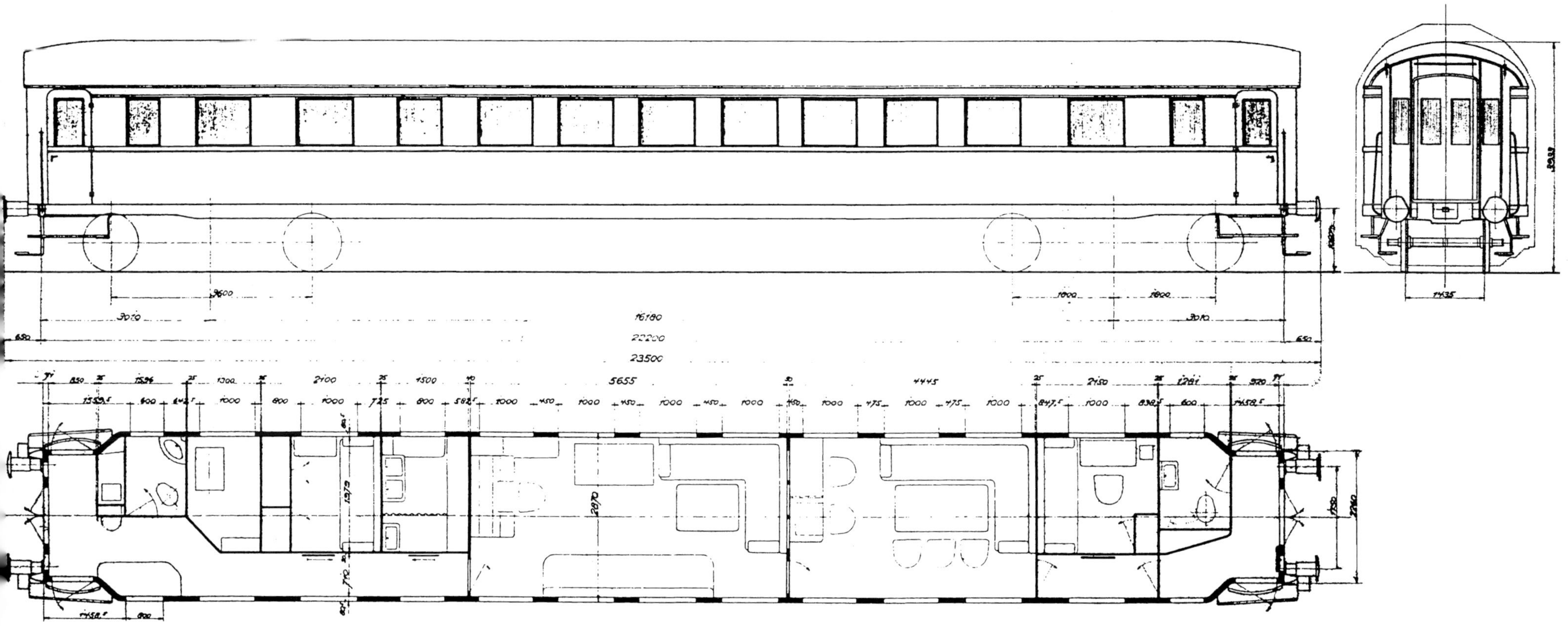

Bemerkungen:
Drehgestellbeschreibung: Nr. 42
Die oben aufgeführte Übersichtszeichnung, Ausgabe c, liegt leider nicht vor. Zwischen dieser und der oben abgebildeten müssen **Änderungen** angeordnet sein. Die nebenstehende Beschreibung nimmt die Entwurfszeichnung als Grundlage. Die Beschreibung der messtechnischen Einrichtung kann der entsprechenden Fachliteratur entnommen werden.
El. Beleuchtungsanlage, 2 Lichtmaschinen mit je 1.200 W an einem Drehgestell, 110-V-Speicherbatterie, Hauptdampfheizleitung. Warmwasserumlaufheizung durch Narag-Ofen. el. Heizleitung, Abort mit Leibstuhl, Fallrohr Saughaube sowie normaler D-Zugwagen Ausstattung.

Werkfoto H. Fuchs

In Zusammenarbeit mit dem Elektrotechnischen Versuchsamt in München-Freimann stellte das RZA München, Dez 26, den Entwurf für den geforderten neuen stählernen Versuchswagen auf.
Bei der Konstruktion ging man mit der Blechträgerkonstruktion von Wagenkasten und Drehgestellen einen anderen Weg als in Berlin, um ein stromlinienförmiges und verwindungssteifes Fahrzeug zu bekommen. Den Bau übernahm die Waggonfabrik Fuchs in Heidelberg. Der Wagengrundriss sah 1 Vorraum, 1 Garderobe, 1 Ofenraum, 1 Abort, 1 Seitengang, 1 Beratungsraum, 1 Messraum, 1 Dunkelkammer, 1 Hochspannungsraum, 1 Seitengang 1 Vorraum vor.
Geschweißtes Untergestell mit Querträgern in Kastenbauweise mit gewichtssparenden Öffnungen, an den Enden abgeschrägt, Holzfußboden mit Linoleum belegt, Drehgestelle in Blechträgerbauart, 3- bzw. 2-achsig mit jeweils 2 nachgerüsteten Sandstreuern, die aus besonderen Luftbehältern gespeist und im Messraum von Hand betätigt wurden, Rollenlager, Reibungspuffer Bauart Uerdingen mit 500-mm-Puffertellern, Hikss-Bremse mit 200 % Abbremsung, Handbremse mit Handrad in einem Vorraum, Stirnwandleiter, Signalstützen. Im Gegensatz zu den Berliner Neubauten erhielt dieser Wagen einen rotbraunen Anstrich, Dach und Schürze in grau. Vor den Eingangstüren am Vorraum 2 Trittbretter, Einsteigegriffe, die Seitenwand als Blechträger ausgerüstet mit Stehblechen, Ober- und Untergurt, dieser mit einer Schürze, Seitenwandsäulen, Dachspriegeln, Tonnendach.
Eingangsdrehtüren, Stirnwanddrehtüren mit festen Fenstern, Drehtüren im Seitengang, Beratungs- und Messraum, in Abortwand, zweiteilige vor Ofenraum. 1.400/800 mm breite und 900 mm hohe Metallrahmenfenster mit Gewichtsausgleich, Fenstergriffe, teilweise Verdunkelungsrollos, Gardinen, 2 feste Fenster in Stirnwand, Entlüftung durch Wendler-Luftsauger, Übergangseinrichtung mit Faltenbalg, Übergangsbrücke.
Für Garderobe, Seitengänge und Beratungsraum kamen Rüsterfurniere, im Messraum dagegen Birnbaumholz zum Einbau, die Dunkelkammer erhielt einen dunkelgrauen Anstrich.

Gattungszeichen		Meß5ü(-35c)
Nummernreihe		702 611 Mü Messwagen F
Gattungsnummer		866
Fahrzeugprogramm		1935 I
Wagenbauvertrag		53.206/26.019
Planzeichen		Fwd k.U.
Übersichtszeichnung		P III 442 d Fu
Lieferwerk		Fuchs
Lieferjahr		1937
insgesamt beschafft		1 Wagen
Beschaffungspreis für Wagen		702 611 Mü
1. den betriebsfertigen Wagen		k.U. *
2. davon Radsätze		k.U. *
Ausmusterungsjahr		DB: XII/1980; DR: –
Länge über Puffer		23.500 mm
Wagenkastenlänge		22.200 mm
Wagenkastenbreite		2.895 mm
Fußboden über SO		1.250 mm
Achsstand gesamt		19.780 mm
Abstand der Drehzapfen		16.180 mm
Achsstand des Drehgestells		3.600 mm
Drehgestellbauart	Regeldrehgestell (-) Sonderausführung	+ Görlitz III Schwer (109a)
Planzeichen (Drehg.)	k.U.	k.U.
Anzahl der Aborte		1 Mittelabort
Garderobe		1
Messraum		1
Beratungsraum		1
Dunkelkammer		1
Hochspannungsraum		1
Sicherung der Übergänge		Faltenbalgen
Bremse		Hikssbr [Hiks]
Heizung		Hzl, Whz
Beleuchtung		elektrisch
Eigengewicht		49,3 t

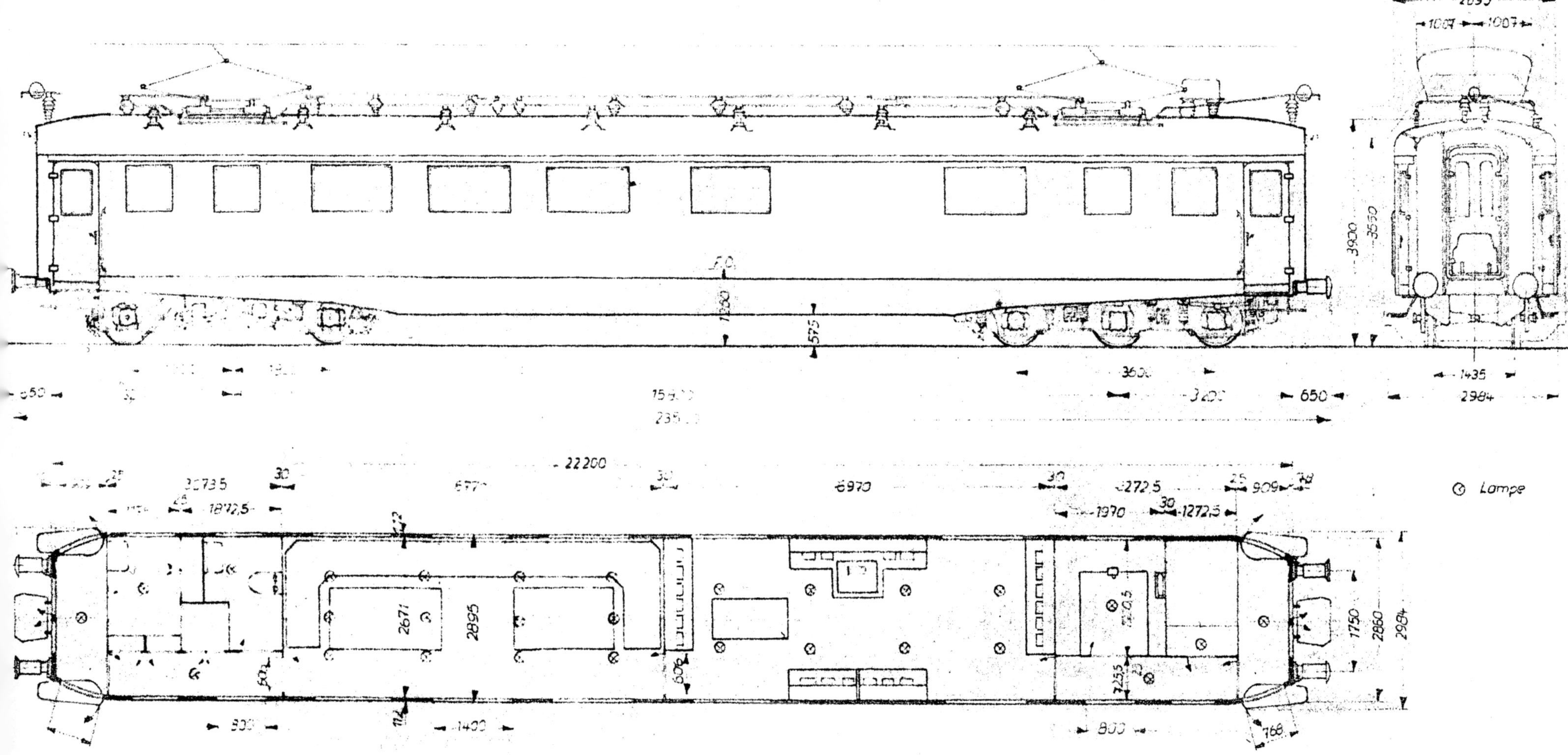

Zeichnung Wumag, Sammlung Wolfgang Theurich

Bemerkungen:

Drehgestellbeschreibungen: Nr. 43 + 44.

Die Beschreibung der messtechnischen Einrichtung kann der entsprechenden Fachliteratur entnommen werden.

El. Beleuchtungsanlage, Betrieb des Narag-Ofens durch die durchlaufende Dampfheizung oder Koks, der in Koksfüllern im Schrank vorrätig gehalten wird, unter einer Bodenklappe befindet sich ein Abfalltrichter für die anfallende Asche. Abort mit Leibstuhl, Fallrohr mit Saughaube sowie einer normalen D-Zugwagen-Ausstattung.

83. Nummernplan 1937

Plan der Reichsbahn-Personen- und Gepäckwagen aufgestellt nach der Unterlage vom Hauptwagenamt-Personenwagenabteilung PW 111 Bw 18

Wagengattung	Vorgesehene Nummernreihe	Nummernreihe für die Einheitsbauarten 1921-1927	1928-1934	1935-1937	d. Länderb. vor 1923
I. Sonderwagen					
Lokalbahnwagen	8 001- 9 999	8 001- 8 223	8 224- 8 287		8 701-9 998
Gefang.wg 2x	10 001-10 199	10 001-10 016	10 017-10 053	10 054-10 058	
4x			10 151-10 152	10 171-10 197	
II. Salon- und Sonderwagen					
Salonwagen	10 201-10 399			10 201-10 251	10 311-10 397
H-W-Zug	10 401-10 499			10 401-10 404	
SA4ü(k)	10 501-10 699		10 501-10 508		
SB4ü(k)	10 701-10 999		10 701-10 719		
III. D-Zugwagen					
A4ü	11 001-11 199	11 001-11 026	11 027-11 034		11 181-11 193
AB3(4,6)ü	11 201-13 999	11 201-11 326	11 327-11 590	11 591-11 625	12 901-13 996
ABC3(4,6)ü	14 001-14 999		14 001-14 204	14 205-14 458	14 461-14 999
B4(6)ü	15 001-15 499	15 001-15 015	15 016-15 030		15 411-15 498
BC4ü	15 501-15 999		15 501-15 520	15 521-15 687	15 701-15 999
C3(4,6)ü	16 001-19 999	16 001-16 191	16 192-16 545	16 546-17 360	17 361-18 999
				19 001-19 189	
IV. Abteil- und Durchgangswagen					
a) Wagen 2.Klasse					
B4	20 001-20 999				20 161-20 993
B3, B	21 001-24 999	21 001-21 017	21 018-21 031		21 901-24 999
B4i	25 001-26 999		25 001-25 289		26 941-26 998
B3i, Bi	27 001-29 999	27 001-27 010	27 011-28 692		29 751-29 996
Bi (Nebenbahn)	29 991-29 999	29 001-29 005	29 006-29 010		
b) Wagen 2./3.Klasse					
BC4	30 001-30 999				30 361-30 993
BC, BC3	31 001-32 999	31 001-31 040			31 821-32 993
BC4i	33 001-35 999	35 993-35 997	33 001-33 536	33 542-33 716	35 801-35 991
BC3i, BCi	36 001-38 999	36 001-36 020	36 021-36 969		37 121-38 994
BCi (Nebenbahn)	39 001-39 999	39 001-39 005	39 006-39 111		
c) Wagen 3. Klasse					
C4	40 001-42 999				41 051-42 997
C3, C	43 001-71 999	43 001-45 858			46 001-71 978
C4i	72 001-79 999	79 976-79 998	72 001-73 409	73 410-74 539	79 621-79 974
C3i, Ci	80 001-97 999	80 001-83 241	83 242-85 733		87 901-97 998
Ci (Nebenbahn)	98 001-98 999	98 001-98 064	98 065-98 163		

Wagengattung	Vorgesehene Nummernreihe	Nummernreihe für die Einheitsbauarten 1921-1927	1928-1934	1935-1937	d. Länderb. vor 1923
V. Personenwagen mit Gepäck- oder Postabteil					
CPw4ü	99 001-99 099				
BCPw	99 101-99 199				
CPw, CPwi	99 201-99 399				99 351-99 399
BPost	99 401-99 499				
CPost(3)(i)	99 501-99 999	99 501-99 505			99 921-99 996
VI. Gepäckwagen mit Postabteil					
PwPost4ü	100 001-100 999		100 001-100 030		100 971-100 990
PwPost4i	101 001-101 999				101 971-101 994
PwPost(3)	102 001-102 499				
PwPosti für Nebenbahn	102 501-102 999		102501-102 554		
PwPost(3)i	103 001-104 999				103 001-103 058
					104 001-104 994
VII. Gepäckwagen					
SPw4ü	105 001-105 099		105 001-105 003	105 060-105 065	
Pw3(4)ü	105 101-107 999	105 101-105 110	105 111-105 536	105 537-105 884	107 021-107 998
Pw4	108 001-108 999				108 601-108 993
Pw3, Pw	109 001-111 999				109 081-111 993
Pw4i	112 001-113 999		112 001-112 390		113 996-113 998
Pw3i, Pwi	114 001-117 499	114 001-114 329	114 330-114 931		115 821-117 487
		117 064-117 073[6]			
Pwi f. Nebenb.	117 501-117 999		117 501-117 810		
Pwg(3)(i)	118 001-124 070				118 001-124 062
	126 401-132 999				126 403-132 996
Pwgs	124 071-126 399			124 071+124 072	

Anmerkung:

1) Wagen der Einheitsbauart wurden nach 1921, solche der Länderbauart im Allg. bis 1923/24 gebaut.
2) Mit Ausnahme einzelner Wagengattungen (z.B. „C" der Nummernreihe 43 000-45 000, „Ci" der Nummernreihe 80 000-83 000) waren die nach 1923 gebauten Wagen solche der Stahlbauart und die vor 1923 solche der eisernen bzw. der Holzbauart
3) Hinsichtlich des Alters der vor 1923 gebauten Wagen muss beachtet werden, dass die älteren Wagen die niedrige und die jüngeren die höhere Nummer hatten. AB4ü 12 901 kam 1892, AB4ü 13 984 erst 1916 zur Ablieferung.
4) Die Zugehörigkeit der vor 1923 gebauten Wagen der Länderbauart zu den einzelnen Ländern ergibt sich aus dem „Plan für die Durchnummerung der Personen- und Gepäckwagen", genehmigt mit Verf.

der Hv vom 27. März 1930 -30 Fen 14- (auch nachzulesen bei Diener, Wolfgang: Die Reisezugwagen und Triebwagen der Deutschen Reichsbahn).

5) Die D-Zugwagen der Baujahre 1923-1927 gehörten zur Gruppe 3, der Baujahre 1928-1934 zur Gruppe 2, der Baujahre ab 1935 zur Gruppe 1 sowie der Baujahre vor 1923 zur Gruppe 4 und, falls es sich um Nullwagen handelt (über 40 Jahre alte Wagen erhielten vor der Wagennummer eine „Null", z.B. 014 470), zur Gruppe 5.

6) Für die 1935 übernommenen Wagen der Saar-Bahn-Personen- und Gepäckwagen hatte der U-Plan 1930 schon die Nummern unter der Bezeichnung „S" freigehalten, die bei der Rückgliederung des Saarlandes dann vergeben wurden. Für die D-Zugwagen waren hingegen wegen ihrer geringen Zahl keine freigehalten. Sie erhielten die Nummern von Reichsbahnwagen, die bis 1935 ausgemustert waren sowie einige im U-Plan am Ende der Tausender-Reihen frei gebliebenen Nummern.

Auszug aus der „Zusammenstellung der Bezeichnungen der Wagen 3. Klasse nach der Vfg. des RVM, Eisenbahnabteilungen vom 4. November 1937 -30Fkwp 492- (es werden nur die Positionen aufgeführt, bei denen sich die Bezeichnung änderte)"

lfd Nr	Bauart der Wagen	Bezeichnung bisher	jetzt
	A. Vierachsige Wagen		
3	Abteilwagen mit Lattenbänken und mit Abteilen für Reisende mit Traglasten	C4tr	CC4tr
	B. Zweiachsige Wagen		
1	Abteilwagen mit Lattenbänken	C, Cu, CCu	C
4	Abteilwagen mit Lattenbänken und mit Abteilen mit Lattenbänken oder Bretterbänken für Reisende mit Traglasten	Ctr	CCtr
5	Abteilwagen mit Bretterbänken und mit Abteilen für Reisende mit Traglasten	Ctr	CdCtr
6	Durchgangswagen mit Lattenbänken	Ci, Ciu, CCiu	Ci
7	Durchgangswagen mit Bretterbänken	Ci, Cid	Cid
9	Durchgangswagen mit Lattenbänken und mit Abteilen mit Lattenbänken oder Bretterbänken für Reisende Traglasten	CCitr, Ciutr	CCitr
10	Durchgangswagen mit Bretterbänken und mit Abteilen für Reisende mit Traglasten	CCitr, Cidtr	CdCitr
	C: Dreiachsige Wagen		
1	Abteilwagen mit Lattenbänken	C3, C3u	C3
2	Abteilwagen mit Bretterbänken	C3, C3d	C3d
5	Abteilwagen mit Bretterbänken und mit Abteilen für Reisende mit Traglasten	CC3tr	CdC3tr
6	Durchgangswagen mit Lattenbänken	C3i, C3iu	C3i
7	Durchgangswagen mit Bretterbänken	C3i, C3id	C3id
9	Durchgangswagen mit Lattenbänken und mit Abteilen mit Lattenbänken oder Bretterbänken für Reisende mit Traglasten	CC3itr, CC3iutr	CC3itr
10	Durchgangswagen mit Bretterbänken und mit Abteilen für Reisende mit Traglasten	CC3itr, C3idtr	CdC3itr

Änderungen des Nummernplanes 1956

Die ab 3. Juni 1956 geplante Einführung des Zweiklassensystems machte eine Bereinigung der Wagennummern einer Reihe von Schnellzugwagen notwendig. Dazu stellte das Hauptwagenamt, Personenwagenabteilung, in Frankfurt (M) eine Umzeichnungsliste (Pw 110 Zwn vom 14. Juni 1955 mit Ergänzungen vom 10. August 1955 und 7. November 1955) auf.

Dort heißt es: *Durch die Umnummerung wird erreicht:*

1) *Abschaffung der sechsstelligen Wagennummern (ABC4ü 214 000, BC4ü 215 500 und C4ü 216 000),*
2) *Einreihung der C4ü in die Reihe 16 001 - 19 999 nach ihrem Alter,*
3) *Einordnung der Mittenwaldwagen in die Nummernreihe der Eilzugwagen und in Anbetracht der zum 3.6.1956 beabsichtigten Einführung des Zweiklassensystems,*
4) *Einreihung der A4ü und der B4ü in die Reihe der AB4ü (11 201 - 11 399), die vom 3.6.1956 an mit A4ü bezeichnet werden,*
5) *Einreihung der BC4ü in die Reihe der ABC4ü (14 001 - 15 999, ab 3.6.1956 AB4ü).*

Nach der Umnummerung besteht für die Schnellzugwagen folgendes Nummernsystem:

Gruppe Gattung	23 Ein	29 heits	35 bau	39 art	53 Neubau	05 Länder	15 bauart
1)	(7)	(7)					
A4ü	11 302-318	11 540-544					
1)	(7-8)	(7-8)	(7)	(7)	(10)	(7-8)	(7-8)
AB4ü	11 201-332	11 333-590	11 591-625	11 629-728	}	13 172-979	13 981-987
			11 729-793				
			(8)				
			11 801-802		} ab 11 803		
1)	(8)	(8)				(7-8)	(7-8)
B4ü	11 203-208	11 571-576			}	13 175-336	13 984-993
2)		(9)	(8)	(8)	(11)	(8-9)	(9)
ABC4ü		14 001-204	14 205-458	14 501-565	}	15 801-996	15 999
2)		(9)	(8)	(8)	} ab 14 801	(8-9)	
BC4ü		14 136-143	14 205-478	14 607-659	}	15 851-987	
3)	(9½-10)	(10)	(9)	(9)	(12)	(8-9)	(8-9)
C4ü	16 001-191	16 192-545	16 546-	17 451-599	ab 17 601	19 301-795	19 901-983
		17 441					
PwPost4ü		100001-020					
	(32)	(32)	(40)			(ca. 30)	(ca. 30)
Pw4ü	105 101-110	105 111-530	105 557-884			107 021-877	107 878-889
						107 890-901	107 902-930
						107 931-951	107 952-988
						107 989-995	

Anmerkung

1) vom 3.6.56 an A4ü, 2) AB4ü und 3) B4ü. Über den Wagennummern ist bei den Sitzwagen die Anzahl der Abteile und bei den Gepäckwagen die Ladefläche angegeben.

Das Hauptwagenamt – Personenwagenabteilung – in Frankfurt (M) stellte auch einen Umnummerungsplan (Pw 110 Zwn Stand 1. August 1957) für die ehemaligen Saar-Bahn-Wagen auf.

VI. Drehgestellbeschreibungen

Zur Unterscheidung der Fertigungsart der Drehgestelle wird der Anfangsbuchstabe der Zusatzbezeichnung bei genieteter Ausführung in Kleinschrift (z.B. Görlitz III leicht) und bei geschweißter Ausführung in Großschrift (z.B. Görlitz III Schwer) angegeben. In Klammer (..) gesetzt erscheint hinter der Bauartbezeichnung die laufende Nummer, unter der die Bauart im „Verzeichnis der Drehgestell-Bauarten 1890 – 1944" aufgeführt wird.

Die Beschaffungspreise sind den Aufnahmezetteln (905 08) bzw. den Bestandskarten (984 02) oder vorhandenen Wagenbauverträgen entnommen. Die mit „*" genannten Preise verstehen sich einschließlich der Beistellteile sowie der Gewichte. Die Angaben sind der jeweiligen „Übersicht über Gewichte und Kosten" entnommen, die vom Reichsbahnzentralamt nach Abwicklung des Auftrages aufzustellen und der HV bzw. dem RVM einzureichen waren.

1 Versuchsdrehgestell für D-Zugwagen 1932

Werkfoto Wumag, Sammlung Wolfgang Theurich

Bauart	Görlitz III schwer (62a)
Gattungsnummer	904
Fahrzeugprogramm	1932
Wagenbauvertrag	26.9102
Planzeichen	Fwp 919.04.1
Übersichtszeichnung	AB4ü 610d Wum
für Wagenbauart	C4ü-31, ab 1937 C4ü-28 (16 518), s. Band 1, Wb 13
Lieferwerk (WA)	Wum (8381)
Lieferjahr	1932
insgesamt beschafft	1 Satz
Beschaffungspreise	k. U. RM
Achszahl	2
Achsstand	3.600 mm
Federung	3-fach
Satzgewicht	k. U. kg

Bemerkungen:
Profileisenrahmen, 8-lagige 2.000-mm-Wiegenfedern, 5-lagige 1.200-mm-Achsfedern.

1.1 Seriendrehgestell für D-Zugwagen 1932

Joachim Deppmeyer

Bauart	Görlitz III schwer (62b)			
Gattungsnummer	904			
Fahrzeugprogramme	1932	1933	1933Ü	1934
Wagenbauverträge	61.9105	61.4109	61.803	61.806/100
Planzeichen	Fwp 920.04.1			
Übersichtszeichnungen	AB4ü 610 Wum			
für Wagenbauarten	ABC4ü-29 1)	ABC4ü-29+-33	ABC4ü-33	ABC4ü-33+Rheingold
Lieferwerke (WA)	Wum (8386)	Wum (8404)	LHB	LHB, Wum (8405)
Lieferjahre	1932	1933	1933/34	1934
insgesamt beschafft	12	8	30	16+21 Sätze
Beschaffungspreise	k. U	7.001,00	6.420,00*	5.970,00* RM *
Achszahl	2			
Achsstand	3.600 mm			
Federung	3-fach			
Satzgewicht	k. U.	14.600 kg	k. A.	k. A. kg *

Bemerkungen:
Profileisenrahmen, 8-lagige 2.000-mm-Wiegenfedern, 5-lagige 1.200-mm-Achsfedern (bei den Ersatzdrehgestellen für die Rheingold-Wagen (19 Satz) und dem Salükr Pr 08/33 6-lagige 1.200-mm-Achsfedern mit Gleitachslagern), auch für Bahnpostwagen von der Wumag gebaut. 1) siehe Band 1, Wb 16

2 Versuchsdrehgestell für D-Zugwagen 1931

Werkfoto Wumag, Sammlung Wolfgang Theurich

Bauart	Görlitz III Schwer (63)
Gattungsnummer	904
Fahrzeugprogramm	1932
Wagenbauvertrag	03.966/26.9102
Planzeichen	Fwp 940b.04.1 fr. B.e. 3400
Übersichtszeichnungen	AB4ü 589c Wum
für Wagenbauart	C4ü-31 (16 519+16 520)
Lieferwerk (WA)	Wum (8383)
Lieferjahr	1932
insgesamt beschafft	2 Sätze
Beschaffungspreis	7.565 RM
Achszahl	2
Achsstand	3.600 mm
Federung	3-fach
Satzgewicht	k.A, kg

Bemerkungen:
Profileisenrahmen, 7-lagige 2.000-mm-Wiegenfedern, 5-lagige 1.200-mm-Achsfedern, 1 Satz versuchsweise mit doppeltem Achslager, Gehäuseführungen. Nach Kriegsende musste die Wumag einen kompletten Zeichnungssatz an die russische Besatzungsmacht abgeben.

3 Versuchsdrehgestell für D-Zugwagen 1932a

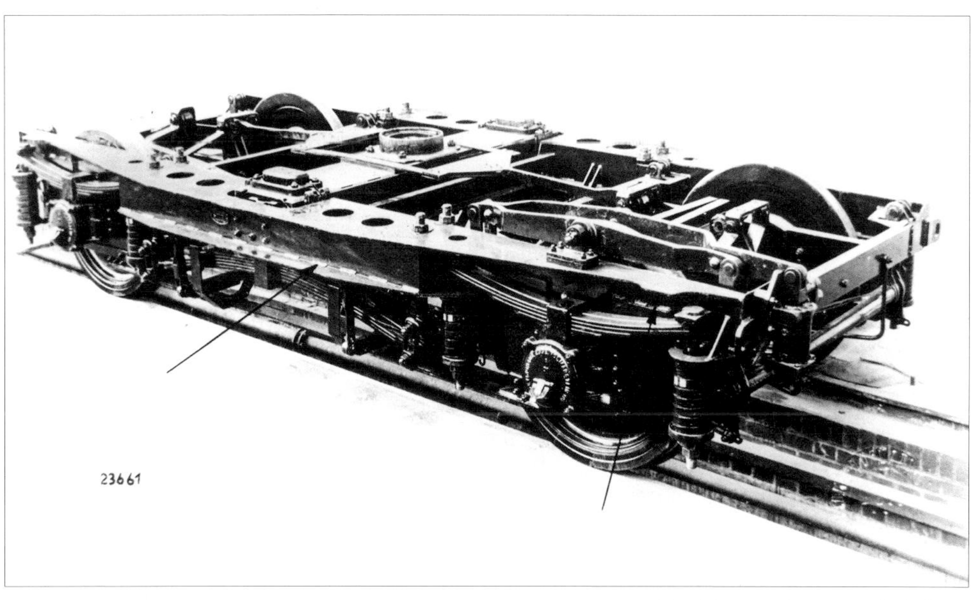

Werkfoto LHW, Sammlung RZM Berlin

Bauart	Görlitz III Schwer (64)
Gattungsnummer	904
Fahrzeugprogramm	1932
Wagenbauvertrag	03.966/26.9951
Planzeichen	Fwp 941a.04.1
Übersichtszeichnung	C 231/34815a LHB
für Wagenbauart	C4ü-32a (16 542)
Lieferwerk (WA)	LHB
Lieferjahr	1933
insgesamt beschafft	1 Satz
Beschaffungspreis	7.654,00 RM *
Achszahl	2
Achsstand	3.600 mm
Federung	3-fach
Satzgewicht (m. Lichtg.)	9.000 kg *

Bemerkungen:
Profileisenrahmen normal, Bremszylinder am Untergestell, 7-lagige 2.000-mm-Wiegenfedern, 5-lagige 1.200-mm-Achsfedern.

4 Versuchsdrehgestell für D-Zugwagen 1932 (ohne Abb.)

Bauart	Görlitz III Schwer (65)
Gattungsnummer	904
Fahrzeugprogramm	1932
Wagenbauvertrag	03.966/26.9951
Planzeichen	Fwp 941b.04.1
Übersichtszeichnung	LHB C 232/34964
für Wagenbauart	C4ü-32a, 16 543
Lieferwerk	LHB
Lieferjahr	1933
insgesamt beschafft	1 Satz
Beschaffungspreis	7.654,00 RM *
Achszahl	2
Achsstand	3.600 mm
Federung	3-fach
Satzgewicht (m. Lichtg.)	10.200 kg *

Bemerkungen:
Profileisenrahmen normal, Bremszylinder im Drehgestell, 7-lagige 2.000-mm-Wiegenfedern, 5-lagige 1.200-mm-Achsfedern.

6 Seriendrehgestell für Salonwagen 1935 (ohne Abb.)

Bauart	Görlitz III Schwer (76)
Gattungsnummer	904
Fahrzeugprogramm	1934
Wagenbauvertrag	03.966/26.359
Planzeichen	Fwp 945.04.1
Übersichtszeichnung	C 259/39636a LHW
für Wagenbauarten	Salon4ü-35 + 35a, 10 201+10 202
Lieferwerk (WA)	LHW WA 5775/1-2
Lieferjahr	1934
insgesamt beschafft	2 Sätze
Beschaffungspreis	8.400,00 RM
Achszahl	2
Achsstand	3.600 mm
Federung	3-fach
Satzgewicht	14.250 kg

Bemerkungen:
Für Fährverkehr mit Gleitachslagern und außenliegenden Riementrieblichtgeneratoren, Profileisenrahmen, 8-lagige 2.000-mm-Wiegenfedern, 6-lagige 1 200 mm Achsfedern, nachträglich nach Fwp 952.04.40 umgebaut, lt. Aufstellung Paul ebenfalls für Salon4ükr Pr 08/33 Bln 10 387 als Ersatz für 3-achsiges Regeldrehgestell (03.966/61.141).

5 Seriendrehgestell für vereinigte Post- und Gepäckwagen 1934

Werkfoto Wumag, Sammlung Wolfgang Theurich

Bauart	Görlitz III Schwer (76a)
Gattungsnummer	904
Fahrzeugprogramm	1934
Wagenbauvertrag	03.966/61.904
Planzeichen	Fwp 944.04.1
Übersichtszeichnung	C 1422/67398 LHW
für Wagenbauart	PwPost4ü-34
Lieferwerk (FA)	LHW
Lieferjahr	1935
insgesamt beschafft	10 Sätze
Beschaffungspreis	k.U. RM *
Achszahl	2
Achsstand	3.600 mm
Federung	3-fach
Satzgewicht	k.U. kg *

Bemerkungen:
Profileisenrahmen, 8-lagige 2.000-mm-Wiegenfedern, 6-lagige 1.200-mm-Achsfedern, auch für WR4ü-34 von der Wumag nach Übersichtszeichnung Wum AB4ü 676 d (WA 10219) geliefert. Die obige Abbildung zeigt diese Ausführung.

7 Seriendrehgestell für Salonwagen 1935 (ohne Abb.)

Bauart	Görlitz III Schwer (106)	
Gattungsnummer	904	
Fahrzeugprogramm	1935 I	1938
Wagenbauvertrag	03.966/26.366	03.966/26.012
Planzeichen	Fwp 952.04.1	Fwp 952.04.40
Übersichtszeichnungen	LHW C 259/39636c LHW	5951/04.01a LHW
für Wagenbauart	Salon4ü-35b + 36, 10 203/10 204	Salon4ü-35b, 10 203
Lieferwerk (WA)	LHW WA 5802	LHW WA 5951
Lieferjahre	1935 + 1936	1938
insgesamt beschafft	2 Sätze	1 S. Ersatzdrehgestell
Beschaffungspreis	17.040,00 RM	k.U. RM *
Achszahl	2	
Achsstand	3.600 mm	
Federung	3-fach	4-fach
Satzgewicht	k.A. kg	k.U. kg *

Bemerkungen:
Für Fährverkehr mit Rollenachslager, 1 Drehgestell mit Bremsdruckregler und 1 Lichtmaschine Dps an der Schrägstrebenseite, 1 Drehgestell mit je 1 Lichtmaschine Dps an der Schräg- und Längsstrebenseite, Profileisenrahmen, 8-lagige 2.000-mm-Wiegenfedern, 6-lagige 1.200-mm-Achsfedern, später nach Fwp 952.04.40 umgebaut und mit 4. Federung ausgerüstet.

8 Seriendrehgestell für Salonwagen 1937 (vor Umbau)

Werkfoto Wumag, Sammlung Wolfgang Theurich

8 Seriendrehgestell für Salonwagen 1937 (nach Umbau)

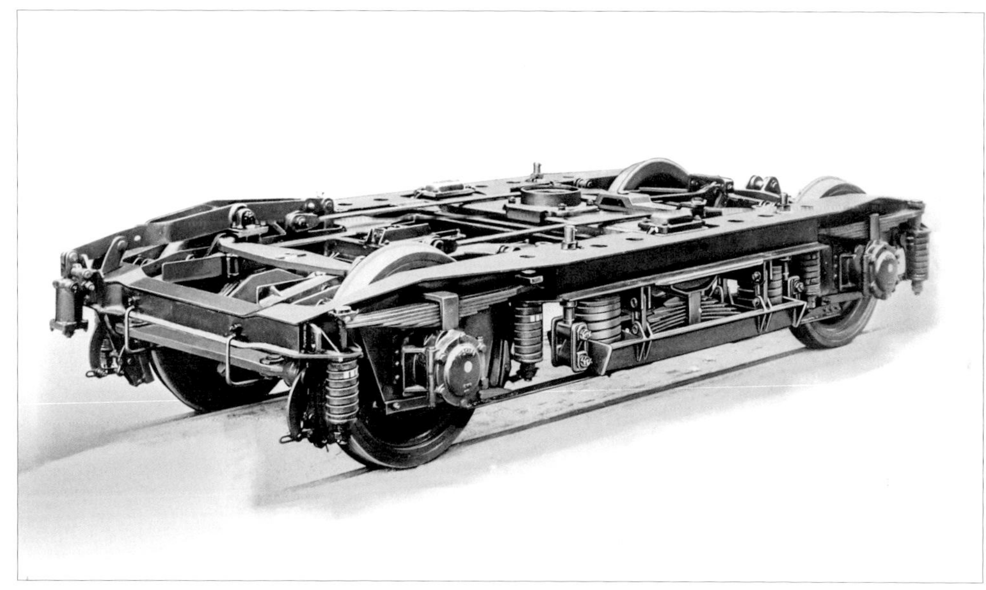

Werkfoto Westwaggon, Sammlung RWWA 107-GN78

Bauart	Görlitz III Schwer (98)
Gattungsnummer	904
Fahrzeugprogramm	1937 II
Wagenbauverträge	03.966/59.001- 008, 010
Planzeichen	Fwp 967.04.1a
Übersichtszeichnung	AB4ü(04)971b Wum + f. Ub. 46 462 WWk
für Wagenbauart	„Dienstzug 1937"
Lieferwerk (WA)	Wum WA 8474, f. Ub. WWk WA 22 363
Lieferjahr	1937
insgesamt beschafft	13 + 3 Sätze
Beschaffungspreis	15.583 RM + 15.583 RM *
Achszahl	2
Achsstand	3.600 mm
Federung	4-fach
Satzgewicht	11.200 kg * + 11.200 kg *

Bemerkungen:
Mit Tatzlagerlichtgeneratoren ZOG 180 und hohlen Langträgerenden, noch während der Lieferung auf Anordnung des RZA mit 4-facher Federung durch WWk, Köln-Deutz, ausgerüstet (ursprünglich war nur der Salon Presse4ü-37 Berlin 10 251 dafür vorgesehen), Profileisenrahmen, 7-lagige 1.500-mm-Wiegenfedern, 6-lagige 1.200-mm-Achsfedern, Rollenachslager und Bremsdruckregler.

9 Sonderdrehgestell für D-Zugwagen, Karwendel 1932

Joachim Deppmeyer

Bauart	Görlitz III leicht (55)
Gattungsnummer	905.04.000
Fahrzeugprogramm	1932
Wagenbauvertrag	03.966/61.9109
Planzeichen	Fwp 902.04.1
Übersichtszeichnung	C 174/25057d LHB fr. B.e. 5021
für Wagenbauarten	ABC4ü-32 + C4ü-32, Sonderbauart Karwendel
Lieferwerk (WA)	LHB
Lieferjahr	1932
insgesamt beschafft	29 Sätze
Beschaffungspreis	4.900,00 RM *
Achszahl	2
Achsstand	3.000 mm
Federung	3-fach
Satzgewichte	11.350 kg

Bemerkungen:
Profileisenrahmen, 8/9-lagige 1.800-mm-Wiegenfedern, 5-lagige 900-mm-Achsfedern, Drehgestell später im Austauschbau auch für weitere Bauarten gefertigt, bei einigen Drehgestellen Versuche mit unsymmetrischem Achsstand.

10 Versuchsdrehgestell für D-Zug- und Durchgangswagen 1932

Werkfoto Wumag, Sammlung Wolfgang Theurich

Bauart	Görlitz III Leicht (66)	
Gattungsnummer	905	
Fahrzeugprogramm	1932	
Wagenbauvertrag	03.966/26.9951 + 03.966/26.9952	
Planzeichen	Fwp 942a.04.1	
Übersichtszeichnung	Dgl 125 Wum	
für Wagenbauarten	C4ü-32b, 16 545 + C4i-32, 73 238	
Lieferwerk (WA)	Wum WA 8392 + 8396	
Lieferjahr	1933	
insgesamt beschafft	1 Satz	1 Satz
Beschaffungspreis	5.481,00 RM *	8.585,60 RM *
Achszahl	2	
Achsstand	3.000 mm	
Federung	3-fach	
Satzgewicht	5.250 kg *	k.A. kg *

Bemerkungen:
Profileisenrahmen mit Kkp-Trommelbremse, 9-lagige 1.800-mm-Wiegenfedern, 5-lagige 900-mm-Achsfedern, Drehgestelle 1940 auf Hikp-1-Bremse umgebaut.

11 Versuchsdrehgestell für D-Zug- und Durchgangswagen 1932

Werkfoto Wumag, Sammlung Wolfgang Theurich

Bauart	Görlitz III Leicht (67)	
Gattungsnummer	905	
Fahrzeugprogramm	1932	
Wagenbauvertrag	03.966/26.9951 + 03.966/26.9952	
Planzeichen	Fwp 942b.04.1	
Übersichtszeichnung	Wum Dgl 150	
für Wagenbauarten	C4ü-32b, 16 544 + C4i-32, 73 237	
Lieferwerk (WA)	Wum WA 8390 + 8394	
Lieferjahre	1933	
insgesamt beschafft	1 Satz	1 Satz
Beschaffungspreis	5.932,00 RM *	5.176,00 RM *
Achszahl	2	
Achsstand	3.000 mm	
Federung	3-fach	
Satzgewichte	6.900 kg *	k.A. kg *

Bemerkungen:
Normaler Profileisenrahmen mit Kks Bremse und Bremsdruckregler bzw. mit Kkp Bremse, Wiegenquerfederung, 9-lagige 1.800-mm-Wiegenfedern, 5-lagige 900-mm-Achsfedern.

12 Versuchs- u. Seriendrehgestell für D-Zug- u. Durchgangswagen 1933

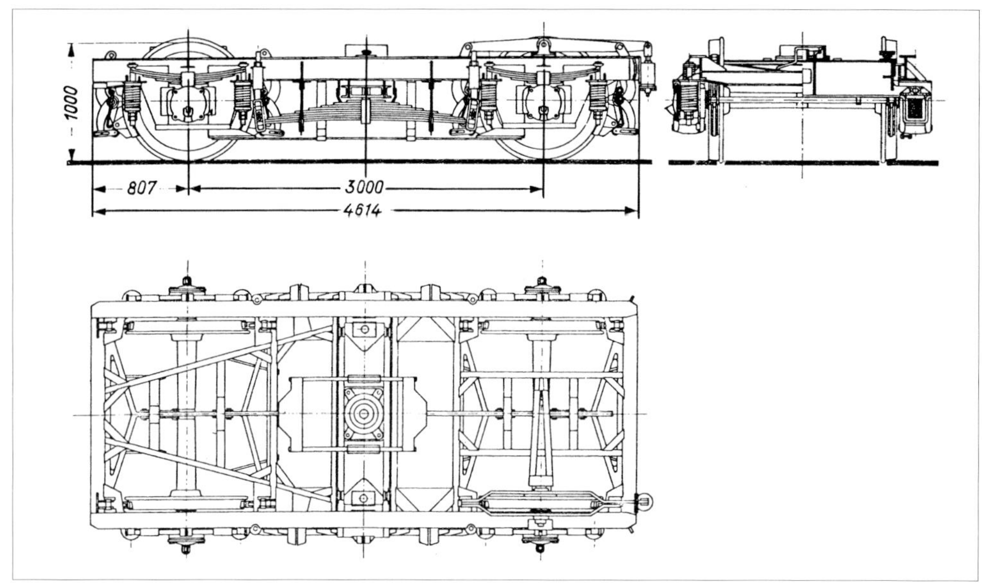

BZA Minden (Westf)

Bauart	Görlitz III Leicht (71)			(71a)	(71b)
Gattungsnummer	905				
Fahrzeugprogramme	1933	1934	1934 Z	1933	1933
Wagenbauverträge	26.350	61.806+ .807+ .808	61.825	26.350	26.351
Planzeichen	Fwp 942c.04.1				
Übersichtszeichnungen	Dgl 126e Wum			B II 786 Uer	k.U.
für Wagenbauarten	AB4ü-33, ABC4ü-33a	AB4ü-, ABC4ü-, BC4ü-34	AB4ü-34	ABC4ü-33a	#)
Lieferwerke (WA)	LHB	LHW	LHW	Uer (2270)	
Lieferjahre	1934	1934/35	1934	1934	1934
insgesamt beschafft	7	12+6+20=38	6	1	5 Sätze
Beschaffungspreis	5.270 RM	5.895 RM *	k.U. RM	k.U. RM *	k.U. RM *
Achszahl	2				
Achsstand	3.000 mm				
Federung	3-fach				
Satzgewichte	11 360 kg	k.A. kg *	k.U. kg	k.U. kg *	k.U. kg *

Bemerkungen:
Profileisenrahmen, Kks bzw. Kkp Bremse normal mit Einfachklötzen, Rahmen wegen Querspringens später verstärkt, 8 Satz der Lieferung 1933 versuchsweise mit dünnflüssiger Pintsch-Elektrode geschweißt, 9/10-lagige 1.800-mm-Wiegenfedern, 5-lagige 900-mm-Achsfedern. Nach Kriegsende musste die Wumag einen kompletten Zeichnungssatz an die russische Besatzungsmacht abgeben. #) Es handelt sich um die Wagenbauarten BC4i-33b, -33c, -33d.

13 Versuchsdrehgestell für Durchgangswagen 1933 (ohne Abb.)

Bauart	Görlitz III Leicht (72)
Gattungsnummer	905
Fahrzeugprogramm	1933
Wagenbauverträge	03.966/61.116, /26.025, /26.035
Planzeichen	Fwp 942d.04.1
Übersichtszeichnung	163b Wum Dgl
für Wagenbauart	Durchgangswagen
Lieferwerk (WA)	Wum WA 8420
Lieferjahr	1934
insgesamt beschafft	61.116: 1 Satz, 26.025: k.U., 26.035: k.U.
Beschaffungspreis	16.219,00 RM (unklar, zu welchem Vertrag)
Achszahl	2
Achsstand	3.000 mm
Federung	4-fach
Satzgewicht	k.A. kg

Bemerkungen: Profileisenrahmen verstärkt nach Fwg 959d.04.1 mit Kks Bremse und Einzelteilen zur Erprobung verschiedener Wiegenfederungen (durch Gummikugeln nach Zeichnung Dgl 180 Wum) sowie Dämpfungseinrichtungen (durch Öldruckzylinder am Festpunktende nach Zeichnung Dgl 219 Wum), teilweise mit 9-lagigen 1.800-mm-Wiegenfedern und 5-lagigen 900-mm-Achsfedern Gummikugeln nach Zeichnung Dgl 180 Wum) sowie Dämpfungseinrichtungen (durch Öldruckzylinder am Festpunktende nach Zeichnung Dgl 219 Wum), teilweise mit 9-lagigen 1.800-mm-Wiegenfedern und 5-lagigen 900-mm-Achsfedern.

14 Versuchsdrehgestell für Durchgangswagen 1932

Sammlung RZM Berlin

Bauart	Görlitz III Leicht (68)
Gattungsnummer	905
Fahrzeugprogramm	1932
Wagenbauvertrag	03.966/26.9952
Planzeichen	Fwp 939a.04.1
Übersichtszeichnung	32 345 A WWk
für Wagenbauarten	C4i-32a, 73 239; C4i-32c, 73 241
Lieferwerk (WA)	WWk (WA 10012 ?)
Lieferjahr	1933
insgesamt beschafft	2 Sätze
Beschaffungspreis	5.176,00 RM *
Achszahl	2
Achsstand	3.000 mm
Federung	3-fach
Satzgewicht	k.A. kg *

Bemerkungen:
Rohrrahmen mit normaler Kkp3-Bremse, 8-lagige 1.800-mm-Wiegenfedern, 5-lagige 900-mm-Achsfedern.

15 Versuchsdrehgestell für Durchgangswagen 1932b (ohne Abb.)

Bauart	Görlitz III Leicht (69)
Gattungsnummer	905
Fahrzeugprogramm	1932
Wagenbauvertrag	03.966/26.9952
Planzeichen	Fwp 939b.04.1
Übersichtszeichnung	WWk 32323 A
für Wagenbauart	C4i-32b, 73 240
Lieferwerk (WA)	WWk WA 10013
Lieferjahr	1933
insgesamt beschafft	1 Satz
Beschaffungspreis	6.605,10 RM *
Achszahl	2
Achsstand	3.000 mm
Federung	3-fach
Satzgewicht	k.A. kg *

Bemerkungen:
Rohrrahmen mit Zangenbremse Kkp, 8-lagige 1.800-mm-Wiegenfedern, 5-lagige 900-mm-Achsfedern.

16 Versuchsdrehgestell für Durchgangswagen 1932c (ohne Abb.)

Bauart	Görlitz III Leicht (70)
Gattungsnummer	905
Fahrzeugprogramm	1932
Wagenbauvertrag	03.966/26.9952
Planzeichen	Fwp 939c.04.1
Übersichtszeichnung	32324 A WWk
für Wagenbauart	C4i-32c, 73 242
Lieferwerk (WA)	WWk WA 10014
Lieferjahr	1933
insgesamt beschafft	1 Satz
Beschaffungspreis	5.923,80 RM *
Achszahl	2
Achsstand	3.000 mm
Federung	3-fach
Satzgewicht	k.A. kg *

Bemerkungen:
Rohrrahmen mit geteilter Kkp-Bremse, 8-lagige 1.800-mm-Wiegenfedern, 5-lagige 900-mm-Achsfedern.

17 Seriendrehgestell für Durchgangs- und Gepäckwagen 1933 (ohne Abb.)

Bauart	Görlitz III Leicht (73)				
Gattungsnummer	905				
Fahrzeugprogramme	1933			1934	
Wagenbauverträge	03.966/61.4103, /61.4104,		/26.353	03.966/61.907,	/61.908
Planzeichen	Fwp 943.04.1				
Übersichtszeichnung	32632 Ab WWk				
für Wagenbauarten	BC4i-33f+g	C4i-33d+e+f+g	Pw4i-33	Pw4i-33	Pw4i-33
Lieferwerk (FA)	LHW	WWk WA 10024	WWk	LHW	WWk WA 10037
Lieferjahr	1934	1934	1933	1935	1935
insgesamt beschafft	5	12	1 (112 377)	1 (112 379)	11 Sätze
Beschaffungspreis	5.650 RM		k.U. RM	k.U. RM	5.130 RM
Achszahl	2				
Achsstand	3.000 mm				
Satzgewicht	11.000 kg	k.U. kg	k.U. kg	10.550 kg	k.U. kg

Bemerkungen:
Profileisenrahmen nachträglich verstärkt, bei den 17 Drehgestellen für Wagen der englischen Bauart Wiegenfedernspannkloben später wegen Untergestell-Langträger auf 405 mm gekürzt, daher nicht freizügig einsetzbar, Drehgestell-Nummern 16 801-16 834, RAW Gotha, 8-lagige 1.800-mm-Wiegenfedern, 5-lagige 900-mm-Achsfedern.

18 Seriendrehgestell für Durchgangswagen 1934 mit Trommelbremse

Werkfoto Wumag, Sammlung RZM Berlin

Bauart	Görlitz III Leicht (77)						
Gattungsnummer	905						
Fahrzeugprogramme	1933 Ü			1934			1934 Z
Wagenbauverträge	61.801	61.802	61.804	61.809	61.810	61.814	61.823
Planzeichen	Fwp 946.04.1						
Übersichtszeichnung	Dgl 187 h Wum						
für Wagenbauarten	BC4i-33a	BC4i-33e	C4i-32c+h	BC4i-34	C4i-34	C4i-34a	C4i-34
Lieferwerke (WA)	WWk	Wum (8411)	Wum (8412)	LHW	Wum (8417)	WWk	Wum (8427)
Lieferjahre	1934	1934	1934	1934	1934	1934	1935
insgesamt beschafft	4	30	35	46	21	27	12 Sätze
Beschaffungspreis	4.300,00	4.300,00	4.300,00	5.395.00	5.395,00	4.300,00	k.U RM *
Achszahl	2						
Achsstand	3.000 mm						
Federung	3-fach						
Satzgewicht	k.A.	k.A.	k.A.	k.A	k.A.	k.A.	k.U. kg **

Bemerkungen:
Profileisenrahmen, Langträger über Achsausschnitt hohl, Hikp-Trommelbremse, 1940 Umbau auf Klotzbremse, 8-lagige 1.800-mm-Wiegenfedern, 5-lagige 900-mm-Achsfedern.

19 Versuchs- u. Seriendrehg. f. Durchgangs- u. Gepäckwg. 1933 (ohne Abb.)

Bauart	Görlitz III Leicht (77a)	
Gattungsnummer	905	
Fahrzeugprogramme	1933	1934 Z
Wagenbauverträge	03.966/26.354	03.966 /61.826
Planzeichen	Fwp 951.04.1	
Übersichtszeichnungen	Dgl 277 Wum	C 1423/67661 b LHW
für Wagenbauarten	Pw4i-33	BC4i-34, C4i-34
Lieferwerke (WA)	Wum WA 8408	LHW WA 5763
Lieferjahre	1933	1935
insgesamt beschafft	1 (112 378) 1)	14+9 = 23 Sätze
Beschaffungspreis	k.U. RM *	k.U. RM *
Achszahl	2	
Achsstand	3.000 mm	
Federung	3-fach	
Satzgewicht	k.U. kg *	k.U. kg *

Bemerkungen:
1933 als Versuchsdrehgestell, ab 1935 als Seriendrehgestell gebaut, Profileisenrahmen, Klotzbremse, 8-lagige 1.800-mm-Wiegenfedern, 5-lagige 900-mm-Achsfedern. 1) zusätzliche Beschaffung gem. Verf. -73a Fewpäv- v. 11.02.33

20 Versuchsdrehgestell (Abart Deutz) für Durchgangswg. 1934 (ohne Abb.)

Bauart	Görlitz III Leicht (79)
Gattungsnummer	905
Fahrzeugprogramm	1934
Wagenbauvertrag	03.966/61.814
Planzeichen	Fwp 950.04.1
Übersichtszeichnung	16904 WWk
für Wagenbauart	C4i-34a, 73 371
Lieferwerk/Werkauftrag	WWk WA 10029
Lieferjahr	1935
insgesamt beschafft	1 Satz
Beschaffungspreis	4.300.00 + Mehrpreis 1.275,00 = 5.575.00 RM *
Achszahl	2
Achsstand	3.000 mm
Federung	3-fach
Satzgewicht	k.A. kg *

Bemerkungen:
Hohlträgerbauart mit Trommelbremse (Abart Deutz), gleichzeitig zum Einbau einer Klotzbremse geeignet, 8-lagige 1.800-mm-Wiegenfedern, 5-lagige 900-mm-Achsfedern, lt. Verf. DRG -30 Kkwpdr 48- vom 08.07.35 ist von einer weiteren Anwendung abzusehen.

21 Versuchs- und Seriendrehgestell für D-Zugwagen 1935

Werkfoto Wumag, Sammlung RZM Berlin

Bauart	Görlitz III Leicht (81a)							
Gattungsnr.	905							
Fahrz.progr.	1934	1935 I			1935 II		1936 I	
Wg.bauvertr.	26.360	61.829, 61.830			61.832, 61.909		61.834, 61.910	
Planzeichen	Fwp 949.04.1							
Übers.zeichn.	Dgl 327c Wum							
f. Wg.bauart.	ABC4ü-35	ABC4ü-35	AB4ü-35	BC4ü-35	C4ü-35	Pw4ü-35	C4ü-35	Pw4ü-36, 36a
Lieferw. (WA)	Wum (8439)	WWk, Wum	LHW	LHW, Wum	WWk, LHW	LHW	Wum, WA 8443	LHW
Lieferjahre	1935	1936	1935	1936	1936	1936	1936	
insg. beschafft	1 (14 275)	70	35	35	150	18+2	20	59 + 1 Sätze
Beschaffungspr.	k.U.	k.U.	k.U.	k.U.	k.U.	k.U.	k.U.	5.959,00 RM *
Achszahl	2							
Achsstand	3.000 mm							
Federung	3-fach							
Satzgewicht	k.U.	k.U.	k.U.	k.U.	k.U.	k.U.	k.U.	7.040 kg *

Bemerkungen:
Profileisenrahmen über Achsausschnitt hohl, wegen Doppelklotzbremse um 306 mm längerer Rahmen als Fwp 942c (Dgl 126 u.s.w), Kks-Bremse, zu Versuchszwecken bei 13 AB4ü-35 und 2 Pw4ü-35 Hikss-Bremse, 10-lagige 1.800-mm-Wiegenfedern, 5-lagige 900-mm-Achsfedern.

21.1 Versuchsdrehgestell für D-Zugwagen 1935

Werkfoto LHW, Sammlung RZM Berlin

Bauart	Görlitz III Leicht (81b)
Gattungsnummer	905
Fahrzeugprogramm	1935 I
Wagenbauvertrag	61.830
Planzeichen	Fwp 949.04.34
Übersichtszeichnung	Dgl 413 Wum Trogbauart
für Wagenbauart	AB4ü-35
Lieferwerk (WA)	LHW
Lieferjahr	1935
insgesamt beschafft	Umbauteile für 5 Sätze
Beschaffungspreis	k.U. RM
Achszahl	2
Achsstand	3.000 mm
Federung	4-fach
Satzgewicht	k.U. kg

Bemerkungen:
Profileisenrahmen über Achsausschnitt hohl, wegen Doppelklotzbremse um 306 mm längerer Rahmen als Fwp 942c, Kks-Bremse, 5 AB4ü-35 (11 610...11 625 von LHW versuchsweise mit 4-facher Federung in Trogbauart, Ausführung I, 8-lagige 1.500-mm-Wiegenfedern, 5-lagige 900-mm-Achsfedern

21.2 Versuchsdrehgestell für D-Zugwagen 1935

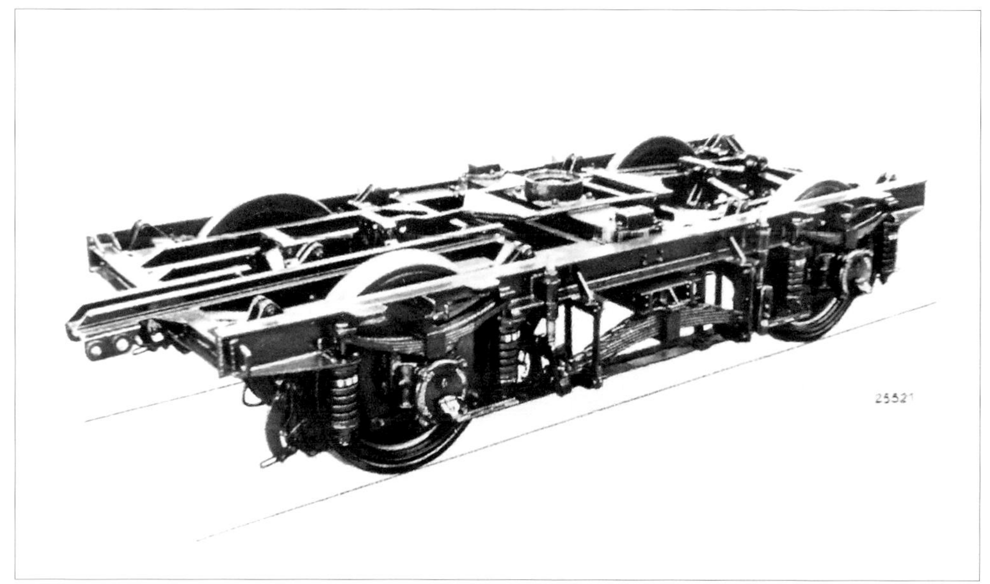

Werkfoto LHW, Sammlung RZM Berlin

Bauart	Görlitz III Leicht (81c)
Gattungsnummer	905
Fahrzeugprogramm	1935 I
Wagenbauvertrag	61.830
Planzeichen	Fwp 949.04.21
Übersichtszeichnung	Dgl 412c Wum innenliegender 4. Federung
für Wagenbauart	AB4ü-35
Lieferwerk (WA)	LHW
Lieferjahr	1935
insgesamt beschafft	Umbauteile für 5 Sätze
Beschaffungspreis	k.U. RM
Achszahl	2
Achsstand	3.000 mm
Federung	4-fach
Satzgewicht	k.U. kg

Bemerkungen:
Profileisenrahmen über Achsausschnitt hohl, wegen Doppelklotzbremse um 306 mm längerer Rahmen als Fwp 942c, Kks-Bremse, 5 AB4ü-35 (11 610...11 625 von LHW versuchsweise mit innenliegender 4-facher Federung innerhalb der geteilten Wiege als Ausführung II, 8-lagige 1.500-mm-Wiegenfedern, 5-lagige 900-mm-Achsfedern

21.3 Seriendrehgestell für D-Zugwagen 1936

Werkfoto LHW, Sammlung RZM Berlin

Bauart		Görlitz III Leicht (81d)	
Gattungsnummer		905	
Fahrzeugprogramm		1936 I	
Wagenbauverträge	61.835	61.836	61.837
Planzeichen		Fwp 949.04.1a	
Übersichtszeichnung		Dgl 488f Wum	
für Wagenbauart	C4ü-36	ABC4ü-36	BC4ü-36
Lieferwerk (WA)	WWk, LHW	WWk, LHW	LHW
Lieferjahr		1936	
insgesamt beschafft	182	33	33 Sätze
Beschaffungspreis	5.959 RM *	5.959 RM *	5.959 RM *
Achszahl		2	
Achsstand		3.000 mm	
Federung		4-fach	
Satzgewicht	7.040 kg *	7.040 kg *	7.040 kg *

Bemerkungen:
Profileisenrahmen über Achsausschnitt hohl, wegen Doppelklotzbremse um 306 mm längerer Rahmen als Fwp 942c, Kks-Bremse, 8-lagige 1.500-mm-Wiegenfedern, 5-lagige 900-mm-Achsfedern

22 Seriendrehgestell für Gefangenenwagen 1936

Bustorf, BZA Minden (Westf), Filmstelle

Bauart	Görlitz III Leicht (83)
Gattungsnummer	905
Fahrzeugprogramm	1936 I
Wagenbauvertrag	L 501
Planzeichen	Fwp 958.04.1
Übersichtszeichnung	21828 WWk
für Wagenbauart	Z4-36
Lieferwerk (WA)	WWk
Lieferjahr	1936
insgesamt beschafft	2 Sätze
Beschaffungspreis	4.163,00 RM
Achszahl	2
Achsstand	3.000 mm
Federung	3-fach
Satzgewicht	9.590 kg

Bemerkungen:
Profileisenrahmen mit hohlen Langträgerenden und größeren Freiflächen am Schrägstrebenende, Gleitachslager und Einfachklotzbremse, 9-lagige 1.800-mm-Wiegenfedern, 5-lagige 900-mm-Achsfedern.

23 Seriendrehgestell für Durchgangswagen 1935 (ohne Abb.)

Bauart	Görlitz III Leicht (83a)		Görlitz III Leicht (83b)
Gattungsnummer		905	
Fahrzeugprogramm		1935 I	
Wagenbauvertrag		03.966/26.365	
Planzeichen	Fwp 953.04.1		Fwp 953.04.1
Übersichtszeichnungen	21828 WWk		5798.03.01a LHW
für Wagenbauarten	BC4i-35		C4i-35
Lieferwerke (WA)	WWk WA 10049		LHW WA 5798
Lieferjahre	1936		1935
insgesamt beschafft		6 Satz	
Beschaffungspreise		4.816,00 RM *	
Achszahl		2	
Achsstand		3.000 mm	
Federung		3-fach	
Satzgewichte		4.785 kg *	

Bemerkungen:
Profileisenrahmen mit hohlen Langträgerenden und größeren Freiflächen am Schrägstrebenende, Gleitachslager und Einfachklotzbremse, 9-lagige 1.800-mm-Wiegenfedern, 5-lagige 900-mm-Achsfedern.

unverkleidet Werkfoto Wegmann

24 Seriendrehgestell mit Schürze für Dampfschnellzug 1935

Bauart	Görlitz III Leicht (80)
Gattungsnummer	905
Fahrzeugprogramm	1934 Z
Wagenbauvertrag	03.966/26.361+26.011
Planzeichen	Fwp 948.04.1
Übersichtszeichnung	2950/17c Weg
für Wagenbauart	Dampfschnellzug 1935
Lieferwerk (WA)	Weg WA 2950
Lieferjahr	1935
insgesamt beschafft	4 Sätze + 1 S. als Ersatz
Beschaffungspreis	k.U. RM
Achszahl	2
Achsstand	3.000 mm
Federung	3-fach
Satzgewicht	13.500 kg

verkleidet Werkfoto Wegmann

Bemerkungen:
Profileisenrahmen mit Schürzen und Scheiben- sowie Magnetschienenbremse (s. Bild 14 auf S. 28), 900 mm Laufkreisdurchmesser, 8-lagige 1.800-mm-Wiegenfedern, 5-lagige 900-mm-Achsfedern, Hohlachsen und Rollenachslager. 1937 musste die Waggonfabrik ein Ersatzdrehgestell anfertigen. Für den dritten Mittelwagen (FPr 1938) lieferte Wegmann (WA 3755) 1940 auf Wagenbauvertrag 03.966/26.015 auch die Drehgestelle, die vmtl. dieser Zeichnung entsprachen.

25 Seriendrehgestell mit 4. Federung für Durchgangswagen 1936

VersA für Wagen, Grunewald, Sammlung RZM Berlin

Bauart	Görlitz III Leicht (86a)
Gattungsnummer	905
Fahrzeugprogramm	1936 I
Wagenbauvertrag	03.966/61.838
Planzeichen	Fwp 957.04.1
Übersichtszeichnung	24207a WWk
für Wagenbauart	C4i-36
Lieferwerk (WA)	VWk WA 10058
Lieferjahr	1936
insgesamt beschafft	50 Satz [1)]
Beschaffungspreis	4.166,00 RM
Achszahl	2
Achsstand	3.000 mm
Federung	4-fach
Satzgewicht	11.490 kg

Bemerkungen:
Profileisenrahmen mit hohlen Langträgerenden und größeren Freiflächen am Schrägstrebenende, 8-lagige 1.500-mm-Wiegenfedern, 5-lagige 900-mm-Achsfedern.
[1)] davon zumindest 1 Satz mit ölgedämpfter Wiegenschraubenfederung unter dem 73 423 Erf (Hbf. Eisenach).

26 Seriendrehg. verstärkt mit 4. F. für Durchgangswg. 1936 (ohne Abb.)

Bauart		Görlitz III Leicht (86)	
Gattungsnummer		905	
Fahrzeugprogramm		1936 II	
Wagenbauvertrag		03.966/61.841	
Planzeichen		Fwp 956.04.1	
Übersichtszeichnung		24207Ab WWk	
für Wagenbauart		C4i-36	
Lieferwerke (WA)	57 Satz LHW		103 Satz WWk WA 10068
Lieferjahr		1937	
insgesamt beschafft		160 Sätze	
Beschaffungspreis		4.580 RM *	
Achszahl		2	
Achsstand		3.000 mm	
Federung		4-fach	
Satzgewicht		6.300 kg *	

Bemerkungen:
Verstärkter Profileisenrahmen mit hohlen Langträgerenden und größeren Freiflächen am Schrägstrebenende, 8-lagige 1.500 mm Wiegenfedern, 5-lagige 900 mm Achsfedern.

27 Seriendrehgestell für D-Zuggepäckwagen 1937 (ohne Abb.)

Bauart		Görlitz III Leicht (87a)	
Gattungsnummer		905	
Fahrzeugprogramme	1937 I		1937 II
Wagenbauverträge	03.966/61.911		03.966/29.301
Planzeichen		Fwp 955.04.1	
Übersichtszeichnung		5913/04.05c LHW	
für Wagenbauart		Pw4ü-37	
Lieferwerke (WA)		LHW WA 5913	
Lieferjahre	1937/38		1937/40
insgesamt beschafft	100		152 Sätze
Beschaffungspreis	5.584,00 RM *		5.050,00 RM *
Achszahl		2	
Achsstand		3.000 mm	
Federung		3-fach	
Satzgewichte	7 950 kg *		7 950 kg *

Bemerkungen:
Profileisenrahmen mit Doppelklotzbremse und hohlen Langträgerenden, wegen Hilfslangträger hinter dem Rad auf der Drehgestell-Bearbeitungsmaschine nicht zu bearbeiten, 9-lagige 1.800-mm-Wiegenfedern, 5-lagige 900-mm-Achsfedern. 1937 I ohne stromlinienförmiges Aufbaudach

28 Seriendrehgestell mit 4. Federung für D-Zugwagen 1936, Lfg. 36 II

Werkfoto Wumag, Sammlung Wolfgang Theurich

Bauart				Görlitz III Leicht (87)			
Gattungsnummer				905			
Fahrzeugprogramme	1936 II		1937 I			1937 II	
Wagenbauverträge	61.839	61.842	61.843	61.844	26.001	26.002	26.003
Planzeichen				Fwp 959a.04.1			
Übersichtszeichnung				Dgl 488 h Wum			
für Wagenbauart.	C4ü-36, -36a	ABC4ü-36, -36a	BC4ü-36	C4ü-36	BC4ü-36	ABC4ü-36	C4ü-36
Lieferwerke (WA)	Wum, LHW WWk Sie 41438	Wum LHW WWk	Wum LHW	Wum WWk LHW	Wum LHW	LHW WWk	LHW Wum WWk
Lieferjahre	1936/37	1937		1937	1937/38	1938	1938
insges. beschafft	236+8=242	78+2=80	53	180	47	70	218 Sätze
Beschaffungspreis	5.850 RM *		5.900 RM *			5.387 RM *	
Achszahl		2					
Achsstand				3.000 mm			
Federung				4-fach			
Satzgewicht	7.760 kg *		8.060 kg *			8.060 kg *	

Bemerkungen:
Weiterentwicklung der Bauart Nr. 21, Profileisenrahmen mit Doppelklotzbremse und hohlen Langträgerenden, wegen der Hilfslangträger hinter dem Rad auf der Drehgestell-Bearbeitungsmaschine nicht zu bearbeiten, 8-lagige 1.500-mm-Wiegenfedern, 5-lagige 900-mm-Achsfedern. Nach Kriegsende musste die Wumag einen kompletten Zeichnungssatz an die russische Besatzungsmacht abgeben.

28a Seriendrehgestell mit 4. Federung für D-Zugwagen 1936, Lfg. 37 I

Werkfoto Wumag, Sammlung Wolfgang Theurich

28b Seriendrehgestell mit 4. Federung für D-Zugwagen 1936, Lfg. 37 II

Werkfoto Wumag, Sammlung Wolfgang Theurich

29 Versuchsdrehgestell „F" für D-Zugwagen 1936

Werkfoto Wumag, Sammlung Wolfgang Theurich

Bauart	Görlitz III Leicht (91)
Gattungsnummer	905
Fahrzeugprogramm	1937 II
Wagenbauvertrag	03.966/61.844 + 26.003
Planzeichen	Fwp 959b.04.1
Übersichtszeichnung	Dgl(04)1006 Wum
für Wagenbauart	C4ü-36
Lieferwerk (WA)	Wum WA 8457
Lieferjahr	1937
insgesamt umgebaut	2 Sätze
Beschaffungspreis	6.504,00 RM
Achszahl	2
Achsstand	3.000 mm
Federung	4-fach
Satzgewicht	k.A. kg

Bemerkungen:
Versuchsbauart „F" mit langen Achslenkern Bauart Grunewald im Einsatz unter den Hauptversuchswagen 17 265 Erf und 17 276 Erf. Weitere drei sogenannte Nebenversuchswagen 17 266 Erf, 17 267 Erf und 17 280 Erf baute 1938 LHW um.

30 Versuchsdrehgestell „A" für D-Zugwagen 1936

Werkfoto Wumag, Sammlung Wolfgang Theurich

Bauart	Görlitz III Leicht (92)
Gattungsnummer	905
Fahrzeugprogramm	1937 II
Wagenbauvertrag	03.966/61.844 + 26.003
Planzeichen	Fwp 959c.04.1
Übersichtszeichnung	Dgl(04)1002 Wum
für Wagenbauart	C4ü-36
Lieferwerk (WA)	Wum WA 8457
Lieferjahr	1937
insgesamt umgebaut	2 Sätze
Beschaffungspreis	6.219,00 RM, einschl. 1 Satz Ersatzlenker
Achszahl	2
Achsstand	3.000 mm
Federung	4-fach
Satzgewicht	k.A. kg

Bemerkungen:
Versuchsbauart „A" mit kurzen Federblatt-Achslenkern parallelogrammartig angeordnet, im Einsatz unter den Hauptversuchswagen 17 268 Erf + 17 279 Erf. Weitere drei sog. Nebenversuchswagen 17 351 Ffm, 17 352 Ffm und 19 008 Bln baute 1938 LHW um. Die Wagen 17 351 + 17 352 Ffm wurden 1944 infolge Fliegerschadens ausgemustert.

31 Versuchsdrehgestell „B“ für D-Zugwagen 1936

Werkfoto Wumag, Sammlung Wolfgang Theurich

Bauart	Görlitz III Leicht (93)
Gattungsnummer	905
Fahrzeugprogramm	1937 II
Wagenbauvertrag	03.966/61.844 + 26.003
Planzeichen	Fwp 959d.04.1
Übersichtszeichnung	Dgl(04)1003 Wum
für Wagenbauart	C4ü-36
Lieferwerk (WA)	Wum WA 8457
Lieferjahr	1937
insgesamt umgebaut	2 Sätze
Beschaffungspreis	5.464,00 RM, einschl. 1 Satz Ersatzlenker
Achszahl	2
Achsstand	3.000 mm
Federung	4-fach
Satzgewicht	k.A. kg

Bemerkungen:
Versuchsbauart „B“ mit kurzen Federblatt-Achslenkern rechteckartig angeordnet und gleichlangen 1.200-mm-Federn für die Wiegen- und Achsfederung im Einsatz unter den Hauptversuchswagen 17 269 Erf und 17 281 Stn. Weitere drei sog. Nebenversuchswagen 17 348 Esn, 17 349 Mü und 17 350 Ffm baute 1938 LHW um.

32 Versuchsdrehgestell „C“ für D-Zugwagen 1936

Werkfoto Wumag, Sammlung Wolfgang Theurich

Bauart	Görlitz III Leicht (94)
Gattungsnummer	905
Fahrzeugprogramm	1937 II
Wagenbauvertrag	03.966/61.844 + 26.003
Planzeichen	Fwp 959e.04.1
Übersichtszeichnung	Dgl(04)1001 Wum
für Wagenbauart	C4ü-36
Lieferwerk (WA)	Wum WA 8457
Lieferjahr	1937
insgesamt umgebaut	2 Sätze
Beschaffungspreis	7.467,00 RM
Achszahl	2
Achsstand	3.000 mm
Federung	4-fach
Satzgewicht	k.A. kg

Bemerkungen:
Versuchsbauart „C“ mit gleichlangen 1.200-mm-Blattfedern für die Wiegen- und Achsfederung, im Einsatz unter den Hauptversuchswagen 17 275 Erf + 17 284 Wt. Weitere drei sog. Nebenversuchswagen 17 345 Esn, 17 346 Esn und 17 347 Esn baute 1938 LHW um.

33 Versuchsdrehgestell „E“ für D-Zugwagen 1936

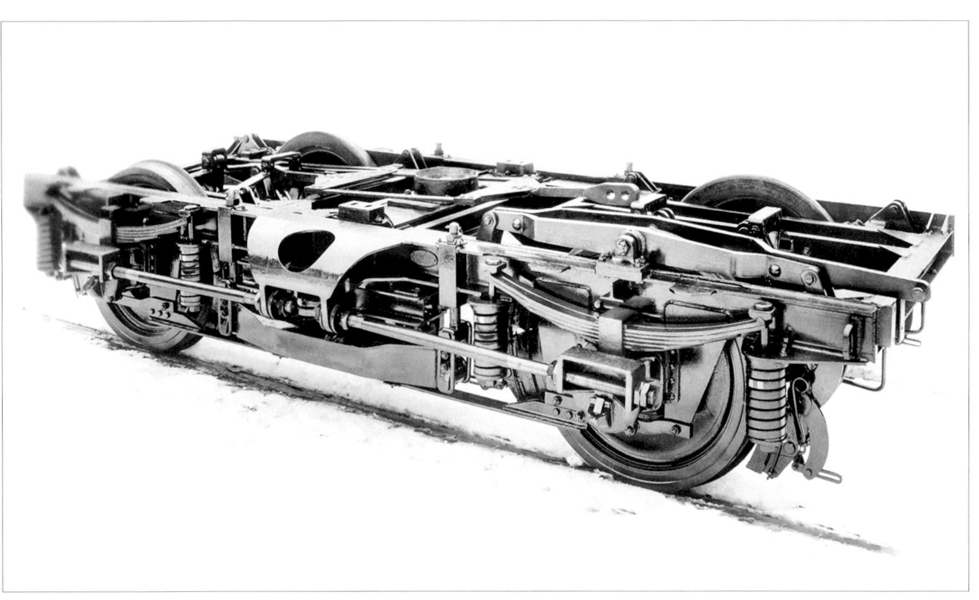

Werkfoto Wumag, Sammlung Wolfgang Theurich

Bauart		Görlitz III Leicht (95)	
Gattungsnummer		905	
Fahrzeugprogramm		1937 II	
Wagenbauvertrag		03.966/26.003	
Planzeichen	Fwp 959f.04.1		Fwp 959g.04.1
Übersichtszeichnung		Dgl(04)1004 Wum	
für Wagenbauart		C4ü-36	
Lieferwerk (WA)		Wum WA 8457	
Lieferjahr		1937	
insgesamt umgebaut		2 Sätze	
Beschaffungspreis	7.707,00 RM		6.927,00 RM
Achszahl		2	
Achsstand		3.000 mm	
Federung		4-fach	
Satzgewicht		k.A. kg	

Bemerkungen:
Versuchsbauart „E“ mit langen Achslenkern Bauart Grunewald und ölgedämpfter Wiegenschraubenfederung sowie 1.200 mm langen Blattfedern für die Achsfederung, 1× Öldämpfer Bauart Grunewald (Fwp 959 f), 4× Bauart F&S (Fwp 959 g), im Einsatz unter den Hauptversuchswagen 17 282 Wt und 17 283 Wt. Weitere drei sog. Nebenversuchswagen 17 353 Ffm, 17 355 Ffm und 17 356 Ffm. Der letzte Wagen ging 1943 durch Luftangriff verloren.

34 Versuchsdrehgestell „D“ für D-Zugwagen 1936

Werkfoto Wumag, Sammlung Wolfgang Theurich

Bauart		Görlitz III Leicht (96)	
Gattungsnummer		905	
Fahrzeugprogramm		1937 II	
Wagenbauvertrag		03.966/61.844 + 26.003	
Planzeichen	Fwp 959h.04.1		Fwp 959h.04.1
Übersichtszeichnung		Dgl(04)1005 Wum	
für Wagenbauart		C4ü-36	
Lieferwerk (WA)		Wum WA 8457	
Lieferjahr		1937	
insgesamt umgebaut		2 Sätze	
Beschaffungspreis	6.927,99 RM		7.177,00 RM
Achszahl		2	
Achsstand		3.000 mm	
Federung		4-fach	
Satzgewicht		k.A. kg	

Bemerkungen:
Versuchsbauart „D“ mit 1.200 mm langen Blattfedern für die Achsfederung und ölgedämpfter Wiegenschraubenfederung, 4× Öldämpfer Bauart Grunewald (Fwp 959 h), 1× Bauart F&S (Fwp 959 i), im Einsatz unter den Hauptversuchswagen 17 270 Erf und 17 272 Erf. Weitere drei sog. Nebenversuchswagen 17 354 Ffm, 17 357 Ffm und 19 001 Bln baute 1938 LHW um.

35 Seriendrehgestell mit 4 F für Durchgangswagen 1937

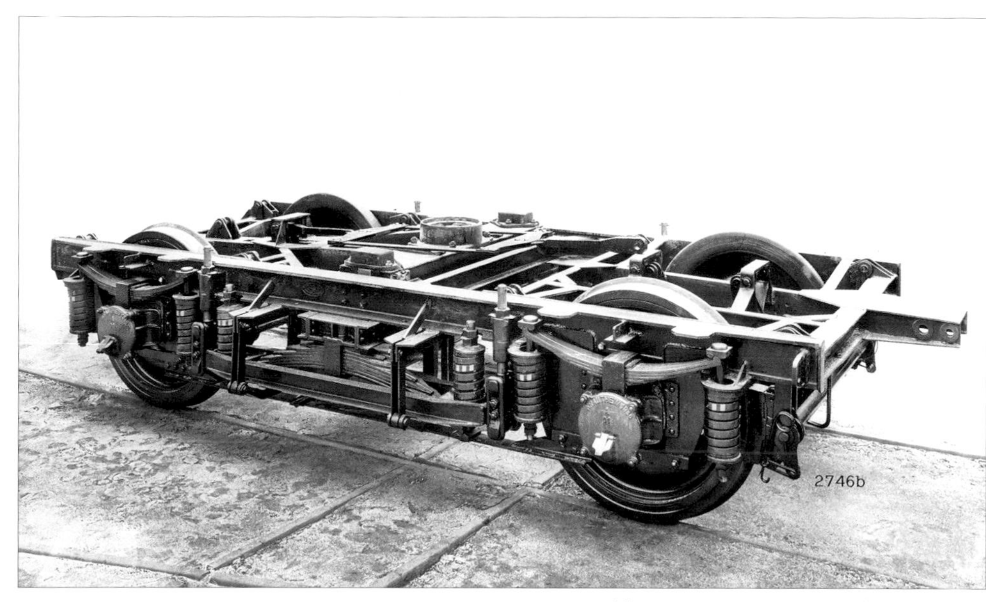

Werkfoto Wumag, Sammlung Wolfgang Theurich

Bauart		Görlitz III Leicht (97a)	
Gattungsnummer		905	
Fahrzeugprogramm	1937 I		1937 II
Wagenbauvertrag	03.966/61.845	26.004	26.005
Planzeichen		Fwp 964.04.1	
Übersichtszeichnung	24 207 c WWk		28114 WWk
für Wagenbauart	C4i-36	C4i-36	BC4i-37
Lieferwerk (WA)	WWk WA 10078	WWk	WWk
Lieferjahre	1937/38	1937/38	1938/39
insgesamt beschafft	70	60	70 Sätze
Beschaffungspreis	4.700,00 RM *	k.U. RM *	4.410,00 RM*
Achszahl		2	
Achsstand		3.000 mm	
Federung		4-fach	
Satzgewicht	6.600 kg *	k.U. kg *	6.600 kg *

Bemerkungen:
Verstärkter Profileisenrahmen mit hohlen Langträgerenden und größeren Freiflächen am Schrägstrebenende, 8-lagige 1.500-mm-Wiegenfedern, 5-lagige 900-mm-Achsfedern. Nach dieser Zeichnung vermutlich ebenfalls die Drehgestelle für die Lieferung 1937 II gefertigt.

36a Seriendrehgestell für Gefangenenwagen 1937 (ohne Abb.)

Bauart	Görlitz III Leicht (83b)
Gattungsnummer	905
Fahrzeugprogramm	1937 II
Wagenbauvertrag	03.966/29.303
Planzeichen	Fwp 963.04.1
Übersichtszeichnung	21828A b WWk
für Wagenbauart	Z4-37
Lieferwerk (WA)	WWk WA 10091
Lieferjahr	storniert
insgesamt geplant	4 Sätze
Beschaffungspreis	4.080 RM *
Achszahl	2
Achsstand	3.000 mm
Federung	3-fach
Satzgewicht	k.A. kg *

Bemerkungen:
Verstärkter Profileisenrahmen mit hohlen Langträgerenden und größeren Freiflächen am Schrägstrebenende, Gleitachslager und Einfachklotzbremse, 9-lagige 1.800-mm-Wiegenfedern, 5-lagige 900-mm-Achsfedern.

36b Drehgestellmessstand der VersA für Wagen, Grunewald 1939

VersA für Wagen, Grunewald, Sammlung RZA Berlin

37 Versuchsdrehgestell für Durchgangswg. 1935, Heidenau-Altenberg

BZA Minden (Westf)

Bauart		Görlitz IV Leicht (84)	
Gattungsnummer		905	
Fahrzeugprogramm		1935 I	
Wagenbauvertrag		03.966/26.364	
Planzeichen		Fwp 965.04.2	
Übersichtszeichnung		5811.03.54 c LHW	
für Wagenbauarten	BC4i-35a		C4i-35a
Lieferwerk (WA)	LHW WA 5811		LHW WA 5812
Lieferjahr	1935		1935
insgesamt beschafft	2 Sätze f. 33 540 + 33 541		4 Sätze f. 73 413-73 416
Beschaffungspreis	4.166,00 RM		4.166,000 RM
Achszahl		2	
Achsstand		3.000 mm	
Federung		3-fach	
Satzgewicht		k.A. kg	

Bemerkungen:
Für die Mitteleinstiegwagen Heidenau-Altenberg, Profileisenrahmen mit hohlen Langträgerenden, 900 mm Laufkreisdurchmesser (1942 wegen der Kriegsverhältnisse auch 1.000 mm zugelassen), Hikp-Bremse, einige Unterschiede innerhalb der 4 Sätze liegen in der Anordnung der Bremsklötze, der Fangbügel, der 3. Federung und bei der Befestigung des Stoßdämpfers, 6-lagige Wiegenfedern, 4-lagige Achsfedern.

38 Seriendrehgestell für Durchgangswagen 1936, Heidenau-Altenberg

Werkfoto LHW, Sammlung RZM Berlin

Bauart		Görlitz IV Leicht (85)	
Gattungsnummer		905	
Fahrzeugprogramm		1936 I	
Wagenbauvertrag		03.966/61.840	
Planzeichen		Fwp 954.04.1	
Übersichtszeichnung		5844.04.01 b LHW	
für Wagenbauarten	BC4i-35a		C4i-35a
Lieferwerk (WA)		LHW WA 5844	
Lieferjahre	1936 -		1936/37
insgesamt beschafft	30		60 Sätze
Beschaffungspreis		4.050,00 RM *	
Achszahl		2	
Achsstand		3.000 mm	
Federung		3-fach	
Satzgewicht		4.160 kg *	

Bemerkungen:
Für die Mitteleinstiegwagen Heidenau-Altenberg, Profileisenrahmen mit hohlen Langträgerenden, 900 mm Laufkreisdurchmesser (1942 wegen der Kriegsverhältnisse auch 1.000 mm zugelassen), Hikp-Bremse, 7-lagige 1.500-mm-Wiegenfedern, 9-lagige 900-mm-Achsfedern.

39 Versuchsdrehgestell für Salonwagen 1936 Görlitz-München

Werkfoto Wumag, Sammlung Wolfgang Theurich

Bauart	Sonderbauart Görlitz-München (109a)
Gattungsnummer	904
Fahrzeugprogramm	1936 II
Wagenbauvertrag RZA Mü	53.206/31.023
Planzeichen	nicht bekann
Übersichtszeichnung	Dgl 757a Wumag
für Wagenbauarten	Salonwagen der RR
Lieferwerk (WA)	Wum WA 8453
Lieferjahr	1936
insgesamt beschafft	1 Satz
Beschaffungspreis	k.U. RM *
Achszahl	2
Achsstand	3.600 mm
Federung	3-fach
Satzgewicht	k.U. kg *

Bemerkungen:
Entwurf Wum/RZA München, die Standerprobungen ergaben Nachteile gegenüber den Drehgestellen nach Fwp 966b (s. Band 3), daher als Reserve im RAW Potsdam abgestellt, 10-lagige 1.650-mm-Wiegenfedern, 6-lagige 1.200-mm-Achsfedern.

40 Sonderbauart mit Messachse 1935

Werkfoto Westwaggon, Sammlung RWWA 107-GN1511

Bauart	Sonderbauart (101)
Gattungsnummer	–
Fahrzeugprogramm	1935 I
Wagenbauvertrag	03.966/26. 367
Planzeichen	Fwp 994a.04.1
Übersichtszeichnung	27 129 WWk
für Wagenbauart	Meß4ü(-35) 700 591 Bln
Lieferwerk (WA)	WWk
Lieferjahr	1937
insgesamt beschafft	1 Stück
Beschaffungspreis	k.A. RM *
Achszahl	3
Achsstand	3.600 mm
Federung	3-fach
Satzgewicht	9.940 kg *

Bemerkungen:
Profileisenrahmen mit 2×2-fachen Elliptikfedersätzen, Mittelradsatz als Messachse.

41 Sonderbauart 1935

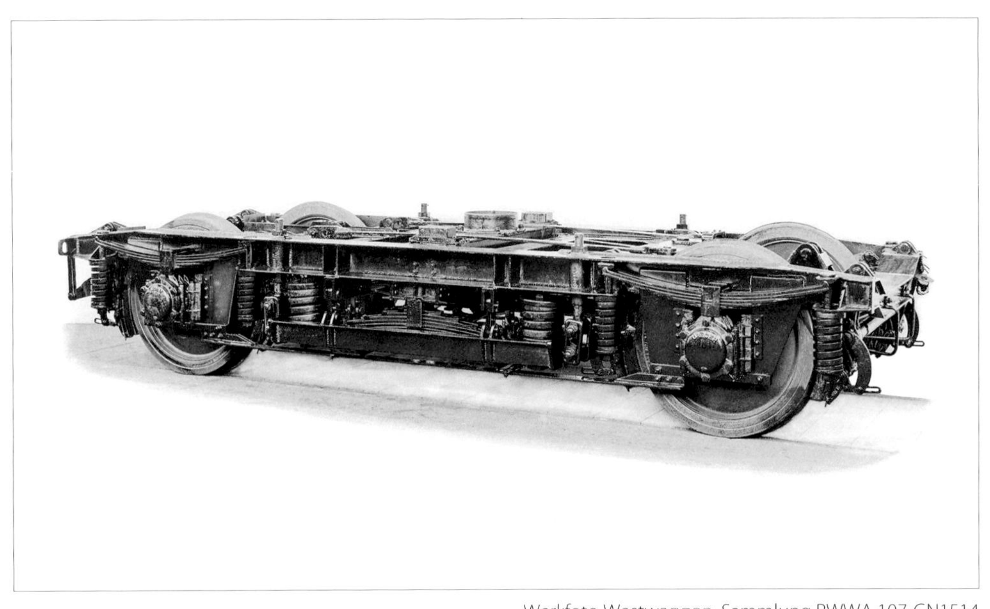

Werkfoto Westwaggon, Sammlung RWWA 107-GN1514

Bauart	Görlitz III Schwer (102)
Gattungsnummer	–
Fahrzeugprogramm	1935 I
Wagenbauvertrag	26. 367
Planzeichen	Fwp 994.b.04.1
Übersichtszeichnung	28 058a WWk
für Wagenbauart	Meß5ü(-35) 700 591 Bln
Lieferwerk (WA)	WWk
Lieferjahr	1936
insgesamt beschafft	1 Stück
Beschaffungspreis	k.A. RM *
Achszahl	2
Achsstand	3.600 mm
Federung	4-fach
Satzgewicht	s.Db 40

Bemerkungen:
Profileisenrahmen mit Tatzlagerlichtgenerator.

42 Seriendrehgestell m 4. F. für Schlaf und Messwagen 1936

Werkkfoto Wumag, Sammlung Wolfgang Theurich

Bauart		Görlitz III Schwer (090)	
Gattungsnummer		–	
Fahrzeugprogramm		1935 I	
Wagenbauvertrag	03.966/26.368		03.966/26.369
Planzeichen		Fwp 962.04.1	
Übersichtszeichnung		25 708 WWk	
für Wagenbauarten	Meß4ü(-35a) 700 592 Bln		Meß4ü(-35b) 700 593 Bln
Lieferwerk (WA)		WWk	
Lieferjahr	1937		1936
insgesamt beschafft	1 Satz		1 Satz
Beschaffungspreis	k.A. RM *		k.A. RM *
Achszahl		2	
Achsstand		3.600 mm	
Federung		4-fach	
Satzgewicht	9.250 kg *		8.770 kg *

Bemerkungen:
Profileisenrahmen mit unter den Achshalter reichenden Langträger-Untergurt, Langträgerenden und Achshalter bis Mitte hohl, Wiegenfeder 1.600 mm.

43 Sonderausführung mit Messachse 1935

Werkfoto Fuchs

Bauart	Regeldrehgestell in Sonderausführung (–)
Gattungsnummer	–
Fahrzeugprogramm	1935 I
Wagenbauvertrag RZA München	52.206/26.019
Planzeichen	–
Übersichtszeichnung	–
für Wagenbauart	Meß5ü(-35c) 702 611 Mü
Lieferwerk (WA)	Fu
Lieferjahr	1936 >
insgesamt beschafft	1 Stück
Beschaffungspreis	k.U. RM *
Achszahl	3
Achsstand	3.600 mm
Federung	3-fach
Satzgewicht	k.U. kg *

Bemerkungen:
Drehgestellrahmen in geschweißter Blechträgerbauart mit Ausschnitten zur Beobachtung der Bremsklötze und zur Gewichtsminderung, 2×2-fachen Elliptikfedersätzen für die Wiegenfederung, Mittelradsatz als Messachse.

44 Sonderausführung 4-achsig Görlitz III Schwer, Abart Fuchs 1935

Werkfoto Fuchs

Bauart	Görlitz III Schwer (109a)
Gattungsnummer	–
Fahrzeugprogramm	1935 I
Wagenbauvertrag RZA München	53.206/26. 019
Planzeichen	k.U.
Übersichtszeichnung	k.U.
für Wagenbauart	Meß5ü(-35c)
Lieferwerk (WA)	Fu
Lieferjahr	1936 >
insgesamt beschafft	1 Stück
Beschaffungspreis	k.U. RM *
Achszahl	2
Achsstand	3.600 mm
Federung	4-fach
Satzgewicht	k.U. kg

Bemerkungen:
Drehgestellrahmen aus Blechen zusammengeschweißt, mit großen seitlichen Ausschnitten zum Ausbau der Wiege mit angeschweißten Drehtellern und Gleitstücken, s.a. Db 39 „Görlitz-München".

VII. Beschaffungen

1. Beschaffungsstellen

Der Einkauf von Fahrzeugen vollzog sich nach Weisung und aufgrund von Einkaufsermächtigungen der Hauptverwaltung. Sie überwachte selbst durch die Einkaufsabteilung die Abwicklung an Hand monatlich vorzulegender Berichte, wobei auch die Finanzabteilung mitwirkte. Die Zuständigkeit galt auch für den Einkauf der Versuchsfahrzeuge, obwohl diese vom Reichsbahn-Zentralamt eingekauft wurden und hier der Finanzdezernent die Haushaltsgeschäfte vornahm. Selbstverständlich befasste sich auch der Verwaltungsrat mit den grundlegendsten Fragen der Beschaffung.

1932 gab es folgende Gliederung beim Reichsbahn-Zentralamt für Einkauf (RZE):

Direktor des RZE — Dr.-Ing. Spiro
Abteilung F:
Dez 61 Einkauf der Personen-, Gepäck-, Post- und Güterwagen, Kranwagen und Eichfahrzeuge — E. Krause, D
Dez 68 Einkauf der Beschlagteile, Zug- und Stoßvorrichtung, Bremsausrüstungen — P. Burtin, OR sp.
Fr. Ohlerich, OR
Hilfsarbeiter:
B. Kunze, B (f. Dez 61)
R. Lange, R (f. Dez 68)

Zu den Aufgaben gehörten: Beschaffung von Fahrzeugen (außer Versuchsfahrzeugen), Ersatzstücken und Fahrzeugteilen, Überwachung des Baues und ihre Abnahme, Abwicklung der Wagenbauverträge.

Das Reichsbahn-Zentralamt München nahm am 1. November 1933 seine Tätigkeit auf, dazu gehörte u.a. die Übernahme der Geschäfte des zentralen Einkaufs, die bisher beim Zentral-Maschinenamt der Gruppenverwaltung Bayern gelegen hatte, die Beschaffung elektrischer Triebwagen (Ausnahme Berliner S-Bahn) und Triebwagen mit eigener Kraftquelle einschl. dazugehöriger Steuer- und Beiwagen, Tiefladewagen, bestimmte Bahndienstwagen und Behälter. Diese Beschaffungen hatte bislang das RZE Berlin vorgenommen.1937 kam der Einkauf von Radsätzen, Achsen, Radreifen und Federn hinzu. Diese Arbeit erledigte das

Dez 61 Einkauf der Fahrzeuge mit Ausnahme von Dampflok und el. Lok — Dr.-Ing. Fischer, D

Anfang Juli 1936 setzte die Hauptverwaltung die Beschaffungszuständigkeiten nach dem Grundsatz neu fest, dass bei der zentralen Beschaffung künftig nur eine Stelle für die gesamte Reichsbahn einkaufen sollte. Der „zentrale Einkauf" lag bei den Reichsbahn-Zentralämtern in Reichszuständigkeit, wobei die Verteilung der Einkaufszuständigkeiten auf die Berliner- und die Münchener Zentralamtsabteilungen getrennt nach Sachgebieten vorgenommen wurde. Trotz der örtlichen Trennung für ein bestimmtes Sachgebiet beschaffte nur eine Stelle für das ganze Reichsbahngebiet.

Die Überleitung der Beschaffungszuständigkeiten war am 1. Januar 1937 abgeschlossen. Laut den geschäftlichen Nachrichten des RZA Berlin erhielten nunmehr die Wagenbauverträge dieses Amtes ab der Vergebung 1937/II die

Vertrags-Nummern:
ab 26.001 für Personenwagen
26.201 für Entwicklungswagen
26.401 für Drehgestelle
29.301 für Gepäckwagen
59.001 für Wagen der Reichsregierung

Schon vor Beginn eines neuen Geschäftsjahres verschaffte sich die Hauptverwaltung durch einen Voranschlag einen Überblick, wobei sie von einer im voraus veranschlagten Einnahmehöhe die geplanten Ausgaben abgrenzte. Die Finanzabteilung stellte aufgrund der vorgebenden Ausgabenhöhe einen Gesamtwirtschaftsplan auf. Dieser enthielt eine weitgehende Aufteilung der genehmigten Mittel auf die einzelnen Kapitel, Titel und Unterziffern des Buchungsplanes. Den RBD'en und RZÄ'ern wurden die erforderlichen Mittel in der gleichen Zergliederung auf die einzelnen Verrechnungsstellen durch Wirtschaftpläne zugeteilt.

Gem. Verf. v. 11. Dezember 1936 -30 Feh 96- war die Frist für die Vorlage der Anmeldungen zur Beschaffung neuer Fahrzeuge durch die RBD'en sowie die RZÄ Berlin und München vom 1. Mai auf den 1. Februar jeden Jahres vorverlegt worden. Damit diese Stellen nun in die Lage versetzt wurden, ihre Anmeldungen für das folgende Jahr frühzeitig aufstellen zu können, musste ihnen statt bisher im März nunmehr bis spätestens Anfang Januar jeden Jahres mitgeteilt werden, in welchem Umfang ihre Anmeldungen für das Vorjahr berücksichtigt werden konnten. Die Hauptverwaltung unterrichtete am 25. November 1936 den Verwaltungsrat, dass sie das Fahrzeugprogramm wegen der langen Lieferfristen früher als bisher vorlegen werde.

Die Wagenbauverträge ab Mitte der dreißiger Jahre sahen vor, dass vom Lande stammende Arbeitskräfte für die Wagenfertigung nicht neu eingestellt werden durften. Die Aufträge dienten dazu, den für die Reichsbahn beschäftigten Arbeiterbestand der Wagenbauanstalten ohne Erhöhung des bisherigen durchschnittlichen Standes zu halten. Ohne Genehmigungen der RZÄ durften für die Aufträge keine Überstunden oder Doppelschichten geleistet werden. Die vereinbarten Liefertermine konnten bei Vorliegen eines Auslandsauftrages u. U. verlängert werden. In einem Erlass vom 9. April 1936 -IV 12071/36- hatte der Reichs- und Preußische Wirtschaftsminister die Vergebungsstellen der öffentlichen Hand einschließlich der Länder und Gemeinden angewiesen, bestimmte Gebiete bei der Auftragsvergebung bevorzugt zu berücksichtigen und nannte dabei die gesamte ehemalige entmilitarisierte Zone des Rheinlandes, den Staat Sachsen, die Provinzen Schlesien und Ostpreußen sowie Hamburg. Ein erneuter Runderlass vom 7. Juli 1937 -36 Y Rvml 49/RAB V Rv 583- erweiterte die Gebiete um den Bereich der Bayerischen Ostmark, Grenzmark, Posen-Westpreußen, bestimmte Grenzkreise der Provinzen Brandenburg, Pommern und Schleswig-Holstein. Unter bestimmten Voraussetzungen konnten höhere Preise bewilligt werden.

Von der weltweit großen Wirtschaftskrise blieb die Freie Stadt Danzig nicht verschont. Die Arbeitslosenzahlen schnellten in die Höhe, arbeitspolitische Maßnahmen brachten nicht den erhofften Erfolg. Davon betroffen war auch die Waggonfabrik Danzig, die ja nicht Mitglied in der DWV sein konnte. Von den freien 10 % ihrer Aufträge erteilte die DRG dem Außenseiter in mehreren Fahrzeugprogrammen freihändig Bestellungen, um hier helfend einzugreifen.

Auf Initiative der Reichspost gingen 1936 die Entwicklung sowie die Konstruktion der Bahnpostwagen in ihre unmittelbare Zuständigkeit über. Das Reichspostministerium übertrug ab 1. März 1937 dem Reichspost-Zentralamt (RPZ) in Berlin-Tempelhof die technische Bearbeitung der Bahnpostwagen-Neubauten, nur die Auftragserteilung blieb beim RPM. Damit endete die am 11. Juni 1925 zwischen Reichspost und Reichsbahn geschlossene Vereinbarung über die Beschaffung der Bahnpostwagen durch das Reichsbahn-Zentralamt.

2. Beschaffungen, allgemein

Als 1929 bei den meisten Industriestaaten vor allem durch einen scheinbar unüberbrückbaren Abstand zwischen den vergrößerten Produktionskapazitäten und den Absatzmöglichkeiten auch in Deutschland die Weltwirtschaftskrise heraufzog, schien auch die deutsche Industriewirtschaft zusammenzubrechen. Der Absatz auf dem Inlands- und Auslandsmarkt gestaltete sich immer schwieriger. Eine Massenarbeitslosigkeit setzte ein, die auf ihrem Höhepunkt nahezu 7 Mio. Menschen ohne Tätigkeit zählten. Der Waggonbau verkümmerte immer mehr, zehrte von der Substanz und versuchte unter großen Schwierigkeiten, Reste der Betriebe aufrecht zu erhalten. Ab Herbst 1932 setzte dann aufgrund verschiedener Maßnahmen der Regierung Papen eine expansionsorientierte Wirtschaftspolitik und damit eine leichte Besserung ein. Die an die Macht gekommene nationalsozialistische Regierung knüpfte an diese Entwicklung an und versuchte das Tempo des Produktionsanstieges zu beschleunigen. Durch verschiedene Arbeitsbeschaffungsprogramme nahm die Zahl der Arbeitslosen im Laufe der Jahre langsam ab. Insgesamt wurden von 1933 bis 1935 von der Reichsregierung etwa 5,2 Mrd. RM zur Verfügung gestellt, im Vergleich dazu betrugen die gesamten Etatausgaben des Reiches

1933	8,1	Milliarden RM
1934	10,4	Milliarden RM
1935	12,8	Milliarden RM.

Hatte die Arbeitslosigkeit am 31. Januar 1933 etwa 6,01 Millionen betragen, so fiel sie bis zum 30. Juni 1934 auf 2,48 Millionen zurück und erreichte 1935 den Normalstand. 1936 konnte von einer Vollbeschäftigung gesprochen werden. Hitler erntete das, was seine Vorgänger gesät hatten.

Die Auftragslage der Industrie besserte sich u. a. deswegen, weil der Wiederaufbau der Wehrmacht eine vorrangige wichtige Rolle spielte. Die Steigerung der Ausfuhr erschien der Staatsführung angesichts der minimalen Aufnahmefähigkeit der Weltmärkte anfangs nur begrenzt möglich. Auf längere Sicht glaubte sie, die ausreichende Beschäftigung nur durch Eroberung neuen Lebensraumes im Osten sichern zu können. Dies konnte nur gewaltsam geschehen, und der Reichsverteidigungsrat beschloss daher bereits am 7. Februar 1934 die wirtschaftlichen Kriegsvorbereitungen.

Die Eisen- und Stahlindustrie wies eine vom Konjunkturverlauf besonders ausgeprägte Entwicklung auf. Nachdem 1928 etwa 125 Hochöfen in Betrieb standen, sank diese Zahl in der Krisenzeit auf 56 ab und stieg dann bis 1936 wieder auf 128 an. Die Walzwerkserzeugnisse betrugen in diesen genannten Jahren 13,2 / 5,7 / 14,4 Mio. Tonnen. Die Produktion von Roheisen erreichte 1936 gegenüber 1932 eine Steigerung von rund 300 %.

Um die Jahreswende 1935/36 ergab sich dann durch die Umschaltung auf Rüstung eine verhängnisvolle Zäsur in der deutschen Wirtschaftsentwicklung. Von 1934/35 auf 1935/36 stiegen die Ausgaben für Rüstung und Wehrmacht von 1,9 auf 4,0 Milliarden RM, 1937/38 erreichten sie bereits über das Doppelte und machten schon 41 % der Gesamtausgaben des Reichshaushaltes aus.

Eine solche sprunghafte Steigerung musste produktionsmäßig gesehen der Wirtschaft starken Auftrieb geben. Es zeigte sich in der Versorgung mit industriellen Rohstoffen eine erhebliche Abhängigkeit vom Ausland, zumal diese dann auch aufgrund der politischen Verhältnisse in gewisser Hinsicht erschwert wurde. Das machte sich besonders bei Eisen- und Metallerzen, Mineralöl, Kautschuk und Leder bemerkbar.

Der im Jahre 1936 verkündete 2. Vierjahresplan sollte die deutsche Wirtschaft gemäß der politischen Forderung binnen vier Jahren autark machen, dafür erhielt Göring am 18. Oktober 1936 den Auftrag. Dieses Ziel dachte man vor allen Dingen bei Mineralöl (Kohleverflüssigung), Kautschuk (Buna), Eisenerz (Salzgittergebiet, Gründung der Reichswerke Hermann Göring), Textilrohstoffen (Zellwolle) und Leichtmetallen (Aluminium und Magnesium als Ersatz für Schwermetalle) zu erreichen, weil diesen Stoffen eine besondere Bedeutung für den Kriegsfall zufiel. Der Ausbau einer Industrie für Kunststoffe (Ersatz für NE-Metalle), Ledersatzstoffe kam hinzu.

Auf rohstoffwirtschaftlichem Gebiet traten zwei ergänzende Maßnahmen hinzu:

1. Einführung der Rohstoffbewirtschaftung durch Einrichtung von Überwachungsstellen, zunächst nur für die Ein- und Ausfuhrregelung, die aber dann durch Ge- und Verbote in die Verarbeitungsprozesse eingriffen.
2. Eine von der Reichsregierung veranlasste Sammlung von Rohstoffvorräten. Eine wirkliche Unabhängigkeit hätte Deutschland trotz aller Anstrengungen innerhalb der gegebenen Grenzen aber zu keiner Zeit erreichen können.

Im Zusammenhang mit der Weisung für die einheitlichen Kriegsvorbereitungen der Wehrmacht wurden die kriegswirtschaftlichen Anstrengungen in aller Stille vorangetrieben und ein staatlicher Lenkungsapparat errichtet.

3. Deutsche Wagenbau-Vereinigung

Mit der Deutschen Wagenbau-Vereinigung (DWV) schloss die Reichsbahn Anfang 1932 einen neuen Vertrag mit einer Laufzeit von vier Jahren ab, der aufgrund der Erfahrungen aus den Vorjahren Verbesserungen mit sich brachte.

Nach dem Tod von Kommerzienrat William Busch (Bautzen) im Jahr 1931 übernahm Generaldirektor Alfred Orenstein den Vorsitz der Deutschen Wagenbau-Vereinigung. Ihm folgte ab dem 13. Juni 1933 Max Krahé, Generaldirektor der Firma Talbot in Aachen. Ihnen zur Seite stand als leitender Geschäftsführer und geschäftsführendes Vorstandsmitglied Geheimrat Albert Cuntze.

Die Reichsbahn strebte weiterhin an, auch im wohlverstandenen eigenen Interesse, die mit ihr langfristig verbundenen Waggonfabriken gesunden zu lassen bzw. gesund zu erhalten.

Daher kam der Frage der Preisbildung eine besondere Bedeutung zu. Man hatte ein System entwickelt, das sowohl die Selbstkosten der Lieferwerke als auch den Wunsch der Reichsbahn auf möglichst günstige Preise berücksichtigte. Die Vereinigung ermittelte aus den verschiedenen Nachkalkulationen der Hersteller jeweils für eine Wagengattung ein Durchschnittsergebnis der Selbstkosten, welches zugleich 10 % Gewinn als Anhalt für die Preisfestsetzung bei der nächsten Bestellung diente, wobei die endgültigen Preise der Vereinbarung bedurften.

Die Vereinigung hatte außerdem zu prüfen, welche Werke mit ihren Selbstkosten um mehr als 5 % über dem Durchschnitt lagen. Hier mussten Maßnahmen eingeleitet werden, um in Zukunft unwirtschaftliches Arbeiten auszuschalten. Die Reichsbahn leistete mit den vereinbarten Zahlungsplänen dem Baufortschritt entsprechende Abschlagszahlungen und kam damit den beengten finanziellen Verhältnissen der Wagenbauanstalten entgegen. Der gesamte Zahlungsverkehr lief über die Vereinigung.

Mitte der dreißiger Jahre musste sich die gesamte industrielle Wirtschaft neu organisieren. Die Waggonfabriken fasste man in der „Fachgruppe Eisenbahnwagenbau“ zusammen und gliederte sie der „Wirtschaftsgruppe Stahl und Eisenbau“ an. Das Reichswirtschaftsministerium genehmigte jedoch am 3. August 1934 – als Ausnahme – eine sachliche und personelle Union zwischen Fachgruppe und Deutscher Wagenbau-Vereinigung.

Um das Hereinholen von Exportaufträgen auch dann zu ermöglichen, wenn die normale Kalkulation keinen Spielraum mehr bot, konnten Prämien gewährt werden. Unter Umständen wurden Bestellungen aus dem Ausland unter Zurückstellung von Reichsbahn Aufträgen vorgezogen, um das Reich mit dringend benötigten Devisen zu versorgen.

Mit ihrem Schreiben (18. Juni 1931 -73a Fewav43-) kündigte die Hauptverwaltung den Wagenlieferungsvertrag vom 5./28. Januar 1927 mit der Deutschen Wagenbau-Vereinigung und machte damit von dem Recht einer Kündigung Gebrauch. Sie fragte aber gleichzeitig an, ob man zu einer Fortsetzung bereit wäre. Da dies der Fall war, konnte am 16. Februar 1932/10. März 1932 ein neuer Vertrag, gültig vom 1. Januar 1932 bis zum 31. Dezember 1936 geschlossen werden. In den wesentlichen Punkten traten keine Veränderungen ein. Die Reichsbahn verpflichtete sich, mindestens 90% ihres Bedarfs an Güter-, Personen-, Gepäck-, Post-, Trieb- und Bahndienstwagen der DWV für ihre Mitglieder in Auftrag zu geben. Neu aufgenommen wurde das Ziel, dass nicht nur Eisenbahnwagen, sondern auch die Teile von Wagen gleichartiger und wirtschaftlicher herzustellen seien. Beide Parteien vertraten die Auffassung, dass es zur Erhaltung der Waggonindustrie notwendig sei

1. die Aufträge künftig auf längerer Sicht gleichmäßiger zu verteilen
2. die Wirtschaftlichkeit der Waggonherstellung unter Berücksichtigung des technischen Fortschritts weiter zu verbessern.
3. die Werkstätten weiterhin zu beschränken, die Zusammenarbeit der Werke untereinander durch Bildung von Herstellergemeinschaften zu fördern.

Bei dem neuen Reichsbahnvertrag waren als Folge der in den abgelaufenen Jahren durchgeführten Rationalisierungen bzw. Konzernbildung nur noch 17 Partner mit 25 Werken und mit folgenden Quoten beteiligt, nachdem die Hannoversche Waggonfabrik am 23. Februar 1932 als Mitglied ausgeschieden war:

1.	Linke-Hofmann-Busch-Werke (Breslau, Bautzen, Weimar, Düsseldorf)	28,50%
2.	Westwaggon (Köln, Mainz, Heidelberg)	21,10%
3.	Orenstein & Koppel (Berlin, Dessau, Gotha, Dorstfeld)	7,55%
4.	Wumag	7,00%
5.	Nürnberg	6,30%
6.	Talbot	3,70%
7.	Wegmann	3,70%
8.	Uerdingen	3,30%
9.	Steinfurt	2,80%
10.	Credé	2,75%
11.	EVA	2,65%
12.	Lindner	2,60%
13.	Beuchelt	2,10%
14.	Ratgeber	1,92%
15.	Siegen	1,50%
16.	Eßlingen	1,43%
17.	Rastatt	1,10%, ab 19.02.35 1,40%

Die Berechnung der Anteile erfolgte nach dem Auftragswert ohne Beistellung, wobei die Aufträge der Deutschen Reichspost wieder eingeschlossen wurden. Der Vertrag sah vor, die Waggonfabriken Danzig und Lüttgens sofort in den Vertrag aufzunehmen, sobald sie wieder zum Deutschen Reich gehörten. Die ihnen zustehende Quoten sollten aus den freien 10% genommen werden.

Dies traf 1935 für die Waggonfabrik Gebr. Lüttgens GmbH, Saarbrücken, bereits zu, als sie mit einer Quote von 1,4% wieder als Mitglied in der außerordentlichen Mitgliederversammlung vom 19. Februar 1935 aufgenommen wurde. Die Waggonfabrik A.-G. Uerdingen übernahm das gesamte Kapital der Düsseldorfer Waggonfabrik mit dem Ziele der Durchführung einer wirtschaftlichen Arbeitsgemeinschaft zwischen beiden Werken.

Am 1. Februar 1936 trat im Zusammenhang mit einer Umorganisation an Stelle der EVA (Eisenbahn-Verkehrsmittel A.-G.), die „Triebwagen- und Waggonfabrik Wismar AG, Wismar".

Das Werk Weimar der Waggon- und Maschinenfabrik AG. vorm. Busch, Bautzen, schied am 9. Februar 1936 durch Verkauf als Fabrikationsstätte für die Waggonindustrie aus.

Für das Auslandsgeschäft war sicherzustellen, dass die Konkurrenz der Mitglieder untereinander nicht zur Unrentabilität führte. In einem Ergänzungs- bzw. Abänderungsvertrag vom 30. Oktober/ 20. Dezember 1934 sagte die Reichsbahn der DWV zu, 75% ihres Bedarfes an Großbehältern über 3 m^3 an die Mitglieder der Vereinigung zu geben.

Die Hauptverwaltung kündigte den Reichsbahnvertrag 1932 mit Schreiben vom 21. Dezember 1935 -73a 30 Fewv 27- fristgerecht zum 31. Dezember 1936 und bat um Mitteilung, ob die DWV grundsätzlich bereit wäre, das Vertragsverhältnis fortzusetzen. Die Mitglieder entschieden sich dafür, und es kam zu einem neuen Reichsbahnvertrag vom 19. März/19. Juni 1937 mit einer kürzeren Laufzeit vom 1. Januar 1937 bis zum 31. Dezember 1939. Die Reichsbahn verpflichtete sich auch nur, mindestens 85% des gesamten Auftragswertes ihres Bedarfs an Personen-, Gepäck-, vereinigten Post- und Personenwagen, Triebwagen nebst Steuer- und Beiwagen sowie Güter- und Bahndienstwagen der Vereinigung für ihre Mitglieder in Auftrag zu geben.

Während die Reichsbahn bzw. die früheren Staatsbahnen bisher die Bahnpostwagen für die Reichspostverwaltung mitbeschafft hatten, war es der Wagenbauanstalt Christoph & Unmack in Niesky gelungen, die Deutsche Reichspost davon zu überzeugen, dass sie außerhalb des Vertrages zwischen Reichsbahn und DWV ihre Bahnpostwagen günstiger einkaufen könne, wenn sie selbst die Fahrzeuge außerhalb der Reichsbahnquote zusätzlich in Auftrag geben werde. Dieses Firmenverhalten verstieß gegen den Sinn des Vertrages.

Von den freien 15% ihrer Aufträge konnte die Reichsbahn diese

a.) Außenseitern freihändig vergeben
b.) Mitgliedern und Außenseitern in beschränkter Ausschreibung erteilen (bei Mitgliedern dann ohne Quotenanrechnung)
c.) Mitgliedern diese quotenfrei zuteilen.

Die Vereinigung versuchte erneut zu einer einigermaßen gleichmäßigen Waggonbeschaffung zu kommen, zumal sich durch den anwachsenden Verkehr ein erhöhter Bedarf abzeichnete.

Die Reichsbahn glaubte aber nicht, sich für einen längeren Zeitraum verpflichten zu können. Der neue Vertrag verlangte wieder den preislichen Wettbewerb, während bisher mehr Wert auf enge und vertrauensvolle Zusammenarbeit gelegt war. Die Quoten der Mitglieder sahen wie folgt aus:

1.	Linke-Hofmann	14,631%
	Busch, Bautzen	8,757%
2.	Westwaggon	
	davon Westwaggon, Deutz,	13,577%
	Mainz	3,273%
	Fuchs, Heidelberg	3,226%
3.	Orenstein & Koppel	
	davon O&K, Spandau	2,940%
	Wggf. Dessau	1,884%
	Wggf. Gotha	2,360%
4.	Wumag	6,660%
5.	Nürnberg	5,994%
6.	Wegmann	3,570%
7.	Talbot	3,570%
8.	Uerdingen	7,926%
9.	Credé	2,653%
10.	Steinfurt	2,702%
11.	Wismar	2,557%
12.	Lindner	2,509%
13.	Ratgeber	1,852%
14.	Beuchelt	2,026%
15.	Siegen	2,251%
16.	Eßlingen	2,380%
17.	Rastatt	1,351%
18.	Lüttgens	1,351%

In dem Vertrag beigefügten zusätzlichen Erläuterungen war außerdem festgelegt, dass aus der Quote O&K (Werk Spandau) in Einzelfällen Aufträge in dem Werk Dorstfeld ausgeführt werden durften. Das galt auch für die Quote Uerdingen (Werk Uerdingen), wo Fahrzeuge im Werk Düsseldorf gefertigt werden konnten bzw. eine andere Verteilung der Aufträge für Westwaggon zuließen.

Die Reichsbahn erhielt in den Verträgen das Recht, zwei Beamte in die DWV zu entsenden, die während ihrer Tätigkeit beurlaubt waren. Der eine Vertreter erhielt die Leitung des Konstruktionsbüros, der andere die der Einkaufs-, Verrechnungs- und Kalkulationsstelle. Vom 1. August 1936 machte die Reichsbahn davon keinen Gebrauch mehr und zog einen Herrn zurück, der andere übernahm als Beauftragter der Reichsbahn reine Überwachungsaufgaben.

Zu den Arbeiten des technischen Büros der DWV gehörte es auch im Berichtszeitraum dieses Buches zur Erledigung eines Wagenbauvertrages die Aufstellung einer pausfähigen Wagenskizze. Damit sollte sichergestellt werden, dass die Skizzen möglichst aus einer Hand kamen und die gleiche „Handschrift" trugen.

4. Beschaffungen innerhalb der Geschäftsjahre

Im **Geschäftsjahr 1932** konnte die Reichsbahn bei den geringen für die Fahrzeugbeschaffung vorgesehenen Mitteln nur solche Wagen in Auftrag geben, wofür sich aufgrund der Verkehrslage ergebenen Überbestandes ein Bedarf abzeichnete. Die Hoffnung der Waggonindustrie, den Auftrag 1932 frühzeitig und ausreichend hereinzubekommen, erfüllte sich nicht. Sie erfuhr erst Ende November 1931 den ungefähren Umfang sowie die Zusammensetzung nach Wagenarten, der Gesamtwert ohne Beistellteile belief sich auf nur etwa 33½ Mio. RM. Gleichzeitig gab die Reichsbahn bekannt, dass für 1932 keine weiteren Aufträge erteilt werden könnten. Damit war vorgezeichnet, dass die Werke nicht genügend Beschäftigungsmöglichkeiten für ihre Belegschaft bekommen würden und weitere Entlassungen vornehmen mussten, zumal auch die Auswirkungen der deutschen Krise sowie der Weltkrise auf das weitere private Inlands- und Auslandsgeschäft sich negativ bemerkbar machten. Außerdem fielen die Reparationsaufträge sehr stark ab, eine unmittelbare Folge des Hoover-Moratoriums, wonach weitere Reparationsleistungen für die deutsche Regierung unmöglich waren.

Die überwiegende Zahl der Werke lag im Winter 1931/32 still, da selbst die baureifen Bauarten infolge der zu späten Bestellung erst im März/April in Arbeit genommen werden konnten. Beispielsweise sank bei Talbot die Belegschaft auf 32 Arbeiter, während es 1930 noch 1.600 gewesen waren.

Trotz eine unter schwersten Opfern erzielte Streckung der Aufträge und Arbeitszeitverkürzungen konnte nicht verhindert werden, dass Ende 1932 die Betriebe nur teilweise noch mit wenigen Wagen der Vergebung 1932 beschäftigt oder noch restliche Auftragsbestände hatten, die ihnen eine Weiterproduktion möglich machte und den Rest ihrer Belegschaft zu halten.

In Auswirkung der 4. Notverordnung mussten die Werke nachträglich eine Kürzung der festgelegten Preise um 5-6 % hinnehmen, allerdings konnte auch der Stahlwerks-Verband den Mitgliedern der DWV eine Eisenpreisermäßigung einräumen.
Die Lieferung der Wagen setzte im April/Mai ein, aufgrund der Streckung allgemein 1 bis 2 Monate später als es der ursprüngliche Lieferplan vorsah.

Das Wagenbauprogramm umfasste einen großen Anteil von geschweißten Versuchswagen, deren bauliche Durchbildung den Beginn der Arbeiten verzögerte und die teilweise nicht mehr im Geschäftsjahr ausgeliefert werden konnten. Dieser Umstand wirkte sich in einigen Fällen negativ aus, weil die Ergebnisse der Erprobungen Grundlage für die Fertigung der neuen Bestellung sein sollten. Um Härten zu vermeiden kam es zu Überbrückungsaufträgen.

In der 2. Hälfte des Jahres 1932 ging die Reichsbahn von Scheck- auf Wechselzahlung über. Die Weiterführung der Rationalisierung gelang nicht im gewünschten Umfang, da der geringe Auftrag und die kleinen Stückzahlen dies nicht zuließen. Die Vergebung enthielt nur eine größere Serie von Pw4i-Wagen. Die Fertigung lag bei vier Werken. Für die Wagen belief sich der Gesamtwert der gemeinschaftlich hergestellten Teile auf 5,5 % des Wertes der Lieferung. Die Arbeiten zur Entwicklung des Schweißens der Wagen nahmen einen sehr breiten Raum ein.

Den Auftrag für das **Geschäftsjahr 1933** kündigte die Reichsbahn Anfang Oktober 1932 an, wobei der Wert nur etwa rd. 19 Mio. RM betragen sollte. Bei dieser geringen Höhe bereitete eine gleichmäßige Verteilung gemäß des vereinbarten Quotenschlüssels der DWV ungeheure Schwierigkeiten. Erst als Anfang Dezember 1932 noch ein Zusatzauftrag von etwa 5,5 Mio. RM hereinkam, konnte eine einigermaßen gerechte Verteilung vorgenommen werden. Es gelang, den meisten Werken dieselben bzw. ähnliche Bauarten zu zuweisen, wie sie sie zuletzt im Bau hatten, da die Vergebung 1933 mit wenigen Abweichungen der von 1932 entsprach. Zeitraubende Umstellungen ließen sich dadurch vermeiden. Trotz der schlechten wirtschaftlichen Verhältnisse konnten bei einigen Wagengattungen die Preise aufgrund der Rationalisierungserfolge etwas gesenkt werden.

Nach Abschluss der Preisverhandlung erfolgte seitens der Reichsbahn die Auftragserteilung, damit konnten die Werke, die überwiegend still gelegen bzw. mit geringster Belegschaft an den Versuchswagen beschäftigt gewesen waren, mit den vorbereitenden Arbeiten beginnen. Trotz des erhöhten Auftrages reichte die Beschäftigung auch für die stark verminderte Belegschaft nur bis in den Herbst 1933. Um erneute Stilllegungen der Werke zu vermeiden, entschloss sich die Reichsbahn im Zusammenhang mit dem inzwischen auf 280 Mio. RM aufgestockten Arbeitsbeschaffungsprogramm zu einem Überbrückungsauftrag im Wert von 12 Mio. RM. Diese Vergebung umfasste in der Hauptsache baureife Wagengattungen, die Fertigung konnte sich sofort an die im Bau befindlichen Wagen anschließen und die Beschaftigung ließ sich bis Ende 1933 sicherstellen.

Die Preise für die neuen geschweißten Bauarten konnte die Reichsbahn erst nach langen Verhandlungen mit der DWV anerkennen, sie lagen vorerst über denen für genietete Wagen. Die weitere Entwicklung der Fertigung ließ aber eine Verbilligung erwarten. Die Baustoffbeschaffung erfolgte auf bisheriger Preisbasis, erst gegen Ende 1933 kam es teilweise zu Preiserhöhungen.

Die Lieferung der Wagen setzte im März 1933 ein. Die Zahlungen mit Wechseln erfolgten pünktlich zum 3. und 18. jeden Monats. Auch die Vergebung 1933 enthielt nur zwei Bauarten mit größeren Stückzahlen, wo sich im Austauschbau eine Gemeinschaftsfertigung erreichen ließ. Dies betrafen Pw4i-Wagen bei einem und Pwi-Wagen bei drei Werken. Der Wert der gemeinsam gefertigten Teile blieb aber mit 1,5 % des Gesamtwertes gering. Wegen ungenügender Beschäftigung versuchten die Werke möglichst auch viel selbst herzustellen. Das nicht unter den Reichsbahnvertrag fallende sog. freie Inlands- und Auslandsgeschäft nahm gegenüber 1932 wieder zu, wobei die Türkei im Auslandsgeschäft den Hauptanteil hatte.

Im Fahrzeugprogramm 1933 und 1933 Ü wurden bei den Wagenbauanstalten insgesamt 596 Reisezugwagen bestellt, dazu kamen 139 Satz Drehgestelle..

Die Vergabe für das **Geschäftsjahr 1934** kündigte die Reichsbahn im Juli 1933 an, wobei der Wert des Auftrages etwa 37,5 Mio. RM betragen sollte. Durch weitere Zusatzaufträge konnten die Werke mit rd. 40 Mio. RM rechnen. Bis Ende 1933 waren die Preisverhandlungen abgeschlossen und die förmlichen Bestellungen erteilt. Die Vergabe enthielt auch wieder eine Reihe von Versuchswagen, deren bauliche Durchbildung längere Zeit in Anspruch nahm. Der Anteil der Triebwagen für elektrischen Betrieb bzw. mit eigener Kraftquelle erhöhte sich auf Veranlassung der neuen Reichsregierung im Wagenbauprogramm 1934 besonders stark und erreichte etwa einen Wert von 20 %. Es gelang unter Ausnutzung verbilligter Baustoffe und Senkung der Löhne, eine Preisherabsetzung bei einigen Bauarten durchzuführen. Die frühzeitige Auftragserteilung ließ einen reibungslosen Anschluss an die Lieferung 1933 erhoffen.

Es stellte sich jedoch heraus, dass die bauliche Durchbildung der neuen bzw. erheblich geänderten Bauarten mehr Zeit in Anspruch nehmen würde. Um eine gleichmäßige Weiterbeschäftigung zu sichern, verzichtete die Reichsbahn auf die nicht unbedingt notwendigen Änderungen und erklärte sich außerdem bereit, einen Teil der in geschweißter Ausführung geforderten Wagen noch in genieteter Ausführung zu erhalten.

Der von der DWV eingereichte Lieferplan endete mit dem Monat September 1934. Die Reichsbahn verlangte erst eine Streckung bis zum Jahresende, was wiederum für die Wagenbauanstalten eine Einschränkung ihrer Belegschaft bedeutet hätte.

Dies lag nicht im Sinne der Reichsregierung. Der Lieferplan wurde dann doch anerkannt und veranlasste die Reichsbahn, nach der 60. Sitzung des Verwaltungsrates am 27./28. März 1934 im April ein zusätzliches Fahrzeugprogramm anzukündigen. Der Gesamtwert der Vergebungen betrug nunmehr etwa 58 Mio. RM.

Im August 1934 erließ die Reichsregierung Verordnungen auf dem Gebiete der Faserstoffwirtschaft. Sie machten Erhebungen über lieferbare Textilien und Rohstoffe notwendig. Der Einkauf musste hier teilweise zentralisiert werden. Bekanntlich konnte durch den Überbrückungsauftrag 1933 der Anschluss an den Beginn der Lieferung aus der Vergebung 1934 sichergestellt werden. Allerdings muss festgestellt werden, dass die Mehrausgaben nicht unbedingt notwendig und rein kaufmännisch sich nicht rechtfertigten. Auf der anderen Seite blieb die Beschäftigung in den Wagenbauanstalten während des ganzen Jahres über gleichmäßig. Auch eine Vermehrung des privaten In- und Auslandsgeschäftes trug mit dazu bei. Eine langsam fortschreitende Besserung machte sich bemerkbar. Einige wenige Arbeitslücken ließen sich durch kleine Zusatzaufträge überbrücken.

Die Reichsbahn bezahlte bis zum ersten Dezember-Termin mit Wechseln, danach wieder mit Schecks. Den weiteren Rationalisierungsbestrebungen standen die gleichen Schwierigkeiten wie im Geschäftsjahr zuvor entgegen. Der Wert der Gemeinschaftsarbeit betrug 0,8 % des Wertes der bestellten Wagen des Fahrzeugprogrammes 1934.

Das Exportgeschäft entwickelte sich zusehends schwieriger, da die Preise einiger Wettbewerbsländer, u. a. durch Währungsabwertung oder staatliche Subventionen, deutlich niedriger lagen. Dabei zwang die wirtschaftliche Lage Deutschlands, jetzt den Export zu steigern und frühere Überlegungen aufzugeben, um dringend benötigte Devisen hereinzubekommen und andererseits mit Hilfe der Aufträge die Waggonfabriken zu beschäftigen. Der Waggon-Export ließ sich jedoch nur mit Hilfe des Zusatzausfuhr-Verfahrens erfolgreich abwickeln, wobei allerdings die Reichsregierung die Ausschaltung des gegenseitigen deutschen Wettbewerbs zur Bedingung gemacht hatte. 1934 ging der weitaus größte Teil des Exportes nach Bulgarien und der Türkei.

Für das 1. Halbjahr des **Geschäftsjahr 1935** kündigte Mitte Juni die Reichsbahn nach der 61.Sitzung des Verwaltungsrates am 8./9. Mai 1934 ein vorläufiges Fahrzeugprogramm 1935 an. Der Schätzwert betrug 38,97 Mio. RM, wobei auch Güterwagen erstmalig wieder in größerer Stückzahl bestellt werden sollten. Der vorgesehene Verteilungsplan musste im Herbst jedoch noch einmal geändert werden, weil für die geplanten Triebwagen mit eigener Kraftquelle einschl. der dazugehörigen Steuer- und Beiwagen grundlegende Änderungen notwendig wurden. Dies machte eine Neuaufstellung der einzelnen Quoten erforderlich und einige Ersatzaufträge mussten gegeben werden. Die Aufteilung erfolgte in Zusammenarbeit mit der Reichsausgleichsstelle auf die einzelnen Reichsgebiete.

Die Fahrzeugbestellung für das 2. Halbjahr 1935 vergab die Reichsbahn im Herbst 1934 für etwa 21,5 Mio. RM. Der Gesamtauftrag belief sich nunmehr auf rd. 60,5 Mio. RM. Die Preisverhandlungen konnten von der Reichsbahn erst Ende 1934 zum Abschluss gebracht werden, da für die geschweißten Bauarten sowohl die Grundpreise neu festgelegt als auch bei Bauartabweichungen Übereinstimmung erzielt werden musste. Außerdem sollten vollkommen neue Innenausstattungen zum Einbau kommen, die HV entschied sich für folgende Vergrößerungen der Abteillängen:

1. Klasse von 2.100 auf 2.300 mm,
2. Klasse von 1.970 auf 2.300 mm,
3. Klasse von 1.600 auf 1.700 mm.

Da die Wagen nicht verlängert werden konnten, musste man diese mit einem Abteil weniger als bisher bauen.

Nach Besichtigungen von Wegmann Probeabteilen legte die Hauptverwaltung die Einzelheiten der Polsterung für die jeweiligen Klassen fest. Die 1.400 mm breiten Fenster in der 1. und 2. Klasse erhielten zusätzlich Handkurbeln. Erstmalig konnte die Heizung selbsttätig geregelt werden. Auf Vorschlag des RZM bekamen die D-Zugwagen eine verbesserte Kks-Bremse für eine Abbremsung von 130 % und einen gekoppelten Beschleuniger, einige Fahrzeuge erhielten zu Versuchszwecken die Hikss-Bremse.

Der sich langsam bessernde Beschäftigungsgrad ließ wieder eine leichte Senkung der Preise gegenüber 1934 zu, dies traf aber fast nur für Güterwagen zu.

Die gemeinsame Beschaffung der bisherigen Baustoffe konnte noch erweitert werden, u. a. wurden Lagerschalen, Sicherheitsglas und Plüsch einbezogen. Die Beschaffung der Walzmaterialien führte die Einkaufsabteilung der DWV kurzfristig für ihre Mitglieder durch, wobei die rechtzeitigen Jahresabschlüsse sich vorteilhaft auswirkten.

Die bauliche Durchbildung der Regelwagen ließ sich nicht in der ursprünglich veranschlagten Zeit fertig stellen, da die Werke mit konstruktiven Aufgaben, die eine umwälzende Neugestaltung der Wagen in Hinblick auf größere Geschwindigkeit und Bequemlichkeit mit sich brachten, überlastet waren. Dadurch verzögerte sich der Baubeginn und es konnten nicht alle Wagen termingerecht im Geschäftsjahr ausgeliefert werden. Ein Teil musste daher auf 1936 übernommen werden. Bei einigen Werken, die infolge der Schwierigkeiten dieser neuen Entwicklung den Anschluss an die letzten Lieferungen nicht mehr erhielten, teilte die Reichsbahn zur Ausfüllung der Lücken baureife Wagen im Vorgriff auf die Vergebung 1936 zu.

Auch im Geschäftsjahr 1935 blieb es bei der am Ende des Vorjahres wieder eingeführten Scheckzahlung. Der Wert der in Gemeinschaftsarbeit hergestellten Teile sank erneut und ging auf 0,64 % der Vergebung 1935 zurück.

Die von der Reichsregierung für die Einsparung von Devisen vermehrt erlassenen Vorschriften beim Einkauf bestimmter Rohstoffe zwang die Reichsbahn, die Verwendung von Heimstoffen jetzt zwingend beim Bau ihrer Wagen vorzuschreiben, um den Anteil der Meidstoffe, u. a. Messing, Neusilber, Kupfer und Rotguss, drastisch einzuschränken. Diese Maßnahmen brachten zusätzliche Arbeiten mit sich. Für die vermehrte Anwendung von Aluminium-Legierungen mussten Vorträge und praktische Unterweisungen bei den Wagenbauanstalten abgehalten werden.

Während gegenüber 1934 bei den privaten Inlandsaufträgen eine Steigerung zu verzeichnen war, ging der Export um 27 % zurück. Hauptabnehmerländer waren Afrika, Griechenland, Südamerika und Jugoslawien.

Im **Geschäftsjahr 1936** plante die Reichsbahn, nachdem der Verwaltungsrat auf seiner 68. Sitzung am 2./3. Juli 1935 das Fahrzeugprogramm gutgeheißen hatte, einen Betrag von 41,6 Mio. RM für die Bestellung von neuen Wagen für das 1. Halbjahr 1936 auszugeben. Dieses teilte sie der DWV Mitte Juli 1935 mit. Die Summe verstand sich ohne Beistellteile, jedoch einschließlich eines Auftrages über Bahnpostwagen und sie sollte für das gesamte Jahr 1936 gelten. Weitere Aufträge glaubte die Reichsbahn aus Gründen, die an anderer Stelle erläutert sind, nicht erteilen zu können. Im Februar 1936 wurde dann aber doch ein Zusatzauftrag für das 2. Halbjahr angekündigt. Die gesamte Vergebung 1936 lag mit 66,84 Mio. RM etwas über dem Auftrag 1935.

Anfang Mai gab die Reichsbahn den Lieferwerken die von ihr genehmigte Verteilung bekannt. Für die Wagenbauanstalten wirkte es sich günstig aus, dass die Zusammensetzung des Gesamtauftrages hauptsächlich aus Regelwagen und kaum aus baulich erst noch durchzubildenden Neukonstruktionen bestand.

Die Einsatzstellen mussten den Personenwagenpark in den letzten Monaten für planmäßige wie Sonderleistungen aller Art voll in Anspruch nehmen. wobei er schon nicht mehr ausreichte. Das zwang dazu, die eigentlich notwendig werdenden Ausmusterungen teilweise aufzuschieben. Dadurch stieg das Durchschnittsalter auf über 19 Jahre. Vor dem Ersten Weltkrieg lag dies bei ~12 ½ Jahr.

Aus diesem Grund sollen die bestellten geschweißten D-Zugwagen als Ersatz für abgängige hölzerne Wagen beschafft werden. Weil ein starker Mangel an vierachsigen 3.-Klasse-Durchgangswagen vorlag, bestellte die DR 50 davon. Die 90 vierachsigen Durchgangswagen besonderer Bauart wurden für die auf Normalspur umzubauende Schmalspurstrecke Heidenau – Altenberg bestimmt.

Mit den ersten beiden vierachsigen Gefangenenwagen wollte man ausmusterungsreife Fahrzeuge austauschen. Künftig wurde es auch möglich, Transporte mit schnellfahrenden Eilzügen durchzuführen.

Wegen erhöhtem Aufkommen von Expressgut war die Beschaffung von großräumigen Gepäckwagen vorgesehen.

Das **Fahrzeugprogramm 1936 II** enthielt nochmals weitere C4ü und auch die mit innerem Durchgang versehenen C4i, die immer wieder von der NS-Gemeinschaft „Kraft durch Freude" für ihre Züge beantragt wurden. Diese liefen vorwiegend auf elektrisch betriebenen Strecken nach Oberbayern und mussten daher mit elektrischer Heizung ausgerüstet sein.

Die Preise konnten Ende 1935 zwischen der Reichsbahn und der DWV festgelegt werden, sie orientierten sich an denen der Vergebung 1935. Es zeigte sich aber auf Grund der Nachkalkulationen, dass die Preise für die Vergabe 1936 II angehoben werden mussten.

Im Frühsommer des laufenden Geschäftsjahres teilten die Walzwerke der DWV mit, dass die Hereinnahme künftiger Aufträge nur zu längeren Lieferterminen möglich sei. Eine Verschärfung ergab sich bereits im September, als es nur zum Teil gelang, den Bedarf für die Vergebung 1937 I beim Stahlwerks-Verband unterzubringen. Den Walzwerken lagen zu diesem Zeitpunkt bereits so viele Aufträge vor, dass sich die Reichsbahn gezwungen sah, sich selbst um die Sicherstellung ihres gesamten Eisenbedarfs zu bemühen. Die Stahlwerke suchten durch Kontingentierung der Besteller auf den herabgesetzten Bedarf einer früheren Periode Herr zu werden, was aber keine Abhilfe brachte.

Bei einzelnen Werken gab es gegen Ende des Geschäftsjahres Unterbrechungen im Fortgang der Fertigung, die durch nicht rechtzeitige Anlieferung der Walzstahlprodukte entstand. Sie musste durch kostspielige Notmaßnahmen überbrückt werden.

Ab Sommer 1936 erfuhr der Bedarf an Linoleum eine Kontingentierung mit 60 %, zum Ende des Jahres mit 50 % früherer Bezüge. Da der Anteil der bestellten Personenwagen wieder angestiegen war, musste der Bedarf bei bestimmten Gattungen deutlich eingeschränkt werden.

Die Entscheidungen über die Verwendung von Heimstoffen standen am Ende des Berichtsjahres noch aus. Auch auf dem Holzsektor gab es erste Anzeichen für eine Verknappung von Hart- und Weichhölzern in der bisher vorgeschriebenen Qualität. Die gemeinsame Beschaffung der übrigen Baustoffe beschränkte sich auf die bislang eingekauften Materialien, wobei die Heizungseinrichtungen und Reibungspuffer den Hauptanteil neben Bremsklötzen, Schiebetürbeschlägen, Xylolith-Auskleidungen sowie weiteren Teilen hatten.

Im Gegensatz zu früheren Jahren lag im Frühjahr 1936 bei der überwiegenden Zahl aller Wagenbauanstalten noch ein Überhang aus der Vergebung 1935 vor, weil diverse Störungen die Fertigung und Ablieferung beeinträchtigt hatten. Auch war bei einigen Werken eine Überfüllung ihrer Hallen dadurch entstanden, weil die Ausrüstung von Trieb- und Steuerwagen wegen verspäteter Anlieferung von maschinellen oder elektrischen Einrichtungen nicht planmäßig erfolgen konnte. Dadurch verschob sich die Fertigungsaufnahme der Vergebung 1936 und die verlorene Zeit konnte im laufenden Geschäftsjahr nicht mehr eingeholt werden. Dazu kamen dann die bereits geschilderten Schwierigkeiten bei der Baustoffbeschaffung, die Bevorzugung des Auslandsgeschäftes aus Devisengründen, der aufgetretene Mangel an Facharbeitern. Der Zahlungsverkehr zwischen der Reichsbahn und der DWV wickelte sich pünktlich zu den vereinbarten Terminen ab.

Die fortschreitende Entwicklung der Schweißtechnik verhinderte ein deutliches Ansteigen der in Gemeinschaftsfertigung hergestellten Teile. Der Gesamtwert betrug 1,07 % vom Auftragswert der Vergebung 1936. Das nicht unter den Reichsbahnvertrag fallende freie In- und Auslandsgeschäft konnte wiederum gesteigert werden. Hauptabnehmer war die Türkei.

Für einen Teil der Fahrzeuge verschob sich die Ablieferung auf 1937, da sie wegen der ungewissen Finanzlage Ende 1935 gesperrt und erst nach Genehmigung der Tariferhöhung freigegeben wurden.

Für das 1. Halbjahr des **Geschäftsjahres 1937** beabsichtigte die Reichsbahn, Aufträge im Wert von 48,98 Mio. RM zu vergeben. Sie kündigte das Fahrzeugbeschaffungsprogramm unmittelbar nach der 74. Tagung des Verwaltungsrates am 30. Juni/1. Juli 1936 an. Die DWV konnte die Verteilung des Auftrages 1937 I bereits Ende August 1936 vorlegen. Der Anteil der Regelwagen betrug in diesem Jahr etwa 75 %, die Nichtregelwagen bestanden vorwiegend aus Trieb-, Steuer- und Beiwagen. In dem 2. Halbjahr machte sich die Baustoffknappheit immer fühlbarer bemerkbar. Besonders beim Walzstahl verlängerten sich die ursprünglichen Lieferzeiten ständig. Aus diesem Grunde kündigte die Reichsbahn die Vergebung 1937 II im Wert von rd. 59 Mio. RM bereits Ende November 1936 an, davon sollten etwa 7 Mio. RM für Trieb-, Steuer- und Beiwagen auf 1938 I verrechnet werden. Man ging davon aus, dass im Hinblick auf die Rückstände aus den Lieferungen 1935 bzw. 1936 und die starke Belastung der Wagenbauanstalten mit Konstruktionsarbeiten im Jahre 1937 doch nicht mehr ausgeliefert werden konnte. Dazu kam verstärkt die Unsicherheit, ob die Stahlbaustoffe für die gesamte Vergebung 1937 termingerecht zur Verfügung stehen würden. Die Reichsbahn hatte für das Geschäftsjahr 1,2 Mio. t angemeldet, ihr wurden aber nur 800.000 t zugestanden.

Der Gesamtwert lag erstmalig seit 1930 wieder über 100 Mio. RM, davon fast 80 % für baureife Wagen. So sehr die Erhöhung auch den Wagenbauanstalten gelegen kam, so sahen sie sich zunehmend vor Schwierigkeiten gestellt, die sich bei der Baustoffbeschaffung ergaben und die Arbeitsabläufe beeinträchtigten. Die für die Wagen der Vergebung 1936 II der DWV zugestandene geringe Preiserhöhung ging im Berichtsjahr wieder verloren, weil die Reichsbahn den Standpunkt vertrat, die wiederholte Bestellung gleicher Wagentypen in größeren Stückzahlen die Fertigung verbilligen müsse. Die Waggonfabriken sahen sich aber nicht in der Lage, für 1937 II nochmals einen Preisnachlass einzuräumen, zumal die Schwierigkeiten in der Baustoffbeschaffung Fabrikationsstörungen und Erhöhungen der Allgemeinkostensätze bringen würden. Eine wirtschaftliche Fertigung und eine ungestörte Reihenfertigung ließen sich nicht mehr durchführen.

Mit ihrer Verf. -30 Fewpv 94- vom 4. Juli 1936 ordnete die HV an, die Sitze der 3. Klasse in den bestellten 80 ABC4ü und den 180 C4ü unter Verwendung der in den RAW's lagernden Polsterstoffen zu polstern.

Eine gewisse Anzahl der **Lieferung 1937 II** an D-Zug- und BC4i-Wagen erhielten die verfeinerte Heizung (Fensterwandbeheizung zur Verhinderung der bisher aufgetretenen unangenehmen Zuglufterscheinungen).

Die Reichsbahn hatte immer in den jeweiligen Geschäftsjahren, so auch in dem Zeitabschnitt 1932 bis 1937, einen sparsamen und möglichst ausgeglichenen Haushalt angestrebt. Unter diesem Gesichtspunkt stellte sie ihre Beschaffungsprogramme auf, die nur immer die notwendigsten Fahrzeuge enthielt, obwohl aus der Sicht der rechtzeitigen Erneuerung abgängiger Wagen eine weitaus größere Zahl hätte bestellt werden müssen. Die DWV mit ihren Mitgliedern war immer wieder an die Hauptverwaltung wegen einer großzügigeren und auf längere Sicht gleichmäßigeren Beschaffung herangetreten. Die Reichsbahn konnte aber als größter Auftragsgeber der deutschen Wirtschaft aus haushaltsrechtlichen Überlegungen (§ 2 des Reichsbahngesetzes von 1924/1930) nicht anders handeln. So war der Zeitpunkt vorprogrammiert, wo es zu immer größer werdenden Schwierigkeiten kommen musste.

5. Lieferwerke

Bau	Linke-Hofmann-Busch-Werke AG, Werk Bautzen
Bau	Waggon- u. Maschinenfabrik AG vorm. Busch, Bautzen (ab 1. April 1934)
Beu	Beuchelt & Co, Grünberg i. Schlesien
Cre	Gebr. Credé &. Co GmbH, Niederzwehren b. Kassel
C&U	Waggonfabrik Christoph & Unmack AG, Niesky O/L
DWF	Dessauer Waggonfabrik AG, Dessau
Düw	Düsseldorfer Waggonfabrik, Düsseldorf
Dzg	Waggonfabrik Danzig, Danzig
EVA	Eisenbahn-Verkehrsmittel AG, Berlin, Werk Wismar/Meckl (bis 1936)
Fu	H. Fuchs, Waggonfabrik AG, Heidelberg
GWF	Gothaer Waggonfabrik AG, Gotha
LHB	Linke-Hofmann-Busch, Breslau (1928 – 1934)
LHW	Linke-Hofmann-Werke AG, Breslau (ab 1. Oktober 1934)
Lin	Gottfried Lindner AG, Ammendorf b. Halle
MAN	Maschinenfabrik Augsburg-Nürnberg AG, Nürnberg
ME	Maschinenfabrik Esslingen, Esslingen/N
O&K	Orenstein & Koppel AG, Berlin-Spandau
Ras	Waggonfabrik AG, Rastatt
Rat	Waggonfabrik J. Rathgeber AG, München
Sie	Siegener Eisenbahnbedarf AG, Siegen
Ste	Waggonfabrik L. Steinfurt GmbH, Königsberg/Pr
Tal	Waggonfabrik Talbot & Cie., Aachen, ab 1937 Wggf. Talbot KG
Uer	Waggonfabrik AG, Uerdingen/Rh
Weg	Wegmann & Co, Kassel
Wis	Triebwagen- und Waggonfabrik Wismar AG, Wismar (ab 1936)
Wum	Wumag, Waggon- u. Maschinenbau AG, Görlitz
WWk	Vereinigte Westdeutsche Waggonfabrik AG, Köln-Deutz
WWm	Vereinigte Westdeutsche Waggonfabrik AG, Mainz-Mombach

Auf der Generalversammlung am 6. Juli 1934 schlug der Vorstand der Linke-Hofmann-Busch-Werke vor, eine strukturelle Umorganisation vorzunehmen und beide Waggonfabriken wieder in selbständige Betriebsgesellschaften umzuwandeln. Sie übernahmen erneut die früheren Firmennamen, nämlich Linke-Hofmann-Werke, Breslau, und Waggon- und Maschinenfabrik AG vorm. Busch, Bautzen. Die Aufnahme der Geschäfte erfolgte zum 1. Oktober 1934. Dr.-Ing. O. Putze (früher im Dez 26 des RZA Berlin) übernahm als Sonderbeauftragter die Leitung des Konstruktionsbüros und erhielt 1935 die Berufung zur technischen Gesamtleitung des Betriebes, sein Nachfolger wurde Dipl.-Ing. Freiherr von Waldstätten. Das Werk wuchs aufgrund neuzeitlicher Arbeitsmethoden zur größten Waggonfabrik heran und lieferte jeden vierten Wagen der Reichsbahn.

6. Einzelaufstellung der Wagenbauverträge 1932-1937 für die „Reisezugwagen der Deutschen Reichsbahn“, Normalspur

>= Hinweis auf nicht vorhandenen amtlichen Nachweis
[= Wagen besitzen eine Schürze

Wb/Db	Wagen-Nr.	St	Bauart-bezeichn.	Ver-trag	Lfw	Lfj Bem.
Fahrzeugprogramm 1932						
1/Wb30	33 362-33 381	20	BC 4i -31	61.9101	Ste	31/32 1)
1/S. 27		20	S. Gör III I (51)	61.9101	LHB	31 1
1/Wb13	16 518	1	C 4ü -31→28	26.9102	Weg	32
2/Db1		1	S. Gör III s (62a)	26.9102	Wum	32
2/Wb5	16 519-16 520	2	C 4ü -31	26.9102	Weg	32/33
2/Db2		2	S. Gör III S (63)	26.9102	Wum	32
1/Wb16	14 121-14 126	6	ABC 4ü -29	61.9105	LHB	32
1/Wb16	14 127-14 132	6	ABC 4ü -29	61.9105	Cre	32
1/S. 26		12	S Gör III s (61)			
1/Wb31	73 243-73 252	10	C 4i -30	61.9106	MAN	32/3 2)
1/S. 27		10	S. GörIII I (51)	61.9106	LHB	32 2)
2/Wb2	14 133-14 140	8	ABC 4ü -32	61.9109	LHB	32
2/Wb3	16 521-16 527	7	C 4ü -32	61.9109	LHB	32
2/Wb3	16 528-16 541	14	C 4ü -32	61.9109	MAN	32
2/Db9		29	S. Gör III I (55)	61.9109	LHB	32
1/Wb31	73 253-73 268	16	C 4i -30	61.9113	LHB	32 2)
1/S. 27		16	S. Gör III I (51)	61.9113	LHB	32 2)
1/Wb33	112 103-112 152	50	Pw 4i -31	61.9201	Sch	32
1/Wb33	112 153-112 280	128	Pw 4i -31	61.9201	WWk	32
1/Wb33	112 281-112 295	15	Pw 4i -31	61.9201	Fu	32/33
1/S. 27		100	S. Gör III I (51)	61.9201	WWk	32
1/S. 27		93	S. Gör III I (51)	61.9201	Sie	32
1/Wb66	117 510-117 514	5	Pw i -31a	61.9202	WWm	32
1/Wb66	117 515-117 529	15	Pw i -31a	61.9202	Dzg	32
1/Wb4	105 531-105 535	5	Pw 4ük -32	61.9205	WWk	32
1/S. 27		5	S. Gör III I (51)	61.9205	WWk	32
1/Wb33	112 296-112 305	10	Pw 4i -31	61.9206	Fu	33 2)
1/S. 27		10	S. Gör III I (51)	61.9206	WWk	33
2/Wb6	16 542+16 543	2	C 4ü -32a	26.9951	LHB	33
2/Db3		1	S. Gör III S (64)	26.9951	LHB	33
2/Db4		1	S. Gör III S (65)	26.9951	LHB	33
2/Wb7	16 544+16 545	2	C 4ü -32b	26.9951	Uer	34
2/Db10		1	S. Gör III L (66)	26.9951	Wum	33
2/Db11		1	S. Gör III L (67)	26.9951	Wum	33
2/Wb26	73 237+73 238	2	C 4i -32	26.9952	Wum	33
2/Db10		1	S. Gör III L (66)	26.9952	Wum	33
2/Db11		1	S. Gör III L (67)	26.9952	Wum	33
2/Wb27	73 239	1	C 4i -32a	26.9952	WWk	33
2/Db14		1	S. Gör III L (68)	26.9952	WWk	33
2/Wb28	73 240	1	C 4i -32b	26.9952	WWk	33
2/Db15		1	S. Gör III L (69)	26.9952	WWk	33
2/Wb29	73 241+73 242	2	C 4i -32c	26.9952	MAN	33
2/Db14		1	S. Gör III L (68)	26.9952	WWk	33
2/Db16		1	S. Gör III L (70)	26.9952	WWk	33
2/Wb48	39 011	1	BC i -32	26.9953	MAN	33
2/Wb49	98 070	1	C i -32	26.9953	MAN	32
2/Wb30	112 306	1	Pw 4i -32	26.9955	WWk	33
2/Wb31	112 307	1	Pw 4i -32a	26.9955	WWk	33
1/S. 27		2	S. Gör III I (51)	26.9955	WWk	33
2/Wb50	117 530	1	Pw i -32	26.9956	WWm	33

1) Bereits im April 1931 vorab zu Lasten des FPr 1932 bestellt
2) Vermutlich nachträglich in Auftrag gegeben, keine Bestellunterlagen vorhanden

Wb/Db	Wagen-Nr.	St	Bauart-bezeichn.	Ver-trag	Lfw	Lfj Bem.
Fahrzeugprogramm 1933						
2/Wb32	33 382-33 387	6	BC 4i -33	61.4101	LHB	33
2/Wb32	33 388	1	BC 4i -33a	61.4101	Weg	33
2/Wb32	33 389-33 414	26	BC 4i -33	61.4101	LHB	33
2/Wb32	33 415-33 422	8	BC 4i -33a	61.4101	Weg	33
2/Wb32	33 423	1	BC 4i -33	61.4101	LHB	33
2/Wb32	33 424-33 426	3	BC 4i -33a	61.4101	Weg	33
2/Wb34	73 269-73 278	10	C 4i -33	61.4102	Bau	33
2/Wb35	73 279-73 285	7	C 4i -33a	61.4102	Fu	33
2/Wb36	73 286	1	C 4i -33b	61.4102	Cre	33
2/Wb36	73 287+73 288	2	C 4i -33c	61.4102	Cre	33
2/Wb36	73 289-73 292	4	C 4i -33b	61.4102	Cre	33
1/S. 27		62	S. Gör III I (51)	61.4101	LHB	33

Wb/Db	Wagen-Nr.	St	Bauart-bezeichn.	Ver-trag	Lfw	Lfj Bem.
2/Wb30	112 308-112 376	69	Pw 4i -32	61.4201	WWk	33
1/S. 27		76	S. Gör III I (51)	61.4201	WWk	33
2/Wb56	33 472-33 474	3	BC 4i -33f	61.4103	LHW	34 [1]
2/Wb56	33 475+33 476	2	BC 4i -33g	61.4103	LHW	34 [1]
2/Db17		5	S. Gör III I (73)	61.4103	LHW	34
2/Wb57	73 328+73 329	2	C 4i -33d	61.4104	Fu	34 [1]
2/Wb57	73 330-73 333	4	C 4i -33e	61.4104	Fu	34 [1]
2/Wb57	73 334-73 336	3	C 4i -33f	61.4104	Fu	34 [1]
2/Wb57	73 337-73 339	3	C 4i -33g	61.4104	Fu	34 [1]
2/Db17		12	Gör III I (73)	61.4104	WWk	34
2/Wb10	14 141-14 144	4	ABC 4ü -33	61.4109	Cre	33
1/Wb16	14 145-14 148	4	ABC 4ü -29	61.4109	MAN	33
2/Db1.1		8	Gör III s (62b)	61.4109	Wum	33
2/Wb32	33 432-33 437	6	BC 4i -33a	61.800	ME	34 [2]
1/S. 27		6	S. Gör III I (51)	61.800>	LHB	33 [2]
1/Wb66	117 556...117 587	18	Pw i -31a	61.4203	Beu	33
1/Wb66	117 564...117 629	56	Pw i -31a	61.4203	Sch	33
1/Wb66	117 630-117 690	61	Pw i -31a	61.4203	WWm	33
1/Wb66	117 531-117 555	25	Pw i -31a	61.4204	Dzg	33
2/Wb9	14 149-14 152	4	ABC 4ü -33a	26.350	Uer	34
2/Wb8	11 569-11 572	4	AB 4ü -33	26.350	Weg	33
2/Db12		7	S. Gör III L (71)	26.350	LHB	34
2/Db12		1	S. Gör III L (71a)	26.350	Uer	34
2/Wb33	33 427-33 429	3	BC 4i -33b	26.351	LHW	34
2/Wb33	33 430	1	BC 4i -33c	26.351	LHW	34
2/Wb33	33 431	1	BC 4i -33d	26.351	LHW	34
		5	S. Gör III L	26.351	LHW	34 [3]
2/Wb51	98 071	1	C i -33	26.352	Weg	33
2/Wb51	98 072	1	C i -33a	26.352	Uer	34
2/Wb51	98 073	1	C i -33b	26.352	Lin	33
2/Wb38	112 377	1	Pw 4i -33	26.353	WWk	33
2/Db17		1	S. Gör III L (73)	26.353	WWk	33
2/Wb38	112 378	1	Pw 4i -33	26.354	Wum	33 [4]
2/Db19		1	S. Gör III L (77a)	26.354	Wum	33

1) Englische Bauart
2) Zusätzliche Beschaffung gem. Vfg. -73a Fewpr 46- vom 30.05.33
3) Weitere Angaben nicht überliefert, Einordnung somit nicht möglich
4) Zusätzliche Beschaffung gem. Vfg. -73a Fewpäv 24- vom 11.02.33

Fahrzeugprogramm 1933 Ü

Wb/Db	Wagen-Nr.	St	Bauart-bezeichn.	Ver-trag	Lfw	Lfj Bem.
2/Wb32	33 468-33 471	4	BC 4i -33a	61.801	ME	34
2/Db 18		4	S. Gör III I (77)	61.801	WWk	34 [1]
2/Wb32	33 438-33 447	10	BC 4i -33e	61.802	O&K	34
2/Wb32	33 448-33 457	10	BC 4i -33e	61.802	Uer	34
2/Wb32	33 458-33 467	10	BC 4i -33e	61.802	Weg	34
2/Db18		30	S. Gör III L (77)	61.802	Wum	34
2/Wb10	14 153-14 162	10	ABC 4ü -33	61.803	Cre	33/34
2/Wb10	14 163-14 182	20	ABC 4ü -33	61.803	LHB	33/34
2/Db1.1		30	S. Gör III s (62b)	61.803	LHB	33/34
2/Wb37	73 293-73 312	20	C 4i -33h	61.804	Wum	34
2/Wb29	73 313-73 315	3	C 4i -32c	61.804	MAN	34
2/Wb37	73 316-73 327	12	C 4i -33h	61.804	MAN	34
2/Db 18		35	S. Gör III L (77)	61.804	Wum	34
1/Wb66	117 691-117 780	90	Pw i -31a	61.900	WWk	33/4
1/Wb66	117 781-117 790	10	Pw i -31a	61.901	Dzg	33
2/Wb54	102 503-102 527	25	PwPost i -34	61.902	WWm	34
2/Wb54	102 528-102 552	25	PwPost i -34	61.902	Fu	34

1) Weitere Angaben nicht überliefert, Einordnung somit nicht möglich

Fahrzeugprogramm 1934

Wb/Db	Wagen-Nr.	St	Bauart-bezeichn.	Ver-trag	Lfw	Lfj Bem.
2/Wb58	10 047-10 053	7	Z -34	61.805	Weg	33
2/Wb10	14 183-14 189	7	ABC 4ü -33	61.806	LHB	34
2/Wb12	14 190-14 192	3	ABC 4ü -34	61.806	LHW	35
2/Wb10	14 193-14 199	7	ABC 4ü -33	61.806	LHB	34
2/Wb12	14 200-14 202	3	ABC 4ü -34	61.806	LHW	35
2/Db12		6	S. Gör III L (71)	61.806	LHW	35
2/Wb10	14 203+14 204	2	ABC 4ü -33	61.806	LHB	34
2/Db1.1		16	S. Gör III s (62b)	61.806	LHB	34
2/Wb11	11 573-11 578	6	AB 4ü -34	61.807	LHW	34/35
2/Wb11	11 579-11 584	6	AB 4ü -34	61.807	Cre	34
2/Db12		12	S. Gör III L (71)	61.807	LHW	34/35
2/Wb13	15v501-11 520	20	BC 4ü -34	61.808	LHW	34
2/Db12		20	S. Gör III L (71)	61.808	LHW	34
2/Wb39	33 477-33 505	29	BC 4i -34	61.809	LHW	34
2/Wb39	33 506-33 522	17	BC 4i -34	61.809	O&K	34
2/Db18		46	S. Gör III L (77)	61.809	LHW	34
2/Wb40	73 340-73 343	4	C 4i -34	61.810	MAN	34
2/Wb40	73 372-73 388	17	C 4i -34	61.810	Wum	34
2/Db18		21	S. Gör III L (77)	61.810	Wum	34
2/Wb52	39 012-39 037	26	BC i -34	61.811	Beu	34
2/Wb52	39 038-39 057	20	BC i -34	61.811	Fu	34
2/Wb52	39 058-39 081	24	BC i -34	61.811	WWm	34
2/Wb53	39 082-39 102	21	BC i -34a	61.811	Lin	34
2/Wb52	39 103-39 111	9	BC i -34	61.811	Weg	34
2/Wb51	98 074-98 123	50	C i -33	61.812	WWk	34
2/Wb51	98 124-98 133	10	C i -33	61.812	MAN	34
2/Wb41	73 344-73 371	28	C 4i -34a	61.814	WWk	34
2/Db18		27	S. Gör III I (77)	61.814	WWk	34
2/Db20	73 371 Abart De	1	S. Gör III L (79)	61.814	WWk	35
2/Wb14	100 021-100 030	10	PwPost 4ü -34	61.903	C&U	35
2/Db5		10	Gör III S>(76b)	61.904	LHW	35
1/Wb66	117 791-117 810	20	Pw i -31a	61.905	Dzg	34
2/Wb38	112 379	1	Pw 4i -33	61.906	Dzg	34
2/Db17	112 379	1	S. Gör III L (73)	61.907	LHW	35
2/Wb38	112 380-112 390	11	Pw 4i -33	61.908	WWm	35
2/Db17		11	S. Gör III L (73)	61.908	WWk	35
2/Wb65	10 201	1	Salon 4ü -35	26.359	Weg	34
2/Db6	10 201	1	S. Gör III S (76)	26.359	LHW	34
2/Wb66	10 202	1	Salon 4ü -35a	26.359	Cre	34
2/Db6	10 202	1	S. Gör III S (76)	26.359	LHW	34
2/Wb16	14 275	1	ABC 4ü -35	26.360	Cre	35
2/Db21	14 275	1	S. Gör III S (81a)	26.360	Wum	35
2/Wb55	102 553+102 554	2	PwPost i -34a	L.501	WWm	34

Fahrzeugprogramm 1934 Z

Wb/Db	Wagen-Nr.	St	Bauart-bezeichn.	Ver-trag	Lfw	Lfj Bem.
2/Wb11	11 585-11 590	6	AB 4ü -34	61.821	Cre	34
2/Db12		6	S. Gör III L (71)	61.825	LHW	34
2/Wb51	98 134-98 143	10	C i -33	61.822	Fu	34
2/Wb51	98 144-98 148	5	C i -33	61.822	Rat	34
2/Wb40	73 389-73 400	12	C 4i -34	61.823	Wum	35
2/Db18		12	S. Gör III L (77)	61.823	Wum	35
2/Wb51	98 149-98 152	4	C i -33	61.824	Rat	34
2/Wb39	33 523-33 526	4	BC 4i -34	61.826	LHW	35
2/Wb39	33 527-33 536	10	BC 4i -34	61.826	O&K	35
2/Db19		14	S. Gör III L (77a)	61.826	LHW	35
2/Wb40	73 401-73 405	5	C 4i -34	61.826	Weg	35
2/Wb40	73 406-73 409	4	C 4i -34	61.826	Uer	35
2/Db19		9	S. Gör III L (77a)	61.826	LHW	35
2/Wb51	98 153-98 159	7	C i -33	61.827	Fu	34
2/Wb51	98 160-98 163	4	C i -33	61.827	Ras	35
2/Wb59	10 054	1	Z -36a	61.828	Weg	36
2/Wb62	10 401	1	SWRPwP 4ü -35 [	26.361	Weg	35
2/Wb63	10 402+10 403	2	SBC 4ü -35 [	26.361	Weg	35
2/Wb64	10 404	1	SBC 4ü -35 [	26.361	Weg	35
2/Db24		4	S. Gör III L (80)	26.361	Weg	35

Fahrzeugprogramm 1935/I

Wb/Db	Wagen-Nr.	St	Bauart-bezeichn.	Ver-trag	Lfw	Lfj Bem.
2/Wb16	14 205-14 210	6	ABC 4ü -35	61.829	WWm	36
2/Wb16	14 211-14 224	14	ABC 4ü -35	61.829	Fu	36
2/Wb16	14 225-14 244	20	ABC 4ü -35	61.829	O&K	36
2/Wb16	14 245-14 259	15	ABC 4ü -35	61.829	Tal	36
2/Wb16	14 260-14 268	9	ABC 4ü -35	61.829	Uer	36

Wb/Db	Wagen-Nr.	St	Bauart-bezeichn.	Ver-trag	Lfw	Lfj Bem.
2/Wb16	14269-14274	6	ABC 4ü -35	61.829	Wis	36
2/Db21		44	S. Gör III L (81a)	61.829	WWk	36
2/Db21		26	S. Gör III L (81a)	61.829	Wum	36
2/Wb15	11591-11v606	16	AB 4ü -35	61.830	LHW	35
2/Wb15	11607-11611	5	AB 4ü -35	61.830	Cre	35
2/Wb15	11612-11625	14	AB 4ü -35	61.830	Weg	35
2/Db21		35	S. Gör III L (81a)	61.830	LHW	35
2/Db21	11610...11625	(5)	S. Gör III L 4.F.(81b)	61.830	LHW	35 [1]
2/Db21	11610...11625	(5)	S. Gör III L 4.F (81c)	61.830	LHW	35 [2]
2/Wb17	15521-11528	8	BC 4ü -35	61.831	LHW	36
2/Wb17	15529-15547	19	BC 4ü -35	61.831	Bau	35/36
2/Wb17	15548-15555	8	BC 4ü -35	61.831	Beu	36
2/Db21		17	S. Gör III L (81a)	61.831	LHW	36
2/Db21		18	S. Gör III L (81a)	61. 831	Wum	36
2/Wb42	33540	1	BC 4i -35a	26.364	LHW	35
2/Wb42	33541	1	BC 4i -35a	26.364	LHW	35
2/Wb43	73413+73414	2	C 4i -35a	26.364	LHW	35
2/Wb43	73415+73416	2	C 4i -35a	26.364	LHW	35
2/Db37	33540+33541	2	S. Gör IV L (84)	26.364	LHW	35
2/Db37	73413-73416	4	S. Gör IV L (84)	26.364	LHW	35
2/Wb44	33537-33539	3	BC 4i -35	26.365	WWk	35
2/Wb45	73410-73412	3	C 4i -35	26.365	LHW	36
2/Db23	33537-33539	3	S. Gör III L (83a)	26.365	WWk	35
2/Db23	73410-73412	3	S. Gör III L (83b)	26.365	LHW	36
2/Wb67	10203	1	Salon 4ü -35b	26.366	LHW	35
2/Wb68	10204	1	Salon 4ü -36	26.366	Cre	36
2/Db7	10203	1	S. Gör III S 4.F.(106)	6.366	LHW	35
2/Db7	10204	1	S. Gör III S 4.F.(106)	26.366	LHW	35
2/Wb79	700591	1	Meß 5ü -36	26.367	WWk	37
2/Db40	700591 Bln	1	Stck Sonder-BA(101)	26.367	WWk	37>
2/Db41	700591 Bln	1	Stck Gör III S 4 F.(102)	26.367	WWk	37>
2/Wb80	700592	1	Meß 4ü -36a	26.368	WWk	37
2/Db42	700592 Bln	1	S. Gör III S 4.F.(90)	26.368	WWk	36
2/Wb81	700593	1	Meß 4ü -36b	26.369	WWk	36
2/Db42	700593 Bln	1	S. Gör III S 4.F.(90)	26.369	WWk	36
2/Wb82	702611	1	Meß 5ü -35c	26.019	Fu	37
2/Db43	702611 Mü	1	Stck SdrRegelba. (-)	26.019	Fu	36>
2/Db44	702611 Mü	1	Stck Gör III S 4.F.(109a)	26.019	Fu	36>
2/Wb77	124071	1	Pwgs -35	61.046	WWk	36
2/Wb78	124072	1	Pwgs -35a	61.046	WWk	36

1) Versuchsbauart mit innenliegender 4. Federung

2) Versuchsbauart mit außenliegender 4. Federung

Fahrzeugprogramm 1935/II

Wb/Db	Wagen-Nr.	St	Bauart-bezeichn.	Ver-trag	Lfw	Lfj Bem.
2Wb18	16546...16628	43	C 4ü -35	61.832	WWk	36
2Wb18	16579-16588	10	C 4ü -35	61.832	LHW	36
2Wb18	16589-16600	12	C 4ü -35	61.832	Bau	36 [1]
2Wb18	16601-16618	18	C 4ü -35	61.832	Düw	36
2Wb18	16629-16641	13	C 4ü -35	61.832	WWm	36
2Wb18	16642-16649	8	C 4ü -35	61.832	Fu	36
2Wb18	16650-16657	8	C 4ü -35	61.832	Beu	36
2Wb18	16658-16669	12	C 4ü -35	61.832	Cre	36
2Wb18	16670-16682	13	C 4ü -35	61.832	MAN	36
2Wb18	16683-16690	8	C 4ü -35	61.832	Wis	36
2Wb18	16691-16695	5	C 4ü -35	61.832	ME	36
2/Db21		82	S. Gör III L (81a)	61.832	WWk	36
2/Db21		68	S. Gör III L (81a)	61.832	LHW	36
2Wb19	105537-105556	20	Pw 4ü -35	61.909	LHW	36
2/Db21		18+2	S. Gör III L (81a)	61.909	LHW	36 [2]

1) davon liefert Bautzen 1 Wagen für Wismar

2) 105546+105547 Hl (Bln Ahb) verm. mit Hikssbr, später wurde der 105546 zum MaschPw4ü-35/37 105546 Bln (Zeppelinwagen) umgebaut

Fahrzeugprogramm 1936/I

Wb/Db	Wagen-Nr.	St	Bauart-bezeichn.	Ver-trag	Lfw	Lfj Bem.
2/Wb18	16696-16715	20	C 4ü -35	61.834	Wum	36 [1]
2/Db21>	16696-16715	20	S. Gör III L (81a)>	61.834	Wum	36
2/Wb22	16716-16735	20	C 4ü -36	61.835	WWk	36
2/Wb22	16736-16767	32	C 4ü -36	61.835	Fu	36
2/Wb22	16768-16817	50	C 4ü -36	61.835	Uer	36
2/Wb22	16818-16829	12	C 4ü -36	61.835	Bau	36
2/Wb22	16830-16845	16	C 4ü -36	61.835	WWm	36
2/Wb22	16846-16857	12	C 4ü -36	61.835	Ste	36
2/Wb22	16858-16882	25	C 4ü -36	61.835	MAN	36
2/Wb22	16883-16892	10	C 4ü -36	61.835	Lin	36
2/Wb22	16893-16897	5	C 4ü -36	61.835	Weg	36
2/Db21.3		12	S. Gör III L 4.F.(81d)	61.835	WWk	36
2/Db21.3		59	S. Gör III L 4.F.(81d)	61.835	LHW	36
2/Wb20	14276-14293	18	ABC 4ü -36	61.836	Tal	36/37
2/Wb20	14294-14301	8	ABC 4ü -36	61.836	Cre	36
2/Wb20	14302-14308	7	ABC 4ü -36	61.836	Wis	36/37
2/Db21.3		26	S. Gör III L 4.F.(81d)	61.836	WWk	36
2/Db21.3		7	S. Gör III L 4.F.(81d)	61.836	LHW	36
2/Wb21	15556-15575	20	BC 4ü -36	61.837	Bau	36
2/Wb21	15576-15588	13	BC 4ü -36	61.837	Beu	37
2/Db21		33	S. Gör III L 4.F.(81d)	61.837	LHW	36
2/Wb46	73417-73466	50	C 4i -36	61.838	WWk	36
2/Db25		50	S. Gör III L 4.F.(86a)	61.838	WWk	36
2/Wb42	33542-33571	30	BC 4i -35a	61.840	LHW	36
2/Db38		30	S. Gör IV L (85)	61.840	LHW	36
2/Wb43	73467-73526	60	C 4i -35a	61.840	LHW	36/37
2/Db38		60	S. Gör IV L (85)	61.840	LHW	36/37
2/Wb23	105557-105599	43	Pw 4ü -36	61.910	LHW	36
2/Wb23	105600	1	Pw 4ü -36a	61.910	LHW	36
2/Wb23	105601-105616	16	Pw 4ü -36	61.910	GWF	36
2/Db21		59+1	S. Gör III L (81a)	61.910	LHW	36
2/Wb60	10151+10152	2	Z 4 -36	L.501	Weg	36
2/Db22		2	S. Gör III L (83)	L.501		

1) Diese Wagen werden nach den Zeichnungen der Lieferung 1935 zu den gleichen Preisen gebaut

Fahrzeugprogramm 1936/II

Wb/Db	Wagen-Nr.	St	Bauart-bezeichn.	Ver-trag	Lfw	Lfj Bem.
2Wb22	16898-16923	26	C 4ü -36	61.839	Bau	36/37
2Wb22	16924-16933	10	C 4ü -36	61.839	Beu	37
2Wb22	16934-16943	10	C 4ü -36	61.839	Cre	37
2Wb22	16944-16966	23	C 4ü -36	61.839	Fu	37
2Wb22	16967-16981	15	C 4ü -36	61.839	WWm	36/37
2Wb22	16982-16003	22	C 4ü -36	61.839	Wum	37
2Wb22	17004-17014	11	C 4ü -36	61.839	Lin	37
2Wb22	17015-17039	25	C 4ü -36	61.839	MAN	37
2Wb22	17040-17055	16	C 4ü -36	61.839	O&K	37
2Wb22	17056-17069	14	C 4ü -36	61.839	Ste	37
2Wb22	17070-17117	48	C 4ü -36	61.839	Uer	36/37
2Wb25	17122+17123	2	C 4ü -36a [	61.839	Weg	36 [1]
2Wb22	17124+17125	2	C 4ü -36	61.839	Weg	37
2Wb25	17126-17129	4	C 4ü -36a [	61.839	Weg	37 [1]
2Wb22	17118...17131	6	C 4ü -36	61.839	Weg	36
2Wb22	17132-17139	8	C 4ü -36	61.839	Wis	37
2/Db28		48	S. Gör III L 4.F.(87)	61.839	Wum	36/37
2/Db28		84	S. Gör III L 4.F.(87)	61.839	LHW	36/37
2/Db28		67	S. Gör III L 4.F.(87)	61.839	WWk	36/37
2/Db28		43	S. Gör III L 4.F.(87)	61.839	Sie	36/37
2/Db28		(6)	S. Gör III L.4.F.(87)	61.839	.	36/37 [1]
2Wb46	73527-73583	57	C 4i -36	61.841	LHW	37
2Wb46	73584-73593	10	C 4i -36	61.841	DWF	37
2Wb46	73594-73662	69	C 4i -36	61.841	WWk	37
2Wb46	73663-73670	8	C 4i -36	61.841	Ras	37

Wb/Db	Wagen-Nr.	St	Bauart-bezeichn.	Ver-trag	Lfw	Lfj Bem.
2Wb46	73671-73686	16	C 4i -36	61.841	Tal	37
2/Db26		57	S. Gör III L (86)	61.841	LHW	37
2/Db26		103	S. Gör III L (86)	61.841	WWk	37
2/Db39		1	S. Gör-Mü (109a)	31.023	Wum	35

1) mit Rollenachslager

Fahrzeugprogramm 1937/I

Wb/Db	Wagen-Nr.	St	Bauart-bezeichn.	Ver-trag	Lfw	Lfj Bem.
2/Wb20	14309-14329	21	ABC 4ü -36	61.842	MAN	37/38
2/Wb20	14330-14345	16	ABC 4ü -36	61.842	Tal	37
2/Wb20	14346-14358	13	ABC 4ü -36	61.842	Weg	37
2/Wb20	14359+14360	2	ABC 4ü -36a	61.842	Weg	38 [1)]
2/Wb20	14361-14372	12	ABC 4ü -36	61.842	Weg	37
2/Wb20	14373-14388	16	ABC 4ü -36	61.842	Cre	37
2/Db28		36+7=43	S. Gör III L 4.F.(87)	61.842	Wum	37
2/Db28		21	S. Gör III L 4.F.(87)	61.842	LHW	37
2/Db28		16	S. Gör III L 4.F.(87)	61.842	WWk	37
2/Wb21	15589-15610	22	BC 4ü -36	61.843	Bau	37
2/Wb21	15611-15626	16	BC 4ü -36	61.843	Wum	38
2/Wb21	15627-15641	15	BC 4ü -36	61.843	Beu	37/38
2/Db28		30+8=38	S. Gör III L 4.F (87)	61.843	Wum	37
2/Db28		15	S. Gör III L 4.F.(87)	61.843	LHW	37
2/Wb22	17140-17167	28	C 4ü -36	61.844	WWk	37
2/Wb22	17168-17169	2	C 4ü -36	61.844	WWk	37
2/Wb22	17170-17190	21	C 4ü -36	61.844	WWm	37
2/Wb22	17191-17214	24	C 4ü -36	61.844	Fu	37
2/Wb22	17215-17240	26	C 4ü -36	61.844	Uer	37
2/Wb22	17241-17264	24	C 4ü -36	61.844	O&K	37/38
2/Wb22	17265-17284	20	C 4ü -36	61.844	Wum	37/38
2/Wb22	17285-17301	17	C 4ü -36	61.844	Ste	38
2/Wb22	17302-17310	9	C 4ü -36	61.844	Wis	37/38
2/Wb22	17311-17319	9	C 4ü -36	61.844	Lin	37
2/Db28		55	S. Gör III L 4.F(87)	61.844	Wum	37
2/Db28		90	S. Gör III L 4.F.(87)	61.844	WWk	37
2/Db28		35	S. Gör III L 4.F.(87)	61.844	LHW	37
2/Wb46	73687-73724	38	C 4i -36	61.845	WWk	37
2/Wb46	73725-73744	20	C 4i -36	61.845	DWF	37/38
2/Wb46	73745-73756	12	C 4i -36	61.845	Ras	38
2/Db35		70	S. Gör III L 4.F.(97a)	61.845	WWk	37/8
2/Wb24	105617-105680	64	Pw 4ü 37	61.911	LHW	37
2/Wb24	105681-105690	10	Pw 4ü 37	61.911	GWF	38
2/Wb24	105691-105703	13	Pw 4ü 37	61.912	Dzg	37
2/Wb24	105704-105716	13	Pw 4ü 37	61.913	C&U	38

Wb/Db	Wagen-Nr.	St	Bauart-bezeichn.	Ver-trag	Lfw	Lfj Bem.
2/Db27		100	S. Gör III L(87a)	61.911	LHW	37/38

1) mit Einstieg-Schiebetüren und einen um 235 mm verlängerten windschnittigen Wagenkasten, für die 2. Klasse einflügelig, für die 3. Klasse zweiflügelig, Rollenachslager

Fahrzeugprogramm 1937/II

Wb/Db	Wagen-Nr.	St	Bauart-bezeichn.	Ver-trag	Lfw	Lfj Bem.
2/Wb21	15642-15671	30	BC 4ü -36	26.001	Bau	37/38
2/Wb21	15672-15688	17	BC 4ü -36	26.001	Beu	38
2/Db28		30	S. Gör III L 4.F.(87)	26.001	Wum	37/38
2/Db28		17	S. Gör III L 4.F.(87)	26.001	LHW	37/38
2/Wb20	14389-14419	31	ABC 4ü -36	26.002	MAN	38
2/Wb20	14420-14447	28	ABC 4ü -36	26.002	Tal	38
2/Wb20	14448-14458	11	ABC 4ü -36	26.002	Cre	38
2/Db28		42	S. Gör III L 4.F.(87)	26.002	LHW	38
2/Db28		28	S. Gör III L 4.F.(87)	26.002	WWk	38
2/Wb22	17320-17360	41	C 4ü -36	26.003	LHW	38
2/Wb22	19001-19008	8	C 4ü -36	26.003	LHW	38
2/Wb22	19009-19028	20	C 4ü -36	26.003	WWm	38
2/Wb22	19029-19050	22	C 4ü -36	26.003	Fu	38
2/Wb22	19051-19102	52	C 4ü -36	26.003	Uer	38
2/Wb22	19103-19123	24	C 4ü -36	26.003	Wum	38
2/Wb22	19127-19138	12	C 4ü -36	26.003	MAN	stor [1)]
2/Wb22	19139-19156	18	C 4ü -36	26.003	Ste	38
2/Wb22	19157-19168	12	C 4ü -36	26.003	Wis	38
2/Wb22	19167-19176	8	C 4ü -36	26.003	Lin	38
2/Wb22	19177-19189	13	C 4ü -36	26.003	ME	39
2/Db28		79	S. Gör III L 4.F.(87)	26.003	LHW	38
2/Db28		36	S. Gör III L 4.F.(87)	26.003	Wum	38
2/Db28		103	S. Gör III L 4.F.(87)	26.003	WWk	38
2/Db29	17265+17276	(2)	S. Gör III L 4.F.(91)	26.003	Wum	37 „F“ [2)]
2/Db30	17268+17279	(2)	S. Gör III L 4.F.(92)	26.003	Wum	37 „A“ [2)]
2/Db31	17269+17281	(2)	S. Gör III L 4.F.(93)	26.003	Wum	37 „B“ [2)]
2/Db32	17275+17284	(2)	S. Gör III L 4.F.(94)	26.003	Wum	37 „C“ [2)]
2/Db33	17282+17283	(2)	S. Gör III L 4.F.(95)	26.003	Wum	37 „E“ [2)]
2/Db34	17270+17272	(2)	S. Gör III L 4.F.(96)	26.003	Wum	37 „D“ [2)]
2/Wb46	73757-73766	10	C 4i -36	26.004	Ras	38
2/Wb46	73767-73816	50	C 4i -36	26.004	WWk	37/38
2/Db35		60	S. Gör III L 4.F.(97a)	26.004	WWk	37/38
2/Wb47	33572-33641	70	BC 4i -37	26.005	WWk	38/39
2/Db35		70	S. Gör III L 4.F.(97a)	26.005	WWk	38/39
2/Wb24	105717-105v723	7	Pw 4ü -37	29.301	LHW	38
2/Wb24	105724-105726	3	Pw 4ü -37	29.301	LHW	stor

Wb/Db	Wagen-Nr.	St	Bauart-bezeichn.	Ver-trag	Lfw	Lfj Bem.
2/Wb24	105727-105776	50	Pw 4ü -37	29.301	LHW	37/38
2/Wb24	105777-105786	10	Pw 4ü -37	29.301	LHW	38
2/Wb24	105787-105813	27	Pw 4ü -37	29.301	LHW	38
2/Wb24	105814-105836	23	Pw 4ü -37	29.301	GWF	39
2/Wb24	105837-105857	21	Pw 4ü -37	29.301	Rat	39/40
2/Wb24	105858-105871	14	Pw 4ü -37	29.302	Dzg	38
2/Db27		152	S. Gör III L (87a)	29.301	LHW	37/40
2/Wb61	10055-10058	4	Z 4 -37	29.303	Weg	stor
2/Db36		4	S. Gör III L (83b)	29.303	WWk	storn
2/Wb71	10207	1	Salon 4ü -37b [	59.001	Cre	37
2/Db8	10207	1	S. Gör III S 4.F.(98)	59.001	Wum	37
2/Wb70	10206	1	Salon 4ü -37a [	59.002	Cre	37
2/Db8	10206	1	S. Gör III S 4.F.(98)	59.002	Wum	37
2/Wb69	10205	1	Salon 4ü -37 [	59.003	Weg	37
2/Db8	10205	1	S. Gör III S 4.F.(98)	59.003	Wum	37
2/Wb74	10241	1	SalonR 4ü -37 [	59.004	Weg	37
2/Wb74	10242	1	SalonR 4ü -37 [	59.004	Cre	37
2/Db8	10241+10242	2	S. Gör III S 4.F.(98)	59.004	Wum	37
2/Wb72	10221+10222	2	SalBegl 4ü -37 [	59.005	WWk	37
2/Db8	10221+10222	2	S. Gör III S.4 F.(98)	59.005	Wum	37
2/Wb76	105063-105065	3	SMaschPw 4ük -37 [	59.006	LHW	38
2/Db8	105063-105065	3	S. Gör III S 4.F.(98)	59.006	Wum	37
2/Wb76	105060-105062	3	SalonPw 4ü -37 [	59.010	LHW	37 [3)]
2/Db8	105060-105062	3	S. Gör III S 4.F.(98)	59.010	LHW	37 [3)]
2/Wb73	10231+10232	2	SalonL 4ü -37 [	59.007	WWk	37
2/Db8	10231+10232	2	S. Gör III S 4F.(98)	59.007	Wum	37
2/Wb75	10251	1	SalPresse 4ü -37 [	59.008	Weg	37
2/Db8	10251	1	S. Gör III S 4.F.(98)	59.008	Wum	37

1) Die Entwicklungsarbeiten an den geplanten Luftheizungswagen konnten nicht rechtzeitig beendet werden, Auftrag vorläufig zurückgestellt

2) Versuchsdrehgestelle mit Achslenkern (Hauptversuchswagen), LHW baute von jeder Ausführung nochmals 3 weitere Wagen als Nebenversuchswagen

3) Unter Verwendung des Materials der bestellten und dann stornierten 105724-105726 (Vertrag 29.301)

7. Einzelaufstellung der Wagenbauverträge 1932-1937 für die „Bahnpostwagen der Deutschen Reichspost“ und für die „Speise- und Schlafwagen der MITROPA“ (Normalspur)

(in Abstimmung mit den Aufstellungen von Volker Burkart (†) und Klaus Kirsch)

Deutsche Reichspost

Wagen-Nr.	Stck	Gattungsbezeichnung ab 1927	Vertrag	Lfw	Lfj
Einheitsbauarten					
Rechnungsjahr 1932/33					
4460-4464	5	Post 4ü -a/20	23.08.33	C&U	33 [1]
4465-4468	4	Post 4ü -bII/20	23.08.33	WWm	33
4469-4472	4	Post 4ü -bII/20	23.08.33	Cre	33 [2]
	8	S. Gör III s (62b)	WA 8407	Wum	33
4473	1	Post 4ü -bII/20	23.08.33	C&U	33
4474+4475	2	Post 4ü -bII/20	23.08.33	Cre	33
4476	1	Post 4ü -bII/20	23.08.33	WWm	33
4477-4479	3	Post 4ü -bII/20	23.08.33	C&U	33
	7	S. Gör III s (62b)	WA 8409	Wum	33
4480+4481	2	Post 4ü -a/20	23.08.33	C&U	34
4482	1	Post 4ü -bII/20	23.08.33	C&U	34
4483+4484	2	Post 4ü -bII/20	23.08.33	WWm	34
4485	1	Post 4ü -bII/20	23.08.33	Cre	34
	6	S. Gör III s (62b)	WA 8418	Wum	34

1) einschl. Drehgestelle
2) 4471+4472 geschweißt

Wagen-Nr.	Stck	Gattungsbezeichnung ab 1927	Vertrag	Lfw	Lfj
Rechnungsjahr 1934					
4486+4487	2	Post 4ü -a/20	05.06.34	C&U	35
4488	1	Post 4ü -bII/20	05.06.34	C&U	34
4489+4490	2	Post 4ü-bII/20	05.06.34	Cre	35
4491+4492	2	Post 4ü-bII/20	05.06.34	WWm	34
	7	S. Gör III s (62b)	WA 8428	Wum	34/35
Rechnungsjahr 1935					
4549-4558	10	Post 4ü-c/21,6	18.11.35	C&U	36/37 [1]
4493-4505	13	Post 4ü-a/21,6	19.03.36	Cre	37
4506-4518	13	Post 4ü-a/21,6	19.03.36	WWm	37
4519-4523	5	Post 4ü-bII/21,6	19.03.36	C&U	37 [1]
4524-4526	3	Post 4ü-bII/21,6	19.03.36	Wum	37
4527-4534	8	Post 4ü-bII/21,6	19.03.36	MAN	37
4535-4542	8	Post 4ü-bII/21,6	19.03.36	Rat	37
4543-4548	6	Post 4ü-bII/21,6	19.03.36	ME	37
4559-4567	9	Post 4ü-c/21,6	19.03.36	C&U	36/37 [1]
	51	S. Gör III S (89)	WA 8450	Wum	37

1) einschl. 24 S. Drehgestelle (WA 1005)

Wagen-Nr.	Stck	Gattungsbezeichnung ab 1927	Vertrag	Lfw	Lfj
Rechnungsjahr 1936					
4624	1	Post 4ü-bI/21,6	10.11.36	Cre	38
4568-4587	20	Post 4ü-c/21,6	20.01.37	C&U	38 [1]
4588-4595	8	Post 4ü-a/21,6	20.01.37	WWm	38
4598-4605	8	Post 4ü-a/21,6	20.01.37	Cre	38
4606-4613	8	Post 4ü-bII/21,6	17.02.37	Rat	38/39
4614-4618	5	Post 4ü-bII/21,6	17.02.37	ME	39
4619-4623	5	Post 4ü-bII/21,6	17.02.37	Wum	38
4596+4597	2	Post 4ü-a/21,6	10.05.37	MAN	38
4625-4627	3	Post 4ü-bI/21,6	10.05.37	Cre	38
4628-4642	15	Post 4ü-bI/21,6	10.05.37	MAN	39
	55	S. Gör III S (89)	WA 8464	Wum	37 [2]

1) einschl. 20 S. Drehgestelle (WA 1023/24)
2) davon 3 Satz mit 4. Federung

Wagen-Nr.	Stck	Gattungsbezeichnung ab 1927	Vertrag	Lfw	Lfj
Rechnungsjahr 1937					
4643-4645	3	Post 4ü -bI/21,6	10.05.37	Cre	38
4646-4655	10	Post 4ü -c/21,6	10.05.37	C&U	38 [1]
4656-4659	4	Post 4ü -a/21,6	10.05.37	MAN	38/39
4660-4666	7	Post 4ü -a/21,6	10.05.37	WWm	38
4667-4671	5	Post 4ü -bII/21,6	10.05.37	Rat	38/39
4672-4676	5	Post 4ü -bII/21,6	10.05.37	Cre	38/39
4677-4681	5	Post 4ü -bII/21,6	10.05.37	Uer	38
4682-4687	6	Post 4ü -bII/21,6	10.05.37	MAN	39
	35	S. Gör III S (89)	WA 8477	Wum	38/39
4688-4697	10	Post 4 -b/15	31.07.37	Wum	38
	10	S. Gör III L (99)	WA 8478	Wum	37
4698-4700	3	Post 4 -b/15	24.01.38	Wum	38/39
4701-4708	8	Post 4 -b/15	24.01.38	Beu	38/39
4709-4716	8	Post 4 -b/15	14.01.38	Ste	39
4717-4724	8	Post 4 -b/15	14.01.38	Tal	39
4725-4730	6	Post 4 -b/15	14.01.38	Cre	38/39
4731-4738	8	Post 4 -b/15	14.01.38	WWm	39
4739-4744	6	Post 4 -b/15	14.01.38	ME	40
4745-4752	8	Post 4 -b/15	14.01.38	Bau	39
4753-4757	5	Post 4 -b/15	14.01.38	Lin	39
	60	S. Gör III L (99)	WA 8485	Wum	38/39

1) einschl. 10 S. Drehgestelle (WA 1035/36)

Bayerische Bauarten

Wagen-Nr. bis 1935	Wagen-Nr. ab 1935	Stck.	Gattungsbez. ab 1927	Lfw	Lfj
14 701	149	1	Post 4ü -a/20,4	MAN	33
		1	S. Gör III s (62b)..(WA ?)	Wum	33
14 702 - 14 707	273 + 379	6	Post -b/12,9	MAN	34
14 708 - 14 717	25 • 380	10	Post -b/12,9	Rat	34
14 718+14 719	381 + 382	2	Post -b/12,9	MAN	34
14 720+14 721	383 + 27	2	Post -b/12,9	Rat	34
14 722 - 14 727	28 • 156	6	Post -b/8,5	Rat	33
14 728 - 14 733	157 • 337	6	Post 4ü -a/20,4	MAN	34
		6	S. Gör III s (62b)..(WA ?)	Wum	34

Württembergische Bauarten

Wagen-Nr. bis 1935	Wagen-Nr. ab 1935	Stck.	Gattungsbez. ab 1927	Lfw	Lfj
8- 13	426-431	6	Post -c/10	ME	32
110- 115	472-477	6	Post -b/12,5	ME	33
7546-7549	624-627	4	Post 4ü -bII/20	ME	34
		4	S. Gör III s (62b)..(WA ?)	Wum	34

MITROPA

Schlafwagen

Wagen-Nr	Stück	Bauartbezeichnung	Vertrag	Lfw	Lfj
20 521-20 543	12	WLAB4ük(-36)		WWk	stor [1]
	12	S. Gör III S (GA IV 451-474)		WWk	stor
22 058-22 069	12	WLAB4ü-37	09.04.36	Wum	37 [2]
	12	S. Gör III S 4.F.(90)		Wum	37
	12	WLAB4ü-37	09.04.36	WWk	umgew. [2]
	12	S. Gör III S 4.F.(90)		WWk	umgew [2]
39 001-39 012	12	WLC4ü-37	k.U.	WWk	37 [3]
	12	S. Gör III S 4.F.(90)	k.U.	WWk	37 [3]

1) Mit Schreiben vom 02.05.36 teilte die MITROPA dem Werk die Wagen- und Drehgestell-Nummern mit, unklar ist bislang, wann die Stornierung erfolgte.

2) Wum und WWk meldeten der DWV, jeweils im freien Geschäft (s. Bu 1, S. 219) von der MITROPA Aufträge über je 12 Schlafwagen im Wert von 1.296.000,00 RM erhalten zu haben. Die Eintragung in der Auftragsübersicht erfolgte für beide Firmen unter der Geschäftsbezeichnung „Essig Nr. 2374 am 9.4.36, Besteller MITROPA. Die gleiche Summe lässt vermuten, dass es sich für beide Werke um den WLAB4ü-37 handelte, d.h. für WWk stellte der Auftrag den Ersatz für [1] dar.

3) Wann die Umwandlung des Auftrages WWk in WLC4ü-37 erfolgte, konnte bislang nicht geklärt werden

Speisewagen

Wagen-Nr	Stück.	Bauartbezeichnung	Vertrag	Lfw	Lfj
1076-1081	6	WR 4ü-34	18.11.35	Wum	34
	6	S. Gör III S (GA V)	(10 219)	Wum	34
1082-1087	6	WR4ü-34		Wum	35
	6	S. Gör III S (GA V)	(10 230)	Wum	35
1088-1102	15	WR 4ü-35	09.11.35	Wum	35
	15	S. Gör III S (GA V)	(10 240)	Wum	35
1103-1127	25	WR4ü-35		Wum	36
	25	S. Gör III S (GA V>)	(10 249)	Wum	35

8. Gegenüberstellung der Bauartbezeichnungen bei Lieferung und der Bauart-Nummern bzw. Gattungsbezeichnungen der DB ab 1964

Die in Band 1 auf Seite 231 gemachten Aussagen sowie die abgedruckten ergänzenden Haupt- und Nebengattungszeichen gelten auch für dieses Kapitel 8.

Bd2 Wb	Bauartbezeichn. bei Ablieferung	Planzeichen/ Übers.zchg	Gattungszeichen vor Umzeichnung	Bauart Nr.	Gatt.bezchg. ab 01.01.64	Ausm. jahr	Anm.
-	WR4ü-34 MITROPA	Sp 584c	WR4ü(-34)	151.4	WRüg(e)	1973	1)
-	WR4ü-35 MITROPA	verschiedene	WR4ü(-35)	151.5	WRüg(h)(e)	1974	1)
2	ABC4ü-32	B.e. 4000	AB4yswe-32/55	619	AByse	1981	
3	C4ü-32	B.e. 4001.2	B4ywe-32/55	656	Bye	1982	
			BR4ye-32/51/57	689	BRye	1968	
4	Pw4ük-32	Fwpä 021	D4y--32/	971	Dye	1984	
5	C4ü-31	Fwp 301.1	B4ü-31/50	358	Büe	1981	
6	C4ü-32a	Fwp 303.1	B4üwe-32a/54	359	Büe	1977	
7	C4ü-32b	Fwp 302.1				KV	
8	AB4ü-33	Fwp 308.1	B4üwe-33/54/58	360	Büe	1967	2)
9	ABC4ü-33a	Fwp 313.1	AB4ü-33a/52	327	ABü	Ub 66	7)
				372	Büe-*/66	1979	
10	ABC4ü-33	Fwp 307.1	AB4üwe-33/52	325.0	ABüe	1979	7)
				372	Büe-*/66	1981	
11	AB4ü-34	Fwp 304.1	B4üwe-34/58	361	Büe	1978	
12	ABC4ü-34	Fwp 305.1	AB4ü-34/52	328	ABüe	Ub 66	7)
				372	Büe-*/66	1974	
13	BC4ü-34	Fwp 304.1	AB4üwe-34/53	329.0	ABüe	1981	
			AR4ü-34/52/58	316	ARü	1972	
14	PwPost4ü-34	Fwpä 309.001	PPost4ü-34/51	957	DPostüe	1974	
15	AB4ü-35	Fwp 310.1	A4üe-35/54, -35/36	308	Aüe	1982	
16	ABC4ü-35	Fwp 309.1	AB4ü-35/52	331	ABüe	1982	
17	BC4ü-35	Fwp 311.1	AB4üwe-35/51	330.0	ABüe	1982	
18	C4ü-35	Fwp 312.1	B4üwe-35/51	362	Büe	1982	
			-WG4üke-35/50/57	822	WGüg	1980	
19	Pw4ü-35	Fwpä 26.1	D4ü-35	937	Düe	1983	
19	Pw4ü-35	Fwpä 26.1	DPost4ü-35/51	938	Düe	1984	
19	Pw4ü-35	Fwpä 26.1	DPost4ü-35/51	957	DPostü	1974	
20	ABC4ü-36	Fwp 315/318/322.1	AB4ü-36/52	332	ABüe	1981	
21	BC4ü-36	Fwp 316/319/322.1	AB4ü-36754	333	ABüe	1982	
22	C4ü-36	Fwp s. 8)	B4üwe-36/51	363	Büe	1982	
			WG4ük-36/50/55	822	WGüg	1980	
23	Pw4ü-36	Fwpä 28.01	D4ü-36	938	Düe	1984	
23	Pw4ü-36	Fwpä 28.01	D4ü-36/52	939.0	Dü(s)e	1982	
23	Pw4ü-36	Fwpä 28.01	D4ü-36/55	940	Düe	1979	
24	Pw4ü-37	Fwpä 29.1+29.2	D4ü-37	941	Düe	1984	
24	Pw4ü-37	Fwpä 29.1+29.2	D4ü-37/51	942	Dü(s)e	1984	
24	Pw4ü-37	Fwpä 29.1+29.2	D4ü-37/52	943	Dü(s)e	1983	
			WG4ük-37/52/60	822	WGüg	1981	
24	Pw4ü-37	Fwpä 29.1+29.2	D4ü-37/56	945	Dü(s)e	1984	
24	Pw4ü-37	Fwpä 29.1+29.2	D4ü-37	946	Düe	1979	
25	C4ü-36a	Fwp 324.001	B4üwe-36a/52	364	Büe	1981	
26	C4i-32	Fwp 551.501				KV	9)
27	C4i-32a	Fwp 551.1				KV	9)
28	C4i-32b	Fwp 551.251	B4ye-32b/50	657	Bye	1979	
29	C4i-32c	Fwp 551.1	B4ye-32c/54	658	Bye	1982	
30	Pw4i-32	Fwpä 25.1	D4y-32/57	974	Dye	1984	
30	Pw4ik-32	(Ub DRG)	D4y-32/57	974	Dye	1982	
30	Pw4ik-32/37 (112 356)	(Ub DRB)	D4y-32/37/57	974	Dye	1983	
30	Pw4i-32	Fwpä 25.1	D4i-32	994	Di	1979	
31	Pw4i-32a (112 307)	Fwpä 16.1	D4y-32a/57	974	Dye	1979	
32	BC4i-33	Fwp 505	AB4yse-33/50	620	AByse	1980	
32	BC4i-33	Fwp 505	AB4yse-33/55	621	AByse	1982	
32	BC4i-33a	Fwp 505	AB4yse-33a/55	622	AByse	1981	
32	BC4i-33e	Fwp 505	AB4yse-33e/50	624	AByse	1982	
32	BC4i-33e	Fwp 505	AB4ysw-33e/50	625>624	AByse	1982	
32	BC4i-33e	Fwp 505	AB4yse-33e/55	625>624	AByse	1982	
33	BC4i-33c (33 430)	Fwp 553.1	AB4yse-33c/63	621	AByse	1971	

Bd2 Wb	Bauartbezeichn. bei Ablieferung	Planzeichen/ Übers.zchg	Gattungszeichen vor Umzeichnung	Bauart Nr.	Gatt.bezchg. ab 01.01.64	Ausm. jahr	Anm.
33	BC4i-33b	Fwp 553.1	AB4yse-33b/55	623	AByse	1975	
34	C4i-33	Fwp 508.1	B4ye-33/51/57	659	Bye	1967	
35	C4i-33a	Fwp 508.1	B4ye-33a/50	660	Bye	1982	
36	C4i-33b	Fwp 508.1	B4ye-33b/55	661	Bye	1981	
37	C4i-33h	Fwp 552.301	B4ye-33h/50	662	Bye	1982	
			BR4ye-33h/51/56	690	BRye	1971	
38	Pw4i-33	Fwpä 024.001	D4y-33/57	975	Dye	1984	
38	Pw4i-33 (112 380)	Fwpä 024.001	D4i-33	995>975	Di	1979	
39	BC4i-34	Fwp 555+557.1	AB4y(s)e-34/50	626	ABy(s)e	1982	
			BR4ye-34/51/56	691	BRye	1967	
39	BC4i-34	Fwp 555+557.1	AB4yse-34/55	627	AByse	1982	
40	C4i-34	Fwp 554+556.1	B4ye-34/50	663	Bye	1982	
40	C4i-34 (73 400)	Fwp 556.1	B4ygb-34/50/56	512>676	Bygb	1980	
41	C4i-34a	Fwp 565.1	B4ye-34a/50	664	Bye	1982	
			WG4yg-34a/50/54/65	831	WGyg	1979	
42	BC4i-35a (33 544)	Fwp 562.1	AB4yse-35a/52	629	AByse	1957	2, 5)
43	C4i-35a (73 523)	Fwp 562.2	B4ye-35a/50	666	Bye	1965	2, 5)
44	BC4i-35	Fwp 558.1	AB4yse-35/55	628	AByse	1971	
45	C4i-35	Fwp 559.1	B4ye-35/50	665	Bye	1979	
46	C4i-36	Fwp 561-566.01.1	AD4yse-36/49/54	641	ADyse	1982	
46	C4i-36	Fwp 561-566.01.1	B4ye-36/50	667	Bye	1982	
			BR4ye-36/51/56	692	BRye	1970	
			BR4ye-36/52	693	BRye	1976	
			B4yf-36/52	746>667	Byf>By	1982	
			WG4y-36/49	831	WGyg	1980	
			WG4yk-36/49/59	832	WGyg	1972	
			WG4y-36/50	831	WGyg	1981	
			WG4y-36/50/60	831	WGyg	1977	
			WG4y-36/50/61	831	WGyg	1979	
			WG4yg-36/50/65	831	WGyg	1979	
			WG4y-36/57	831	WGyg	1981	
			WG4yk-36/50/53	832>831	WGyg	1981	
			WG4y-36/55	832>831	WGyg	1979	
46	C4i-36	Fwp 561-566.01.1	B4ygb-36/56	513>675	Bye, Bygb	1982	
46	C4i-36	Fwp 561-566.01.1	B4ye-36/52/63	677	Bye	1980	
46	C4i-36(74 044)	Fwp 561-566.01.1	B4ye-36/51/56	678	Bye	1965	2)
47	BC4i-37	Fwp 564.01.1	AB4yse-37/55	630	AByse	1982	
48	BCi-32	Fwp 124.1				KV	9)
49	Ci-32	Fwp 124.1				1955	
50	Pwi-32	Fwpä 11.1	Di-32	884	D2i	1968	
51	Ci-33	Fwp 125.	Bi 33	787.1	B2i	1966	
			Biw-33/53	787.2	B2iw	1967	

Bd2 Wb	Bauartbezeichn. bei Ablieferung	Planzeichen/ Übers.zchg	Gattungszeichen vor Umzeichnung	Bauart Nr.	Gatt.bezchg. ab 01.01.64	Ausm. jahr	Anm.
52	BCi-34 (39 029)	Fwp 123.1	BDiw-34/63	798	BD2iw	1966	
53	BCi-34a	Fwp 123.300	ABi-34a			1963	
54	PwPosti-34	Fwpä 306.1	DPosti-34	871	DPost2i	1969	
54	PwPosti-34	Fwpä 306.1	Di-34/42	885	D2i, D2ie	1975	
55	PwPosti-34a (102 553)	Fwpä 308.001	Di-34a	887	D2ie	1968	
56	BC4i-33g (33 472)	Fwp 601.1				1946	10)
56	BC4i-33f (33 475)	Fwp 601.1				1956	10)
57	C4i-33d	Fwp 602.1				DR	10)
57	C4i-33e	Fwp 602.1	B4iwe-33e/57			1964	10)
57	C4i-33f	Fwp 602.1				DR	10)
57	C4i-33g	Fwp 602.1	B4iw-33g/56			1965	10)
58	Z-34	Fwp 730.001				1961	
59	Z-36a	Fwp 731.1				KV	9)
60	Z4-36 (10 152)	Fwp 732.1				1964	
61	Z4-37	Fwp 733.1				storn.	
62	SWRPwPost4ü-35	Fwp 461.2	PwR4üe-35/53			1959	11)
63	SBC4ü-35	Fwp 461.1	A4üe-35/53			1959	11)
63	SBC4ü-35/40	Fwp 461.1	A4üe-35/40/53			1959	11)
64	SBC4ü-35 Endpers.wg.	Fwp 461.3	A4üe-35/53			1959	11)
65	Salon 4ü-35 (10 201)	Fwp 475.001	Salon4üe-35/39			1962	12)
66	Salon 4ü-35a (10 202)	Fwp 476.001	s. Umbauten				12)
67	Salon 4ü-35b (10 203)	Fwp 478.001	Salon4ü-35b/39			1952	12)
68	Salon 4ü-36 (10 204)	Fwp 479.001	Salon4ü-36/38			1965	12)
69	Salon 4ü-37 (10 205)	Fwp 480.001	s. Umbauten				12)
70	Salon 4ü-37a (10 206)	Fwp 480.001				1945	12)
71	Salon 4ü-37b (10 207)	Fwp 480.001	s. Umbauten				12)
72	SalonBegl4ü-37 (10 221)	Fwp 482.001	WLAB4ü(-37/55) 22 990 🄿			1955	12,13)
72	SalonBegl4ü-37 (10 222)	Fwp 482.001	s. Umbauten				12)
72	SalonBegl4ü-37 (10 223)	Fwp 482a.01.01.	Meß4ü Mü 5001			1947	12)
73	SalonL 4ü-37 (10 231)	Fwp 484.001	WLAB4ü(-37/55a) 20 991 🄿			1955	12,13)
73	SalonL 4ü-37 (10 232)	Fwp 484.001	WLAB4ü(-37/55a) 20 992 🄿			1955	12,13)
74	SalonR 4ü-37 (10 241/2)	Fwp 481.001	s. Umbauten				12)
75	SalonPresse4ü-37	Fwp 485.001	s. Umbauten				12)
76	SalonPw4ü-37 Umbau	Fwp 483.001	s. Umbauten				12)
76	SalonMaschPw4ü-37	Fwp 483.001	s. Umbauten				12)
77	Pwgs-35 (124 071)	Fwgä 6.1				KV	9)
78	Pwgs-35a (124 072)	Fwgä 6.1				KV	9)
79	Meß5ü(-35) Lomewa	Fwd 51.1				KV	9)
80	Meß4ü(-35a) Wamewa	Fwd 52.1	Dienst4ü(e)	318	Dienstü(e)	1979	
81	Meß4ü(-35b) Bremewa	Fwd 53.1				KV	9)
82	Meß5ü(-35c) f. el. Fz.	(P III 442 d)	Meß5ü		Meß5ü	1980	

Umbauten von Personen- und Gepäckwagen, Einzelnachweis

Bd2 Wb	Wg.-Nr. b. Abl.	Bauartbezeich. bei Ablieferung	Wg.-Nr. vor Uz	Gattungszeichen vor Umzeichnung	Bauart-Nr. neu	Gatt.-bzchg. neu	Wagen-Nr. ab 01.10.66 neu*	Ausmust Jahr	Anm.
8	16 610	C4ü-35	10 811	WG4üke-35/50/57	822	WGüg	89-43 524	1980	
13	15 510	BC4ü-34	11 590	AR4ü-34/52/58	316	ARü	84-43 204	1972	
22	16 758	C4ü-36 (16 753?)	10 812	WG4ük-36/50/55	822	WGüg	89-43 525	1980	4)
24	105841	Pw4ü-37 (105 836)	10 836	WG4ük-37/52/60	822	WGüg	89-43 526	1981	4)
3	73 265	C4i-32	16 526	BR4ye-32/51/57	689	BRye	85-11 007	1968	
37	73 300	C4i-33h	73 300	BR4ye-33h/51/56	690	BRye	85-11(>53) 008	1971	
40	73 377	C4i-34	73 377	BR4ye-34/51/56	691	BRye	85-11 009	1967	
40	73 395	C4i-34	73 395	BR4ye-34/51/56	691	BRye	85-11 010	1966	2)
41	73 355	C4i-34a	10 810	WG4yg-34a/50/54/65					
					831	WGyg	89-10(>40) 543	1979	
46	73 659	C4i-36	73 659	BR4ye-36/51/56	692	BRye	85-11 011	1967	
46	74 012	C4i-36	74 012	BR4ye-36/51/56	692	BRye	85-11 012	1970	
46	73 978	C4i-36	73 978	BR4ye-36/51/56	692	BRye		1966	2)
46	73 438	C4i-36	73 438	BR4ye-36/52	693	BRye	85-11(>53) 013	1971	
46	73 649	C4i-36	73 649	BR4ye-36/52	693	BRye	85-11(>53) 014	1974	
46	73 844	C4i-36	73 844	BR4ye-36/52	693	BRye	85-11(>53) 015	1972	
46	73 909	C4i-36	73 909	BR4ye-36/52	693	BRye	85-11(>53) 016	1976	
46	73 933	C4i-36	73 933	BR4ye-36/52	693	BRye	85-11 017	1967	
46	74 131	C4i-36	74 131	BR4ye-36/52	693	BRye	85-11(>53) 018	1976	6)
					831.1	WGyg	89-53 703	1983	
46	74 133	C4i-36	74 133	BR4ye-36/52	693	BRye	85-11(>53) 019	1972	
					831.1	WGyg	89-11 701	1983	6)
46	74 138	C4i-36	74 138	BR4ye-36/52	693	BRye	85-11 020	1967	
46	74 163	C4i-36	74 163	BR4ye-36/52	693	BRye	85-11(>53) 021	1976	6)
					831	WGyg	89-53 704	1977	
46	73 643	C4i-36	73 643	B4yf-36/52	746>667	Byf>By	28-11 273	1982	2)
46	73 612	C4i-36	10 815	WG4y-36/49	831	WGyg	89-11(>43) 545	1979	
46	73 855	C4i-36	10 820	WG4y-36/49	831	WGyg	89-11(>43) 550	1980	
46	74 309	C4i-36	10 823	WG4y-36/49	831	WGyg	89-10(>40) 552	1980	
46	73 607	C4i-36	10 814	WG4y-36/50	831	WGyg	89-11(>43) 544	1981	
46	73 573	C4i-36	10 818	WG4y-36/50	831	WGyg	89-11(>43) 548	1980	
46	73 817	C4i-36	10 817	WG4y-36/50	831	WGyg	89-10(>40) 547	1981	
46	73 729	C4i-36	10 819	WG4yg-36/50/65	831	WGyg	89-11(>43) 549	1979	
46	74 454	C4i-36	10 825	WG4y-36/50	831	WGyg	89-11(>43) 554	1974	
46	73 937	C4i-36	10 821	WG4y-36/50/60	831	WGyg	89-11(>43) 551	1977	
46	74 318	C4i-36	10 824	WG4y-36/50/61	831	WGyg	89-10(>40) 553	1979	
46	74 241	C4i-36	10 833	WG4y-36/57	831	WGyg	89-11(>43) 558	1981	
46	74 151	C4i-36	10 822	WG4yk-36/49/59	832	WGyg	89-11(>43) 572	1972	
46	73 433	C4i-36	10 813	WG4yk-36/50/53	832>831	WGyg	89-11(>43) 571	1981	
46	73 836	C4i-36	10806"	WG4y-36/55	832>831	WGyg	89-10(>40) 570	1979	
66	10 202	Salon4ü-35a	10 302	Salon4üg-35a/39/55/56/62					
					801.1	Salonüg	89-40 302	1972	

Bd2 Wb	Wg.-Nr. b. Abl.	Bauartbezeichng. bei Ablieferung	Wg.-Nr. vor Uz	Gattungszeichen vor Umzeichnung	Bauart-Nr. neu	Gatt.-bzchg. neu	Wagen-Nr. ab 01.10.66 neu*	Ausmust Jahr	Anm.
69	10 205	Salon4ü-37	10 305	Sal4üg-37/46/54/62	801.1	Salonüg	89-40(>80) 305		14)
					851.1	WGSüg	89-80 305	1990	
71	10 207	Salon4ü-37b	10 307	Sal4üg-37b/51/65	801.2	Salonüg	89-40(>80) 307		15)
					851.2	WGSüg	89-90 307	1996	
72	10 222	SalonBegl4ü-37	10 322	SdrWL4üm-37/62	802	SdrWLüm	89-40 322	1978	
74	10.243	SalonR4ü-37	10 226	WR4ü-37	152.3	WRügh	88-40 226	1978	1)
74	10 241	SalonR4ü-37	10 341	Sal4üg-37/46/54/62	801.4	SalonRüg	89-40 341		15)
					851.4	WGSüg	89-40 341	1996	
74	10 242	SalonR4ü-37	10 342	Sal4üg-37/46/55/62	801.5	SalonRüg	89-40 342		15)
					851.5	WGSüg	89-40 342	1988	
75	10 251	SalonPresse4ü-37	11 701	A4üe-37/54	309	Aüe	17-43 030	1982	
76	105060	SalMaschPw4ü-37	105 060	D4ü-37/52a	944	Düse	95-40(>10) 200	1977	
76	105064	SalMaschPw4ü-37	105 064	D4ü-37	950	Düe	92-43 312	1974	

* es werden nur die 5. bis 11. Ziffern der neuen Wagennummern angegeben
1) Diese WR übernahm die DB am 01.01.66 von der DSG in den Betriebsbestand
2) Bauart-Nr. nur vorgesehen
3) Bauart-Nr. wegen Umzeichnung nachträglich geändert
4) fr. Wagennummer nicht sicher
5) Bauart Heidenau-Altenberg
6) Umbau und Umzeichnung in WGyg
7) 1966 Herrichtung für Balkan-Verkehr mit 8 Plätzen je Abteil
8) Fwp 317.1/321.1/320.1/322.1/323.1
9) KV = kriegsvermißt oder Kriegsverlust
10) englische Bauart
11) Dampfschnellzug Henschel-Wegmann
12) Zusätzliche Detailangaben in der Darstellung „Reichsbahn-Salonwagen" von W. Haberling, Freiburg 2010
13) Nach Rückgabe durch die US-Army von der DB nach anfänglicher Vermietung 1955 an die DSG verkauft
14) Umzeichnung am 30.06.86
15) Umzeichnung am 06.06.86

9. Gegenüberstellung der Bauartbezeichnungen bei Lieferung und der Bezeichnungen bei der DR ab 1950/51

zusammengestellt von Olaf Bade, Berlin

WB Nr.	Bauart-bezeichnung	Zeichnung	Nummern DR bis 1957 von		bis	DR 1951 Wagentype	DR 1956 Gattung	Stamm-Nr. 1958	Nummern	Gattung 1966	Wg.-Nr. ab 1966/70	Ausm. DR	Anm.
Vierachsige D-Zugwagen													
2	ABC4ü-32	B.e. 4000	14 133	–	14 140	–	–	–	–	–	–	–	
3	C4ü-32	B.e. 4001.2	16 521	–	16 541	–	–	–	–	–	–	–	
4	Pw4ük-32	Fwpä 021	105 531	–	105 535	–	–	–	–	–	–	–	
5	C4ü-31	Fwp 301.1	16 519	–	16 520	–	–	–	–	–	–	–	
6	C4ü-32a	Fwp 303.1	16 542	–	16 543	–	–	–	–	–	–	–	
7	C4ü-32b	Fwp 302.1	16 544	–	16 545	–	–	–	–	–	–	–	
8	AB4ü-33	Fwp 308.1	11 569	–	11 572	D2	A4ü	242	242-001	Aü(g)e	(18-13 043)	1968	(1)
9	ABC4ü-33a	Fwp 313.1	14 149	–	14 152	–	–	–	–	–	–	–	
10	ABC4ü-33	Fwp 307.1	14 141	...	14 204	D3	AB4ü	241	241-113 bis 115	AB4ü(g)e	39-43 170 > 39-13 170	1978	
11	AB4ü-34	Fwp 304.1	11 573	–	11 590	–	–	–	–	–	–	1946	
12	ABC4ü-34	Fwp 305.1	14 190	...	14 202	D2	AB4ü	242	242-129	–	–	1963	(2)
13	BC4ü-34	Fwp 306.1	15 501	–	15 520	D2	AB4ü	242	242-101	–	–	1964	(2)
14	PwPost4ü-34	Fwpä 309.001	100 021	–	100 030	Pw2	PwPost4ü	642	642-006 bis 008, 102	Dü(g)	92-25 352, 353, 362	1990	GSNR 9213
15	AB4ü-35	Fwp 310.1	11 591	–	11 625	D2	A4ü	242	242-002 bis 005	–	–	1964	(2)
16	ABC4ü-35	Fwp 309.1.4	14 205	–	14 275	D2	AB4ü	242	242-103 bis 109	ABü(g)(e)	38-xx 172 bis 174	1979	
17	BC4ü-35	Fwp 311.1	15 521	–	15 555	D2	AB4ü	242	242-110, 132	–	–	1964	(2)
18	C4ü-35	Fwp 312.1	16 546	–	16 695	D2	B4ü	242	242-213 bis 224	–	–	1962	(2)
19	Pw4ü-35	Fwpä 26.1	105 537	–	105 556	Pw2	Pw4ü	642	642-011 bis 013	Dü(g)(e)	92-xx 356, 357	1984	GSNR 9213
20	ABC4ü-36 (36 I)	Fwp 315.1	14 276	–	14 308	–	–	–	–	–	–	–	
20	ABC4ü-36 (37 I)	Fwp 318.1	14 309		14 388	D2	AB4ü	242	242-117 bis 121	ABü(g)(e)	38-xx 177 bis 179	1973	
20	ABC4ü-36 (37 II)	Fwp 322.1	14 389	–	14 458	D2	AB4ü	242	242-122 bis 125	ABü(g)(e)	38-xx 180 bis 181	1976	
21	BC4ü-36 (36 I)	Fwp 316.1	15 556	–	15 588	D2	AB4ü	242	242-111 und 112	AB4ü(g)(e)	38-xx 175	1975	
21	BC4ü-36 (37 I)	Fwp 319.1	15 589	–	15 641	D2	AB4ü	242	242-102, 113 bis 116, 126	AB4ü(g)(e)	38-xx 171, 176, 182	1975	
21	BC4ü-36 (37 II)	Fwp 322.2	15 642	–	15 688	D2	AB4ü	242	242-127, 128, 131	AB4ü(g)(e)	38-13 183	1977	
22	C4ü-36 (36 I)	Fwp 317.1	16 696	–	16 715	–	–	–	–	–	–	1947	
22	C4ü-36 (36 I)	Fwp 317.1	16 716	–	16 897	D2	B4ü	242	242-205 bis 212, 225, 247, 248		–	1962	(2)
22	C4ü-36 (36 II)	Fwp 321.1	16 898	...	17 139	D2	B4ü	242	242-204, 226 bis 229, 237 bis 245, 249, 251		–	1962	(2)
22	C4ü-36 (37 I)	Fwp 320.1	17 140	–	17 319	D2	B4ü	242	242-201, 236, 275, 276, 282	–	–	1961	(2)
22	C4ü-36 (37 II)	Fwp 323.1	17 320	–	17 360	–	–	–	–	–	–	1946	
22	C4ü-36 (37 II)	Fwp 323.1	19 001	–	19 189	D2	B4ü	242	242-203, 246, 268 bis 274	–	–	1962	(2)
23	Pw4ü-36	Fwpä 28.01	105 557	...	105 616	Pw2	Pw4ü	642	642-014, 015	Dü(g)e	92-xx 359, 360	1991	GSNR 9213
23	Pw4ü-36a	Fwpä 26.1			105 600	–	–	–	–	–	–	–	
24	Pw4ü-37 (37 I)	Fwpä 29.1	105 617	–	105 716	Pw1	Pw4ü	643	643-001 bis 008, 012	Dü(g)e	92-xx 363 bis 368, 372	1991	GSNR 9213
24	Pw4ü-37 (37 II)	Fwpä 30.1	105 717	–	105 871	Pw1	Pw4ü	643	643-009 bis 011, 013 bis 016	Dü(g)e	92-xx 369 bis 371, 373	1991	GSNR 9213
25	C4ü-36a	Fwp 324.001	17 122	...	17 129	–	–	–	–	–	–	–	
Vierachsige Durchgangswagen													
26	C4i-32	Fwp 551.501	73 237	+	73 238	–	–	–	–	–	–	–	
27	C4i-32a	Fwp 551.1			73 239	–	–	–	–	–	–	–	
28	C4i-32b	Fwp 551.251			73 240	–	–	–	–	–	–	–	
29	C4i-32c	Fwp 551.1	73 241	...	73 315	–	–	–	–	–	–	–	

WB Nr.	Bauart-bezeichnung	Zeichnung	Nummern DR bis 1957 von		bis	DR 1951 Wagentype	DR 1956 Gattung	Stamm-Nr. 1958	Nummern	Gattung 1966	Wg.-Nr. ab 1966/70	Ausm. DR	Anm.
30	Pw4i-32	Fwpä 25.1	112 306	...	112 376	Pw2	Pw4ü	642	642-001 bis 005	Dü(g)e	92-xx 348 bis 351	1980	
30	Pw4ik-32	(Umbau DRB)	112 308	...	112 368	Pw2	Pw4ü	642	642-101	Dü(g)e	92-xx 361	1989	(3)
31	Pw4i-32a	Fwpä 16.1			112 307	–	–	–	–	–	–	–	
32	BC4i-33	Fwp 505	33 382	...	33 423	E2 > D11	AB4üm	244	244-126 bis 132	ABü(g)e	38-14 656, 658, 359, 37-14 660 bis 663	1975	
32	BC4i-33a	Fwp 505	33 415	...	33 471	–	–	–	–	–	–	1948	
32	BC4i-33e	Fwp 505	33 438	...	33 467	E2 > D11	AB4üm	244	244-135 und 136	ABü(g)e	38-14 666, 667	1973	
33	BC4i-33b	Fwp 553.1	33 427	–	33 429	–	–	–	–	–	–	–	
33	BC4i-33c	Fwp 553.1			33 430	–	–	–	–	–	–	–	
33	BC4i-33d	Fwp 553.1			33 431	–	–	–	–	–	–	–	
34	C4i-33	Fwp 508.1 Abb. f	73 269	–	73 278	E2 > D11	B4üm	244	244-357 und 358	Bü(g)e	(28-14 575)	1967	
35	C4i-33a	Fwp 508.1	73 279	–	73 285	–	–	–	–	–	–	–	
36	C4i-33b	Fwp 508.1 Abb. f	73 286	...	73 292	–	–	–	–	–	–	–	
36	C4i-33c	Fwp 508.1 Abb. f	73 287	+	73 288	–	–	–	–	–	–	–	
37	C4i-33h	Fwp 552.301	73 293	...	73 327	E2 > D11	B4üm	244	244-359 bis 362	Bü(g)e	28-14 (576), 577	1980	(4)
38	Pw4i-33	Fwpä 022.001			112 377	–	–	–	–	–	–	–	
38	Pw4i-33	Fwpä 023.001			112 378	–	–	–	–	–	–	–	
38	Pw4i-33	Fwpä 024.001			112 379	–	–	–	–	–	–	–	
38	Pw4i-33	Fwpä 024.001	112 380	–	112 390	Pw2	Pw4ü	642	642-009 und 010	Dü(g)	(92-25 354), 92-14 355	1976	
39	BC4i-34	Fwp 555.1	33 477	–	33 522	E3 > D11	AB4üm	244	244-133 und 134, 245-101	ABü(g)e	37-14 664, 665	1973	
39	BC4i-34	Fwp 557.1	33 523	–	33 536	–	–	–	–	–	–	bis 1950	
40	C4i-34	Fwp 554.1	73 340	...	73 388	–	–	–	–	–	–	1951	(5)
40	C4i-34	Fwp 556.1	73 389	–	73 409	–	–	–	–	–	–	–	
41	C4i-34a	Fwp 565.1	73 344	–	73 371	–	–	–	–	–	–	bis 1950	
42	BC4i-35a	Fwp 560.001/002	33 540	+	33 541	–	–	–	–	–	–	–	
42	BC4i-35a	Fwp 562.1	33 542	–	33 571	E1	(A)B4ipl	248	248-101 bis 103, 201 bis 204, 231 bis 235	(A)Bi	–	1968	(6)
43	C4i-35a	Fwp 560.003/004	73 413	–	73 416	E1	B4i(p)l	248	248-205	–	–	1964	
43	C4i-35a	Fwp 562.2	73 467	–	73 526	E1	B4i(p)l	248	248-206 bis 230	Bi	–	1968	
44	BC4i-35	Fwp 558.1	33 537	–	33 539	–	–	–	–	–	–	–	
45	C4i-35	Fwp 559.1	73 410	–	73 412	–	–	–	–	–	–	–	
46	C4i-36 (36 I)	Fwp 561.001.4	73 417	–	73 466	D9	B4üm	245	245-201	–	–	1964	(2)
46	C4i-36 (36 II)	Fwp 561.001.6	73 527	–	73 686	D9	–	–	–	–	–	1951	(5)
46	C4i-36 (37 I)	Fwp 563.01.1	73 687	–	73 756	–	–	–	–	–	–	–	
46	C4i-36 (37 II)	Fwp 566.01.1	73 757	–	73 816	D9	B4üm	245	245-202	Bü(g)e	(27-14 581)	1966/67	(7)
47	BC4i-37 (37 II)	Fwp 564.01.1	33 572	–	33 641	D9	AB4üm	245	245-102 und 103	–	–	1963	(2)
Zweiachsige Durchgangswagen													
48	BCi-32	Fwp 124.1 Abb. f			39 011	–	–	–	–	–	–	–	
49	Ci-32	Fwp 124.1			98 070	–	–	–	–	–	–	–	
50	Pwi-32	Fwpä 11.1			117 530	–	–	–	–	–	–	–	
51	Ci-33	Fwp 125	98 071	...	98 163	P22	Bi	343	343-313 und 314	(Baai)	(24-26 5xx)	bis 1970	
51	Ci-33a	Fwp 125.1			98 072	–	–	–	–	–	–	–	
51	Ci-33b	Fwp 125.2			98 073	–	–	–	–	–	–	–	
52	BCi-34	Fwp 123.1	39 012	...	39 111	P22	Bi	343	343-304 bis 307, 309 bis 311	Baai	(24-26 554 ff.)	1970	

WB Nr.	Bauart-bezeichnung	Zeichnung	Nummern DR bis 1957 von		bis	DR 1951 Wagentype	DR 1956 Gattung	Stamm-Nr. 1958	Nummern	Gattung 1966	Wg.-Nr. ab 1966/70	Ausm. DR	Anm.
53	BCi-34a	Fwp 123.300	39 082	–	39 102	P22	(A)Bi	343	343-102, 103, 308	Baai	24-26 (55x) ... 562	1971	
54	PwPosti-34	Fwpä 306.1	102 503	–	102 552	Pw17b	PwPosti	719	719-401 bis 413	D(Post)i	–	1971	(8)
55	PwPosti-34a	Pwpä 308.001	103 553	+	102 554	–	–	–	–	–	–	–	
Vierachsige Abteilwagen													
56	BC4i-33f	Fwp 601.1	33 472	–	33 474	–	–	–	–	–	–	–	
56	BC4i-33g	Fwp 601.1	33 475	+	22 476	–	–	–	–	–	–	–	
57	C4i-33d	Fwp 602.1	73 328	+	73 329	P5	B4	440	440-202 und 203	B	02-25 000	1973	
57	C4i-33e	Fwp 602.1	73 330	–	73 333	–	–	–	–	–	–	–	
57	C4i-33t	Fwp 602.1	73 334	–	73 336	P5	B4	440	440-201	B	02-25 001	1970	
57	C4i-33g	Fwp 602.1	73 337	–	73 339	–	–	–	–	–	–	1946	
Zweiachsige Sonder-Reisezugwagen													
58	Z-34	Fwp 730.001	10 047	–	10 053	–	Z	048	u. a. 048-007	Z	09-21 001	1973	
59	Z-36a	Fwp 731.1			10 054	–	–	–	–	–	–	–	
Vierachsige Sonder-Reisezugwagen													
60	Z4-36	Fwp 732,1	10 151	+	10 152	–	Z4	–	–	–	–	bis 1958	
62	SWRPwPost4ü-35	Fwp 461.2			10 401	–	–	–	–	–	–	–	
63	SBC4ü-35	Fwp 461.1	10 402	+	10 403	–	–	–	–	–	–	–	
64	SBC4ü-35	Fwp 461.3			10 404	–	–	–	–	–	–	–	
65	Salon4ü-35	Fwp 475.001			10 201	–	–	–	–	–	–	–	
66	Salon4ü-35a	Fwp 476.001			10 202	–	–	–	–	–	–	–	
67	Salon4ü-35b	Fwp 478.001			10 203	–	–	–	–	–	–	–	
68	Salon4ü-36	Fwp 479.001			10 204	–	–	–	–	–	–	–	
69	Salon4ü-37	Fwp 480.001			10 205	–	–	–	–	–	–	–	
70	Salon4ü-37a	Fwp 480.001 Abb. f			10 206	–	–	–	–	–	–	–	
71	Salon4ü-37b	Fwp 480.001			10 207	–	–	–	–	–	–	–	
72	SalonBegl4ü-37	Fwp 482.001	10 221	+	10 222	–	–	–	–	–	–	–	
73	SalonL4ü-37	Fwp 484.001	10 231	+	10 232	–	–	–	–	–	–	–	
74	SalonR4ü-37	Fwp 481.001	10 241	+	10 242	–	–	–	–	–	–	–	
75	SalonPresse4ü-37	Fwp 485.001			10 251	–	–	–	–	–	–	–	
76	SalonMaschPw4ü-37	Fwp 483.001	105 060	–	105 062	–	–	–	–	–	–	–	
Zweiachsige Güterzug-Gepäckwagen													
77	Pwgs-35	Fwgä 6.1			124 071	–	–	–	–	–	–	–	
78	Pwgs-35a	Fwgä 6.1			124 072	–	–	–	–	–	–	–	

Umbauten/Übernahmen durch die DR

WB Nr.	Bauart-bezeichnung	ex Nummern	Nummern DR bis 1957 von		bis	DR (1951) Wagentype	DR (1956) Gattung	Stamm-Nr.	Nummern	Gattung 1966	Wg.-Nr. ab 1966/70	Ausm. DR	Anm.
	WR4ü-35	geliefert Mitropa 1076 ... 1127	10 283	...	10 299	–	WR4ü	055	055-025, 029, 030, 038	WRü(g)	88-xx 029, 030, 038	1981	nach Aufarbeitung 1952/54 an DR (9)
	WR4ü-35	geliefert Mitropa 1076 ... 1127	1108	+	1083	Mitropa	WR4ü	055	055-054, 056	WRü(g)	88-xx 054	1981	1964 an DR
	WL4ü-37	geliefert Mitropa 22058 bis 22069	–			–	–	–	–	–	–	–	–
	WLC4ü	15 567 ... 19 148	10 900	–	10 926	D2	Bc4ü	242	242-230 bis 235, 252 bis 267, 277 bis 281			1964	(10)

WB Nr.	Bauart-bezeichnung	ex Nummern	Nummern DR bis 1957 von		bis	DR (1951) Wagentype	DR (1956) Gattung	Stamm-Nr.	Nummern	Gattung 1966	Wg.-Nr. ab 1966/70	Ausm. DR	Anm.
	Bc4ü	242-201 ... 276						242	242 201 ... 276	–	–	1964	(11)
	Bc4ü	242-201 ... 276						242	242-451 bis 505	Bcü(g)e	58-xx 300 bis 347, 500 bis 503		
												1985	(12)
	B4üke	17 256			17 256	D2	B4ük	242	242-250	Bü(g)ke	85-13 410	1975	Umbau DR 1957
	B4ümke	244-358						244	244-358	Bü(g)ke	(85-14 713)	1968	Umbau DR 1959
	Pw4i(ü)	112 306 ... 112 376	112 332	+	112 373	Pw2	Pw4ük	642	642-002, 005	Pw4üke	–	–	Umbau DR 1952 (3)
	Op4ü	73 578 ... 74 224	10 401	–	10 410	D9	Op4ü	824	824-101 ... 602	Dienst	99-44 161 ... 664	1984	(13)
	Kr4ü	73 385 ... 74 440	10 501	...	10 520	D9	Kr4ü	824	824-103 ... 603	Dienst	99-44 162 ... 665	1991	(14) (15)
	Pwi	719-401 ... 414						710	710-430, 501 bis 504, 506 bis 509, 511 und 512				
										Daai	93-26 170, 171, 254	1975	Umbau DR 196x
	Z4ü	ex D2 (C4ü)			10 157 II	–	Z4	047	047-001	Z	09-25 002	1973	Umbau DR (16)

Anmerkungen:

(1) Zuordnung wahrscheinlich, Wagen-Nr. DR bis 1958 11612 II; 11570 09.1945 bei DRo Umbau für Marschall Tschuikow, 1948 bei Rbd Erfurt als AB4ü erfasst (und später bei Aufarbeitung umgezeichnet?)

(2) letzte Ausmusterung war Modernisierung

(3) Rückbau in Pw4ü

(4) 28-14577 1968 Umbau für Wzb = 28-14862

(5) letzte Ausmusterung war Umbau in Kr4ü/Op4ü

(6) 248-235 ex 248-102

(7) ex 73760, war Anfang der 50er Jahre Kinowagen 10352

(8) teilweise in Pwi 710-430, 501 ff.

(9) DR-Nummern bis 1057: 10283, 10287, 10288 und 10299

(10) für „Blauen Express" (Umbau auf Anordnung SMAD, bis 1952 Nummern 19900 bis 19926), später frei verfügbar

(11) für Urlauberverkehr (29 Wagen)

(12) eigene Nummernreihe für die Bc4ü(g)e

(13) für Lazarettzüge (K-Züge), Umbau auf Anordnung SMAD, EDV-Nummern 1977 in 99-46163 ... 664 (ex C4i-36 bis 73816 : 10406, 10410)

(14) für Lazarettzüge (K-Züge), Umb. auf Anordnung SMAD (ex C4i-34: 10514; ex C4i-36 bis 73816: 10501, 10503, 10508 bis 10510, 10516, 10517, 10520)

(15) Die Kr4ü 10507, 10511 und 10518 entstanden aus C4i, die die DRB 1941 von der ELE übernommen hatte.

(16) als Sonderwagen für die Beförderung „Nervenkranker" (99-58101) eingeordnet, 1993 a

VIII. Anhang

1. Abkürzungen

Reichsbahndirektionen, -dienststellen

Alt	Altona, ab 01.04.37 Hmb Hamburg
Au	Augsburg
Bln	Berlin
Bsl	Breslau
Dre	Dresden
Erf	Erfurt
Esn	Essen
Frt	Frankfurt (Main), ab 1937 Ffm
Hl	Halle
Han	Hannover
Kar	Karlsruhe
Ks	Kassel
Köl	Köln
Kbg	Königsberg(Pr)
Lu	Ludwigshafen, ab 01.04.37 aufgelöst
Mz	Mainz
Mü	München
Mst	Münster(Westf)
Nür	Nürnberg
Old	Oldenburg, am 31.12.34 aufgelöst
Op	Oppeln
Ost	Osten in Frankfurt (Oder)
Re	Regensburg
Sch	Schwerin
Stn	Stettin
Stg	Stuttgart
Tr	Trier, ab 01.03.35 Sbr Saarbrücken
Wt	Wuppertal
RZB	Reichsbahn-Zentralamt für Bau- und Betriebstechnik
RZE	Reichsbahn-Zentralamt für Einkauf
RZM	Reichsbahn-Zentralamt für Maschinenbau
RZR	Reichsbahn-Zentralamt für Rechnungswesen
RZA	Reichsbahn-Zentralamt
Agm	Arbeitsgemeinschaft
AT	Akkutriebwagen
B	Reichsbahnbaumeister
Bbv	Bahnbevollmächtigter
BPr	Beschaffungsprogramm
Bww	Bahnbetriebswagenwerk
Db	Drehgestellbeschreibung
Dez	Dezernat, Dezernent
DR	Deutsche Reichsbahn, ab 27.06.21
DRB	Deutsche Reichsbahn, ab 10.07.37
DRG	Deutsche Reichsbahn-Gesellschaft, ab 30.08.24
DSG	Deutsche Schlafwagen- und Speisewagen-Gesellschaft m.b.H
DWV	Deutsche Wagenbau-Vereinigung
Db	Drehgestellbeschreibung
ED	Eisenbahndirektion, bis 06.07.22
GB	Gruppenverwaltung Bayern
GBr	Geheimer Baurat
GOB	Geheimer Oberbaurat, bis 1936
GORg	Geheimer Oberregierungsrat
GRg	Geheimer Regierungsrat
H	Hilfsarbeiter
H'bf	Heimatbahnhof
HBrE	Handbremsende
HV	Hauptverwaltung
LüP	Länge über Puffer
Min.-Dir.	Ministerialdirektor
Min.R.	Ministerialrat
NHBrE	Nichthandbremsende
OB	Oberregierungsbaurat, bis 1936
OR	Reichsbahnoberrat
ORg	Oberregierungsrat, bis 1936
Pr	Präsident
R	Reichsbahnrat

RA	Reichsbahnamtmann
RAR	Reichsbahnamtsrat, ab 1935
RAW	Reichsbahn-Ausbesserungswerk
RB	Regierungsbaurat, bis 1936
Rbd-Bezirk	Reichsbahndirektion-Bezirk
Rbd	Reichsbahndirektion, ab 06.07.22
RBD	Reichsbahndirektion, ab 1937
RD	Reichsbahndirektor, ab 1937
RD, Abt.L.	Reichsbahndirektor u. Abteilungsleiter im RVM
Rg	Regierungsrat
RGBl	Reichsgesetzblatt
RPM	Reichpostministerium
RPZ	Reichspost-Zentralamt
RVM	Reichsverkehrsministerium
Verf	Verfügung
Vers Abt	Versuchsabteilung
Vmax	Höchstgeschwindigkeit
VPr	Vizepräsident
VT	Verbrennungstriebwagen
Wb	Wagenbeschreibung
[	Wagen mit Schürze

2. Literaturverzeichnis

Ungedruckte Quellen

- Akten des Bundesarchivs Koblenz R2/23088/089/101/102/103/104/105/106 R5/2123/2324
- Akten des BZA Minden (Westf) aus den Dezernaten 21 fr.44, 31 fr.26, 35 fr.25,63 fr.61
- Akten der Zentralstellen Absatz, Produktion und Technik der DB (fr. ZTL Mainz bzw.Hauptwagenamt Frankfurt, Personenwagenabteilung)
- Akten des Verkehrsarchivs Nürnberg
- Akten der MAN Gutehoffnungshütte GmbH, Historisches Werksarchiv, Werk Nürnberg Aktiengesellschaft, Nürnberg
- Akten der Maschinenfabrik Esslingen im Archiv der Daimler-Benz AG., Stuttgart
- Akten der „Vereinigte Westdeutsche Waggonfabriken AG" im Archiv der Klöckner-Humboldt-Deutz AG, Köln
- Akten der „Wegmann & Co. GmbH, WECO-Industrietechnik", Kassel
- Akten des PTZ Darmstadt, Referat C14
- Akten der DSG Frankfurt (Main)
- Akten der Vereinigten Werkstätten für Kunst im Handwerk AG, München

Gesetze und Dienstvorschriften

- DV 194 Sammlung grundlegender Verwaltungsvorschriften, XVI. Teil 2: Abkürzungen im inneren Dienstverkehr der Reichsbahn, 1935
- DV 409 Vorschriften für die Verteilung und Verwendung der Personenwagen und der Trieb-, Steuer- und Beiwagen (Personenwagenvorschriften -PWV-) vom 01.01.1938, Ausgabe 1942
- DV 426 Dienstvorschrift für die Behandlung schadhafter und untersuchungspflichtiger Eisenbahnwagen (Wagenbehandlungsvorschriften-WBV-) vom 01.10.1939
- DV 470 Vorschriften bei Reisen bestimmter Personen (Reisen nach Sondervorschriften) vom 01.09.1937, Ausgabe 1941
- DV 939d Merkbuch für die Fahrzeuge der Reichsbahn, IV. Wagen (Regelspur), Ausgaben 1928, 1933 mit Berichtigungsblättern 2+3, 1948/50, 1952/53
- DV 984 Dienstvorschrift für die Erhaltung der Wagen in den Reichsbahn-Ausbesserungswerken, Teilheft 8: Anstriche und Anschriften, Vorschriften vom 1.10.1935 sowie vom 01.02.1941 Teilheft 9: Drehgestelle der Reisezugwagen, Vorschriften vom 01.10.52
- DV 1105 Dienstvorschrift für die Bestandsfeststellung,Verwendung, Meldung und Verteilung der Personen- und Güterwagen für militärische Zwecke (MWV) vom 01.04.1937
- DV 1109 Dienstvorschrift für die Einrichtung von Lazarettzügen und Leichtkrankenzügen (Laz-V) vom 01.09.1938
- DV 1112 Wehrmacht-Eisenbahn-Ordnung (WEO) mit den Ausführungsbestimmungen der Wehrmacht und der Eisenbahn vom 01.01.32, Ausgabe 1942
- Zusammenstellung der Wagengattungs- und Drehgestellgattungsnummern für Personenwagen, Gepäckwagen und Güterwagen, Regelspur, 4. Ausgabe vom Januar 1941
- 121 06 Bestandbücher (Zeichnungsverzeichnisse)
- 905 08 Aufnahmezettel für Personen-, Gepäck- und Postwagen (Bestandskarten)
- 984 02 Bestandskarten für Personen- und Gepäckwagen
- 12106 Bestandbücher (Zeichnungsverzeichnisse)
- 90508 Aufnahmezettel für Personen-, Gepäck- und Postwagen (Bestandskarten)
- 98402 Bestandskarten für Personen- und Gepäckwagen Bpw Kartei, Stand 01.02.1944, im PTZ Darmstadt, Ref I E
- DB, BZA Minden (Westf): Einzelnummernaufstellung der Personen- und Gepäckwagen (Liste Böhl, Dez 26) ab 1.1.56, fortgeführt
- DB, BZA Minden (Westf) 4430-Faengg: Verzeichnis der Bauartnummern (und Wagennummernreihen) für die Reisezugwagen, gültig ab 1.1.1964
- Amtsblatt der Deutschen Bundesbahn, Nr. 48 vom 29.9.1966: Einheitliche Kennzeichnung der Reisezugwagen
- DB ZFB Frankfurt-Dez 114 A, ZW Frankfurt-Dez 53: Verzeichnis der kodifizierten Personenwagen der DB, Stand 23.5.1971, fortgeführt
- Merkbuch für die Fahrzeuge der Reichsbahn, IV. Wagen (Regelspur), DV 939d, Ausgaben 1948/50, 1952/53
- Personenwagenvorschriften (PWV), DV 409, Ausgabe 1948, 1954
- Reisezugwagenvorschrift (RWV), DV 409, Ausgabe 1976
- Zusammenstellung der Wagengattungs- und Drehgestellgattungsnummern, 1929
- DSG Wagen-Verzeichnis 1964/1966, aufgestellt: Juni 1964
- DSG Wagen-Verzeichnis 1968/1969, aufgestellt: März 1968
- DSG Wagen-Verzeichnis 1970/1973, aufgestellt: Juni 1970

Amtliche Veröffentlichungen

- Geschäftsberichte der Deutschen Reichsbahn-Gesellschaft über die Geschäftsjahre 1932-1935
- Geschäftsbericht der Deutschen Reichsbahn über das 12. Geschäftsjahr 1936 der Deutschen Reichsbahn-Gesellschaft; Geschäftsbericht der Deutschen Reichsbahn über das Geschäftsjahr 1937
- Nachweisung über den Bestand an Personen- und Gepäckwagen – Vollspur – vom 31.12.1933 + 31.12.1937
- Nachweisung über den Bestand an Personen-. Gepäck- und Bahndienstwagen am 31.12.1933 Vollspur
- Niederschriften über die 6.+11. Beratung des Ausschusses für Bremsen
- Niederschriften über die 12.-15. Beratung des Bremsausschusses
- RVM: Hundert Jahre deutsche Eisenbahnen, 2. Auflage Leipzig: Verkehrswissenschaftliche Lehrmittelgesellschaft mbH 1938
- SS-Bremsen (Schnell- und stark wirkende Druckluftbremsen) an den Dampflokomotiven, D-Zug-, MITROPA- und Bahnpostwagen, Ausarbeitung des Dez 38, EZA Göttingen
- Statistischer Nachweis St 12 über den Bestand an vollspurigen Personen-, Gepäck- und Bahndienstwagen, Geschäftsjahre 1934-1937
- Statistik der Eisenbahnen im Deutschen Reiche, Geschäftsjahre 1932-1937
- Statistische Angaben über die Deutsche Reichsbahn in den Geschäftsjahren 1932-1937
- Verzeichnis der oberen Reichsbahnbeamten 1932-1937
- Werkstättenstatistik der Deutschen Reichsbahn, Jahresberichte 1934-1935
- 130 Jahre Eisenbahndirektion Saarbrücken, Festschrift der Bundesbahndirektion Saarbrücken, Pressedienst der BD Saarbrücken 1982
- Deutsche Reichsbahn: Wagenkunde, Leipzig: Verkehrswissenschaftliche Lehrmittelgesellschaft mbH 1943
- Deutsche Wagenbau-Vereinigung, Geschäftsberichte für die Jahre 1932-1937
- Deutsche Reichsbahn, Reichsbahn-Zentralamt Berlin, 3352 Fkwp 31 vom 17.1.38 gem. Vfg. RVM -30 Fkwp 492- vom 4.11.1937 „Zusammenstellung der Bezeichnungen der Wagen 3. Klasse"
- Deutsche Bundesbahn, Hauptwagenamt – Personenwagenabteilung, PW 120 Bw vom 25.6.1953 „Umnummerungsplan für die polnischen und tschechischen Reisezugwagen des Betriebsbestandes, die noch die alten polnischen oder tschechischen Wagennummern tragen"
- Deutsche Bundesbahn, Hauptwagenamt – Personenwagenabteilung, PW 110 Zwn vom 14.6.1955 „Umnummerung von Schnell- und Eilzuwagen" mit Ergänzungen vom 10.08.1955 und 7.11.1955

Darstellungen

- Anger, R.: Stand und Ziele der Fahrzeugwirtschaft der Deutschen Reichsbahn, in Z.: Die Reichsbahn 9 (1933) 16, S. 315/333
- Bagel-Bohlan, Anja E.: Hitlers industrielle Kriegsvorbereitungen 1936-1939, Beiträge zur Wehrforschung, Bd. XXIV, Koblenz/Bonn: Wehr & Wissen Verlagsgesellschaft mbH 1975
- v. Below, Nicolaus: Als Hitlers Adjudant 1937-45, Mainz: v. Hase & Koehler Verlag 1980
- Boden, Fr.: Neuerungen im Personenwagenbau der Deutschen Reichsbahn, in Z.: VDI 79 (1935) 41, S. 1240/1243, 79 (1935) 49, S. 1467/1471
- Ders. Schweißen beim Neubau von Personenwagen der Deutschen Reichsbahn, in Z.: Organ 91 (1936) 12, S. 241/248
- Boelke, Willi A.: Deutschlands Rüstung im Zweiten Weltkrieg, Hitlers Konferenzen mit Albert Speer 1942-1945, Frankfurt am Main: Akademische Verlagsgesellschaft ATHENAION 1969
- Boog, Horst: Die deutsche Luftwaffenführung 1935-1945, Stuttgart: Deutsche Verlagsanstalt 1982
- Booß, H.: Die Reichsbahn im Dienst der Propaganda für die Reichstagswahl am 29.03.36, in Z.: Die Reichsbahn 12 (1936) 18, S. 375/378
- Born, E.: Zur Entwicklung des Eisenbahnpersonenwagens in Deutschland, in Z.: Organ 90 (1935) 24, S. 503/511, 91 (1936) 16, S. 347
- Brandt, Walther: Schlaf- und Speisewagen der Eisenbahn, Stuttgart: Franckh'sche Verlagshandlung 1968
- Dähnick, Ernst: Personenwagen, in Z.: Organ 90 (1935) 15/16, S. 283/295
- Ders. Entwicklung der deutschen Eisenbahnwagen, in Z.: Glasers Annalen, Bd. 119, Jg. 1936, S.87/95
- Deppmeyer, Joachim: Die Einheits-Personen- und Gepäckwagen der Deutschen Reichsbahn, Bauarten 1921-1931 – Regelspur –, Stuttgart Franckh'sche Verlagshandlung 1982

- Diener, Wolfgang: Anstrich, Beschilderung und Anschriften an Reisezugwagen, Soest: Eisenbahn & Modellbau Magazin, Ulrich Streiter 1987
- Domarus, Max: Hitler, Reden und Proklamationen 1931-1945, München: Süddeutscher Verlag 1965
- Dost, Paul: Der rote Teppich, Geschichte der Staatszüge und Salonwagen, Stuttgart: Franckh'sche Verlagshandlung 1965
- Ebhardt, Bodo: Der Seedienst Ostpreußen im Zeitgeschehen, Berlin: Volk und Reich 1940
- Emmelius, C.: Das Beschaffungswesen bei der Deutschen Reichsbahn, in Z: VDI 79 (1935) 41, S. 1268/1270
- Franz-Willing, Georg: 1933 Die nationale Erhebung, Druffel-Verlag 1982
- Gärtner, Hansjürgen: Zur Geschichte der Bundesbahn-Zentralämter Minden und München, in Z.: Die Bundesbahn 58 (1982) 5, S. 359/366
- Gottwaldt, Alfred B.: Die Stromlinien-Dampfloks der Reichsbahn vom Schnellverkehr der dreißiger Jahre, Stuttgart: Franckh'sche Verlagsbuchhandlung 1978
- Graf Schwerin von Krosigk, Lutz: Staatsbankrott, Die Geschichte der Finanzpolitik des Deutschen Reiches von 1920 bis 1945, Göttingen: Musterschmidt 1974
- Grospietsch; Curtius, E. W.: Ein neuer Messwagen zur Untersuchung elektrischer Fahrzeuge für hohe Geschwindigkeiten, in El. Bahnen, XV (1939) H. 4
- Gummich, Karl-Heinz; Puschmann, Johannes; Horstmann, Rolf: MITROPA zwischen gestern und morgen, Berlin: TRANSPRESS VEB Verlag für Verkehrswesen 1966
- Haberling, Walter: Berlin, Frankfurt, Freiburg – Die Geschichte des ersten Salonwagens der Deutschen Reichsbahn, in Z: Eisenbahn-Kurier 21 (1986) 2, S. 38/42
- Hildebrand, W.: Entwicklungsgedanken der Hildebrand-Knorr-Bremse, in Z.: Organ 87 (1932) 12, S. 231/236
- Hoffmann, Peter: Die Sicherheit des Diktators, München: R. Piper & Co. Verlag 1975
- Jacobson, Hans-Adolf: 1939-1945, Der zweite Weltkrieg in Chronik und Dokumenten, Darmstadt: Wehr und Wissen Verlagsgesellschaft mbH 1961
- Jaeger: Finanzfragen im Beschaffungswesen der Reichsbahn, in Z.: ZVME 73 (1933) 26, S. 537/541, 27, S. 557/561
- Jannssen, Gregor: Das Ministerium Speer, Deutschlands Rüstung im Krieg, Berlin: Verlag Ullstein GmbH 1968
- Kittel, Th.: Die neue Organisation der Reichsbahn in Bayern, in Z.: Die Reichsbahn 9 (1933) 41, S. 844/846
- Kreißig, Ernst: Die Prinzipien des Leichtwagenbaues, in Z.: Glasers Annalen, Bd. 110 (1932) 7, S. 61/68
- Kruchen: Das Hoheitszeichen des Dritten Reiches bei der Deutschen Reichsbahn, in: Die Reichsbahn 14 (1938) 20, S. 521/523
- Leibbrand, Max: Reichsbahn und Arbeitsbeschaffung, in Z.: VDI 78(1934)4, S.131/135
- Lindermayer, O.: Arbeiten und Erfolge auf dem Gebiete des Korrosionsschutzes durch Anstriche, in Z.: VDI 77 (1933) 15, S. 385/392
- Ders. Die nationale Rohstoffwirtschaft und die Deutsche Reichsbahn, in Z.: Glasers Annalen, Bd. 116, Jg. 1935, S. 35/50
- Linge, Heinz: Bis zum Untergang, Als Chef des Persönlichen Dienstes bei Hitler, hrsg. von Werner Maser, München-Berlin: F.A. Herbig Verlagsbuchhandlung 1980
- Lorenz, R.: Ein neues Übergangsverfahren und seine Bedeutung für die europäische Kupplungsfrage, in Z.: Glasers Annalen, Bd. 111 (1932), S. 32/37
- Mantey: Die Einkaufsorganisation der Reichsbahn, in Z.: ZVME 54 (1934) 43, S. 761/763
- Meißner, Otto: Staatssekretär unter Ebert, Hindenburg, Hitler, Hamburg: Hoffmann und Campe Verlag 1950
- Metzkow, Bruno: Die Heimstoffe „Buna, Kunstharz und Zellwolle", in Z.: Glasers Annalen, Bd. 121 (1937), S. 36/40
- Mielich, Adolf: Ein halbes Jahrhundert Reisezugwagenbau, in Z.: Die Bundesbahn (1957) 7, S. 384/390
- Miosga, Harry: 125 Jahre Bahnpostwagen in Deutschland, in Z: Archiv für das Post- und Fernmeldewesen 28(1976)7, S. 899/1178
- Ders.: 130 Jahre Bahnpost in Deutschland, in Z.: Archiv für deutsche Postgeschichte, 1/1980, S. 5/116
- Moeller: Reichsbahn und Devisenbewirtschaftung, in Z.: Die Reichsbahn 12(1936)8, S. 163/6
- Müller-Hillebrand: Die Reichsbahn auf der Ausstellung "Deutschland", in Z.: Die Reichsbahn 12 (1936) 30, S. 613/626
- Müssig, W.: Entwicklungen von Drehgestellen für Reisezugwagen, in Z: Deutsche Eisenbahntechnik, Jg. 1955, S. 287/293
- Nordmann, H.; Weber, W.: Messwagen zur Untersuchung der Dampflokomotiven, in: Z.: Glasers Ann Bd. 121, Jg. 1937, H. 11
- Nussbaum, Uwe: Brücke über die Ostsee, der Seedienst Ostpreußen, Hamburg 1999
- Obermayer, H. J.; Deppmeyer, J.: Taschenbuch Deutsche Reisezugwagen-Deutsche Bundesbahn, 3. Aufl., Stuttgart: Franckh'sche Verlagshandlung 1986
- Obst, Hans Kurt: Die Entwicklung von Wagenradsätzen mit Vollrädern bei der Deutschen Bundesbahn, in Z.: ETR 15 (1966) 9, S. 373/378
- Otto, K.: Fortschritte in der Anwendung des Leichtbaues auf Personenwagen, Verbrennungstriebwagen und Beiwagen der Deutschen Reichsbahn, in Z.: Organ 89 (1934) 1/2, S. 31/39
- Ostendorf, Rolf: Der Ruhrschnellverkehr der dreißiger Jahre, in Z.: eisenbahn magazin 19 (1981) 12, S. 23/26
- Paul, Julius: Entwicklung des Reisezugwagen- Drehgestells in Deutschland, in Z.: ETR (1955) 3, S. 101/113
- Philipp, Walter: Der Lohnanteil im Waggonbau, in Z.: Die Reichsbahn 8(1932)13, S. 316/319
- Ders. Die Bedeutung der deutschen Waggonindustrie für die Ausfuhr, in Z.: Glasers Annalen, Bd. 117, Jg. 1935, S. 122/128
- Platz: Änderungen im Eisenbahnverkehr zwischen Ostpreußen und dem übrigen Deutschland durch den Korridor, in Z.: Die Reichsbahn 10 (1934) 32, S. 776/781
- Prang, Alfred: Grundsätzliches zur Finanzwirtschaft der Deutschen Reichsbahn, in Z.: Die Reichsbahn 12 (1936) 14, S. 296/302
- Quellmalz, Jürgen: Die Baureihe 05, Freiburg: Eisenbahn-Kurier-Verlag GmbH 1978
- Reckel: Die bremstechnischen Neuerungen auf der Jahrhundert-Ausstellung in Nürnberg, in Z.: Organ 90 (1935) 15/16, S. 13/315
- Ders. Verbesserungen an der Klotzbremse für schnellfahrende Eisenbahnfahrzeuge, in Z.: VDI 79 (1935) 41, S. 1244/1248
- Reidemeister, Fritz: Leichtmetall und ihre Anwendung im Eisenbahnwesen, in Z.: Organ 90 (1935) 2, S. 32/38
- Roth, P.: Die schnellste Dampflok der Welt, in Z.: Die Bundesbahn 35(1961)5/6, S. 237/241
- Rothfels, Hans; Eschenburg, Theodor: Die deutsche Kriegswirtschaft 1939-1945, Stuttgart: Deutsche Verlags-Anstalt 1966
- Schadendorf, Wulf: … von Europas Eisenbahnen (Anhang: Waggonfabrik Talbot, Aachen 1838-1963), München: Prestel-Verlag 1963
- Scharf, Wolfgang: Eisenbahnen zwischen Oder und Weichsel, Freiburg: Eisenbahn-Kurier Verlag GmbH 1981
- Schenk, Dieter: Danzig 1930 – 1045, Das Ende einer Freien Stadt, Berlin 2013
- Schnell:Die neuen Personenwagenvorschriften, in Z.: Die Reichsbahn 12 (1936) 26, S. 526/527
- Spiro, Ernst: Das Reichsbahn-Zentralamt für Einkauf und seine Einkaufswirtschaft, in Z.: Die Reichsbahn 8 (1932) 21, S. 502/510
- Störiko, Adolf: Geschichte der deutschen Waggonindustrie und ihrer Verbände von 1877-1977, Krefeld: Phönixdruck Josef Janßen
- Stroebe, H.; Wiens, G.: Entwicklung neuzeitlicher Personenwagen bei der Deutschen Reichsbahn, in Z.: Organ 87 (1932) 2/3, S. 21/40
- Theurich, W.; Deppmeyer, J.: Reisezugwagen deutscher Eisenbahnen, Speisewagen, Schlafwagen und Salonwagen, Durchgesehene Lizenzausgabe der alba Publikation Alf Teloeken GmbH+Co KG, Düsseldorf, Berlin, transpress VEB Verlag für Verkehrswesen 1985
- Vogel; Geitmann: Reichsbahn und Luftschutz, in Z.: Die Reichsbahn 13 (1937) 47, S. 1035/1043
- Vogelpohl, G.: Windkanalversuche über den Luftwiderstand von Eisenbahn-Fahrzeugen, in Z.: VDI 78 (1934) 5, S. 159/167
- Wachholz, Dieter: Ein Pionier und 64 Hängematten, in Z.: Die Welt Nr. 127 vom 04.06.82
- Wagner,P.; Wagner,S.; Deppmeyer,J.: Reisezugwagen deutscher Eisenbahnen, Länderbahnen und Deutsche Reichsbahn-Gesellschaft, durchgesehene Lizenzausgabe der Alba Publikation Alf Teloeken GmbH+Co KG, Düsseldorf, Berlin: transpress VEB Verlag für Verkehrswesen 1986
- Wenkel, Jörg: Die VES/M Halle (S), in EK-Special 94, Freiburg 2009
- Wiens, G.: Neuerungen im Personenwagenbau der Deutschen Reichsbahn unter besonderer Berücksichtigung des Leichtbaues, in Z.: VDI 77 (1933) 13, S. 339/348
- Wiskott: Verdichtung und Beschleunigung des Personenzugverkehrs im Ruhrbezirk, in Z.: ZVME 73 (1933) 18, S. 369/373

Darstellungen ohne Verfasserangaben

- 120 Jahre Linke-Hofmann-Busch, Salzgitter-Watenstedt, 1839-1959, Band I
- 15 Jahre Deutsche Wagenbau-Vereinigung, Ein Ruhmesblatt deutscher industrieller Gemeinschaftsarbeit, 1944 (?)
- Die deutsche Industrie im Kriege 1939-1945, hrsg. vom Deutschen Institut für Wirtschaftsforschung, Berlin-Dahlem 1954
- Eisenbahnen und Eisenbahner zwischen 1931 und 1935, Dokumentarische Enzyklopädie III Frankfurt (Main): REDACTOR Verlag 1971
- Eisenbahnen und Eisenbahner zwischen 1936 und 1940, Dokumentarische Enzyklopädie IV, Frankfurt (Main): REDACTOR Verlag 1972
- Ruhrschnellverkehr, in Z.: Die Reichsbahn 9 (1933) 5, S. 93/95
- Die Leistungen der Reichsbahn anläßlich des Reichsparteitages 1933 der NSDAP in Nürnberg, in Z.: Die Reichsbahn 9 (1933) 49, S. 1017/1024
- DIN WAN 1, Einheitliche Benennungen der Wagenteile, Eisenbahnwagenbau, 2. Auflage, Berlin: Beuth-Verlag GmbH 1931

Zeitschriften

- Die Bundesbahn, Zeitschrift für aktuelle Verkehrsfragen, Darmstadt
- Die Reichsbahn, Amtliches Nachrichtenblatt der Deutschen Reichsbahn-Gesellschaft, Berlin
- Eisenbahn-Kurier Special 78: „Eisenbahnen in Schlesien – 1", Autoren: Wenzel, Hans-Jürgen; Greß, Gerhard; Freiburg 2005
- Eisenbahntechnische Rundschau, Zeitschrift für die gesamte Eisenbahntechnik, Darmstadt
- Elektrische Bahnen, Zentralblatt für den elektrischen Zugbetrieb, Berlin

- Glasers Annalen, Zeitschrift für Verkehrstechnik und Maschinenbau, Organ der maschinentechnischen Gesellschaft, Berlin
- Organ für die Fortschritte des Eisenbahnwesens, Berlin
- VDI, Zeitschrift des Vereines deutscher Ingenieure, Berlin
- Verkehrstechnik, Zentralblatt für den gesamten Landverkehr und Straßenbau, Berlin
- ZVMEV, Zeitung des Vereins Mitteleuropäischer Eisenbahnverwaltungen, Berlin

Unveröffentlichte Manuskripte

- Arbeitsgemeinschaft Reisezugwagen, Deppmeyer/Illenseer/Peters/Schadow (†): Verzeichnis der DB-Reisezugwagen, ab 1967, Loseblattsammlung, o. D.
- Dr. Cohausz, Otto: Erläuterungen zu den ersten drei Spalten des Umzeichnungsplanes 1930. o. D.

3. Bildnachweis

Alle abgedruckten Aufnahmen stammen – bis auf 11 Stück – aus der Sammlung des Autors. Dabei handelt es sich vorwiegend um Reproduktionen, die seinerzeit bei den Besuchen der Waggonfabriken und Dienststellen sowie bei Eisenbahnfreunden angefertigt werden durften. Dazu kamen Abzüge, die durch Tausch oder Kauf von namhaften Eisenbahnfotografen in die Sammlung kamen. In den Bildunterschriften werden die Bildautoren und ggf. weitere -quellen angegeben. Die Skizzenblätter ohne Quellenangaben sind aus der Sammlung des Autors.

4. Wagenbeschreibungen der „Reisezugwagen der Deutschen Reichsbahn, 1938 – 1950 Regelspur", die für den Band 3 vsl. vorgesehen sind.

Dazu als Ergänzung die Entwicklungsbauarten der Deutschen Bundesbahn 1949 – 1951 und der Deutschen Reichsbahn 1949 – 1958

Bauartbezeichnung			Planzeichen bzw. Übersichtszeichnung	
Vierachsige D Zugwagen				
C	4ü-RZA Berlin	[	Fwp 334.01	Entwicklungsfz.
C	4ü-RZA München	z.T. [	Uer A I 1111	Entwicklungsfz.
AB	4ü-RZA Berlin	[	Fwp 335	Entwicklungsfz.
Pw	4ü-38 → 40	[	Fwpä 32.01.1	Entwicklungsfz.
C	4ü-38 Lhz Entwickl.fz.	[	Fwp 329.01.1/16 899	Bln 19 213 Cre
		[	Fwp 329.01.1/16 899	Bln 19 214 Cre/BBC
C	4ü-38 Lhz	Com. 39 [		
		Com. 40 [	Fwp 330.01.1/A I 1128	Bln 19 220 Uer
		[	Fwp 330.01.1/A I 1128	Bln 19 221
		[	Uer/Teves	
C	4ü-38 Lhz	44 083 [	Fwp 331.01.1	Bln 19 210 MAN
		[	Fwp 331.01.1	Bln 19 211 MAN/BBC
		[	Fwp 331.01.1	Bln 19 212 MAN
C	4ü-38 Lhz	[	Fwp 332.01.1/F 01.35b	Bln 19 218 Fu
		[	Fwp 332.01.1/F 01.35b	Bln 19 219 Fu/BBC
C	4ü-38 Lhz	[	Fwp 333.01.1/6110.01.03b	Bln 19 215 LHW
		[	Fwp 333.01.3/6112.01.03b	Bln 19 216
		[	LHW/Stgeis	
		[	Fwp 333.01.2/6111.01.03b	Bln 19 217 LHW/
AB	4ü-38	[	Fwp 325.001/326.01	
C	4ü-38	[	Fwp 325.002/327.01.3	
ABC	4ü-39	[	Fwp 327.01.1	
BC	4ü-39	[	Fwp 327.01.2	
B	4ü-39	[	Fwp 326.01.3	
AB	4ü-42 lit. Bauart		Fwp 465.01.1	
C	4ü-37 lit. Bauart		Fwp 317.1 (C4ü 396)	
C	4ü-44 bulg. Bauart		6358/01 Bau	
Vierachsige Durchgangswagen				
BC	4üp-39	[	Fwp 518.01 Entwicklungsfz.	
C	4üp-39	[	Fwp 512.01/513.01 Entwicklungsfz.	
BC	4üp-42		Fwp 558.1 (517.02?)	
C	4üp-42		Fwp 517.01.2	
BC	4üp-42a	[	Fwp 518.01.1	
C	4üp-42a	[	Fwp 516.01.1	

Bauartbezeichnung				Planzeichen bzw. Übersichtszeichnung	
C	4i-43 Laz		[	Fwp 519.01.1	
C	4i-43a Laz			Fwp 520.01.1	
Zweiachsige Durchgangswagen für Nebenbahnen					
C	i-40 türk. Bauart				
Pw	i-44 bulg. Bauart				
Vierachsige Gefangenenwagen					
Z4(-41)				Fwg <733.1^{II}>	
Vier(sechs)achsige Sonderreisezugwagen					
Salon	4ü-38		[	Fwp 486.001	
Salon	4ü-38a		[	Fwp 486.001	
SalonL	4ü-38		[	Fwp 492.01	
SalonBer	4ü-38a		[	Fwp 497.001	
SalonBer	4ü-38b		[	Fwp 497>	
SalonPl	4i-38		[	XXX	Umbau
SalonPw	4ü-38		[	Fwp 496>	
SalonPw	4ü(F)(-37/38)		[	Fwpä 29.01 f. Ursprung	Umbau
Salon	4ü-39		[	Fwp 489.01.2	
SalonN	6ü-39		[	Fwp 490.01.1	
SalonN	6ü-39a		[	Fwp 490.01.2	
SalonBad	6ü-39		[	Fwp 491.01.1	
SalonAs	4(6)ü-39		[	Fwp 487.01	
SalonPw	4ü(F)-39		[	Fwp 714.01.1	
Salon	6ü-40		[	Fwp 493.01.1	
SdrR	6ü-40		[	Fwp 495.01.1	
Sdr	4ü-41		[		Fwp 26.01.94^2 Umbau
Sdr	4ü-43		[	Fwp 489.01.	
SdrBüro	4ü-43/44		[		Fwp 26.01.528^2
SdrMaschPw	4ü-43		[	Fwp 494.01.01	Fwp 26.01. 8
Zweiachsige Güterzug-Gepäckwagen					
Pwgs	-38			Fwgä 7.1	
Pwgs	-41			Fwgä 8.01.01/101	
Pwgs	-41			Fwgä 8.01.201/301/501/801/901	SAE ?
Pwgs	-41			Fwgä 8.01.401/601/701/1001	SAE ?
Zweiachsige Kriegsbauarten					
MC	i-43	leer		Fwp 716.01.1	Fwp 26.01.514, Nr. 37
MC	il-43	33 Betten		Fwp 718.01.1	Fwp 26.01.4502, Nr. 40
		36 Klappbetten		Fwp 719.01.1	Fwp 26.01.4503, Nr. 41>
MC	i-43	beh. Pers.wg. 52 Pl		Fwp 720.01.1	Fwp 26.01.3974, Nr. 30
		beh. Pers.wg. 55 Pl			Fwp 26.01.4943, Nr. 23
MC	ig-43	vereinigter P+G-Wg		Fwp 724.01.1	Fwp 26.01.442, Nr. 34

Bauartbezeichnung			Planzeichen bzw. Übersichtszeichnung	
KPwgs-44	180 001/002, 180 003 I 185 250			KFwgä 11.01.1
Vierachsige Kriegsbauarten				
MC	4i-44		Fwp 722.01	Fwp 26.01.515 SAE 151.01.1
Pwm	4i-50		Fwp 720.01.04 2	
Vierachsige Heizwagen				
Heizwagen	-38		Fwd 806.01.1	
Heizwagen	-39		Fwd 807.01.1	
Heizwagen	-40		Fwd 808.01.1	
Heizwagen	-42		Fwd 810.01.1	SAE 221.01.1
Heizwagen	-43		Fwd 811.01.1	
Heizwagen	-43/44		Fwd <812.01.1>	
*Vierachsige **DB**-Neubauten (LüP 22.400 mm)*				
AB	4üe-50		Fwp 1002.01.1	
AB	4üe-49		Fpw 1003.01.1	
BC	4üwe-51		Fwp 1004.01.1	
C	4üwe-49		Fwp 1005.01.1	
BC	4üpwe-51		Fwp 1006.01.1	
BC	4üpwe-49		Fwp 1007.01.1	
C	4üpwe-50		Fwp 1008.01.1	
C	4üpwe-49		Fwp 1009.01.1	
DC	4üpwe-50 Doppelstock		Fwp 1010.01.1	
DBC	4üpwe-50 Doppelstock		Fwp 1010.01.2	
DCR	4üpwe-50 Doppelstock		Fwp 1010.01.3	
BC	4üp-50/38		Fwp 1013.01.1	
C	4üp-50/38		Fwp 1013.01.2	
C	4ü-50/38	[	Fwp 1014.01.1	
*Vierachsige **DR**-Neubauten*				
WLC	4ü(l/s)-36/50	[	Fw 0061.01.000.00.01	
WLB	4ül-51	[	Fw 33 001-01.002	
WLC	4ül-51	[	Fw 34.001-01.001	
C	4i-52		Fw	
C	4üp-54	[	Fw 31.008-01.001	
SC-51 → DC13 (4-teilig) Doppelstock			Fw 31.002-00.001	
AB	4üp-56	[	Fw 31.009-01.00	
B	4üp-56	[	Fw 31.010-01.003	
Pwg	-56		Fw 36.001-01.001	
Pw	4üe-59		Fw 31.004-01.005